机械工程图学

主编　张玉伟　朱泽平

主审　李绍珍

国防工业出版社

·北京·

内 容 简 介

本书参照教育部工程图学教学指导委员会《工程图学课程教学基本要求》，吸收了山东轻工业学校及兄弟院校近几年的教学改革成果，并适当考虑了工程图学的发展要求编写而成。

本书的主要内容包括传统工程制图理论：制图的基本知识，点、直线及平面的投影，立体的投影，回转体表面的截交线和相贯线，组合体的视图，轴测图，机件的常用表达方法，标准件和常用件，零件图，装配图等，另外还介绍了 AutoCAD 绘图基本知识、三维造型软件等内容。

与本书配套使用的《机械工程图学习题集》，由国防工业出版社同时出版。

本书可供高等工科院校作为工程制图教材，也可供有关工程技术人员参考。

图书在版编目(CIP)数据

机械工程图学/张玉伟，朱泽平主编. —北京：国防工业出版社，2015. 3 重印

ISBN 978-7-118-07139-9

Ⅰ. ①机...　Ⅱ. ①张...②朱...　Ⅲ. ①机械制图—高等学校—教材　Ⅳ. ①TH126

中国版本图书馆 CIP 数据核字(2011)第 000132 号

※

国防工业出版社 出版发行

(北京市海淀区紫竹院南路 23 号　邮政编码 100048)

腾飞印务有限公司印刷

新华书店经售

*

开本 787×1092　1/16　**印张** 28¾　**字数** 651 千字

2015 年 3 月第 5 次印刷　**印数** 11001—13000 册　**定价** 48.00 元(含习题集)

国防书店：(010)88540777　　发行邮购：(010)88540776

发行传真：(010)88540755　　发行业务：(010)88540717

《机械工程图学》
编委会

主　编　张玉伟　朱泽平

副主编　黄丽霞　付秀琢　张红霞

参　编　何冰清　李　华　闫　鹏　冯衍霞　苏国胜

主　审　李绍珍

前　言

本书参照教育部工程图学教学指导委员会《工程图学课程教学基本要求》，吸收了山东轻工业学院及兄弟院校近几年的教学改革成果，并适当考虑了工程图学的发展要求编写而成。

本教材主要有以下几个特点：

1. 目前，“机械工程图学”教学课时数比以前有了较大的压缩，因此本教材对传统工程制图的内容作了一定的删减，尤其对画法几何的内容，仅选用了最基本和必要的部分。教材其他内容的选择，也力求做到少而精，针对性强，简练实用。

2. 在教材内容的结构体系上，为了计算机绘图部分集中上课方便，我们将分散在各章中的 AutoCAD 绘图部分集中起来单独作为第 10 章，并在内容上增加了部分绘图图例。

3. 为适应将来工程图学发展的需要，本书第 11 章对目前广泛应用的三维建模软件 Pro/Engineer 进行了介绍。

4. 本书采用了 2000 年以后国家技术监督局发布的《技术制图》和《机械制图》最新国家标准。

与本书配套的《机械工程图学习题集》同时出版发行。

本书由张玉伟、朱泽平任主编，黄丽霞、付秀琢、张红霞任副主编。参加编写的有张红霞（第 1 章）、冯衍霞（第 2 章）、黄丽霞（第 3 章）、付秀琢（第 4 章）、朱泽平（第 5 章）、张玉伟（第 6 章）、李华（第 7 章）、何冰清（第 8 章、第 9 章）、闫鹏（第 10 章）、苏国胜（第 11 章）。

本书由山东大学李绍珍教授主审。

本书在编写过程中，得到了山东轻工业学院有关领导及工程图学教师的支持与帮助，在此表示衷心的感谢。

由于编者水平所限，书中难免有错误与不当之处，敬请读者给予批评指正。

编　者

2010 年 5 月

绪　论

一、本课程的研究对象及作用

本课程主要研究运用投影法知识，按一定的标准规定，借助于图板、丁字尺、计算机等绘图工具，将物体的形状、尺寸、技术要求等准确地表达在图纸等介质上。这种应用于工程领域中，包含了物体形状、尺寸与技术要求等信息的图形称为工程图样。

工程图样是表达和交流技术思想的重要工具，是工程技术部门的一项重要技术文件。在工业生产与科学试验中，工程图样是进行加工制造、维修检验等方面的主要依据。因此它被喻为“工程界的技术语言”。

二、本课程的基本任务

(1) 学习正投影法的基本原理及其应用。

(2) 培养绘制与阅读机械工程图样的能力。

(3) 培养空间想象、空间构思能力。

(4) 学习用计算机绘制工程图样的基本技能。

(5) 培养严肃细致的工作作风、认真负责的工作态度。

三、本课程的特点与学习方法

本课程是一门既有系统理论，又偏重于实践的技术基础课。学习该课程，既包含了对投影理论等知识的理解，又包含了绘图与看图基本技能的训练。而这两者，都必须通过大量的绘图、读图练习来加以实现。因此学好本课程必须要理论联系实际，多画、多想、多看，并通过完成较多的习题作业，来加强对投影理论、基本概念的理解，培养起较强的空间想象能力及较高的绘图与看图的基本技能。

此外在学习中还应注意：

(1) 本课程的中心内容主要是讲授如何用平面图形完整、准确、简捷地表达空间形体。因此在学习时要密切注意画在平面上的投影图形与所表达的空间形体之间的关系，由物画图，由图想物，只有通过这种经常的从空间到平面、从平面到空间的反复对照与思索，才能较快地提高空间想象力及画图与看图的能力。

(2) 要熟知国家颁布的《机械制图》、《技术制图》国家标准，尤其对《机械制图》国家标准中常用的一些规定必须熟记，并在绘图实践中严格遵守。另外还应尽可能了解一些机械制造的有关知识，这对学习该课程将很有益处。

(3) 本教材要求同学同时具备手工草图、仪器绘图和计算机绘图三种能力，尤其计算机绘图能力的培养，要靠同学们多争取上机机会，熟练运用各种绘图命令，才能又快又好地绘出工程图。

目　录

第 1 章　制图的基本知识

1.1　制图国家标准的基本规定

机械图样是机械设计和机械制造过程中的重要技术文件，被称为工程界的共同语言，具有严格的规范性。国家标准中规定了有关《技术制图》和《机械制图》的标准。它是工程界重要的技术基础标准，是绘制和阅读机械图样的准则和依据。为了满足生产技术发展的需要，机械制图标准进行过多次修改和补充。

国家标准简称国标，包括强制性国标（代号为 GB）、推荐性国标（代号为 GB/T）和指导性国标（代号为 GB/Z）。代号后面的两组数字，分别表示标准顺序号和标准批准的年份，例如“比例”的标准号为 GB/T14690—1993。本节就图纸幅面和格式、比例、字体、图线等制图国标的有关规定作简要介绍。其他标准将在有关章节中叙述。

1.1.1　图纸幅面及格式（GB/T14689—1993）

1. 图纸幅面

绘制图样时，应优先采用表 1-1 中规定的图纸基本幅面，必要时，也允许选用所规定的加长幅面，加长幅面的尺寸由基本幅面的短边成整数倍增加后得出，如图 1-1 所示。图中粗实线为基本幅面（第一选择）；细实线和虚线所示为加长幅面（第二选择和第三选择）。

表 1-1　图纸基本幅面尺寸　　(mm)

幅面代号	A_0	A_1	A_2	A_3	A_4
B×L	841×1189	594×841	420×594	297×420	210×297
a	25				
c	10			5	
e	20		10		

表 1-1 中幅面代号意义见图 1-2、图 1-3。

2. 图框格式

在图纸上，必须用粗实线画出图框，其格式分为不留装订边和留有装订边两种，分别如图 1-2 和图 1-3 所示，但同一产品的图样只能采用一种格式。

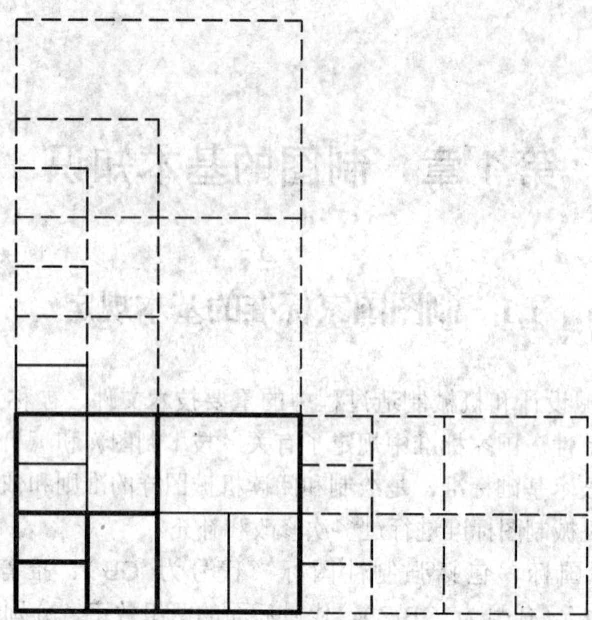

图 1-1　图纸的加长幅面

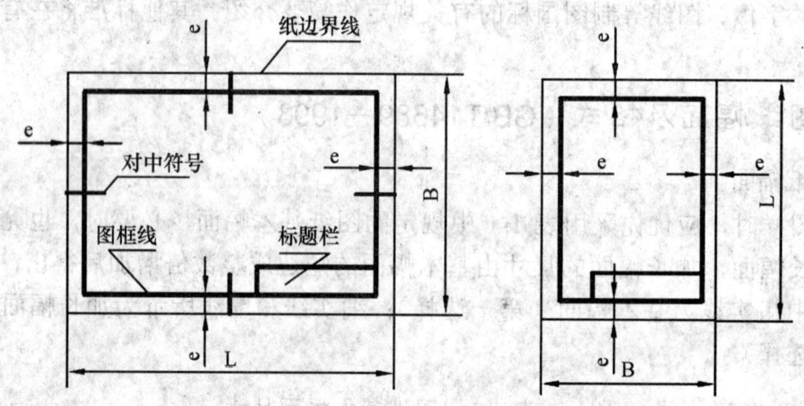

图 1-2　不留装订边的图框格式

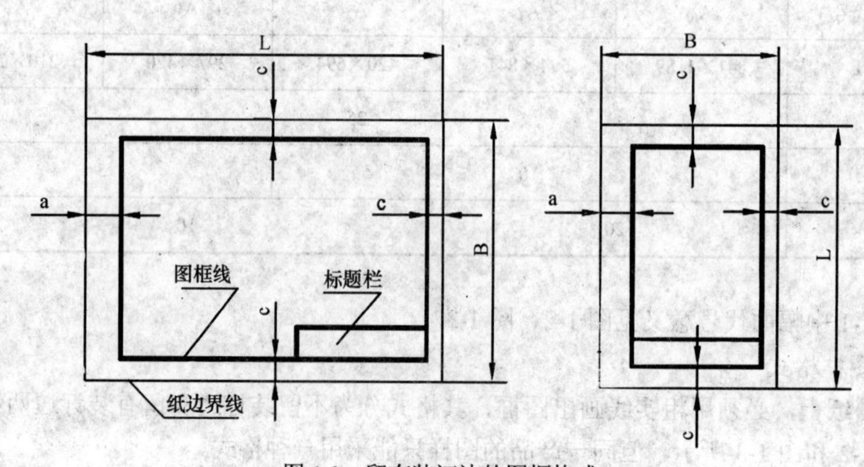

图 1-3　留有装订边的图框格式

绘图时，图纸可以竖用(短边水平)或横用(长边水平)，如图 1-2、图 1-3 所示。为了使图样复制和缩微摄影时定位方便，应在图纸各边(不是图框的边！)的中心处分别画出对中符号，对中符号用粗实线绘制，线宽不小于 0.5mm，长度从纸边界线开始伸入图框内约 5mm，如图 1-2 所示。

3. 标题栏

GB/T10609.1-1989 对标题栏的内容、格式和尺寸作了规定，见图 1-4(a)。标题栏的位置位于图纸的右下角，如图 1-2、图 1-3 所示。标题栏的文字方向应为看图方向，标题栏的外框为粗实线，里边是细实线，其右边线和底边线应与图框线重合。学生制图课建议采用图 1-4(b)的格式。

1.1.2 比例(GB/T14690-1993)

比例是图中图形与实物相应要素的线性尺寸之比。需要按比例绘制图样时，应在表 1-2 规定的系列中选取适当的比例。

表 1-2 绘图比例

种类	比例				
原值比例	1∶1				
放大比例	2∶1 (2.5∶1)	5∶1 (4∶1)	1×10^n∶1 (2.5×10^n∶1)	2×10^n∶1 (4×10^n∶1)	5×10^n∶1
缩小比例	1∶2 (1∶1.5) (1∶1.5×10^n)	1∶5 (1∶2.5) (1∶2.5×10^n)	1∶1×10^n (1∶3) (1∶3×10^n)	1∶2×10^n (1∶4) (1∶4×10^n)	1∶5×10^n (1∶6) (1∶6×10^n)

为了能从图样上得到实物大小的真实感，应尽量采用原值比例(1:1)，当机件过大或过小时，可选用表 1-2 中规定的缩小或放大比例绘制，但尺寸标注时必须注实际尺寸。一般来说，绘制同一机件的各个视图应采用相同的比例，并在标题栏中填写。当某个视图需要采用不同比例时，可在视图名称的下方或右侧标注比例，例如：

$$\frac{I}{2:1} \qquad \frac{A}{1:100} \qquad \frac{B-B}{2.5:1} \qquad \text{平面图}1:10$$

1.1.3 字体(GB/T14691—1993)

图样中书写的汉字、数字和字母，必须做到：字体工整、笔画清楚、间隔均匀、排列整齐。

字体的高度(用 h 表示)的公称尺寸系列为 1.8mm，2.5mm，3.5mm，5mm，7mm，10mm，14mm，20mm。字体高度代表字体的号数。

1. 汉字

汉字应写成长仿宋体，并应采用国家正式公布推行的简化字。汉字的高度不应小于 3.5mm，其字宽一般为字高的 2/3(约 0.7h)。长仿宋体的书写要领是：横平竖直，注意起落，结构匀称，填满方格。

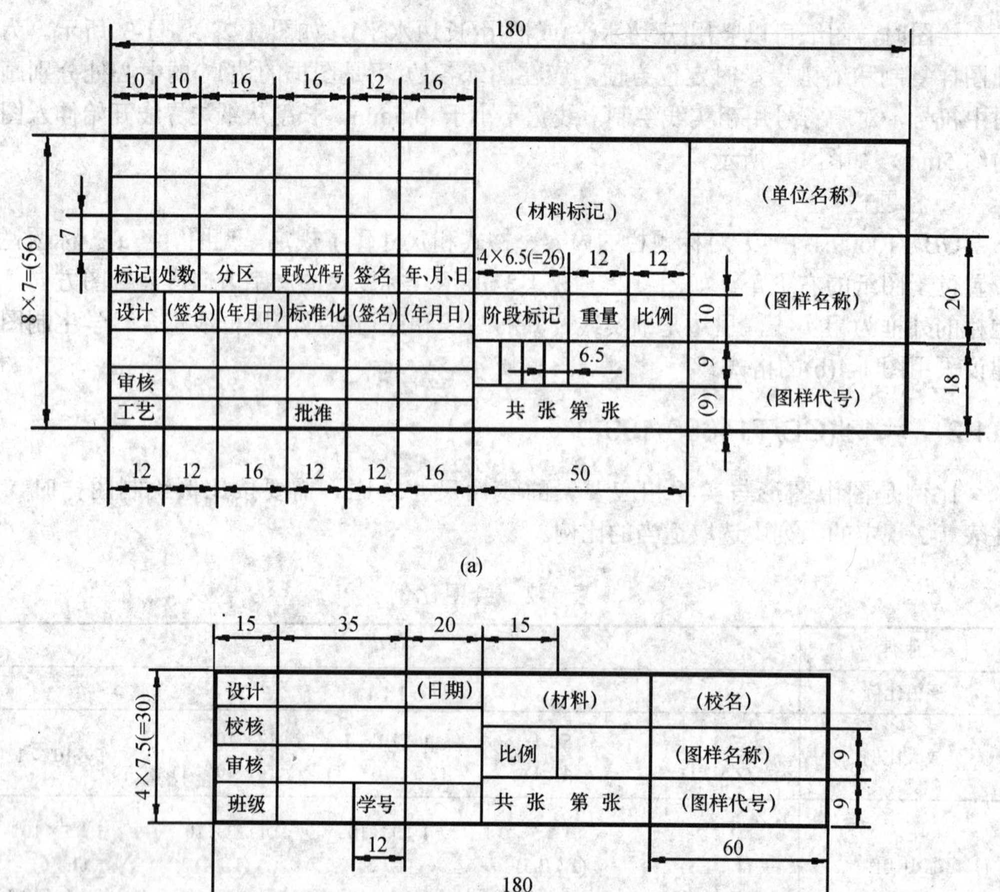

图 1-4 标题栏的尺寸与格式

(a) 标题栏格式；(b) 练习用标题栏。

长仿宋体的汉字示例：

10 号字

字体工整笔画清楚间隔均匀排列整齐

7 号字

横平竖直 注意起落 结构均匀 填满方格

5 号字

技术制图机械电子汽车船舶土木建筑矿山井坑港口纺织服装

2．数字和字母

数字和字母有直体和斜体两种。一般采用斜体，斜体字字头向右倾斜，与水平线约成 75°角。在同一图样上，只允许选用一种形式的字体。

1) 斜体拉丁字母示例

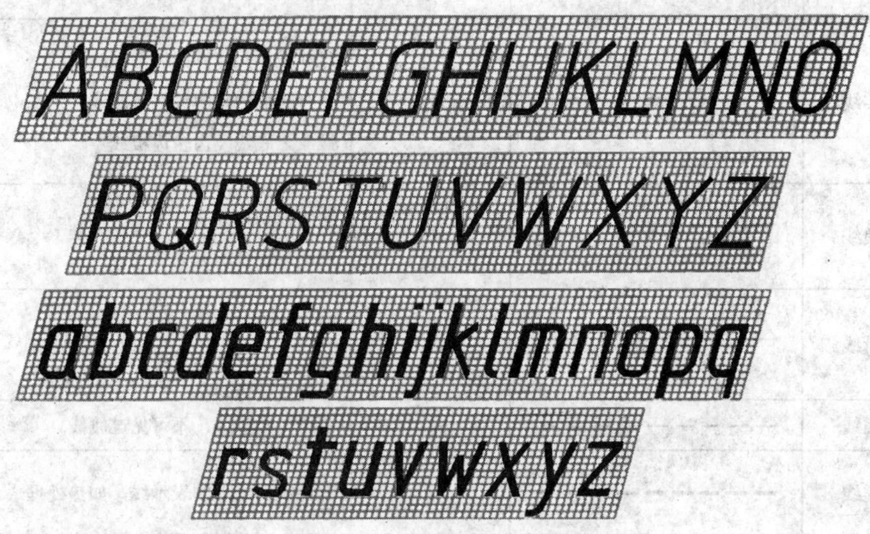

2) 斜体数字示例

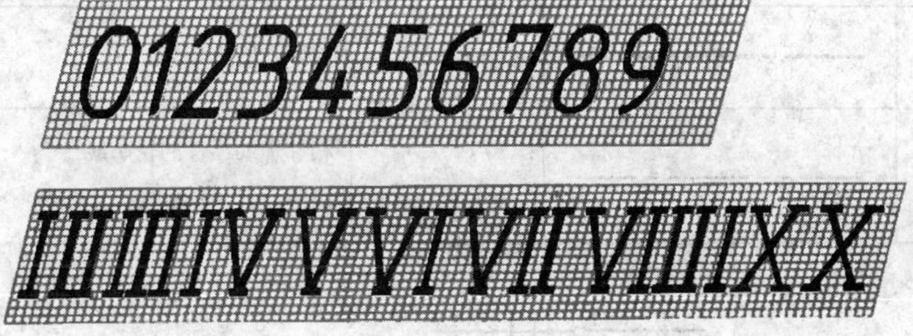

1.1.4 图线(GB/T4457.4-2002)

1. 图线线型及其应用

GB/T4457.4-2002《机械制图 图样画法 图线》中规定了 9 种线型，分为粗线、细线两种，其线宽比例是 2:1，图线宽度代号用 *d* 表示，当粗线的宽度为 *d* 时，细线的宽度应为 *d*/2。图线宽度的数系有 9 种，即：0.13mm，0.18mm，0.25mm，0.35mm，0.5mm，0.7mm，1mm，1.4mm，2mm。为了保证图样清晰、便于复制，图样上尽量避免出现线宽小于 0.18mm 的图线。图线形式及应用如表 1-3 所钱。

2. 图线的画法

(1) 同一图样中同类图线的宽度应基本一致，虚线、点画线、双点画线的线段长度和间隔应各自大致相等，在图样中要显得匀称协调，建议采用图 1-5 所示的图线规格。

表 1-3　图线形式及应用

图线名称	图线形式	图线宽度	主要应用
粗实线	————	d	可见轮廓线，相贯线，螺纹牙顶线螺纹长度终止线，齿顶圆(线)
细实线	————	$d/2$	尺寸线，尺寸界线，剖面线 重合断面的轮廓线，过渡线 螺纹牙底线及齿轮齿根线
波浪线	～～～	$d/2$	断裂处的边界线 视图与剖视的分界线
双折线	—\/—\/—	$d/2$	断裂处的边界线 视图与剖视的分界线
细虚线	- - - - - -	$d/2$	不可见轮廓线，不可见过渡线
粗虚线	- - - - - -	d	允许表面处理的表示线，如热处理
细点划线	—— · —— · ——	$d/2$	轴线，对称中心线，孔系分布的中心线分度圆(线)
粗点划线	—— · —— · ——	d	限定范围表示线
细双点划线	—— · · —— · · ——	$d/2$	相邻辅助零件的轮廓线 极限位置的轮廓线，中断线

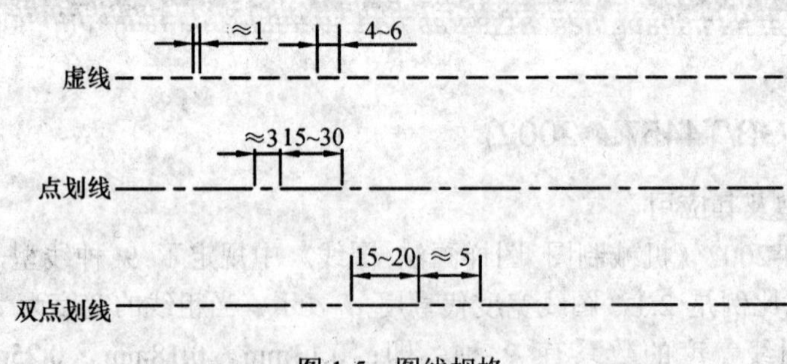

图 1-5　图线规格

(2) 绘制点画线和双点画线时，首末两端及相交处应是线段而不是短画，超出图形轮廓 2mm～5mm。在较小的图形上绘制点画线和双点画线有困难时，可用细实线代替。

(3) 虚线与虚线相交，或与其他图线相交时，应以线段相交，当虚线为粗实线的延长线时，应留有间隙，以示两种不同线型的分界线。

绘制图线应注意的问题见图 1-6。

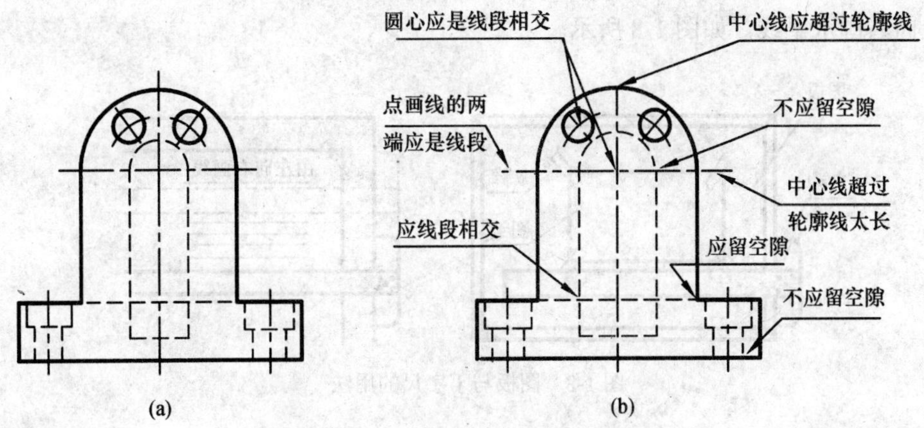

图 1-6 画点画线和虚线应遵守的画法

(a) 正确；(b) 错误。

图线应用示例如图 1-7 所示。

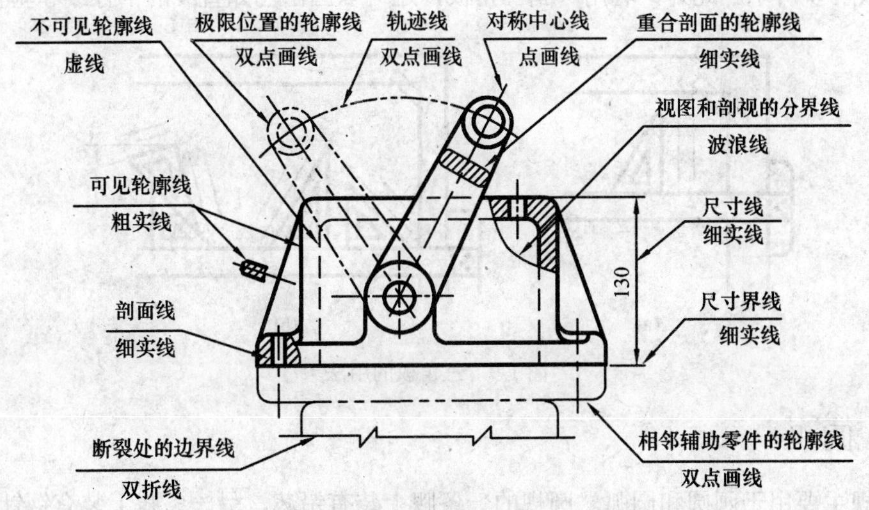

图 1-7 图线应用实列

1.2 绘图工具及其使用

正确使用绘图工具和仪器，是保证绘图质量、提高绘图效率的一个重要方面。为此，必须养成正确使用绘图工具及仪器的良好习惯。

常用的绘图工具及仪器有图板、丁字尺、三角板、圆规、分规、曲线板、铅笔等。

1.2.1 图板和丁字尺

图板用作画图时的垫板以铺放、固定图纸，其板面必须平整、光滑，周边应平直，绘图时用胶带纸将图纸固定在图板上。丁字尺由尺头和尺身组成，与图板配合使用，主要用来画水平线。使用时左手握尺头，使内侧边紧靠图板的左边上下滑动，沿尺身工作边由左向右画水平线，如图 1-8 所示。

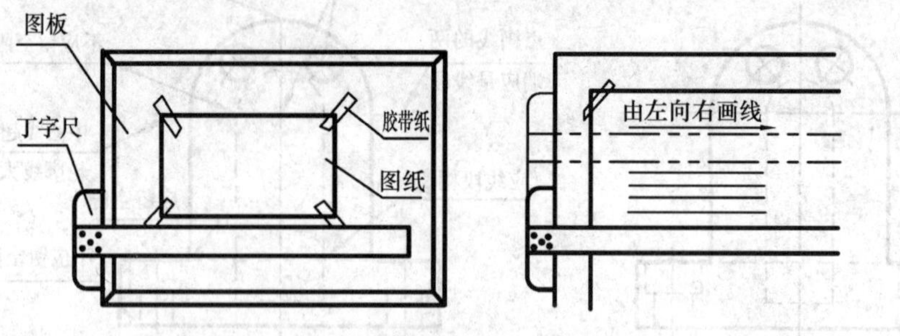

图 1-8　图板与丁字尺的用法

1.2.2　三角板

一副三角板有两块，一块是 45° 等腰直角三角形，另一块是 30° 和 60° 直角三角形。三角板与丁字尺配合使用，可画竖直线和 15° 、30° 、45°、60°、75° 的倾斜线，如图 1-9 所示。此外，利用一副三角板，还可以画出已知直线的平行线和垂直线。

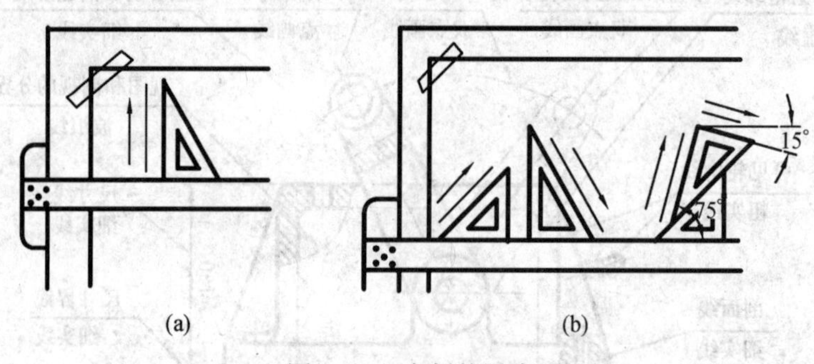

图 1-9　三角板的用法

1.2.3　圆规

圆规主要用于画圆和圆弧。圆规的一条腿上装有铅芯，另一条腿上装有钢针，钢针两端的形状不同，一端为台阶状，另一端为锥状，常用台阶状的那端做圆规用，锥状针尖做分规用。画大圆时需装延伸杆。使用时，针尖应比铅芯略长，钢针和铅芯垂直于纸面，特别在画大圆时更应如此。

1.2.4　分规

分规用来量取线段、等分线段和截取尺寸。分规两腿均装有锥形钢针。为了量取尺寸准确，分规的两针尖应平齐。

1.2.5　铅笔

绘图用铅笔的铅芯分别用 B 和 H 表示软、硬程度，B 前的数字越大表示铅芯越软，H 前的数字越大则铅芯越硬。绘图时根据不同使用要求，应备有以下几种铅笔：B 或

2B——画粗实线用；H 或 HB——写字用；H 或 2H——画细线用。画粗实线的铅笔芯磨成矩形，其余可磨成锥形。

1.2.6 曲线板

曲线板用来画非圆曲线。作图时，应先徒手将曲线上各点轻轻连接起来，然后，从一端开始选择曲线板上与所画曲线吻合的部分，沿曲线板逐段画出，每画一段时，至少应有三个点与曲线板上某一段重合，并与上次画出的曲线段重合一部分，以保证曲线圆滑，如图 1-10 所示。

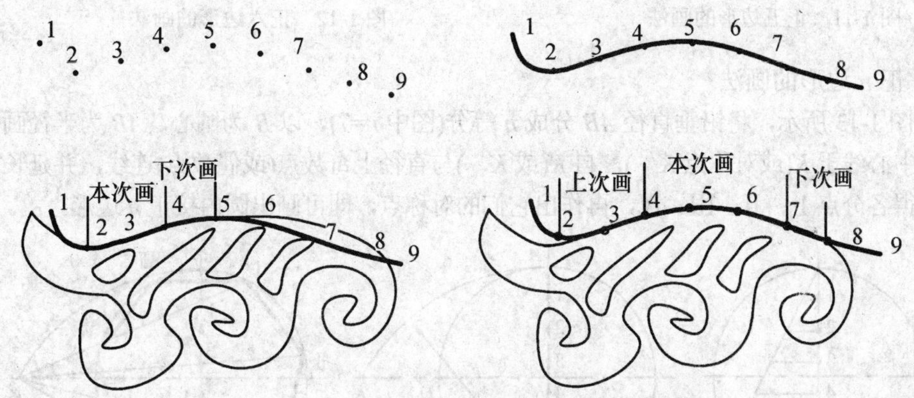

图 1-10 曲线板的用法

1.2.7 其他用品

绘图时，还需要橡皮、小刀、擦图片、量角器、胶带纸和修磨铅芯的细砂纸等。

1.3 几何作图

机械图样中轮廓线千变万化，但它们基本上都是由直线、圆弧和其他一些曲线所组成的几何图形。为确保绘图质量和效率，除了要正确使用绘图工具和仪器外，还要熟练掌握常用的几何作图方法。

1.3.1 等分圆周作内接正多边形

1. 正五边形的画法

如图 1-11 所示，作出水平线 *ON* 的中点 *M*，以 *M* 为圆心、*MA* 为半径画弧，交水平线于 *H*，以 *AH* 为边长，即可作出圆内接正五边形。

2. 正六边形的画法

如图 1-12 所示，用 60° 三角板配合丁字尺通过水平直径的端点作平行线，可画出四条边，再以丁字尺作上、下水平边，即可画出圆内接正六边形。

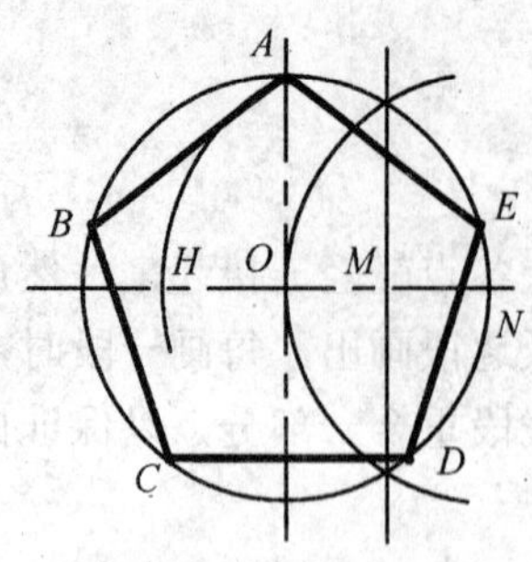

图 1-11　正五边形的画法

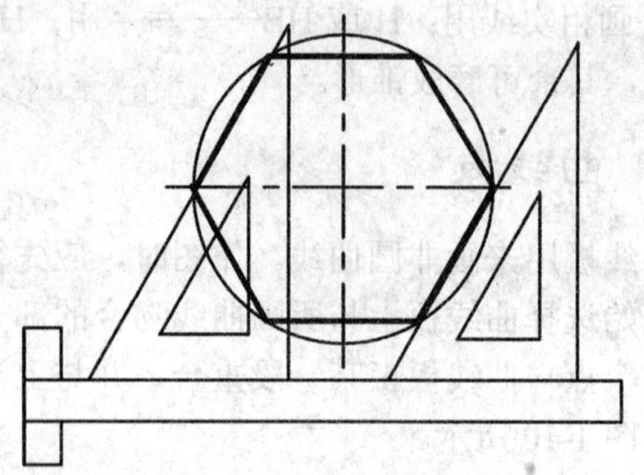
图 1-12　正六边形的画法

3. 正 *n* 边形的画法

如图 1-13 所示，将铅垂直径 *AB* 分成 *n* 等分(图中 *n*=7)，以 *B* 为圆心、*AB* 为半径画弧，交水平中心线于 *K*(或对称点 *K*′)，自 *K*(或 *K*′)与直径上奇数点(或偶数点)连线，并延长至圆周，即得各分点Ⅰ、Ⅱ、Ⅲ、Ⅳ，再作出它们的对称点，即可画出圆内接正 *n* 边形。

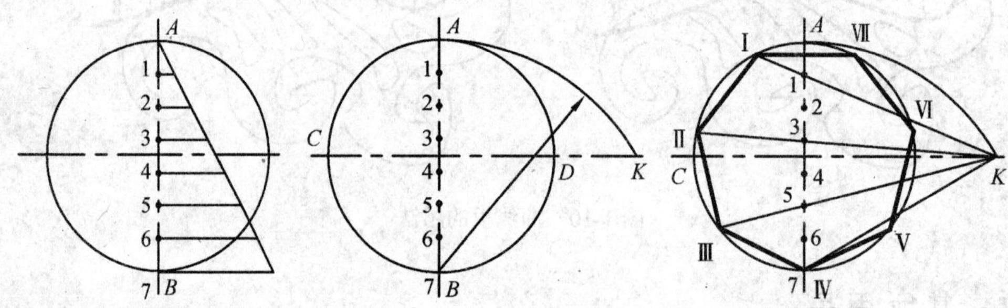

图 1-13　正 *n* 边形的画法(*n*=7)

1.3.2　斜度和锥度

1. 斜度的画法

斜度是指一直线(或平面)对另一直线(或平面)的倾斜程度，其大小为该两直线(或平面)间夹角的正切值，在图样中以 1∶*n* 的形式标注，如图 1-14(a)所示。斜度符号的画法如图 1-14(b)所示。斜度 1∶6 的作法：由点 *A* 在水平线 *AB* 上取 6 个单位长度得点 *D*，过 *D* 点作 *AB* 的垂线 *DE*，取 *DE* 为 1 个单位长，连 *AE* 即得斜度为 1∶6 的直线。标注斜度时，符号的方向应与倾斜方向一致。

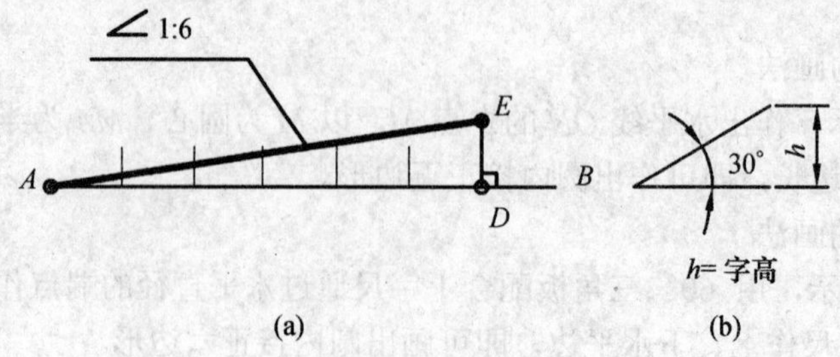

图 1-14　斜度

(a) 作图方法及其标注；(b) 符号。

2. 锥度的画法

锥度是指正圆锥底圆直径与圆锥高度之比，在图样中也用 1∶n 的形式标注，如图 1-15(a)所示。锥度符号的画法如图 1-15(b)所示。锥度 1∶6 的作法：由点 S 在水平线上取 6 个单位长得点 O，过 O 点作 SO 的垂线，分别向上和向下量取半个单位长度，得 A、B 两点，分别过 A、B 与点 S 相连，即得 1:6 的锥度。标注锥度时，符号方向应与锥度方向一致。

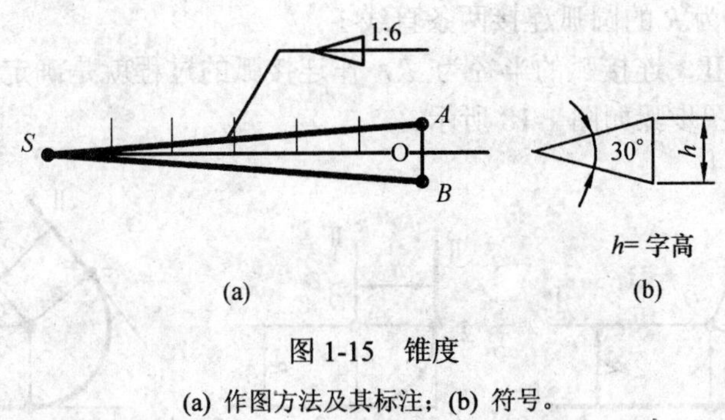

图 1-15　锥度

(a) 作图方法及其标注；(b) 符号。

1.3.3　椭圆的画法

1. 同心圆法

如图 1-16 所示，以 O 为圆心，以长轴 AB 和短轴 CD 为直径画同心圆，过圆心 O 作一系列直径与两圆相交，自大圆的交点作短轴的平行线，自小圆的交点作长轴的平行线，其交点就是椭圆上的各点，用曲线板将这些点光滑地连接起来，即得椭圆。

2. 四心圆弧法

如图 1-17 所示，连长、短轴的端点 A、C，以 C 为圆心、CE 为半径画弧交 AC 于 E' 点，作 AE' 的中垂线与两轴分别交于 O_1、O_2，并作 O_1 和 O_2 的对称点 O_3、O_4，最后分别以 O_1、O_2、O_3、O_4 为圆心，O_1A、O_2C、O_3B、O_4D 为半径画圆弧，这四段圆弧就近似地代替了椭圆，圆弧间的连接点为 K、N、N_1、K_1。

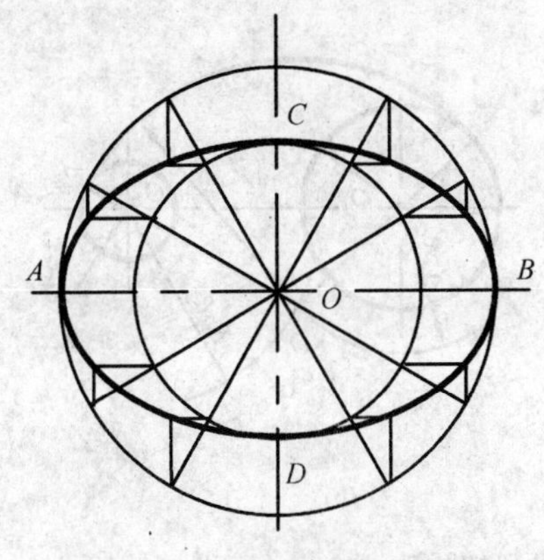

图 1-16　用同心圆法作椭圆

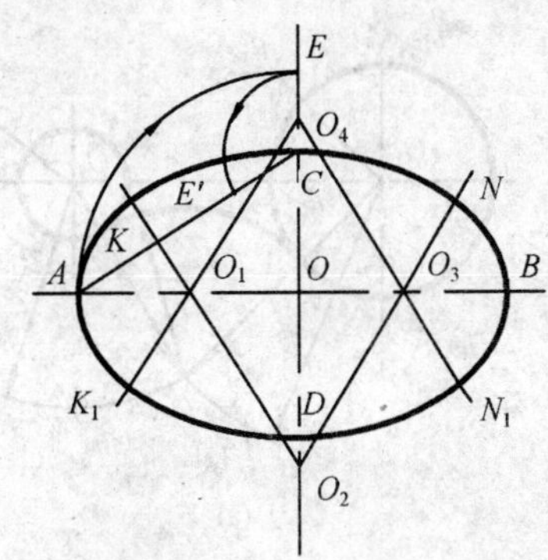

图 1-17　用四心圆弧法作椭圆

1.3.4 圆弧连接

在绘图时，经常会遇到用圆弧来光滑连接已知直线或圆弧的情况，光滑连接也就是在连接处相切。为了保证相切，在作图时就必须准确地作出连接圆弧的圆心和切点。

圆弧连接有三种情况：用已知半径的圆弧连接两条直线；用已知半径的圆弧连接两圆弧；用已知半径的圆弧连接一直线与一圆弧。

1. 用已知半径为 R 的圆弧连接两条直线

已知直线Ⅰ、Ⅱ，连接弧的半径为 R，作连接弧的过程就是确定连接弧的圆心和连接点的过程，其作图步骤如图 1-18 所示。

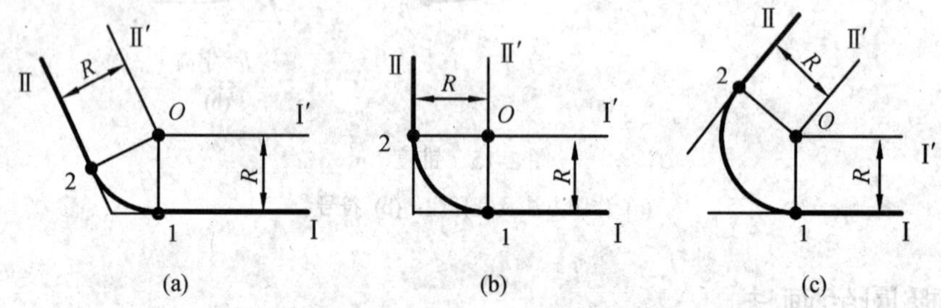

图 1-18　用圆弧连接两已知直线

(1) 求连接弧的圆心。分别作与已知两直线相距为 R 的平行线Ⅰ′、Ⅱ′，其交点 O 即为连接弧圆心。

(2) 求连接弧的切点。过 O 点分别向直线Ⅰ、Ⅱ作垂线，垂足 1、2 即为切点。

(3) 以 O 为圆心，以 R 为半径在切点 1、2 之间作弧，即完成连接。

2. 用已知半径为 R 的圆弧同时外切两圆弧(图 1-19(a))。

(1) 求连接弧的圆心。分别以 R_1+R 及 R_2+R 为半径，以 O_1 及 O_2 为圆心，作两圆弧交于点 O，O 即为连接弧的圆心。

(2) 求连接弧的切点。连接 O、O_1 交已知圆弧于点 1，连接 O、O_2 交已知圆弧于点 2，1、2 即为切点。

(3) 以 O 为圆心，以 R 为半径，在两切点 1、2 之间作弧，即完成连接。

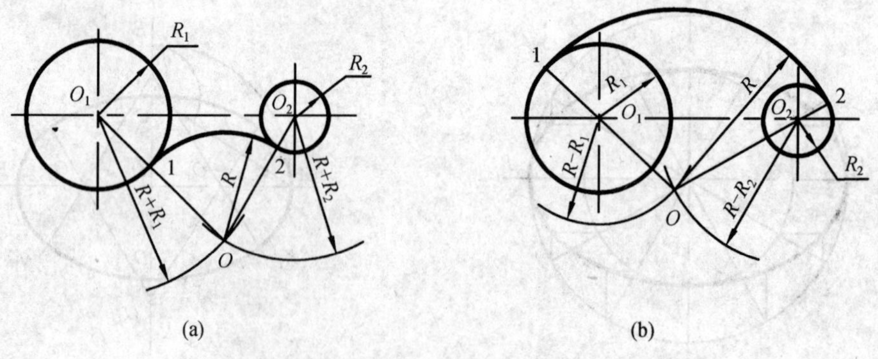

图 1-19　用圆弧连接两已知圆弧

3. 用已知半径为 R 的圆弧同时内切两圆弧(图 1-19(b)。

(1) 求连接弧的圆心。分别以 $R-R_1$ 及 $R-R_2$ 为半径，O_1 及 O_2 为圆心，作两圆弧交于点 O，O 即为连接弧的圆心。

(2) 求连接弧的切点。连接 O、O_1 并延长交已知圆弧于点 1，连接 O、O_2 并延长交已知圆弧于点 2，1、2 即为切点。

(3) 以 O 为圆心、R 为半径，在两切点 1、2 之间作弧，即完成连接。

4. 用已知半径为 R 的圆弧连接一直线与一圆弧

已知圆心为 O_1，半径为 R_1 的圆弧和一直线，用半径为 R 的圆弧将其圆滑连接起来，其作图步骤如图 1-20 所示。

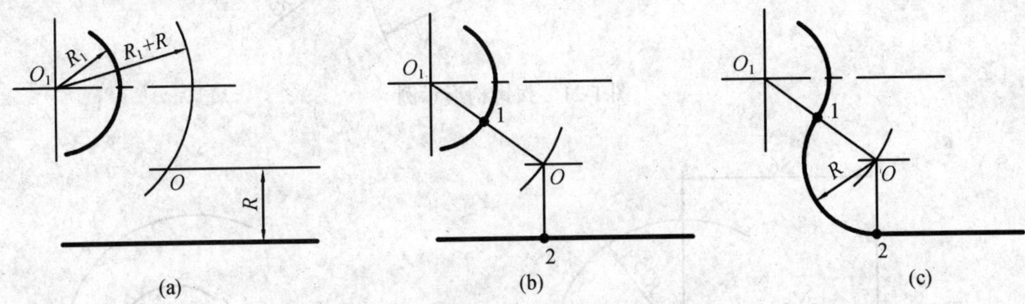

图 1-20　用圆弧连接已知圆弧和直线

1.4　平面图形的分析和画法

任何机件的视图都是平面图形，而平面图形又是由很多的直线段和曲线段连接而成。因此，掌握平面图形的分析方法，对于正确而迅速地绘制图样起着决定性的作用。

1.4.1　平面图形的分析

平面图形通常由各种不同线段(包括直线段、圆弧和圆)组成。画图时，要先对平面图形的线段进行分析，弄清楚哪些是已知线段，可以直接画出，再找出哪些是中间线段，必须根据与相邻线段的连接关系，最后确定连接线段，求出连接圆弧的切点和圆心，方能画出。如图 1-21 所示，半径为 $R25$、$R52$、$R10$ 的圆弧和直径为 $\Phi12$ 的圆为已知圆弧，半径为 $R12$ 的圆弧为中间圆弧，半径为 $R3$ 的圆弧是连接圆弧，两条公切线是连接直线。

1.4.2　平面图形的画法

画图时，应先画已知线段，再画中间线段，最后画连接线段。以图 1-35 拨钩构形图为例，画图步骤如下：

(1) 画已知圆弧(图 1-22(a))。

(2) 画半径为 $R12$ 的中间弧(与半径为 $R52$ 的已知弧内切)：以 O 为圆心，以 $R40$ 为半径画圆弧与过 O_1 的水平线相交，交点 O_2 为 $R12$ 圆弧的圆心；连线段 OO_2，其延长线与半径为 $R52$ 的圆弧的交点 A 即为切点；画半径为 $R12$ 的圆弧(图 1-22(b))。

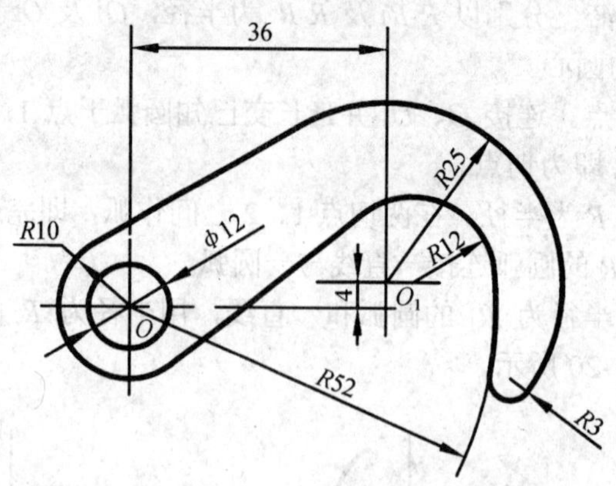

图 1-21 拨钩构形示例

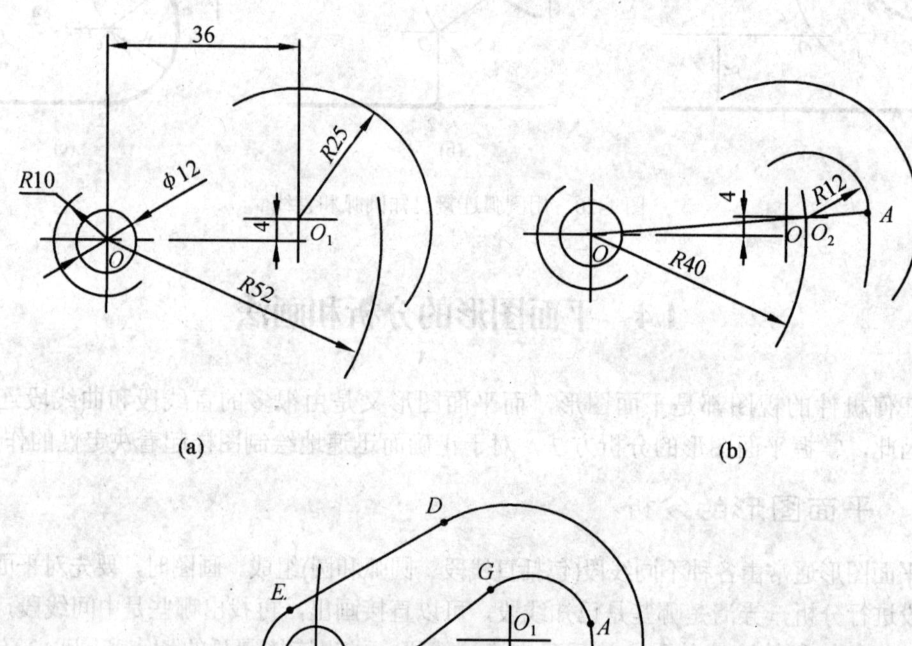

图 1-22 拨钩构形作图过程

(3) 画半径为 $R3$ 的连接弧(与半径 $R52$ 的圆弧外切，与半径为 $R25$ 的圆弧内切)(图 1-22(c))。

(4) 画两条公切的直线段(半径分别为 $R10$、$R25$ 的圆弧的公切线 ED，半径分别为 $R10$、$R12$ 的圆弧的公切线 FG)(图 1-22(c))。

(5) 检查、描深并标注尺寸(图 1-21)。

1.5 徒手绘制草图

草图是不用绘图仪器，以徒手、目测的方法绘制出的图样。草图主要用于表达设计开始阶段的初步方案和设想、计算机绘图底稿、零部件的测绘、维修及进行技术交流等，具有很大的实用价值。工程技术人员必须具备徒手绘制草图的能力。草图尽管是徒手绘制，但决不是潦草的图，徒手绘图也应做到图线清晰、比例匀称、投影正确、字体工整。画草图时一般选用中等硬度的铅笔，如 HB 或 B 较合适。为便于控制尺寸大小，提高画草图的质量和速度，经常在方格纸上画草图，或将方格纸垫在透明性能较好的图纸下面。当徒手绘制草图时，图纸不要求固定在图板上，应将图纸放在走笔最顺手的位置上，为作图方便可任意转动或移动。

1.5.1 徒手画线的方法

1. 画直线

水平线应自左向右、垂直线应从上向下，小手指压住纸面，眼睛看着画线的终点，手腕轻轻靠着纸面随线移动，不要转动。画长斜线时，可将图纸略转动，使画线方向更为顺手。画水平线和垂直线时，要充分利用方格纸的线条，画 45° 斜线时，应利用方格纸的对角线方向，如图 1-23 所示。

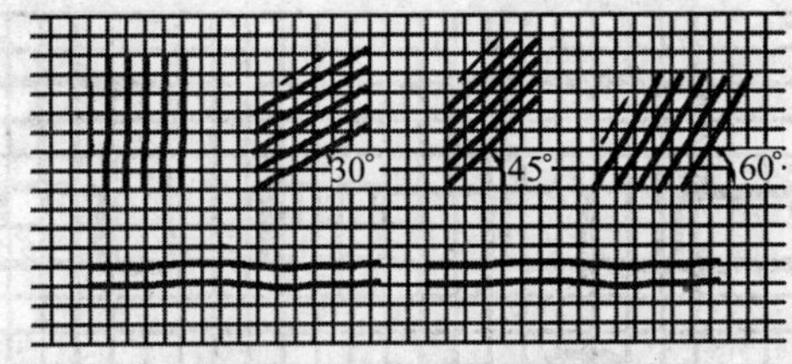

图 1-23　直线的画法

2. 画圆和圆弧

(1) 画圆时，应先画两条互相垂直的中心线，定出圆心位置，再根据半径用目测在中心线上定出四个端点，然后圆滑连接成圆形，如图 1-24(a)所示。当圆的直径较大时，可以通过圆心再增画两条 45° 斜线，在斜线上找出四个半径的端点，然后依次圆滑连接这些端点即成圆形，如图 1-24(b)。

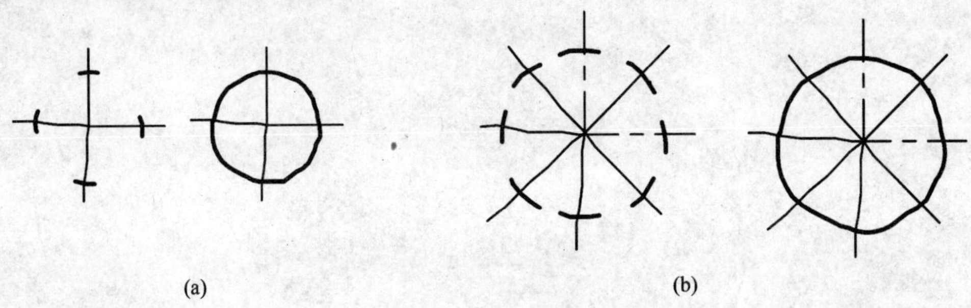

图 1-24　圆的画法

(a) 小圆的画法；(b) 大圆的画法。

(2) 画圆弧时，先用目测在分角线上选取圆心位置，使它与角的两边的距离等于圆角的半径。过圆心向两边引垂线定出圆弧的起点和终点，并在分角线上也定出圆弧上的一点，然后徒手把这三点圆滑连接起来，即画出圆弧，如图 1-25 所示。

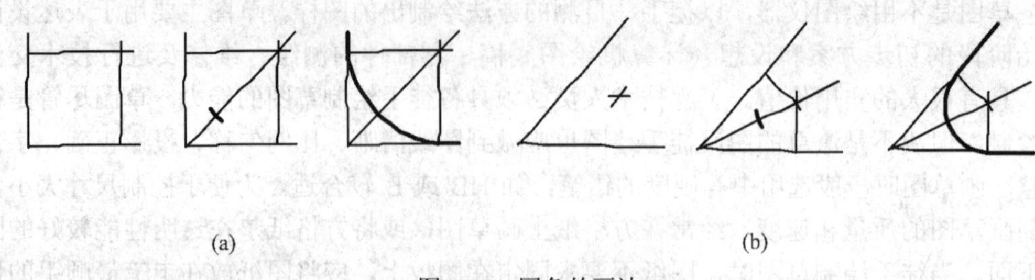

图 1-25　圆角的画法

(a) 画 90° 圆弧；(b) 画任意角圆弧。

1.5.2　绘制零件草图

在绘制比较复杂的草图时，应先根据目测确定各部分大体上的相对比例，然后再每部分详细画出。图 1-26 是绘制零件草图的示例。初学者可在方格纸上绘制草图，利用方格纸上的线条和图框，来控制图线的平直和图形的大小，经过一段时间的练习后，就可以在空白的图纸上画出比例匀称、图面工整的草图了。

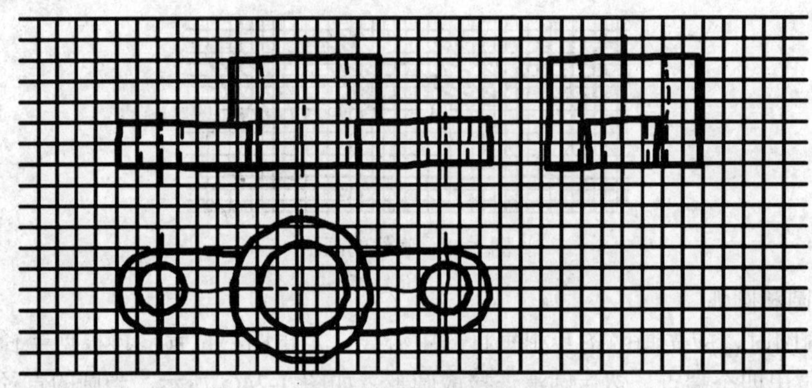

图 1-26　草图示例

第 2 章　点、直线及平面的投影

点、直线及平面是物体表面的基本几何要素。物体表面的投影是以点、直线及平面的投影为基础的。本章着重阐述点、直线及平面的投影性质和投影规律。

2.1　投影法的基本知识

2.1.1　投影的概念

物体在光源的照射下，会在选定的面上产生图像，此图像为物体在该面上的影子，这个影子在某种程度上反映了物体的形状。将这种现象引入到工程上，对其加以定义和规范，便形成了投影法、投影(投影图)。

投射线通过物体，向选定的面投射，并在该面上得到图形的方法称为投影法；根据投影法得到的图形叫做投影(投影图)。

如图 2-1 所示，设空间有一平面 *P*，平面外有一定点 *S*(光源)。若把空间点 *A* 投射到平面 *P* 上，可连接 *SA* 并延长与平面 *P* 交于 *a*，点 *a* 称为空间点 *A* 在平面 *P* 上的投影，*P* 为投影面，*S* 为投影中心，*SAa* 为投射线。

投影法一般分为两类：中心投影法和平行投影法。

1. 中心投影法

如图 2-2 所示，一组投射线都通过投影中心，有如灯光光源照射物体形成影子，称此投影法为中心投影法。

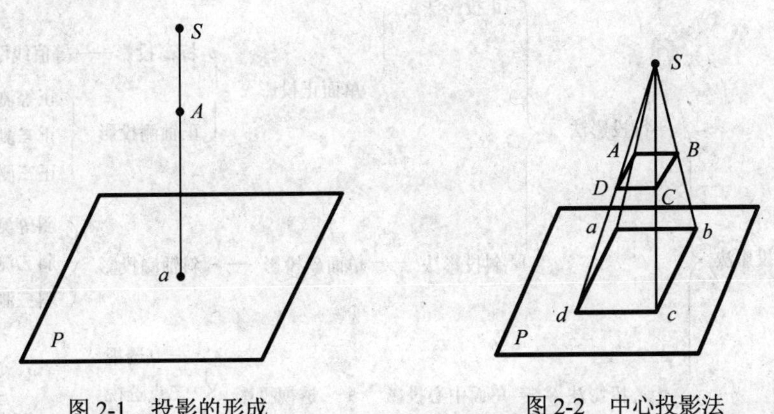

图 2-1　投影的形成　　图 2-2　中心投影法

2. 平行投影法

如图 2-3 所示，一组投射线相互平行，有如太阳光光源照射物体形成影子，称此投影法为平行投影法。

平行投影法分为两种。

(1) 正投影法：投射线方向垂直于投影面，如图 2-3(a)所示。

(2) 斜投影法：投射线方向倾斜于投影面，如图 2-3(b)所示。

用正投影法确定空间几何形体在平面上的投影，能正确反映其几何形状和大小，作图简便，所以在画法几何和工程制图中得到广泛应用。本书主要采用正投影法。

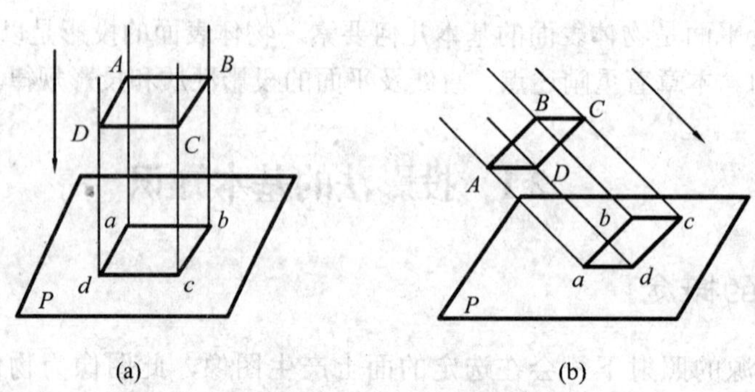

图 2-3　平行投影法

2.1.2　工程上常用的投影法

工程上常用的投影法可以根据投射线的类型(平行或相交)、投射线与投影面的相对位置(垂直或倾斜)及物体的主要平面与投影面的相对位置(平行或倾斜)而分类，如图 2-4 所示。

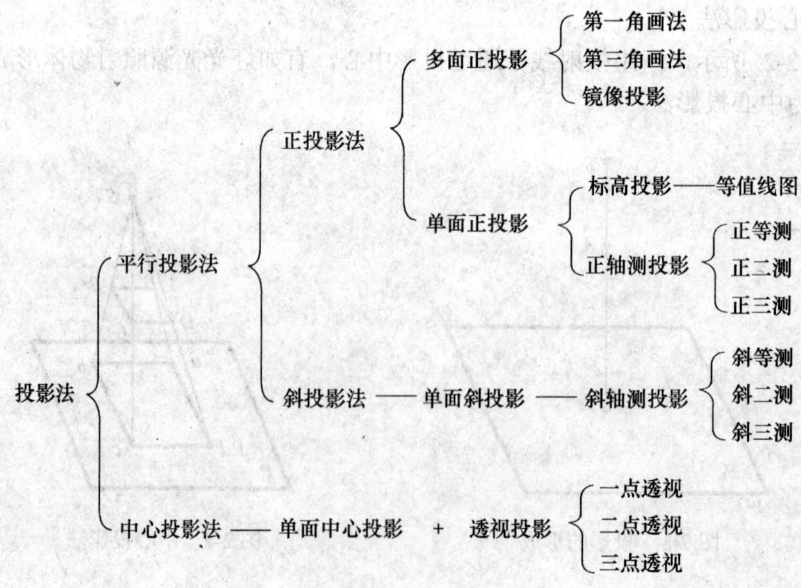

图 2-4　投影法分类

为了能够对物体的多个表面进行表达，利用正投影法时，多采用添加多个投影面形成多面正投影图，如图 2-5(a)所示。多面正投影的最大优点在于能够表达物体的真实形状和大小，并且作图方便，因此在工程上得到了最广泛的应用。本课程主要学习这种投影法。

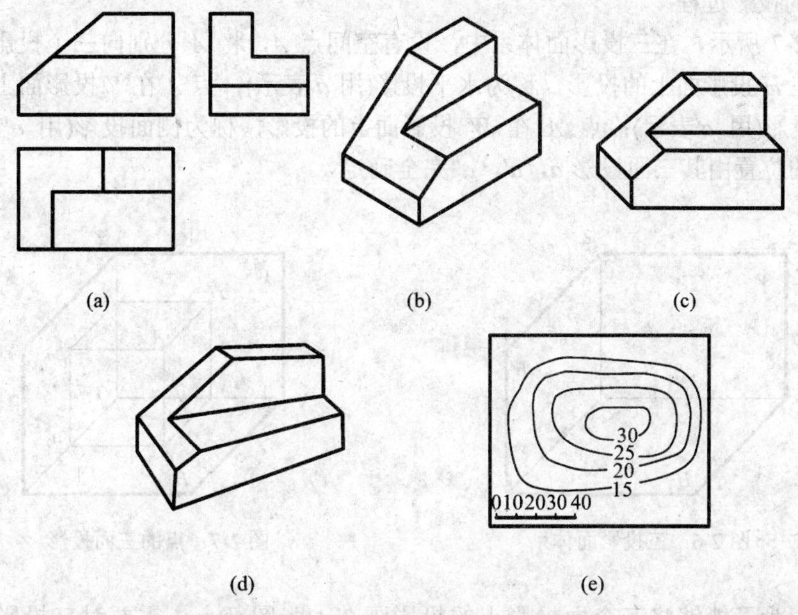

图 2-5　几种常用投影法的比较

(a) 多面正投影；(b) 正等轴测图；(c) 斜二等轴测图；(d) 二点透视图；(e) 标高投影图。

轴测投影图的表达优点在于立体感强，容易看懂，但画图麻烦，如图 2-5(b)、(c)。随着计算机绘图技术的发展，轴测图正逐渐得到更广泛的应用。这种投影图在工程上常配合正投影做辅助性表达。

透视图是根据中心投影法绘制的，这种图形不能反映物体的真实尺寸，但富有立体感，形象逼真，看起来比较自然，如图 2-5(d)。这种投影图目前主要用于建筑工程图上做辅助性表达。

标高投影是正投影法的一种，采用水平面作为投影面，主要用于地形图的绘制。图 2-5(e)所示是用标高投影绘制的地形图，图中数字为各等高线的高度。

2.2 点的投影

点是最基本的几何要素，本节着重介绍点的投影过程和投影规律。

2.2.1 点在三投影面体系中的投影

1. 三投影面体系

如图 2-6 所示，三投影面体系是用三个相互垂直的投影面构成的，其中一个处于水平位置，称为水平投影面，简称水平面，用 H 表示；一个为正立位置，称为正立投影面，简称正面，用 V 表示，第三个投影面与 H 面、V 面都垂直，称为侧立投影面，简称侧面，用 W 表示。相互垂直的三个投影面之间的交线称为投影轴。V 投影面与 H 投影面的交线称为 OX 轴；H 投影面与 W 投影面的交线称为 OY 轴；V 投影面与 W 投影面的交线称为 OZ 轴，三个投影轴的交点 O 称为原点。

2. 点的投影过程

如图 2-7 所示，在三投影面体系中，设有空间点 A，将 A 分别向三个投影面进行投影，则其在 H 投影面上的投影，称为水平投影(用 a 表示)；点 A 在 V 投影面上的投影，称为正面投影(用 a'表示)；点 A 在 W 投影面上的投影，称为侧面投影(用 a''表示)。于是，点 A 的位置由其三面投影 a，a'，a''完全确定。

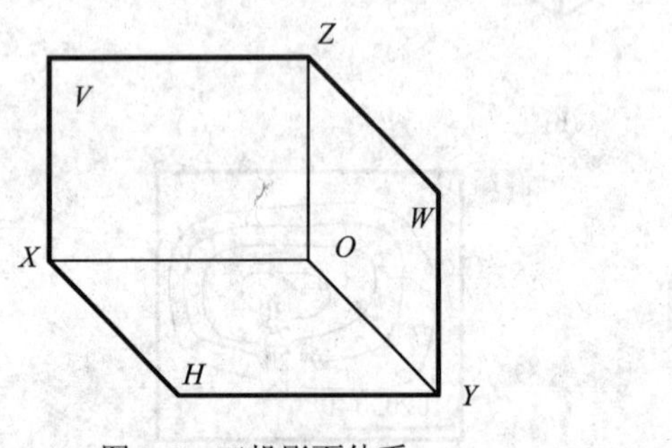

图 2-6　三投影面体系

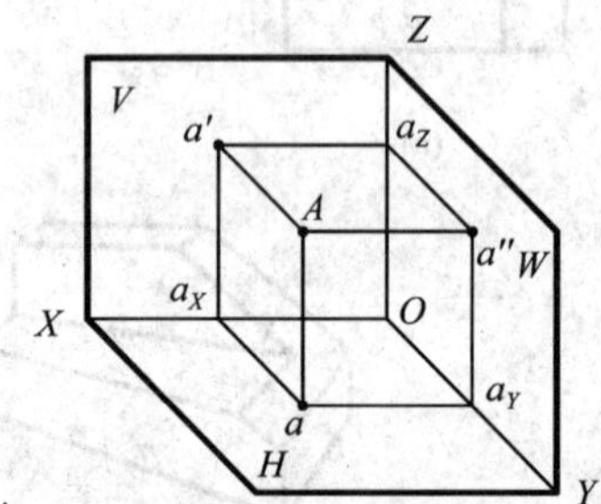

图 2-7　点的三面投影

同样，为了能够将三个面投影上的投影画在一张图纸上，需要对三投影面体系展开，其展开方法是：V 面不动，H 面绕 X 轴向下旋转，W 面绕 Z 轴向右旋转，各旋转 90º 与 V 面共面。如图 2-8(a)所示。

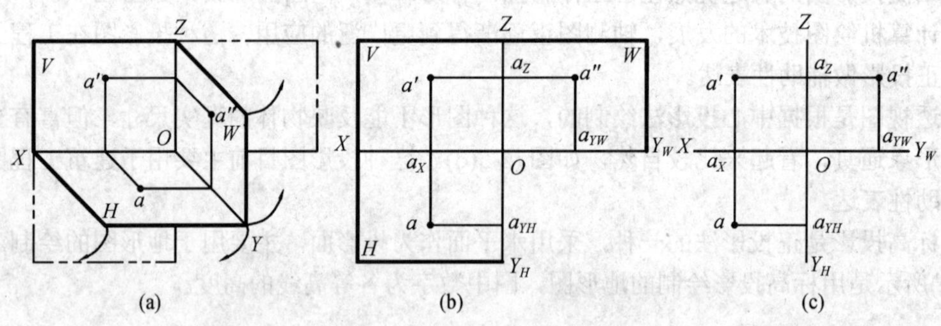

图 2-8　投影面的展开

由于 Y 轴为 H 面和 W 面所共有，故展开后分别属于 H 和 W 二投影面，以 OY_H 和 OY_W 表示。如图 2-8(b)。

为了简化作图，去掉各投影面的边框，以相交的投影轴表示三投影面，如图 2-8(c)所示，即 XOZ、XOY_H 和 ZOY_W 分别表示 V、H 和 W 投影面。由于 aa_X、$a''a_Z$ 都反映空间点 A 到 V 面的距离($aa_X=a''a_Z$)，为作图方便和解题的需要，通常自原点 O 引$\angle Y_HOY_W$ 的等分角线作为辅助线。

3. 三投影面体系中点的投影规律

由上所述，通过点的投影过程可总结出三投影面体系中点的投影规律如下：

(1) 点的正面投影 a'与其他二投影 a 和 a''连线分别垂直于 OX 轴和 OZ 轴，即 $a'a \perp OX$，$a'a'' \perp OZ$。

(2) 点的投影到各投影轴的距离，等于空间点到相应投影面的距离。即

$a'a_x = a''a_{YW} = Aa$ (点 A 到 H 面的距离)；

$aa_X = a''a_Z = Aa'$(点 A 到 V 面的距离)；

$a'a_Z = aa_{YH} = Aa''$(点 A 到 W 面的距离)。

(3) 点的水平投影到 OX 轴的距离等于点的侧面投影到 Z 轴的距离，即 $aa_X = a''a_Z$。

根据点的任意二投影和用点的投影规律可求出点的第三投影。

【例 2-1】 已知点 A 的正面投影 a'和水平投影 a，试求其侧面投影 a''。如图 2-9(a)所示。

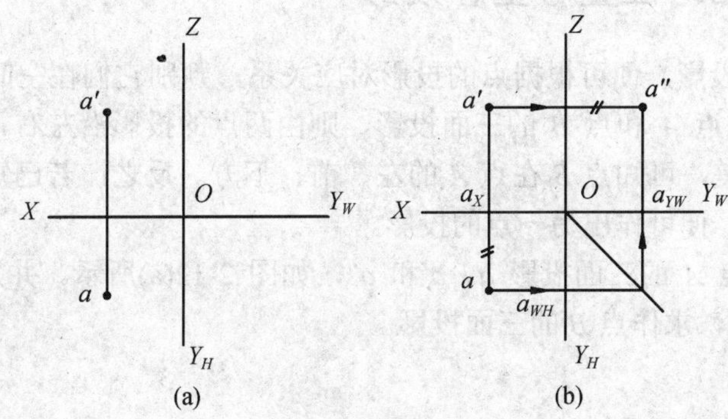

图 2-9　根据点的投影规律作图

(a) 初始条件；(b) 作图结果。

解：根据点的投影规律可知，a'和 a''连线垂直于 Z 轴,且 $a''a_Z = aa_X$,由此求得 a''。其作图方法如图 2-9(b)所示，自原点 O 引$\angle Y_WOY_H$等分角线，再自 a' 和 a''分别如箭头所示方向引线，其交点即为所求。

2.2.2　特殊点的投影

由于空间点所处位置不同，有的点的某一投影表现为特殊性，称这样的点为特殊点，一般有下面两种情况。

1. 投影面上的点

若点在某投影面上，则其投影特点为点距该投影面的距离为零，在该投影面上的投影与空间点重合，其另两投影在投影轴上。图 2-10(a)中，点 B 在 V 面上，根据点的投影规律，坐标点 B 到 V 面距离为零，b'与 B 重合，其水平投影 b 在 X 轴上，其侧面投影 b''在 Z 轴上，如图 2-10(b)所示。

2. 投影轴上的点

若点在投影轴上，即为二投影面所共有，其投影特点为在该二投影面上的投影与空间点重合，一个投影与原点 O 重合，如图 2-10(a)、(b)中的点 D。

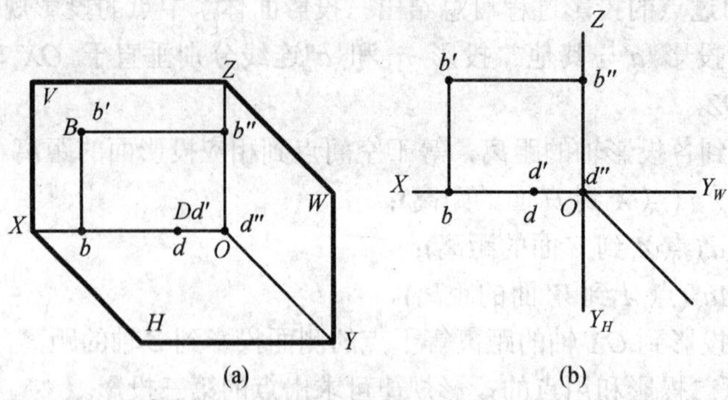

图 2-10　特殊点的投影

2.2.3　二点的相对位置与重合投影

若已知二点的投影，便可根据点的投影对应关系，判别它们在空间的相对位置。如图 2-11 所示，已知点 A 和点 B 的三面投影，则由两点的投影沿左右、前后、上下三个方向所反映的坐标差，可知点 B 在点 A 的左、前、下方。反之，若已知两点的相对位置及其中一点的投影，便可作出另一点的投影。

【例 2-2】已知点 A 的三面投影 a、a'和 a''，如图 2-12(a)所示。并知点 B 在 A 左方 10，下方 5，前方 5，求作点 B 的三面投影。

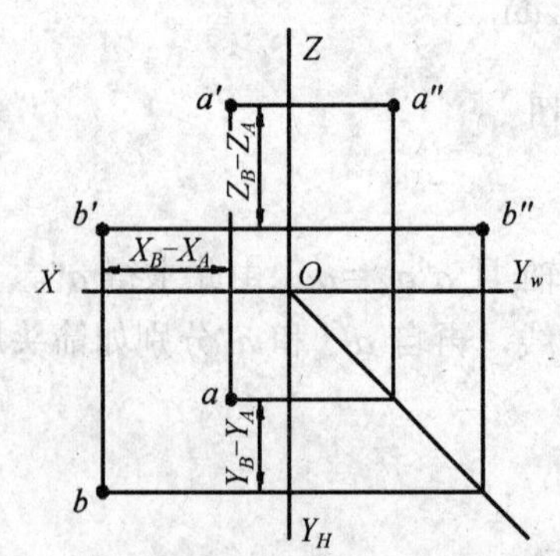

图 2-11　两点的相对位置

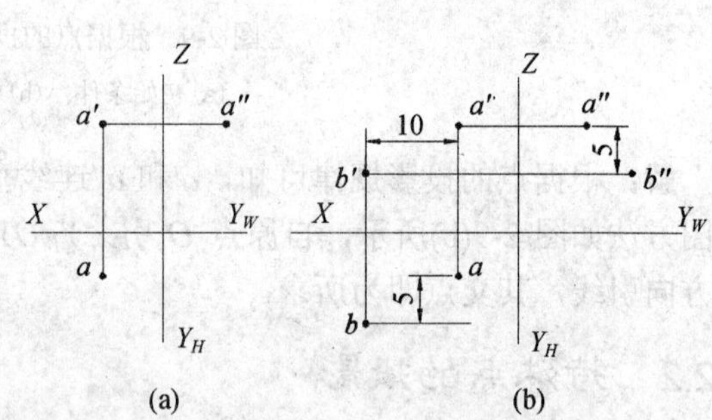

图 2-12　根据两点的相对位置作图

(a) 已知条件；(b) 作图结果。

把与投影面相垂直的同一条投射线上的两点称为该投影面的重影点，此两点在该投影面上的投影重合为一点，如图 2-13 中 E、F 两点，即为 V 面的重影点。

重影点在某投影面的重合投影，由于两点的相对位置关系而存在一个可见与不可见的问题。图 2-13 中，e'和 f'为重合投影。由其水平投影可知点 E 在前，点 F 在后，所以 e'为可见，f'为不可见，并以(f')表示。重合投影可见性的判别方法，就是利用具有坐标差的另一投影进行判断，并将不可见的投影加以小括号表示。

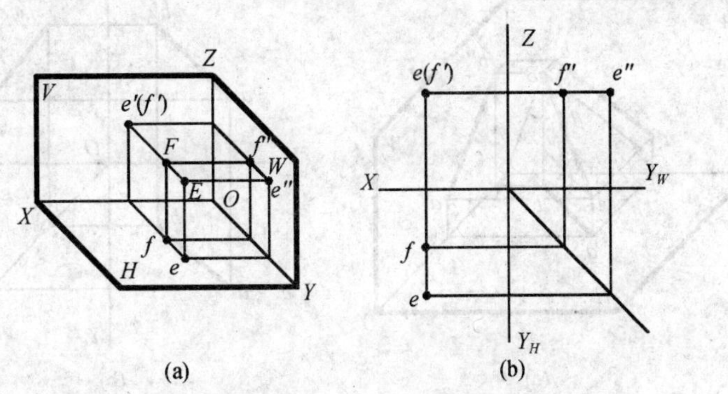

图 2-13　点的重合投影

2.3　直线的投影

2.3.1　直线的投影

根据“两点确定一直线”的几何条件，空间直线的投影可由直线上任意两点的投影确定。通常是取直线段两端点间连线表示，即作出直线上两端点投影后，将同面投影连接起来便得到直线的投影图。直线的投影一般仍为直线，当直线垂直于投影面时，其投影积聚为一点。如图 2-14 所示。

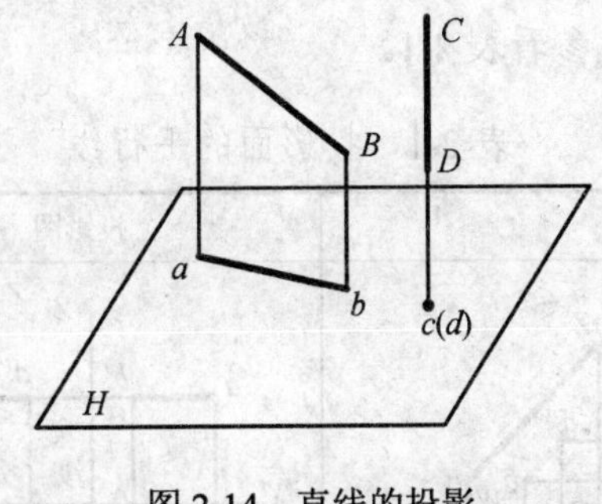

图 2-14　直线的投影

2.3.2　直线与投影面的相对位置及其投影特性

在三投影面体系中，根据直线与投影面的相对位置可将直线分为一般位置直线和特殊位置直线。下面分别介绍它们的投影特性。

1. 一般位置直线的投影

同时倾斜于三个投影面的直线称为一般位置直线，如图 2-15 中的直线 *AB*。一般位置直线对 *H*、*V*、和 *W* 三投影面的倾角分别以 α、β 和 γ 表示，于是有 $ab=AB\cos\alpha$，$a'b'=AB\cos\beta$，$a''b''=AB\cos\gamma$，由此可知一般直线的各投影均小于实长，且各投影与相应投影轴的夹角均不能反映在空间该直线与相应投影面的真实倾角。

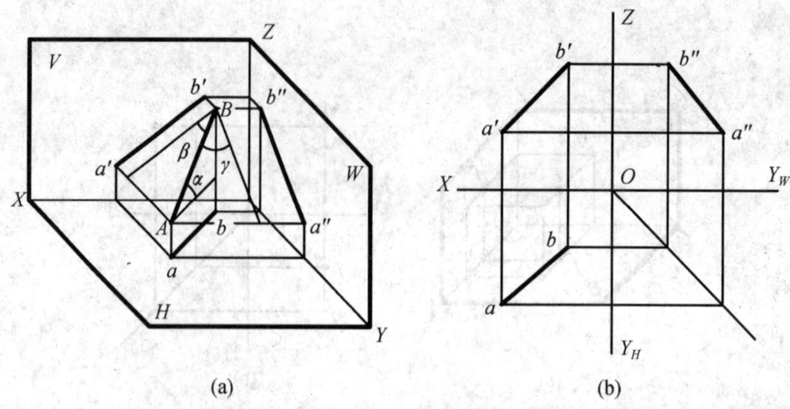

图 2-15　一般位置直线的投影

2. 特殊位置直线的投影

特殊位置直线可分为两类，即投影面平行线和投影面垂直线。

1) 投影面平行线

平行于一个投影面的直线称为投影面平行线。平行于 H 面的直线称为水平线；平行于 V 面的直线称为正平线；平行于 W 面的直线称为侧平线。因为投影面平行线上各点与其所平行的投影面距离相等，所以它具有如下投影性质：

(1) 直线在其所平行的投影面上的投影反映实长，该投影与二投影轴的夹角，分别反映直线对相应投影面的倾角；

(2) 直线的其余二投影平行于相应投影轴。

各平行线的投影性质，参看表 2-1。

表 2-1　投影面的平行线

名称	轴测图	投影图	投影性质
水平线			1. $ab=AB$ 2. $a'b'//OX$ $a''b''//OY$ 3. 反映 β 、γ 实角
正平线			1. $a'b'=AB$ 2. $ab//OX$ $a''b''//OZ$ 3. 反映 α 、γ 实角

(续)

名称	轴测图	投影图	投影性质
侧平线			1. $a''b''=AB$ 2. $a'b'//OZ$ $ab//OY_s$ 3. 反映 α、β 实角

2) 投影面的垂直线

垂直于投影面的直线称为投影面垂直线。垂直于 *H* 面的直线，称为铅垂线；垂直于 *V* 面的直线称为正垂线；垂直于 *W* 面的直线，称为侧垂线。因为某投影面的垂直线必同时平行于其余二投影面，所以它有如下投影性质：

(1) 直线在其所垂直的投影面上的投影积聚为一点；

(2) 直线的其余二投影垂直于相应投影轴且反映实长。

各垂直线的投影性质，参看表 2-2。

表 2-2 投影面的垂直线

名称	轴测图	投影图	投影性质
铅垂线			1. ab 积聚为一点 2. $a'b' \perp OX$ $a''b'' \perp OY_w$ 且 $a'b'=a''b''=AB$
正垂线			1. $a'b'$积聚为一点 2. $ab \perp OX$ $a''b'' \perp OZ$ 且 $ab=a''b''=AB$
侧垂线			1. $a''b''$积聚为一点 2. $ab \perp OY_s$ $a'b' \perp OZ$ 且 $ab=a'b=AB$

2.3.3　一般位置线段的实长和其对投影面的夹角的确定

由上面的讨论可知，一般位置直线的三投影无法直观地反映出该线段的实长及其对各投影面间的夹角，要确定一般位置线段的实长和其对投影面的夹角可以利用直角三角形法。

1．求线段的实长及其与 H 面的夹角

图 2-16(a)所示为一般位置线段 AB 的直观图，由于 Aa、Bb 都垂直于 H 面，因此 $ABab$ 是一个垂直于 H 面的平面，在这个平面里，过 A 作 AC 平行于 ab，则得一直角三角形 ABC。这个直角三角形的一个直角边 $AC=ab$，另一直角边为 AC，它等于 A、B 两点的 Z 坐标差，即 $BC=z_B-z_A$，斜边是线段 AB 的实长，$\angle BAC$ 等于线段 AB 与 H 面的夹角 α。这些都可以从已给线段的投影图上得到，因此利用线段的水平投影 ab 和两点的 Z 坐标差作为直角边，画出直角三角形，就可求出线段的实长和 α 角。

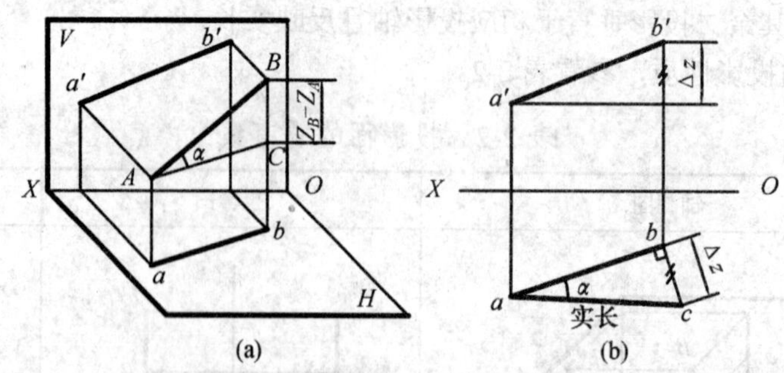

图 2-16　求线段的实长及其与 H 面的夹角

在投影图上的作图方法如下：如图 2-16(b)所示，以 ab 为一直角边，过点 b 作一直线垂直于 ab，在此直线上量取一点 c，使 $bc=z_B-z_A$，连接 ac 得直角三角形 abc，则 ac 就是线段 AB 的实长，ab 和 ac 所夹的角就是线段 AB 对 H 面的夹角 α。

2. 求线段的实长及其与 V 面的夹角

按上述所示的分析方法，利用线段 AB 的正面投影 $a'b'$为一直角边，以其两端点 A 和 B 的 y 坐标差为另一直角边作出直角三角形，可以求出线段的实长及其与 V 面的夹角 β 的实际大小，具体作图方法如图 2-17 所示。关于线段对 W 面夹角的求法，请读者自行分析。

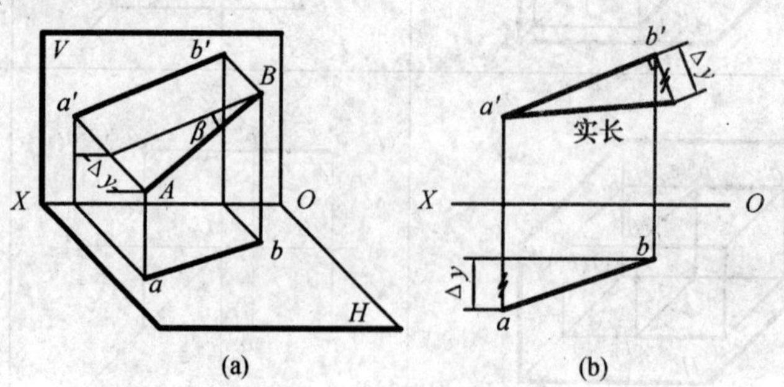

图 2-17　求线段的实长及其与 V 面的夹角

2.3.4 直线上的点

1. 从属性

若点在直线上，则该点的各投影必在该直线的同名投影上。反之，若点的各投影分别在直线的各同名投影上，则该点必在此直线上。

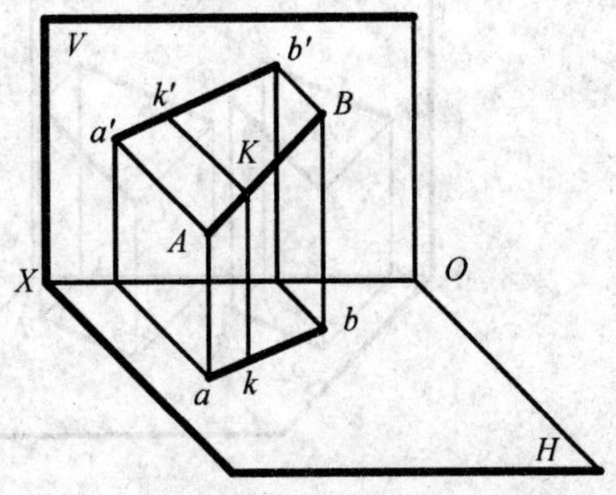

图 2-18 直线上的点

一般情况由点和直线的两面投影即可判断点是否在直线上。如图 2-18 所示，k 在 ab 上，k'在 $a'b'$上，则点 K 必在直线 AB 上。

2. 等比性

线段上的点分线段所成比例在其各投影上保持不变。若点 K 把 AB 线段分为 $AK:KB=1:2$，则 $AK:KB=a'k':k'b'=a''k'':k''b''=1:2$。反之亦成立。

【例 2-3】 已知线段 AB 和点 C 的正面投影和水平投影，问点 C 是否在线段 AB 上(图 2-19)。

解：可以采用两种方法判断，一种是画出侧面投影，另一种是用定比性进行判断。

方法 1：先画出线段 AB 的侧面投影 $a''b''$和点 C 的侧面投影 c''，然后看 c''是否在 $a''b''$上。从 2-19(a)的侧面投影可以看出，c''不在 $a''b''$上，因此 C 点不在线段 AB 上。

方法 2：应用点分线段成定比的投影特点，将线段 AB 的水平投影 ab 分成两段，使其等于 $a'b'$上线段 $a'c'$与 $c'b'$的比，得点 c_1，如图 2-19(b)所示，c 与 c_1 不重合，因此点 C 不在 AB 上。

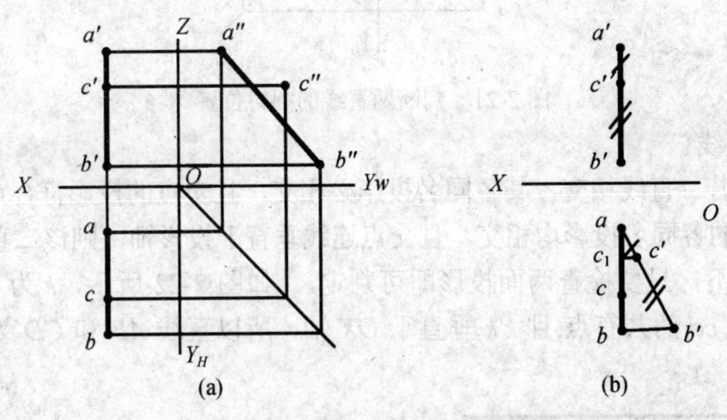

图 2-19 判断点是否在直线上

2.3.5 两直线的相对位置

两直线的相对位置，有平行、相交和交叉三种情况，前两种为同面二直线，后一种为异面二直线。

1. 平行二直线

判定条件：若二直线平行，其各同名投影必平行。反之，若二直线的各同名投影平行，则该二直线必平行。

若二直线均为一般位置直线时，只要检查两面投影即可判定，如图 2-20 所示，$ab // cd$，$a'b' // c'd'$，所以，$AB // CD$。若二直线为某投影面平行线时，视其在所平行的投影面上的投影是否平行而判定，如图 2-21 所示，虽然 $k'l' // m'n'$，$kl // mn$，但二直线均为侧平线，而侧面投影 $k''l'' \neq m''n''$，所以，$KL \neq MN$。

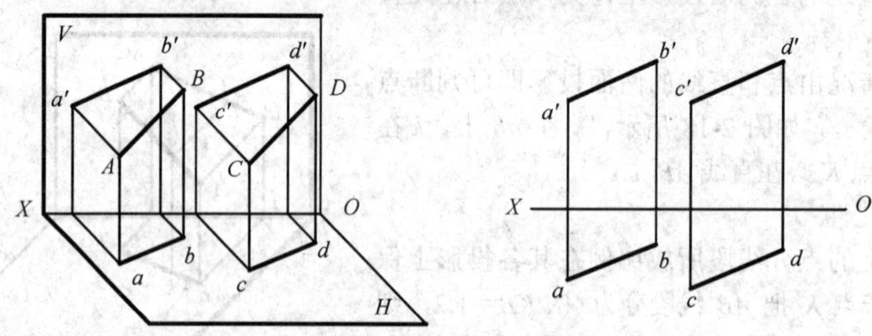

图 2-20　平行二直线

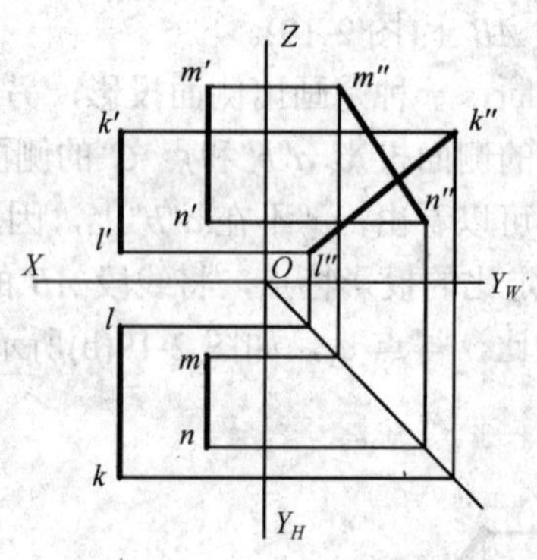

图 2-21　判断两直线的相对位置

2. 相交二直线

判定条件：若二直线相交，其各同名投影必相交，且交点的投影符合点的投影规律。反之，若二直线的各同名投影均相交，且交点连线垂直于投影轴，则该二直线必相交。

在一般情况下，只要检查两面投影即可判定，如图 2-22 所示，k'为 $a'b'$ 和 $c'd'$的共有点，k 为 ab 和 cd 的共有点,且 $k'k$ 垂直于 OX 轴，所以直线 AB 和 CD 为相交二直线，其交点为 K。

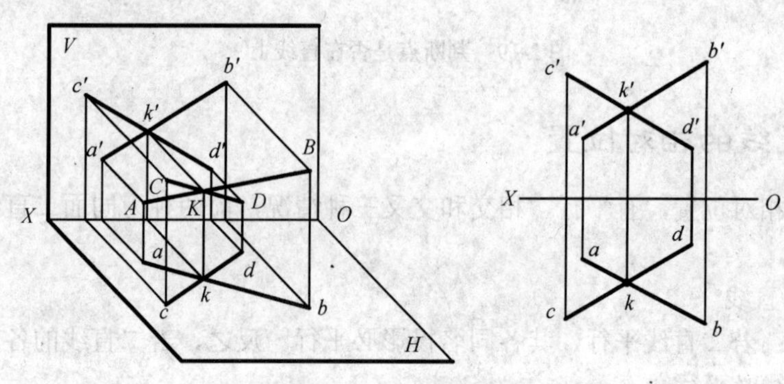

图 2-22　相交二直线

3. 交叉二直线

既不平行又不相交的二直线称为交叉二直线。

判定条件：在投影图上，若二直线的各同名投影不具有平行二直线的投影性质，也不具有相交二直线的投影性质，则可判定为交叉二直线。

图 2-23 为交叉二直线，交叉二直线出现重影点，根据重影点的可见性判别二直线空间的相对位置。图 2-23(b)中，其水平投影的交点 l(2)，为直线 *AB* 上点 I 和直线 *CD* 上点Ⅱ的水平重影点，因为点 I 的 *z* 坐标值大于点Ⅱ的 *z* 坐标值，所以就 *H* 面来说，直线 *AB* 遮挡直线 *CD*；同理，从正面重影点可以判别出水平投影点 3 在前，点 4 在后，所以就 *V* 面来说，直线 *CD* 遮挡直线 *AB*。

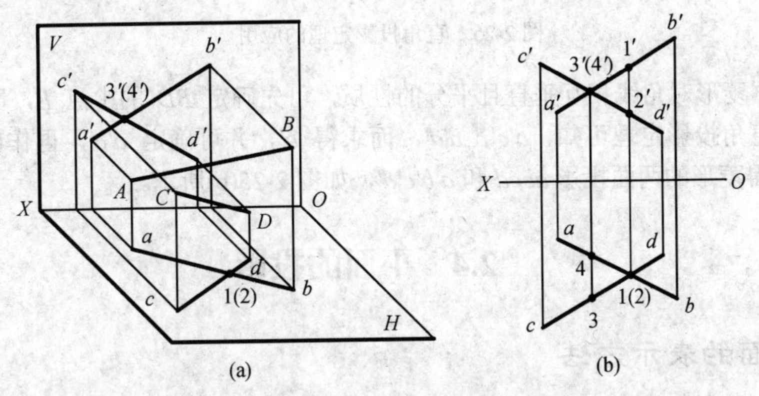

图 2-23　交叉二直线

2.3.6　直角投影定理

定理：垂直相交的两直线，若其中一直线平行于某投影面，则两直线在该投影面上的投影反映直角(图 2-24(a))。证明从略。

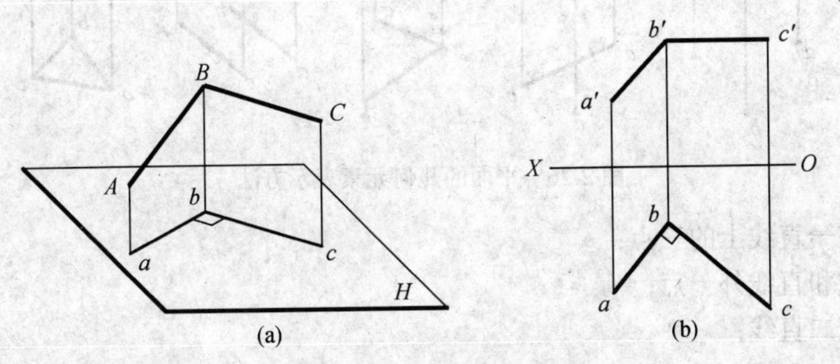

图 2-24　直角的投影特性

逆定理：若相交两直线在某投影面上的投影为直角，且其中一直线与该投影面平行，则该两直线在空间必相互垂直(图 2-24(b))。

【例 2-4】 已知菱形 *ABCD* 的对角线 *BD* 的投影 *bd*、*b′d′*，和另一对角线 *AC* 端点 *A* 的水平投影 a，如图 2-25(a)所示，试完成菱形的两面投影。

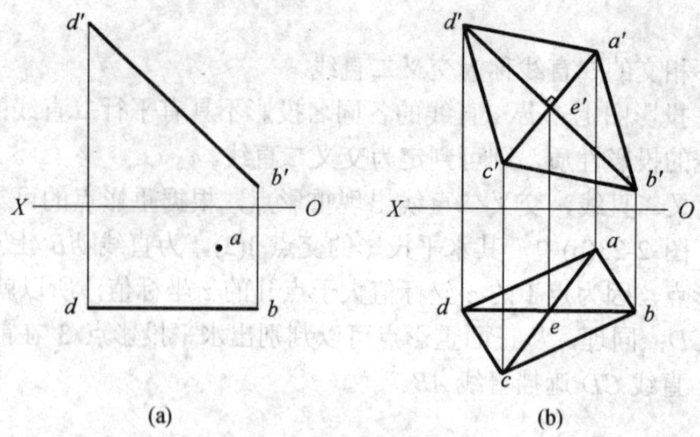

图 2-25　直角投影定理的应用

解：根据菱形对角线相互垂直且平分的性质，可先确定 *BD* 的中点 *E*，因 *BD* 是正平线，根据直角投影定理可知，*a′c′*⊥*b′d′*，而求得 *a′*，并可确定 *a′c′*，再作出其水平投影 *ac*，便可得菱形的两面投影 *abcd* 和 *a′b′c′d′*，如图 2-25(b)所示。

2.4　平面的投影

2.4.1　平面的表示方法

1. 几何元素表示法

在投影图上，通常用如下五组几何要素中的一组表示平面，如图 2-26 所示。

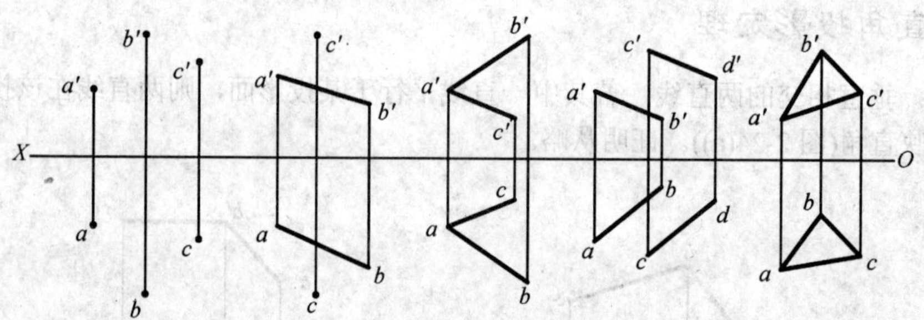

图 2-26　平面的几何元素表示方法

(1) 不在一直线上的三点；

(2) 直线和直线外一点；

(3) 相交二直线；

(4) 平行二直线。

任意平面图形(三角形、圆及其他图形)。

2. 迹线表示法

平面与投影面的交线称为平面的迹线。平面也可用它的迹线表示。如图 2-27(a)所示，P_H、P_V、P_W分别为 *P* 平面与 *H* 投影面、*V* 投影面及 *W* 投影面的交线，称 P_H为水平迹线，P_V为正面迹线，P_W为侧面迹线。一般位置平面用迹线表示的投影图如图 2-27(b)所示。

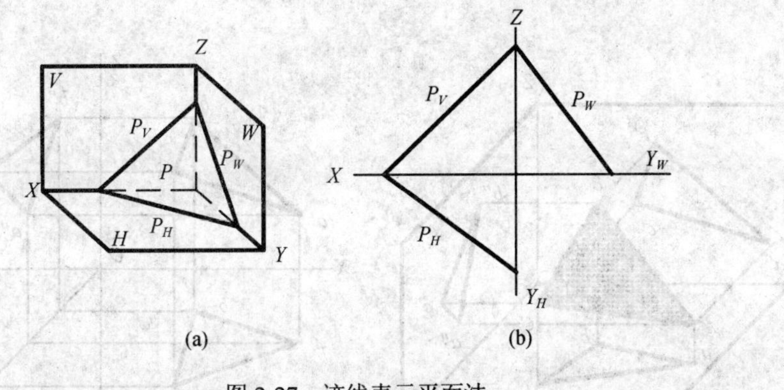

图 2-27　迹线表示平面法

下面介绍用迹线表示投影面垂直面和投影面平行面。画出它们所垂直的投影面上的迹线，该平面的空间位置即确定了。图 2-28(a)所示铅垂面 P 与 H 面的交线，即水平迹线 P_H。图 2-28(c)所示水平面 Q 与 V 面的交线，即正面迹线 Q_V。用迹线表示铅垂面和水平面如图 2-28(b)、(d)所示。其他的特殊位置平面的迹线表示法可类似得到。

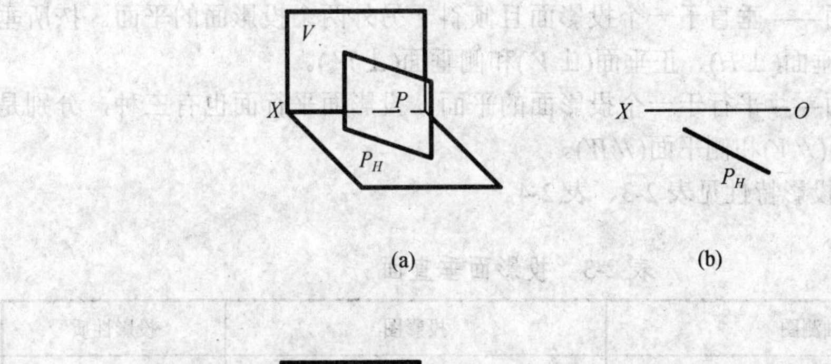

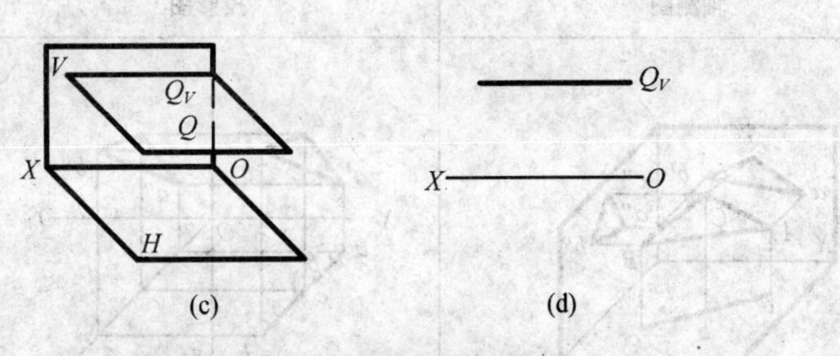

图 2-28　用迹线表示特殊位置平面

2.4.2　各种位置平面的投影特性

在三面投影体系中，平面对投影面的相对位置有一般位置和特殊位置。下面分别叙述它们的投影特性。

1. 一般位置平面

与三个投影面都倾斜的平面称为一般位置平面，平面与 H、V 和 W 面的倾角分别用 α、β、γ 表示。由于一般位置平面与三个投影面均倾斜，所以它们的投影仍是平面图形，且面积缩小，如图 2-29 中△ABC。

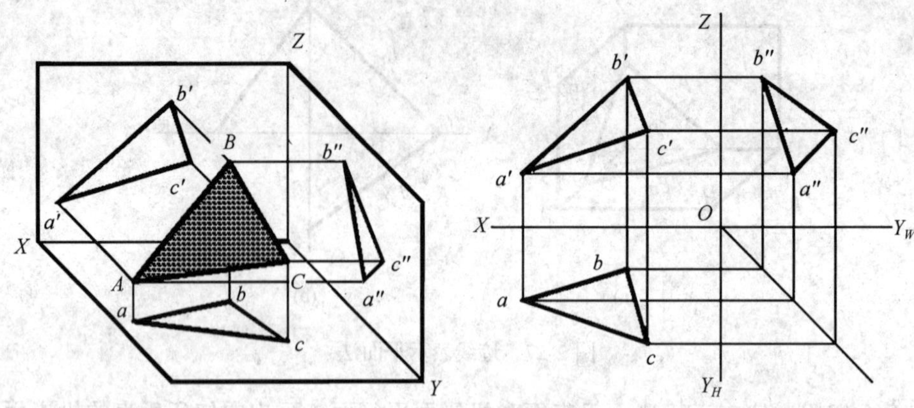

图 2-29 一般位置平面的投影

2. 特殊位置平面

特殊位置平面包括：

1) 投影面垂直面——垂直于一个投影面且倾斜于另外两个投影面的平面。按所垂直的投影面不同有铅垂面(⊥H)、正垂面(⊥V)和侧垂面(⊥W)。

2) 投影面平行面——平行于一个投影面的平面。投影面平行面也有三种，分别是水平面(//H)、正平面(//V)和侧平面(//W)。

特殊位置平面的投影特性见表 2-3、表 2-4。

表 2-3 投影面垂直面

名称	轴测图	投影图	投影性质
铅垂面			1. 水平投影积聚为一条直线且反映 β、γ 实角 2. V、W 面投影为缩小的三角形
正垂面			1. 正面投影积聚为一条直线且反映 α、γ 实角； 2. H、W 面投影为缩小的三角形

(续)

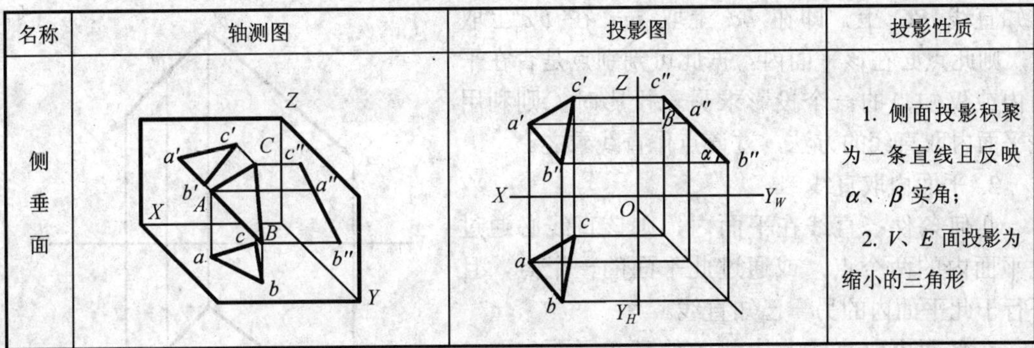

名称	轴测图	投影图	投影性质
侧垂面			1. 侧面投影积聚为一条直线且反映 α、β 实角； 2. *V*、*E* 面投影为缩小的三角形

表 2-4　投影面平行面

名称	轴测图	投影图	投影性质
水平面			1. 水平投影反映实形； 2. V 面投影积聚为直线且//*OX*，*W* 面投影积聚为一直线且//*OY*
正平面			1. 正面投影反映实形； 2. H 面投影积聚为一直线且//*OX*，W 面投影积聚为直线且//*OZ*
侧平面			1. 侧面投影反映实形； 2. V 面投影积聚为一直线且//*OZ*，H 面投影积聚为一直线且//*OY*

2.4.3　平面内的点和直线

1. 平面内取点

几何条件：点在平面内，则该点必在此平面内的一条直线上。

因此，在平面内取点，要取在平面内的已知直线上。图 2-30 为在相交二直线 *AB* 和 *BC* 所确定的平面内取任一点 *M*(*m*，*m*′)，此点取在已知直线 *BC* 上，即在 *bc* 上取 *m*，在 *b*′*c*′上取 *m*′，则此点必在该平面内。据此可判别点是否在平面内或仅知点的一个投影求另一投影时，则利用在平面内取直线的方法，过该点作直线求之。

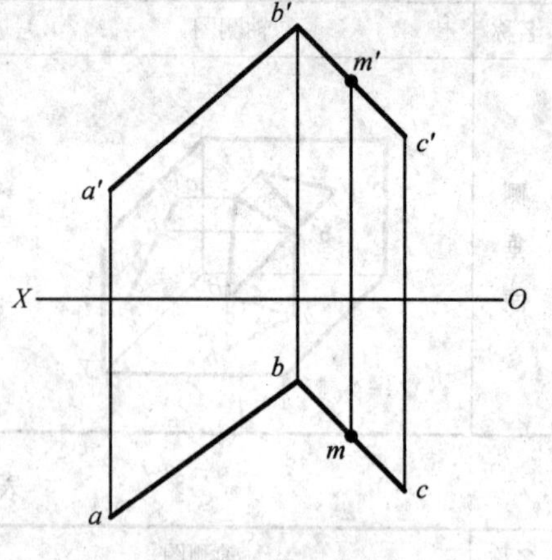

图 2-30　平面内取点

2. 平面内取直线

几何条件：直线在平面内，则该直线必通过此平面内的两个点，或通过此平面的一个点，且平行于此平面内的另一已知直线。

在平面内取直线，依此条件可在平面内取二已知点并连线，或取一已知点，过该点作平面内已知直线的平行线。

图 2-31 为在相交二直线 *DE* 和 *EF* 所确定的平面内取直线，其中图 2-31(a)为在平面内取二点 *M*(*m*，*m*′)和 *N*(*n*，*n*′)，直线 *MN* 必在该平面内。图 2-31(b)为过 *M*(*m*，*m*′)作直线 *MK*//*EF*，则直线 MK 必在该平面内。在平面内取点，要先在平面内取直线，而取直线又离不开点，二者互相应用，联系紧密，但其基础在于平面内取点。

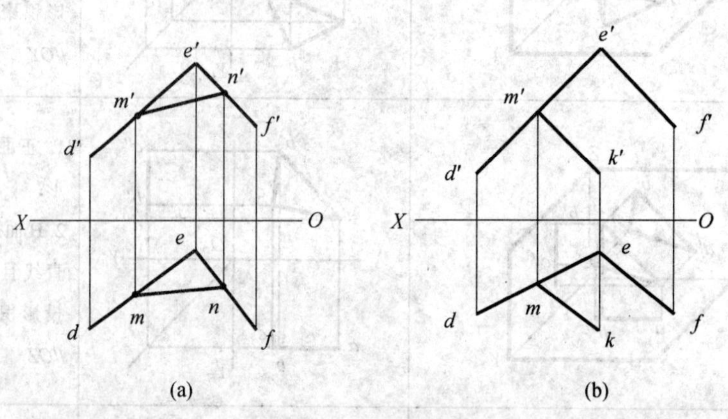

图 2-31　平面内取直线

【例 2-5】 在△*ABC* 所确定的平面内取一点 *K*，已知其正面投影 *k*′，求水平投影 *k* (图 2-32)。

解： 根据点在平面内的条件，过点 *K* 在△*ABC* 内作一直线 *AK* 交 *BC* 于 *D*，连接 *a*′*k*′延长交 *b*′*c*′于 *d*′，由 *a*′*d*′得 *ad*，因直线 *AD* 过点 *K*，所以 *k*′在 *a*′*d*′上，*k* 必在 *ad* 上，于是由 *k* 在 *ad* 上求得 *k*。

【例 2-6】 完成平面 ABCDE 的两面投影 (图 2-33(a))。

解： 先求 *a*′，利用平面内相交直线交点唯一的特性，做辅助线 *ac* 和 *be*，得到交点 1，然后求出 1′的位置(在 *b*′*e*′的连线上)，连接 *c*′1′并延长可得到 *a*′的位置；同理，连接 *b*′*d*′和 *e*′*c*′，利用交点 2′求出 2 的位置，连接 *b*2 并延长得到 *d*。最后，将多边形的相应顶点连接并加粗，得到多边形的完整投影，如图 2-33(b)所示。

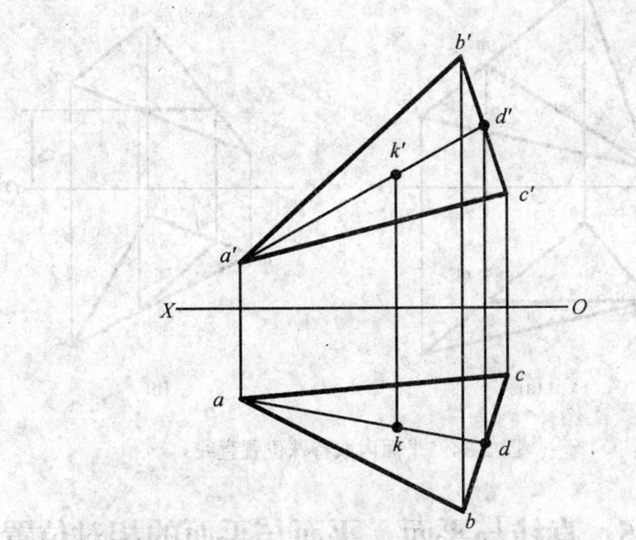

图 2-32　平面内点的求解

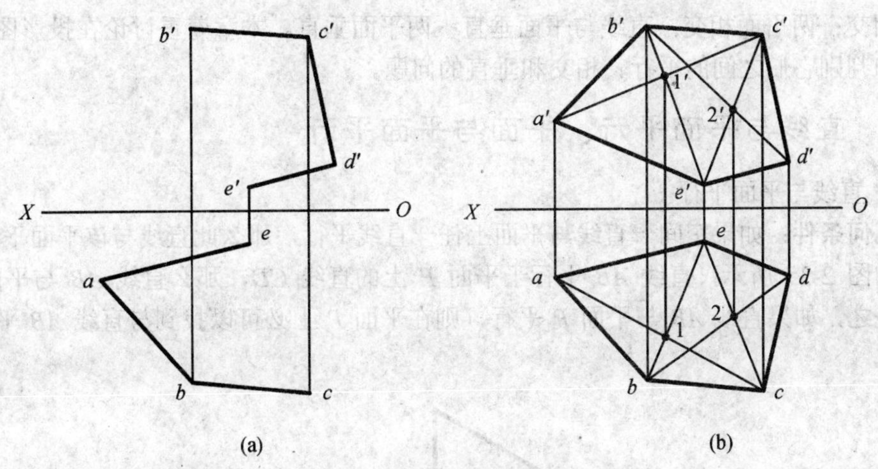

图 2-33　补全平面顶点的投影

3. 投影面平行线

在平面内可作出各投影面的平行线，即水平线、正平线和侧平线。

图 2-34(a)中，△*ABC* 为给定平面，*AM* 为该平面内的正平线。根据正平线的投影特性，*am* // *OX* 轴，*a'm'* =*AM*(实长)。

在同一平面内可作出无数条水平线且互相平行。但过平面上某一点，或距某一投影面距离为定值的投影面平行线，在该平面上只能做出一条。在图 2-34(a)中，所做为过△*ABC* 上 *A* 点的一条正平线 *AM*。

如图 2-34(b)所示，*MN* 是△*ABC* 内距离 *H* 面为 *D* 的一条水平线。投影面平行线常被用作解题的辅助线。

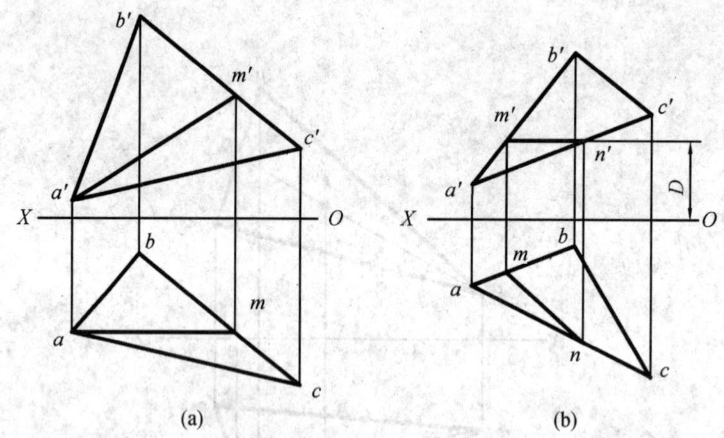

图 2-34 平面内取特殊位置直线

2.5 直线与平面、平面与平面的相对位置

直线与平面、平面与平面的相对位置包括：直线与平面平行；两平面平行；直线与平面相交；两平面相交；直线与平面垂直；两平面垂直。本章着重讨论在投影图上如何绘制和判别它们之间的平行、相交和垂直的问题。

2.5.1 直线与平面平行、平面与平面平行

1. 直线与平面平行

几何条件：如果空间一直线与平面上任一直线平行，那么此直线与该平面平行。

如图 2-35 所示，直线 *AB* 平行于平面 *P* 上的直线 *CD*，那么直线 *AB* 与平面 *P* 平行；反之，如果直线 *AB* 与平面 *P* 平行，则在平面 *P* 上必可以找到与直线 *AB* 平行的直线 *CD*。

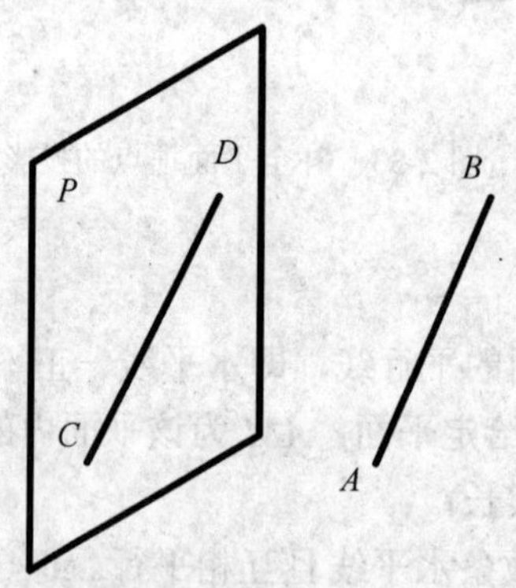

图 2-35 直线与平面平行的条件

上述原理是解决直线与平面平行问题的依据。

【例 2-7】 如图 2-36(a)所示，过点 C 作平面平行于已知直线 AB。

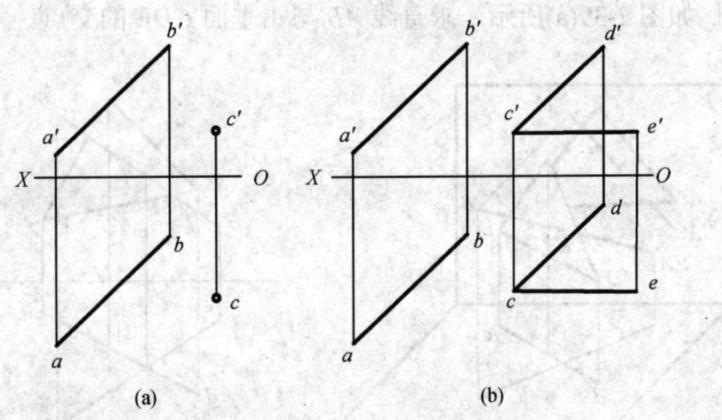

图 2-36 过定点作平面平行于已知直线

解： 如图 2-36(b)所示，过点 *C* 作 *CD*∥*AB*(即作 *cd*∥*ab*，*c'd'*∥*a'b'*)，再过点 *C* 作任意直线 *CE* 则相交两直线 *CD*、*CE* 所决定的平面即为所求。

显然，由于直线 *CE* 可以任意作出，所以此题可以作无数个平面平行于已知直线。

2. 平面与平面平行

几何条件 如果平面上的两条相交直线分别与另一平面上相交的两直线平行，那么该两平面互相平行，如图 2-37 所示。

【例 2-8】 判别△*ABC* 与△*DEF* 是否平行？(图 2-38)。

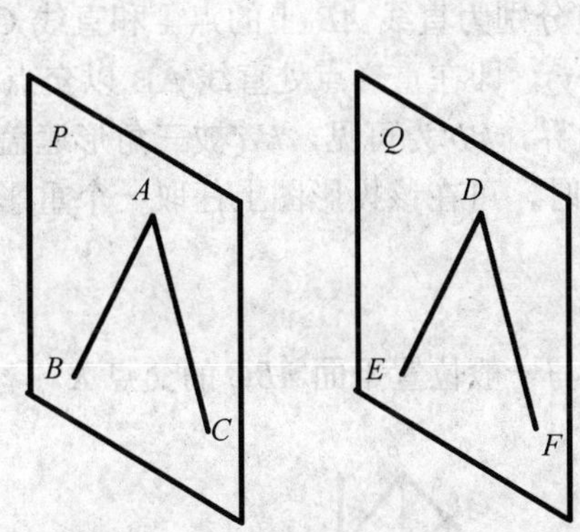

图 2-37 两平面平行的几何条件

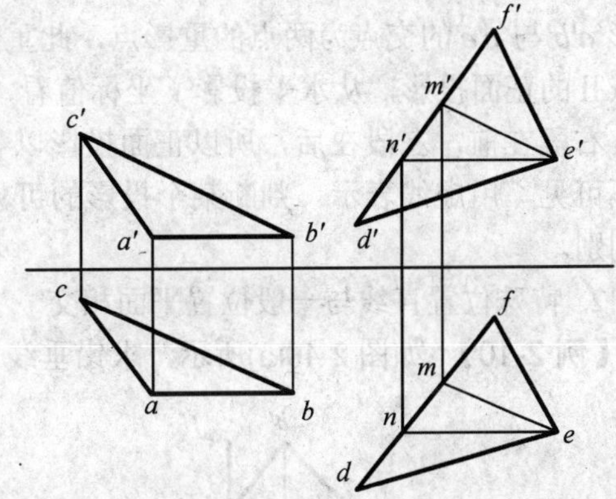

图 2-38 判别两平面是否平行

解： 首先在其中一个平面内作出一对相交直线，然后在另一平面内，视其能否作出与之对应平行的一对相交直线。为此可在△*DEF* 内过点 *E* 作两条直线 *EM* 和 *EN*，使 *e'm'*∥*b'c'*，*e'n'*∥*a'b'*，然后作出 *em* 和 *en*，因为 *em*∥*bc*，*en*∥*ab*，所以△*ABC*∥△*DEF*。

2.5.2 直线与平面相交

1. 一般位置直线与特殊位置平面相交

直线与平面相交，其交点是直线和平面的共有点，它既在直线上又在平面上。当直线或平面与某一投影面垂直时，则可利用其投影的积聚性，在投影图上直接求得交点。

【例 2-9】 如图 2-39(a)所示，求直线 AB 与铅垂面 CDE 的交点。

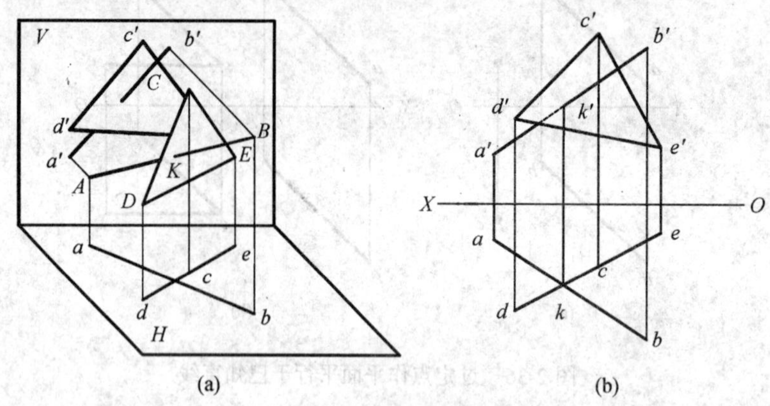

(a) (b)

图 2-39 直线与特殊位置平面相交

解：$\triangle CDE$ 的水平投影 cde 积聚为一条直线，交点 K 是平面和直线的共有点，其水平投影既在 cde 上,又在直线 AB 的水平投影 ab 上，所以 cde 和 ab 的交点 k 即为交点 K 的水平投影。再由 k 在 $a'b'$上求得 k'，则点 $K(k，k')$即为所求，如图 2-39(b)所示。

判别可见性：由于平面在交点处把直线分为两部分，以交点为界，直线的一部分为可见，另一部分被平面所遮盖为不可见。为图形清晰起见，规定不可见部分用虚线表示。交点为可见与不可见的分界点。可见性是利用重影点来判别的，图 2-39(b)中，正面投影 $a'b'$与 $c'e'$的交点为两点的重影点，此重影点分别为直线 AB 上的点Ⅰ和直线 CE 上的点Ⅱ的正面投影，从水平投影 y 坐标值看，$y_1>y_2$，即在重影点处直线 AB 以交点 K 为界，右段在前，左段在后，所以正面投影以 k'为界，$k'b'$为可见，$k'a'$被三角形遮盖部分为不可见，用虚线表示。判断某个投影的可见性时，可在该投影图上任取一个重影点进行判别。

2. 特殊位置直线与一般位置平面相交

【例 2-10】 如图 2-40(a)所示，求铅垂线 EF 与一般位置平面 ABC 的交点 K。

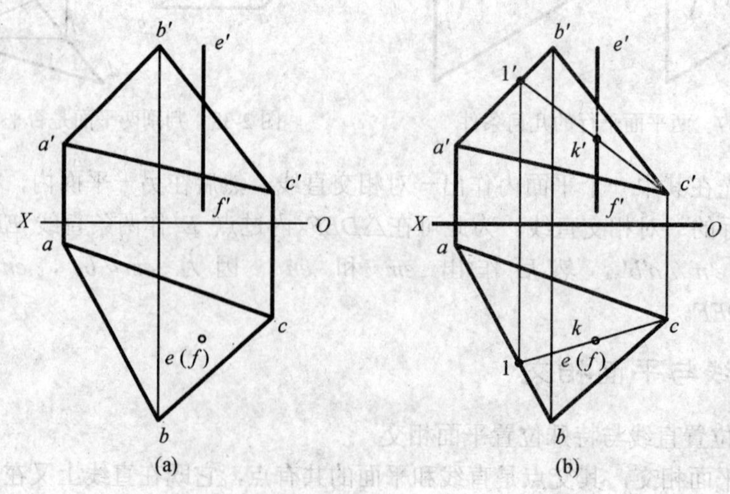

(a) (b)

图 2-40 特殊位置直线与一般位置平面相交

解：铅垂线 *EF* 的水平投影积聚为一点，而交点 *K* 是直线上的一个点，其水平投影 *k* 也必然在该积聚位置上。连接 *ck* 并延长得到△*ABC* 内过点 *K* 的一条辅助线 *c*1，利用投影对正关系求出 *c*′1′，与 *ef* 的交点即为 *k*′。

判别可见性：以 *BC* 和 *EF* 在正面投影上的重影点 I、II 为为判断依据，从图中可以发现，1′和 2′位置重叠，但它们对应的水平投影 1 在前、2 在后，即在该位置，直线 *EF* 被 *BC* 遮盖，由此，直线 *EF* 以 *K* 为分界，*k*′以上的部分被△*ABC* 遮挡应画成虚线，而下半部分由于在△*ABC* 之前应绘制成粗实线，如图 2-40(b) 所示。

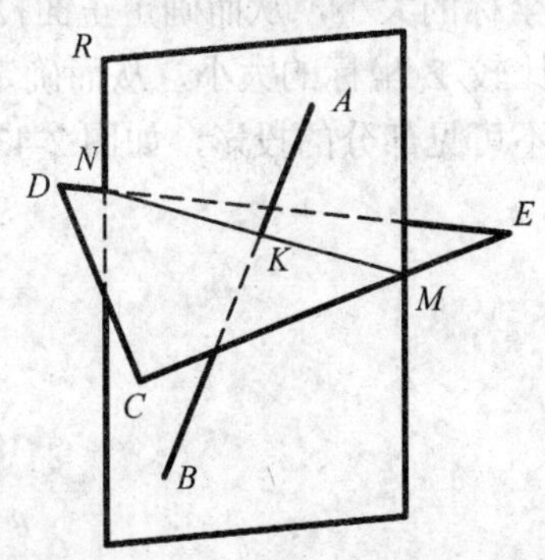

图 2-41　一般位置直线与平面求交点示意图

3. 一般位置直线与一般位置平面相交

由于一般位置直线、平面的投影没有积聚性，因此，在投影图中不能直接求出它们的交点，图 2-41 为直线 *AB* 与平面△*CDE* 相交的示意图。由于交点 *K* 是平面与直线的共有点，故过 *K* 点可在平面 *CDE* 内任作一直线 *MN*，直线 *MN* 与已知直线 *AB* 可构成一个辅助平面 *R*，而 *MN* 就是辅助平面与已知平面的交线。*MN* 与直线 *AB* 的交点 *K* 即为已知直线与平面的交点。由此可得出利用辅助平面求一般位置直线与平面交点的作图方法：

(1) 包含 *AB* 直线作一辅助平面 *R*；

(2) 求辅助平面 *R* 与已知平面 *CDE* 的交线 *MN*；

(3) 求 *AB* 直线与交线 *MN* 的交点 *K*。

图 2-42 为求直线 *AB* 与△*CDE* 平面交点 *K* 的作图方法。首先包含 *AB* 直线作辅助平面 *R* 见图 2-42(b)，为使作图简便，应使所作的辅助平面为特殊位置平面，图中辅助平面 *R* 为铅垂面。利用 *R* 平面水平迹线的积聚性，求得平面 *R* 与△*CDE* 的平面交线 *MN*，已知直线 *AB* 与 *MN* 的交点 *K* 即为所求的交点，如图 2-42(c)所示。

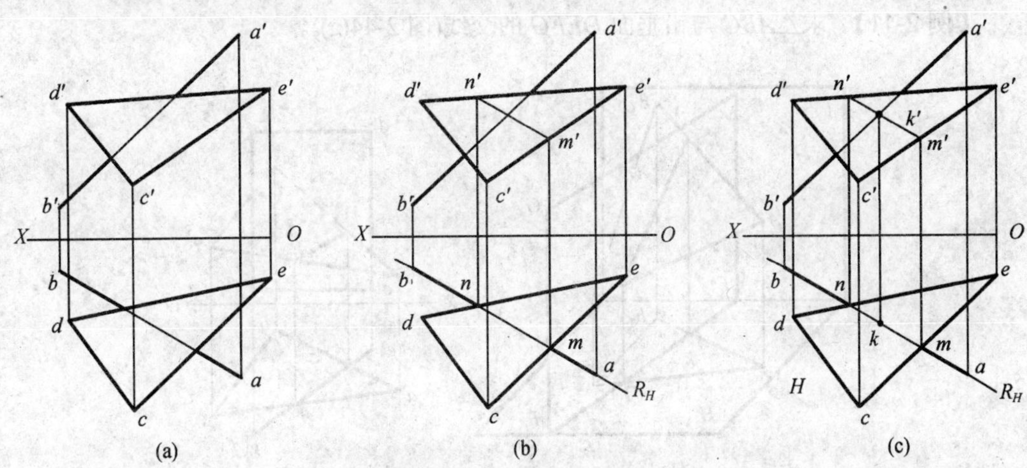

图 2-42　一般位置直线与平面的交点

(a) 已知条件；(b) 作图过程；(c) 作图结果。

空间两平面若不平行就必定相交。相交两平面的交线是一条直线，该交线为两平面的共有线，交线上的每个点都是两平面的共有点。当求作交线时，只要求出两个共有点即可。

利用重影点判别各投影的可见性。例如取对 V 面的重影点Ⅰ、Ⅱ，由其水平投影比较 Y 坐标的大小，从而确定正面投影的可见性；利用对 H 面的重影点Ⅲ、Ⅳ，由其正面投影比较 Z 坐标的大小，从而确定水平投影的可见性。最后用粗实线和虚线分别画出可见和不可见部分的投影，如图 2-43 所示。

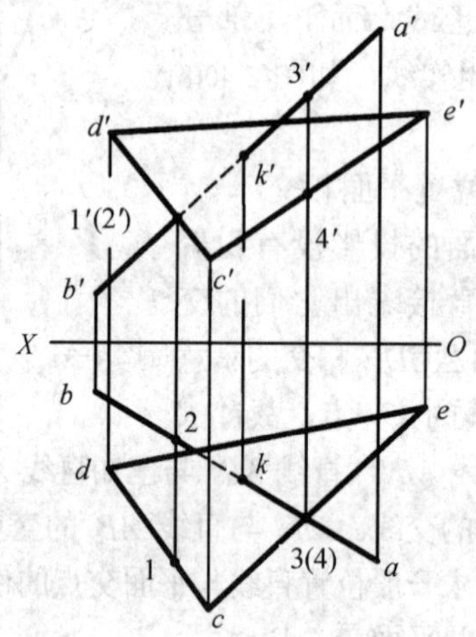

图 2-43　判别 AB 直线的可见性

2.5.3　平面与平面相交

1. 一般位置平面与特殊位置平面相交

这种情况下，可求出一般位置平面内的两直线与特殊位置平面的交点，然后将两交点连接起来，即是两平面的交线。

【例 2-11】 求△ABC 与铅垂面 $DEFG$ 的交线(图 2-44(a))。

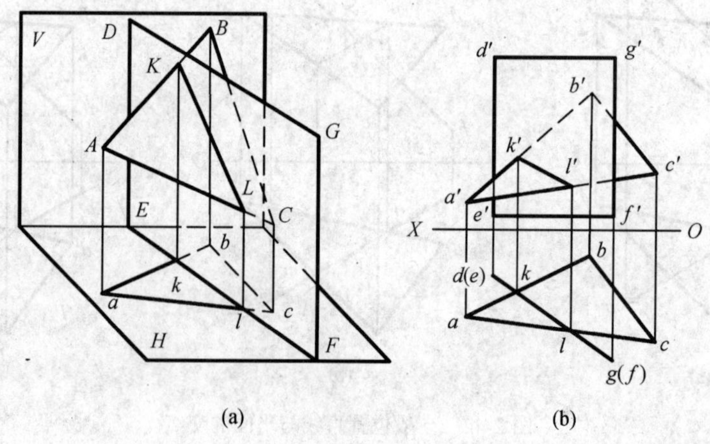

图 2-44　平面与铅垂面交线的求法

解：因为铅垂面 *DEFG* 的水平投影 *defg* 有积聚性，按交线的性质，铅垂面与平面 *ABC* 的交线的水平投影必在 *defg* 上，同时又应在平面 *ABC* 的水平投影上，因而可确定交线 *KL* 的水平投影 *kl*，进而求得 *k'l'*，如图 2-44(b)所示。

判断可见性：两平面的正面投影有重叠部分，而交线 *KL* 是可见与不可见部分的分界线。可利用重影点的概念来判断出两平面正面投影的可见性。另外，由水平投影看出，△*ABC* 中的 *AKL* 位于 *DEFG* 的前方，其正面投影 *a'k'l'* 为可见，画成粗实线，而 *BCKL* 与铅垂面重叠部分为不可见，画成虚线。铅垂面 *DEFG* 的可见性正好和△*ABC* 的情形相反。对水平投影来说，因 *DEFG* 有积聚性，不需判断可见性。

2. 两一般位置平面相交

求两一般位置平面的交线时，可选其中一个平面内的任一直线，求出它与另一平面的交点，即得交线上的一个点。用同样的方法求出另一个点，两点连线即为两平面的交线。

图2-45(a)所示为求两一般位置平面*ABC*与*DEF*交线的作图过程。过△*DEF*的*DE*、*DF*边分别作辅助正垂面*P*、*Q*，从而求出*DE*、*DF*和△*ABC*的交点*M*和*N*，连接*MN*即为所求。

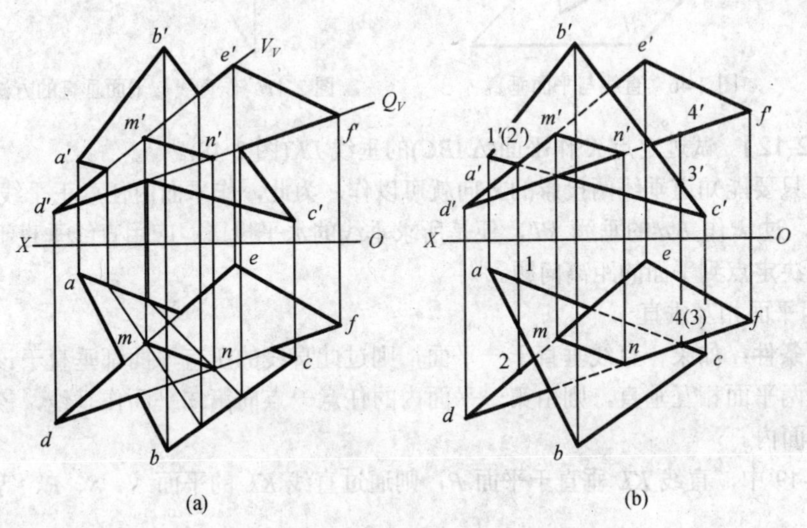

图 2-45　求两一般位置平面的交线

(a) 作图过程；(b)作图结果。

利用重影点，可判别可见性。两平面投影的不重叠部分都是可见的，两平面正面投影及水平投影的重叠部分，需要判别可见性。交线 MN 是可见与不可见的分界线，它在各投影中都是可见的。利用对 *V* 面的重影点Ⅰ、Ⅱ，判别正面投影的可见性；利用对 *H* 面的重影点Ⅲ、Ⅳ，判别水平投影的可见性。最后用粗实线、虚线分别画出，如图 2-45(b)所示。

2.5.4　直线与平面垂直、平面与平面垂直

1. 直线与平面垂直

几何条件：如一直线垂直于一平面，则此直线必垂直于该平面内的一切直线，其中包括平面内的水平线和正平线。

图 2-46 中，直线 AB 垂直于平面 P，则必垂直于平面 P 内的一切直线，其中包括水平线 CD 和正平线 EF。

根据直角投影定理，在投影图上，必是直线 AB 的水平投影垂直于水平线 CD 的水平投影($ab\perp cd$)，直线 AB 的正面投影垂直于直线 EF 的正面投影($a'b'\perp e'f'$)。反之，在投影图上，若直线的水平投影垂直于平面内水平线的水平投影，直线的正面投影垂直于平面内的正平线的正面投影，则直线必垂直于该平面。如图 2-47 所示，相交的水平线 CD 和正平线 EF 给定一平面，令直线 AB 垂直于该平面，则水平投影 $ab\perp cd$，正面投影 $a'b'\perp e'f'$。

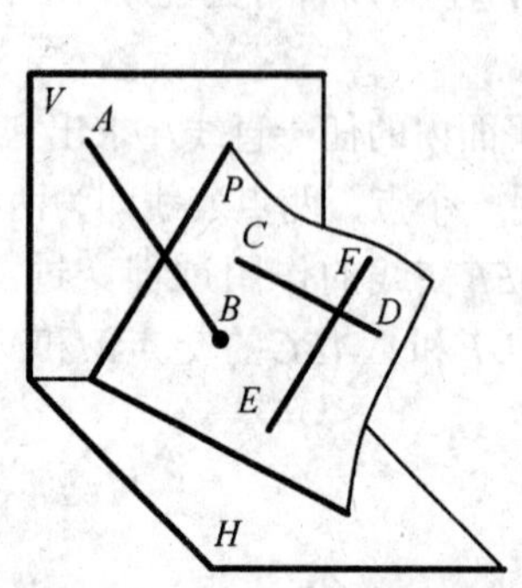

图 2-46　直线与平面垂直

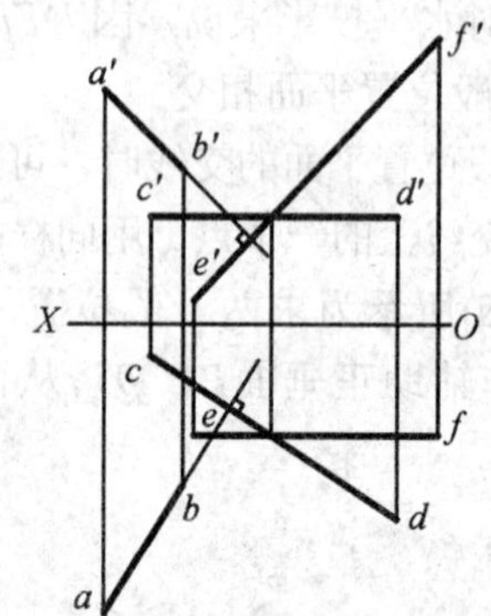

图 2-47　作直线与平面垂直的方法

【例 2-12】 试过定点 K 作平面(ΔABC)的垂线 LK(图 2-48)。

解：只要能知道垂线两投影的方向就可以作。为此，作平面内任意正平线 BD 和水平线 CE，过 k'作 $b'd'$的垂线 $k'l'$，便是所求垂线的水平投影。应用直线垂直于平面的条件，可解决定点到平面的距离问题。

2. 两平面相互垂直

几何条件：如果一直线垂直于一平面，则过此直线的所有平面都垂直于该平面。反之，如果两平面相互垂直，则由第一平面内的任意一点向第二平面作垂线，该垂线一定在第一平面内。

图 2-49 中，直线 KL 垂直于平面 P，则通过直线 KL 的平面 N、S、R、等都与该平面垂直。

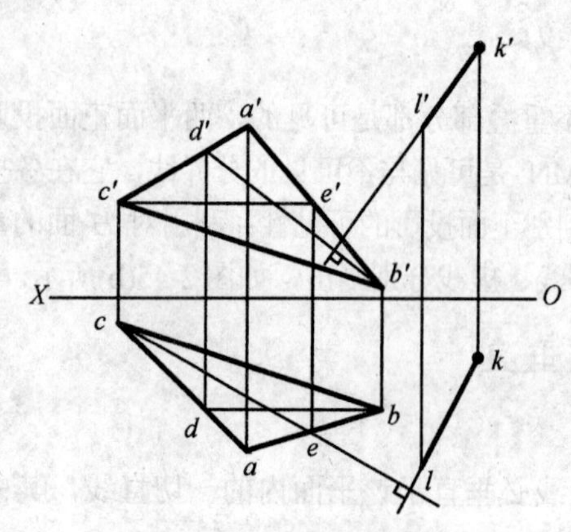

图 2-48　过定点作平面的垂线

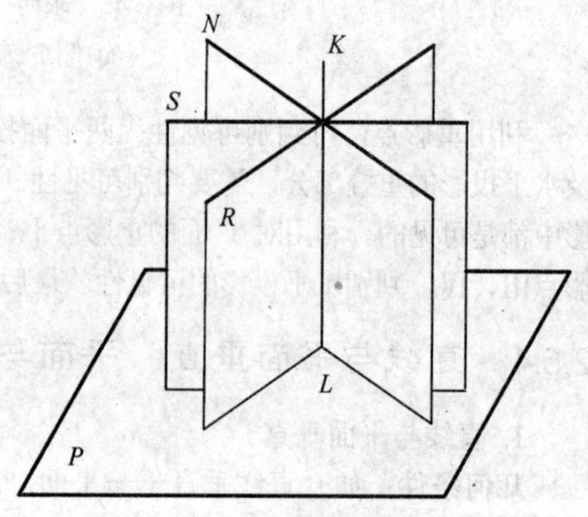

图 2-49　两平面垂直的条件

【例 2-13】 过直线 DE 作一平面与 ΔABC 垂直。

解：根据上述定理，只要过直线 DE 上的任意点作垂直于 ΔABC 的直线，则此直线与已知直线的所组成的平面，即为所求。见图 2-50。

在 ΔABC 内作水平线 AN 及正平线 CM，过直线 DE 上的 D 点作 ΔABC 的垂线 DF(即 $d'f' \perp c'm'$，$df \perp an$)，则由相交两直线 DE、EF 所组成的平面即为所求。

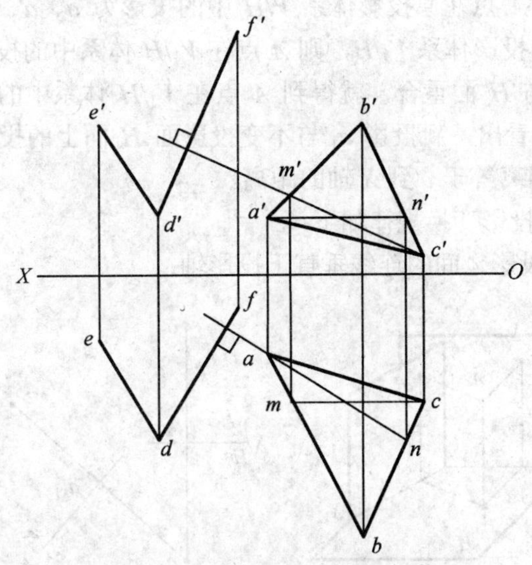

图 2-50 过直线作平面与已知平面垂直

2.6 换 面 法

2.6.1 概述

从前面章节可知，当直线或平面相对投影面处于特殊位置时，其定位或度量问题就比较容易解决。为了解题的需要，空间几何元素不动，设置一个新的投影面替换原投影体系中的某一投影面，组成一个新的投影体系，使相应的几何元素在该投影体系中处于特殊位置，达到简化解题的目的，这种方法称为变换投影面法，简称换面法。

如图 2-51 所示，$\triangle ABC$ 在原投影面体系中是铅垂面，其两个投影均不反映实形。设置一个新投影面 V_1，使 V_1 面垂直于 H 面并与$\triangle ABC$ 平行，于是组成了一个新投影面体系 V_1/H，V_1 面与 H 面交线 O_1X_1 为新投影轴。在这个新投影体系中，$\triangle ABC$ 是 V_1 面的平行面，所以它在 V_1 面上的投影反映实形。

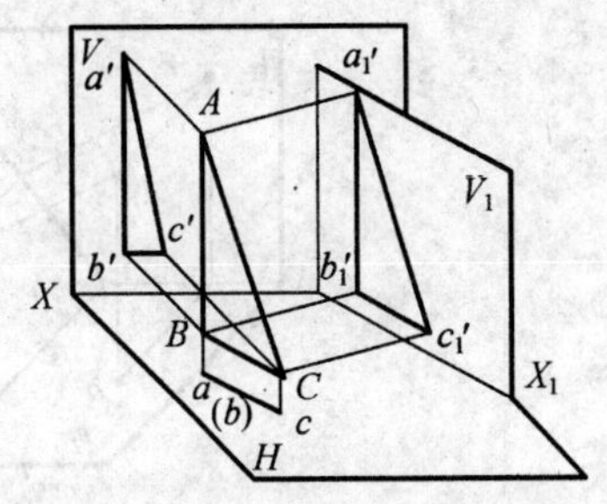

图 2-51 换面法

在换面法中，新投影面的设置必须满足以下两个条件：

(1) 新投影面必须垂直于原投影体系中的某一投影面；

(2) 新投影面必须使几何元素(直线或平面)处于便于解题的位置。

2.6.2 换面法的基本作图方法

1．点的换面

1) 点的一次换面

如图 2-52(a)所示，A 点在原投影体系 V/H 中的投影为 a、a'。现设置一个新投影面 V_1 替换 V 面，建立新的投影体系 V_1/H，则 A 点在 V_1/H 体系中的投影为 a、a_1'。使 V_1 面绕新投影轴 O_1X_1 旋转与 H 面重合，就得到 A 点在 V_1/H 体系中的两面投影图，如图 2-52(b)所示。从图中可以看出，新投影 a_1'与不变投影面 H 面上的投影 a 的连线垂直于新投影轴，a_1'到 X_1 轴的距离等于 a'到 X 轴的距离。

由此可得换面法中投影变换规律如下：

(1) 新投影与不变投影之间的连线垂直于投影轴；

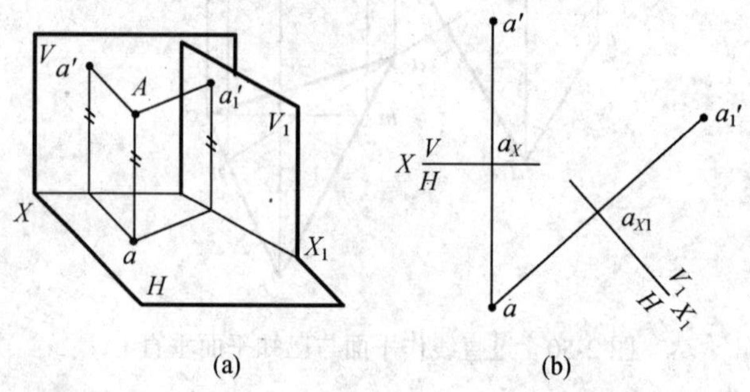

图 2-52　点的一次换面(变换 V 面)

(2) 新投影到新轴的距离等于被替换投影到旧轴的距离。

根据上述规律，点的一次换面作图步骤如下：

① 确定要变换的投影面，如变换 V 面，作新轴 X_1，X_1 轴的位置可根据作图需要而定；

② 过 a 点作新轴 X_1 的垂线；

③ 在垂线上截取 $a_1'a_{X1}=a'a_X$，即得 A 点在 V_1 面上的新投影 a_1'。

如变换 H 面，作图步骤与上述相似，如图 2-53 所示。

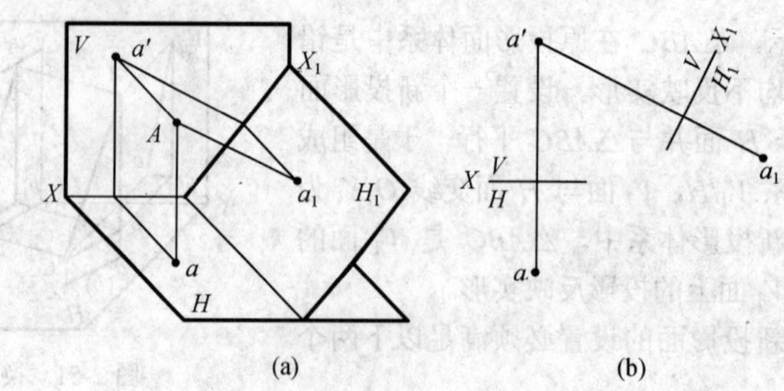

图 2-53　点的一次换面(变换 H 面)

2) 点的二次换面

在解题中，有时一次换面还不能解决问题，而需要连续两次换面(图 2-54)。二次换面是在一次换面的基础上进行换面，其原理和作图方法与一次换面相同。但要注意二次换面中，先换哪一个面应视解题需要而定，然后按顺序进行换面，如 $V/H \to V1H \to V1H2$ 或 $V/H \to V/H1 \to V2/H1$。

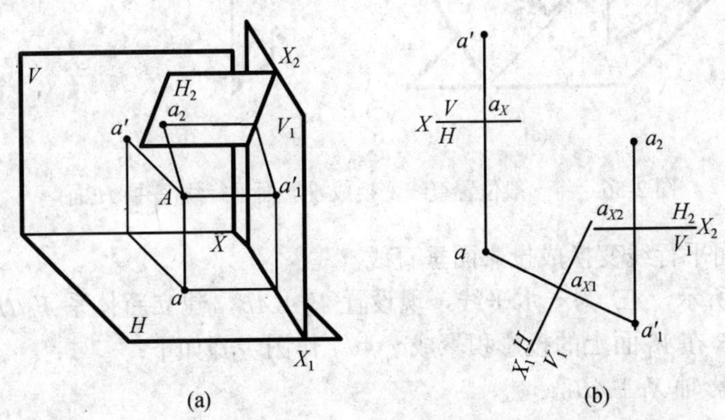

图 2-54 点的二次换面

2. 直线的换面

1) 将一般位置直线变换成投影面平行线

如图 2-55 所示，AB 为一般位置直线。现设置 V_1 面平行于 AB 且垂直于 H 面，建立起新的投影面体系 V_1/H，则 AB 变换成 V_1 面的平行线。AB 在 V_1 面的投影 $a_1'b_1'$ 将反映 AB 的实长，$a_1'b_1'$ 与投影轴 X_1 的夹角反映直线 AB 对 H 面的倾角 α。作图步骤如下：

(1) 作新投影轴 $X_1 // ab$；

(2) 分别由 a、b 两点作 X_1 轴的垂直线，与 X_1 轴交于 a_{X1}、b_{X1}，然后在垂线上量取 $a_1'a_{X1}=a'a_X$、$b_1'b_{X1}=b'b_X$，得到新投影 a_1'、b_1'；

(3) 由 a_1'、b_1' 得到投影 $a_1'b_1'$，它反映 AB 的实长，与 X_1 轴的夹角反映 AB 对 H 面的倾角 α。

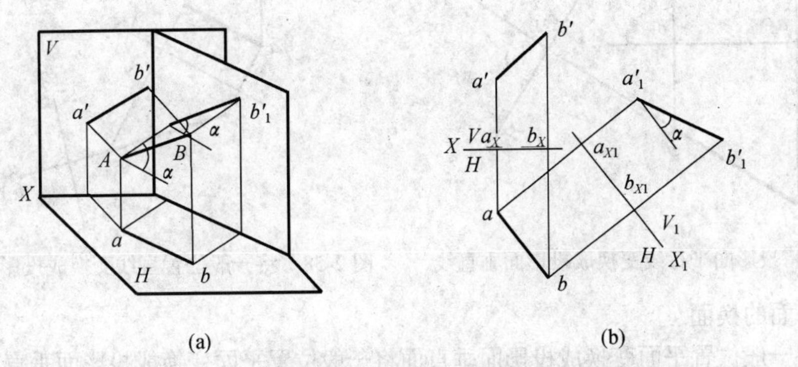

图 2-55 将一般位置直线变换成投影面平行线(变换 V 面)

如求 AB 对 V 面的倾角 β，则要设置新投影面 H_1 平行于 AB，作图时取 X_1 轴平行于 $a'b'$，如图 2-56 所示。

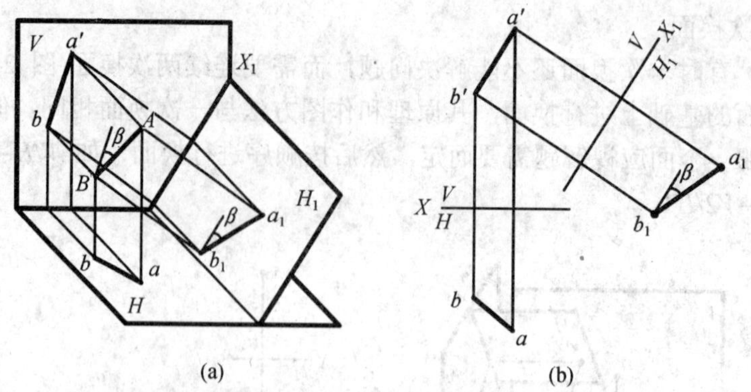

图 2-56 将一般位置直线变换成投影面平行线(变换 H 面)

2) 将投影面平行线变换成投影面垂直线

如图 2-57 所示，AB 为一水平线，现设置 $V_1 \perp AB$，建立新体系 V_1/H，则 AB 为 V_1 面的垂直线。AB 在 V_1 面上的投影积聚成一点。作图步骤如下：

(1) 作新投影轴 $X_1 \perp AB$；

(2) 再过 a 或 b 点作 X_1 轴的垂直线；

(3) 再作出 AB 在 V_1 面上的投影 $a_1'(b_1')$。

3)将一般位置直线变换成投影面垂直线将一般位置直线变换成投影面垂直线，必须经过二次换面：第一次将一般位置直线变换成投影面平行线；第二次再将投影面平行线变换成投影面垂直线。

作图步骤如下(图 2-58)：

(1) 作新投影轴 $X_1 /\!/ ab$，求得 AB 在 V_1/H 体系中的新投影 $a_1'b_1'$；

(2) 再作一新投影轴 $X_2 \perp a_1'b_1'$，求得 AB 在 V_1/H_2 体系中的新投影 $a_2(b_2)$。

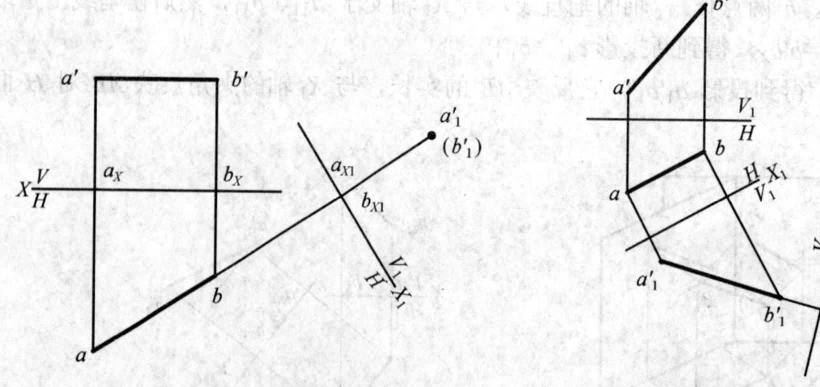

图 2-57 将投影面平行线变换成投影面垂直线　　　图 2-58 将一般位置直线变换成投影面垂直线

3. 平面的换面

1) 将一般位置平面变换成投影面垂直面将一般位置平面变换成投影面垂直面，即使该一般位置平面垂直于新投影面。在一般位置平面上只要作一条直线垂直于新投影面，则该平面即垂直于新投影面。为了简化作图，可在一般位置平面上任取一条投影面平行线，作其垂直面即为新投影面，则该平面即为新投影面的垂直面(图 2-59)。作图步骤如下：

(1) 在 V/H 体系中，作△ABC 上水平线 AD 的两面投影 ad、$a'd'$；

(2) 再作 $X_1 \perp ad$，求得△ABC 的积聚投影 $a_1'b_1'c_1'$。

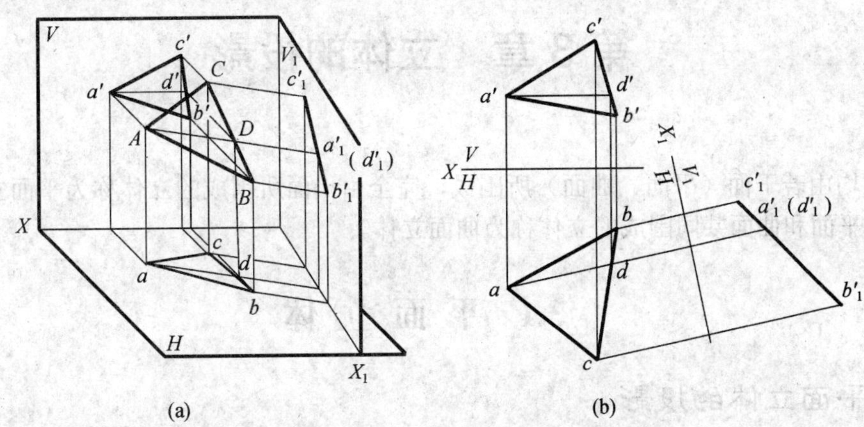

图 2-59 将一般位置平面变换为投影面垂直面

2) 将投影面垂直面变换成投影面平行面

如图 2-60 所示，△ABC 为铅垂面，将其变换成投影面平行面，只需一次换面，即变换 V 面，使 V 面平行于△ABC。作图步骤如下：

(1) 作新投影轴 X_1 平行于△ABC 的积聚投影 abc；

(2) 按点的投影变换规律作图，求出 a_1'、b_1'、c_1'，则△$a_1'b_1'c_1'$反映△ABC 实形。

3) 将一般位置平面变换成投影面平行面

将一般位置平面变换成投影面平行面，必须经过两次换面。第一次将一般位置平面变成投影面垂直面；第二次将投影面垂直面变换成投影面平行面。如图 2-61 所示，先将 ABC 变换成 H_1 面的垂直面，再变换成 V_2 面的平行面。作图步骤如下：

(1) 在△ABC 上作正平线 AD，设置新投影面 $H_1 \perp AD$，即作 $X_1 \perp a'd'$，然后作出△ABC 在 H_1 面上的积聚投影 $a_1b_1c_1$。

(2) 作新投影面 V_2 平行于△ABC，即作 $X_2 // a_1b_1c_1$，然后作出△ABC 在 V_2 面上的新投影△$a_2'b_2'c_2'$，它即反映△ABC 实形。

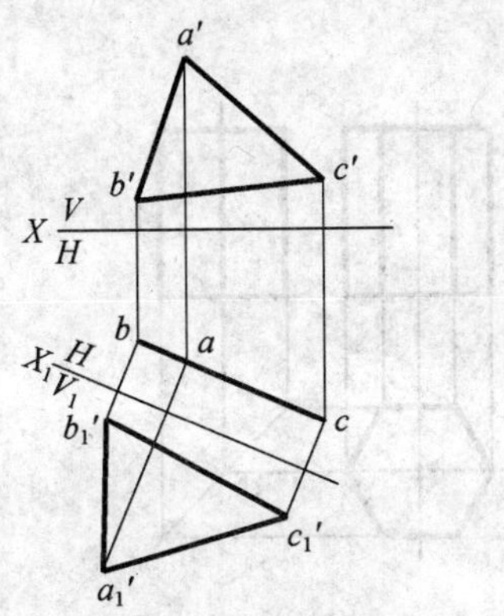

图 2-60 将投影面垂直面变换为投影面平行面

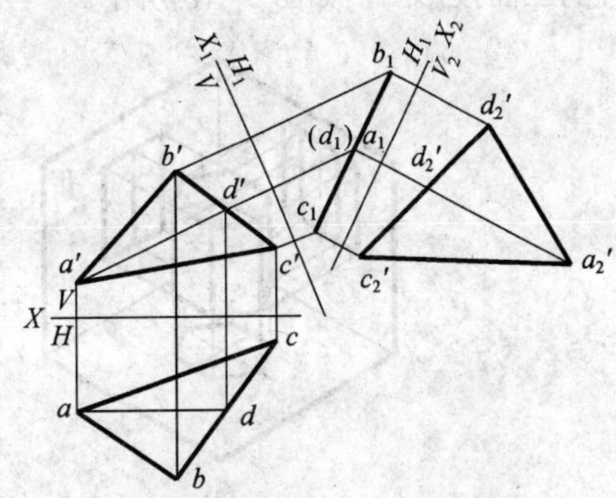

图 2-61 将一般位置平面变换成投影面平行面

第 3 章　立体的投影

立体均由若干面（平面、曲面）所围成，完全由平面所围成的立体称为平面立体；由曲面或平面和曲面共同围成的立体称为曲面立体。

3.1　平面立体

3.1.1　平面立体的投影

平面立体由若干多边形所围成，因此，绘制平面立体的投影，可归结为绘制它的所有多边形表面的投影，也就是绘制这些多边形的边和顶点的投影。多边形的边是平面立体的轮廓线，是平面立体的每两个多边形表面的交线。当轮廓线的投影为可见时，画粗实线；不可见时，画虚线；当粗实线与虚线重合时，应画粗实线。

工程上常用的平面立体是棱柱和棱锥（包括棱台）。

1. 棱柱的投影

棱柱通常有三棱柱、四棱柱、五棱柱、六棱柱等。棱柱（由棱面和底面围成）的特点是组成棱柱的各侧棱相互平行，上、下底面相互平行。现以正六棱柱为例说明棱柱的投影特点。

正六棱柱是由上、下底面和六个侧棱面所围成。在投影体系中，应尽量使棱柱处于自然稳定的位置，即使棱柱的底面、棱面、侧棱平行或垂直于投影面，并尽量减少虚线。如图 3-1(a)所示，这时棱柱的上、下底面为水平面，其水平投影反映实形并重合。正面投影和侧面投影积聚成平行于相应投影轴的直线；六个侧棱面中，前、后两个棱面为正平面，其正面投影反映实形并重合，水平投影和侧面投影积聚成平行于相应投影轴的直线；其余四个棱面均为铅垂面，其水平投影分别积聚成倾斜直线，正面投影和侧面投影都是缩小的类似形（矩形）。将其上、下底面及六个侧面的投影画出后，即得正六棱柱的三面投影图，如图 3-1(b)所示。

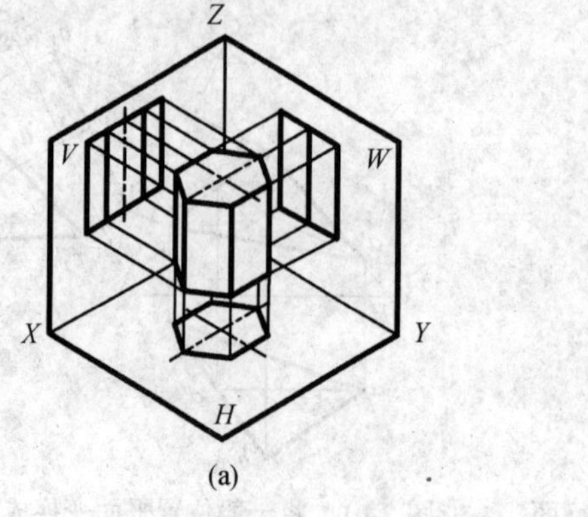

(a)

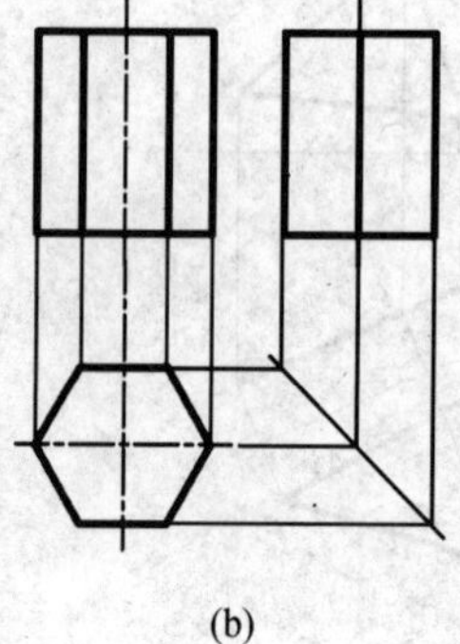
(b)

图 3-1　正六棱柱的投影

作图过程，如图 3-2 所示。

(1) 画中心线、对称线，确定图形位置，如图 3-2(a)所示；

(2) 画出上、下底的水平投影，正面投影、侧面投影，如图 3-2(b)所示；

(3) 将上、下底面对应顶点的同面投影连接起来，即得棱线的投影，如图 3-2(c)所示。

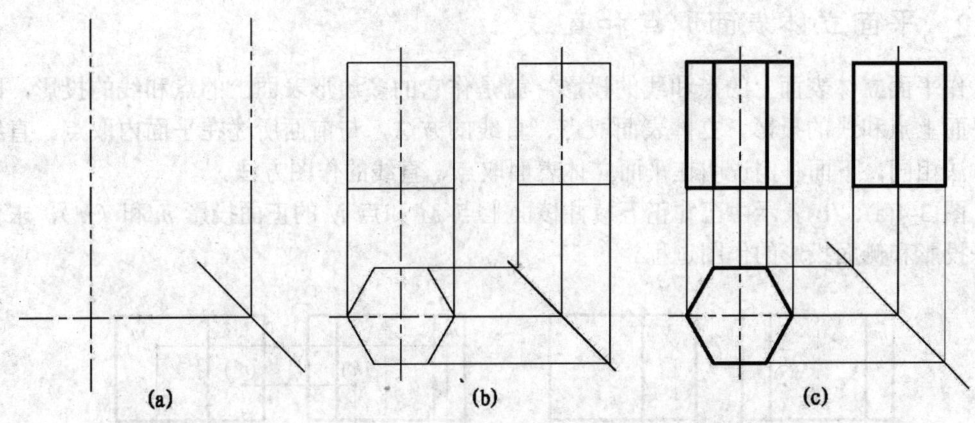

图 3-2　正六棱柱三面投影画图步骤

2. 棱锥的投影

棱锥通常也有三棱锥、四棱锥、五棱锥、六棱锥等。棱锥是由一个底面和几个侧面所围成。棱锥侧面彼此相交的交线，称为棱线；棱线汇交为一点，此点称为锥顶。现以三棱锥为例，说明棱锥的投影特点。如图 3-3 所示的三棱锥，*ABC* 为底面，*SA*、*SB*、*SC* 为棱线，*S* 为锥顶。

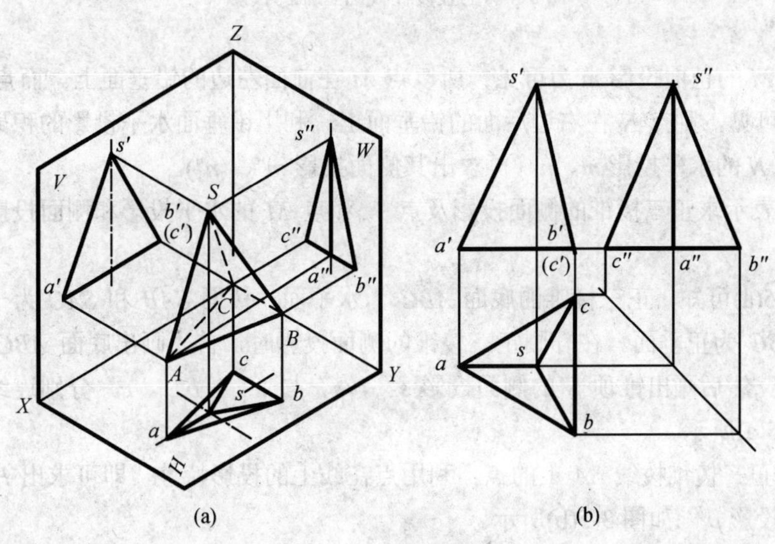

图 3-3　三棱锥的投影图

从图 3-3 可见：底面 *ABC* 为水平面，其水平投影反映实形，正面投影和侧面投影积聚成平行相应投影轴的直线。前后两个棱锥面都是一般位置平面；右棱面是正垂面。从图中还可看出：除了底面的正面投影和侧面投影、右棱面的正面投影有积聚性外，三个棱面的水平面投影都可见，底面的水平投影不可见；前棱面的正面投影可见，后棱面的正面投影不可见；前、后棱面的侧面投影可见，右棱面的侧面投影不可见。

3.1.2 平面立体表面取点和直线

作平面立体表面上的点和线的投影，就是作它的多边形表面上的点和线的投影，即作平面上点和线的投影。立体表面取点、直线的方法，与前面所述在平面内取点、直线的方法相同。下面举例说明在平面立体表面取点、直线的作图方法。

图 3-4(a)、(b)表示由已知正五棱柱棱面上点 *M* 和点 *N* 的正面投影 *m′*和（*n′*），求作水平投影和侧面投影的作图过程。

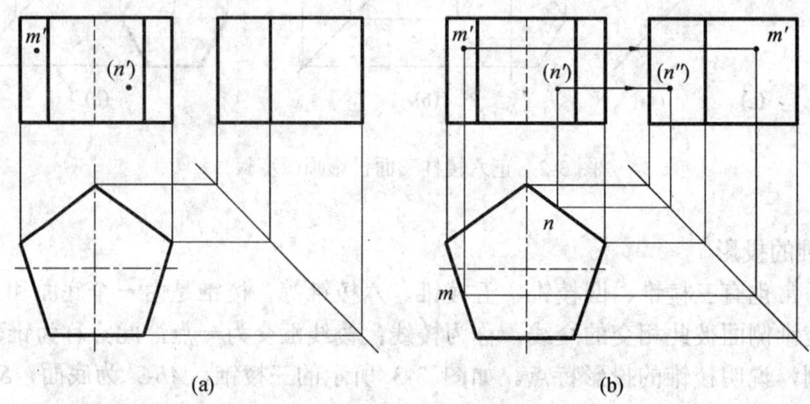

图 3-4　正五棱柱棱面上点的投影

由于点 *M* 的正面投影 *m′*为可见；所以点 *M* 在前面左边的铅垂面上。而点 *N* 的正面投影 *n′*为不可见，则点 *N* 在右边后面的铅垂面上。利用铅垂面水平投影的积聚性，先求出点 *M* 和点 *N* 的水平投影 *m*、*n*，再求出其侧面投影 *m*"、(*n*")。

图 3-5 表示求正三棱锥的侧面投影及点 *P* 和点 *M* 的水平投影和侧面投影的作图过程。

从图 3-5(a)可知，正三棱锥的底面 *ABC* 为水平面，棱面 *SAB* 和 *SAC* 为一般位置平面，棱面 *SBC* 为正垂面。在补画正三棱锥的侧面投影时，首先画出底面 *ABC* 的侧面投影 *a″ b″ c″*,然后画出锥顶 *S* 的侧面投影 *s″*，*s″* 与 *a″*、*b″*、*c″* 分别连线，即为所求，如图 3-5(a)所示。

点 *P* 是正三棱锥棱线 *SA* 上的点，利用点在线上的投影特性，即可求出 *P* 的水平投影 *p* 和侧面投影 *p″*,如图 3-5(b)所示。

从图 3-5(a)可知：*m′* 为可见，所以 *M* 点在棱面 *SAB* 上。点 *M* 的其余二投影可利用面上取点法求之，具体作图步骤详见图 3-5(c)、(d)。

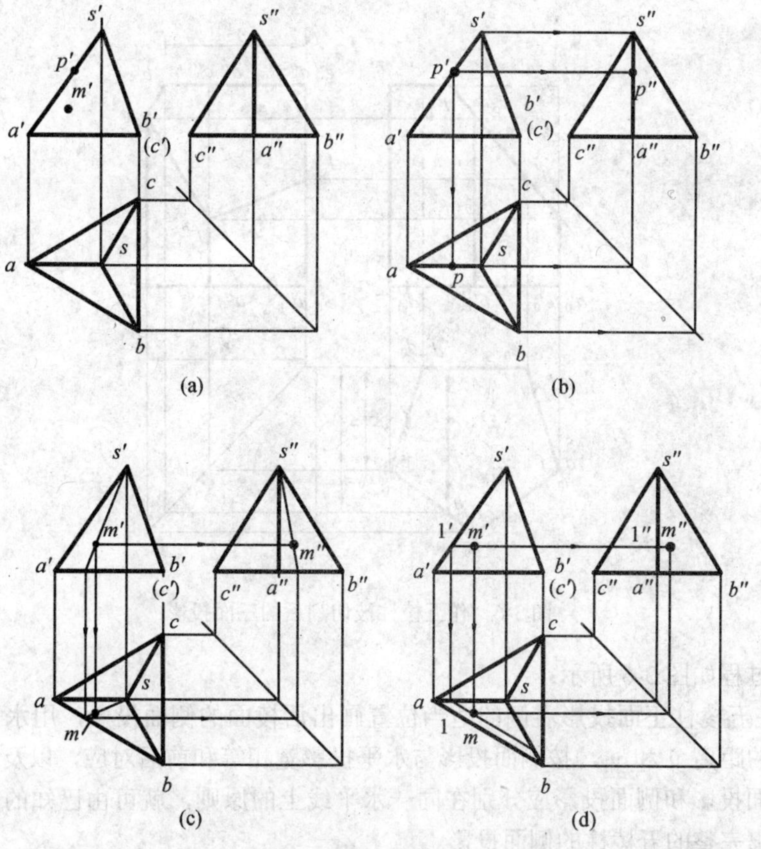

图 3-5　正三棱锥棱线和棱面上点的投影

3.2　平面与平面立体表面相交

平面与立体表面相交时，立体表面（内表面和外表面）要产生交线，称为截交线；这个平面称为截平面；由截交线围成的平面图形，称为截断面。

下面通过对不同平面立体的不同切口形状的分析，了解和掌握其投影图的画法。

3.2.1　五棱柱被切割后的三面投影

如图 3-6 所示，已知五棱柱的正面投影和水平投影，并用正垂面 P 切割掉左上方的一块，被切割掉的部分用双点画线表示，求作截交线以及五棱柱被切割后的三面投影。

因为截交线的各边是正垂面 P 与五棱柱的棱面和顶面的交线，它们的正面投影都重合在 P_V 上，所以截交线的正面投影已知，五棱柱被切割后的正面投影也已知，只要作出截交线的水平投影，就可作出五棱柱被切割后的水平投影。根据五棱柱的正面投影和水平投影，可以作出它的侧面投影；同理，由已作出的截交线的正面投影和水平投影，也可作出截交线的侧面投影，从而作出五棱柱被切割后的侧面投影。从已知的正面投影可以直观地看出，断面的水平投影和侧面投影都是可见的。

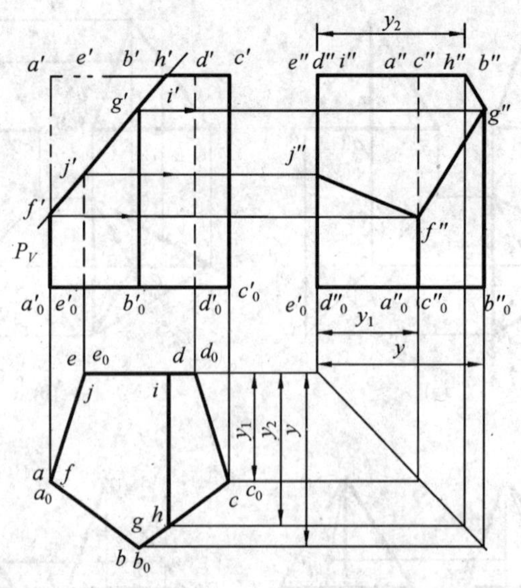

图 3-6　作五棱柱被切割后的三面投影

作图过程如图 3-6 所示：

(1) 在五棱柱正面投影右侧的适当位置画出后棱面的侧面投影，用水平投影中从后棱面向前的距离 y 和 y_1，按侧面投影与水平投影宽相等和前后对应，以及五棱柱顶面、底面的正面投影和侧面投影应分别在同一水平线上的原则，就可由已知的正面投影和水平投影作出完整的五棱柱的侧面投影。

(2) 在截交线已知的正面投影上，标注出棱线 AA_0、BB_0、EE_0 与截平面 P 的交点 F、G、J 的正面投影 f' 、g' 、j' ，标注出截平面 P 与顶面的交线 HI（及其端点 H、I）的正面投影 h' i' ,就表示了截交线五边形 $FGHIJ$ 的正面投影 f' g' h' i' j' 。

在 aa_0、bb_0、ee_0 上分别标出 f、g、j，由 h' i' 作出 h、i，画出截交线五边形 $FGHIJ$ 的水平投影 $fghij$，也就补全了五棱柱被切割后的水平投影。

由 f' 、g' 、j' 分别在 a'' a_0'' 、b'' b_0'' 、e'' e_0'' 上作出 f'' 、g'' 、j'' ；由于点 I 在顶边侧垂线 ED 上，所以可直接在积聚成一点的 e'' d'' 上标出 i'' ；在顶面的侧面投影上，从 i'' 向前量取水平投影中的距离 y_2,就可作出 h'' 。连 j'' 与 f'' 、f'' 与 g'' 、g'' 与 h'' ，h'' i'' 、i'' j'' 分别积聚在顶面、后棱面的侧面投影上，便画出截交线五边形 FGHIJ 的侧面投影 f'' g'' h'' i'' j'' 。因为棱线 AA，在点 F 之上的一段已被切割掉，而棱线 CC_0 仍是全部存在的，所以在侧面投影中应将 f'' 以上的粗实线改为虚线，仅表示侧面投影不可见的棱线 CC_0 的上部的一段；同时还应将 h'' 以前和 g'' 以上的五棱柱被切割掉的侧面投影的轮廓线擦去或改为双点画线，也就作出了五棱柱被切割后的侧面投影。

3.2.2　切口三棱锥的投影

如图 3-7 所示，已知缺口三棱锥的正面投影，补全它的水平投影和侧面投影。

从正面投影中可见：缺口是由一个水平面和一个正垂面切割三棱锥而形成的，左棱

线 SA 有一段被切割掉，在正面投影中画成双点画线，而在水平投影和侧面投影中，则由于未经作图确定 SA 被切割掉的一段棱线的投影之前，暂时先将 sa 和 $s''a''$ 都画成双点画线。

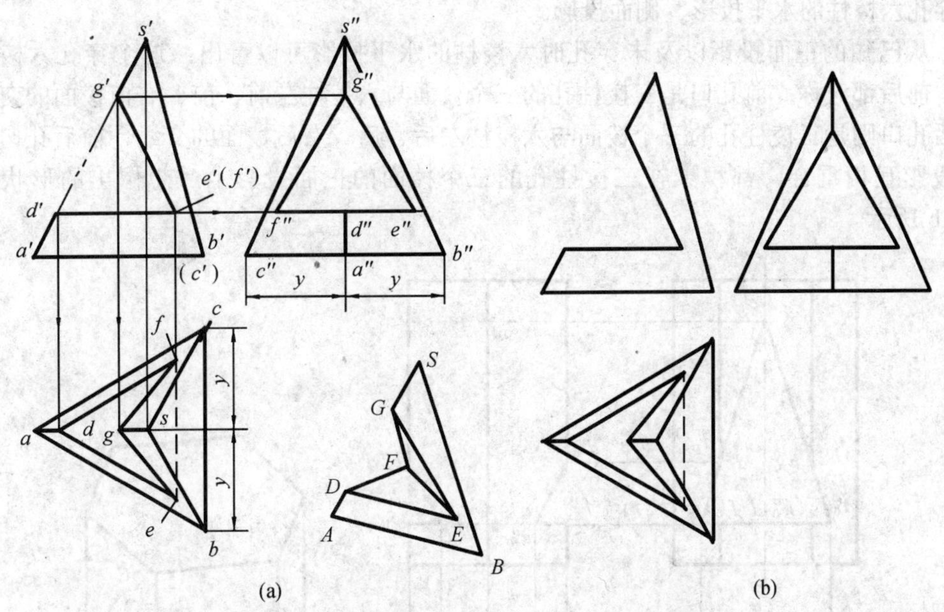

图 3-7　补全缺口三棱锥的水平投影和侧面投影

可以想像：因为水平截平面平行于底面，所以它与前、后棱面的交线 DE、DF 分别平行于底边 AB、AC。正垂截平面分别与前、后棱面相交于直线 GE、GF。由于两个截平面都垂直于正面，所以它们的交线 EF 一定是正垂线。想像的结果如图 3-7(a)右下角的立体图所示。画出这些交线的投影，也就画出了这个缺口的投影。

作图过程如图 3-7(a)所示：

(1) 因为这两个截平面都垂直于正面，所以 $d'e'$、$d'f'$ 和 $g'e'$、$g'f'$ 都分别重合在它们的有积聚性的正面投影上，$e'f'$ 则位于它们的有积聚性的正面投影的交点处。于是在正面投影中标注出这些交线的投影。

(2) 由 d' 在 sa 上作出 d。由 d 作 $de/\!/ab$、$df/\!/ac$，再分别由 $e'f'$ 在 de、df 上作出 e、f。由 $d'e'$、de 作出 $d''e''$，由 $d'f'$、df 作出 $d''f''$，它们都重合在水平截平面的积聚成直线的侧面投影上。

(3) 由 g' 分别在 sa、$s''a''$ 上作出 g、g''，并分别与 e、f 和 $e''f''$ 连成 ge、gf 和 $g''e''$、$g''f''$。

(4) 连 e 和 f，由于 ef 被三个棱面 SAB、SBC、SCA 的水平投影所遮而不可见，画成虚线；$e''f''$ 则重合在水平截平面的有积聚性的侧面投影上。

(5) 用粗实线加深在棱线 SA 上存在的 SG、DA 段的水平投影 sg、da 和 $s''g''$、$d''a''$；原来用双点画线表示的 GD 段的三面投影 $g'd'$、gd、$g''d''$ 实际上是不存在的，不用画出。

由此就补全了缺口三棱锥的水平投影和侧面投影。作图结果如图 3-8 (b)所示。

3.2.3 穿孔六棱柱的投影

如图 3-8(a)所示，已知一个具有正垂的三棱柱穿孔的正六棱柱的正面投影，补全这个穿孔六棱柱的水平投影、侧面投影。

从已知的正面投影以及未穿孔时六棱柱的水平投影可以看出：这个穿孔六棱柱左右、前后都对称；前孔口是三棱柱孔的三个棱面与六棱柱左前、前、右前棱面的交线，而后孔口则是三棱柱孔的三个棱面与六棱柱左后、后、右后棱面的交线，前后孔口的正面投影互相重合，都积聚在三棱柱孔的三个棱面的正面投影上。想像出的形状如图 3-8(b)所示。

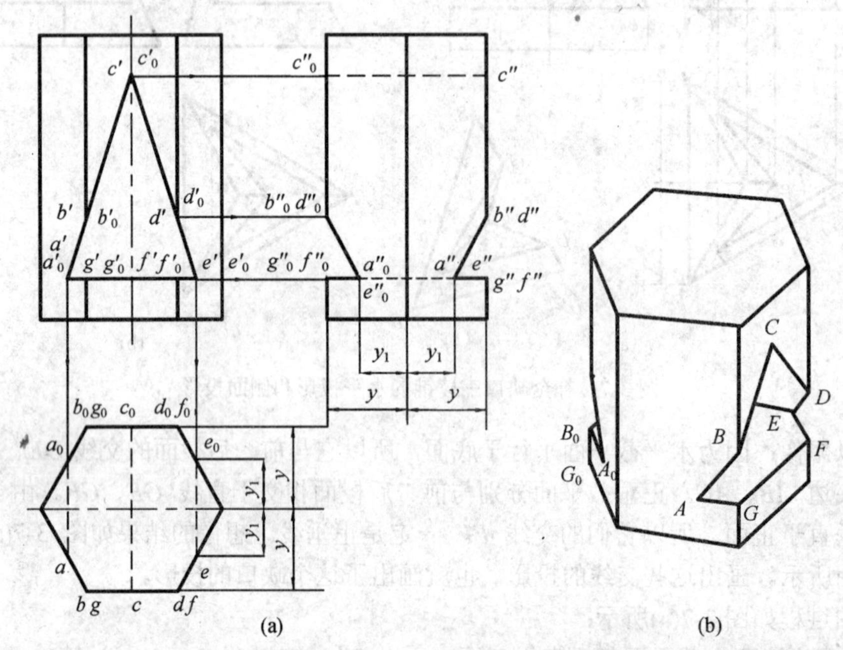

图 3-8　补全穿孔六棱柱的水平投影，作出它的侧面投影

作图过程如图 3-8(a)所示：

(1) 在正面投影中标注出前孔口 $ABCDEFGA$ 的投影 $a'\ b'\ c'\ d'\ e'\ f'\ g'\ a'$ 和后孔口 $A_0B_0C_0D_0E_0F_0G_0A_0$ 的投影 $a_0'\ b_0'\ c_0'\ d_0'\ e_0'\ f_0'\ g_0'\ a_0'$，它们相互重合。三棱柱孔的三条正垂线 AA_0、CC_0、EE_0 的正面投影即为 $a'\ a_0'$、$c'\ c_0'$、$e'\ e_0'$，它们分别积聚成一点。

(2) 由于前孔口在水平投影中积聚在正六棱柱的左前、正前、右前这三个棱面的有积聚性的投影上，后孔口同样也积聚在左后、正后、右后棱面的投影上，所以由前、后孔口的正面投影就可标注出它们的水平投影 $abcdefga$ 和 $a_0b_0c_0d_0e_0f_0g_0a_0$。分别连 a 与 a_0、c 与 c_0、e 与 e_0，aa_0、cc_0、ee_0 即为三棱柱孔的三条棱线的水平投影，由于它们都被六棱柱的顶面所遮，所以都画成虚线。

(3) 在已知正面投影右侧的适当位置作出六棱柱的侧面投影，六棱柱的左前、右前、左后、右后棱线分别各有一段 BG、DF、B_0G_0、D_0F_0 是不存在的，画图时应断开。

由正面投影和水平投影可作出三条棱线的侧面投影 $a''a_0''$、$c''c_0''$、$e''e_0''$，$a''a_0''$ 与 $e''e_0''$ 相互重合，由于这些棱线的侧面投影都不可见，应画虚线。

由此就补全了穿孔六棱柱的水平投影，作出了它的侧面投影。

3.2.4 穿孔四棱锥的投影

如图 3-9 所示，已知中间穿孔的四棱锥的正面投影，补全它的水平投影和侧面投影。从正面投影可知：中间的通孔是由两个水平截平面和两个侧平截平面切割四棱锥而形成的，因此四个截平面在正面内积聚成四条直线，需要完成四个截平面的水平面的投影和侧面投影。

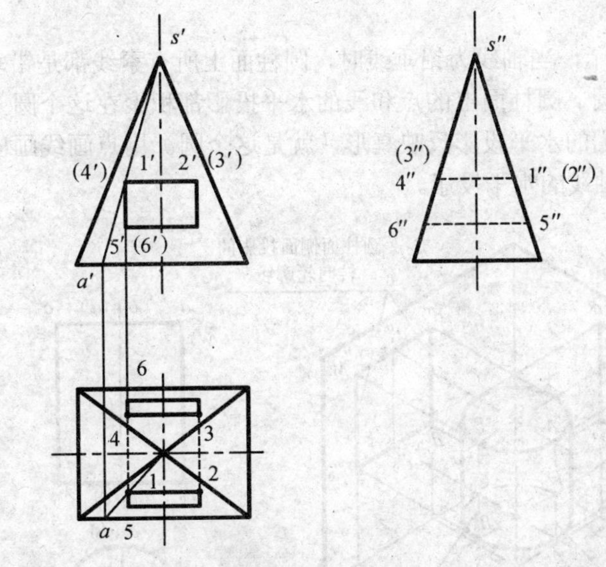

图 3-9 补全穿孔四棱锥的水平投影，作出它的侧面投影

作图过程如图 3-9(a)所示：

(1) 上面水平截平面产生的截交线的形状是一个矩形，根据投影规律确定矩形的四个顶点的正面投影 1′ 2′ 3′ 4′（积聚为直线）和侧面投影 1″ 2″ 3″ 4″（积聚为直线），并找出四点地水平面投影 1234（反映实形）。

(2) 采用上述方法作出下面水平截平线的三面投影。

(3) 左面侧平截平面产生的截交线的形状是一个矩形，根据投影规律确定矩形的四个顶点的正面投影 1′ 4′ 6′ 5′（积聚为直线）和侧面投影 1″ 4″ 6″ 5″（反映实形），并找出四点的水平面投影 1465（积聚为直线）。

(4) 采用上述方法做出右面侧平截平线的三面投影。

(5) 水平面投影 14 和 23，以及侧面投影 1″ 4″ 和 5″ 6″ 不可见，应画为虚线。

3.3 曲面立体

曲面立体由曲面或曲面和平面所围成。常见的曲面立体有圆柱、圆锥、圆球和圆环及具有环面的回转体。它们通常均称为回转体。

绘制回转体的投影图，可归结为绘制组成回转体的平面和回转面的投影。回转面可看成由一动线绕一定线（直线）回转一周而形成的。其中定线称为轴线，动线称为母线，母线在回转面上的任意位置称为素线，母线上任意一点的运动轨迹是一个垂直于轴线的圆，称为纬圆。

曲面立体的投影就是组成曲面立体的曲面和平面的投影的组合。本节主要介绍曲面立体投影图的画法以及表面取点的方法。

3.3.1 圆柱

圆柱由圆柱面、顶面、底面所围成。圆柱面由一条直母线绕与它相平行的轴线旋转而成。

如图 3-10(a)所示，当轴线为铅垂线时，圆柱面上所有素线都是铅垂线，圆柱面的水平投影积聚成一个圆，圆柱面上的点和线的水平投影都积聚在这个圆上。圆柱的顶面和底面是水平面，它们的水平投影反映真形，就是这个圆。用点画线画出对称中心线，对称中心线的交点是轴线的水平投影。

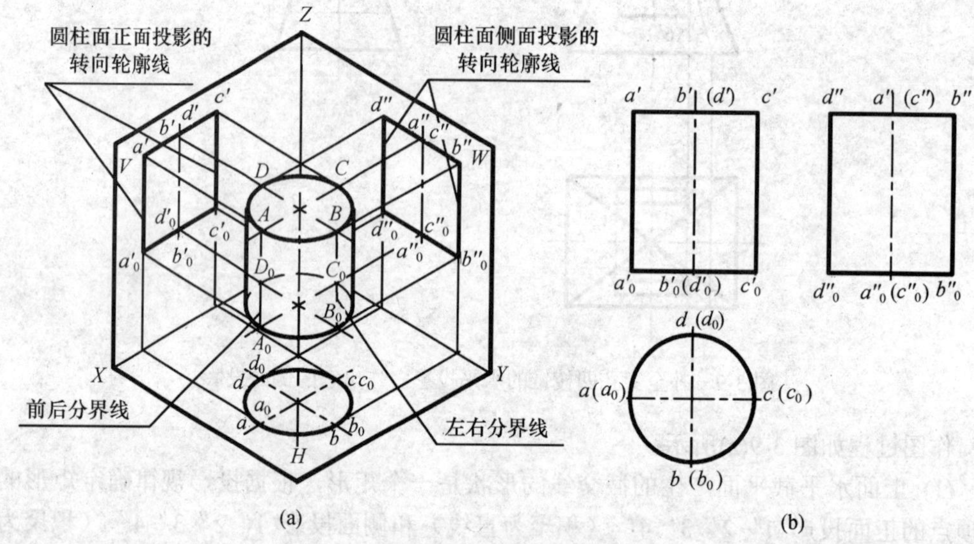

图 3-10　圆柱的投影

圆柱的顶面、底面的正面投影都积聚成直线；圆柱的轴线和素线的正面投影、侧面投影是铅垂线，用点画线画出轴线的正面投影和侧面投影。圆柱的正面投影的左右两侧是圆柱面的正面投影的转向轮廓线 $a'\ a_0'$ 和 $c'\ c_0'$，它们分别是圆柱面上最左、最右素线 AA_0、CC_0（也就是正面投影可见的前半圆柱面和不可见的后半圆柱面的分界线）的正面投影；AA_0 和 CC_0 的侧面投影 $a''\ a_0''$ 和 $c''\ c_0''$ 则与轴线的侧面投影相重合。圆柱的侧面投影的前后两侧是圆柱面的侧面投影的转向轮廓线 $b''\ b_0''$ 和 $d''\ d_0''$，它们分别是圆柱面上最前、最后素线 BB_0 和 DD_0（也就是侧面投影可见的左半圆柱面和不可见的右半圆柱面的分界线）的侧面投影；BB_0 和 DD_0 的正面投影 $b'\ b_0'$ 和 $d'\ d_0'$ 则与轴线的正面投影相重合。

这个圆柱的三面投影，如图 3-10(b)所示。

在圆柱表面上取点，可利用圆柱表面投影为圆的积聚性或作辅助素线的方法求得。

如图 3-11 所示，已知圆柱面上的点 *A* 和 *B* 的正面投影 *a*′ (*b*′)，求作它们的水平投影和侧面投影。作图过程如下：

(1) 从 *a*′ 可见和（*b*′ ）不可见得知，点 *A* 在前半圆柱面上，而点 *B* 在后半圆柱面上,于是就可由 *a*′ (*b*′)引铅垂的投影连线，在圆柱面的有积聚性的水平投影上作出 *a* 和 *b*。

(2) 由 *a*′ (*b*′)引水平的投影连线，由 *a*、*b* 按宽相等和前后对应，就可以作出 *a*″ 和 *b*″ 。

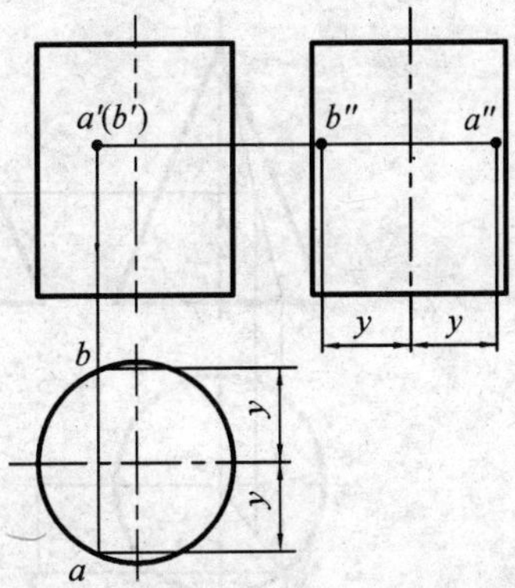

图 3-11　作圆柱面上的点的投影

(3) 由于点 *A* 和 *B* 都在左半圆柱面上，所以 *a*″ *b*″ 都是可见的。

3.3.2　圆锥

圆锥由圆锥面、底面所围成。圆锥面由一条直线绕与它相交的轴线旋转而成，圆锥表面上的一切素线为过锥顶的直线。

如图 3-12 所示，当圆锥的轴线为铅垂线时，底面的正面投影、侧面投影分别积聚成直线，水平投影反映它的真形——圆。

用点画线画出轴线的正面投影和侧面投影；在水平投影中，用点画线画出对称中心线，对称中心线的交点，即是轴线的水平投影，又是锥顶 *S* 的水平投影 *S*。

圆锥面正面投影的转向轮廓线 *s*′ *a*′ 、*s*′ *b*′ 是圆锥面最左、最右素线 *SA*、*SB*（也就是正面投影可见的前半圆锥面和不可见的后半圆锥面的分界线）的正面投影；

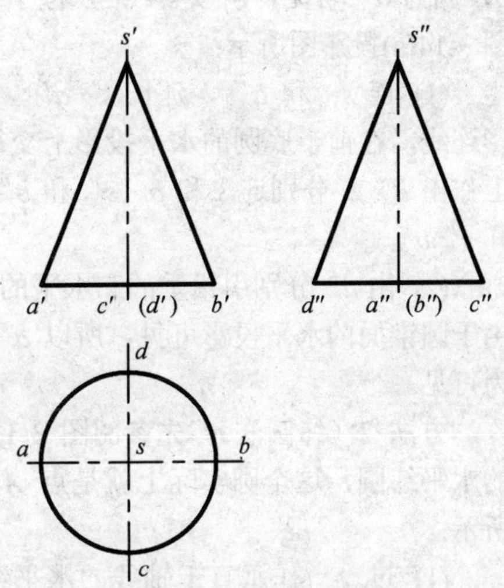

图 3-12　圆锥的投影

SA、*SB* 的侧面投影 *s*″ *a*″ 、*s*″ *b*″ ，与轴线的侧面投影相重合。圆锥面侧面投影的转向轮廓线 *s*″ *c*″ 、*s*″ *d*″ 是圆锥面上最前、最后素线 *SC*、*SD*（也就是侧面投影可见的左半圆锥面和不可见的右半圆锥面的分界线）的侧面投影；*SC*、*SD* 的正面投影 *s*′ *c*′ 、*s*′ *d*′ ，与轴线的正面投影重合。

在图 3-13 中清楚地表明了锥顶 *S* 的正面投影 *s*′ 、侧面投影 *s*″ 和水平投影 *s*。圆锥面的水平投影与底面的水平投影相重合。显然，圆锥面的三个投影都没有积聚性。

如图 3-13 所示，已知圆锥的三面投影以及圆锥面上的点 *A* 的正面投影 *a*′ ,求作它的水平投影 *a* 和侧面投影 *a*″ 。由于圆锥面的三个投影都没有积聚性，所以需要在圆锥面上通过点 *A* 作一条辅助线。为了作图方便，应选取素线或垂直于铅垂轴线的纬圆（水平圆）作为辅助线，分述如下。

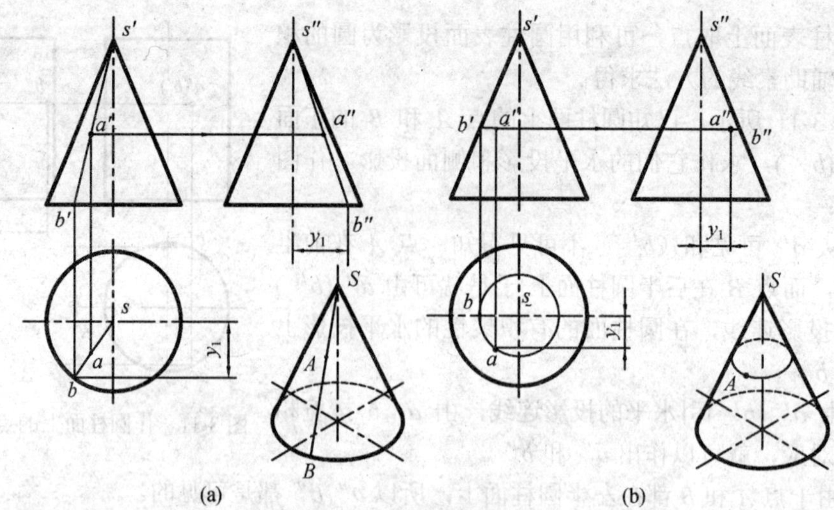

图 3-13 作圆锥面上的点的投影

(a) 素线法 (b) 纬圆法。

方法 1（素线法）：先参阅图 3-13(a)中的立体图，连 S 和 A，延长 SA，交底圆于点 B，因为 a' 可见，所以素线 SB 位于前半圆锥面上，点 B 也在前半底圆上。作图过程如图 3-14(a)投影图所示：

(1) 连 s' 和 a'，延长 $s'a'$，与底圆的正面投影相交于 b'。由 b' 引铅垂的投影连线，在前半底圆的水平投影上交得 b。由 b 按宽相等和前后对应在底圆的侧面投影上作出 b''。分别连 s 和 b、s'' 和 b''，即得过点 A 的素线 SB 的三面投影 $s'b'$、sb 和 $s''b''$。

(2) 由 a' 分别引铅垂的和水平的投影连线，在 sb 上作出 a 和在 $s''b''$ 上作出 a''。由于圆锥面的水平投影可见，所以 a 也可见；又由于点 A 在左半圆锥面上，所以 a'' 亦为可见。

方法 2（纬圆法）：先参阅图 3-13(b)的立体图，通过点 A 在圆锥面上做垂直于轴线的水平纬圆，这个圆实际上就是点 A 绕轴线旋转所形成的。作图过程如 3-13(b)投影图所示：

(1) 过 a' 作垂直于轴线的水平纬圆的正面投影，其长度就是这个纬圆的直径的真实长度，它与轴线的正面投影的交点，就是圆心的正面投影，而圆心的水平投影则重合于轴线的有积聚性的水平投影上，与 S 相重合。由此就可作出这个圆的反映真形的水平投影（也可如图中所示，利用这个圆在最右素线上的点作出）。

(2) 由于 a' 可见，所以点 A 应在前半圆锥面上，于是就可由 a' 引铅垂的投影连线，在水平纬圆的前半圆的水平投影作出 a。由 a' 引水平的投影连线，又由 a 按宽相等和前后对应，即可作出点 A 的侧面投影 a''。可见性的判断在方法一中已阐述，不再重复。

3.3.3 球

球由球面围成。球面由圆绕其直径为轴线旋转而成。

如图 3-14 所示，球的三面投影都是直径与球直径相等的圆，它们分别是这个球面的三个投影的转向轮廓线。正面投影的转向轮廓线是球面上平行于正面的大圆（前后半球面的分界线）的正面投影；水平投影的转向轮廓线是球面上平行于水平面的大圆（上下半球面的分界线）的水平投影；侧面投影的转向轮廓线是球面上平行于侧面的大圆（左右半球面的分界线）的侧面投影。在球的三面投影中，应分别用点画线画出对称中心线，对称中心线的交点是球心的投影。

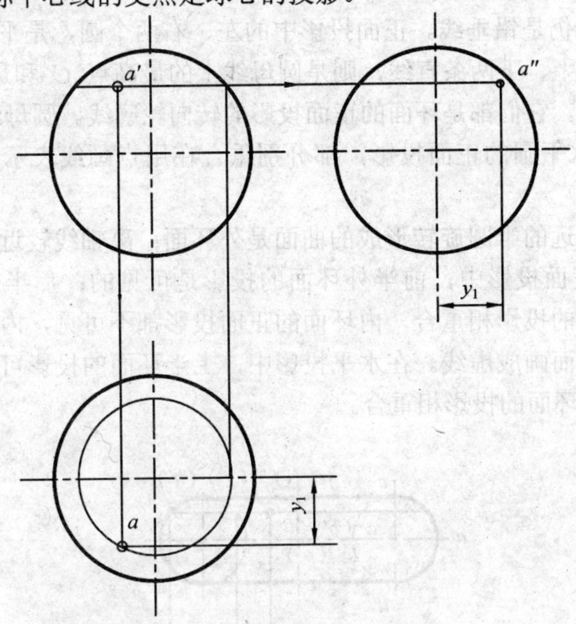

图 3-14　球和球面上的点的投影

如图 3-14 所示，已知球面上点 A 的正面投影 a'，求作它的水平投影和侧面投影。因为球面的三个投影都没有积聚性，而且球面上不存在直线，但可以在球面上过点 A 作平行于投影面的圆，所以图中过点 A 作球面上的水平圆，这个圆实际上就是点 A 绕球的铅垂轴线旋转所形成的纬圆。

作图过程如图 3-14 所示：

(1) 过 a' 作球面上的水平圆的正面投影，按在正面投影中所显示的这个圆的直径的真长（或如图中所示，利用这个圆在球面的平行于正面的大圆上的点），作出反映这个圆的真形的水平投影。

(2) 因为 a' 可见，便可由 a' 引铅垂的投影连线，在这个圆的前半圆的水平投影上作出 a。

(3) 由 a' 引水平的投影连线，由 a 按宽相等和前后对应，就可作出 a''。因为从 a' 可看出点 A 位于上半和左半球面上，所以 a 和 a'' 都是可见的。

读者可以自作：用同样的作图原理和方法，也可在图 3-15 中用过点 A 的球面上平行于侧面的圆求作 a'' 和 a；还可用过点 A 的球面上平行于正面的圆求作 a 和 a''。

3.3.4　圆环

环由环面围成。圆环是以圆为母线，绕与圆共面但不通过圆心的轴线旋转而成。圆环的投影一般以两个投影图表示，如图 3-15 所示。

轴线的水平投影积聚为一点（中心线的交点）；圆母线的水平投影成为直线，延长后应通过轴线的有积聚性的水平投影。在旋转过程中，圆母线上的各点都形成垂

直于轴线的水平纬圆；而环面的水平投影的转向轮廓线，是圆母线上离轴线最远的点 A 和最近的点 B 旋转形成的最大的和最小的纬圆的水平投影。圆心 O 旋转形成的水平圆的水平投影，用点画线表示。

轴线的正面投影仍是铅垂线。正面投影中的左、右两个圆，是平行于正面的两条圆素线的正面投影；而上、下两条直线，则是圆母线上的最高点 C 和最低点 D 旋转形成的水平圆的正面投影。它们都是环面的正面投影的转向轮廓线。圆母线的圆心 O 以及点 B 旋转形成的三个水平圆的正面投影，都分别重合在用点画线表示的环的上下对称线上 。

圆母线离轴线较远的半圆旋转形成的曲面是外环面；离轴线较近的半圆旋转形成的曲面是内环面。在正面投影中，前半外环面的投影是可见的；后半外环面的投影不可见，但与前半外环面的投影相重合。内环面的正面投影都不可见，内环面的正面投影的转向轮廓线也不可见而画成虚线。在水平投影中，上半环面的投影可见；下半环面的投影不可见，且与上半环面的投影相重合。

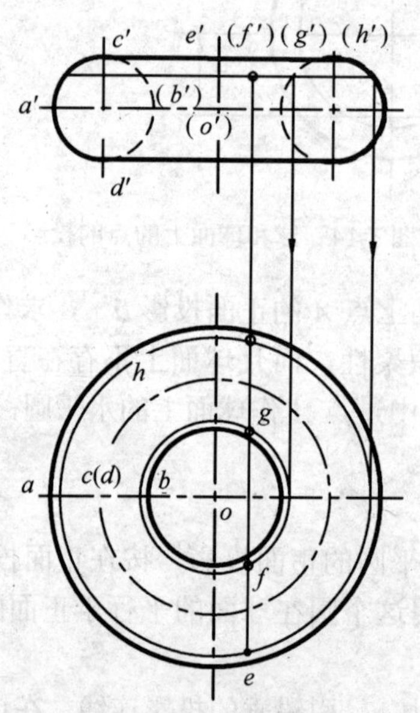

图 3-15　环和环面的点的投影上

在图3-15中，还画出了环面上对正面投影的四个重影点E、F、G、H 的正面投影e'（f' ）（g'）（h'）（按由前向后的顺序排列），求作它们的水平投影。

根据上述排列的顺序可知，E、H 分别是前、后外环面的点，而 F、G 则分别是前、后内环面上的点。由于这些点都在上半环面上，所以它们的水平投影都可见。通过点 F 和 G、点 E 和 H 分别在内、外环面上作水平纬圆，就可作出这四个点的水平投影。具体的作图过程如图 3-15 所示，请读者自行阅读。

3.4 平面与曲面立体表面相交

3.4.1 曲面立体截交线的性质

平面和曲面立体相交时，曲面立体的几何形状不同或截平面和曲面立体的相对位置不同，所产生的截交线的形状也各不相同。回转体截交线一般具有下列性质：

(1) 共有性。截交线既在截平面上，又在立体表面上，因此截交线是截平面与立体表面的共有线，截交线上的点是截平面与立体表面的共有点。

(2) 封闭性。由于立体表面是封闭的，因此截交线是封闭的平面图形。

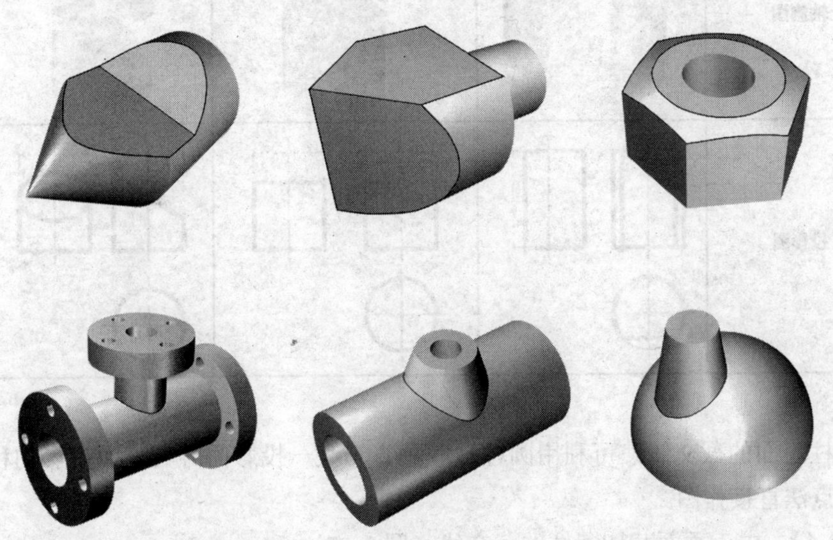

图 3-16 几种常见的曲面立体的表面交线

3.4.2 曲面立体表面截交线的求法

曲面立体表面的截交线是截平面与立体表面的共有线，因此求截交线就是求截平面与立体表面的共有点，再按顺序依次光滑连接各点。

求曲面立体表面截交线的一般步骤如下：

(1) 分析曲面立体的几何性质、截平面与曲面立体的相对位置及截平面与投影面的相对位置，初步判断截交线的形状及其投影。

(2) 求出截交线上的点，首先求特殊点，为作图准确还要补充一般点，特殊点要取全，一般点要适当。特殊点一般包括下面几类：极限点，即处于极限位置的最高、最低、最左、最右、最前、最后点；转向轮廓线上的点；特征点，如椭圆长、短轴上的点。

(3) 依次光滑连接各点，判断可见性，整理轮廓线。

求曲面立体表面截交线的常用方法有积聚性法、辅助平面法。

下面分别介绍圆柱、圆锥、球等常见回转体的截交线的求法。

1．平面与圆柱面相交

平面截切圆柱面时，根据截平面与圆柱轴线的相对位置不同，可得到三种不同形状的截交线（表 3-1）。

表 3-1　平面与圆柱面相交的截交线

截平面位置	与轴线平行	与轴线垂直	与轴线倾斜
截交线形状	两平行直线	圆	椭圆
轴测图			
投影图			

求圆柱表面的截交线，可利用圆柱轴线垂直于某一投影面时其表面投影的积聚性，用表面取点法直接作图。

【例 3-1】 求正垂面截切圆柱的截交线（图 3-17）。

解：由图 3-17（a）可以看出，由于截平面与圆柱轴线倾斜且垂直于正面，所以截交线为椭圆，椭圆的正面投影积聚为直线，水平投影与圆柱面的水平投影重合，因此截交线的两个投影为已知，侧面投影可通过取点的方法求出。由于截平面倾斜于侧平面，因此截交线的侧面投影为一不反映实形的椭圆。

作图：如图 3-17（b）所示。

（1）求作特殊点，Ⅰ、Ⅱ 两点是位于圆柱正面转向轮廓线上的点，也是截交线上最低、最高点，Ⅲ、Ⅳ 两点是位于圆柱侧面转向轮廓线上的点，也是截交线上最前、最后点。由正面投影 1′、2′、3′、(4′) 及水平投影 1、2、3、4，可求得侧面投影片 1″、2″、3″、4″。

（2）求作一般点，在适当位置取一般点，取 Ⅴ、Ⅵ、Ⅶ、Ⅷ 为一般点，先由正面投影 5′、(6′)、7′、(8′)，求出其水平投影 5、6、7、8，然后根据正面投影和水平投影求出侧面投影 5″、6″、7″、8″。

（3）依次光滑连接各点的侧面投影，即为所求。

若截平面与圆柱轴线倾斜 45° 时，截交线的侧面投影为圆。

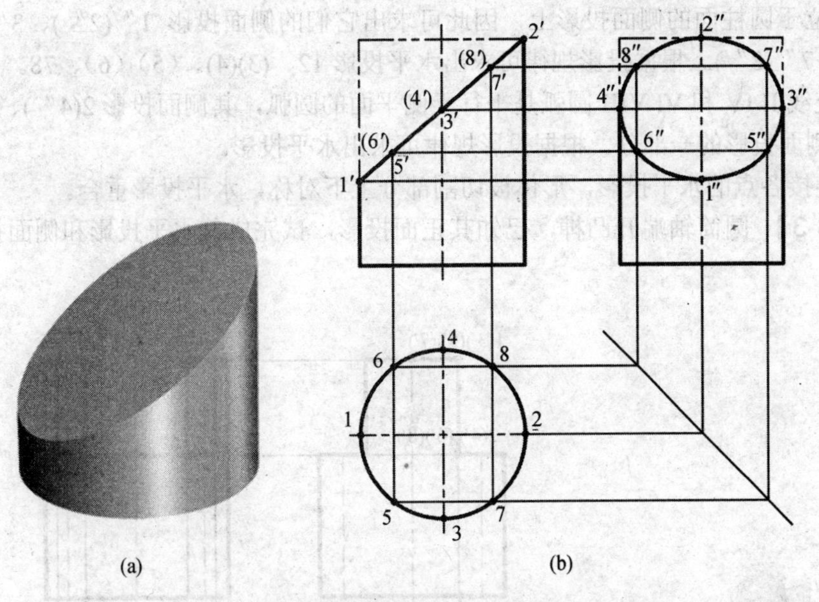

图 3-17　平面与圆柱面轴线斜交时截交线的画法

【例 3-2】 已知圆柱开一方槽后的主视图和左视图，求作其俯视图（图 3-18(a)）。

解：如图 3-18(a)所示，圆柱被两个与轴线平行的水平面和一个与轴线垂直的侧平面截切而形成一个方槽口。两个水平面由于和圆柱轴线相平行，因此截圆柱得到的是平行于轴线的直线，如 I II，III IV，V VI，VII VIII；而侧平面与圆柱轴线相垂直，因此截圆柱面得到是两端圆弧，如 II IV，VI VIII；直线 I VII，III V 是截平面与圆柱端面的交线；直线 IV VI，II VIII 是两截平面的交线。

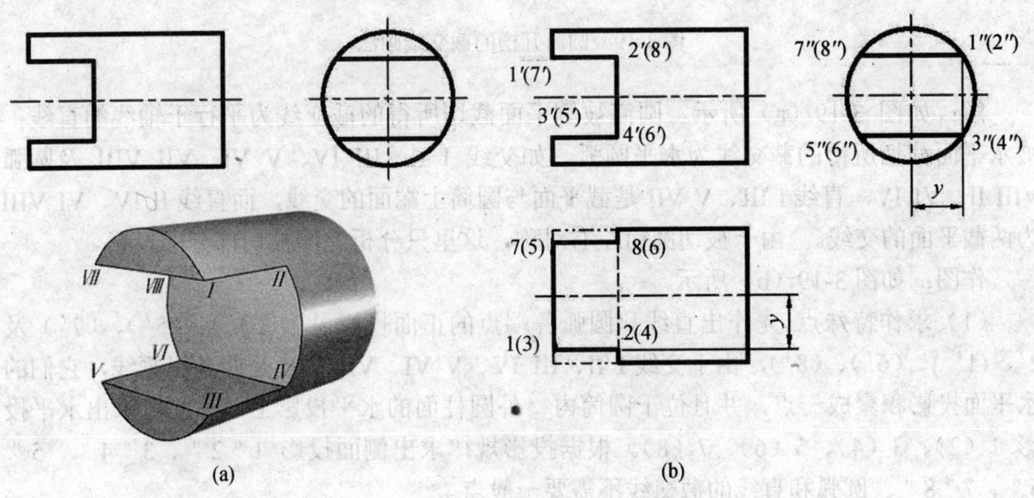

图 3-18　带切口圆柱的截交线画法

作图：如图 3-18（b）所示。

(1) 先作出直线和圆弧各端点的正面投影 1′、(7′)、2′、(8′)、3′、(5′)、4、(6′)，由于 I II，III IV，V VI，VII VIII 是四条侧垂线，它们的侧面投影积聚成一点，并且位于圆柱面的侧面投影上，因此可求出它们的侧面投影 1″(2″)、3″(4″)、5″(6″)、7″(8″)。根据投影规律可求出水平投影 12、(3)(4)、(5)(6)、78。

(2) 交线 II IV 和 VI VIII 圆弧是平行于侧平面的圆弧，其侧面投影 2(4″)、6″(8″)是圆柱面侧面投影的一部分。根据投影规律可求出水平投影。

(3) 连接各点的水平投影，形体被切割部分上下对称，水平投影重合。

【例 3-3】 圆筒轴端开凸榫，已知其正面投影，试完成其水平投影和侧面投影（图 3-19）。

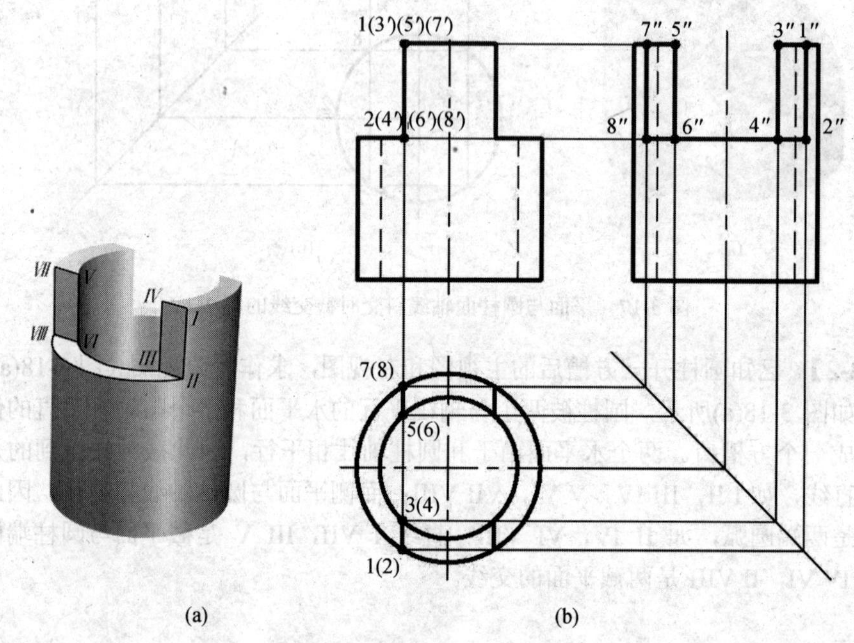

图 3-19　圆筒开槽的截交线画法

解：如图 3-19（a）所示，圆筒被侧平面截切所得的截交线为平行于轴线的直线；被水平面截切所得的截交线为水平圆弧。如交线 I II、III IV、V VI、VII VIII 及圆弧 VIII II、VI IV，直线 I III、V VII 是截平面与圆筒上端面的交线，而直线 II IV、VI VIII 为两截平面的交线。 由于被切圆筒左右对称，这里只分析左侧被切部分的投影。

作图：如图 3-19（b）所示。

（1）求作特殊点 先作出直线和圆弧各端点的正面投影 1′、(3′)、(5′)、(7′) 及 2′、(4′)、(6′)、(8′)，由于交线 I II、III IV、V VI、VII VIII 是四条铅垂线，它们的水平面投影积聚成一点，并且位于圆筒内、外圆柱面的水平投影上，因此可求出水平投影 1（2）、3（4）、5（6）、7（8）。根据投影规律求出侧面投影 1 " 2 " 、3 " 4 " 、5 " 6 " 、7 " 8 " 。圆弧和直线的截交线不需要一般点。

（2）交线 II VIII 和 IV VI 圆弧是平行于水平面的圆弧，其水平面投影（2）(8)、（4）(6) 圆弧为圆筒内、外圆柱面水平投影的一部分，侧面投影为直线 2 " 8 " 、4 " 6 "，并重合。

（3）依次连接各点的水平投影和侧面投影。

圆柱右侧被切割部分的正面投影和水平投影与左侧对称，其侧面投影与左侧重合。

2. 平面与圆锥面相交

平面截切圆锥面时，根据截平面与圆锥面的截切位置及截平面与圆锥轴线的夹角不同，可得到 5 种不同形式的截交线（表 3-2）。由于圆锥面的各投影均无积聚性，因此求圆锥的截交线，可用圆锥表面取点法或辅助平面法。

表 3-2　平面与圆锥面相交的截交线

截平面位置	过锥顶	垂直于轴线 θ=90°	倾斜于轴线 θ>α	倾斜于轴线 θ=α	平行或倾斜于轴线 θ=0°或 θ<α
截交线形状	相交两直线	圆	椭圆	抛物线	双曲线
轴测图	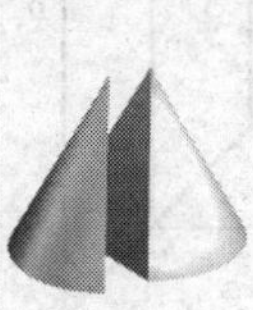	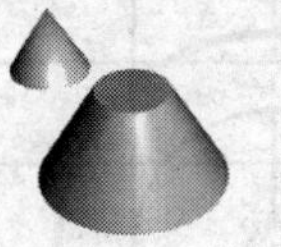			
投影图	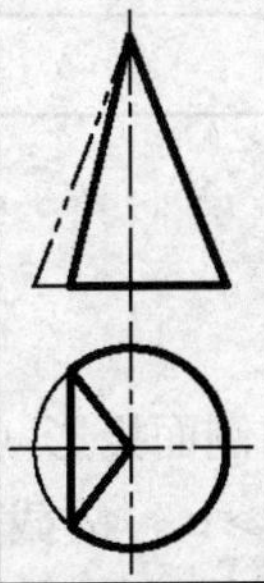	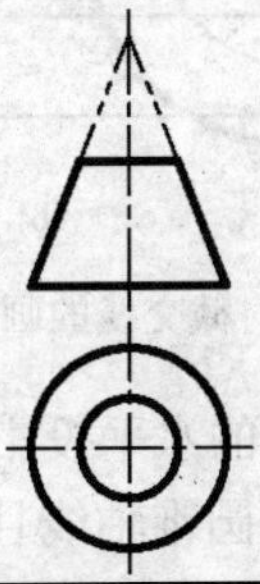		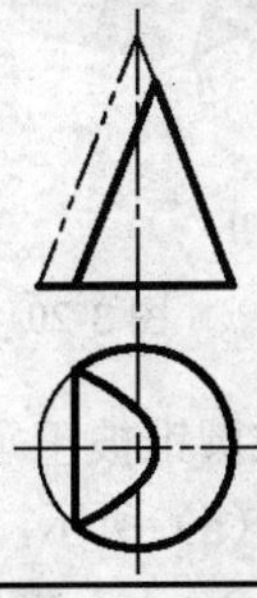	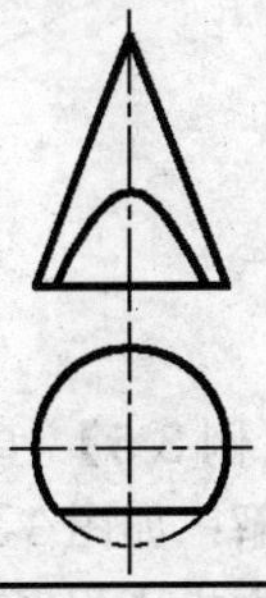

辅助平面法是求截交线的常用方法，其实质是利用三面共点原理，求出交线上的点，连接这些点就得到截交线的投影。下面举例说明辅助平面法的作图方法。

求截交线的投影，实质上是截交线上点的投影。如图 3-20（a）所示，截交线是截平面 Q 与圆锥表面相交形成的交线，因此这条交线上的点，均为平面 Q 与圆锥表面所共有，如果用垂直于圆锥轴线的辅助平面 P 切割圆锥，平面 P 与锥面相交，其交线为圆 R，平面 P 与平面 Q 相交，其交线为直线 MN，圆 P 和直线 MN 的交点 IV、V 为圆锥表面、截平面 Q 和辅助平面 P 所共有，此二点即为截交线上的点。因此，只要求得一系列这样的点，连接起来，就是所求的截交线。

【例 3-4】 直立圆锥被侧平面（不过锥顶）所截，求截交线的侧面投影（图 3-20）。

解： 截平面为不过锥顶的侧平面，因此截交线为双曲线，其正面投影和水平面投影均积聚为直线，侧面投影反映实形的双曲线。

作图如图 3-20（b）所示

（1）求作特殊点，点 I 为双曲线的最高点，在圆锥最左素线上，由 1′ 求得 1 和 1"。点 II、III 为截交线的最低点，在圆锥底圆上，由 2′、（3′）和 2、3 求得 2"、3"。

（2）求作一般点，选水平面 P 作辅助平面，即作 P_V 与截交线正面投影交于 4′（5′），与圆锥最右素线交于 m'，求得 m，以 o 为圆心，om 为半径作圆，与截交线的水平投影交于 4、5，由 4′、（5′）和 4、5 求得 4″、5″。用同样方法在 P 上下再作辅助平面，求出若干一般点。

（3）依次光滑连接所求各点，即得截交线的侧面投影。

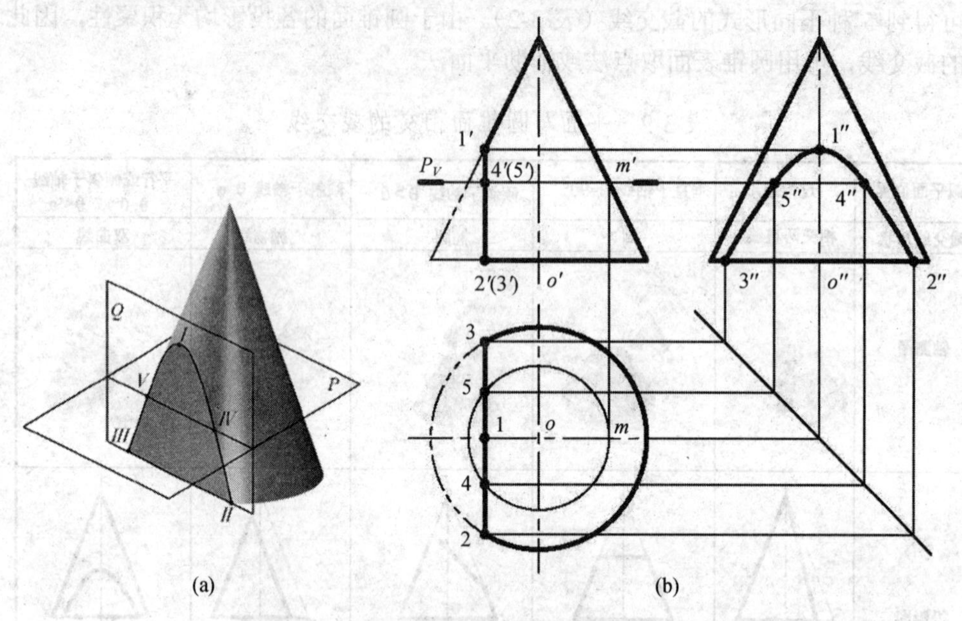

图 3-20　平面与圆锥轴线平行时截交线的画法、

【例 3-5】 直立圆锥被正垂面所截，求截交线的水平投影和侧面投影（图 3-21）。

解：如图 3-21（a）所示，因截平面 P 倾斜于圆锥轴线且 $\theta>\alpha$，故截交线为椭圆，其正面投影积聚在 P_V 上，椭圆的长轴为正平线，其端点分别在最左、最右素线上，短轴为过长轴中点的正垂线，其水平投影反映实长。

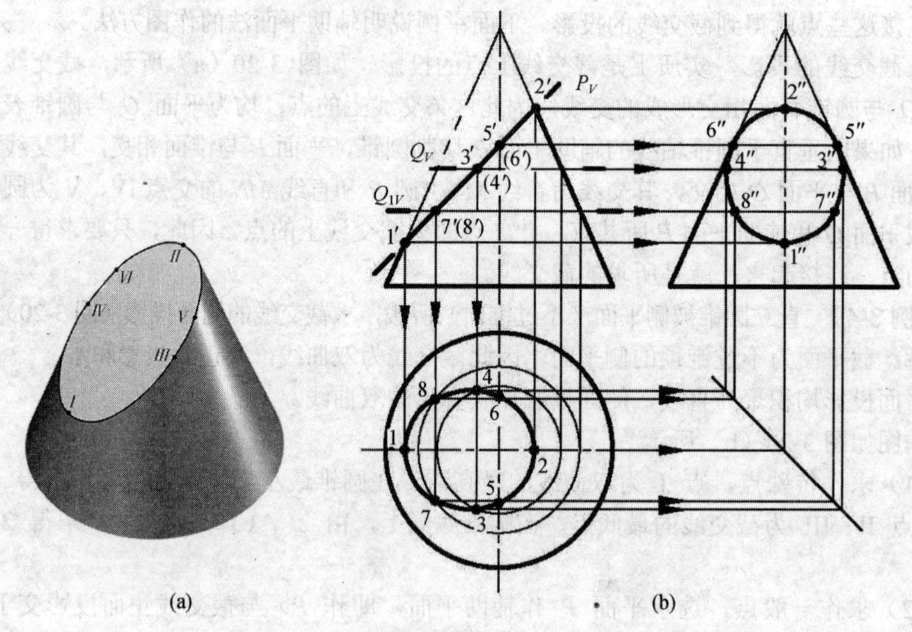

图 3-21　平面与圆锥轴线倾斜时截交线的画法

作图：如图 3-21（b）所示。

（1）求作特殊点，点 I 和点 II 分别在圆锥的最左和最右素线上，其正面投影为 1′、2′，由 1′、2′ 求得 1、2 和 1″、2″。在 1′ 2′ 中点处取点 3′、(4′) 为椭圆短轴 III IV 的正面投影，过 III、IV 点作水平辅助平面 Q，Q 与圆锥面的交线为水平圆，则 III、IV 点的水平投影和侧面投影必在这个圆的同面投影上，因此可得 3、4 及 3″、4″。点 V、VI 分别在最前和最后素线上，由 5′、(6′) 可求得 5、6 和 5″、6″。

（2）求作一般点，在截交线上取点 VII、VIII，其正面投影为 7′、(8′)，过 VII、VIII 点作辅助平面 $Q1$，求出 7、8 及 7″、8″。

（3）依次光滑连接各点的同面投影，即得截交线的水平投影和侧面投影。

【例 3-6】 直立圆锥被正垂面（过锥顶）和水平面所截，求截交线的水平面投影和侧面投影（如图 3-22）。

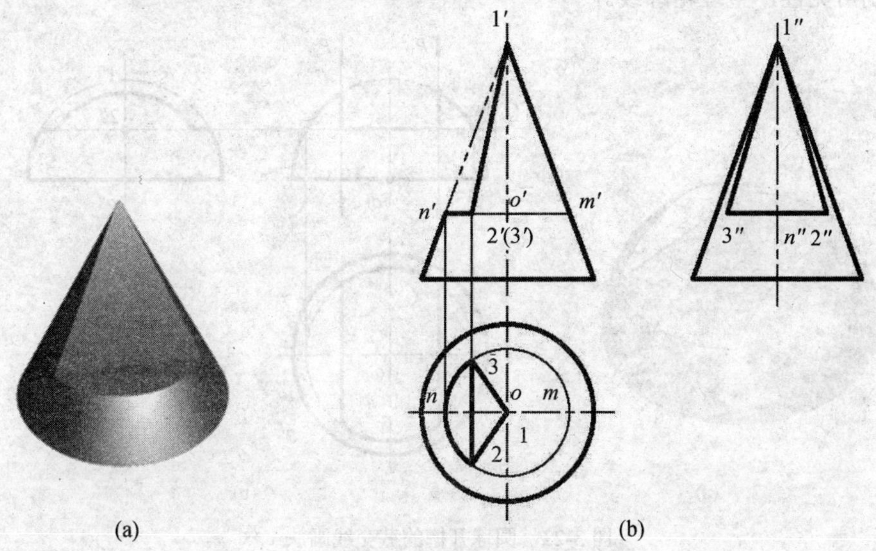

图 3-22　组合平面与圆锥相交时截交线的画法

解： 截平面 I 为过锥顶的正垂面，因此截交线为三角形，其水平面投影和侧面投影均为三角形。截平面 II 为垂直于轴线的水平面，因此截交线为圆，其水平面投影为圆弧面，侧面投影积聚为直线。

作图：如图 3-22（b）所示。

对于截平面 I，求作特殊点，在正面投影上确定三角形的三个点的正面投影 1′、2′、3′，根据投影规律，确定三点的水平面投影 123 和侧面投影 1″ 2″ 3″，两投影均可见。

对于截平面 II，确定纬圆的半径，在正面投影上 $o'm'$ 为纬圆半径，在水平面投影上，以 o 为圆心，$o'm'$ 为半径画圆，截交线在水平面的投影为 $2n3$ 之间的圆弧，其侧面投影积聚为直线 2″ 3″。

3．平面与球面相交

平面与圆球相交，不论截平面处于什么位置，其截交线均为圆。当截平面为投影面的平行面时，截交线在该投影面上的投影为反映实形的圆；当截平面为投影面的垂直面时，截交线在该投影面上的投影积聚为直线；当截平面倾斜于投影面时，截交线在该投影上的投影为椭圆。

【例 3-7】 求半圆球被开凹槽后的水平和侧面投影（图 3-23）。

解：圆球被两个侧平面 P1、P2 所截其截交线为完全相同的两段圆弧，其正面投影分别与 $P1v$、$P2v$ 重合，$P1v$ 交半球正面投影的转向轮廓线于 1′，由 1′ 得 1＂，以 O＂为圆心，O＂1＂为半径作弧得截交线的侧面投影，水平投影为直线。

同理，Qv 交球体正面投影的转向轮廓线为 2′，由 2′ 得 *2*，以 *O* 为圆心，以 *O*2 为半径作弧得截交线圆弧的水平投影，侧面投影为直线。

判别可见性，整理轮廓线。

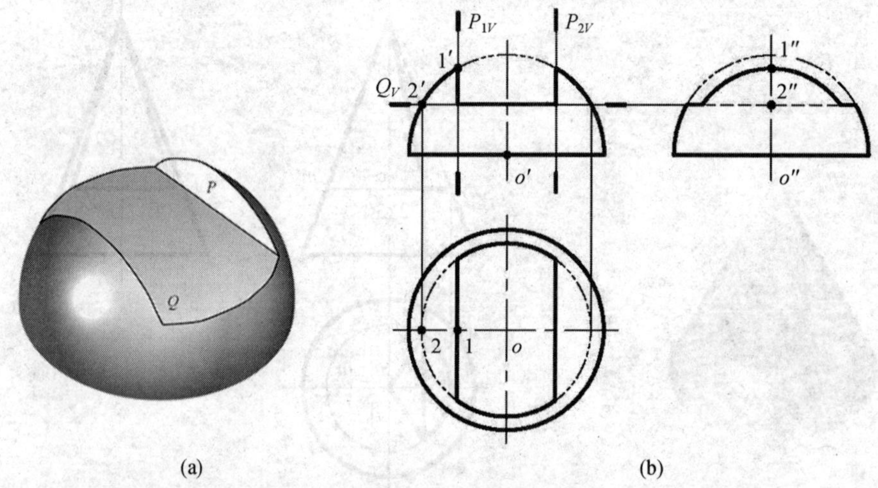

图 3-23　圆球开槽的截交线画法

【例 3-8】 被正垂面所截，试完成其水平投影和侧面投影（图 3-24）。

解：如图 3-24（a）所示，由于截平面为正垂面，所以截交线圆的正面投影积聚为直线，水平投影和侧面投影为椭圆。可用辅助平面法求之。

作图：如图 3-24（b）所示。

（1）求特殊点，由正面投影可知，点 I、II 为截交线的最左、最右点，并且位于最大正平圆上，由 1′、2′ 可直接求得 1、2 和 1＂、2＂。取 1′ 2′ 的中点 3′、（4′）为截交线圆的水平、侧面投影椭圆长轴上的两端点的正面投影，点 III、IV 为最前、最后点，作辅助平面 Q 可求得 3、4 及 3＂、4＂。点 V、VI、VII、VIII 为球面转向轮廓线上的点，由 5′、（6′）、7′、（8′）可求得 5、6、7、8 和 5＂、6＂、7＂、8＂。

（2）求作一般点，在适当位置取若干个一般点，利用辅助平面法，由正面投影求得水平投影和侧面投影。

（3）依次光滑连接各点的同面投影，并整理轮廓线，判别可见性。

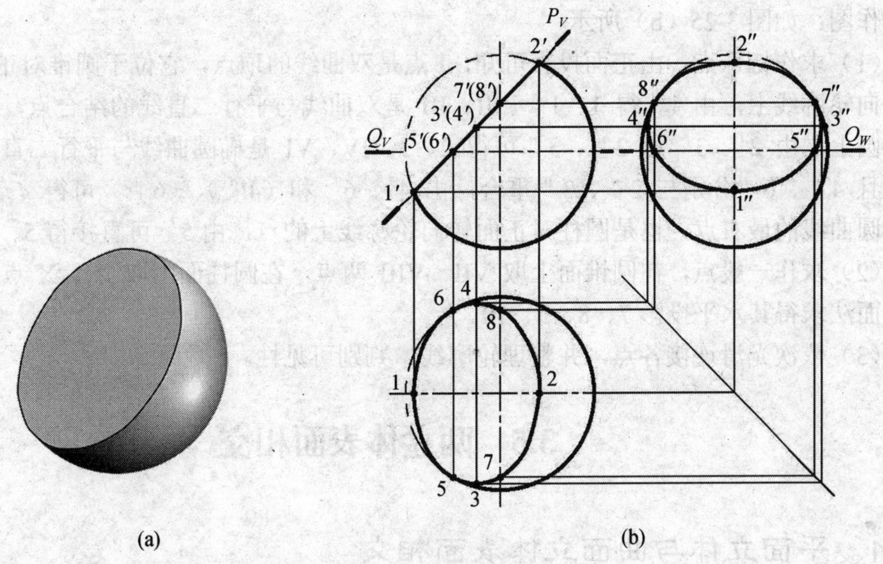

图 3-24 斜切圆球的截交线画法

4．平面与组合体相交

由于组合体是由几个基本体组合而成，所以截交线也是由各基本体的截交线组合而成，在求作截交线时，分别作截平面与基本体的截交线，再把它们组合在一起，即是截平面与组合体的截交线。

【例 3-9】 求作顶针截交线的水平投影（图 3-25）。

解：如图 3-25（a）所示，顶针是由同轴的圆锥和圆柱组成，上部被一个水平截面 P 和一个正垂面 Q 所截切，截交线由三部分组成，由于平面 P 平行于轴线，所以它截切圆锥得双曲线，截切圆柱得平行二直线；而正垂面 Q 截切圆柱得一段椭圆曲线，截交线的正面和侧面投影均有积聚性，只需求水平投影。

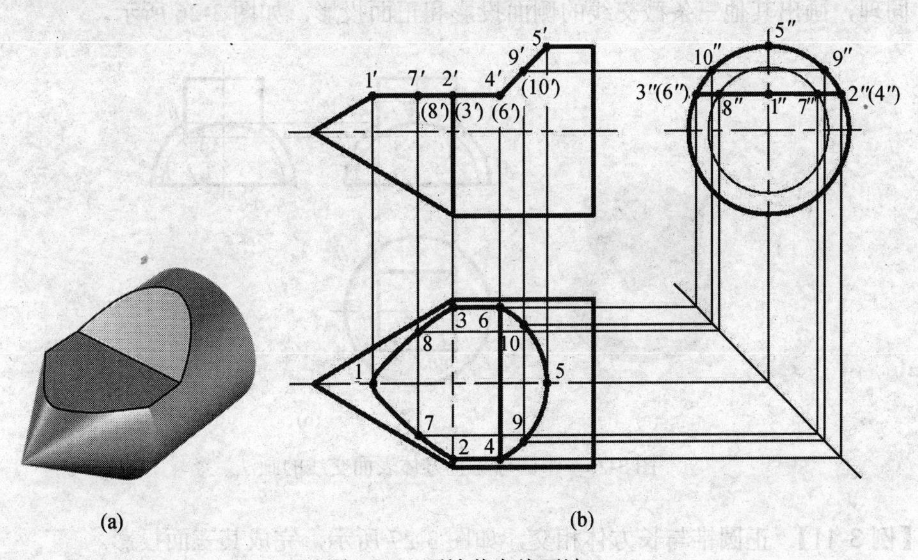

图 3-25 顶针截交线画法

作图：如图 3-25（b）所示

（1）求作特殊点，由正面投影可知，I 点是双曲线的顶点，它位于圆锥对正面的转向轮廓线上，由 1′ 得 1、1"。II、III 是双曲线与平行二直线的结合点，它位于圆锥底圆上，由 2′、3′ 和 2"、3" 可得 2、3。IV、VI 是椭圆曲线与平行二直线的结合点，且 4"、6" 分别与 2"、3" 重合，由 4′、6′ 和（4"）、（6"）可得 *4*、*6*。V 点是椭圆曲线的最右点，也是圆柱对正面转向轮廓线上的点，由 5′ 可直接得 5、5"。

（2）求作一般点，在圆锥面上取 VII、VIII 两点，在圆柱面上取 IX、X 点，可用辅助平面法求得其水平投影 7、8、9、10。

（3）依次光滑连接各点，并整理轮廓线，判别可见性。

3.5　两立体表面相交

3.5.1　平面立体与曲面立体表面相交

平面立体与曲面立体的相交，尽管是体与体相交，但是我们可以把它转化成平面和曲面立体相交，用求解相交线的方法来解决，例如以下一些示例。

【例 3-10】 半圆球与正方体相交，半圆球的轴线同正方体的对称中心线共线（图 3-26）。

解：半圆球的曲面与正方体的四个棱面产生完全相同的四段圆弧，其水平面的投影为四条直线，正面投影和侧面投影为两条圆弧和两小段直线。

作图 如图 3-26（b）所示。

通过水平面的投影，确定圆弧的半径，平面与圆球的截交线所在纬圆的半径为 o_1m。在正面投影上，以 o_1m 为半径，o' 为圆心，画出半圆弧。根据投影特征，圆弧 $1'n'2'$ 为截交线的正面投影（反映交线实形），直线 $1''n''$ 为截交线的侧面投影。

同理，画出其他三条截交线的侧面投影和正面投影，如图 3-26 所示。

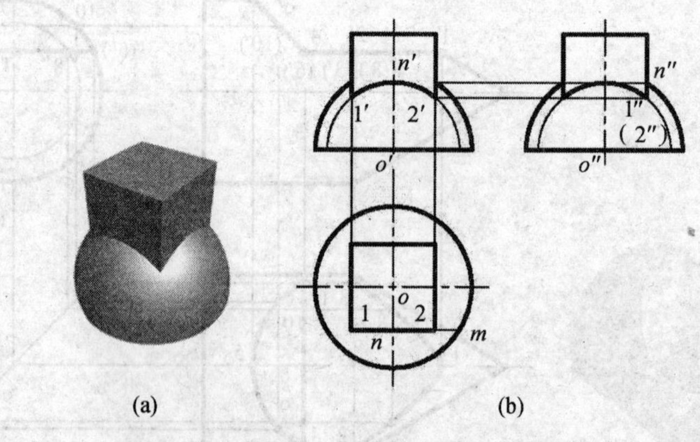

图 3-26　半圆球与正方体表面交线的画法

【例 3-11】 正圆锥与长方体相交，如图 3-27 所示，完成其三面投影。

解：正圆锥与长方体相交产生三条交线，其中长方体上底面与圆锥的交线为一条圆弧。两个侧面与圆锥的交线相当于用平行于圆锥轴线的截平面截切圆锥产生的截交线，因此两条交线为两段双曲线。

作图：如图 3-27（b）所示。

上底面与圆锥交线，通过侧面投影确定圆弧的纬圆半径为 $o''m''$。在水平面投影上，以 o 为圆心，作出纬圆的水平面投影。根据投影特征可知，交线的水平面投影为圆弧 $1n2$，正面投影为直线段 $1'n'$（$2'$）。

侧面与圆锥的交线为双曲线，其侧面投影为一直线，确定两个特殊点 $1''$ 和 $3''$，并确定一个一般点 $4''$，根据投影特征及其纬圆找点法，找到 1、3、4 三点的正面投影 $1'4'3'$（一段双曲线）和水平面投影 143（一段直线）。

同理作出另一侧面与圆锥的交线。

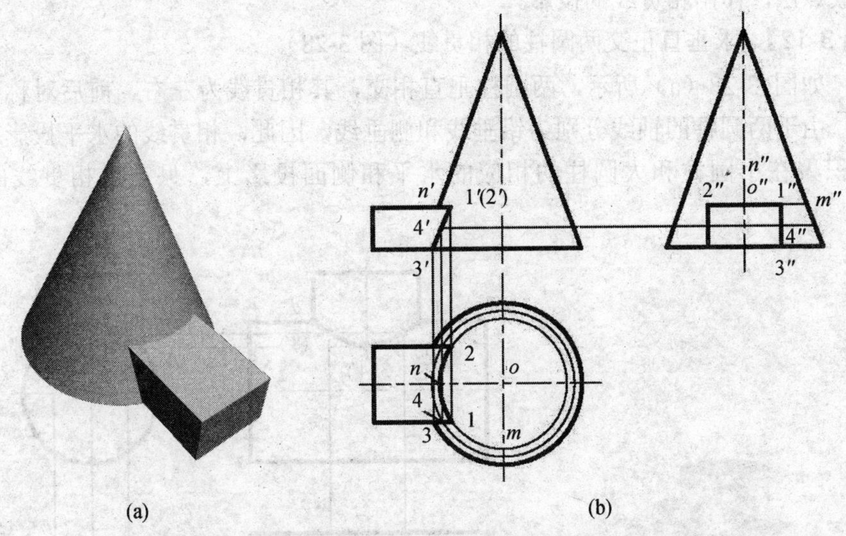

图 3-27　圆锥与长方体表面交线的画法

3.5.2　曲面立体与曲面立体表面相交

两曲面立体相交，其表面交线称为相贯线，由于它们的形状、大小和相对位置不同，其相贯线的形状一般也不相同，主要有以下性质：

(1) 表面性。相贯线位于两立体表面上。

(2) 共有性。相贯线是两曲面立体表面的共有线，也是两相交曲面立体的分界线。相贯线上的点是两曲面立体表面的共有点。

(3) 封闭性。相贯线一般为封闭的空间曲线，特殊情况下可能是平面曲线或直线。

相贯线是由两曲面立体表面一系列共有点组成的，因此求相贯线实际上就是求两曲面立体表面上一系列共有点的问题。

求两曲面立体相贯线的一般作图步骤：

(1) 分析两曲面立体的表面性质，即两曲面立体的相对位置和相交情况。

(2) 求相贯线的特殊点。形状与位置的极限点，即最高、最低、最左、最右、最前、最后点；可见与不可见的分界点及转向轮廓线上的点；对称相贯线在其对称面上的点等。

(3) 求作适当的一般点。

(4) 依次光滑连接各点，判断可见性。

常用的求相贯线的方法有表面取点法、辅助平面法、辅助球面法等。下面主要介绍前两种方法。

1．表面取点法

两曲面立体相交，如果其中有一个是轴线垂直于投影面的圆柱，则相贯线在该投影面上的投影就积聚在圆柱面的有积聚性的投影上。因此，求圆柱与另一曲面立体的相贯线投影可以看作是已知另一曲面立体表面上线的一个投影而求作其它投影的问题。这样就可以在相贯线上取一些点，按已知曲面立体表面上点的一个投影求其他投影的方法，即表面取点法，作出相贯线的投影。

【例 3-12】 求垂直正交两圆柱的相贯线（图 3-28）。

解：如图 3-28（a）所示，两圆柱垂直相交，其相贯线为左右、前后对称的封闭空间曲线，由于两圆柱的轴线分别为铅垂线和侧垂线，因此，相贯线的水平投影和侧面投影分别积聚在小圆柱和大圆柱的相应的水平和侧面投影上，只需求相贯线的正面投影即可。

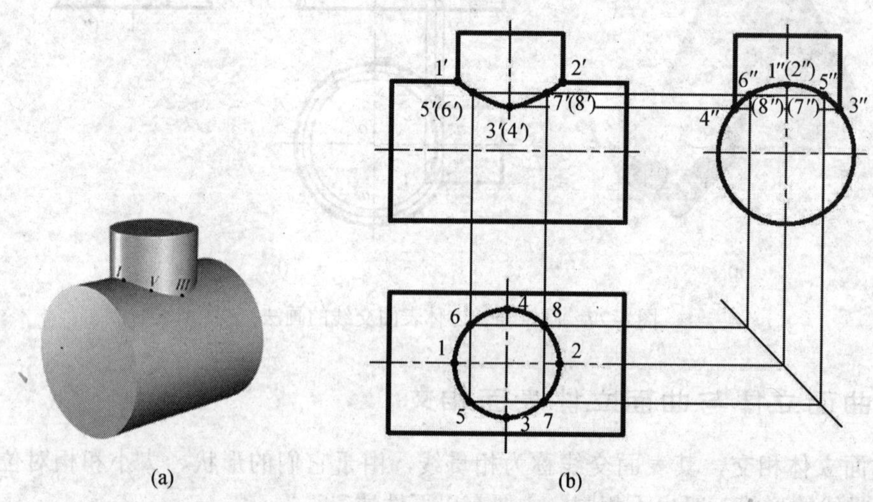

图 3-28　垂直正交两圆柱相贯线的画法

作图：如图 3-28（b）所示。

（1）求特殊点，点 I、II 分别为相贯线的最左点和最右点，也是相贯线的最高点。III、IV 是相贯线的最低点，也分别是相贯线的最前点和最后点，它们位于小圆柱对侧面的转向轮廓线上。根据水平投影和侧面投影可直接求出 1′、2′、3′、4′。

（2）求一般点，在相贯线适当位置取若干点，如取 V、VI、VII、VIII 四点，先在水平投影中取 5、6、7、8，再在侧面投影中得到 5″、6″、(7″)、(8″)，最后求出 5′、(6′)、7′、(8′)。

（3）依次光滑连接各点，1′、5′、3′、7′、2′ 为前半段相贯线的正面投影，后半段相贯线与之重合。

两轴线垂直相交的两圆柱体相贯，在零件结构上是常见的，一般有如图 3-29 三种形式：①两外圆柱相交；②外圆柱与内圆柱相交；③两内圆柱相交。这三种相贯形式虽然不同，但相贯线的性质和形状一样，求法也相同。

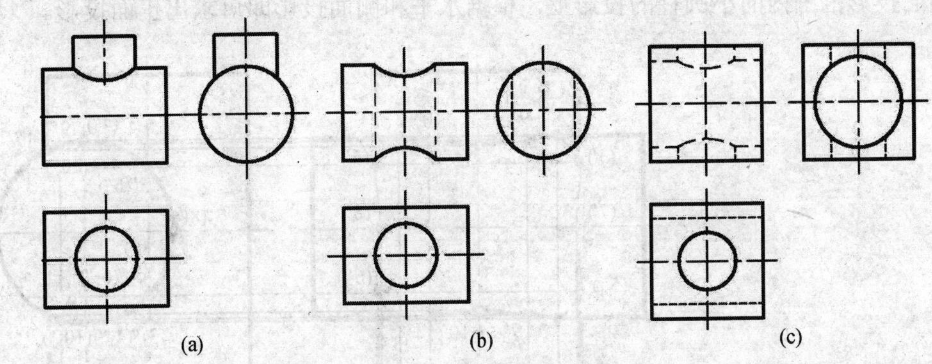

图 3-29　两轴线垂直相交的圆柱相贯线形式

【例 3-13】 求垂直正交两圆柱的相贯线（图 3-30）。

轴线垂直相交的两圆柱体相贯，如果两圆柱直径相差较大，此时，可以利用近似圆弧代替相贯线。利用近似圆弧求相贯线的方法称为近似圆弧法。下面我们举例来说明近似圆弧法的作图步骤（见图 3-30）。

解：如图 3-30（a）所示，两圆柱垂直正交，两圆柱的轴线分别为铅垂线和侧垂线，因此，相贯线的水平投影和侧面投影都在圆柱面有积聚性的投影上，只需求相贯线的正面投影。

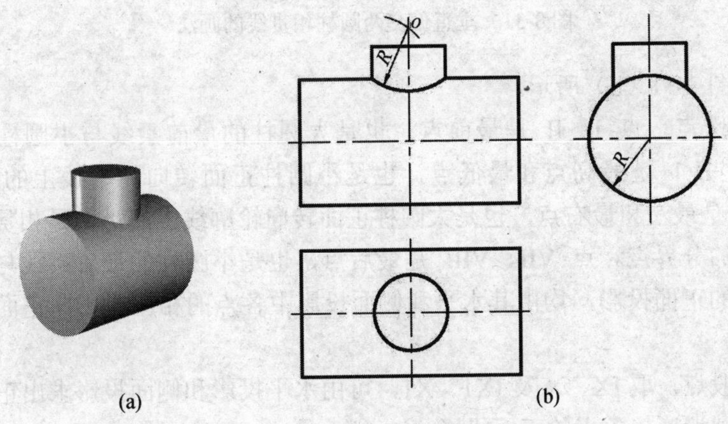

图 3-30　利用近似圆弧法求垂直正交的两圆柱相贯线

作图：如图 3-30（b）所示。以两圆柱转向轮廓线的交点为圆心，以大圆柱的半径 R 为半径画一圆弧，此圆弧在远离大圆柱轴线的方向上和小圆柱的轴线有一交点 O，以交点 O 为圆心，大圆柱的半径 R 为半径在两转向轮廓线的交点之间画一圆弧，此圆弧即为所求的相贯线。

【例 3-14】 求垂直偏交两圆柱的相贯线（图 3-31）。

解：如图 3-31（a）所示，轴线交叉垂直的两圆柱相交，其相贯线是一条上下、左右对称的封闭空间曲线，由于两个圆柱的轴线分别是铅垂线和侧垂线，因此相贯线的水平投影积聚在小圆柱水平投影范围内的大圆柱面的投影上，相贯线的侧面投影积聚在大圆柱侧面投影范围内的小圆柱的投影上，根据水平和侧面投影即可求出正面投影。

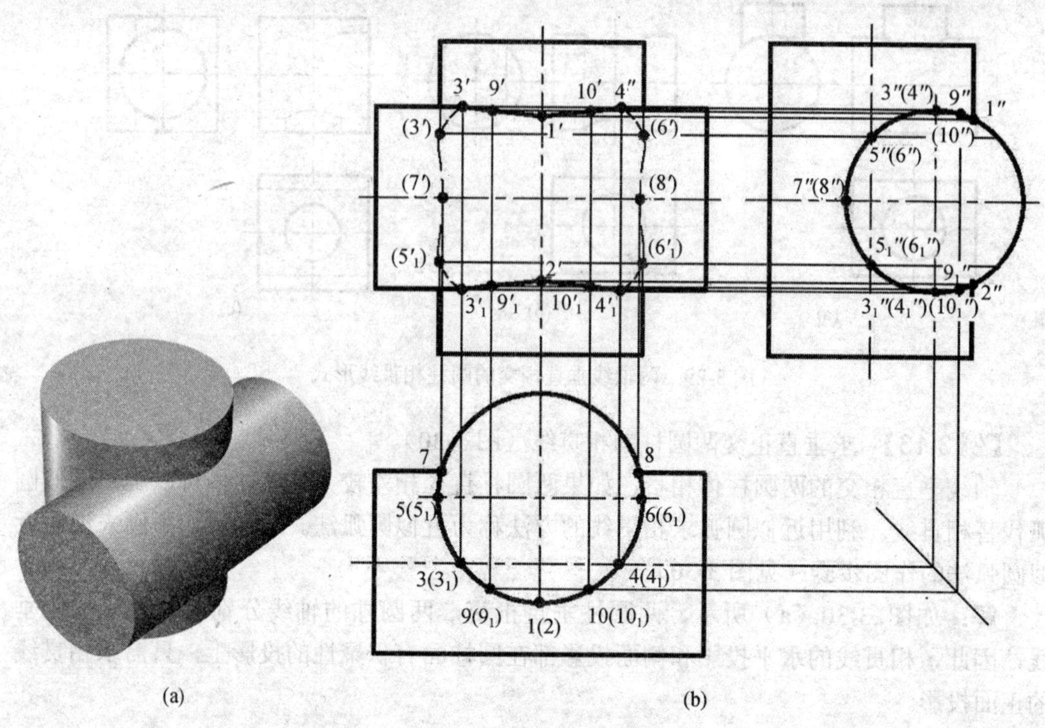

图 3-31　垂直偏交两圆柱相贯线的画法

作图：如图 3-31（b）所示。

（1）求特殊点，点 I、II 是最前点，也是大圆柱的最前素线与小圆柱的交点。点 III、IV、III1、IV1 是最高点和最低点，也是小圆柱正面转向轮廓线上的点。点 V、V1、VI、VI1 是最左和最右点，也是大圆柱正面转向轮廓线上的点，是相贯线正面投影可见与不可见的分界点。点 VII、VIII 是最后点，也是小圆柱的最后素线与大圆柱的交点。上述各点的正面投影，均由其水平和侧面投影中各点的相应投影向正面引投影连线交汇得出。

（2）求一般点，取 IX、X 及 IX1、X1，可由水平投影和侧面投影求出正面投影。

（3）依次圆滑连接各点的正面投影。

（4）判别可见性，正面投影 3′、9′、1′、10′、4′ 及 $3_1'$、$9_1'$、2′、$10_1'$、$4_1'$ 等都在小圆柱的前半个表面上，均为可见，故连成实线，而 3′、$3_1'$ 左边及 4′、$4_1'$ 右边各点在小圆柱后半个表面上，为不可见，连成虚线。

2．辅助平面法

假想用一个平面截切相交的两立体，所得截交线的交点，即为两立体表面的共有点，也是截平面上的点即“三面共点”。这个假想的截平面称为辅助平面，用辅助平面求相贯线的方法称为辅助平面法，辅助平面法是求相贯线的常用方法。

选取辅助平面要遵循的一般原则：截平面与两立体截切后所产生的交线简单易画，一般使截交线的投影为圆或直线。为此，常选投影面的平行面为辅助平面。

【例 3-15】求圆柱和圆锥正交的相贯线（图 3-32）。

解：如图 3-32（a）所示，圆柱和圆锥的轴线垂直相交，圆柱完全贯穿圆锥，相贯线为两条空间曲线，并且左右对称。这里只求左侧相贯线，而右侧相贯线只要取对称点就可得出。

作图：如图 3-32（b）所示。

（1）求特殊点，I、II 为圆柱与圆锥正面转向轮廓线的交点，也是相贯线的最高点和最低点，其三面投影可直接求出。点 III、III1 为圆柱水平转向轮廓线上的点，是相贯线的最前点和最后点，也是相贯线水平投影的可见与不可见分界点，此二点的水平投影和正面投影可作辅助平面 *P* 求得。IV、IV1 是确定相贯线范围的特殊点，从侧面投影可知。左半个锥面上的相贯线位于过 IV、IV1 点的两条素线之间，过锥顶分别作与圆柱相切的侧平面为辅助平面，即过 *s* " 作 *QW*、*Q1W* 求得侧面投影 4 " 、4_1 " ，水平投影 4、4，最后求得正面投影 4、′（4′）。

（2）求一般点，在适当位置作若干个水平辅助平面，求得一般点的投影，如 5′、6′ …5、6…。

（3）依次光滑连接各点的同面投影，即为所求。

（4）判别可见性，正面投影 1′、6′、4′、3′、5′、2′ 等都在圆柱与圆锥前半个表面上，均为可见，故连成实线。因为前后对称，后半段相贯线与之重合。水平投影 3、3_1 左边各点在圆柱下半个表面上，为不可见，连成虚线，3、4、6、1、6_1、4_1、3_1 为可见，连成实线。

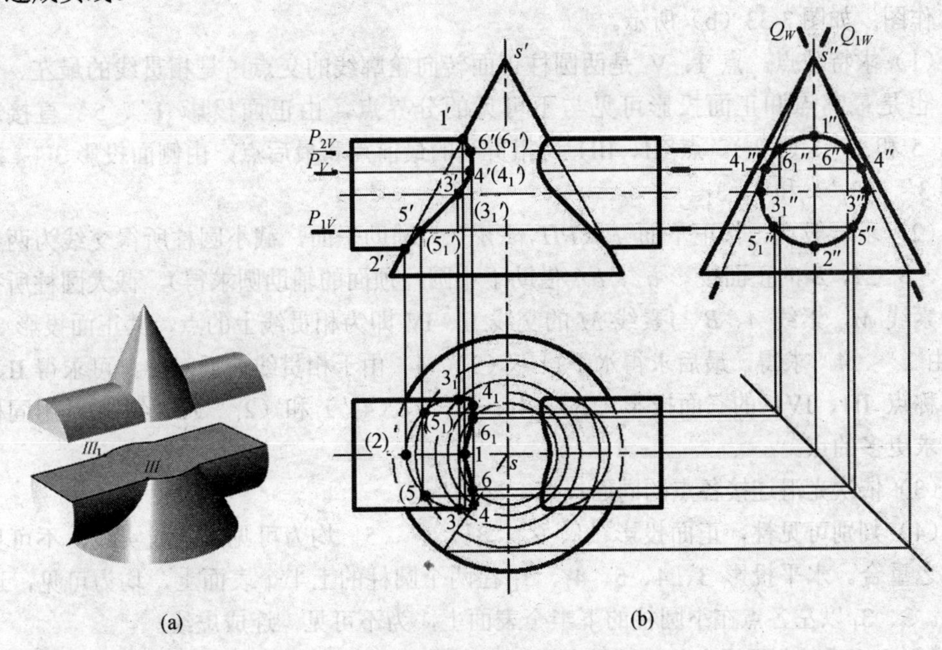

图 3-32　圆柱和圆锥正交的相贯线画法

【例 3-16】 求斜交两圆柱相贯线的投影（图 3-33）。

解：如图 3-33（a）所示，大圆柱轴线为侧垂线，侧面投影具有积聚性，所以相贯线的侧面投影积聚在小圆柱侧面投影范围内的大圆柱的投影上。小圆柱轴线为正平线，在三个投影面上的投影均无积聚性，所以相贯线的水平和正面投影均需求之。由两基本形体的相对位置可知，此相贯线为前后对称的封闭空间曲线。

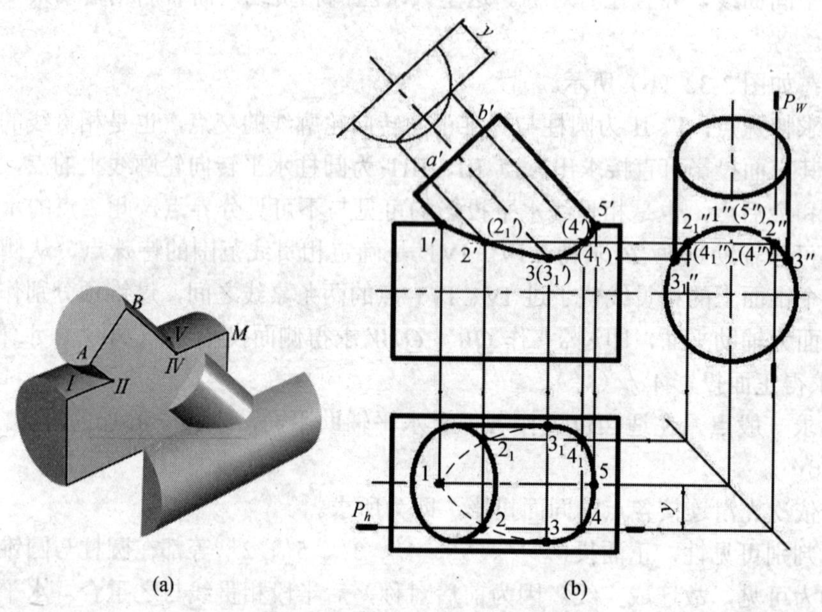

图 3-33 斜交两圆柱相贯线的画法

作图：如图 3-33（b）所示。

（1）求特殊点。点 I、V 是两圆柱正面转向轮廓线的交点，是相贯线的最左、最右点，也是最高点和正面投影可见与不可见的分界点，由正面投影 1′、5′ 直接求得（1)、5 和 1 "、(5 "）。点 III、III1 为相贯线的最前点和最后点，由侧面投影 3 "、3_1 " 求得 3′、(3_1′）和 3、3_1。

（2）求一般点。作正平面 *P*（*PH*、*PW*）为辅助平面，截小圆柱所得交线为两条素线 *A*、*B*（*A*、*B* 的正面投影 *a*′、*b*′ 借助于小圆柱顶面的辅助圆求得），截大圆柱所得交线为素线 *M*，素线 *A*、*B* 与素线 *M* 的交线 II、IV 即为相贯线上的点，其正面投影 2′、4′ 由 2 "、4 " 求得，最后求得水平投影（2）、4。由于相贯线前后对称，可求得 II、IV 的对称点 II1、IV1 的三面投影（2_1）、4_1、（2_1′）、（4_1′）和（2_1 "）、（4_1 "）。用同样方法可求更多的点。

（3）依次光滑连接各点的同面投影，即为所求。

（4）判别可见性，正面投影 1′、2′、3′、4′、5′ 均为可见，连成实线，不可见部分与之重合。水平投影 3、4、5、4_1、3_1 在两个圆柱的上半个表面上，均为可见，连成实线。3、3_1 以左各点在小圆柱的下半个表面上，为不可见，连成虚线。

【例 3-17】 求圆锥台与半球的相贯线（图 3-34）。

解：如图 3-34（a）所示，圆锥台轴线不通过球心，但圆锥台有公共前后对称面，相贯线是一条前后对称的封闭空间曲线，其各投影面上的投影均无积聚性。因此可用辅助平面法作图。

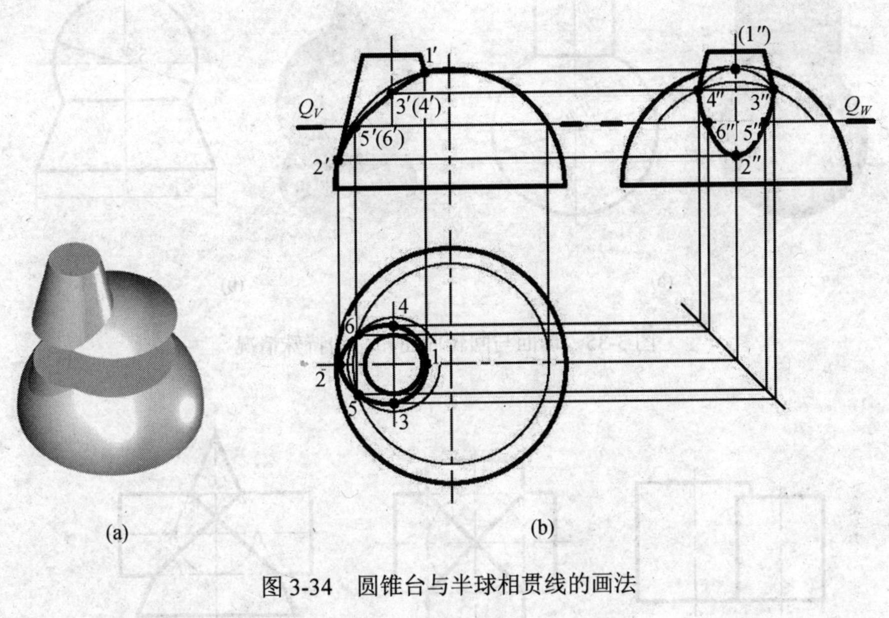

图 3-34　圆锥台与半球相贯线的画法

作图：如图 3-34（b）所示。

（1）求特殊点。I、II 两点是相贯线的最低和最高点，也是最左和最右点，是圆锥台和半球对正面转向轮廓线上的点，由 1′、2′ 直接求得 1、2 及 1″、2″。III、IV 位于圆锥台最前、最后素线上，可过圆锥台轴线作辅助侧平面 *P*，求出 3″、4″，由此再求出 3、4 及 3′、4′。

（2）求一般点。在相贯线适当位置上用辅助水平面求一般点，如用辅助水平面 *Q* 求得 V、VI 的三面投影 5、6 和 5′、（6′）及 5″、6″。

（3）依次圆滑连接各点的同面投影即为所求。

（4）判别可见性，由于点 III、V 在圆锥台前半个锥面上，故相贯线的正面投影 1′、3′、5′、2′ 为可见，连成实线，其余部分与之重合。而点 I 是右半部的点，故相贯线的侧面投影 3″、（1″）、4″ 为不可见，连成虚线，其余部分为实线。

球面与回转面相交时，当回转曲面的轴线不通过球心时，则交线为空间曲线，其投影须采用辅助平面法求出，如上例所示。如果回转曲面的轴线过球心，空间交线为圆。当圆平面与投影面垂直时，交线在该投影面上的投影为直线（图 3-35）。

3．相贯线的特殊情况

在一般情况下，两曲面立体的相贯线为空间曲线，但在特殊情况下为平面曲线。

（1）两同轴回转体相交，其相贯线为垂直轴线的圆，当回转体轴线平行于某一投影面时，则相贯线在该投影面上的投影为垂直于轴线的直线，如图 3-35 所示。

（2）两轴线平行的圆柱相交，其相贯线为平行于轴线的直线，如图 3-36（a）所示。

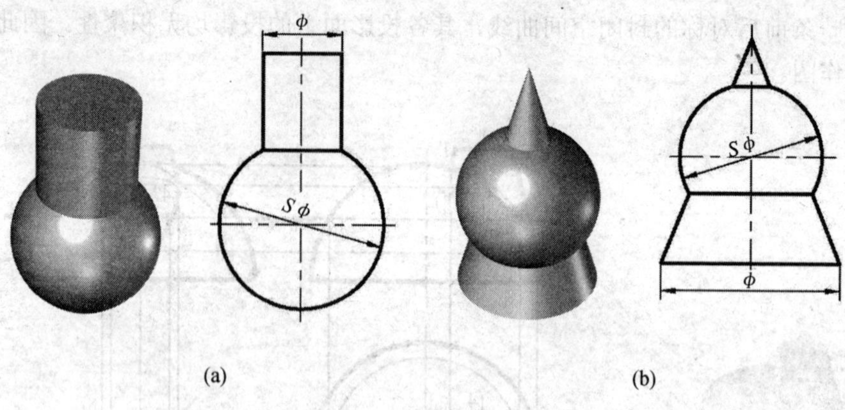

图 3-35　球面与回转曲面相交的特殊情况

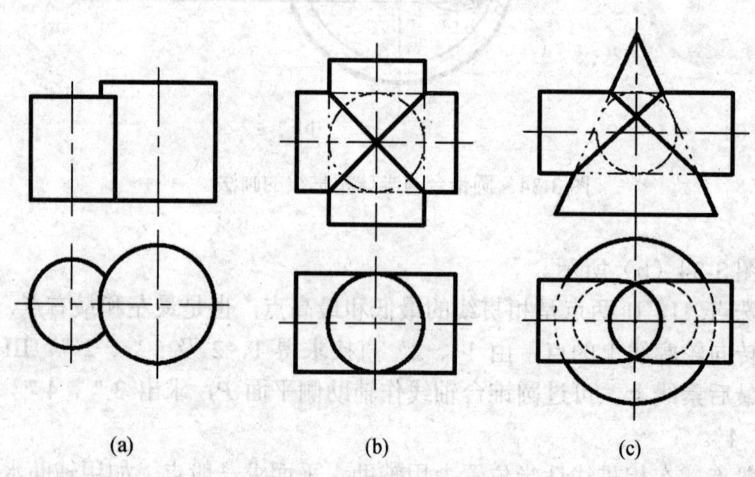

图 3-36　相贯线的特殊情况

（3）当相交两回转体同时切于一个球面时，其相贯线为椭圆。如果两回转体轴线都平行于某一投影面时，则相贯线在该投影面上的投影为两条相交直线，如图 3-36(b)、(c) 所示。

4．常见柱、锥相贯线的投影特点

在机件的形体构形中，圆柱、圆锥及其相贯体的应用十分广泛。图 3-37 给出了柱柱、柱锥的正贯体，由于圆柱直径的变化引起了相贯线形状及位置的变化，而各有其规律性特征。

5．组合相贯线

三个或三个以上的立体相交，其表面形成的交线称为组合相贯线。组合相贯线的各段相贯线分别是两个立体表面的交线，而两段相贯线的结合点必定是相贯体上的三个表面的共有点。下面举例说明组合相贯线的作图方法。

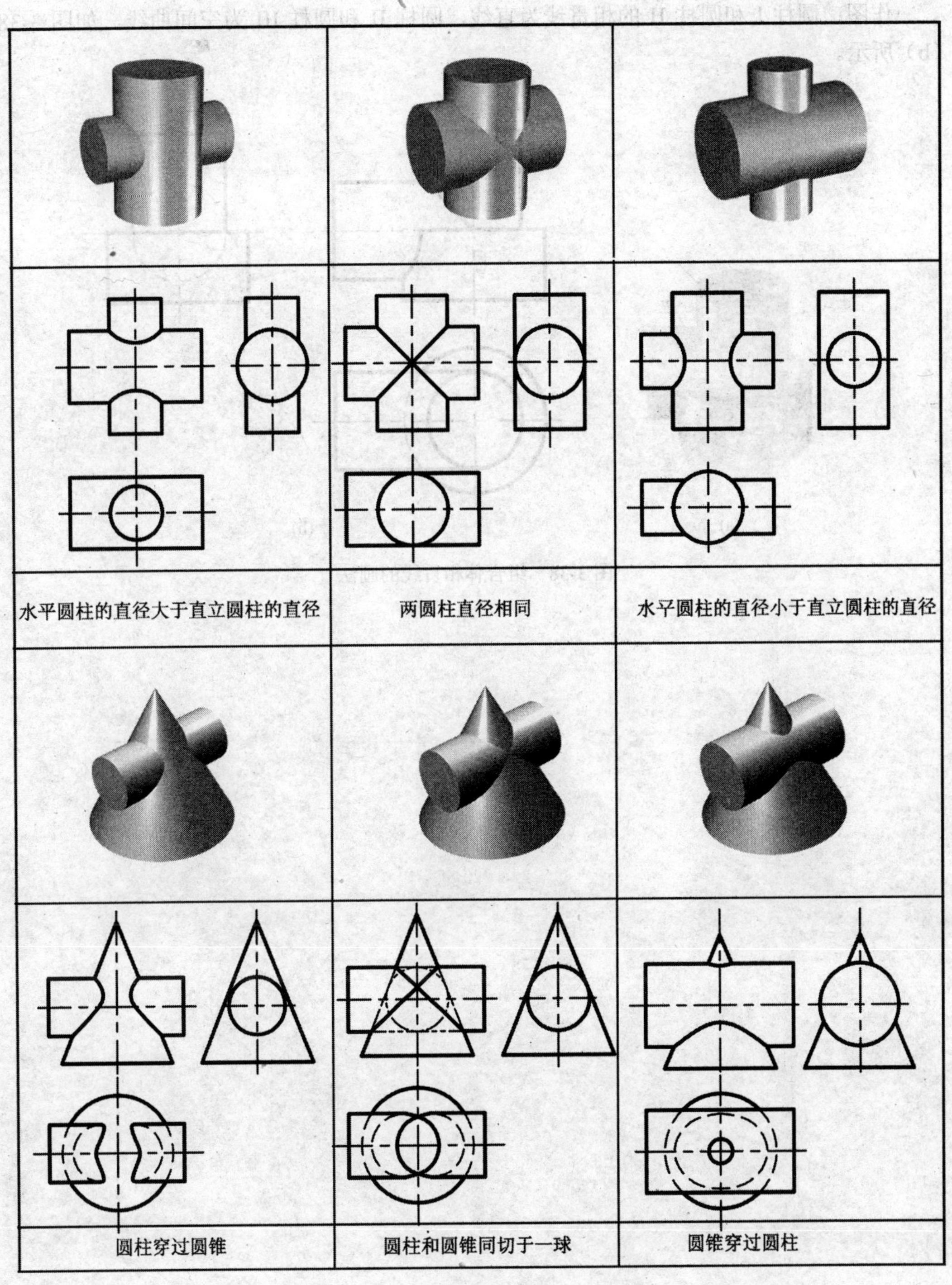

图 3-37　柱柱、柱锥正交表面交线的特点

【例 3-18】　求作相贯体的组合相贯线（图 3-38）。

解：由图 3-38（a）可知，该相贯体的外表面由三个圆柱相交而成，其中圆柱 I、和圆柱 II 为等径相贯，圆柱 I 和圆柱 III 为同轴回转体，圆柱 III 和圆柱 II 为不等径相贯。

作图：圆柱 I 和圆柱 II 的相贯线为直线，圆柱 II 和圆柱 III 为空间曲线，如图 3-38（b）所示。

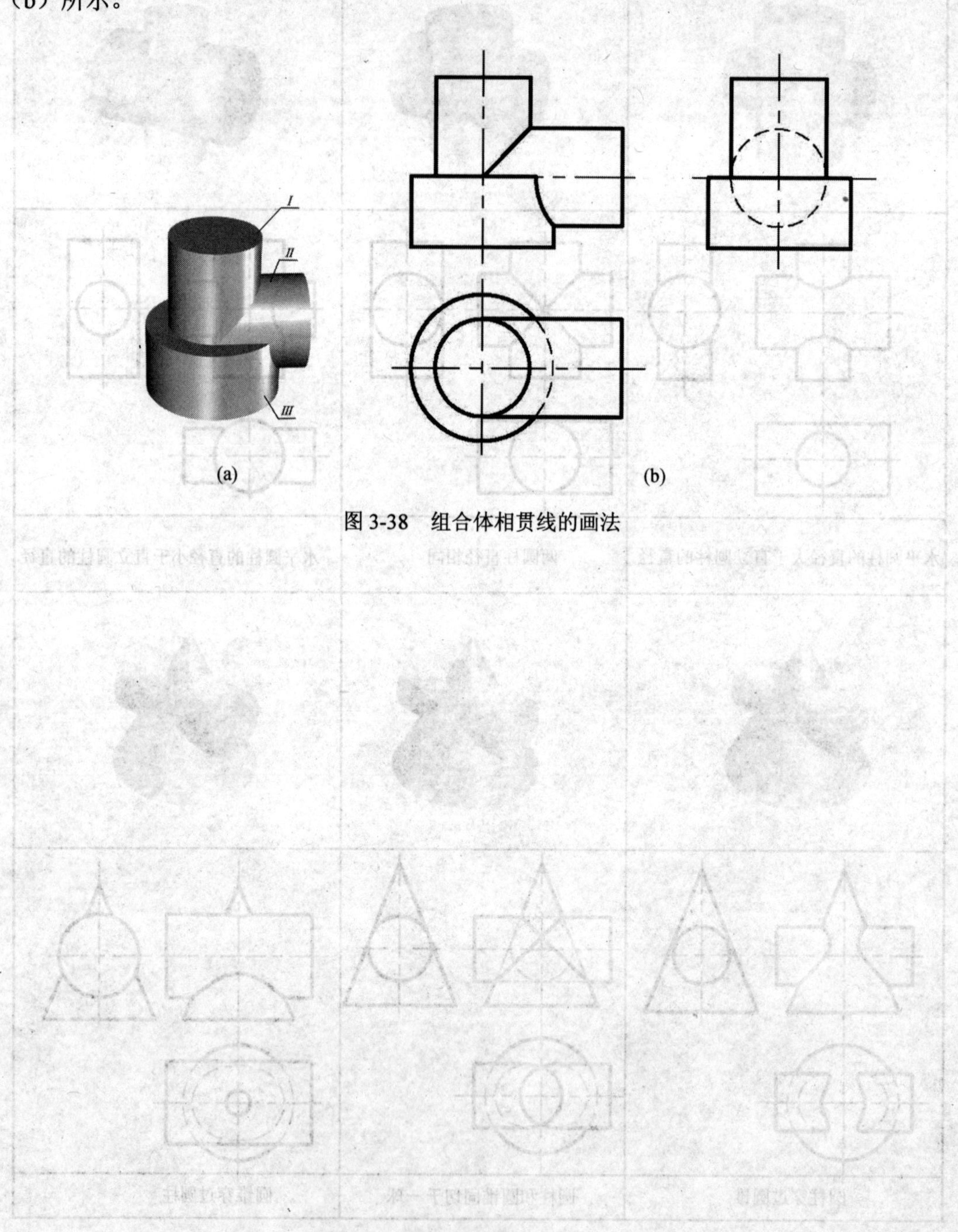

图 3-38　组合体相贯线的画法

第 4 章　组合体的视图

任何机械零件，若仅从几何形状来看，一般都可以看作由棱柱、棱锥、圆柱、圆锥、球、环等若干基本体组合而成。这种由两个及两个以上的基本体经过叠加、切割等方式组合而成的物体，称为组合体。本章主要研究组合体的画图、看图及尺寸标注等问题。

4.1　三视图的形成及其投影特性

4.1.1　三视图的形成

物体在投影面上的投影称为该物体的视图，如图 4-1(a)所示。物体在 *V*、*H*、*W* 三投影面体系中的投影称为物体的三视图。正面投影称为主视图，水平投影称为俯视图，侧面投影称为左视图。如图 4-1(b)所示。

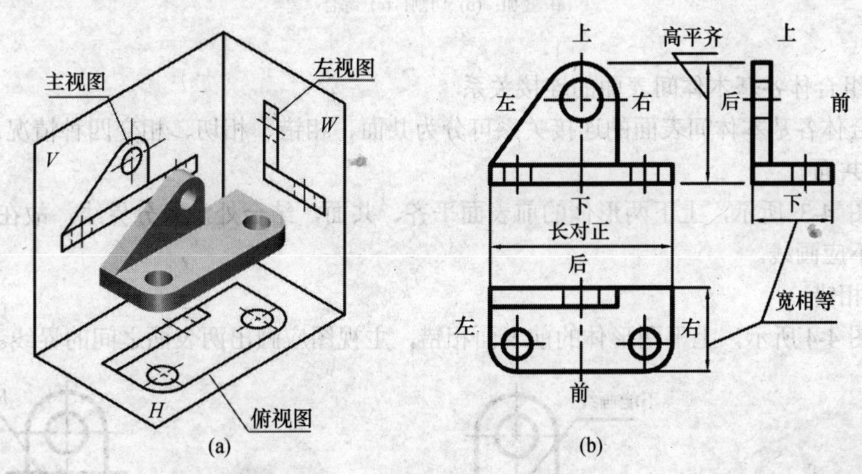

图 4-1　组合体的三视图

4.1.2　三视图的投影特性

由图 4-1(b)可知，主视图反映了物体的长和高，俯视图反映了物体的长和宽，左视图反映了物体的宽和高。由此可得出三视图的投影特性：

主、俯视图长对正；主、左视图高平齐；俯、左视图宽相等，且前后对应。

三视图的投影特性，不仅适用于物体整体的投影，也适用于物体局部结构的投影。

4.2 组合体的形体分析与视图的画法

4.2.1 组合体的形体分析

1. 组合体的组合形式

组合体的组合形式可分为三种：叠加、切割、综合。如图 4-2 所示。

图 4-2(a)所示组合体属于叠加式，由四棱柱Ⅰ与Ⅱ叠加而成。

图 4-2(b)所示组合体属于切割式，由四棱柱Ⅰ挖去圆柱体Ⅱ而成。

图 4-2(c)所示组合体属于综合式，它由挖去四棱柱Ⅲ的四棱柱Ⅰ，与挖去半圆柱Ⅳ的四棱柱Ⅱ叠加而成。

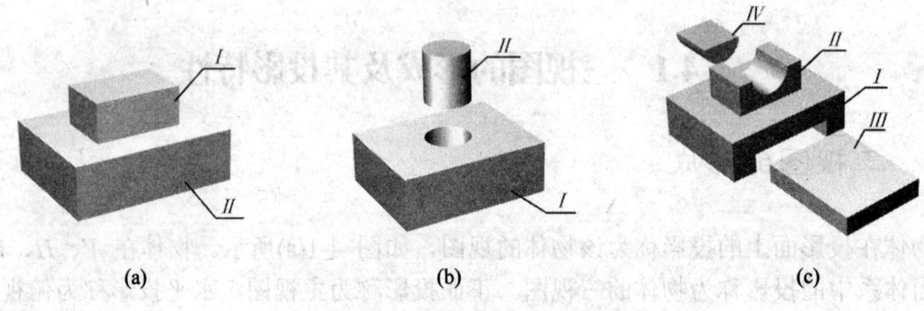

图 4-2 组合体的组合形式

(a) 叠加；(b) 切割；(c) 综合。

2. 组合体各基本体间表面的连接关系

组合体各基本体间表面的连接关系可分为共面、相错、相切、相交四种情况。

1) 共面

如图 4-3 所示，上下两形体的前表面平齐、共面，结合处没有分界线，故在主视图所指处不应画线。

2) 相错

如图 4-4 所示，上下两形体的前表面相错，主视图应画出两表面之间的界线。

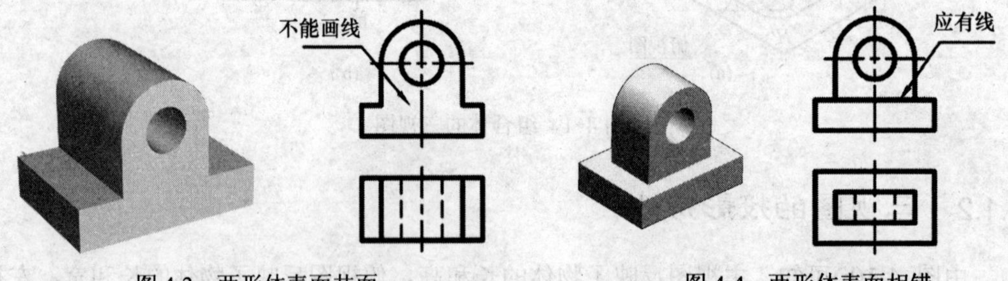

图 4-3 两形体表面共面　　图 4-4 两形体表面相错

3) 相切

如图 4-5 所示，底板的前后平面分别与圆柱面相切。由于相切是光滑过渡，因此在主、左视图的所指处不应画线。

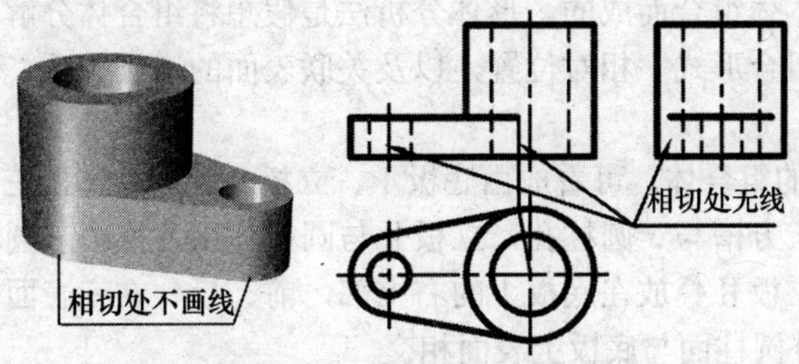

图 4-5　两形体表面相切

图 4-6 是两圆柱面具有公共切平面时的投影情况。当圆柱面的公共切平面倾斜或平行于投影面时，不画切线的投影；当公共切平面垂直于投影面时，应画出切线在该投影面上的投影。

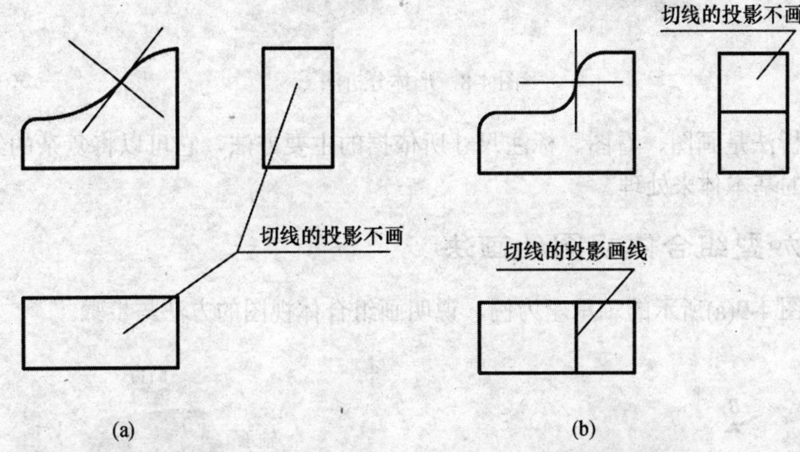

图 4-6　两曲面具有公共切平面时的投影情况

4) 相交

如图 4-7 所示，底板的前后平面分别与圆柱面相交，在主视图中应画出交线的投影。

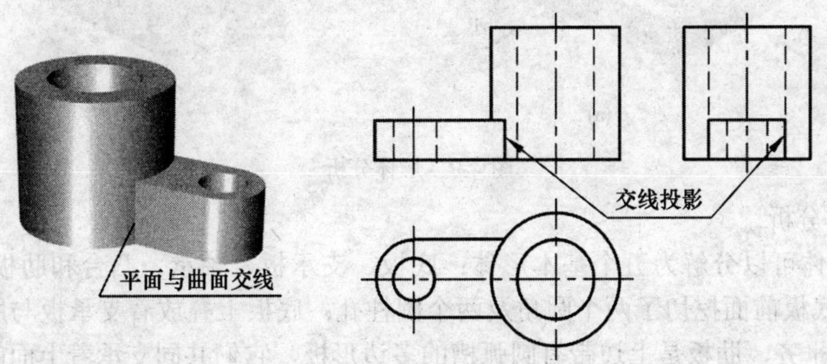

图 4-7　两形体表面相交

3. 形体分析法

组合体是由基本体组合而成的。形体分析法是假想将组合体分解为各个基本形体，弄清各基本形体的组合形式、相对位置，以及关联表面的连接关系，以达到了解整体的目的。

如图 4-8 所示的组合体，可看成由底板Ⅰ、立板Ⅱ和圆柱体Ⅲ三个基本形体叠加而成，底板Ⅰ挖去一长方槽与一圆柱孔，立板Ⅱ与圆柱体Ⅲ各挖去一圆柱孔。它们的相对位置与组合形式：立板Ⅱ叠放在底板Ⅰ的右上部，前、后、右三表面平齐，圆柱体Ⅲ放在底板Ⅰ的上部，外圆柱面与底板上表面相交。

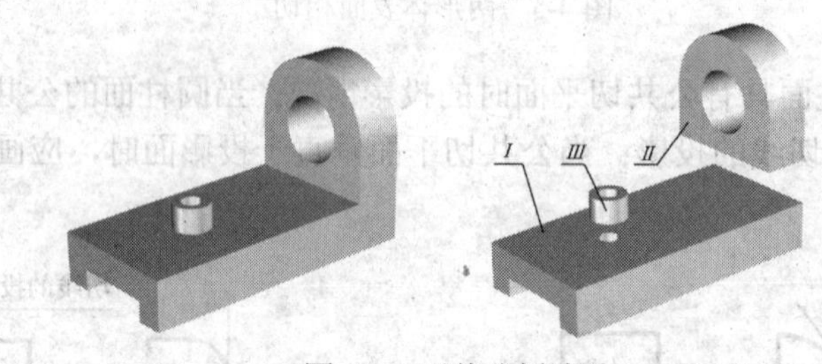

图 4-8 形体分析法

形体分析法是画图、看图、标注尺寸所依据的主要方法，它可以将复杂的组合体分解为较简单的基本体来处理。

4.2.2 叠加型组合体视图的画法

下面以图 4-9(a)所示的轴承座为例，说明画组合体视图的方法与步骤。

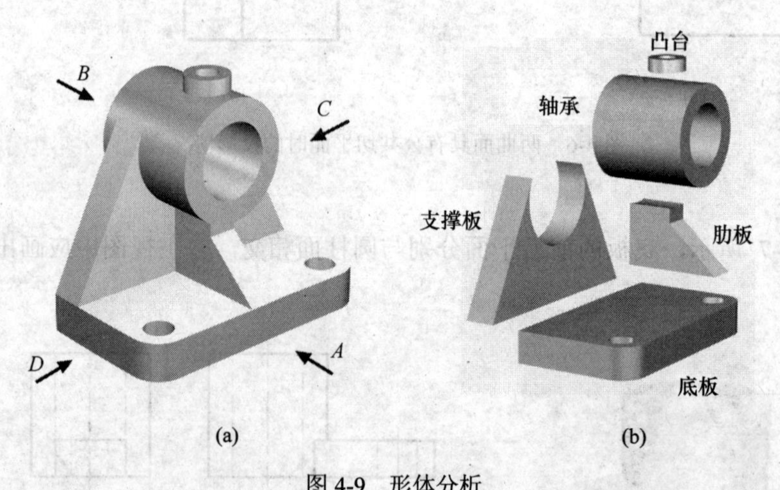

图 4-9 形体分析

1. 形体分析

该组合体可以分解为五个基本形体：底板、支承板、轴承、凸台和肋板，如图 4-9(b)所示。底板前面挖切了两个圆角及两个圆柱孔；底板上叠放着支承板与肋，支承板与底板后面平齐，肋板是上边带有圆弧槽的多边形板，它们共同支承着上面的轴承；轴承是带有一小圆孔的空心圆柱，其外圆面与支承板的左、右两侧面相切，前、后面相交，而与肋板的前小平面及左、右侧面均相交，轴承与上面的凸台外表面相交。

2. 选择主视图

主视图是三视图中最重要的视图。主视图的选择主要从三个方面考虑：

1) 组合体的安放位置

应将组合体放正，大多取自然位置，并尽可能使其主要表面或主要轴线平行或垂直于投影面。

2) 主视图的投影方向

应选择能较多反映组合体形状特征及各部分相对位置特征的方向作为主视图投影方向。

3) 视图的清晰性

图中虚线要尽可能少。选择主视图要兼顾俯视图与左视图中的虚线尽可能少。

轴承座按自然位置放置，即底板放成水平，这时有 *A*、*B*、*C*、*D* 四个投影方向，见图 4-10。对其所得的四个视图进行比较：对于 *A* 向与 *B* 向，*B* 向视图虚线多，不如 *A* 向视图清晰；对于 *C* 向与 *D* 向，若将 *D* 向作为主视图，左视图虚线较多，不如 *C* 向好；再比较 *A* 向与 *C* 向，两者对反映各部分的形状特征和相对位置特征各有特点，差别不大，均符合主视图选择的要求。这样我们选择 A 向作为主视图方向。

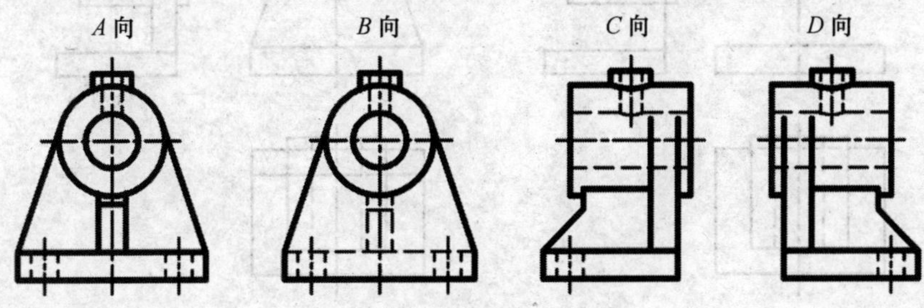

图 4-10　主视图的选择

3. 画三视图

1) 选比例、定图幅

主视图确定后，根据实物大小及其形体复杂程度，按照制图标准规定选择适当的画图比例和图幅大小。一般情况下，尽量选用 1∶1 比例。

2) 布图、画基准线

见图 4-11(a)，视图布置要匀称，要考虑在标注尺寸时留有位置和保持各视图间距。画视图时先画出基准线，基准线是指画图时测量尺寸的基准，一般常用对称中心线、轴线和较大的平面作基准线。

3) 画各基本形体的三视图

按形体分析法所分解的各基本体及其相对位置，逐个画出它们的视图。画图时，先画主要形体，后画次要形体；先画可见部分，后画不可见部分；先画反映形状特征的视图，后画其他视图。在画每个基本体时，三个视图应同时画出，这样能保持投影关系，提高绘图速度，防止漏线、少线。如图 4-11(b) ~ (e)所示。

4) 检查、加深

检查底稿，擦去多余线，补画遗漏图线。确认无误，按照标准线型加深图线，见图 4-11(f)。

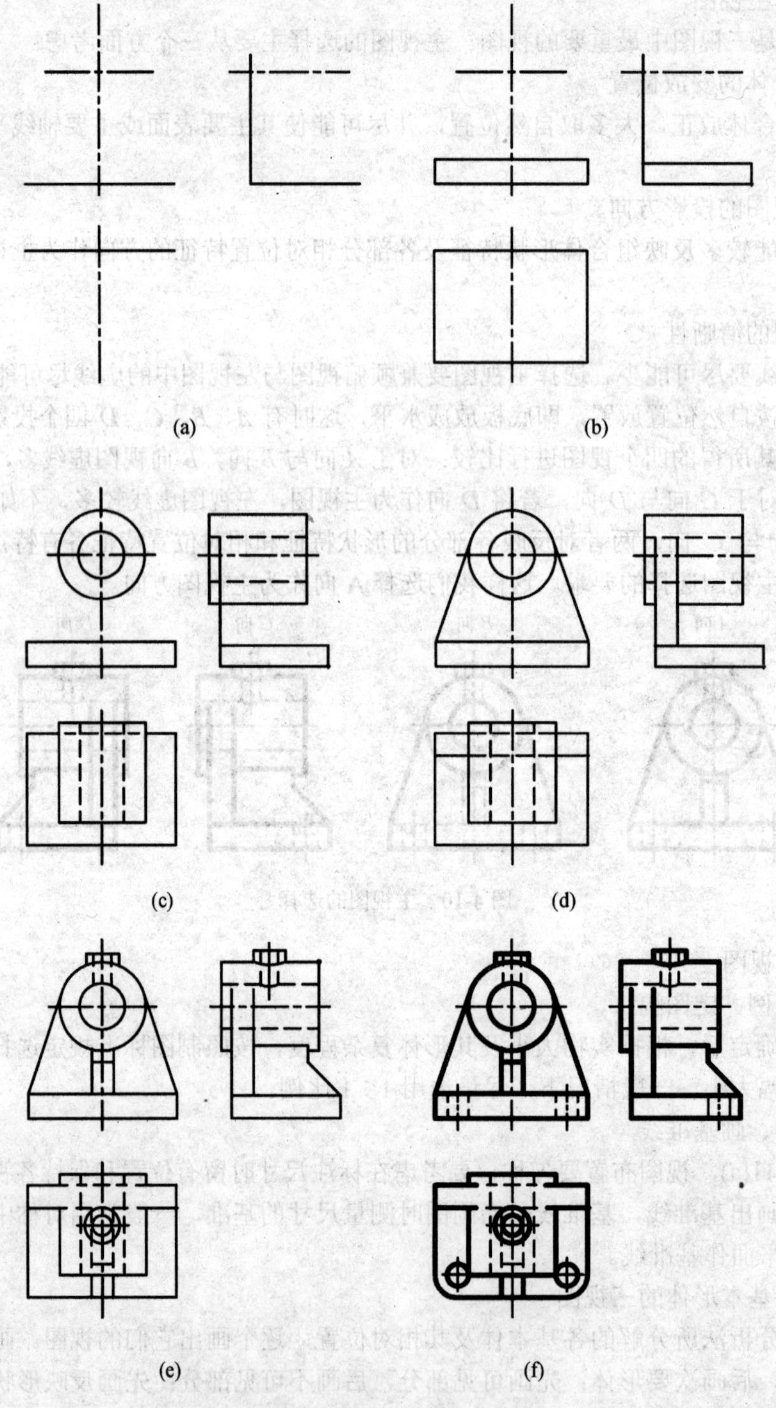

图 4-11　画叠加型组合体三视图

4.2.3　切割型组合体视图的画法

图 4-12 为切割型组合体。该切割体可看作由长方体切去基本形体Ⅰ、Ⅱ、Ⅲ而形

成。绘制切割型组合体视图，通常先画出切割前完整的形体的投影，再依次画出切割后的形体的投影。画各切口部分时，应先画反映形状特征的视图，再画其他视图。

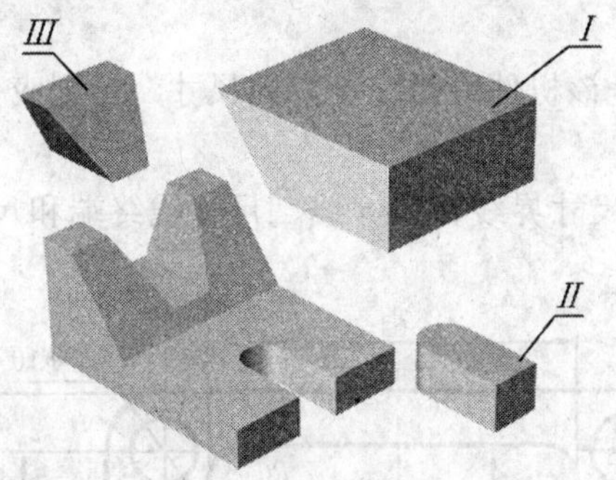

图 4-12　画切割型组合体

具体画图过程如图 4-13 所示。

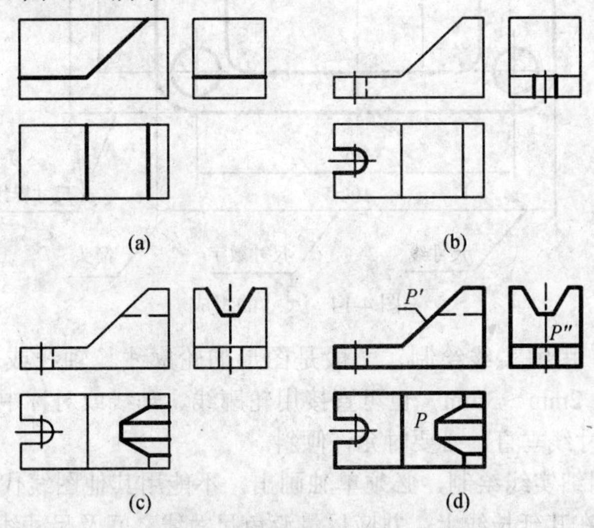

图 4-13　画切割型组合体三视图

(a) 第一次切割：先画切口的主视图，再画俯、左视图的交线；

(b) 第二次切割：先画圆槽的俯视图，再画主、左视图的图线；

(c) 第三次切割：先画梯形槽的左视图，再画主、左视图的图线；(d)检查、加深、完成全图。

注意图 4-13(d)中的切口截面 P。该截面为梯形槽与斜面 P 相交而形成，其水平投影 p 与侧面投影 p'' 应为类似形。

4.3　组合体的尺寸标注

4.3.1　尺寸标注的基本知识(GB4458.4－2003)

1. 基本规则

(1) 图样中的尺寸，以mm为单位时，不需注明计量单位代号或名称。若采用其他单位则应注明相应的单位符号。

(2) 图样上所注的尺寸数值是机件的真实大小，与图形大小及绘图的准确度无关。

(3) 机件的每一尺寸，在图样上一般只标注一次，并应标注在反映该结构最清楚的视图上。

(4) 图样中所注尺寸是该机件最后完工时的尺寸，否则应另加说明。

2. 尺寸要素

一个完整的尺寸，由尺寸界线、尺寸线、尺寸线终端和尺寸数字四个要素所组成。如图 4-14 所示。

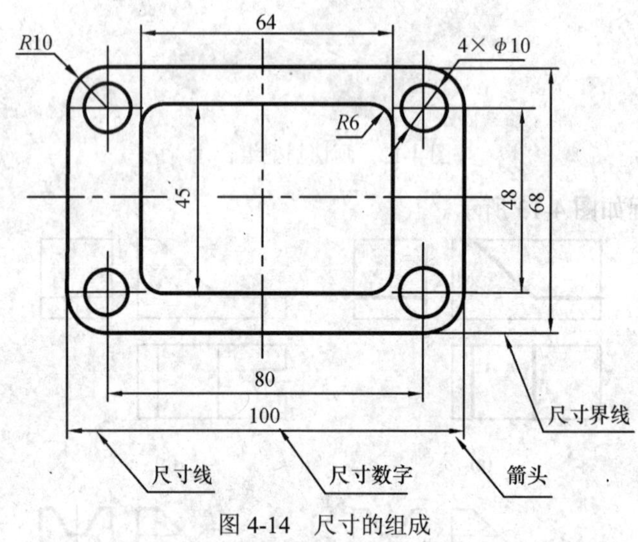

图 4-14　尺寸的组成

1) 尺寸界线：用细实线绘制，一般是图形的轮廓线、轴线或对称中心线的延长线，超出尺寸线约 2mm～3mm。也可直接用轮廓线、轴线或对称中心线作尺寸界线。尺寸界线一般与尺寸线垂直，必要时允许倾斜。

2) 尺寸线：用细实线绘制，必须单独画出，不能用其他图线代替，一般也不得与其他图线重合或画在其延长线上。并应尽量避免尺寸线之间及尺寸线与尺寸界线之间相交。尺寸线应与所标注的线段平行，平行标注的各尺寸线的间距要均匀，间隔应大于 5mm，同一张图纸的尺寸线间距应相等。

标注角度时，尺寸线应画成圆弧，其圆心是该角的顶点。

3) 尺寸线终端：有两种形式，箭头或细斜线，如图 4-15 所示。机械图样中一般采用箭头作为尺寸线的终端，斜线作为尺寸线终端的形式主要用于建筑图样。当尺寸线终端采用细斜线形式时，尺寸线与尺寸界线必须垂直。采用箭头形式时,在位置不够的情况下,允许用圆点或斜线代替。

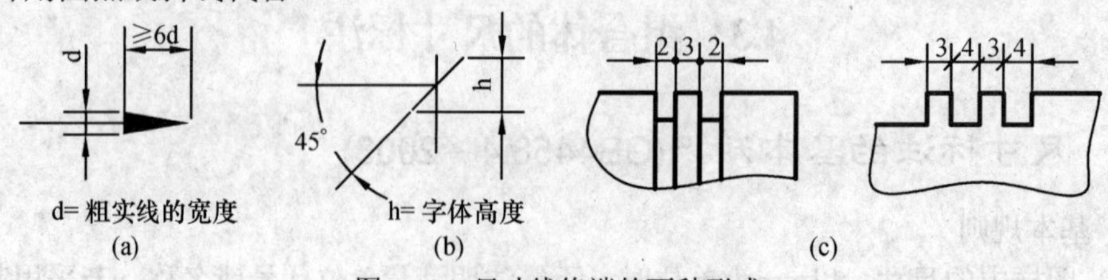

图 4-15　尺寸线终端的两种形式

(a) 箭头示例；(b) 细斜线示例；(c) 其他。

4) 尺寸数字　线性尺寸的数字一般注写在尺寸线上方或尺寸线中断处。尺寸数字不能被任何图线通过，否则应将该图线断开，如图 4-16 所示。

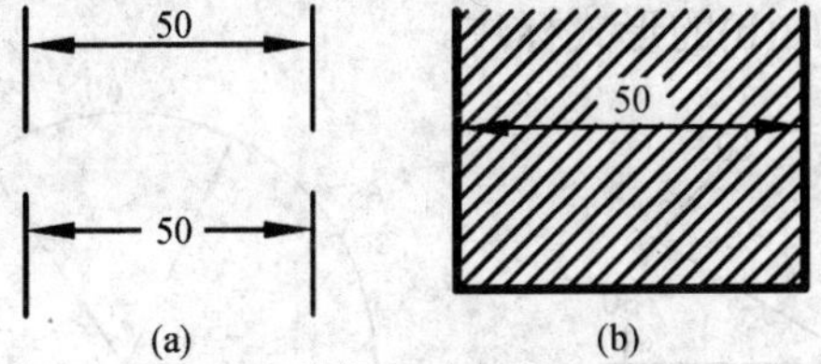

图 4-16　尺寸数字的标注方法

尺寸数字前的符号区分不同类型的尺寸，如表 1-4 所列。

表 4-1　标注尺寸的符号及缩写词

序号	符号及缩写词	含义	序号	符号及缩写词	含义
1	φ	直 径	9	↧	深 度
2	R	半 径	10	⌴	沉孔或锪平
3	Sφ	球直径	11	⌵	埋头孔
4	SR	球半径	12	⌒	弧 长
5	t	厚 度	13	∠	斜 度
6	EQS	均 布	14	◁	锥 度
7	C	45 倒角	15	○→	展开长
8	□	正方形			

3. 各类尺寸标注示例

1) 线性尺寸的注法

线性尺寸的数字应按图 4-17(a)中所示的方向注写，即以标题栏方向为准，水平方向字头朝上，垂直方向字头朝左，倾斜方向时字头有朝上趋势。应尽量避免在图 4-17(a)所示的 30° 范围内标注尺寸，当无法避免时，可按图 4-17(b)的形式标注。

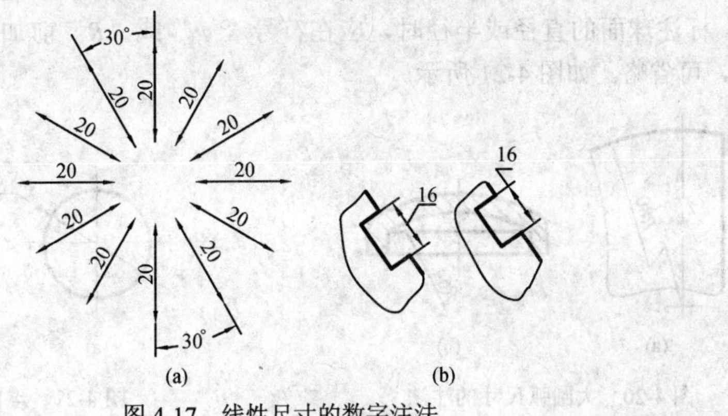

图 4-17　线性尺寸的数字注法

2) 角度尺寸注法　标注角度时

尺寸数字一律水平书写，即字头永远朝上，一般注在尺寸线的中断处，如图 4-18(a)所示，必要时也可按图 4-18(b)的形式标注。

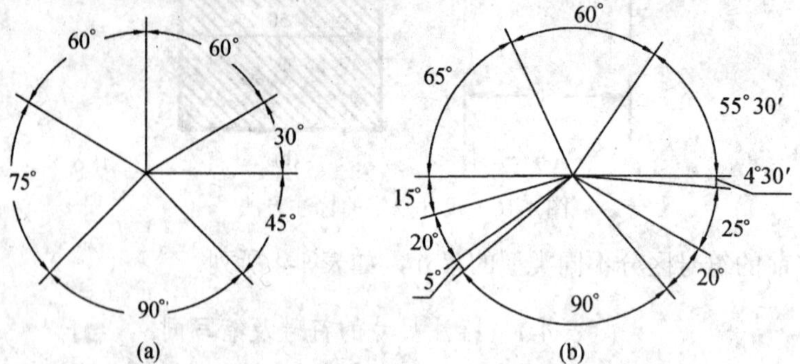

图 4-18　角度尺寸的注法

3) 圆、圆弧及球面尺寸的注法

(1) 标注圆或大于半圆的弧时，应在尺寸数字前加注符号“ ϕ”；标注圆弧半径时，应在尺寸数字前加注符号“R”。尺寸线应通过圆心，终端为箭头，并按图 4-19 所示的方法标注。

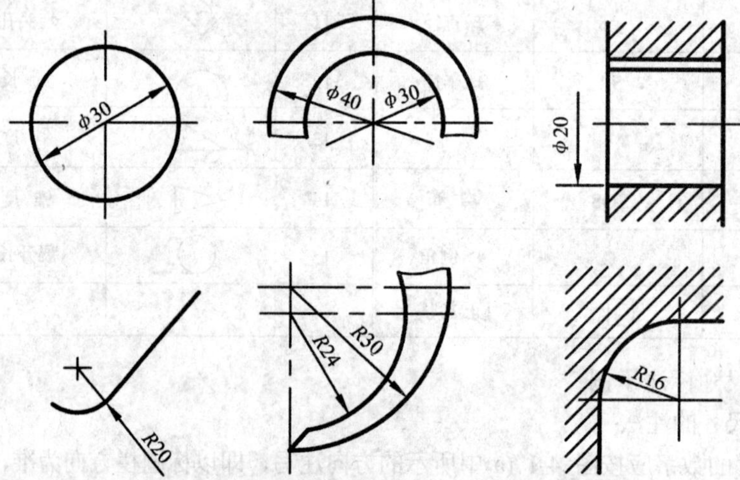

图 4-19　圆及圆弧尺寸的注法

(2) 当圆弧的半径过大，图纸范围内无法注出圆心位置时，可按图 4-20 标注。

(3) 标注球面的直径或半径时，应在符号“ ϕ”或“R”前加注“S”。在不易引起误解时，可省略。如图 4-21 所示。

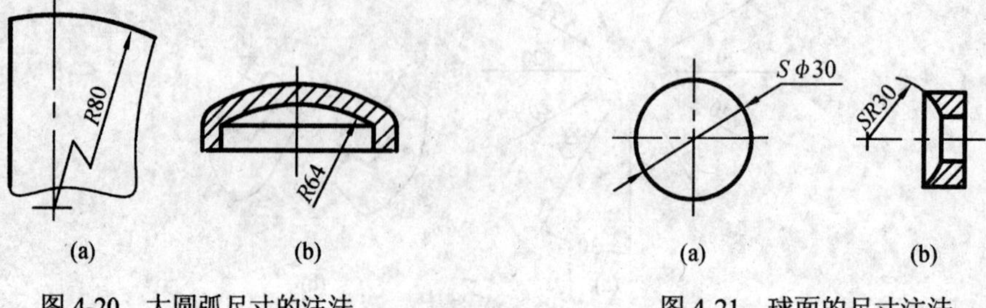

图 4-20　大圆弧尺寸的注法　　　图 4-21　球面的尺寸注法

(4) 对于小尺寸，在没有足够的位置画箭头或注写数字时，箭头可画在外面，或用小圆点代替两个箭头，尺寸数字也可采用旁注或引出标注，如图 4-22 所示。

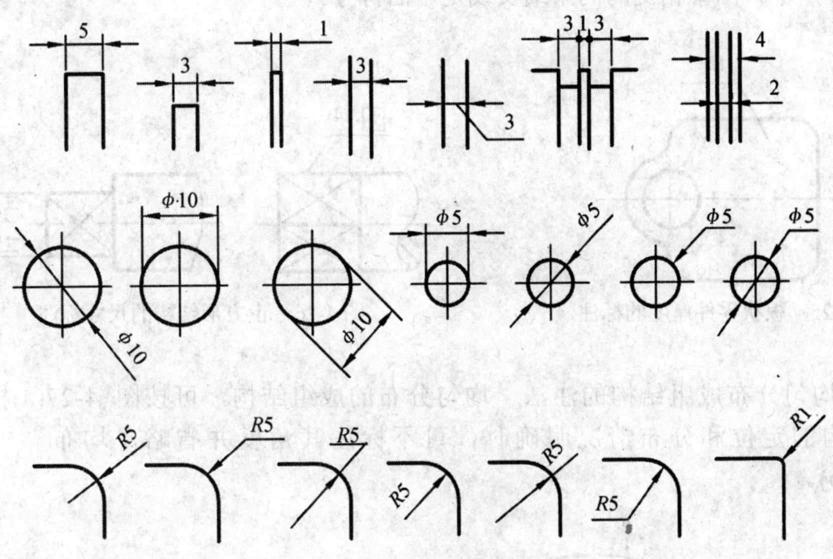

图 4-22　小尺寸的注法

(5) 弦长和弧长的尺寸界线应垂直于弦的垂直平分线。标注弧长尺寸时，尺寸线用圆弧，并应在尺寸数字上方加注符号“⌒”。如图 4-23 所示。

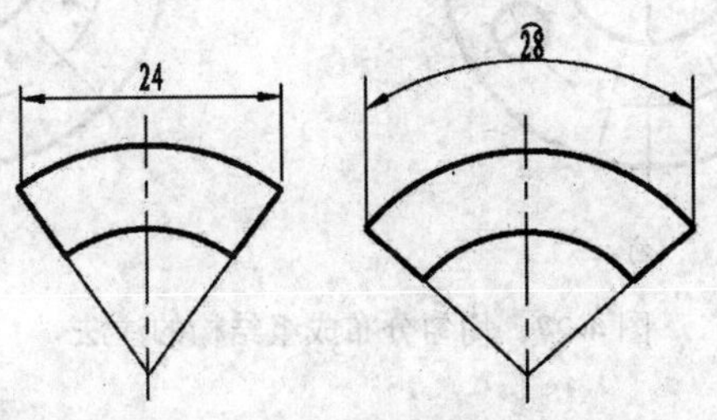

图 4-23　弦长、弧长的标注

4) 其他结构尺寸的注法

(1) 在光滑过渡处注尺寸，必须用细实线将轮廓线延长，从交点处引尺寸界线。尺寸线应平行于两交点的连线，如图 4-24 所示。

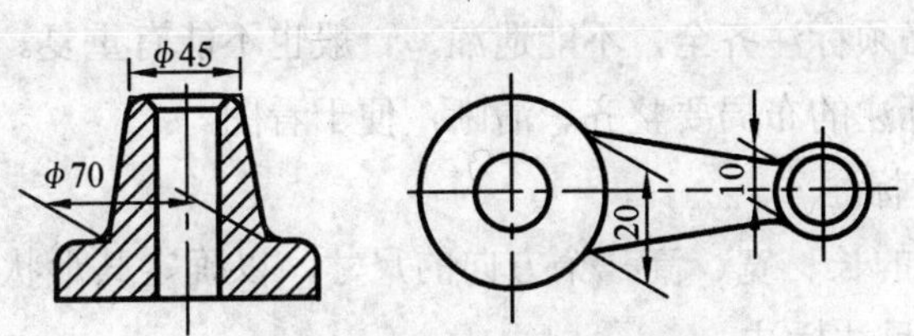

图 4-24　光滑过渡处的尺寸标注

(2) 板状零件的厚度可在尺寸数字前加注符号“t”，如图 4-25 所示。标注机件的断面为正方形结构的尺寸时，可在边长尺寸数字前加注符号“□”或注“边长×边长”，如图 4-26 所示，图中相交的两条细实线是平面符号。

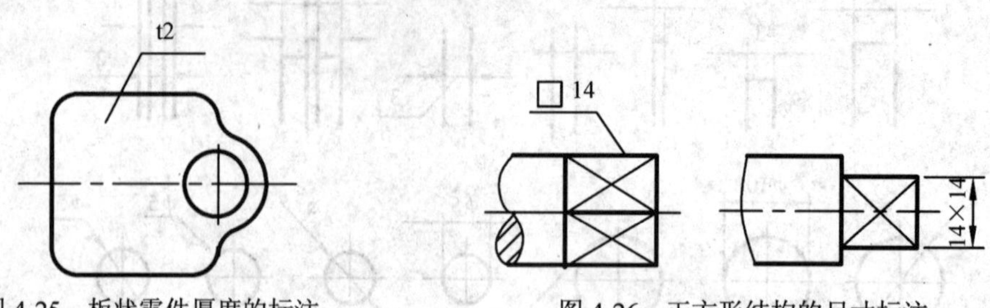

图 4-25　板状零件厚度的标注　　图 4-26　正方形结构的尺寸标注

(3) 均匀分布成组结构的注法　均匀分布的成组结构，可按图 4-27(a)标注。当成组结构的定位和分布情况明确时，可不标注其角度并省略“均布”二字。见图 4-27(b)。

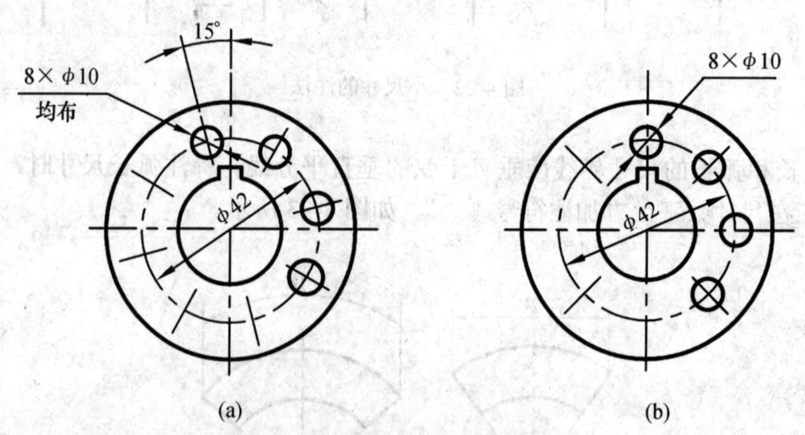

图 4-27　均匀分布成组结构的注法

4.3.2　组合体的尺寸标注

视图只能表示组合体的形状，而其大小和相对位置还需标注尺寸来确定。组合体尺寸标注的基本要求是：

正确——尺寸数值要准确，所注尺寸应符合国家标准的规定。

完整—— 尺寸必须标注齐全，不能遗漏，一般也不能有重复。

清晰—— 尺寸标注的布局要整齐、清晰，便于看图。

1. 基本体的尺寸标注

基本体应标注它的长、宽、高三个方向的尺寸，以确定其形状大小。图 4-28 列出了一些常见基本体的尺寸标注。

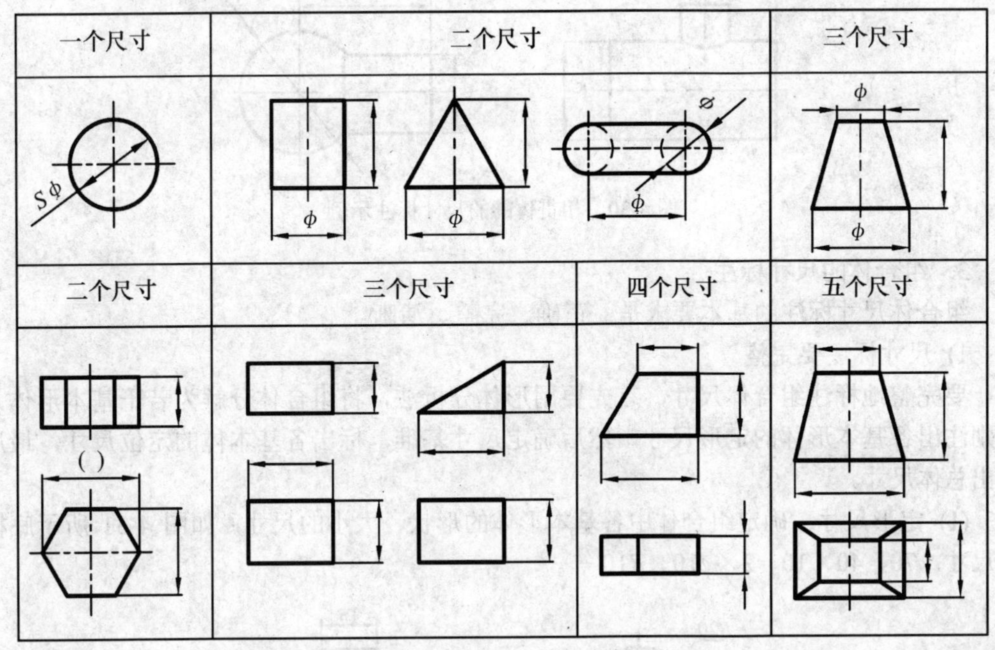

图 4-28　常见基本体的尺寸标注

2. 切割体和相贯体的尺寸标注

对于具有斜截面或缺口的形体，除了注出基本体的尺寸外，还要注出截平面的位置尺寸，因为截平面的位置确定后，截交线随之确定，截交线的尺寸不应注出，见图 4-29 所法。

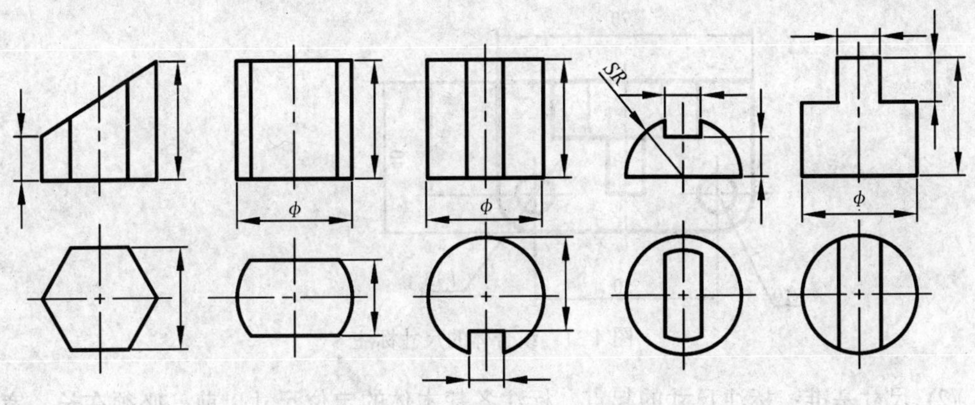

图 4-29　切割体的尺寸标注示例

对于相贯体，应该注出相交两基本体的大小和定位尺寸，而相贯线的尺寸不应注出。如图 4-30 所示。

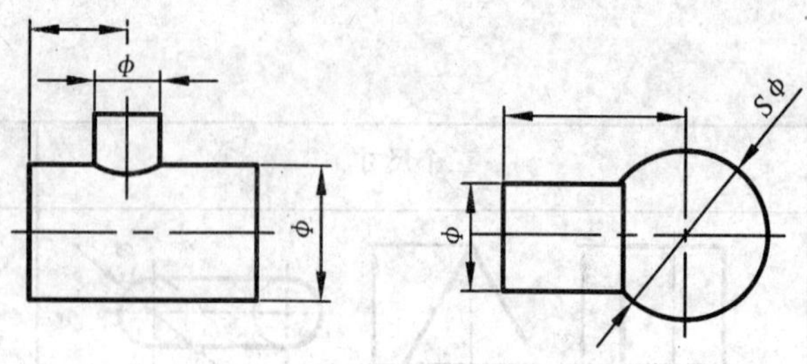

图 4-30　相贯体的的尺寸标注示例

3. 组合体的尺寸标注

组合体尺寸标注的基本要求是：正确、完整、清晰。

1) 尺寸标注要完整

要完整地标注组合体尺寸，首先要用形体分析法，将组合体分解为若干基本形体，分别注出各基本形体的定形尺寸，然后确定尺寸基准，标出各基本体的定位尺寸，最后注出总体尺寸。

(1) 定形尺寸：确定组合体中各基本形体的形状、大小的尺寸，如图 4-31 所示底板的尺寸：70、40、10、2×ϕ10、R10 等。

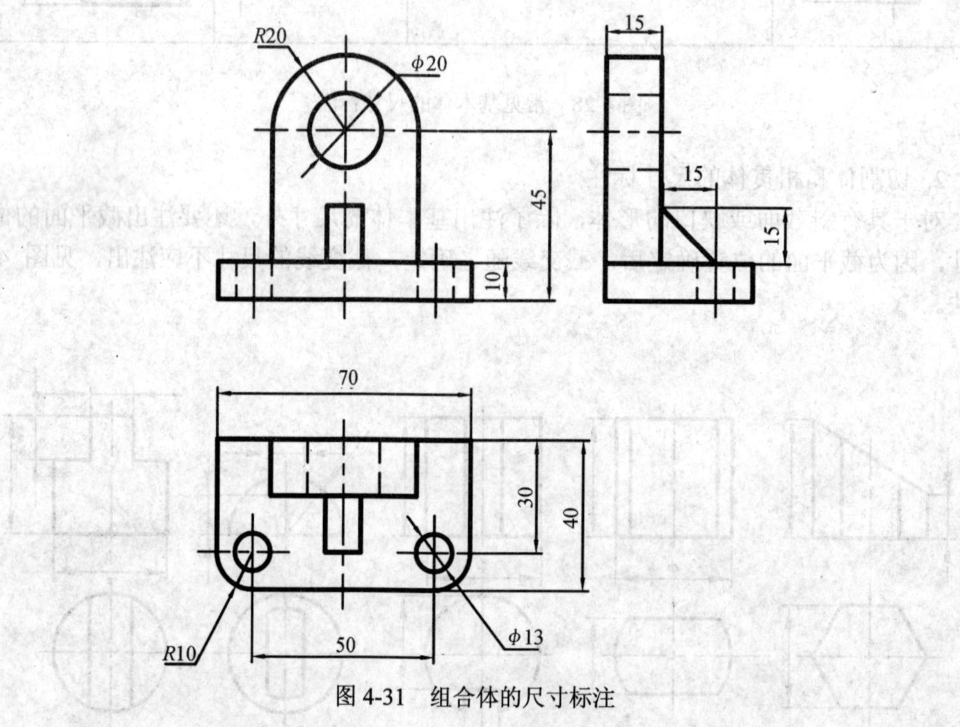

图 4-31　组合体的尺寸标注

(2) 尺寸基准：标注尺寸的起点。标注各基本体的定位尺寸以前，必须在长、宽、高三个方向分别选出尺寸基准。通常选择组合体的底面、重要端面、对称平面、回转体轴线等作为尺寸基准。在图 4-31 中，长度方向尺寸基准为左右的对称平面；宽度方向尺寸基准为立体的后表面；高度方向尺寸基准为底板的底面。

(3) 定位尺寸：确定组合体中各基本形体间相对位置的尺寸。如图 4-31 中底板两孔的定位尺寸 30、50，以及立板半圆柱与孔的定位尺寸 45。

(4) 总体尺寸：组合体的总长、总宽、总高尺寸。如图 4-31 所示的 70、40，即是底板的长和宽，也是组合体的总长、总宽。

当组合体一端或两端为回转面时，一般不注该方向的总体尺寸，而只标注回转面的定位尺寸和定形尺寸，见图 4-31 高度方向仅注出立板孔的定位尺寸 45 和半圆柱半径 R20，未注出总高。图 4-32 列出了常见底板、法兰盘的尺寸注法。

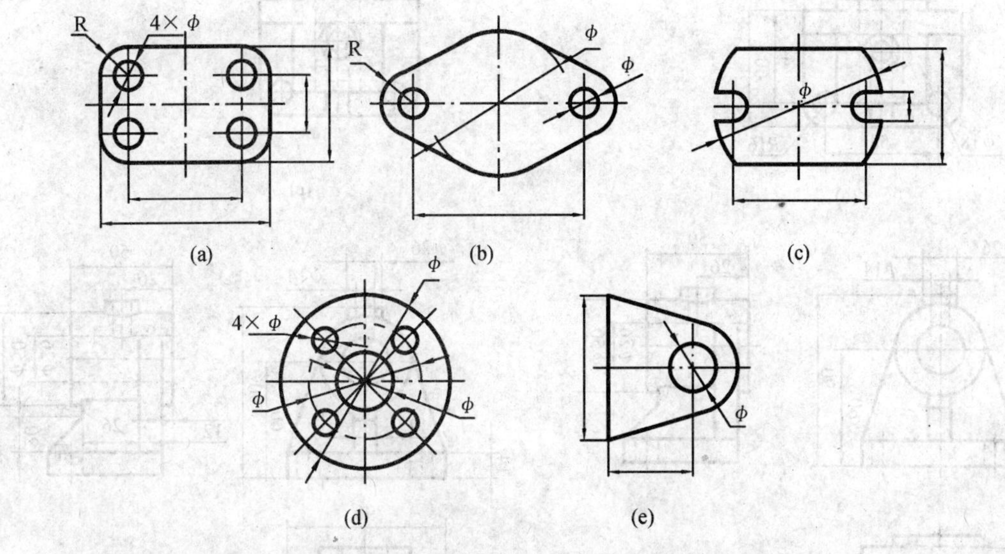

图 4-32 常见底板、法兰盘的尺寸注法

2) 尺寸标注要清晰

(1) 尺寸应尽量注在表示形状特征。最明显的视图上，同一形体的尺寸尽量集中标注。如图 4-31 中底板的两孔直径 2×ϕ10 及其定位尺寸 50、30，圆角尺寸 *R*10，均集中注在俯视图上。

(2) 尺寸应尽量注在视图的外面，与两个视图有关的尺寸应注在两视图之间，如图 4-31 中长、宽、高方向的一些尺寸都注在有关两视图之间。

(3) 应尽量避免尺寸线与尺寸线或尺寸界线相交；相互平行的尺寸应按小尺寸在里，大尺寸在外的顺序排列。如图 4-31 中主视图、俯视图的一些标注方法。

(4) 尽量不在虚线上注尺寸。

(5) 同轴回转体的直径尺寸尽量注在非圆视图上，半径尺寸一定要注在投影为圆弧的视图上。如图 4-31 立板半圆柱的半径尺寸 *R*20。

(6) 同一方向的尺寸线，在不互相重叠的情况下，最好画在一条线上，不要错开。

3) 组合体尺寸标注举例

现以图 4-33 所示的轴承座为例，说明标注组合体尺寸的方法。

首先应对轴承座进行形体分析(这一步在画组合体中已作分析，这儿不再赘述)。然后标注各基本形体的定形尺寸，选择长、宽、高方向的尺寸基准，注出基本形体的定位尺寸，最后标注总体尺寸。具体步骤如图 4-33 所示。

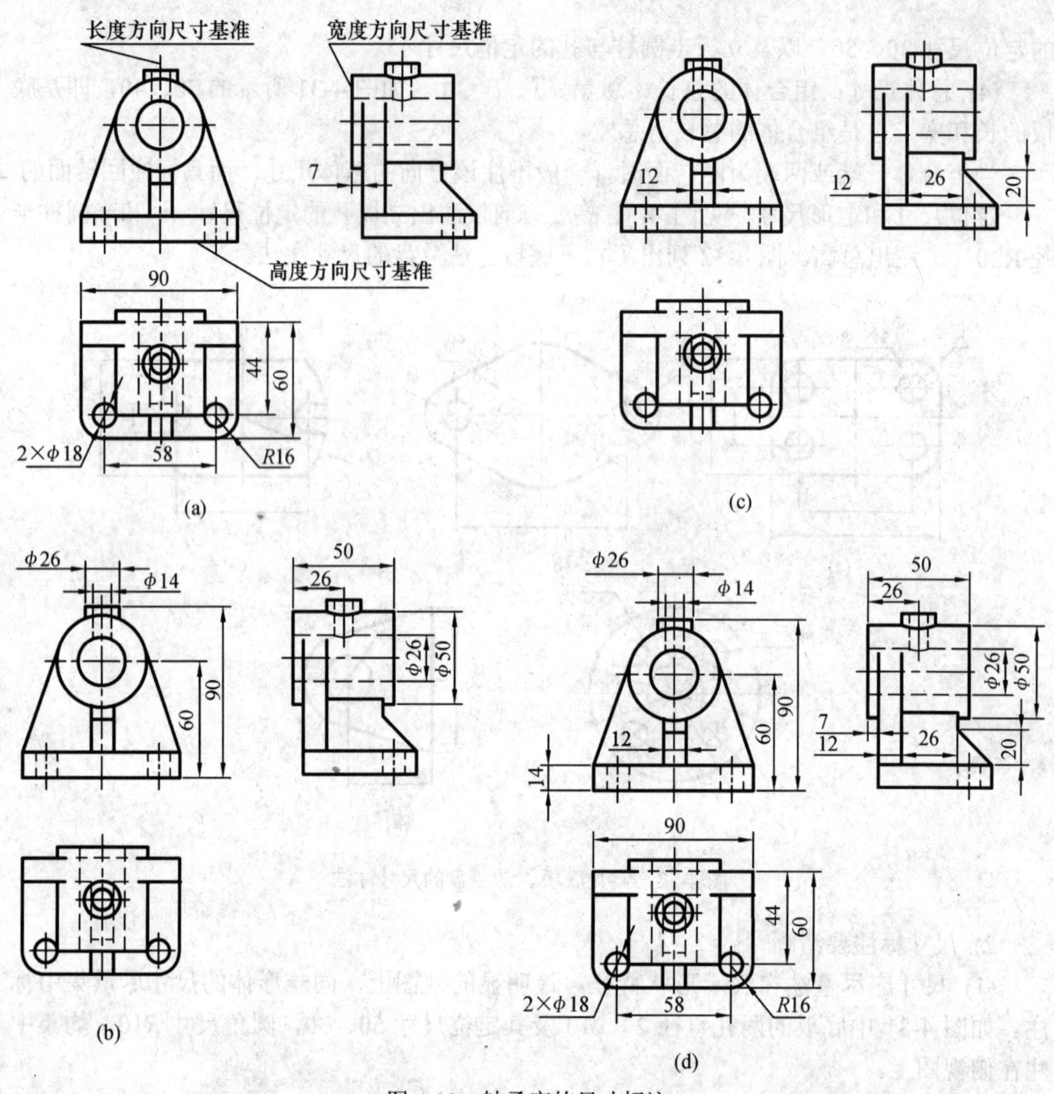

图 4-33　轴承座的尺寸标注

4.4　看组合体的视图

画图是由“物”到“图”的过程，而看图则是由“图”到“物”，即根据视图想象出组合体空间形状，因此看图是画图的逆过程。它们相辅相成，不可分割。

4.4.1　看图的基本要领

1. 几个视图联系起来看

一个视图只能反映物体两个方向的尺寸，一般不能确切地表达出物体三维空间的形状，如图 4-34(a)所示的主视图，可以是图 4-34(b)、(c)、(d)三个组合体的正面投影。

有时两个视图也不能确定物体的形状，如图 4-35(b)、(c)、(d)所示的组合体，主、俯视图均为图 4-35(a)，这两个视图无法确定组合体的形状，只有联系左视图来对照、构思，才能确定各自的形状。因此看图应以主视图为主，运用投影规律，联系其他视图一起看，才能正确地想象出其立体形状。

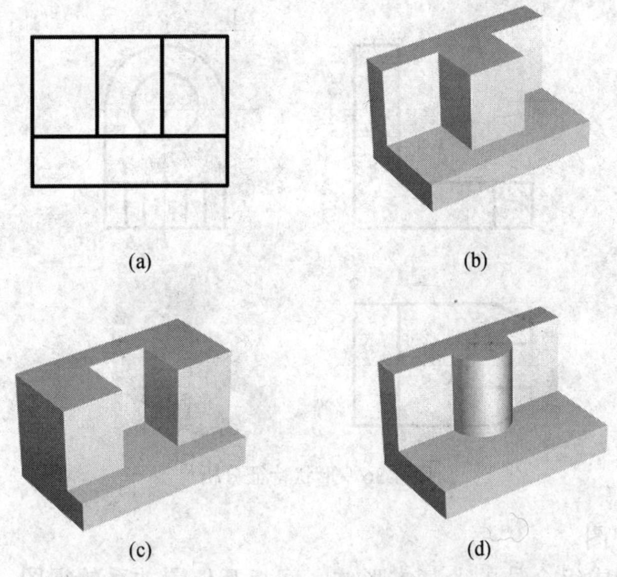

图 4-34　一个视图不能确切地表达物体形状

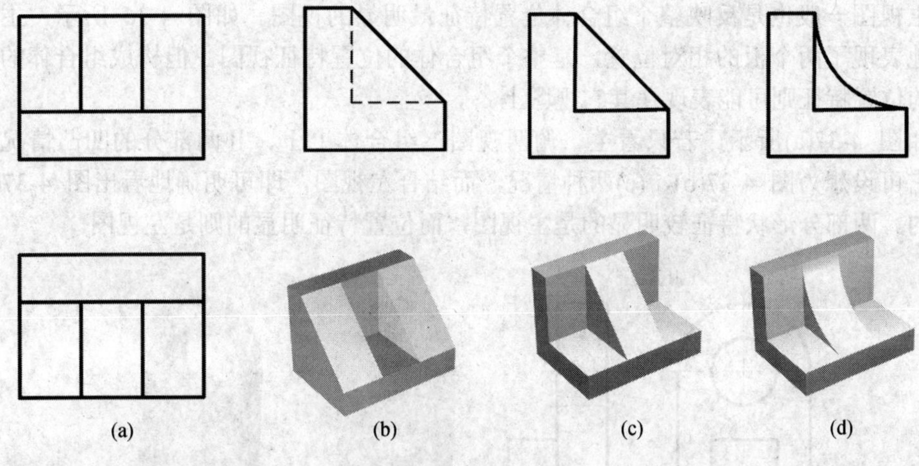

图 4-35　两个视图不能确切地表达物体形状

2. 善于抓住形状与位置特征视图看图

1) 形状特征视图

能清楚表达物体形状特征的视图称为形状特征视图。

主视图一般是反映整个组合体形状特征最明显的视图，所以看图常从主视图入手。但构成组合体的各基本体的形状特征则可能表现在其它视图上，因此，在看这些基本体时，要善于发现各自的形状特征视图来看图。

如图 4-35 所示，它们相异部分的形状特征视图为左视图(事实上，由主、左两视图，即可确定物体的形状)。再如图 4-36 所示，反映底板 I 的形状特征最明显的视图为俯视图，反映立板Ⅱ形状特征最明显的视图是左视图，联系三个视图一起看，即可知它们的整体形状如图中所示。

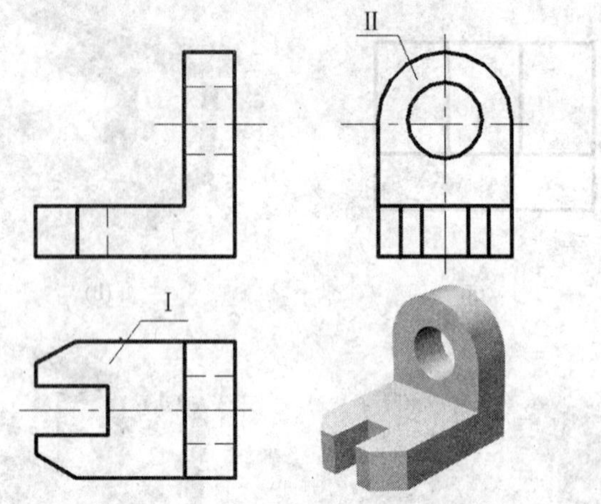

图 4-36　形状特征分析

2) 位置特征视图

能清楚表达构成组合体的各基本形体之间相互位置关系的视图，称为位置特征视图。

主视图一般也是反映整个组合体位置特征最明显的视图。如图 4-36 所示，主视图清楚地表现了两个板的相对位置，是整个组合体的位置特征视图。但构成组合体的各基本体的位置特征则可能表现在其它视图上。

如图 4-37(a)所示，若只看主、俯两视图，组合体上Ⅰ、Ⅱ两部分的凹凸情况不明确，它可设想为图 4-37(b)、(c)两种情况，而结合左视图，即可明确地看出图 4-37(c)是正确的。两部分形状特征较明显的是主视图，而位置特征明显的则是左视图。

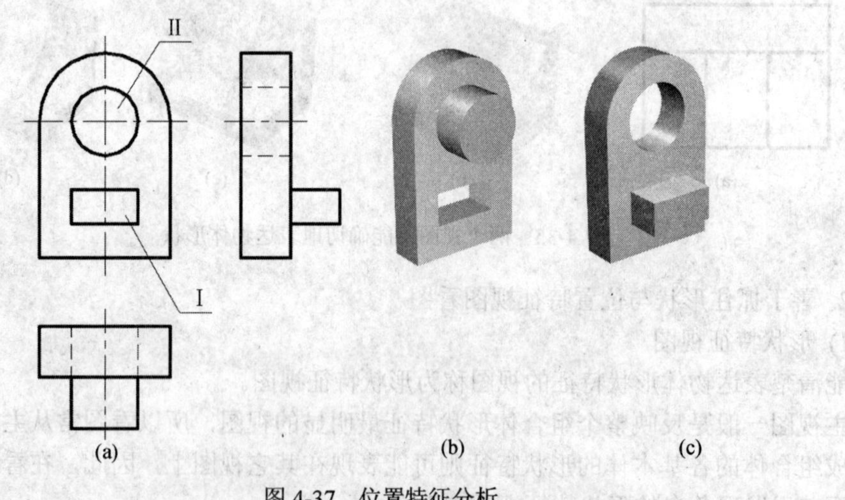

图 4-37　位置特征分析

3. 明确视图中封闭线框和图线的含义

1) 视图中每一封闭线框，一般为一个表面的投影，也可能是一个孔的投影。下面结合图 4-24 为例进行说明：

(1) 平面的投影，如图中的 *B* 面。

(2) 曲面的投影，如图中的 *A* 面。

(3) 孔的投影，如图中的 *C* 孔。

若两线框相邻或大线框套小线框，则表示两个不同的表面，其位置或相错，或相交。如图 4-38 主视图中的 *A* 面和 *D* 面为相邻线框，由俯视图可知六棱柱前棱面 *D* 在圆柱面 *A* 之前。俯视图中的大线框六边形套有两个圆线框，它们分别代表六棱柱顶面、圆柱顶面和孔的投影，对照主视图可知，圆柱顶面在上，六棱柱顶面在下。而主视图中的 *B* 面和 *D* 面是相交的两表面。

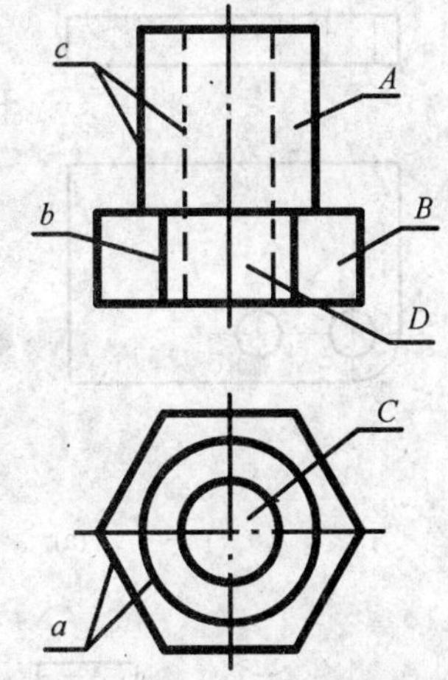

图 4-38 封闭线框和图线的含义

2) 图中的每一条图线，可能有三种含义。

(1) 平面或曲面的积聚性投影，如图 4-38 中的 *a*。

(2) 两表面交线的投影，如图中的 *b*。

(3) 曲面转向轮廓线的投影，如图中的 *c*。

4.4.2 看图的基本方法

1. 形体分析法

这是看视图的基本方法。通常是从最能反映零件形状特征的视图(一般为主视图)着手，按照线框将组合体划分成若干基本形体，然后对照其他视图，运用投影规律，想像出它们的空间形状、相对位置以及连接形式，最后综合想象出组合体的整体形状。

下面以图 4-39 所示的轴承座三视图为例，说明看图的一般方法。

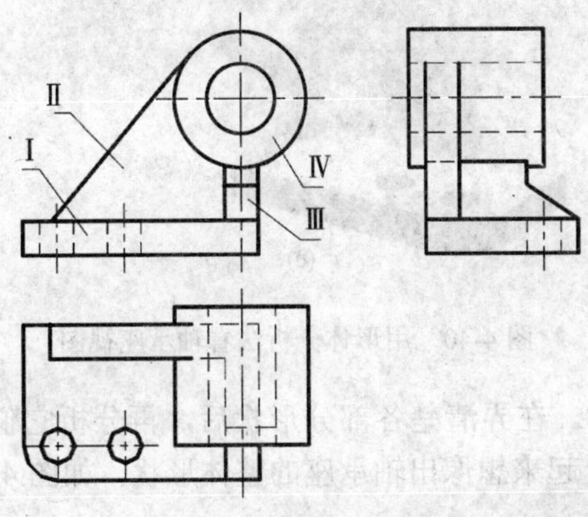

图 4-39 轴承座三视图

(1) 按线框、划形体。将主视图大致分成Ⅰ、Ⅱ、Ⅲ、Ⅳ四个线框，对照俯、左视图可知它们分别表示轴承座的底板、支板、肋板、空心圆柱体四个基本形体。

(2) 对投影、想形状。按投影关系，找出各形体在三视图上的对应投影，想象出它们的形状。如图 4-40(a)~(d)所示。

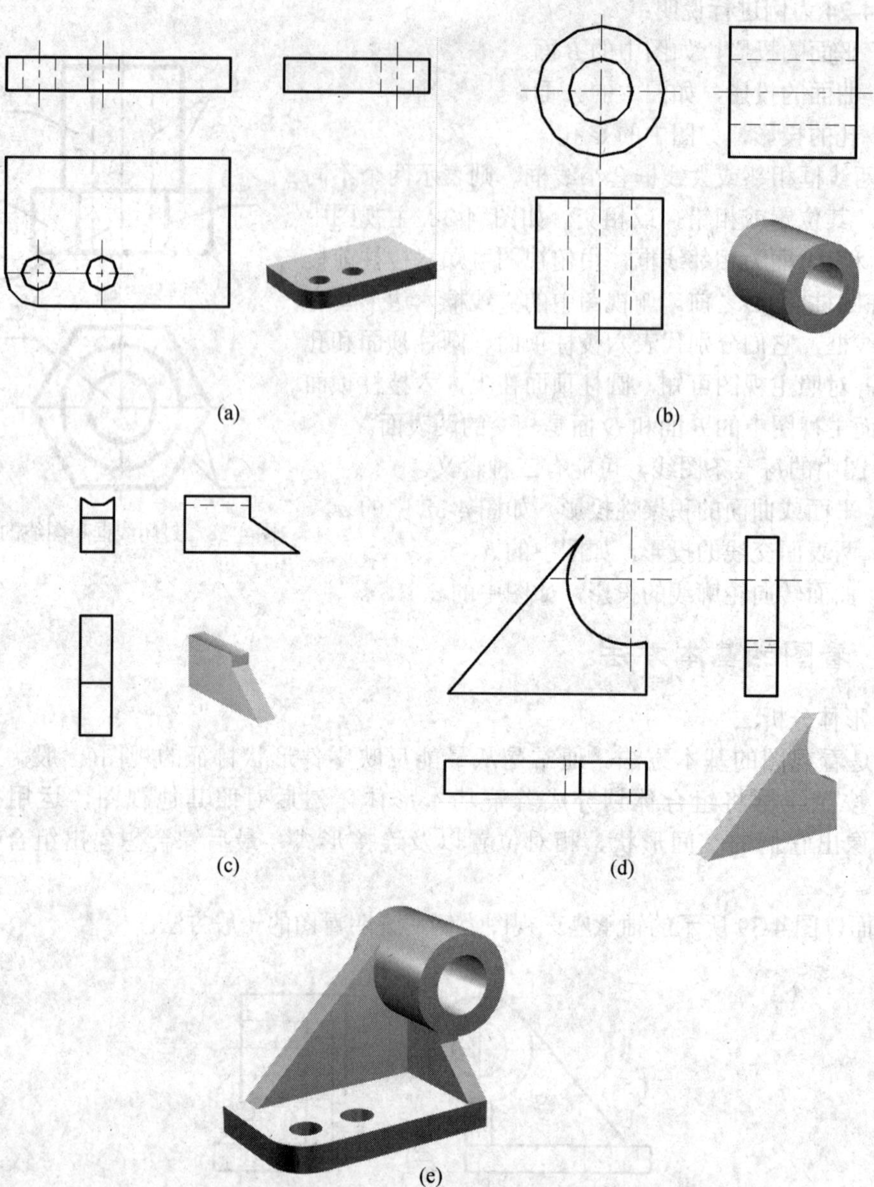

图 4-40　用形体分析法看轴承座视图

(3) 定位置、想整体。在弄清楚各部分形状后，再分析它们之间的相对位置与表面间的连接关系，最后综合起来想像出轴承座的整体形状，如图 4-40(e)所示。

2. 线面分析法

组合体也可以看成是由若干面(平面或曲面)、线(直线或曲线)围成。线面分析法就是把组合体分解成若干线和面，通过在视图上划线框、对投影，弄清它们的形状及相对位置，进而想像出组合体的空间形状的方法。

线面分析法常用于切割型组合体。对于形体比较复杂的组合体，可先用形体分析法看懂组合体的主要形状，再用线面分析法弄清某些面、线的含义。现以图 4-41 所示组合体为例，说明线面分析法看图的步骤。

1) 形体分析

图 4-41(a)所示组合体的原型是一个长方体，由左视图知它的前部切去一个三棱柱，

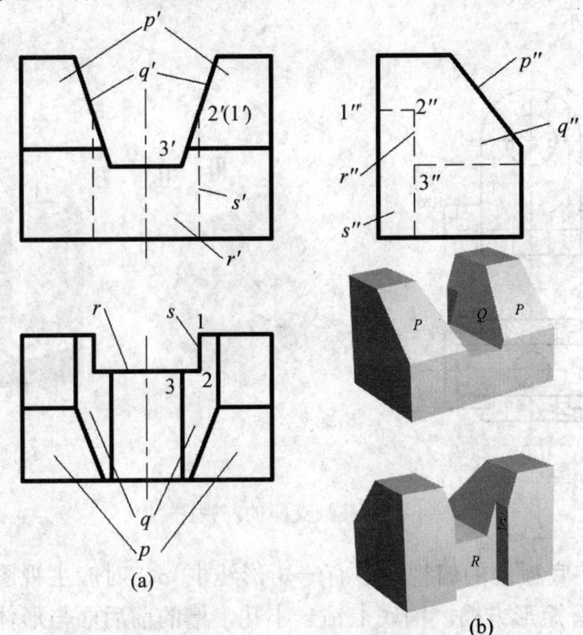

图 4-41 线面分析法看图

由主视图知它的中部切掉一个前后方向的梯形四棱柱，由俯视图知它的后部中间切去一个上下方向的四棱柱槽。如图 4-41(b)所示。

2) 线面分析

(1) 主视图中两个左右对称的 p'封闭线框，对应左视图一条倾斜的直线段 p''，对应俯视图为两个类似的四边形 p，由此知该两平面为处于侧垂位置的四边形平面。见立体图 4-41(b)的 P 平面。

(2) 俯视图中两个左右对称的七边形封闭线框 q，对应主视图两条倾斜的直线段 q'，对应左视图七边形封闭线框 q''。由此知该两平面为处于正垂位置的七边形平面。见立体图 4-41(b)的 Q 平面。

(3) 主视图中两边为虚线的六边形封闭线框 r'，对应俯视图的一条直线 r，对应左视图的直线 r''，根据投影面的投影特性，该平面为一正平面。

(4) 主视图的 s' 与俯视图的 s 均为一直线，对应左视图的一封闭的矩形线框 s''，所以该平面为一侧平面。见图 4-41(b)。

(5) ⅠⅡ直线是 Q 平面与 S 平面的交线，为正垂线；ⅡⅢ直线是 Q 平面与 R 平面的交线，为正平线。其余面、线不再一一分析。通过对该组合体的线面分析，可以想像出它的空间形状如图 4-41(b)所示。

4.4.3 已知两视图补画第三视图

由已知两视图补画第三视图，即包含了看图的过程，又包含了画图的过程，同时也检验了看图的效果，是一个综合性的练习。

【例 4-1】 如图 4-42a 所示，已知支座的主、俯两视图，补画左视图。

(1) 形体分析。根据主、俯视图，可大致将支座分成底板Ⅰ、前立板Ⅱ、后立板Ⅲ三个形体，如图 4-42(a)所示。按照投影关系，若不考虑细节，可知三个形体的主要形状及位置如图 4-42(b)所示。

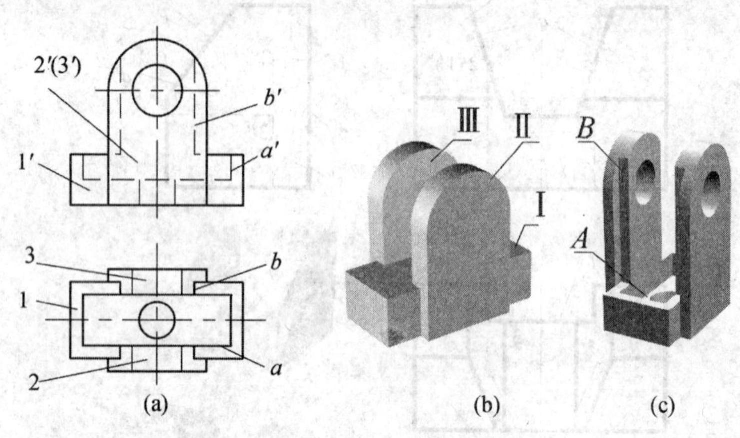

图 4-42　补画支座的左视图

(2) 线面分析。在底板上的俯视图中有一矩形线框 a，对应主视图上的虚线框 a'，由此可知，底板上挖有矩形方槽，槽底上钻一小孔，槽的前后面与形体Ⅱ、Ⅲ共面。

立板Ⅱ、Ⅲ前后对称，由俯视图的直线 b 对应主视图的虚线 b'可知，两立板左右各切去一角，上部各钻一前后通孔。完整形状如图 4-42(c)所示。

(3) 画左视图。先按图 4-42(b)画基本形体，然后再画矩形方槽、底板小孔，最后画立板切角及圆孔。完成的左视图如图 4-43 所示。

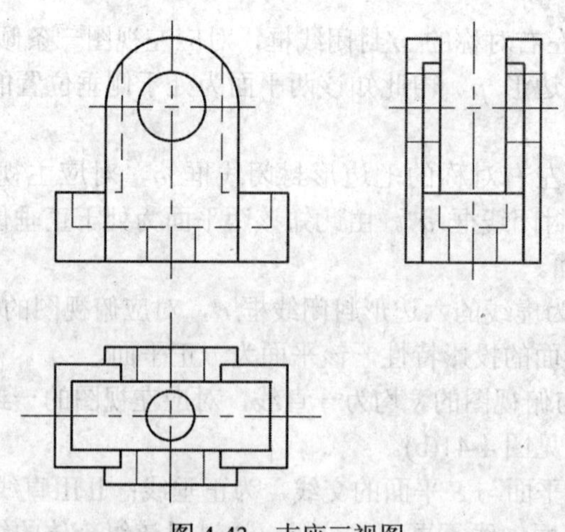

图 4-43　支座三视图

【例 4-2】 补画视图中所缺的图线(图 4-44(a))。

(1) 形体分析。分析图 4-44(a)的三个视图，可大致将组合体分为耳板 I、半圆柱体 II 及半圆柱孔 VIII、圆柱体 III、与圆柱体同轴的圆柱孔 IV 及 VII、圆柱孔 V 及方孔 VI 组成。

(2) 各形体间的连接关系。对照三个视图分析各基本形体间的连接关系，耳板 I 与半圆柱体 II 相交产生截交线；半圆柱体 II 与圆柱体 III 相交产生相贯线；圆柱孔 V 与圆柱体 III 及圆柱孔 IV 相交产生相贯线；方孔 VI 与圆柱体 III 及圆柱孔 IV 相交产生截交线；圆柱孔 VII 与半圆柱孔 VIII 相交产生相贯线。

(3) 分析各形体相交产生的交线，并补画所缺图线(图 4-44b)由步骤 2 可知，耳板 I 与半圆柱体 II 相交，耳板的前后平面与圆柱体 II 相交产生圆弧，此两圆弧在水平面投影为直线 2、3，耳板的上表面与半圆柱体 II 相交产生平行于圆柱体 II 轴线的直线，此直线在水平面的投影为直线 1；半圆柱体 II 与圆柱体 III 相交产生相贯线，其侧面投影为曲线 4″；方孔 V 与圆柱体 III 及圆柱孔 IV 产生的截交线在侧面投影分别为 5″、6″；圆柱孔 VI 与圆柱体 III 及圆柱孔 IV 相交所产生的相贯线的侧面投影分别为 7″、8″；圆柱孔 VIII 与半圆柱孔 VII 相交产生的相贯线的侧面投影为 9″。

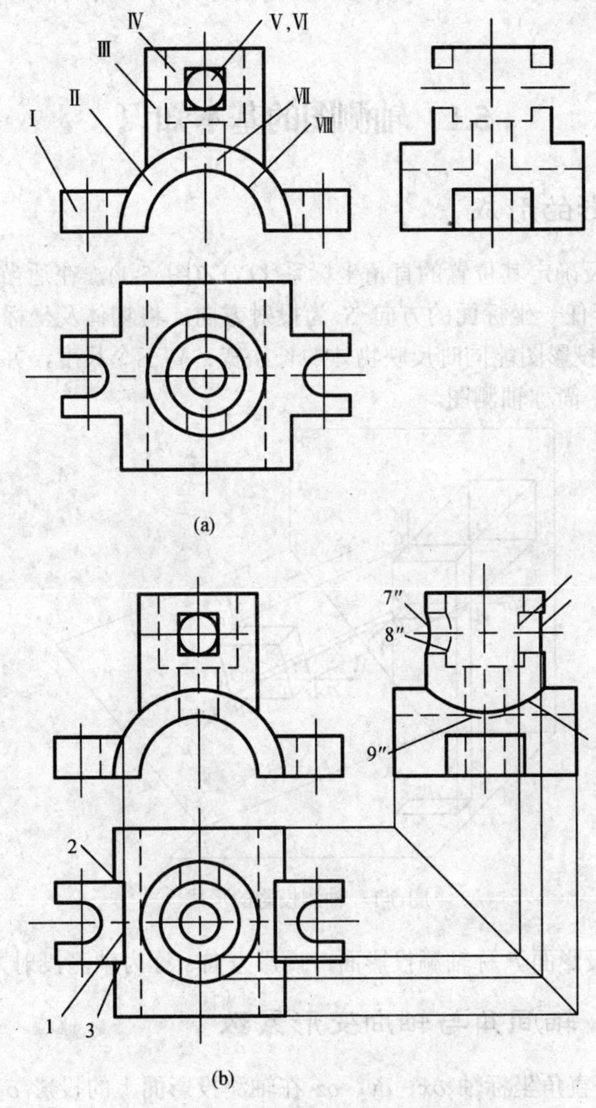

图 4-44　补画视图中所缺图线

第5章 轴测图

用多面正投影视图表达物体的结构形状，度量性好，作图简便，是工程上主要采用的表达方式，但是这种表达方式立体感差，只有具备一定读图能力的人才能看懂。因此工程上还采用一种立体感较强的图来表达物体，即轴测图。轴测图是物体在平行投影下形成的单面投影图，它的直观效果好，常用来表达机件的外观和内部结构等，但是不能确切反映物体的真实形状和大小。因此，轴测图经常用作帮人们看多面视图的辅助图样。

5.1 轴测图的基本知识

5.1.1 轴测投影的形成

空间有一物体及确定其位置的直角坐标系 *OXYZ*(图 5-1)，在适当位置设立一投影面 *P*，并选定不平行于任一坐标面的方向 *S* 为投射方向，将物体及坐标系一起平行投射到投影面 *P* 上，所得投影图能同时反映物体的长、宽、高三个尺度，并且富有立体感。该图称为轴测投影图，简称轴测图。

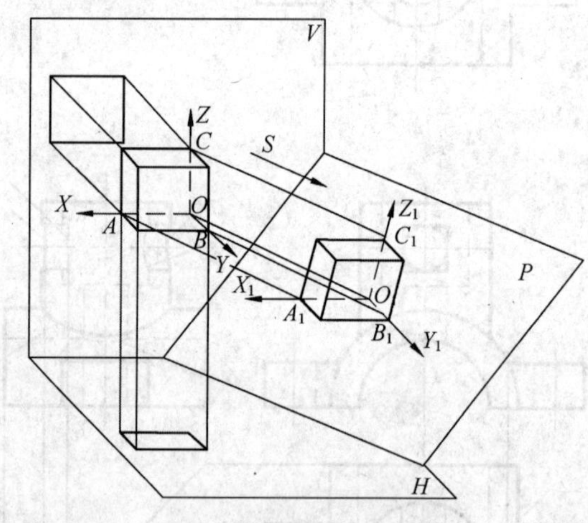

图 5-1 轴测投影的形成

轴测投影中，投影面 *P* 称轴测投影面，投影方向 *s* 称为轴测投射方向。

5.1.2 轴测轴、轴间角与轴向变形系数

(1) 轴测轴——直角坐标轴 *ox*、*oy*、*oz* 在轴测投影面上的投影 o_1x_1、o_1y_1、o_1z_1 称轴测投影轴，简称轴测轴。

(2) 轴间角——两轴测轴之间的夹角，即$\angle x_1o_1y_1$、$\angle y_1o_1z_1$、$\angle x_1o_1z_1$。

(3) 轴向变形系数——轴测轴上的线段与空间坐标轴上相应线段的长度之比。即

$$p=\frac{o_1A_1}{oA}\ ,\ q=\frac{o_1B_1}{oB}\ ,\ r=\frac{o_1C_1}{oC}$$

p、q、r 分别称为 ox、oy、oz 轴的轴向变形系数。

5.1.3 轴测图的分类

轴测图按投影射方向与轴测投影面是否垂直，可分为两大类：

1. 正轴测图

投影方向与轴测投影面垂直，所得图形称为正轴测图。按轴向变形系数的不同可分为三种：

(1) 当三个变形系数均相同，即 $p=q=r$ 时，称正等测图。

(2) 仅有两个变形系数相同，即 $p=r\neq q$ 或 $p\neq r=q$ 或 $p=q\neq r$ 时，称正二测图。

(3) 当三个变形系数均不等，即 $p\neq q\neq r$ 时，称正三测图。

2. 斜轴测图

投射方向与轴测投影面倾斜，所得图形称为斜轴测图。同样，按轴向变形系数三个相等、两个相等、三个都不等，可分为三种：斜等测图、斜二测图、斜三测图。

本章主要介绍工程上最常用的正等测图与斜二测图的画法。

5.1.4 轴测图的投影特性

轴测投影属于平行投影，因此应具备平行投影的投影特性：

(1) 物体上相互平行的线段，在轴测图上仍相互平行；物体上平行于坐标轴的直线段，其轴测投影与相应轴测轴保持平行。

(2) 平行于轴测投影面的直线和平面，其轴测投影反映实长和实形。

(3) 几何元素的轴测投影与原几何元素的从属性、比例性、相切性不变。

5.2 正等测图

将三空间坐标轴放置成与轴测投影面倾角相等，则轴向变形系数相同，均为 $p=q=r\approx0.82$，三轴测轴的轴间角均为 120°，如图 5-2 所示。在正等测图中，一般将 z_1 轴铅垂放置，x_1、y_1 轴与水平方向成 30° 角，可用 30° 三角板直接绘出。

为了作图方便，常取 $p=q=r=1$ 的简化轴向变形系数。也就是零件上凡是与坐标轴平行的直线，在轴测图上都按视图的实际尺寸画出。但这样所画出的轴测图比实际轴测图放大了 $1/0.82\approx1.22$ 倍。

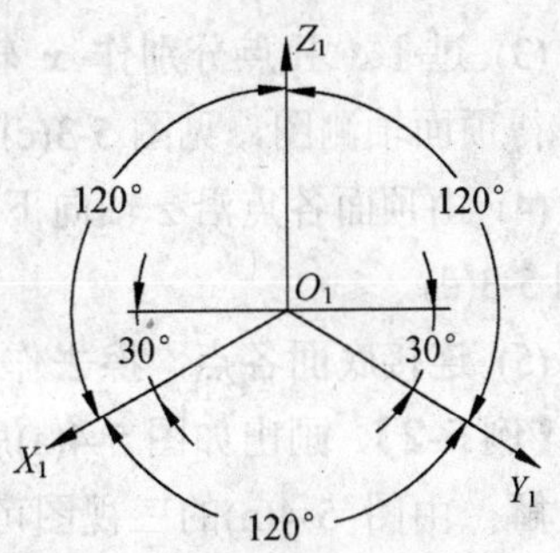

图 5-2 正等测图的轴间角

5.2.1 平面立体的正等测图

坐标法是绘制平面立体的正等测图的基本方法。根据立体表面上各顶点的坐标，分别画出它们的轴测投影，然后依次连接成立体表面的轮廓线。

利用坐标法绘制正等测图的具体步骤是:

(1) 在物体上选定直角坐标系，并在物体视图上绘出。坐标系的选定主要以作图简便、便于测量为原则。

(2) 画出轴测轴。

(3) 按点的坐标作出点、直线的轴测图，可见棱线画成粗实线。为了使画出的图形明显，不可见轮廓线一般不画。

【例 5-1】 作出如图 5-3(a)所示的正六棱柱的正等测图。

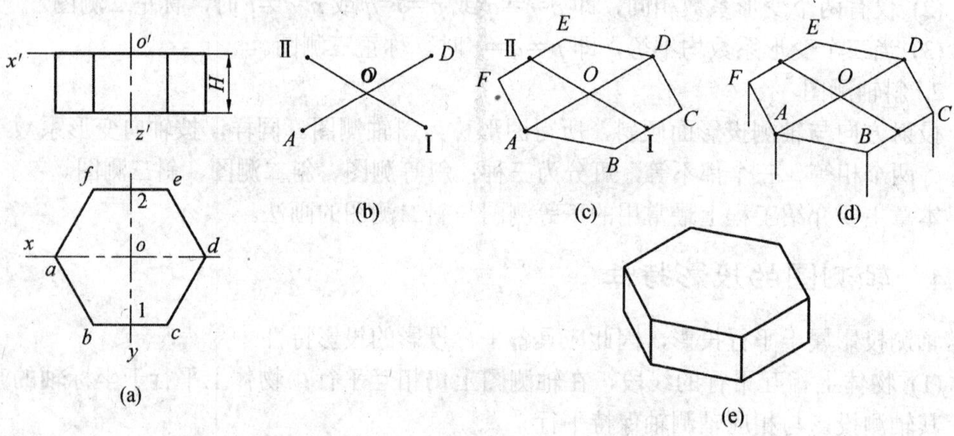

图 5-3 用坐标法作正六棱柱的正等测图

解: (1) 由投影图知，六棱柱顶面与底面均为水平正六边形，确定原点与坐标，如图 5-3 (a)所示。

(2) 画出轴测轴，并在 x 轴上量取 $oA=oa$，$oD=od$；在 y 轴上量取 oⅠ$=o1$，oⅡ$=o2$，见图 5-3(b)。

(3) 过Ⅰ、Ⅱ点分别作 x 轴的平行线，并在其上量取 $BC=bc$，$EF=ef$，依次连接各点，得顶面轴测图，见图 5-3(c)。

(4) 由顶面各点沿 z 轴向下引棱线，并截取尺寸 H，即得底面各点(仅画出可见点)，见图 5-3(d)。

(5) 连接底面各点，擦去作图线，加深各可见棱线，即完成作图，见图 5-3(e)。

【例 5-2】 画出如图 5-4(a)所示的切割体的正等测图。

解: 由图 5-4(a)的三视图可知，该物体是由长方体切割而成，作图时宜采用切割画法。即先画出完整长方体的轴测图，然后逐步进行切割。作法如下:

(1) 画出完整长方体的正轴测图，如图 5-4(b)所示。

(2) 量尺寸 a、b 切去左上角Ⅰ，如图 5-4(c)所示。

(3) 量尺寸 d，平行 $x_1o_1z_1$ 面由上向下切；量尺寸 c，平行 $x_1o_1y_1$ 面向后切，两面相交切去Ⅱ。

(4) 擦去多余图线并加深，完成作图。

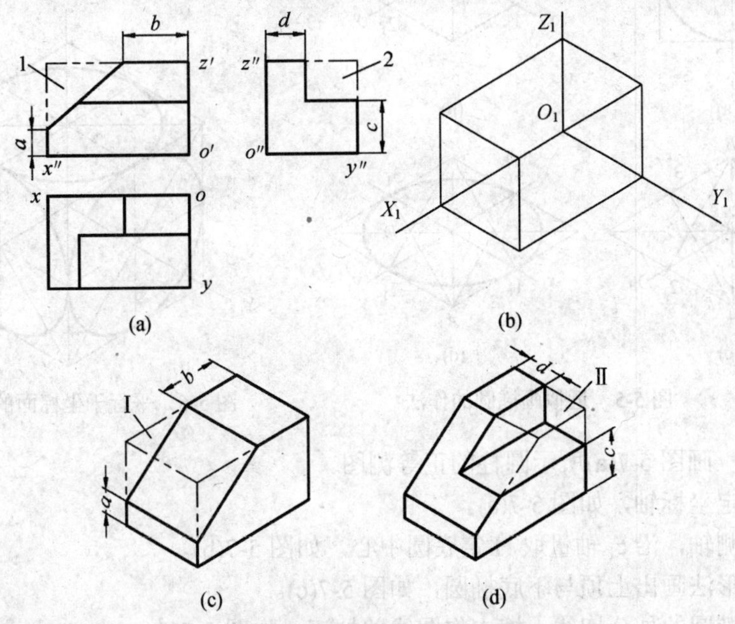

图 5-4　用切割法作切割体的正等测图

5.2.2　平行于坐标面圆的正等测图

平行于三个坐标面圆的正等测图均为椭圆，而且大小相等，其长轴方向与所在坐标面相垂直的轴测轴垂直，短轴垂直于长轴。下面将以平行于 xoy 坐标面圆的正等测图画法为例，说明用菱形法近似画椭圆的方法。

作法：

(1) 过圆心作 ox、oy 轴，作圆的外切正方形，并与圆切于 1、2、3、4 点，见图 5-5(a)。

(2) 在轴测轴 x_1、、y_1 上，以圆半径 R 量取 1_1、、2_1、、3_1、、4_1 点，并过 1_1、、3_1 作 y_1 轴平行线，过 2_1、4_1 作 x_1 轴的平行线，得外切正方形的正等轴测投影——菱形。菱形的对角线即为椭圆长、短轴方向。见图 5-5(b)。

(3) 设 A、B 为菱形较短对角点，连接 4_1A、3_1A、1_1B、2_1B，得交点 C、D。A、B、C、D 为四段圆弧的圆心，见图 5-5(c)。

(4) 分别以 A、B 为圆心，4_1A 为半径画大圆弧 $\widehat{4_13_1}$ 、、$\widehat{1_12_1}$ ，然后分别以 C、D 为圆心，以 4_1C 为半径画小弧 $\widehat{4_11_1}$ 、$\widehat{2_13_1}$ ，得近似椭圆，见图 5-5(d)。

其他两个坐标面上的圆的正等测图也均可用菱形法作出，见图 5-6 所示。

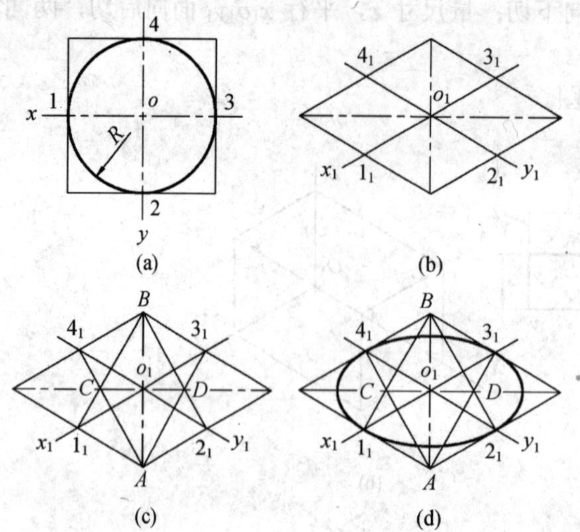

图 5-5 近似画椭圆的作法

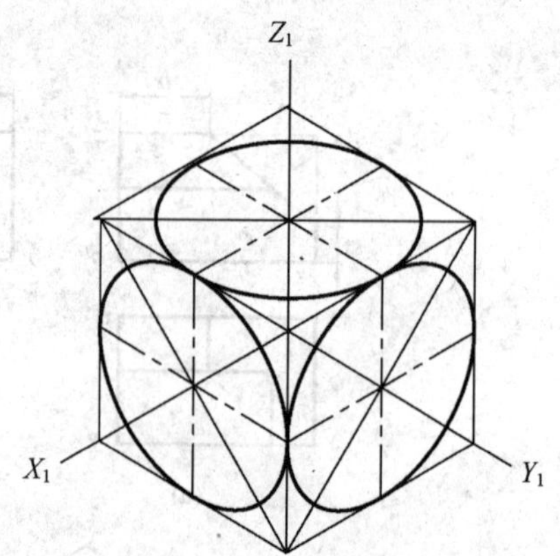

图 5-6 平行于坐标面的圆的正等测

【例 5-3】 画图 5-7(a)所示圆柱的正等测图。

解：(1) 定坐标轴，如图 5-7(a)。

(2) 出轴测轴，沿 z_1 轴量取 H 定底圆中心，如图 5-7(b)。

(3) 用菱形法画出上顶与下底椭圆，如图 5-7(c)。

(4) 作两椭圆的外公切线，擦去作图线并加深，如图 5-7(d)。

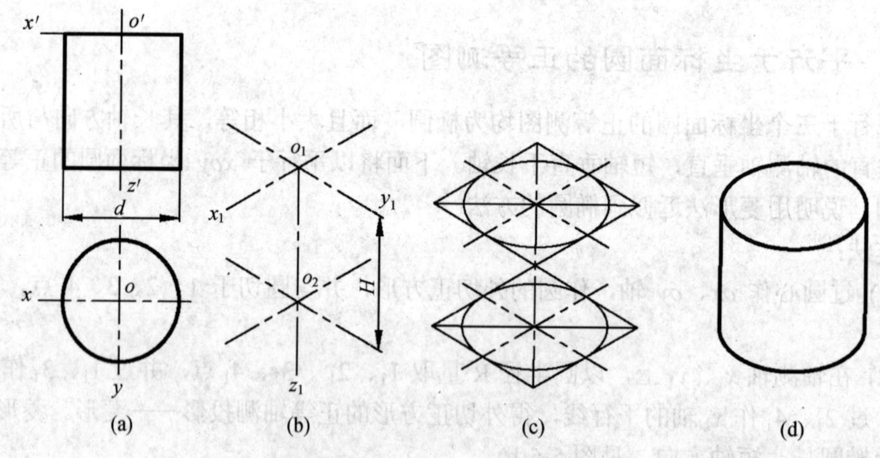

图 5-7 作圆柱的正等测图

5.2.3 圆角正等测图

如图 5-8(a)所示，底板转角处的圆弧为 1/4 圆，其轴测投影为椭圆弧，作法如下：

(1) 在底板轴测图上，找到切点 A、B、C、D，过四点分别作所在边的垂线，得交点 o_1、o_2，此两点即为两弧圆心，见图 5-8(b)。

(2) 分别以 o_1、o_2 为圆心，以 o_1A、o_2C 为半径画弧，得顶面圆角正等测图。将 o_1、

o_2沿 z_1 轴下移底板厚度 H，可得底面二圆角圆心 o_3、o_4，然后用顶面半径即可画出底面二圆角，见图 5-8(c)。

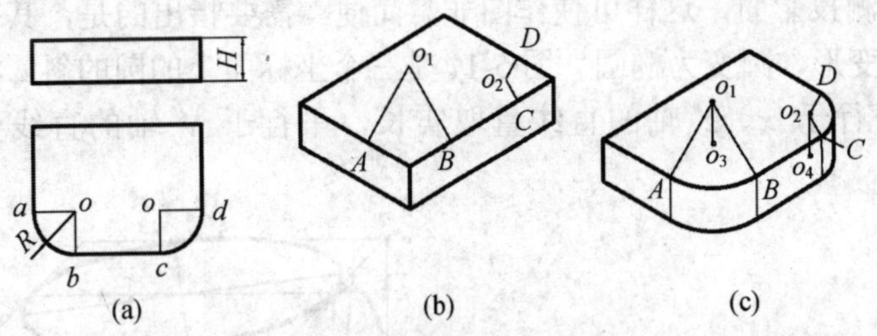

图 5-8　圆角正等测作法

5.2.4　综合举例

【例 5-4】 画出图 5-9(a)所示支架的正等测图。

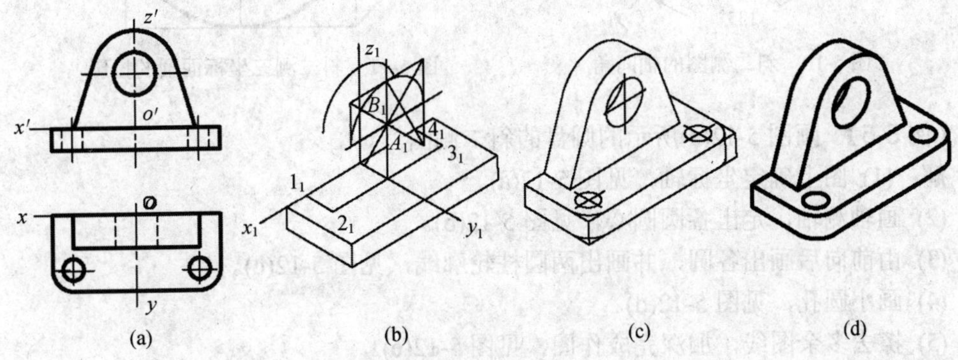

图 5-9　支架的正等测图

解：该支架由上、下两块板叠加而成，可用叠加法画其轴测图。

(1) 在视图中首先确定坐标轴，如图 5-9(a)所示。

(2) 作轴测轴。画出底板，然后画竖板与它的交线 $1_1 2_1 3_1 4_1$，定出竖板后面孔口的圆心 B_1，由 B_1 定出前孔口的圆心 A_1，画出竖板圆柱面顶部的正等测近似椭圆，如图 5-9(b)所示。

(3) 由 1_1、2_1、3_1 点向椭圆作切线，画出竖板的圆柱孔，完成竖板的正等测图。然后画出底板两个圆柱孔及圆角的正等测图，如图 5-9(c)所示。

(4) 擦去作图线，加深后完成全图，如图 5-9(d)所示。

5.3　斜二等轴测图

斜二等轴测图简称斜二测图，它是将物体的 *xoz* 坐标面放置成平行于轴测投影面，然后进行斜投影所得到的轴测图。由于斜二测的 *x*、*z* 轴与轴测投影面平行，所以轴向变形系数 $p=r=1$，轴间角 $\angle x_1o_1z_1=90°$。*y* 轴的轴向变形系数取 $q=0.5$，轴间角 $\angle x_1o_1y_1=\angle y_1o_1z_1=135°$，如图 5-10 所示。

在斜二测图中，凡平行于 xoz 坐标面的几何图形，其轴测投影均反映实形。因此，当物体在一个方向的图形比较复杂、圆与圆弧比较多时，可采用斜二测进行表达，并使该方向平行于轴测投影面，这样可使作图非常简便。需要指出的是，其他两个坐标面的轴测投影要产生变形，圆变为椭圆。图 5-11 是三个坐标面上的圆的斜二测投影。

画图时，平行于 x、z 轴的直线量取实长，平行于 y 轴的直线要取实长的 1/2（q=0.5）。

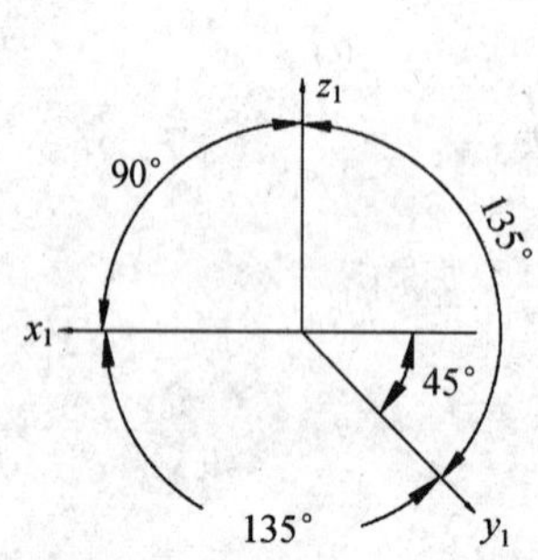

图 5-10　斜二测图的轴间角

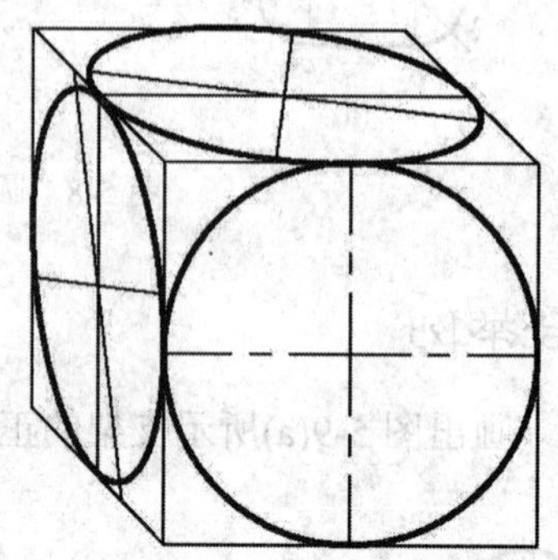

图 5-11　斜二测三坐标面圆的投影

【例 5-5】 画图 5-12(a)所示的圆盘的斜二测图。

解：(1) 图上确定坐标轴，见图 5-12(a)。

(2) 画轴测轴，定出各圆圆心，见图 5-12(b)。

(3) 由前向后画出各圆，并画出两圆柱轮廓线，见图 5-12(c)。

(4) 画小圆孔，见图 5-12(d)。

(5) 擦去多余图线，加深完成作图，见图 5-12(e)。

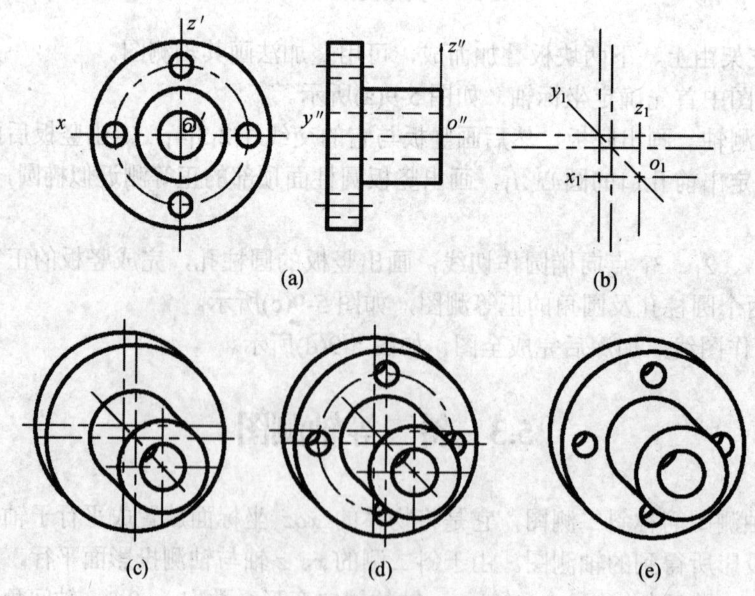

图 5-12　作圆盘的斜二测图

第 6 章　机件的常用表达方法

实际生产中，物体的形状和结构比较复杂，采用两视图或三视图的表达方法，往往很难将物体的内外形状准确、清晰、完整的表达出来。为此，国家制定了相关标准，对视图、剖视图、断面图、局部放大图、简化画法和其他规定画法进行了说明，本章将对这些表达方法进行重点介绍。

6.1　视　图

6.1.1　基本视图

对于形状复杂的机件，仅用前面介绍的三视图是不能完整、清晰地表达它的外部形状和内部结构的。这时，可在原有三个投影面的基础上，再增设三个投影面组成一个正六面体，如图 6-1 所示。正六面体的六个投影面称为基本投影面。从机件的前、后、上、下、左、右六个方向分别向基本投影面投影，得到了六个基本视图。在基本视图中，除前面介绍过的主视图、俯视图和左视图外，还有从右向左投影得到的右视图，从下向上投影得到的仰视图，从后向前投影得到的后视图。六个投影面按照图 6-2 所示方向展开时，仍保持 V 面不动，展开后六个视图的配置关系如图 6-3 所示。此时，由于各个视图之间的位置关系已经十分明确，视图名称不必标注在图形上方。

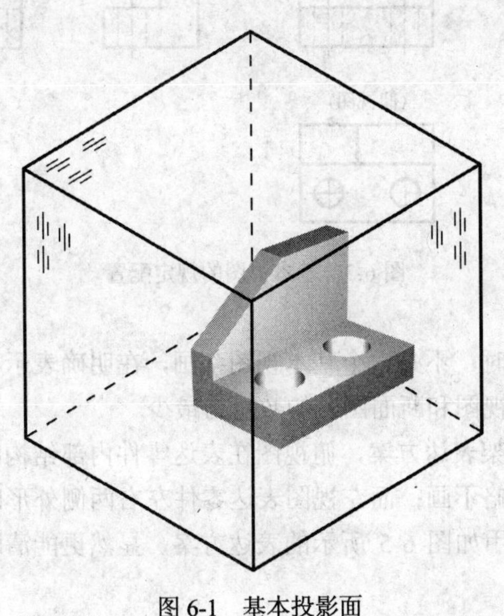

图 6-1　基本投影面

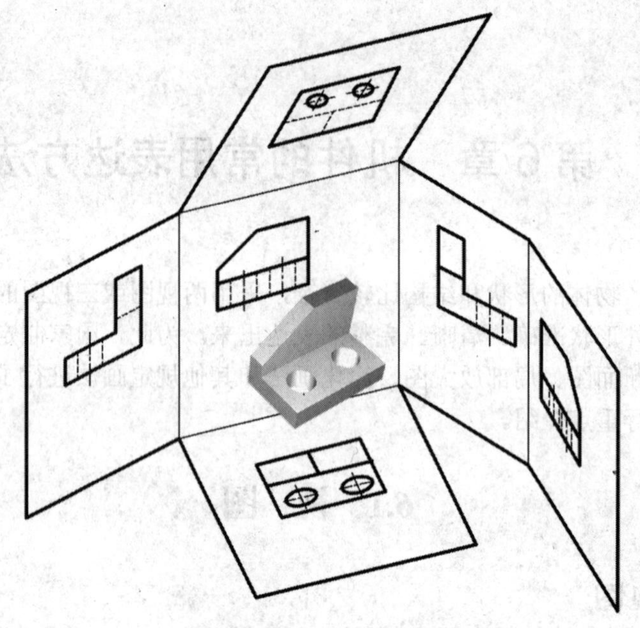

图 6-2　基本投影面的展开

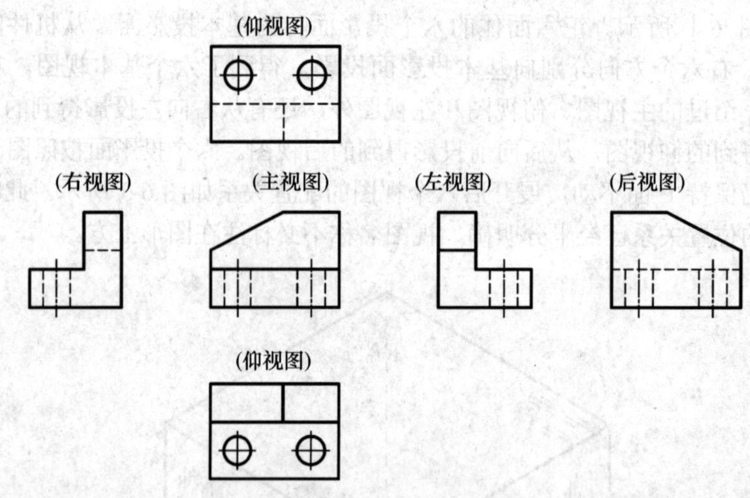

图 6-3　基本视图的规定配置

在表达机件的图样时，不必六个基本视图都画，在明确表示机件的前提下，应使视图（包括后面所讲的剖视图和断面图）的数量为最少。

如图 6-4 所示的支架表达方案，俯视图在表达零件内部结构时，和主视图有明显重复的部分，因此可以省略不画；而左视图表达零件左右两侧外形时，实线和虚线重叠交错，很不清晰。如果采用如图 6-5 所示的表达方案，显然更能清晰地表达支架内外形状与结构。

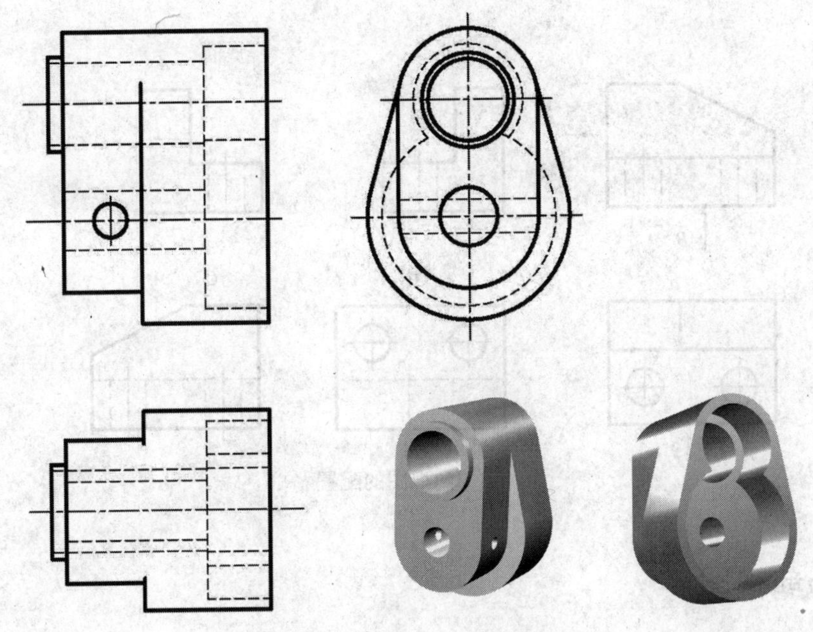

图 6-4　不合理的表达方案

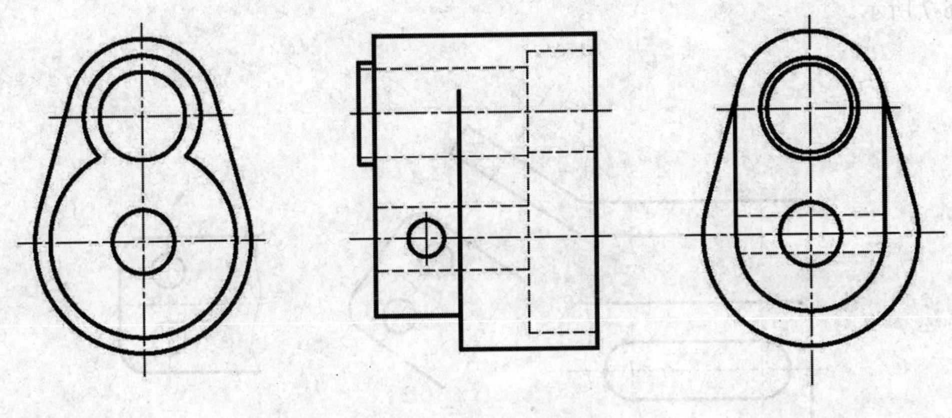

图 6-5　合理的表达方案

6.1.2　向视图

向视图是基本视图的另一种表达方式，是移位（不旋转）配置的基本视图。若一个机件的基本视图不按图 6-3 所示的基本视图的规定配置，或不能画在同一张图纸上，则可画向视图，如图 6-6 所示。这时，应在视图上方标注大写拉丁字母“×”，称为×向视图，在相应的视图附近用箭头指明投影方向，并注写相同的字母。

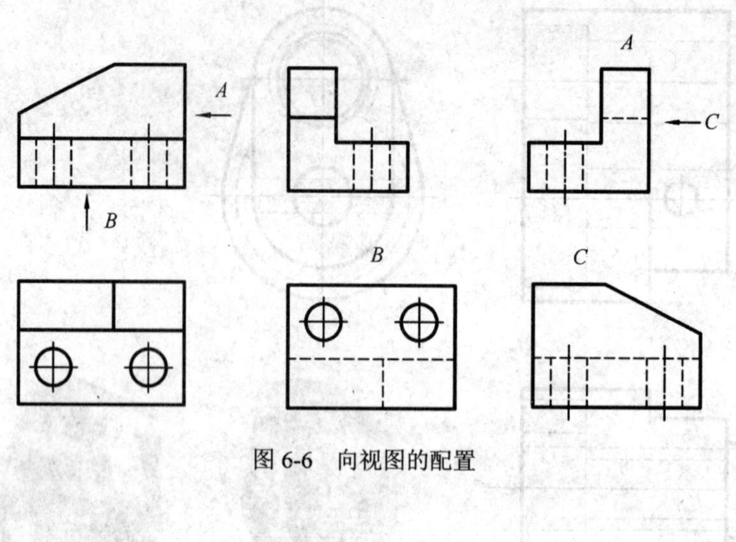

图 6-6　向视图的配置

6.1.3　局部视图

当机件仅需要表达某一部分的结构形状，而不需要画出完整的基本视图时，可仅将该局部结构向基本投影面投影，这样所得到的视图称为局部视图。如图 6-5、图 6-6、图 6-7 所示。

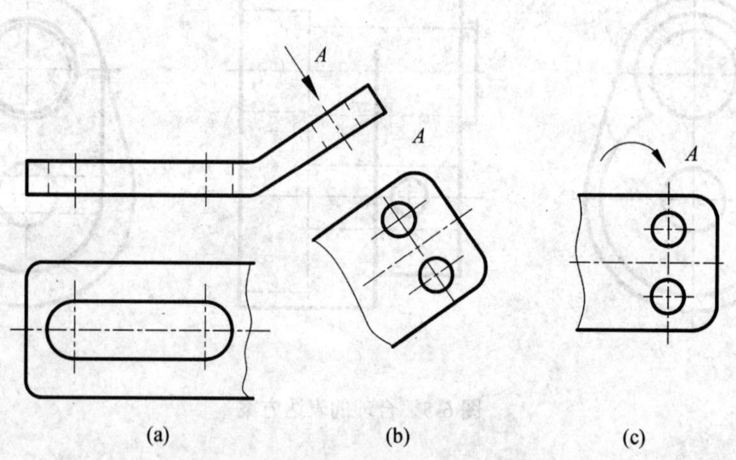

图 6-7　局部视图及斜视图的表示法

局部视图可以按以下三种形式配置，并进行必要的标注。

(1) 按基本视图的配置形式配置，中间又没有其他图形隔开时(相应的另一视图之间)，则不必标注，如图 6-7(b)和图 6-8(a)的局部视图

(2) 按向视图的配置形式配置和标注，如图 6-8(b)的局部视图 *B*。

(3)按第三角画法配置在视图上所需表示的局部结构的附近，并用细点画线或细实线将两者相连，此时，无须另行标注，如图 6-9 所示。

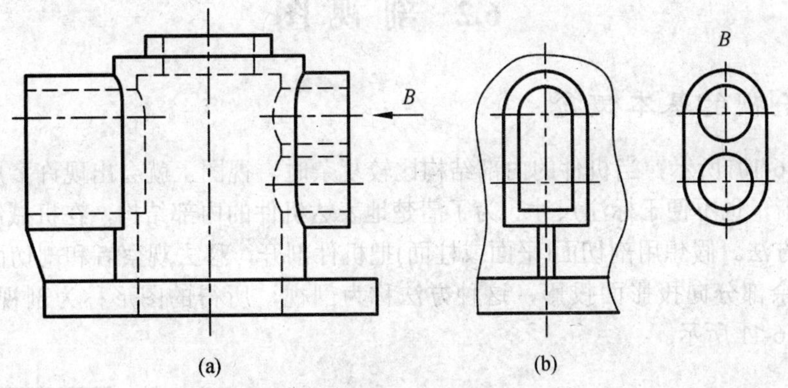

图 6-8　局部视图的配置和标注

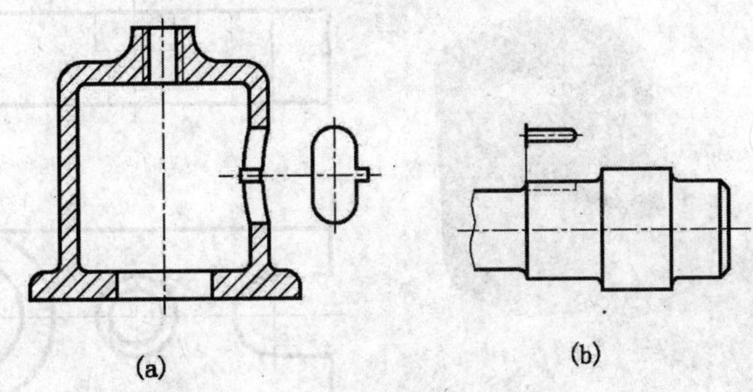

图 6-9　局部视图按第三角画法配置

局部视图的断裂处以波浪线或双折线表示。当所表示的局部结构是完整的且外轮廓线又自成封闭时，波浪线可省略不画，如图 6-8(b)所示。

6.1.4　斜视图

当机件的某一部分结构形状是倾斜的，且不平行于任何基本投影面时，在基本投影面上无法表达该部分的实形和标注真实尺寸，这时可假想用一个与倾斜部分相平行并垂直于某一基本投影面的新投影面，将倾斜结构向该投影面投影，而得到倾斜表面的实形，如图 6-7(c)所示。这种将机件向不平行于任何基本投影面的平面投影所得到的视图称为斜视图。

画斜视图时应注意以下几点：

(1) 斜视图一般按向视图配置形式表示，必要时允许斜视图旋转配置。表示该视图名称的大写拉丁字母“×”应靠近旋转符号(以字高为半径的半圆弧)的箭头端，也允许将旋转角度标注在字母之后。标注形式为“⌒×”或“⌒×旋转角度”，如图 6-7(c)中的⌒*A* 或⌒*A* 30°，箭头方向为斜视图的旋转方向。

(2) 斜视图通常用来表达机件倾斜部分的局部形状，其余部分可用波浪线断开，不必画出。

6.2 剖 视 图

6.2.1 剖视的基本概念

如图 6-10 所示，当机件的内部结构比较复杂时，视图上就会出现许多虚线，影响视图的清晰，也不便于标注尺寸。为了清楚地表达机件的内部结构，在机械制图中常采用剖视的方法。假想用剖切面(平面或柱面)把机件剖开，移去观察者和剖切面之间的部分，将其余部分向投影面投影，这种方法称为剖视，所得的图形称为剖视图(简称剖视)，如图 6-11 所示。

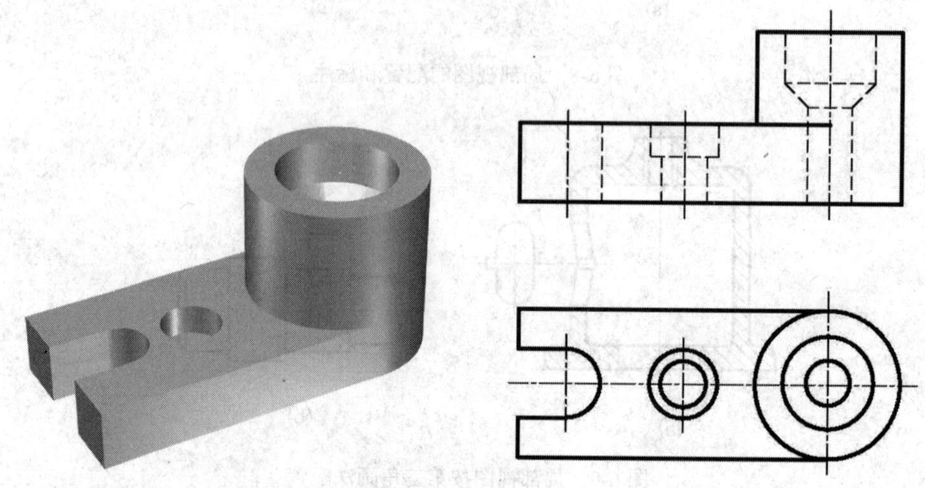

图 6-10 机件的视图

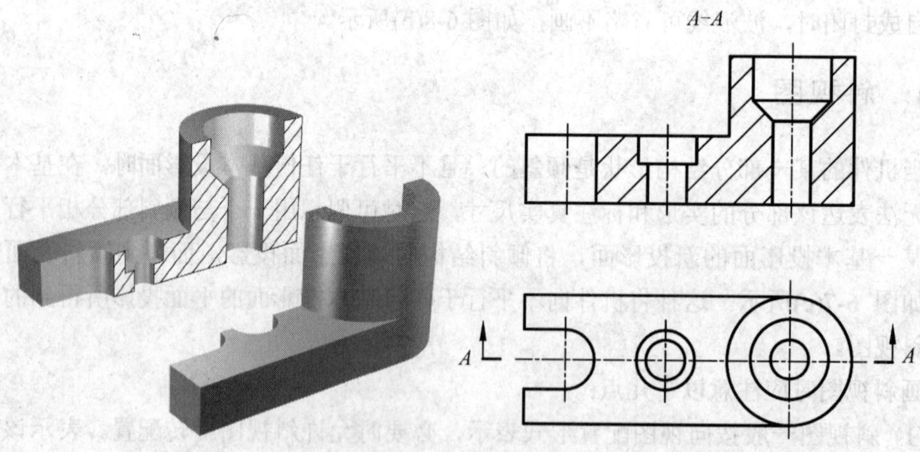

图 6-11 机件的剖视图

6.2.2 剖视图的画法

1. 画剖视图的方法

如图 6-11 所示机件，当主视图采用剖视图时，首先取平行于正面、并通过该机件上孔的轴线的剖切平面将其剖开，移去前半部分，并将剖切平面与机件的截交线及剖切平面后的机件剩余部分，一并向该投影面投影，并将剖切平面与机件相接触的实体部分画上剖面符号。不同材料用不同的剖面符号表示，各种材料的剖面符号见表 6-1。

表 6-1　剖面符号

材料	剖面符号	材料	剖面符号
金属材料（已有规定剖面符号者除外）		木质胶合板	
线圈绕组元件		基础周围的泥土	
转子、电枢、变压器和电抗器等的迭钢片		混凝土	
非金属材料（已有规定剖面符号者除外）		钢筋混凝土	
型砂、填砂、粉末冶金、砂轮、陶瓷刀片、硬质合金刀片等		砖	
玻璃及供观察用的其他透明材料		格网（筛网、过滤网等）	
木材　纵剖面		液体	
木材　横剖面			

若不需要表示材料的类别时，可采用通用剖面线表示，通常画成与主要轮廓线或剖面区域的对称线成 45 °角，间隔均匀的细实线，如图 6-12 所示。同一机件在各剖视图中所有的剖面线方向和间隔必须一致。

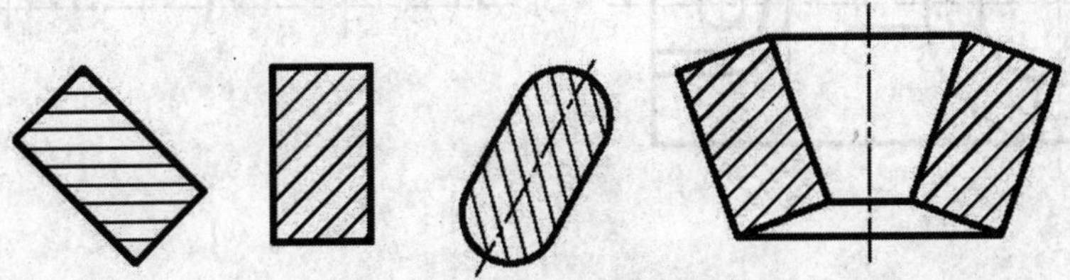

图 6-12　剖面线方向

当画出的剖面线与图形的主要轮廓或剖面区域的对称线平行时，可将剖面线画成与主要轮廓或剖面区域的对称线成 30 °或 60 °的平行线，如图 6-13 所示。

2. 剖视的标注

标注的目的是为了使看图时了解剖切位置和投影方向，便于找出投影的对应关系。

(1) 剖切线：在与剖视图相对应的视图上，用剖切符号(线宽 $1b$～$1.5b$、长度约为 5mm～10mm 的断开粗实线)标出剖切位置，并尽可能不与图形轮廓线相交。

(2) 投影方向：在剖切符号的起迄处，用箭头画出投影方向，箭头应与剖切符号垂直。

(3) 剖视名称在剖切符号的起迄和转折处，用相同的大写字母标出，但当转折处空间有限又不致于引起误解时，允许省略标注。在相应的剖视图上方标出剖视图的名称“×-×”，如图 6-11 中 *A*-*A* 剖视。

(4) 省略标注：当剖视图按投影关系配置，中间又没有其它图形隔开时，可以省略箭头。

当单一剖切平面通过机件的对称面或基本对称的平面，且剖视图按投影关系配置，中间又没有其他图形隔开时，可以省略标注。图 6-11 中的 *A*-*A* 剖视，其剖切符号、剖视图名称和箭头均可以省略。

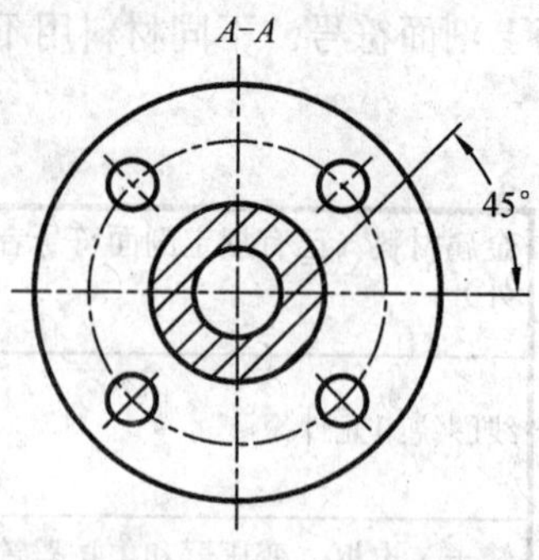

图 6-13　30 °或 60 °的剖面线

3. 画剖视图时应注意的问题

(1)由于剖视图是假想把机件剖开，所以当一个视图画成剖视时，其他视图的投影不受影响，仍按完整的机件画出，如图 6-14(a)所示。

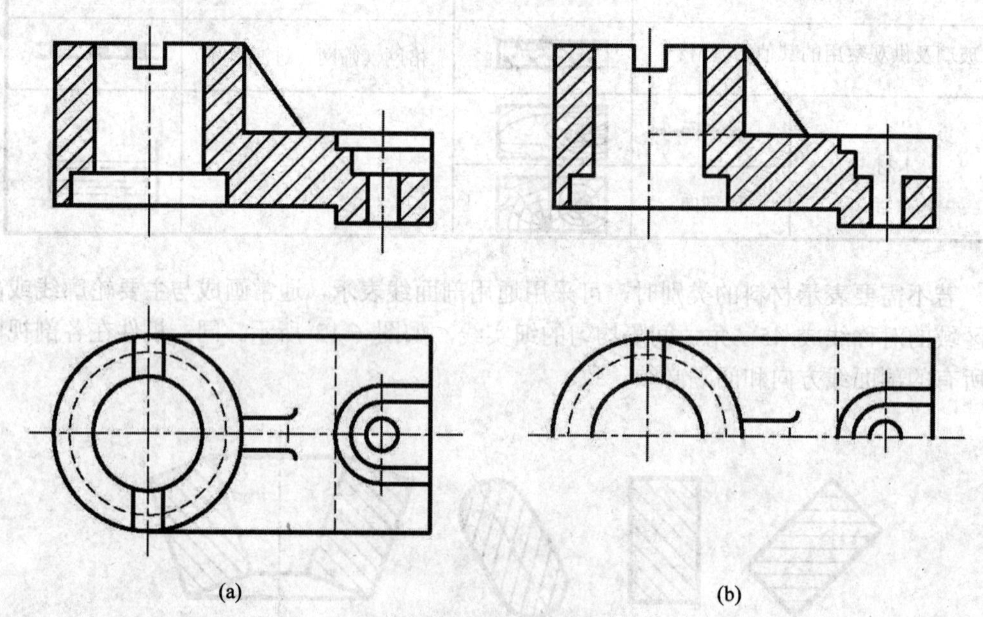

图 6-14　剖视图画法

(a) 正确的画法；(b) 错误的画法。

(2) 剖切平面一般应通过机件的对称面或轴线，并要平行或垂直于某一投影面。

(3) 剖切平面后方的可见部分应全部画出，不能遗漏，如图 6-14(b)的画法是错误的。

(4) 在剖视图中，对于已经表示清楚的结构，其虚线可以省略不画。在没有剖开的视图上，虚线的问题也按同样原则处理。

(5) 对于机件的肋、轮辐及薄壁等，如按纵向剖切，这些结构通常按不剖绘制，即不画剖面符号，而用粗实线将它与邻接部分分开，如图 6-15 所示。

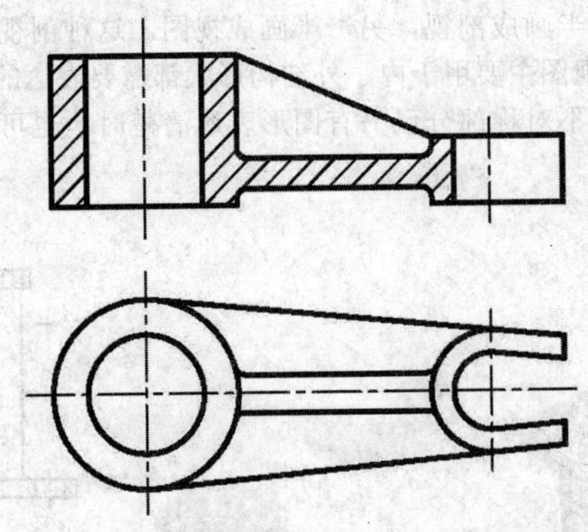

图 6-15　剖视图中肋的规定画法

6.2.3　剖视图的种类

按剖切面剖开机件范围的大小不同，剖视图分为全剖视图、半剖视图和局部剖视图。

1. 全剖视图

用剖切平面完全地剖开机件所得的剖视图，称为全剖视图，如图 6-11 及图 6-14 所示。全剖视图主要用于内部结构比较复杂、外形比较简单的不对称零件，或者用于外形简单的对称零件。

全剖视图标注规则同前面所述，在图 6-16 中，由于剖切平面与机件对称平面重合，且视图按投影关系配置，中间又没有其他图形隔开，因此，剖切符号、投影方向及剖视图名称均可省略。

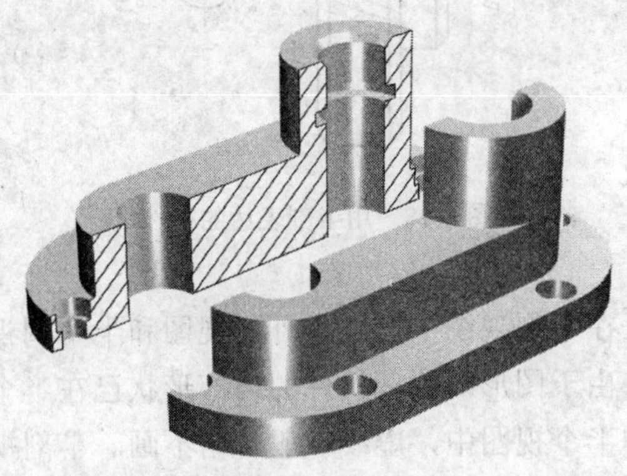

图 6-16　全剖视图

全剖视图亦可用两个或两个以上的剖切平面完全地剖开机件，这部分内容将在后面叙述。

2. 半剖视图

当机件具有对称平面时，在垂直于对称平面的投影面上投影所得的图形，可以对称中心线为界，一半画成剖视，另一半画成视图。这种剖视图称为半剖视图，如图 6-17 所示。半剖视图主要用于内、外结构形状都需要表达的对称机件。当机件的形状接近于对称，且不对称部分已另有图形表达清楚时，也可以画成半剖视图，如图 6-18 所示。

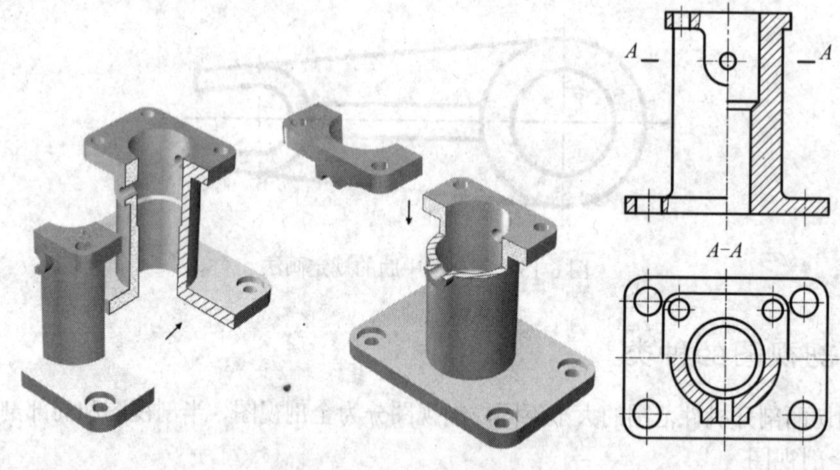

图 6-17　半剖视图

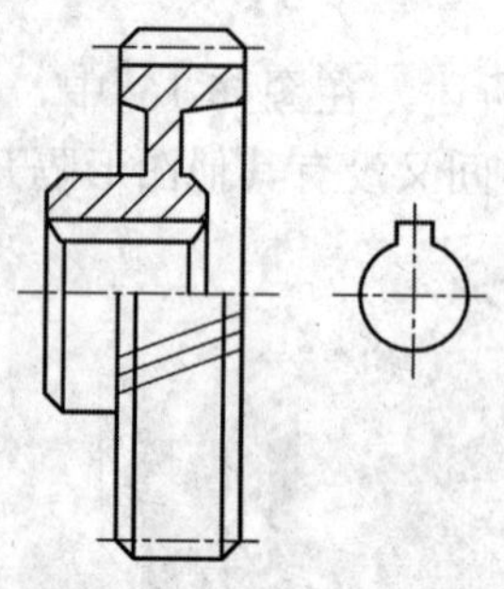

图 6-18　用半剖表达的机件

画图时必须注意，在半剖视图中，半个外形视图和半个剖视图的分界线应画成点划线，不能画成实线。由于图形对称，机件的内部形状已在半个剖视图中表示清楚，所以在表达外部形状的半个视图中，虚线一般省略不画。半剖视图的标注规则与全剖视图相同。

3. 局部剖视图

用剖切平面局部地剖开机件所得的剖视图，称为局部剖视图，如图 6-19 所示。在局部剖视图中，视图部分与剖视图部分以波浪线为分界线。波浪线不应与图样上其他图线重合，也不得超出视图的轮廓线或通过中空部分，图 6-20(a)是错误的画法。

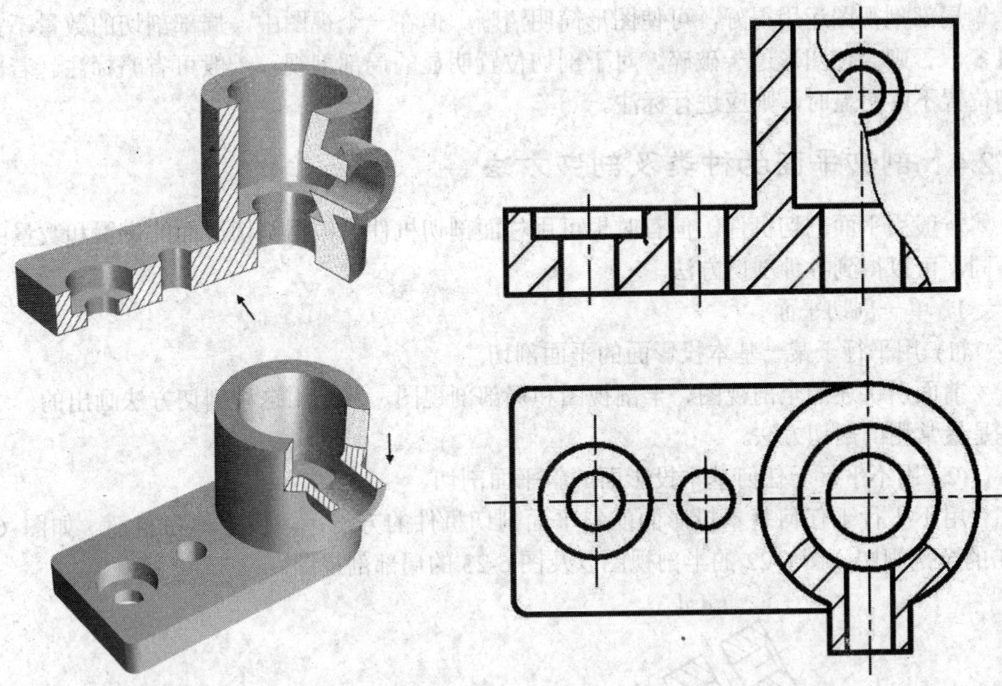

图 6-19　局部剖视图

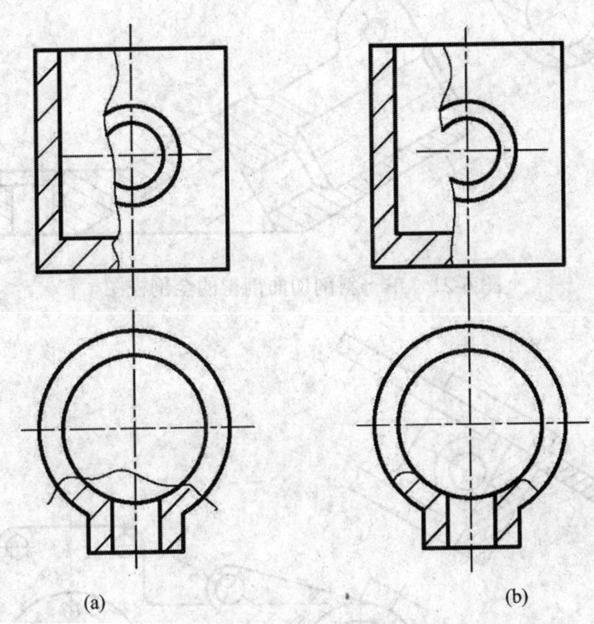

(a)　　(b)

图 6-20　局部剖视图的画法

(a) 错误；(b) 正确。

当在剖视图中既不宜采用全剖视图，也不宜采用半剖视图时，则可采用局部剖视图表达。局部剖视不受图形是否对称的限制，剖切位置及剖切范围的大小，可根据需要决定，因此，它是一种比较灵活的表达方法，可以单独使用，如图 6-20(b)所示，也可以配合其他剖视使用，如图 6-l7 主视图。

局部剖视图运用得好，可使图形简明清晰。但在一个视图中，局部剖切的数量不宜过多，否则会使图形过于破碎。对于剖切位置明显的局部剖视，一般可省略标注。若剖切位置不够明显时，则应进行标注。

6.2.4 剖切平面的种类及剖切方法

一般用平面剖切机件，但有时也可用柱面剖切机件。根据剖切平面的位置和数量的不同，可以得到各种剖切方法。

1. 单一剖切平面

(1) 用平行于某一基本投影面的平面剖切

前面所讲述的全剖视图、半剖视图和局部剖视图，都是用这种剖切方法画出的。这些是最常用的剖切方法。

(2) 用不平行于任何基本投影面的斜平面剖切

用不平行于任何基本投影面的斜平面剖切机件的方法，习惯上称为斜剖。如图 6-21 的全剖视图、图 6-22 的半剖视图以及图 6-23 的局部剖视图。

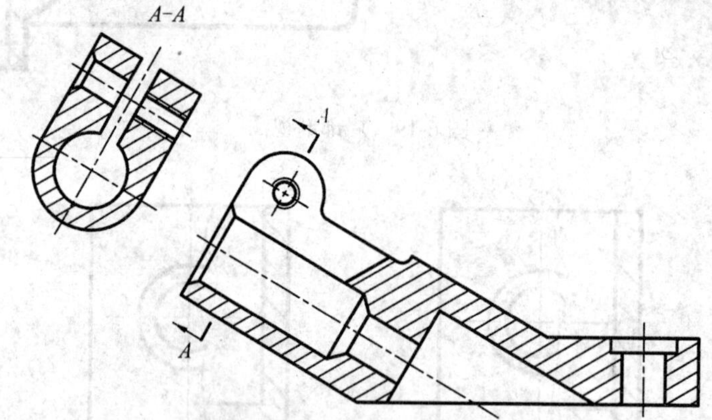

图 6-21 单一斜剖切面剖得的全剖视图

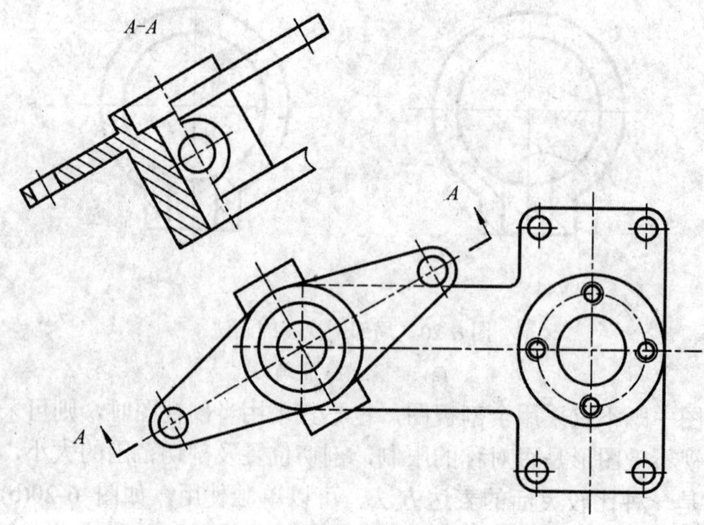

图 6-22 单一斜剖切面剖得的半剖视图

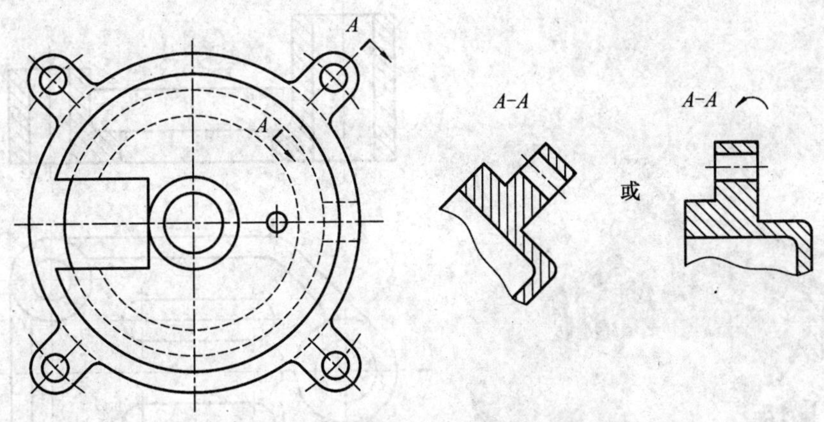

图 6-23　单一斜剖切面剖得的局部剖视图

采用斜剖视图时，剖视图可如图 6-21 那样，按投影关系配置在剖切符号相对应的位置；也可将剖视图平移至图纸的适当位置；在不致引起误解时，还允许将图形旋转，如图 6-23 所示。

(3) 用柱面剖切

如图 6-24 中的 *A-A* 剖视图所示，将采用柱面剖切后的机件展开成平行于投影面后，再画其剖视图，并在图名后加注"展开"两字。

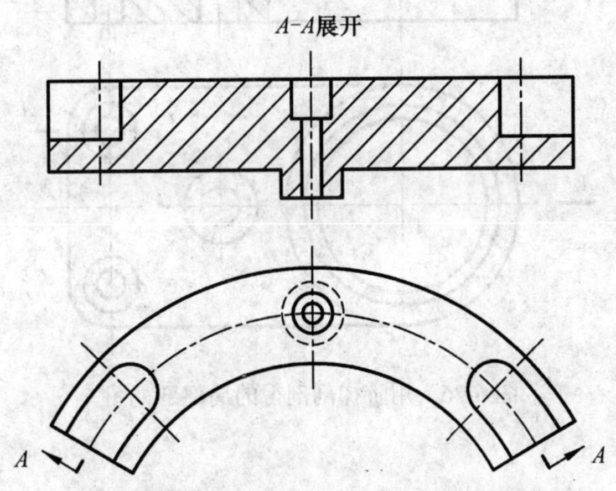

图 6-24　单一剖切柱面剖得的全剖视图

2. 几个平行的剖切平面

用几个平行的剖切平面剖开机件的方法，习惯上称为阶梯剖，如图 6-25 所示。阶梯剖也可以用于获得半剖视图和局部剖视图的场合，如图 6-26 和图 6-27 所示。

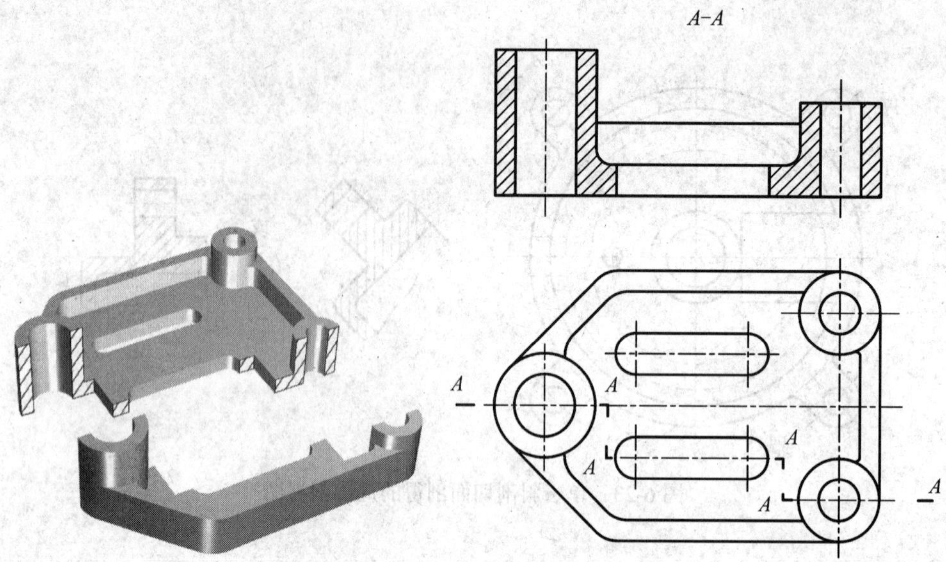

图 6-25　多个平行的剖切平面剖得的全剖视图

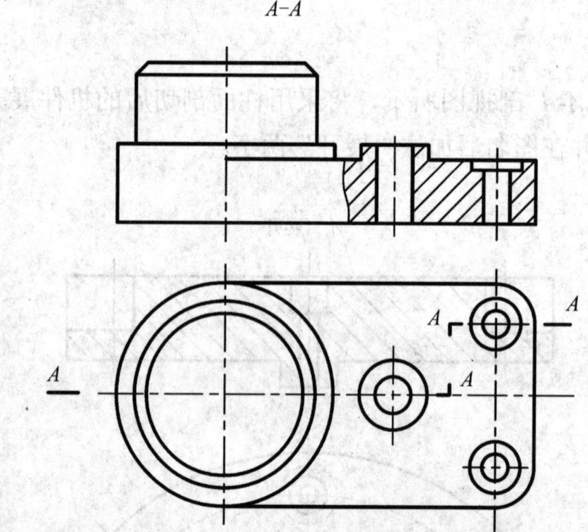

图 6-26　用阶梯剖剖得的局部剖视图

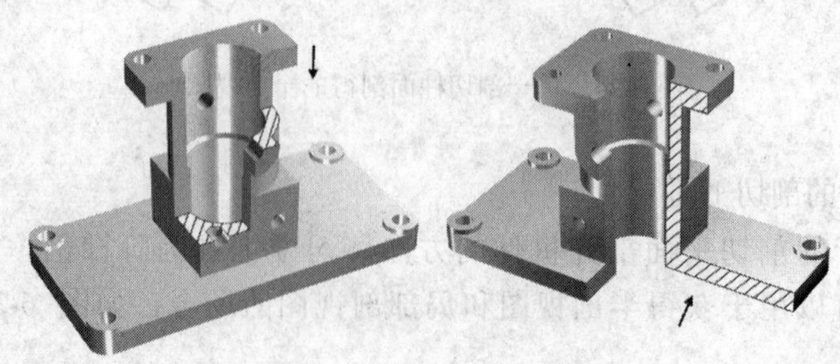

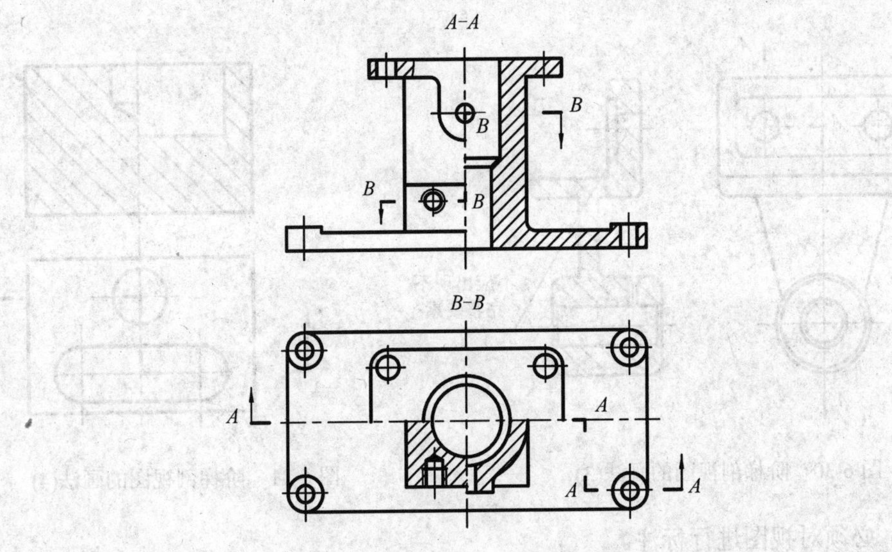

图 6-27 用阶梯剖剖得的半剖视图

画阶梯剖视图时，必须注意以下几点：

(1) 不应画出各剖切平面转折处的界限，如图 6-28 主视图。

(2) 剖切平面的转折处不应与视图中的轮廓线重合，如图 6-29 主视图。

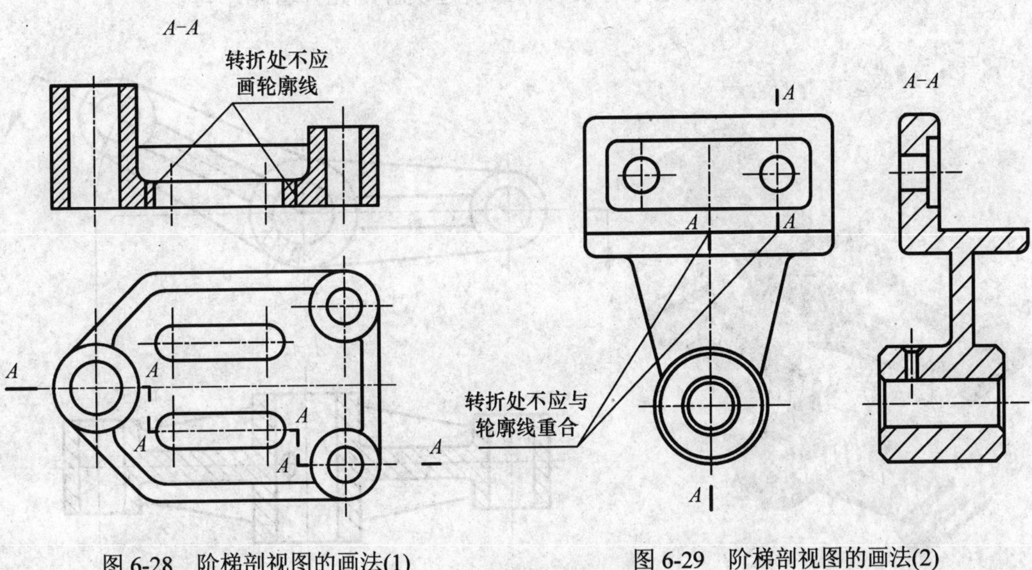

图 6-28 阶梯剖视图的画法(1)

图 6-29 阶梯剖视图的画法(2)

(3) 在图形内不应出现不完整的要素，如图6-30所示。只有当两个要素在图形上具有公共对称中心线或轴线时，可以各画一半，此时应以对称中心线或轴线为界，如图6-31所示。

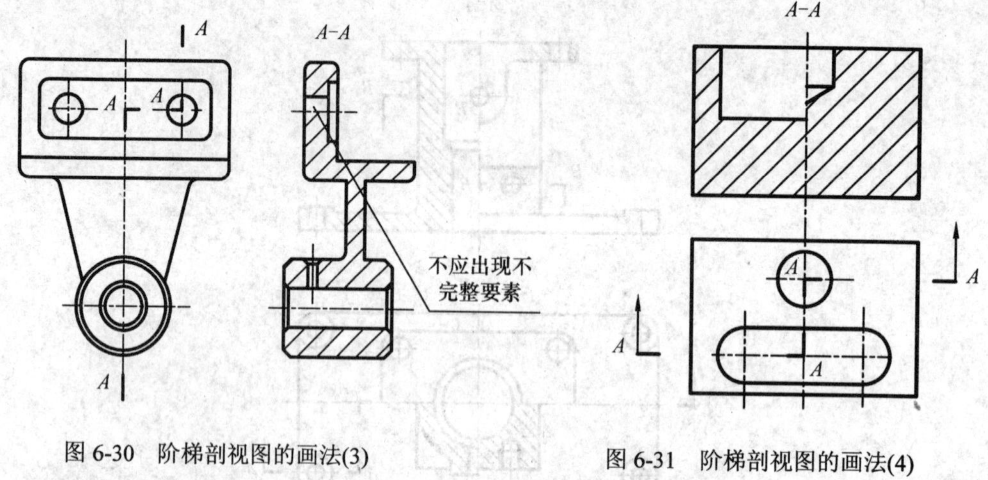

图 6-30 阶梯剖视图的画法(3)　　图 6-31 阶梯剖视图的画法(4)

(4) 必须对视图进行标注。

3. 几个相交的剖切平面

用几个相交的剖切平面(交线垂直于某一基本投影面)剖开机件的方法，习惯上称为旋转剖。采用这种方法画剖视图时，先假想按剖切位置剖开机件，然后将被倾斜的剖切平面剖开的结构及其有关部分旋转到与选定的基本投影面平行后再进行投影，如图 6-32 所示。剖切平面后面的其他结构，一般仍按原来的位置投影，如图 6-32 中的油孔。旋转剖视图的标注，当转折处的地方有限又不致引起误解，允许省略字母。

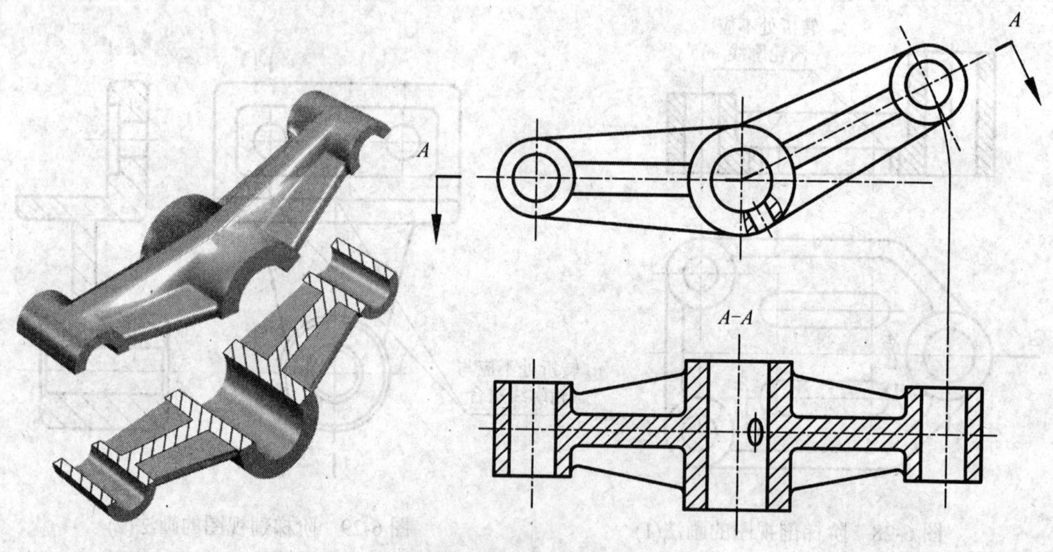

图 6-32 多个相交的剖切面(1)

图 6-33 出现了剖切平面与剖切柱面相交的情况，剖切平面经过键槽对称中心面，从而在全剖视图中表达出了连杆键槽的深度。

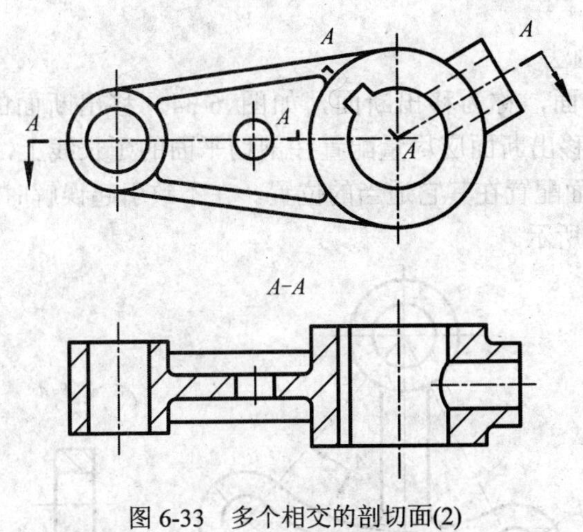

图 6-33 多个相交的剖切面(2)

6.3 断 面 图

6.3.1 断面图的基本概念

假想用剖切平面把机件的某处切断，仅画出断面的图形称为断面图(简称断面)，如图 6-34(a)所示．断面图与剖视图的区别是：断面图只画出机件剖切处的断面形状，而剖视图除了画出断面的形状外，还要画出剖切平面后面部分的机件轮廓投影，如图 6-34(b)所示。断面图常用来表达机件某一部分的断面形状。如机件上的肋板、轮辐、孔、键槽、杆件和型材等的断面。

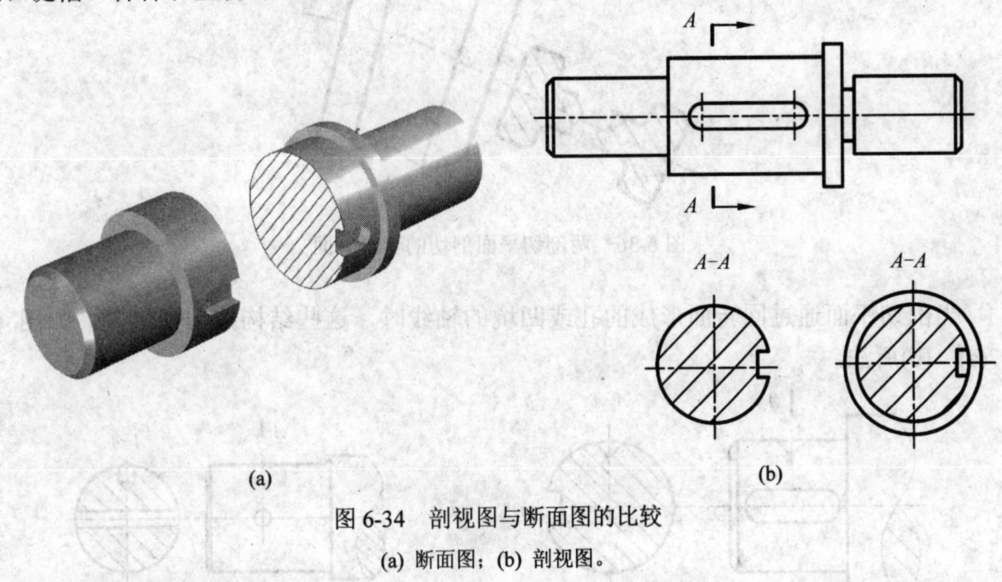

图 6-34 剖视图与断面图的比较

(a) 断面图；(b) 剖视图。

6.3.2 断面的种类

断面分为移出断面和重合断面两种。

1. 移出断面

(1) 移出断面的画法

画在视图外的断面，称为移出断面，如图 6-34。移出断面的轮廓线用粗实线绘制。为了便于看图，移出断面应尽量配置在剖切平面的延长线上，如图 6-34(a)所示，必要时可以将移出断面配置在其它适当的位置。在不致引起误解时，允许将图形旋转，其标注形式如图 6-35 所示。

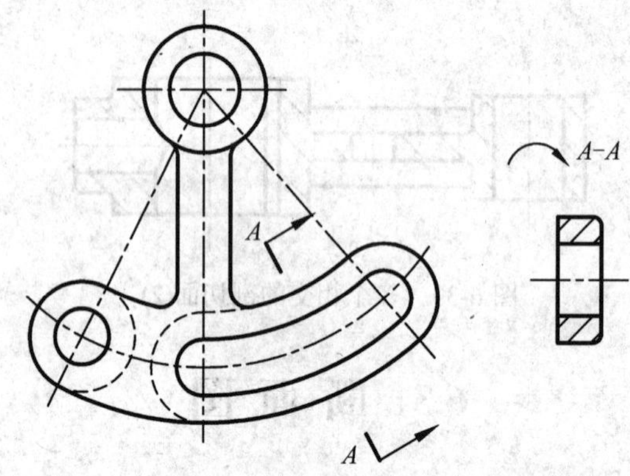

图 6-35 断面图的规定画法(1)

由两个或多个相交的剖切平面剖切得出的移出断面，中间一般应断开，如图 6-36 所示。

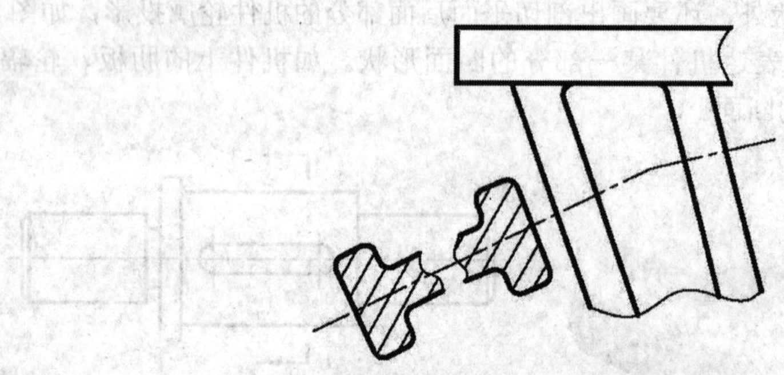

图 6-36 两剖切平面剖切的移出断面

当剖切平面通过回转面形成的孔或凹坑的轴线时，这些结构按剖视绘制，如图 6-37(a)、(b)所法。

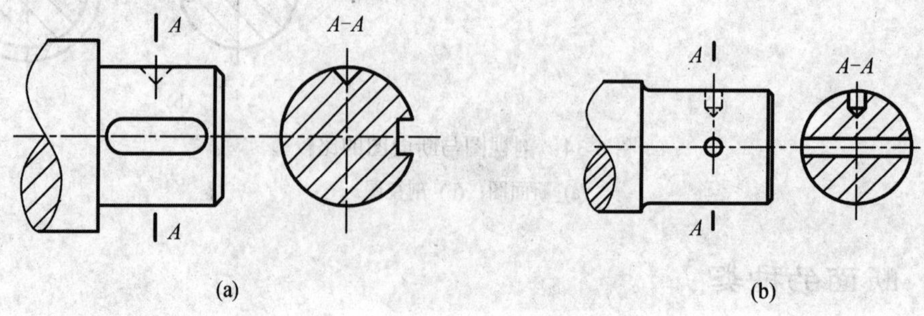

图 6-37 断面图的规定画法(2)

当剖切平面通过非圆孔会导致出现完全分离的两个断面时，则这些结构应按剖视绘制，如图 6-35。

(2) 移出断面的配置与标注

移出断面一般应用剖切线表示剖切位置，用箭头表示投影方向，并注上字母。在剖面图的上方应用同样的字母标出相应的名称“×-×”。移出断面的配置和标注可参考图 6-38。

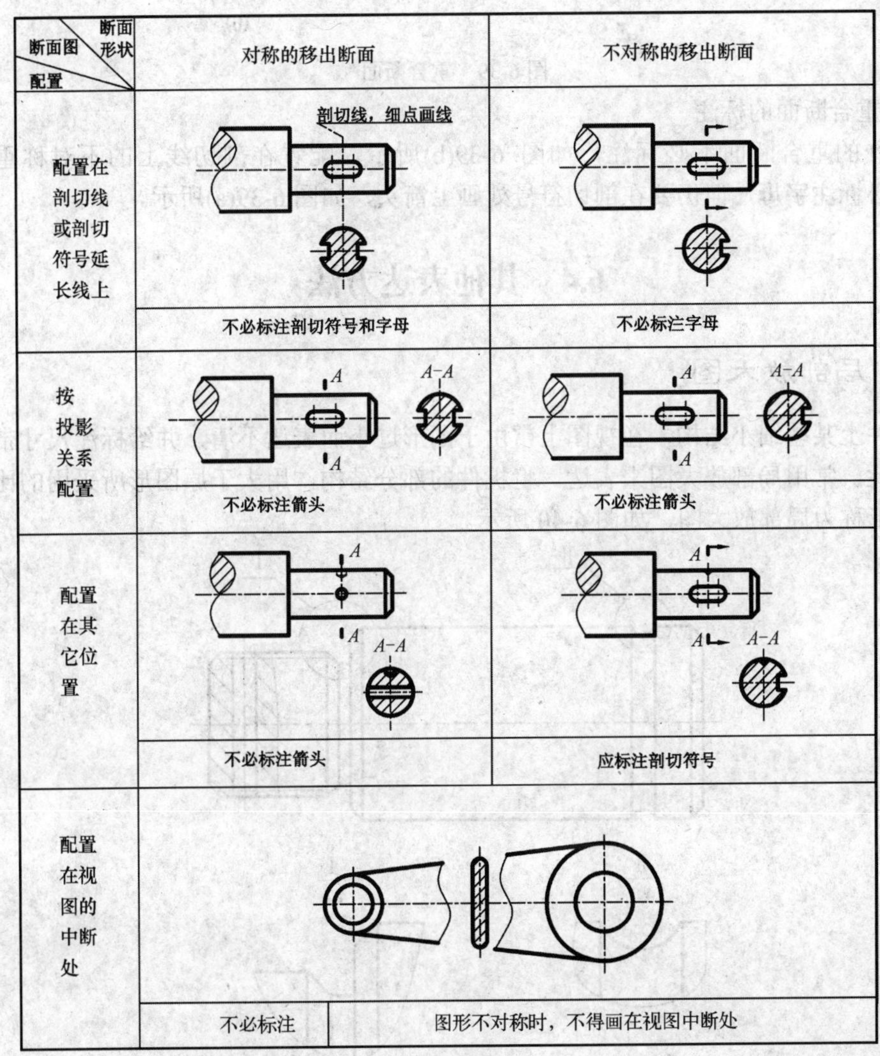

图 6-38　移出断面的配置及标注

2. 重合断面

1) 重合断面的画法

在不影响图形清晰的条件下，断面也可以按投影关系画在视图之内，称为重合断面。重合断面的轮廓线用细实线绘制。当视图中的轮廓线与重合断面的图形重叠时，视图中的轮廓线应连续画出，不可间断，如图 6-39 所示。

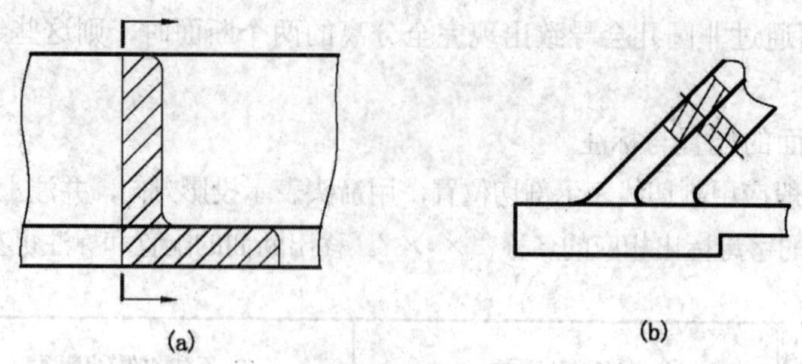

图 6-39　重合断面

2) 重合断面的标注

对称的重合断面不必标注，如图 6-39(b)所示。配置在剖切线上的不对称重合断面，不必标注字母，但仍要在剖切符号处画上箭头，如图 6-39(a)所示。

6.4　其他表达方法

6.4.1　局部放大图

机件上某些细小结构，在视图上常由于图形过小而表达不清，并给标注尺寸带来困难。为此，常用局部放大图来表达。将机件的部分结构，用大于原图形所采用的比例画出的图形称为局部放大图，如图 6-40 所示。

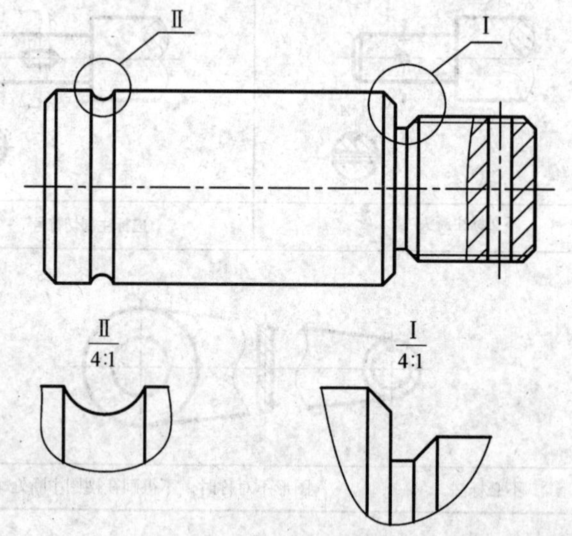

图 6-40　局部放大图

局部放大图可画成视图、剖视、剖面，它与被放大部分的表达方式无关。

局部放大图应尽量配置在被放大部位的附近，画局部放大图时，应用细实线圈出被放大的部位(波浪线或双折线也可作为断裂边界线)。当同一机件上有几处需放大时，必须用罗马数字依次标明被放大的部位，并在局部放大图的上方标注出相应的罗马数字和所采用的比例，如图 6-40 所示。当机件上仅有一处需放大时，放大图的上方只需标明所采用的比例。

6.4.2 简化画法

(1) 当机件具有若干相同的结构(如齿、槽等)，并按一定规律分布时，只需画出几个完整的结构，其余用细实线连接，并注明该结构的总数，如图 6-41 所示。

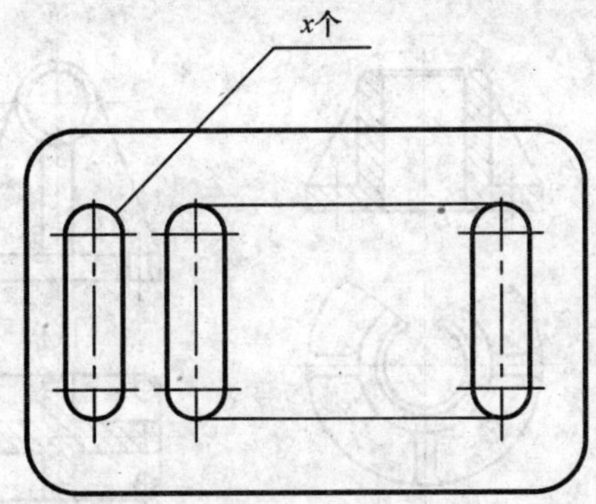

图 6-41　简化画法(1)

(2) 若干直径相同但呈规律分布的孔(圆孔、螺孔、沉孔等)，可以仅画出一个或几个，其余只需表示其中心位置，并在零件图中注明孔的总数，如图 6-42 所示。

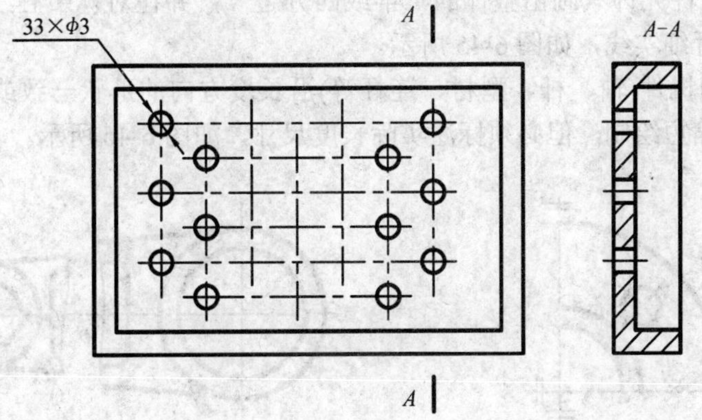

图 6-42　简化画法(2)

(3) 网状物、编织物或机件上的滚花部分，可在轮廓线附近用细实线示意画出，如图 6-43 所示。

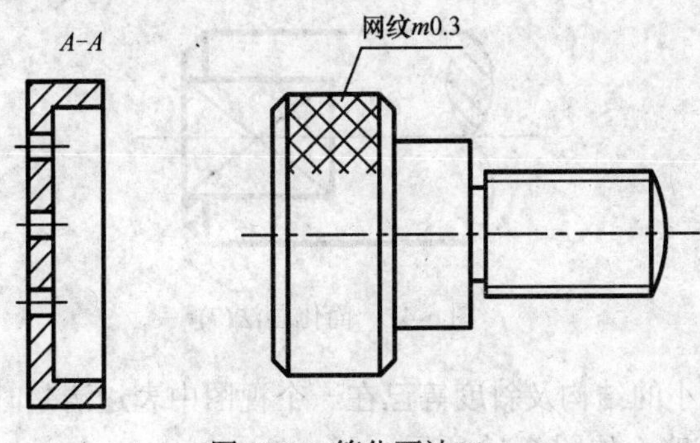

图 6-43　简化画法(3)

(4) 对机件上的肋、轮辐及薄壁等，如按纵向剖切，这些结构不画剖面符号，而用粗实线将它与其邻接部分分开，如图 6-44(a)、(b)、(c)所示。当需要表达零件回转体结构上均匀分布的肋、轮辐、孔等，而这些结构又不处于剖切平面上时，可以把这些结构旋转到剖切平面位置上画出，如图 6-44(a)所示。

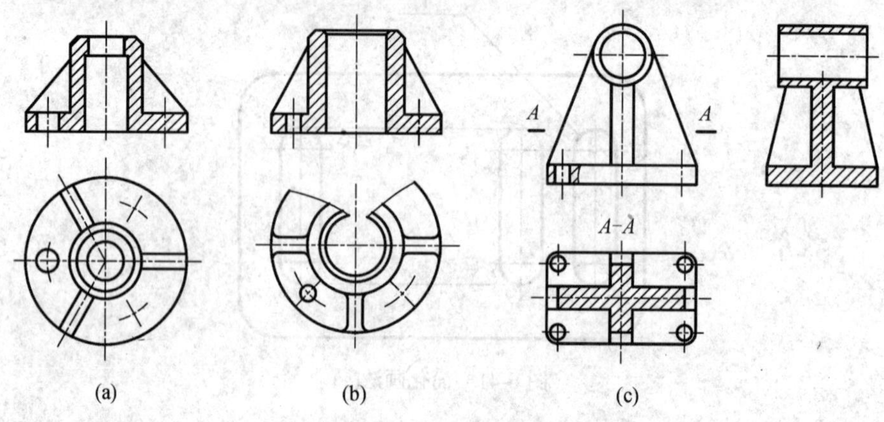

图 6-44 简化画法(4)

(5) 对称机件允许只画出整体的一半或四分之一，并在对称中心线的两端画出两条与其垂直的平行细实线，如图 6-45 所示。

(6) 较长的机件(轴、杆、型材、连杆等)沿长度方向的形状一致或按一定规律变化时，可断开后缩短绘制，但必须标注实际长度尺寸，如图 6-46 所示。

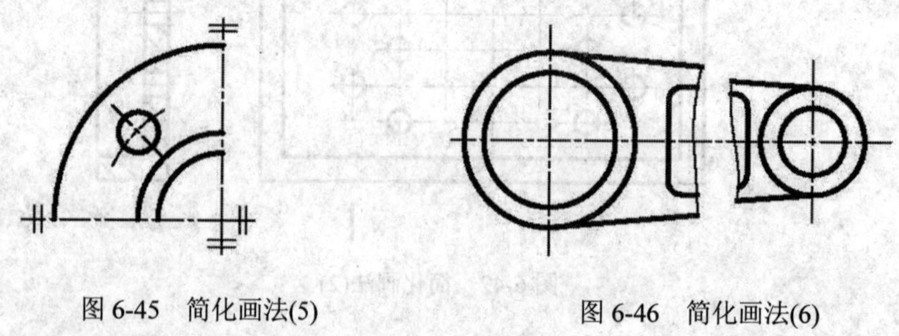

图 6-45 简化画法(5)　　图 6-46 简化画法(6)

(7) 图形中的平面可用平面符号(相交的两细实线)表示，如图 6-47 所示。

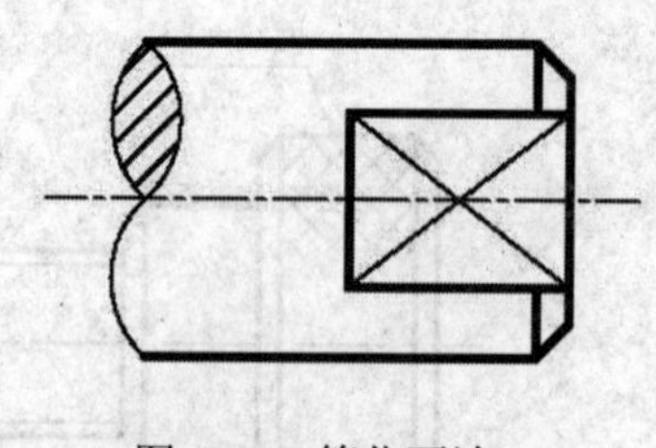

图 6-47 简化画法(7)

(8) 当机件上较小的结构及斜度等已在一个视图中表达清楚时，其他视图中该部分的投影应当简化或省略，如图 6-48 所示。

图 6-48 简化画法(8)

(9) 圆盘上的孔均匀分布时，允许按图 6-49 所示的方法表示。

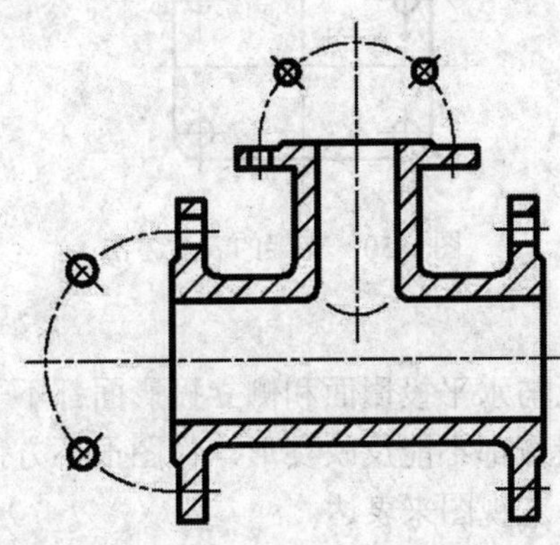

图 6-49 简化画法(9)

6.5 机件表达方法的综合举例

前面介绍了机件的各种表达方法，当表达零件时，应根据零件的具体结构形状，正确、灵活地综合运用视图、剖视、断面及各种简化画法等表达方法。确定表达方法的原则是：所绘制图形能准确、完整、清晰地把零件内外的结构形状表达清楚，同时力求做到画图简单和读图方便。下面举例说明。

【例 6-1】 支架(图 6-50)。

(1) 分析零件形体。

支架是由下面的倾斜底板，上面的空心圆柱和中间的十字型肋板三部分组成，支架前后对称，倾斜板上有四个安装孔。

(2) 选择主视图。

画图时，通常选择最能反映零件形状特征的投影方向作为主视图的投影方向。同时，应将零件的主要轴线或主要平面平行于基本投影面。因此，把支架的主要轴线——空心圆柱的轴线水平放置(即把支架的前后对称面放成正平面)。主视图采用局部剖，既表达了圆柱的内部结构，又保留了肋板的外形。

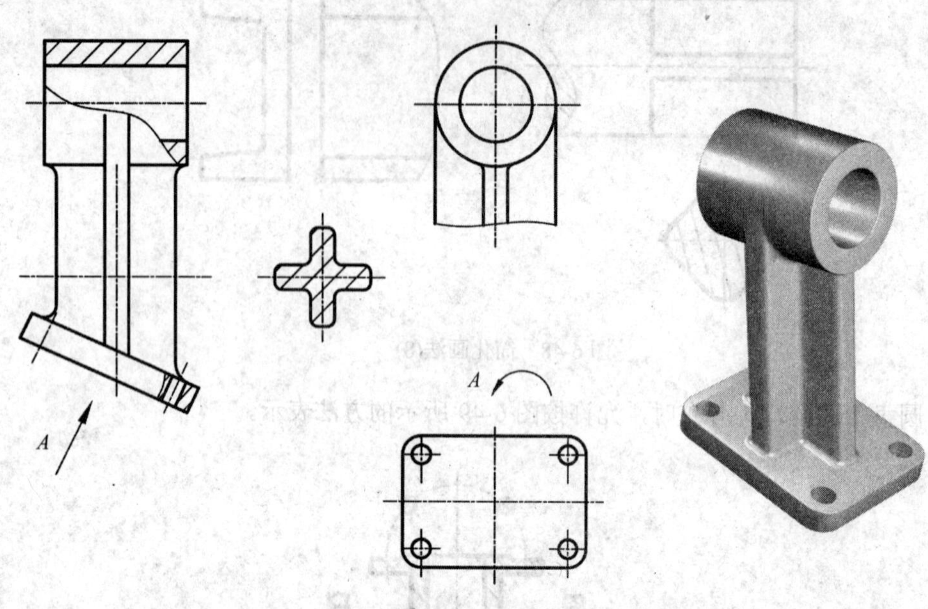

图 6-50　支架的表达方法

(3) 选择其他视图。

由于支架下部的倾斜板与水平投影面和侧立投影面都不平行，若用俯、左视图来表达这个零件，倾斜底板的投影都不能反映实形，作图很不方便，也不利于标注尺寸。所以，此零件不宜用俯视图、左视图来表达。

根据形体分析，倾斜板部分采用 A 向视图来表达实形；十字肋板部分用主、左视图和移出断面来表达；空心圆柱部分用主、左视图来表达。由于倾斜板部分已表达清楚，所以左视图可用局部视图来表达，把倾斜部分省略。倾斜板上的四个安装孔，在主视图上用局部剖视来表达。

【例 6-2】 泵体(图 6-51)。

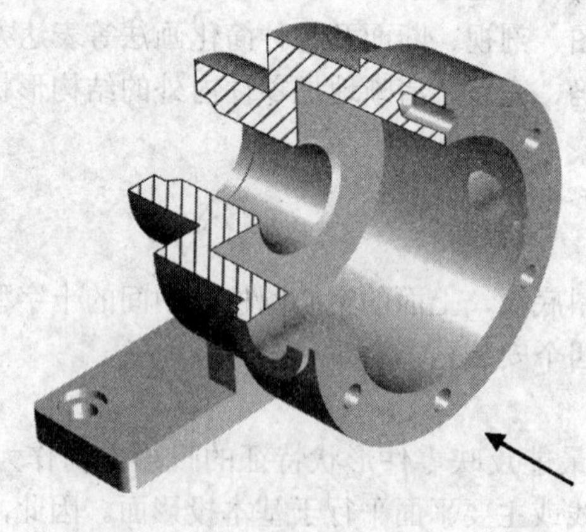

图 6-51　泵体的结构图

1) 形体分析

泵体的上部(主体部分)是由同一轴线、不同直径的三个圆柱体组成的。主体内部有圆柱形内腔，两侧有圆柱形凸台，凸台内有圆柱孔。泵体的底部是一个长方形底板，上面有两个安装孔，中间部分有连接板和肋板，把上、下两部分连接起来。

2) 选择主视图

如图 6-51 所示，箭头方向为主视图投影方向，此方向能明显地反映泵体的外形特征。为了表示出泵体两侧凸台内的孔和安装孔的结构，需要把主视图画成局部剖视图。

3) 选择其他视图

主视图确定之后，应根据机件特点全面考虑所需要的其他视图，此时应注意：

(1) 应优先选用基本视图或在基本视图上作剖视。

(2) 所选择的每一视图都应有自己的表达重点，具有别的视图所不能取代的作用。这样，可以避免不必要的重复，达到制图简便的目的。

根据以上两点，泵体的其他视图选择如下：

左视图采用全剖视图，重点表达泵体的内部结构(空腔、通孔、前后端面的小孔)和泵体各组成部分的相对位置关系。俯视图从连接板和肋板处，作 *A-A* 剖切，画成全剖视图，主要表达底板实形和连接部分的断面形状。再用 *B* 向局部视图，表达后端面的形状及上面三个小孔的分布情况，如图 6-52 所示。

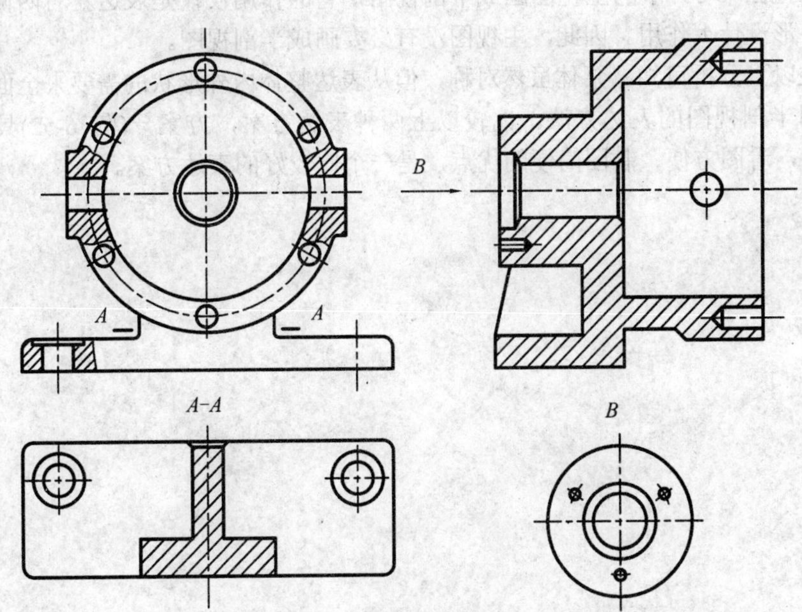

图 6-52 泵体的结构表达方案(1)

讨论：从泵体的结构来看，它具有左右对称的特点，这很容易使我们想到采用半剖视图来表达，即把主视图或俯视图画成半剖视图。图 6-53 是把俯视图改画成半剖视图后考虑的另一个表达方案。与图 6-53 比较，俯视图除能反映侧面孔的深度外，在反映泵体各部分相对位置方面又不如左视图清晰。同时，由于投影重叠，底板形状也不够清楚，*A-A* 断面图也必须画成移出断面，因此图 6-53 的表达方案欠佳。

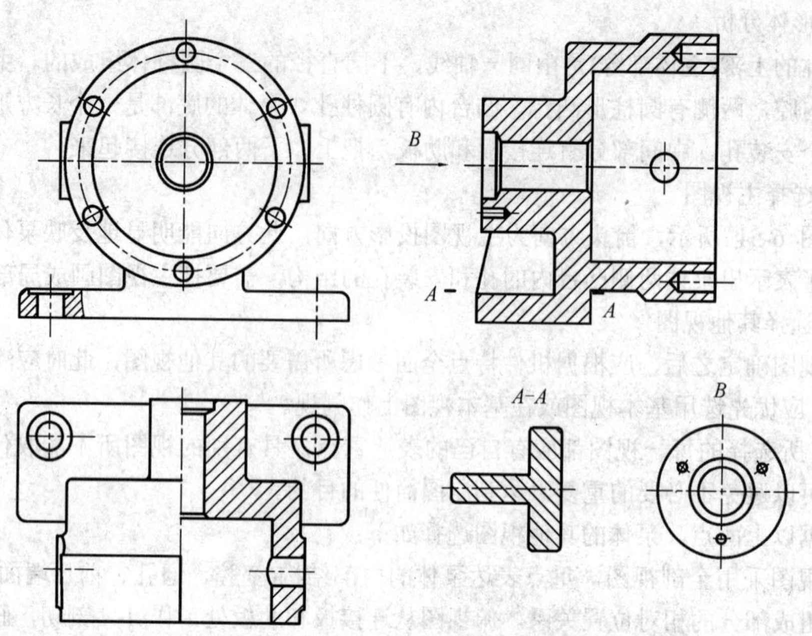

图 6-53　泵体的结构表达方案(2)

如果把图 6-53 中的主视图画成半剖视图，它的作用仅仅是表达左右两侧的小孔，对表达外形没什么作用。因此，主视图没有必要画成半剖视图。

通过以上分析可知，泵体虽然对称，但从表达整体内外形状的需要来全面考虑，不适合采用半剖视图的表达方法。比较以上两种表达方案，方案一(图 6-52)具有表达简明、清晰，看图方便、制图简便的优点，是一个比较好的表达方案。

第 7 章　标准件与常用件

在机器或仪器中，有些大量使用的机件，如螺栓、螺母、螺钉、键、销、轴承等，它们的结构和尺寸均已标准化，称为标准件。还有些机件，如齿轮、弹簧等，它们的部分参数已标准化，称为常用件。本章将分别介绍这些机件的结构、画法和标注方法。

7.1　螺纹及螺纹紧固件

螺纹是零件上常用的一种结构，如各种螺钉、螺母、丝杠等都具有螺纹结构。螺纹的主要作用是连接零件或传递动力。

7.1.1　螺纹的基本知识

1. 螺纹的形成

在车床上车削螺纹，是常见的形成螺纹的一种加工方法。如图 7-1 所示，将工件装夹在与车床主轴相连的卡盘上，使它随主轴作等速旋转，同时使车刀沿主轴轴线方向作等速移动，当车刀切入工件达一定深度时，就在工件表面上车制出螺纹。在圆柱体外表面上形成的螺纹叫外螺纹，在圆柱孔内表面上形成的螺纹叫内螺纹。

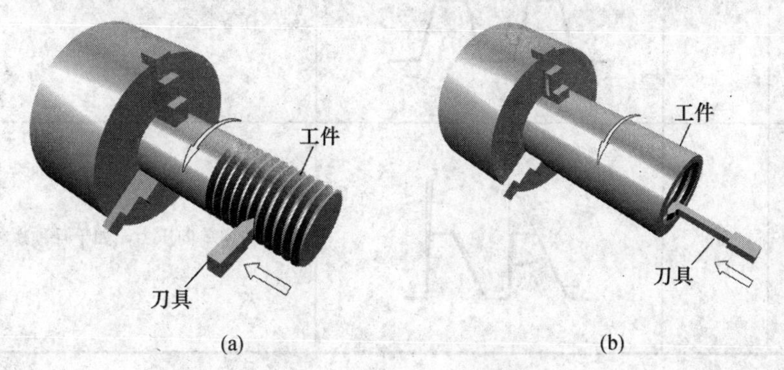

图 7-1　在车床上加工螺纹

(a) 加工外螺纹；(b) 加工内螺纹。

根据螺纹使用场合的不同，可选择不同几何形状的刀具来得到各种牙型的螺纹(表 7-1)。

表 7-1　各种常用螺纹的牙型及用途

<table>
<tr><th colspan="3">种　类</th><th>牙型符号</th><th>牙型放大图</th><th>说　明</th></tr>
<tr><td rowspan="3">连接螺纹</td><td>普通螺纹</td><td>粗牙
细牙</td><td>M</td><td> 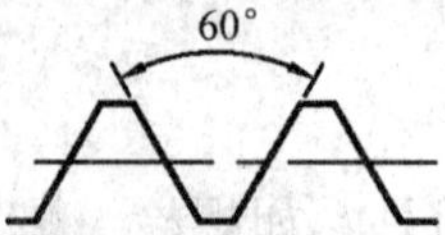</td><td>最常用的连接螺纹，一般连接多用粗牙。在相同的大径下，细牙螺纹的螺距较粗牙小，切深较浅，多用于薄壁或紧密连接的零件</td></tr>
<tr><td rowspan="2">管螺纹</td><td>用螺纹密封的管螺纹</td><td>R
Rc
Rp</td><td> 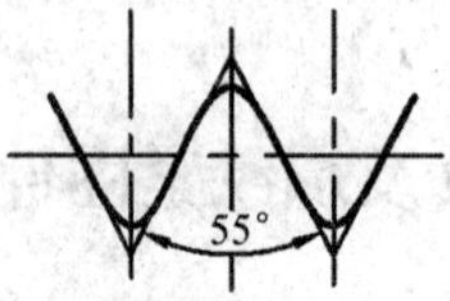</td><td>包括圆锥内螺纹与圆锥外螺纹、圆柱内螺纹与圆柱外螺纹两种连接形式。必要时，允许在螺纹副内添加密封物，以保证连接的紧密性。适用于管子、管接头、旋塞、阀门等。</td></tr>
<tr><td>非螺纹密封的管螺纹</td><td>G</td><td> 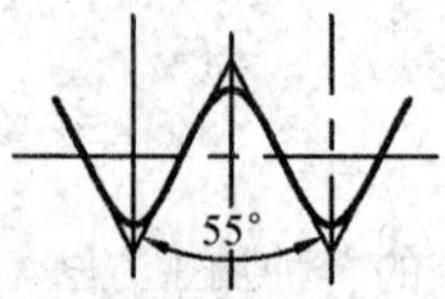</td><td>螺纹本身不具有密封性，若要求连接后具有密封性，可压紧被连接件螺纹副外的密封面，也可在密封面间添加密封物。适用于管接头、旋塞、阀门等。</td></tr>
<tr><td rowspan="2">传动螺纹</td><td colspan="2">梯形螺纹</td><td>Tr</td><td> 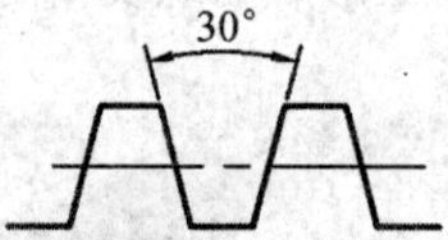</td><td>用于传递运动和动力，如机床丝杠、尾架丝杠等。</td></tr>
<tr><td colspan="2">锯齿形螺纹</td><td>B</td><td> 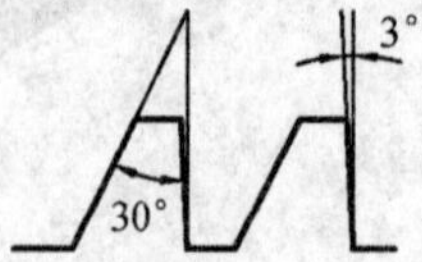</td><td>用于传递单向压力，如千斤顶螺杆</td></tr>
</table>

2. 螺纹的基本要素

螺纹的基本要素主要是牙型、直径、螺距、线数和旋向等。其意义分述如下。

1) 螺纹牙型

螺纹牙型是指在通过螺纹件轴向剖面上螺纹的轮廓形状。不同的螺纹牙型有不同的用途，并用不同的符号来表示。常用的有三角形、梯形、锯齿形等(见表 7-1)。

2) 直径

螺纹的直径有三个：大径(d、D)、小径(d_1、D_1)和中径(d_2、D_2)。

螺纹的大径：是指与外螺纹牙顶或内螺纹牙底相重合的假想圆柱面的直径(图 7-2)，即螺纹的最大直径。螺纹的大径通常又称为规格尺寸或公称直径(管螺纹除外)

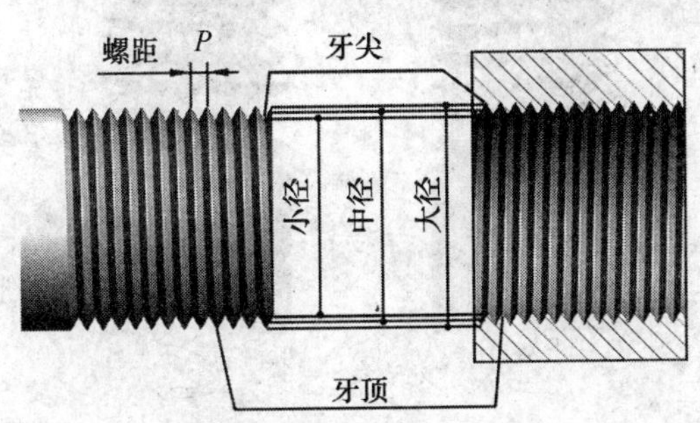

图 7-2　螺纹各部分的名称

螺纹的小径：指与外螺纹牙底或内螺纹牙顶相重合的假想圆柱面的直径，即螺纹的最小直径。

螺纹的中径：是指螺纹的牙齿厚度与牙槽宽度相等处的假想圆柱面的直径，它近似或等于螺纹的大径和小径的平均值。

3) 线数 n

螺纹有单线和多线之分。在同一螺纹件上只有一条螺纹的叫单线螺纹(图 7-3(a))，在同一螺纹件上有几条螺纹的叫多线螺纹。如图 7-3(b)所示为一段双线螺杆，在它上面做了两条螺纹。一般连接用的螺钉、车床上的传动丝杠等都是单线螺纹，而摩擦压力机的螺杆是多线螺纹。

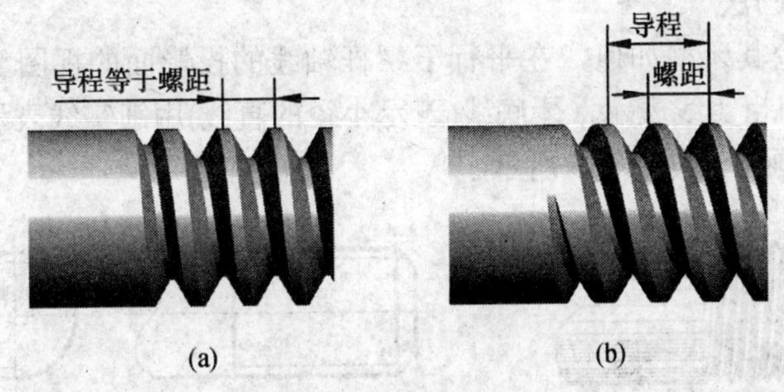

图 7-3　螺纹的线数

4) 导程 s 和螺距 p

导程：在车制螺纹时，工件旋转一周刀具沿轴线方向移动的距离叫导程，即同一条螺旋线上相邻两牙在中径线上对应两点之间的轴向距离。

螺距：是螺纹件上相邻两牙在中径线上对应两点之间的轴向距离。单线螺纹的螺距等于导程(图 7-3(a))；如果是双线螺纹，由图 7-3(b)可知,，一个导程包括两个螺距，则螺距＝导程/2；若是三线螺纹，螺距＝导程/3。因此，螺距和导程之间的关系可以用下式表示：螺距＝导程/线数。

5) 旋向

是指螺纹旋进的方向。螺纹有右旋与左旋之分(图 7-4)。按顺时针方向旋进的螺纹称为右旋螺纹，按逆时针方向旋进的螺纹称为左旋螺纹。

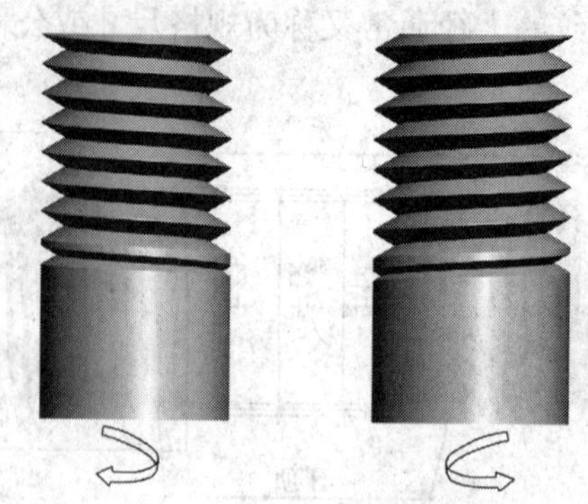

图 7-4　螺纹的旋向

在上述五项要素中，改变其中任何一项，都会得到不同规格的螺纹。因此，相互旋合的内、外螺纹这五项要素必须相同。

为了便于设计和制造，国家标准规定了一些标准的牙型、大径和螺距(参看附录中的附表 1-1)。凡是这三项都符合国家标准的称为标准螺纹；牙型符合标准而大径或螺距不符合标准的称为特殊螺纹；牙型不符合标准的称为非标准螺纹(如矩形螺纹)。

7.1.2　螺纹的规定画法(根据 GB/T4459.1—1995)

螺纹按其真实投影来画比较麻烦，实际上也没有必要。因此，制图标准对螺纹(外螺纹和内螺纹)画法作了如下规定。

1. 螺纹的规定画法

(1) 外螺纹不论其牙型如何，在平行于螺杆轴线的投影面的视图上，螺纹的牙顶线(表示大径的直线)用粗实线表示，牙底线(表示小径的直线)用细实线表示；螺杆轴端的倒角和倒圆部分也应画出。如图 7-5 所示。

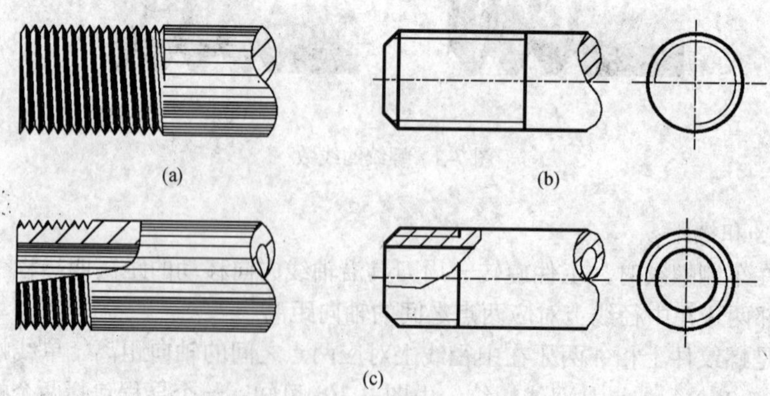

图 7-5　外螺纹的规定画法

(a) 外形；(b) 一般画法；(c) 剖视图画法。

(2) 在垂直于螺纹轴线的投影面的视图上，螺纹的牙顶圆(表示大径的圆)用粗实线表示，表示牙底圆(表示小径的圆)的细实线只画约 3/4 圈(画图时一般可近似地取 $d_1 \approx 0.85d$)；此时螺杆上的倒角投影省略不画。如图 7-5 所示。

(3) 有效螺纹的终止界线(简称螺纹终止线)用粗实线表示，其画法如图 7-5 所示。

(4) 螺纹的收尾部分(称为螺尾)在图上一般不画。当需要表示螺尾时，可用与轴线成 30° 的细实线画出，如图 7-6 所示。为避免出现螺尾，可以在螺纹终止处先车削出一个槽，以便于刀具退出，这个槽称为螺纹退刀槽，如图 7-7 所示。其结构尺寸按 GB6403.4-86 查出。

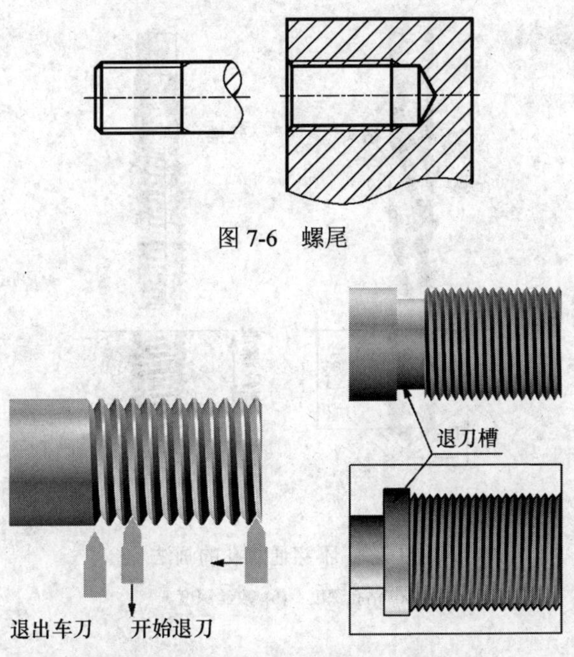

图 7-6　螺尾

图 7-7　螺纹退刀槽

2. 螺纹的规定画法

(1) 内螺纹不论其牙型如何，在平行于螺孔轴线的投影面的剖视图中，牙顶线(表示小径的直线)用粗实线表示，牙底线(表示大径的直线)用细实线表示；在剖视图或断面图中剖面线都必须画到粗实线；螺孔上的倒角和倒圆部分也应画出。如图 7-8 所示。

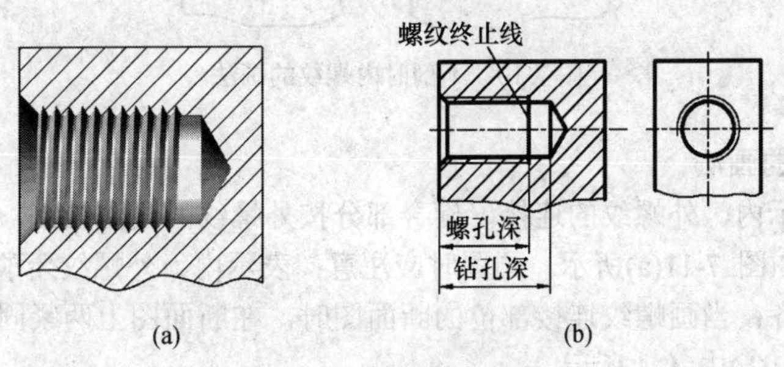

图 7-8　内螺纹的规定画法

(a) 外形；(b) 剖视图画法。

(2) 在垂直于螺纹轴线的投影面的视图上，螺纹的牙顶圆(表示小径的圆)用粗实线表示(画图时可近似地取 $D_1 \approx 0.85D$)，牙底圆(表示大径的圆)用细实线表示，且只画约3/4 圈。此时螺孔上的倒角投影省略不画,如图 7-8 所示。

(3) 螺尾一般省略不画。

(4) 绘制不穿通的螺纹孔时，一般应将钻孔深度与螺纹部分的深度分别画出，并标上尺寸(图 7-9)。加工不穿通的螺孔时，先按螺纹小径钻孔，后用丝锥攻丝(图 7-9b)。钻头的锥顶角一般做成 118°，在孔底部形成 118°的锥顶角。画图时此角按 120°画出，但不必标注尺寸，如图 7-9(a)所示。

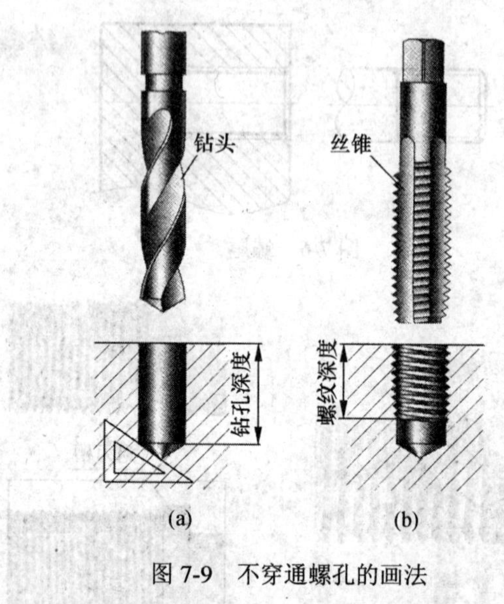

图 7-9 不穿通螺孔的画法

(a) 钻孔深度；(b) 攻丝深度。

(5) 螺孔不剖开时，不可见螺纹的所有图线均按虚线绘制，如图 7-10 所示。

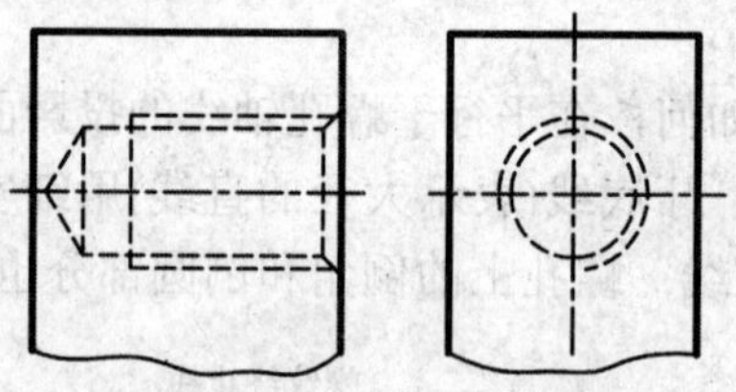

图 7-10 不剖时内螺纹的画法

3. 螺纹连接的画法

以剖视图表示内、外螺纹的连接，旋合部分按外螺纹的画法绘制，其余部分均按各自的画法绘制，如图 7-11(a)所示。画图时应注意：表示内、外螺纹牙顶的粗实线和牙底的细实线必须对齐；当画螺纹连接部位的断面图时，在断面图上两紧固件的剖面线方向应相反，如图 7-11(b)中 *A-A* 所示。

当需要表示螺纹牙型时，可采用局部剖视图或局部放大图绘制(图 7-12)。

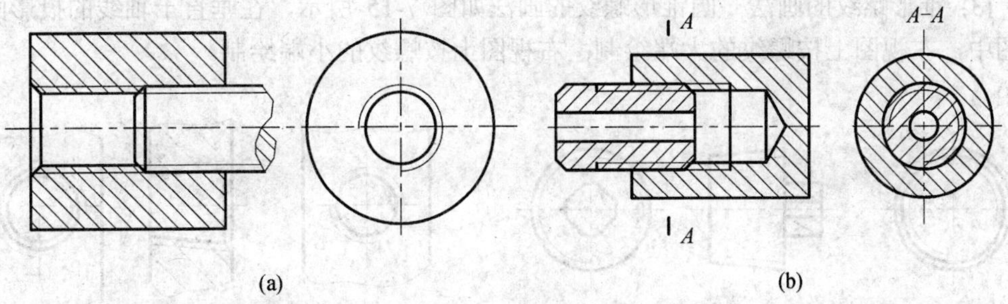

图 7-11 剖视图中螺纹联接的画法

(a) 螺纹连接画法；(b) 断面图画法。

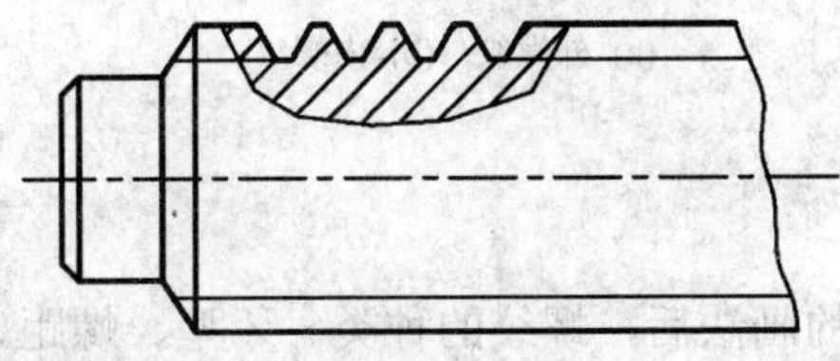

图 7-12 螺纹牙型表示法

4. 螺纹画法的其它规定

(1) 部分螺孔的画法：零件上有时会遇到如图 7-13 所示的部分螺孔。在垂直于螺纹轴线的投影面的视图(如图 7-13 左视图)中，这种螺纹的牙底线也应适当地空出一段距离。

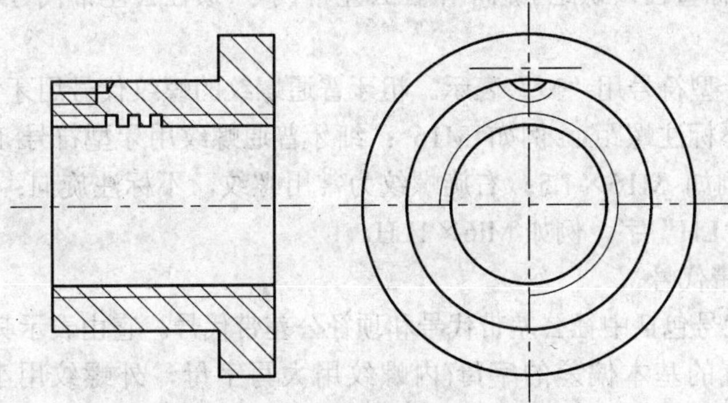

图 7-13 部分螺纹的画法

(2) 螺孔相贯线的画法 螺孔与螺孔、螺孔与光孔相交时，只在牙顶处画一条相贯线，如图 7-14 所示。

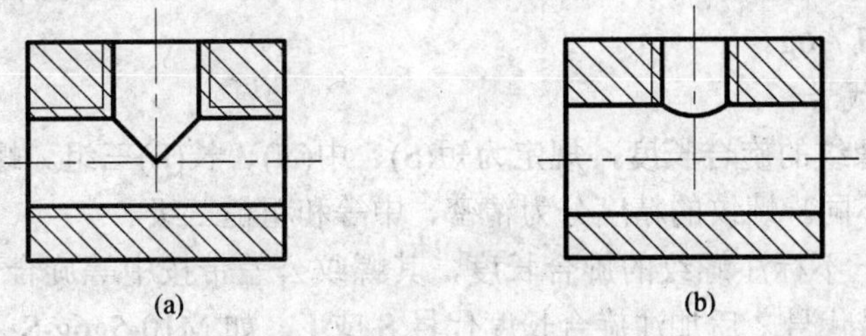

图 7-14 螺孔相贯线的画法

(a) 螺孔与螺孔相交；(b) 螺孔与光孔相交。

(3) 锥形螺纹的画法　圆锥形螺纹的画法如图 7-15 所示，在垂直于轴线的投影面的视图中，左视图上按螺纹的大端绘制；右视图上按螺纹的小端绘制。

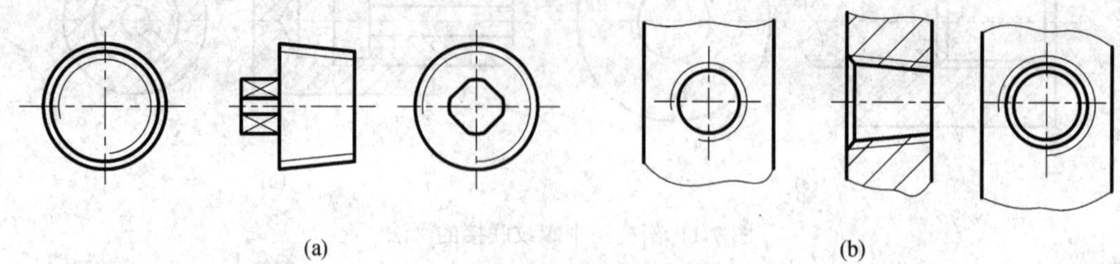

图 7-15　锥形螺纹的画法

(a) 外螺纹；(b) 内螺纹。

7.1.3　螺纹的标注

国家标准规定了螺纹的画法后，螺纹的种类、牙型、螺距、旋向和线数都无需在图中表示出来，可通过标注螺纹代号或标记来解决。各种螺纹的标注方法分述如下。

1. 普通螺纹的标注

普通螺纹的完整标记，由螺纹代号、螺纹公差带代号和螺纹旋合长度代号三部分组成。具体的标记格式是：

牙型符号 公称直径×螺距 旋向-中径公差带代号 顶径公差带代号-旋合长度代号

1) 螺纹代号

普通螺纹的牙型符号用“M”表示。粗牙普通螺纹的螺纹代号用牙型符号 M 和公称直径(大径)表示(不标注螺距)，例如 M16 ；细牙普通螺纹用牙型符号 M 和“公称直径×螺距”表示，例如 M16×1.5；右旋螺纹为常用螺纹，不标注旋向；左旋螺纹需在尺寸规格之后加注“LH”字，例如 Ml6×1LH。

2) 螺纹公差带代号

螺纹公差带代号包括中径公差带代号和顶径公差带代号。它由表示其大小的公差等级数字和表示其位置的基本偏差的字母(内螺纹用大写字母，外螺纹用小写字母)组成，例如 6H、6g(可参阅有关标准)。如果中径公差带代号和顶径公差带代号不同，则分别注出代号，其中径公差带代号在前，顶径公差带代号在后，如 M10-5g6g；如果中径和顶径公差带相同，则只注一个代号，如 M10×1-6H。内、外螺纹旋合时，其配合公差带代号用斜线分开，左边表示内螺纹公差带代号，右边表示外螺纹公差带代号，例如 M10-6H / 6g。

3) 旋合长度代号

国标对普通螺纹的旋合长度，规定为短(S)、中(N)、长(L)三组。螺纹的旋合长度不同，公差等级也不同。螺纹的精度分为精密、中等和粗糙三级。

在一般情况下不标注螺纹的旋合长度，其螺纹公差带按中等旋合长度(N)确定；必要时在螺纹公差带代号之后加注旋合长度代号 S 或 L，如 M10-5g6g-S；特殊需要时，可注明旋合长度的数值，如 M20×2LH-7g6g- 40。

2. 梯形螺纹的标注

梯形螺纹的完整标记，由螺纹代号、公差带代号及旋合长度代号组成。其具体的标记格式，分下列两种情况。

单线梯形螺纹：

牙型符号　公称直径×螺距　　旋向代号-中径公差带代号-旋合长度代号

多线梯形螺纹：

牙型符号 公称直径×导程(螺距代号 P 和数值)旋向代号-中径公差带代号-旋合长度代号

(1) 梯形螺纹的牙型符号为“Tr”。左旋螺纹的旋向代号为 LH，需标注；右旋不标。例如 Tr32×6LH；Tr32×6。

(2) 梯形螺纹的公差带为中径公差带。

(3) 梯形螺纹的旋合长度分为中(N)和长(L)两组，精度规定中等、粗糙两种。用中(N)时，不标注代号“N”。例如 Tr32×12(P6)LH-7e-L 为梯形螺纹的完整标记。内、外螺纹旋合时，标记如 Tr40×7-7H / 7e。

3. 锯齿形螺纹的标注

锯齿形螺纹标注的具体格式完全与梯形螺纹相同，分下列两种情况。

单线锯齿形螺纹：

牙型符号　公称直径×螺距　　旋向代号-中径公差带代号-旋合长度代号

多线锯齿形螺纹：

牙型符号 公称直径×导程(螺距代号 P 和数值)旋向代号-中径公差带代号-旋合长度代号符合 GB / T13576.1-92 标准的锯齿形(3°、30°)螺纹，其牙型符号用“B”表示。除此项与梯形螺纹不同外，其余各项的含义与标注方法均同梯形螺纹。标记示例如：

B40×7-7A　表示公称直径为 40、螺距为 7、中径公差带代号为 7A、中等旋合长度的右旋锯齿形内螺纹；

B40×7LH-7c　表示公称直径为 40、螺距为 7、中径公差带代号为 7c、中等旋合长度的左旋锯齿形外螺纹；

B40×14(P7)-8c-L　表示公称直径为 40、导程为 14、螺距为 7、中径公差带代号为 8c、长旋合长度的右旋双线锯齿形外螺纹。

内外螺纹旋合时，其标记示例如：　B40×7-7A / 7c。

普通螺纹、梯形螺纹和锯齿形螺纹在图上的标注示例，见表 7-2。

表 7-2　普通螺纹、梯形螺纹和锯齿形螺纹的标注系列

螺纹种类	标注示例	说明
普通螺纹	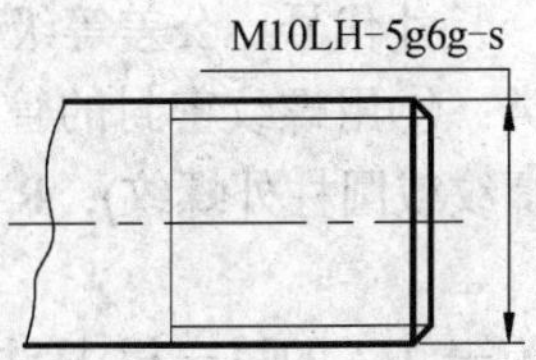 M10LH-5g6g-s	表示公称直径为 16mm、螺距为 1.5mm 的右旋细牙普通螺纹(外螺纹)，中径和顶径公差带代号均为 6e,中等旋合长度

(续)

螺纹种类	标注示例	说明
普通螺纹	M10LH-5g6g-s	表示公称直径为 10mm 的左旋粗牙普通螺纹(外螺纹)，中径公差带代号为 5g，顶径公差带代号为 6g，短旋合长度
	M10-6H	表示公称直径为 10mm 的右旋粗牙普通螺纹(内螺纹)，中径和顶径公差带代号均为 6H，中等旋合长度
梯形螺纹	Tr40×7-7e	表示公称直径为 40mm、螺距为 7mm 的单线右旋梯形外螺纹，中径公差带代号为 7e,中等旋合长度
	Tr40×14(P7)LH-8e-L	表示公称直径为 40mm、导程为 14mm、螺距为 7mm 的双线左旋梯形外螺纹，中径公差带代号为 8e，长旋合长度
锯齿形螺纹	B90×12LH-7c	表示公称直径为 90mm、螺距为 12mm 的单线左旋锯齿形外螺纹，中径公差带代号为 7c，中等旋合长度

4. 管螺纹的标注

管螺纹分为用螺纹密封的管螺纹和非螺纹密封的管螺纹。螺纹标记的内容和格式是：

用螺纹密封的管螺纹：　　螺纹特征代号　尺寸代号 - 旋向代号

非螺纹密封的管螺纹：　　螺纹特征代号　尺寸代号　公差等级代号 - 旋向代号

(1) 上述螺纹标记中的螺纹特征代号分两类：①用螺纹密封的管螺纹特征代号：Rc 表示圆锥内螺纹；Rp 表示圆柱内螺纹(圆柱内螺纹或圆柱外螺纹)；R 表示圆锥外螺纹。②非螺纹密封圆柱管螺纹特征代号：G。

(2) 两类螺纹中的尺寸代号(按附表 1-2 和附表 1-3 的第一栏)标注在螺纹特征代号之

后，例如 Rp3/8，Rc1$^{1}/_{2}$ ，G1/2 等。

(3) 公差等级代号只对非螺纹密封的外管螺纹，分为 A、B 两个精度等级，在尺寸代号后注明；对内螺纹不标注公差等级代号。例如 G1$^{1}/_{2}$A，G1$^{1}/_{2}$B，G1$^{1}/_{2}$ 。

(4) 螺纹为右旋时，不标注旋向代号；为左旋时应标注“LH”。例如 R1$^{1}/_{2}$- LH。

(5) 内、外螺纹装配在一起时，内、外螺纹的标记用斜线分开，左边表示内螺纹，右边表示外螺纹。例如 G1/G1B；Rc1$^{1}/_{2}$ /R1$^{1}/_{2}$ -LH。

管螺纹的标注示例，如表 7-3 所列。应注意管螺纹的尺寸代号并不是螺纹的大径，因而这类螺纹需用指引线自大径圆柱(或圆锥)母线上引出标注，而不能像标注一般线性尺寸那样引用箭头注写在大径尺寸线上。作图时，可根据尺寸代号查出螺纹的大径。例如尺寸代号为“1”时，螺纹的大径为 33.249mm。

表 7-3 管螺纹的标注系列

螺纹种类	标 注 示 例	说 明
用螺纹密封的管螺纹	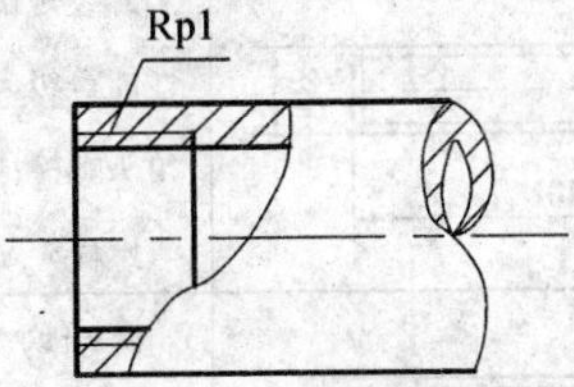 Rp1	表示尺寸代号为 1、用螺纹密封的圆柱内螺纹
	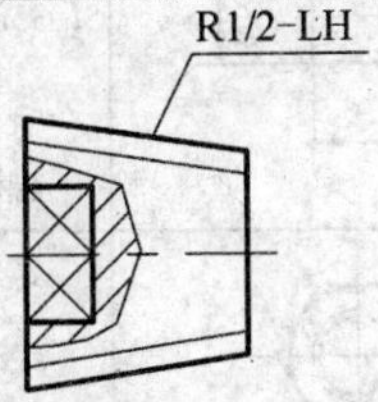 R1/2-LH	表示尺寸代号为 1/2、用螺纹密封的圆锥外螺纹，左旋
	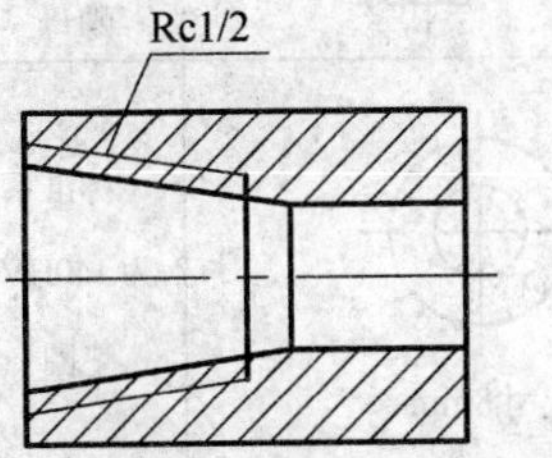 Rc1/2	表示尺寸代号为 1/2、用螺纹密封的圆锥内螺纹
非螺纹密封的管螺纹	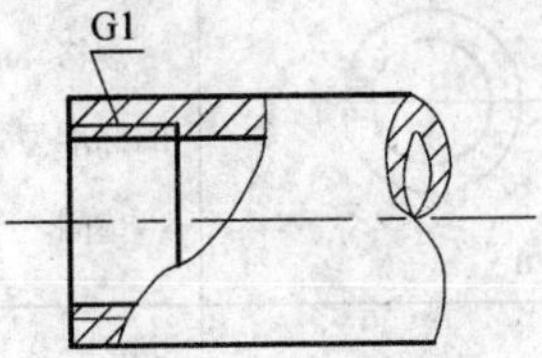 G1	表示尺寸代号为 1、非螺纹密封的圆柱内螺纹
	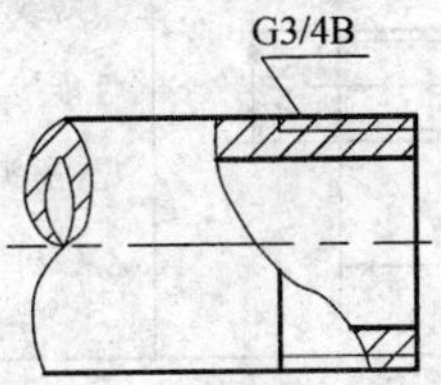 G3/4B	表示尺寸代号为 3/4、非螺纹密封的 B 级圆柱外螺纹

7.1.4 螺纹紧固件及其连接

将螺纹(内螺纹或外螺纹)结构加工在一些零件上，用来连接和紧固其他零件的，称为螺纹紧固件。常用的螺纹紧固件有螺栓、双头螺柱、螺钉、螺母、垫圈等，见表 7-4。它们的结构形式和尺寸都已标准化，并由专业化工厂进行大批量生产和供应，需要时可按它们的规定标记直接向市场采购而不必自行生产，也不必画出它们的零件图。设计机器时，只要在装配图上画出这些标准零件并注出它们的规定标记即可。

1. 常用螺纹紧固件及其标记

国家标准规定了常用螺纹紧固件的标记，其一般形式为：名称　国标代号　规格一性能等级，见表 7-4。

表 7-4 常用螺纹紧固件及其标记示例

序号	名称(标准号)	图例及规格尺寸	标　记　示　例
1	六角头螺栓-A 和 B 级 (GB5782—86)	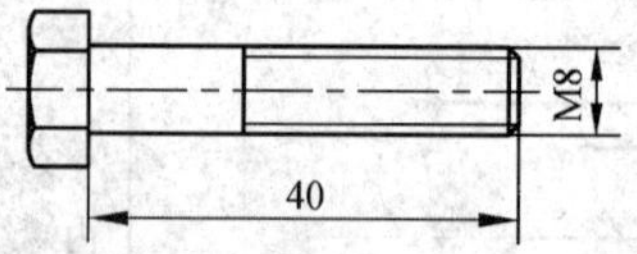 M8 40	螺纹规格 d=M8、公称长度 l=40mm、性能等级为 8.8 级、表面氧化、A 级的六角头螺栓： 螺栓　GB 5782—86　M8×40
2	双头螺柱 bm=1d(GB 897—88)	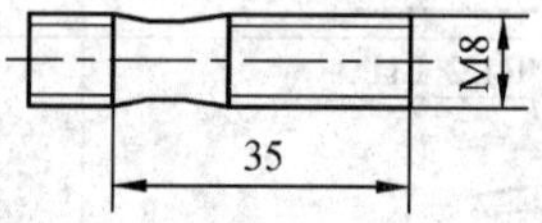 M8 35	两端均为粗牙普通螺纹，d=8mm、l=35mm、性能等级为 4.8 级、不经表面处理、B 型、b_m=1d 的双头螺柱： 螺柱　GB 897—88　M8×35
3	1 型六角螺母-A 和 B 级 (GB 6170—86)	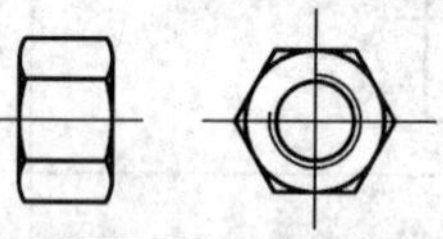	螺纹规格 d=M8、性能等级为 10 级、不经表面处理、A 级的 1 型六角螺母： 螺母　GB 6170—86　M8
4	平垫圈 -A 级 (GB 97.1—85)	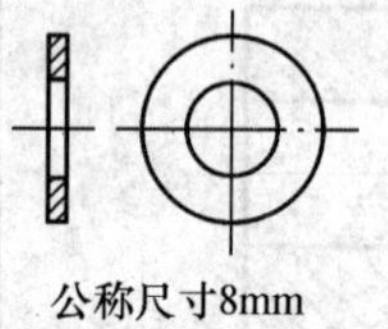 公称尺寸8mm	标准系列、公称尺寸 d=8mm、性能等级为 140HV 级、不经表面处理的平垫圈： 垫圈　GB 97.1—85　8-140HV
5	标准型弹簧垫圈 (GB 93—87)	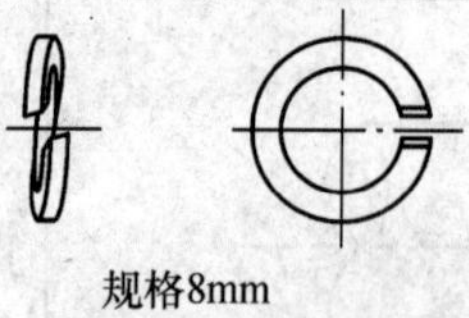 规格8mm	规格 8mm、材料为 65Mn、表面氧化的标准型弹簧垫圈： 垫圈　GB 93—87　8
6	开槽盘头螺钉 (GB 67—85)	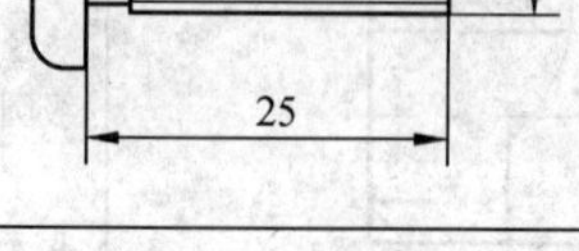 M8 25	螺纹规格 d=M8、公称长度 l=25mm、性能等级为 4.8 级、不经表面处理的开槽 盘头螺钉： 螺钉　GB 67—85　M8×25

(续)

序号	名称(标准号)	图例及规格尺寸	标 记 示 例
7	开槽沉头螺钉 (GB 68—85)	M8 45	螺纹规格 d=M8、公称长度 l=45mm、性能等级为 4.8 级、不经表面处理的开槽沉头螺钉： 螺钉 GB 68—85 M8×45
8	内六角圆柱头螺钉 (GB 70—85)	M8 30	螺纹规格 d=M8、公称长度 l=30mm、性能等级为 8.8 级、表面氧化的内六角圆柱头螺钉： 螺钉 GB 70—85 M8×30
9	开槽锥端紧定螺钉 (GB 71—85)	M8 25	螺纹规格 d=M8、公称长度 l=25mm、性能等级为 14H 级、表面氧化的开槽锥端紧定螺钉： 螺钉 GB 71—85 M8×25

2. 常用螺纹紧固件的画法

螺纹紧固件在零件连接中被广泛应用，在装配图中画它的机会很多，因此，必须熟练掌握其画法。绘制紧固件的方法按尺寸来源不同，分为查表画法和比例画法两种。

(1) 查表画法：根据紧固件标记，在相应的标准中(见附表)查得各有关尺寸后作图。

(2) 比例画法：根据螺纹公称直径(d、D)，按与其近似的比例关系计算出各部分尺寸后作图。但紧固件的有效长度 L 需要计算后，查表取标准长度。

图 7-16 为常用的螺栓、双头螺柱、螺母和垫圈的比例画法，图中注明了近似比例

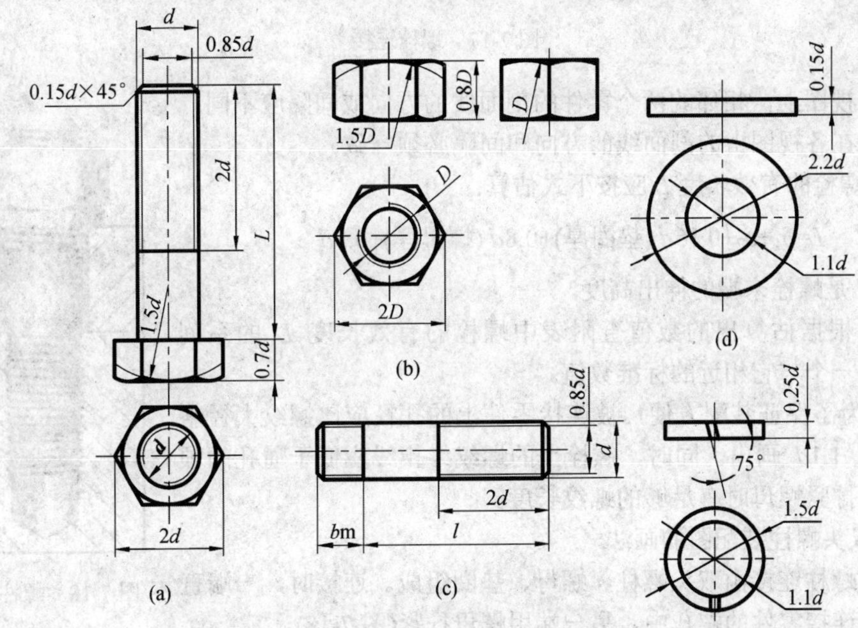

图 7-16 螺纹连接件的比例画法

(a) 螺栓；(b) 螺母；(c) 双头尔柱；(d) 平垫图。

关系。螺栓头部和螺母因 30°倒角而产生截交线，此截交线为双曲线，作图时，常用圆弧近似代替双曲线的投影。

3. 螺纹紧固件的装配图画法

1) 螺栓装配图的画法

螺栓连接由螺栓、螺母、垫圈组成，如图 7-17(a)所示。螺栓连接用于当被连接的两零件厚度不大，可以钻成通孔的情况，螺栓装配图一般根据公称直径 d 按比例关系画出，如图 7-17(b)、(c)、(d)所示。在画图时应注意下列几点：

(1) 当剖切平面通过螺杆的轴线时，螺栓 、螺柱、螺钉及螺母、垫圈等均按未剖切绘制。

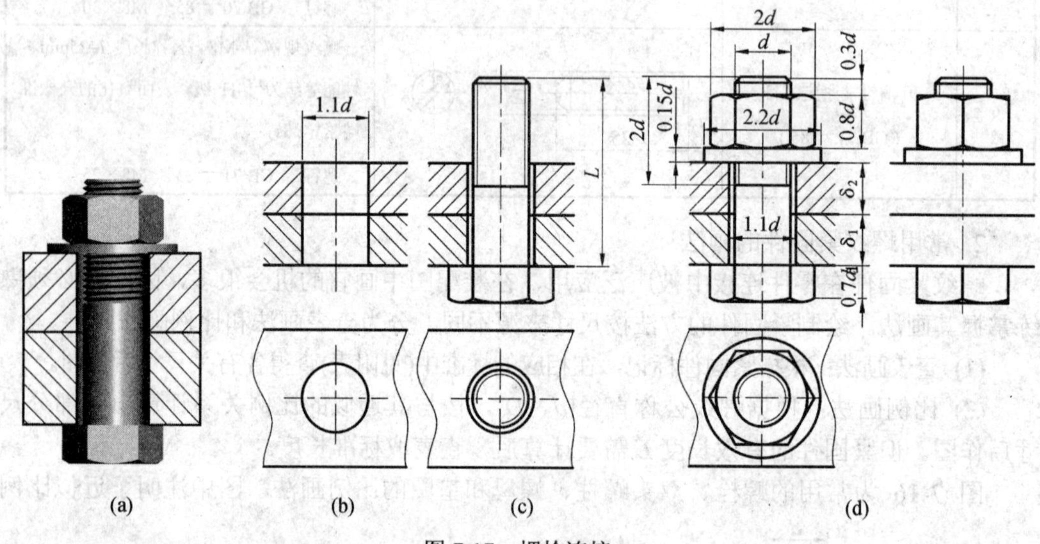

图 7-17　螺栓连接

在剖视图上，相邻的两个零件的剖面线的方向或间隔应不同；同一零件在各视图上的剖面线的方向和间隔必须一致。

(2) 螺栓的有效长度 L 应按下式估算：

$$L=\delta_1+\delta_2+0.15d\,(\text{垫圈厚})+0.8d\,(\text{螺母厚})+0.3d$$

其中 $0.3d$ 是螺栓末端的伸出高度。

然后根据估算出的数值查附表中螺栓的有效长度 L 的系列值，选取一个与它相近的标准数值。

(3) 为了保证装配方便，被连接零件上的孔径应比螺纹大径略大些，按 $1.1d$ 画出。同时，螺栓上的螺纹终止线应低于通孔的顶面，以便拧紧螺母时有足够的螺纹长度。

2) 双头螺柱装配图的画法

双头螺柱连接由双头螺柱、螺母、垫圈组成。连接时，一端直接拧入被连接零件的螺孔中，另一端用螺母拧紧(图 7-18)。

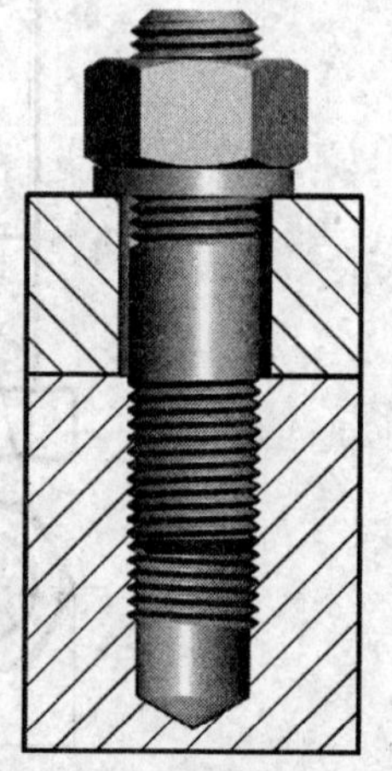

图 7-18　螺柱连接

双头螺柱连接多用于被连接件之一太厚，不适于钻成通孔或不能钻成通孔时。在拆卸时只须拧出螺母、取下垫圈，而不必拧出螺柱，因此采用这种连接不会损坏被连接件上的螺孔。

双头螺柱装配图的比例画法，如图 7-18 所示。在画图时应注意下列几点：

(1) 双头螺柱的有效长度 L 应按下式估算：

$$L=\delta+0.15d(\text{垫圈厚})+0.8d(\text{螺母厚})+0.3d$$

然后根据估算出的数值查附表中双头螺柱的有效长度 L 的系列值，选取一个相近的标准数值。

(2) 双头螺柱旋入机件的一端的长度 b_m 的值与机件的材料有关。对于钢和青铜用 $b_m=d$，对于铸铁用 $b_m=1.5d$，对于铝用 $b_m=2d$。

旋入端应全部拧入机件的螺孔内，所以螺纹终止线与机件端面应平齐。

(3) 机件上的螺孔的螺纹深度应大于旋入端的螺纹长度 b_m。在画图时，螺孔的螺纹深度可按 $b_m+0.5d$ 画出；钻孔深度可按 b_m+d 画出。

(4) 螺母和垫圈等各部分尺寸与大径 d 的比例关系和画法与前述相同。

(5) 在装配图中，对于不穿通的螺孔，也可以不画出钻孔深度，而仅按螺纹的深度画出；六角螺母及螺杆头部的倒角也可省略不画。如图 7-18 所示。

3) 螺钉装配图的画法

螺钉连接不用螺母，而是将螺钉直接拧入机件的螺孔里(图 7-19)。螺钉连接多用于受力不大，而被连接件之一较厚的情况下。

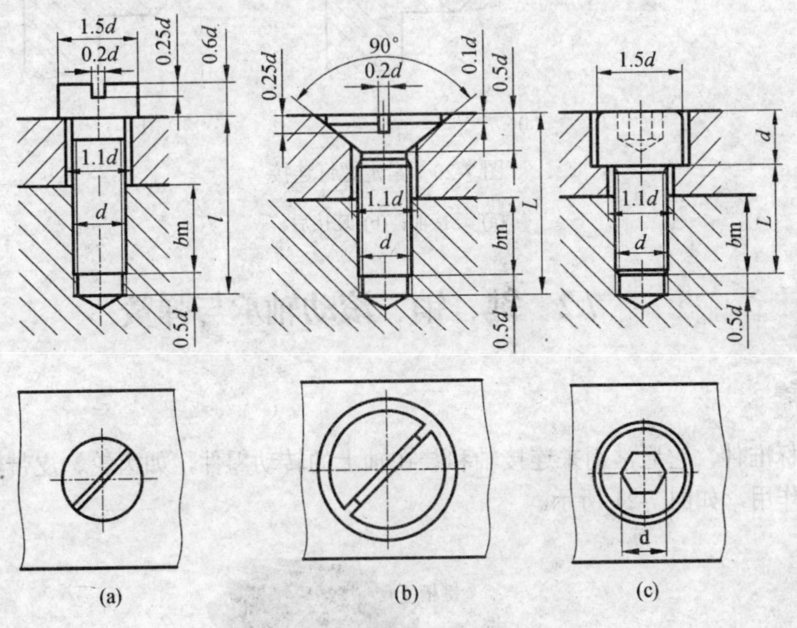

图 7-19　螺钉装配图的画法

(a) 开槽圆柱头螺定；(b) 开槽沉头螺定；(c) 内六角圆柱头螺定。

螺钉根据头部形状不同有许多型式。图 7-19 是几种常用螺钉装配图的比例画法。

画螺钉装配图时应注意下列几点：

(1) 螺钉的有效长度 L 应按下式估算：

$$L=\delta+b_m$$

b_m 根据被旋入零件的材料而定(见双头螺柱)。然后根据估算出的数值查附表中相应螺钉的有效长度 L 的系列值，选取相近的标准数值。

(2) 为了使螺钉头能压紧被连接零件，螺钉的螺纹终止线应高出螺孔的端面(图 7-19(a)和(b))，或在螺杆的全长上都有螺纹(图 7-19(c)和(d))。

(3) 螺钉头部的一字槽和十字槽的投影可以涂黑表示。在俯视图上，这些槽按习惯应画成与中心线成 45°，如图 7-19(a)，(b)，(c)所示。

紧定螺钉用来固定两零件的相对位置，使它们不产生相对运动，如图 7-20 所示。欲将轴、轮固定在一起，可先在轮毂的适当部位加工出螺孔，然后将轮、轴装配在一起，以螺孔导向，在轴上钻出锥坑，最后拧入紧定螺钉，即可限定轮、轴的相对位置，使其不能产生轴向相对移动。

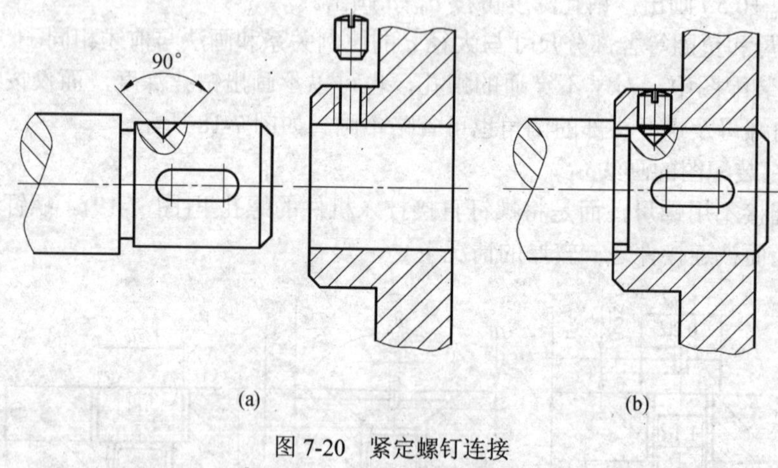

图 7-20　紧定螺钉连接

(a) 连接前；(b) 连接后。

7.2　键、销、滚动轴承与弹簧

7.2.1　键

键是标准件，它通常用来连接轴和装在轴上的转动零件，如齿轮、皮带轮等，起传递扭矩的作用，如图 7-21 所示。

图 7-21　键与键槽

常用的键有普通平键、半圆键和钩头楔键三种，它们的形式和规定标记如表 7-5 所列。

表 7-5　键及其标记示例

序号	名称(标准号)	图　例	标 记 示 例
1	普通平键(GB1096-79)		b=8、h=7、L=25 的普通平键(A 型)： 键　8×25　GB1096-79)
2	半圆键(GB1099-79)		b=6、h=10、d_1=25、L=24.5 的半圆键： 键　6×25　GB1099-79
3	钩头楔键(GB1565-79)		b=18、h=11、L=100 的钩头楔键：键 18×100　GB1565-79

键的结构尺寸设计可根据轴的直径查键的标准(见附表)，得出它的尺寸，同时也可查得键槽的宽度和深度。键的长度 L 则应根据轮毂长度及受力大小选取相应的系列值。

普通平键和半圆键的两个侧面是工作面，在装配图中，键与键槽侧面之间应不留间隙；而键的顶面是非工作面，它与轮毂的键槽顶面之间应留有间隙，如图 7-22 和图 7-23 所示。

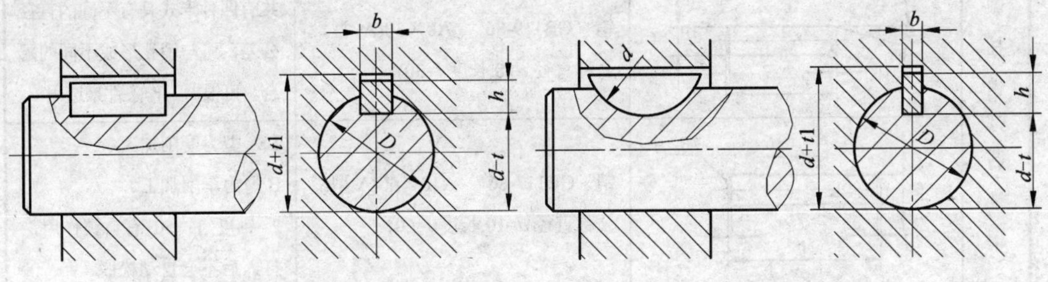

图 7-22　普通平键连接　　　　图 7-23　半圆键连接

钩头楔键的顶面有 1∶100 的斜度，连接时将键打入键槽。因此，键的顶面和底面同为工作面，槽底和槽顶都没有间隙；而键的两侧为非工作面，与键槽的两侧面应留有间隙，如图 7-24 所示。钩头楔键供拆卸用。轴上的键槽常制在轴端，拆装方便。

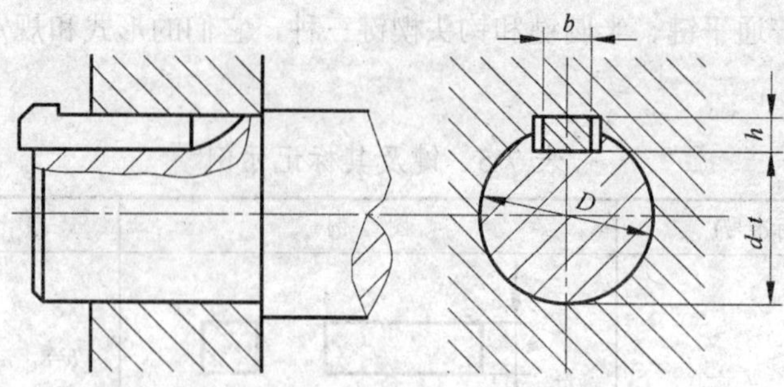

图 7-24 钩头楔件连接

轴上的键槽和轮毂上的键槽的画法和尺寸注法，如图 7-25 所示。

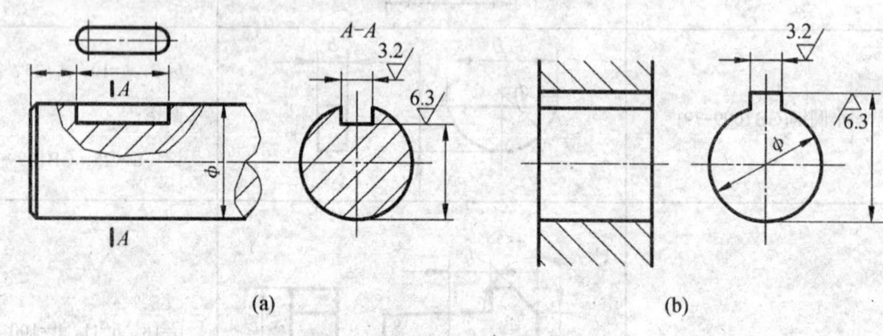

图 7-25 键槽的画法和尺寸的注法

(a) 轴上的键槽；(b) 轮毂上的键槽。

7.2.2 销

销常用来连接和固定零件，或在装配时起定位作用。常用的销有圆柱销和圆锥销，它们的形式和尺寸都已经标准化(表 7-6)所以应属于标准件。

表 7-6 销的型式及其规定标记

名称	型 式	规定标记示例	说 明
圆柱销	15° c l a d	销 GB119-86 A8×30(A 型，公称直径 d=8,长度 l=30)	共有四种形式具有不同的直径公差，可与销孔形成不同的配合。可根据工作条件来选用
圆锥销	1:50 R_2 R_1 d a l a	销 GB117-86 A10×60(A 型，公称直径 d=10,长度 l=60)	1. A 型为磨削加工 B 型为车削加工 2. 锥度 1：50 有自锁作用，打入后不会自动松脱
开口销	b l a l d	销 GB91-86 5×40(公称直径 d=5,长度 l=40)	公称直径指与之相配的销孔直径，故开口销公称直径都大于其实际直径

圆柱销和圆锥销的装配图画法见图 7-26 和图 7-27。

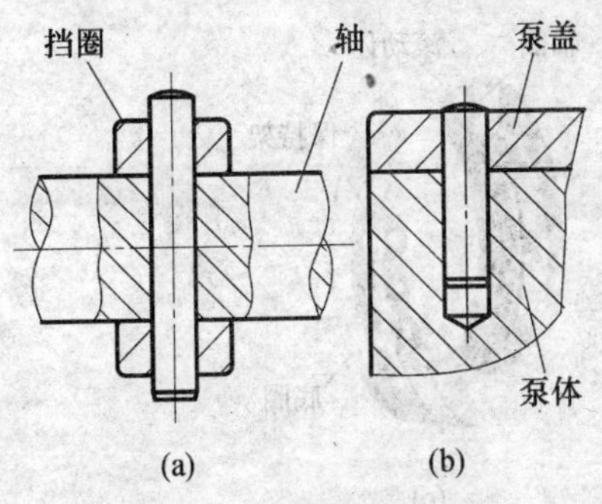

图 7-26 圆柱销装配图

(a) 定位用；(b) 连接用。

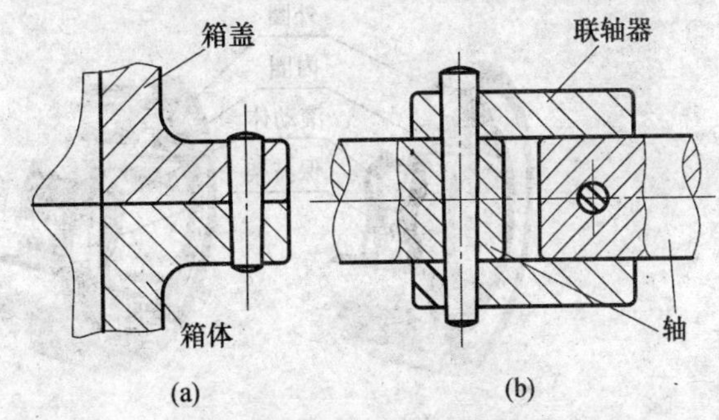

图 7-27 圆锥销装配图

(a) 连接用；(b) 定位用。

用销连接或定位的两个零件上的销孔是在装配时一起加工的，在零件图上应当注明，如图 7-28 所示。圆锥销孔的尺寸应引出标注，其中ϕ4 是所配圆锥销的公称直径(即它的小端直径)。锥销孔加工时按公称直径先钻孔，再选用定值铰刀扩铰成锥孔，如图 7-29 所示。

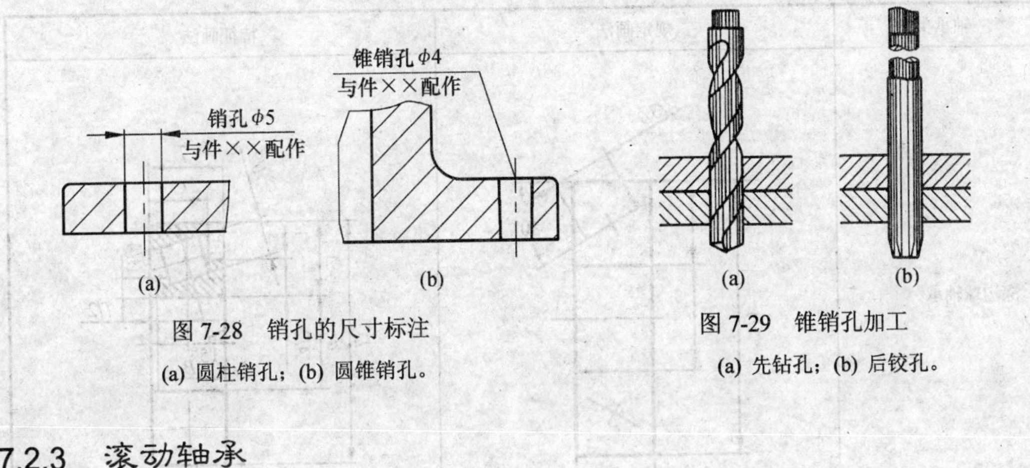

图 7-28 销孔的尺寸标注

(a) 圆柱销孔；(b) 圆锥销孔。

图 7-29 锥销孔加工

(a) 先钻孔；(b) 后铰孔。

7.2.3 滚动轴承

轴承有滑动轴承和滚动轴承两种，其作用是支持轴旋转及承受轴上的载荷。由于滚动轴承具有摩擦力小、结构紧凑的优点，所以被广泛用于机器中。

1. 滚动轴承的结构及其规定画法

滚动轴承种类很多，但其结构大致相同。一般由外圈、内圈、滚动体及保持架组成，见图 7-30。在一般情况下，外圈装在机座的孔内，固定不动；而内圈套在转动的轴上，随轴转动。

滚动轴承按其受力方向可分为三类：

向心轴承——主要承受径向力(图 7-30(a))。

推力轴承——只承受轴向力(图 7-30(b))。

向心推力轴承——同时承受径向和轴向力(如图 7-30c)。

滚动轴承是标准件，国家标准对滚动轴承的型式、结构特点和内径都规定了代号表示。使用时可根据要求确定型号，选购即可。

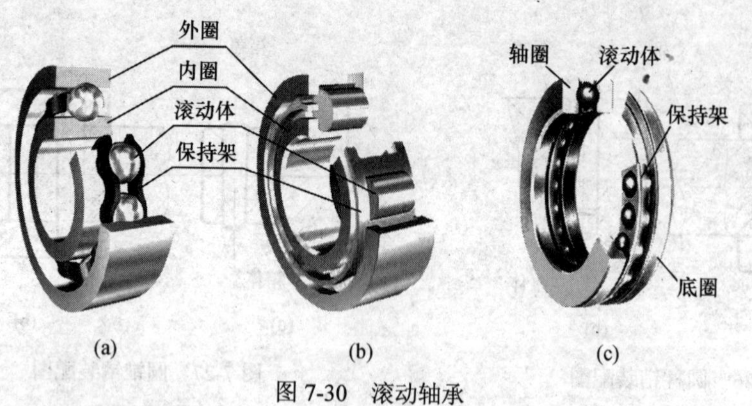

图 7-30　滚动轴承

滚动轴承不需要画零件图，在装配图中可采用规定画法或特征画法。在画图时，根据轴承代号由国家标准中查出数据，然后按表 7-7 中的比例关系画出。

表 7-7　滚动轴承的规定画法和特征画法(GB4459.7—1998)

轴承类型	规定画法	特征画法
深沟球轴承	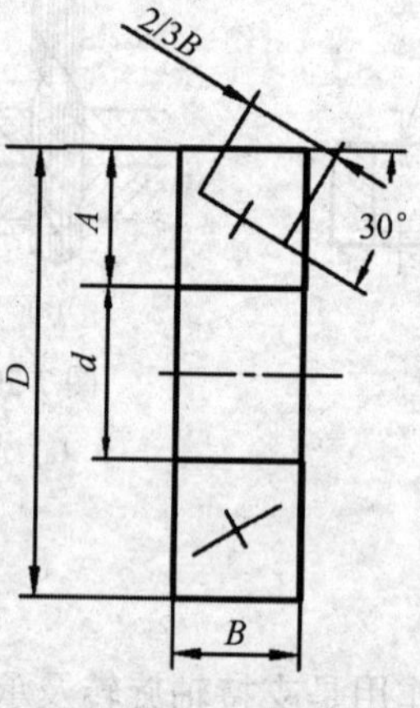	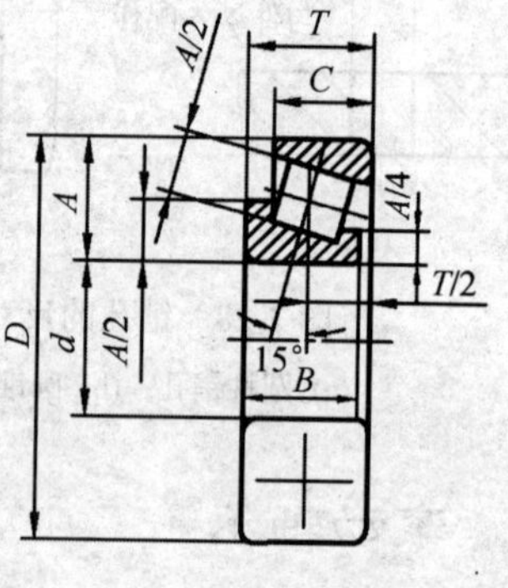
圆锥滚子轴承	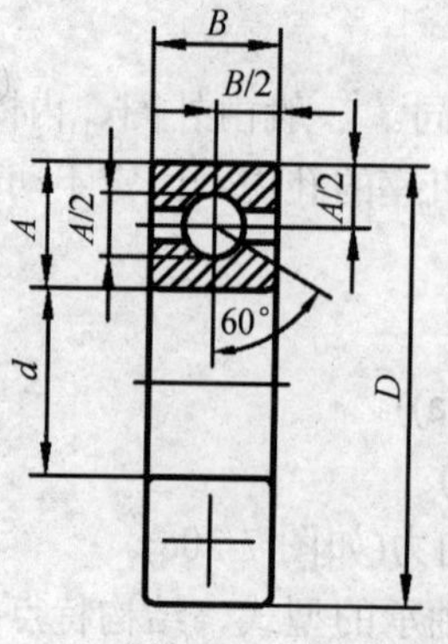	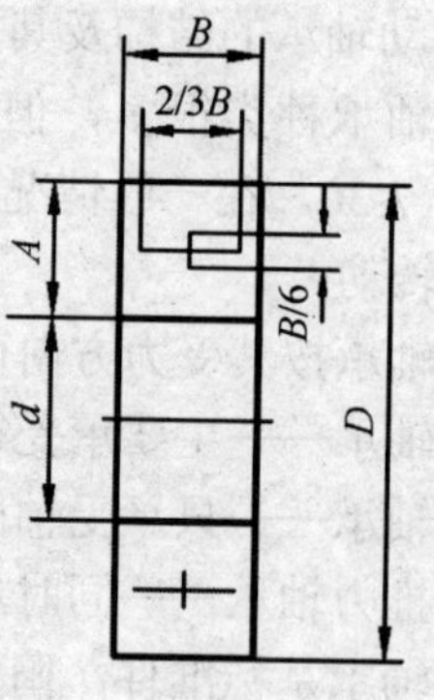

(续)

轴承类型	规定画法	特征画法
推力球轴承		

(1) 滚动轴承剖视图轮廓应按外径 D、内径 d、宽度 B 等实际尺寸绘制。轮廓内可用规定画法或特征画法绘制，见表 7-7。

(2) 当在装配图中需较详细地表达滚动轴承的主要结构时，可采用规定画法。当在装配中只需简单地表达滚动轴承的主要结构时，可采用特征画法。

(3) 在垂直于轴线的投影面的视图中，滚动轴承的规定画法和特征画法如图 7-31a 和 7-31(b)所示。

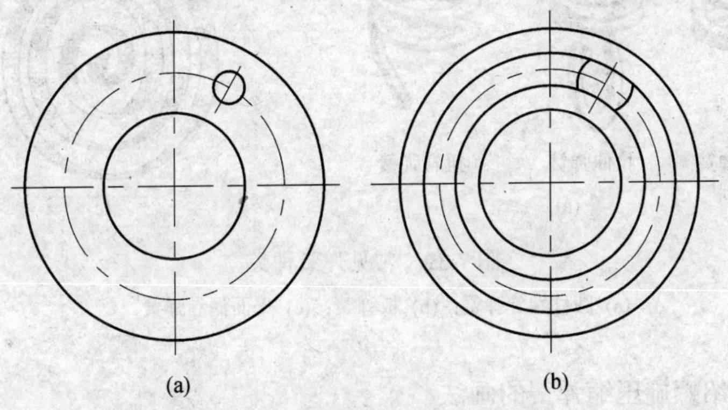

图 7-31　滚动轴承的轴向视图画法

(a) 简化画法；(b) 示意画法。

2. 滚动轴承的代号

滚动轴承的代号可查阅国家标准 GB/T272—93，由前置代号和基本代号构成；当轴承零件材料、结构、设计、技术条件改变时，则增加补充代号。前置代号由轴承游隙代号和轴承公差等级代号组成，当游隙为基本组和公差等级为 G 级时，可省略前置代号。基本代号一般用 7 位数字表示，但在标注时，最左面的“0”规定不写。因此，最常见的为 4 位数字。从右边数起，它们的含义是：当 10mm≤d≤495mm 时，第一、二位数表示轴承的内径(代号数字<04 时，即 00、01、02、03 分别表示内径 d=10mm、12mm、15mm、17mm ；代号数字≥04 时，代号数字乘以 5，即为轴

承内径)；第三位数表示轴承直径系列，即在内径相同时，有各种不同的外径，可查阅有关标准；第四位数表示轴承的类型，例如，“6”表示深沟球轴承，“5”表示推力球轴承，“3”表示圆锥滚子轴承。

例如轴承代号 6208 的含义为：

6—类型代号，表示深沟球轴承；2—尺寸系列，表示轻窄系列；08—内径代号，表示轴承内径 40。

7.2.4 弹簧

弹簧是机械中常用的零件，它主要用于减振、夹紧、储能和测力等方面。其特点是当外力去除后能立即恢复原状。

弹簧的种类很多，常见的有螺旋弹簧和涡卷弹簧等(图 7-32)。根据受力情况不同，螺旋弹簧又分为压缩弹簧图、拉伸弹簧和扭转弹簧三种。

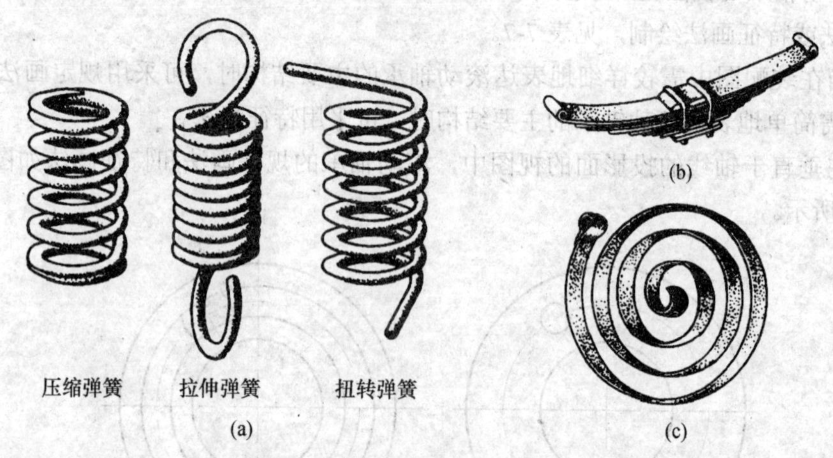

图 7-32 常见弹簧种类

(a) 圆柱螺旋弹簧；(b) 板弹簧；(c) 平面涡卷弹簧。

下面着重介绍螺旋压缩弹簧的画法。

1. 螺旋压缩弹簧的各部分名称

参看图 7-33。为了使压力弹簧在工作时受力均匀，要求在制造时将两端并紧并磨平，使弹簧的端面与轴线垂直。在使用时，弹簧两端并紧并磨平的部分基本上不起弹力作用，称为支承圈。支承圈有 1.5 圈、2 圈及 2.5 圈三种，其中较常见的是 2.5 圈。除了支承圈外，保持相等螺距的圈数称为有效圈数，它是计算弹簧受力的主要依据。有效圈数与支承圈数之和称为总圈数。

(1) 簧丝直径 d——制造弹簧的钢丝直径。

(2) 弹簧外径 D——弹簧的最大直径；

弹簧内径 D_1——弹簧的最小直径，$D_1=D-2d$；

弹簧中径 D_2 一一弹簧的平均直径，$D_2=D-d$。

(3) 有效圈数 n、支承圈数 n_0 和总圈数 n_1，$n_1=n+n_0$。

(4) 节距 t——除支承圈外，相邻两圈的轴向距离。

(5) 自由高度 H_0——弹簧在不受外力时的高度，$H_0=nt+(n_0-0.5)d$。

(6) 弹簧的展开长度 L——制造时坯料的长度，$L \approx n_1\sqrt{(\pi D_2)^2+t^2}$。

2. 螺旋弹簧的规定画法 (GB4459.4-84)

(1) 螺旋弹簧在平行于轴线的投影面上，其各圈的轮廓线应画成直线(图 7-34)。

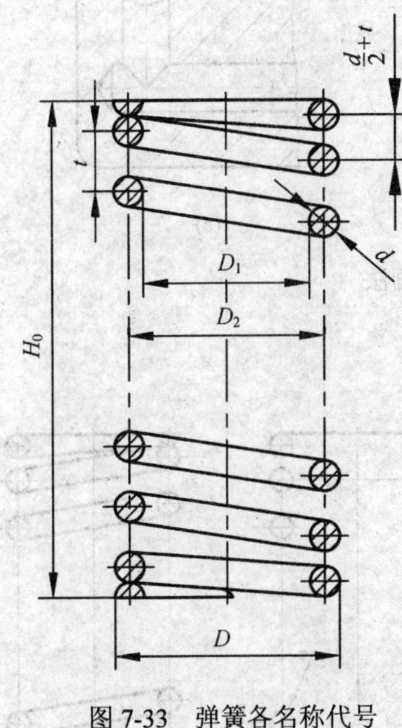

图 7-33　弹簧各名称代号

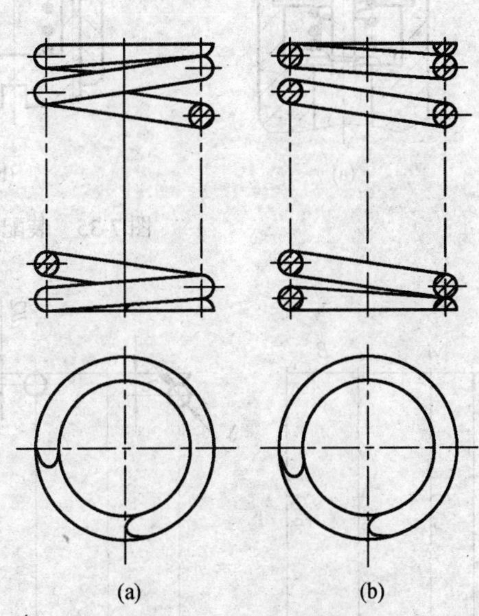

图 7-34　弹簧的规定画法

(a) 视图；(b) 剖视图。

(2) 右旋弹簧在图上一定画成右旋。左旋弹簧也允许画成右旋，但不论画成右旋或左旋，一律要加注“左”字。

(3) 有效圈数在四圈以上的螺旋弹簧，中间各圈可以省略不画(图 7-34)。当中间各圈省略后，图形的长度可适当缩短。

(4) 因为弹簧画法实际上只起一个符号作用，所以压力弹簧要求两端并紧并磨平时，不论支承圈数多少，均可按图 7-35 的形式绘制，而在技术条件中另加说明。

(5) 在装配图中，弹簧后面的机件按不可见处理，可见轮廓线只画到弹簧钢丝的剖面轮廓或中心线上(图 7-35a)。

(6) 在装配图中，螺旋弹簧被剖切时，簧丝直径小于 2mm 的剖面可以涂黑表示(图 7-35(b))，小于 1mm 时，可采用示意画法(图 7-35(c))。

3. 螺旋弹簧的画图步骤

已知圆柱螺旋压力弹簧的簧丝直径 $d=6$，弹簧外径 $D=42$，节距 $t=12$，有效圈数 $n=6$，支承圈数 $n_0=2.5$，右旋，其作图步骤如图 7-37 所示。

(1) 算出弹簧中径 D_2 及自由高度 H_0。用 D_2 及 H_0 画出长方形 $ABCD$(图 7-36a)。

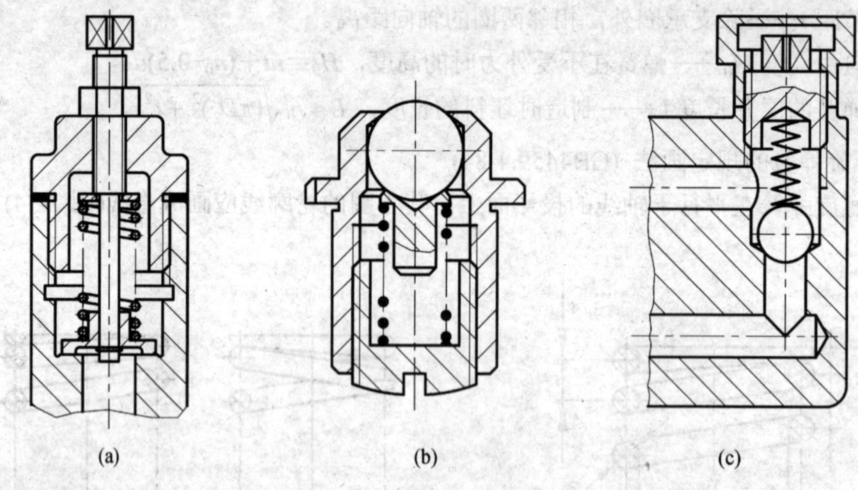

图 7-35　装配图中的弹簧画法

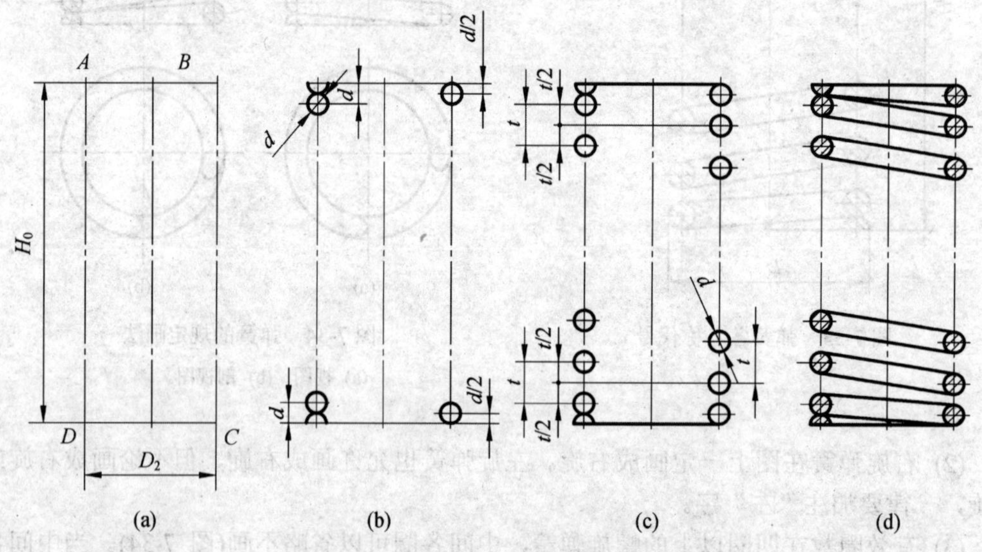

图 7-36　圆柱螺旋压缩弹簧的画图步骤

(2) 画出支承圈部分直径与簧丝直径相等的圆和半圆(图 7-36b)。

(3) 出有效圈数部分直径与簧丝直径相等的圆(图 7-36(c))。

(4) 按右旋方向作相应圆的公切线及剖面线，即完成作图(图 7-36(d))。

4. 螺旋弹簧的零件图

图 7-37 是螺旋压缩弹簧的零件图。在绘制零件图时应注意以下几点：

(1) 弹簧的参数应直接标注在图形上，若直接标注有困难时，可在技术要求中说明。

(2) 当需要表明弹簧的负荷与高度之间的变化关系时，必须用图解表示。螺旋压缩弹簧的机械性能曲线均画成直线，其中：P_1——弹簧的预加负荷，P_2——弹簧的最大负荷，P_3——弹簧的允许极限负荷。

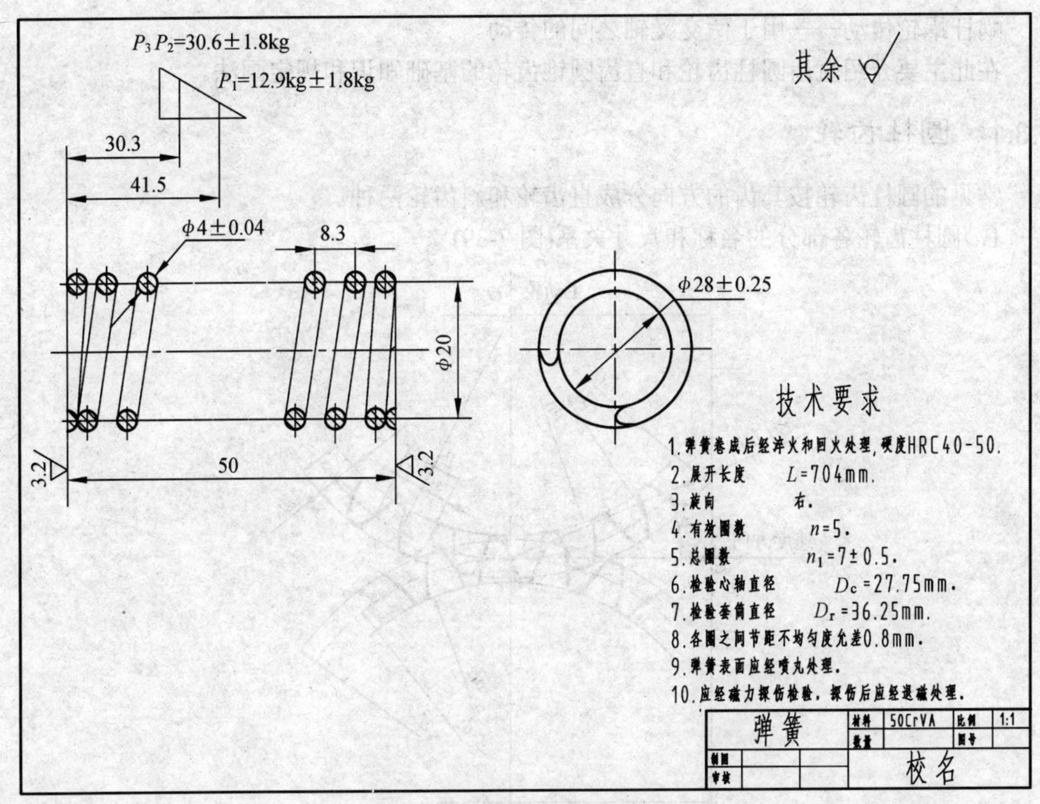

图 7-37 螺旋压缩弹簧的零件图

7.3 齿 轮

齿轮是广泛用于机械或部件中的传动零件，由于其参数部分标准化，所以将其划规为常用件。一组啮合齿轮不仅可以用来传递动力，并且还能改变转速和回转的方向。依据两啮合齿轮轴线在空间的相对位置不同，常见的齿轮传动可分为下列三种形式(图 7-38)。

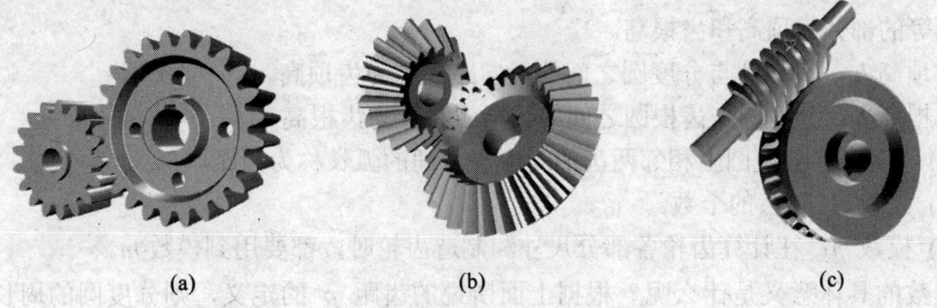

(a) (b) (c)

图 7-38 常见的齿轮传动形式

(a) 圆柱齿轮；(b) 圆锥齿轮；(c) 蜗杆蜗轮。

圆柱齿轮传动——用于两平行轴之间的传动；

圆锥齿轮传动——用于两相交轴之间的传动：

蜗杆蜗轮传动——用于两交叉轴之间的传动。

在此主要介绍直齿圆柱齿轮和直齿圆锥齿轮的基础知识和规定画法。

7.3.1 圆柱齿轮

常见的圆柱齿轮按其齿的方向分成直齿轮和斜齿轮两种。

1．圆柱齿轮各部分的名称和尺寸关系(图 7-39)

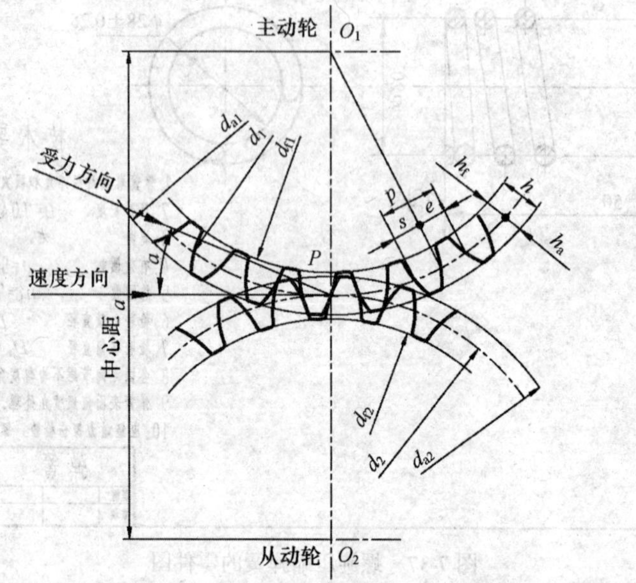

图 7-39 两啮合的标准直齿圆柱齿轮各部分的名称

现以标准直齿圆柱齿轮为例来说明

(1) 齿顶圆(直径 d_a)：通过轮齿顶部的圆称为齿顶圆。

(2) 齿根圆(直径 d_f)：通过轮齿根部的圆称为齿根圆。

(3) 分度圆(直径 d)：用来分度(分齿)的圆，该圆位于齿厚和槽宽相等的位置，称为分度圆。

(4) 齿高 h：齿顶圆与齿根圆之间的径向距离称为齿高。分度圆将轮齿的高度分为两个不等的部分齿顶高和齿根高。

齿顶高 h_a：齿顶圆与分度圆之间的径向距离称为齿顶高。

齿根高 h_f：分度圆与齿根圆之间的径向距离称为齿根高。

(5) 齿距 p：分度圆上相邻两齿的对应点之间的弧长称为齿距。

(6) 齿数 z：轮齿的个数。

(7) 模数 m：在计算齿轮各部分尺寸和制造齿轮时，都要用到模数 m。

模数的具体意义是什么呢？根据上面所说的齿距 p 的定义，则分度圆的周长$=zp=\pi d$，即

$$d=\frac{p}{\pi}z$$

由于式中出现了无理数π，不便计算和标准化，令 $m=\frac{p}{\pi}$，则 $d=mz$。把 m 称为模

数。由于模数是齿距 p 和 π 的比值，因此若齿轮的模数大，其齿距就大，齿轮的轮齿就大。若齿数一定，则模数大的齿轮，其分度圆直径就大，轮齿也大，齿轮能承受的力量也就大。相互啮合的两个齿轮，其模数必须相等。加工齿轮也须选用与齿轮模数相同的刀具，因而模数又是选择刀具的依据。

模数是设计和制造齿轮的基本参数。为了设计和制造方便，已将模数的数值标准化。模数的标准值见表 7-8。

(8) 压力角 α：两个相互啮合的齿轮在分度圆上啮合点 P 的受力方向(即渐开线齿廓曲线的法线方向)与该点的瞬时速度方向(分度圆的切线方向)所夹的锐角 α 称为压力角。我国规定的标准压力角 α=20°。

表 7-8　标准模数(GB1357-87)　mm

第一系列	1，1.25，1.5，2，2.5，3，4，5，6，8，10，12，16，20，25，32，40，50
第二系列	1.75，2.25，2.75，(3.25)，3.5，(3.75)，4.5，5.5，(6.5)，7，9，(11)，14，18，22，28，36，45
注：选用模数时，应优先采用第一系列，括号内的模数尽可能不用。	

(9) 中心距 a：两圆柱齿轮轴线之间的最短距离称为中心距。装配准确的标准齿轮，其中心距

$$a=\frac{d_1}{2}+\frac{d_2}{2}=\frac{1}{2}m(z_1+z_2)$$

只有模数和压力角都相同的齿轮才能相互啮合。

在设计齿轮时要先确定模数和齿数，其它各部分的尺寸都可由模数和齿数计算出来。标准直齿圆柱齿轮的计算公式见表 7-9。

表 7-9　标准直齿圆柱齿轮的尺寸计算公式

基本参数：		模数 m　　齿数 z
各部分名称	代号	公式
分度圆直径	d	$d=mz$
齿顶高	h_a	$h_a=m$
齿根高	h_f	$h_f=1.25m$
齿顶圆直径	d_a	$d_a=m(z+2)$
齿根圆直径	d_f	$d_f=m(z-2.5)$
齿距	p	$p=\pi m$
齿厚	s	$s=\frac{1}{2}\pi m$
中心距	a	$a=\frac{d_1}{2}+\frac{d_2}{2}=\frac{1}{2}m(z_1+z_2)$

7.3.2 直齿圆柱齿轮的画法

1. 单个齿轮的画法

齿轮的轮齿部分，按 GB4459.2-84 规定绘制(图 7-40)。

(1) 图 7-40 中，齿轮的轮齿部分按下列规定绘制：齿顶圆和齿顶线用粗实线表示。分度圆和分度线用点画线表示。齿根圆和齿根线用细实线表示，也可省略不画。

(2) 在剖视图中，当剖切平面通过齿轮的轴线时，轮齿一律按不剖处理。这时，齿根线用粗实线绘制。

(3) 对于斜齿轮，可在非圆的外形图上用三条平行的细实线表示轮齿的方向(图 7-40(c))。

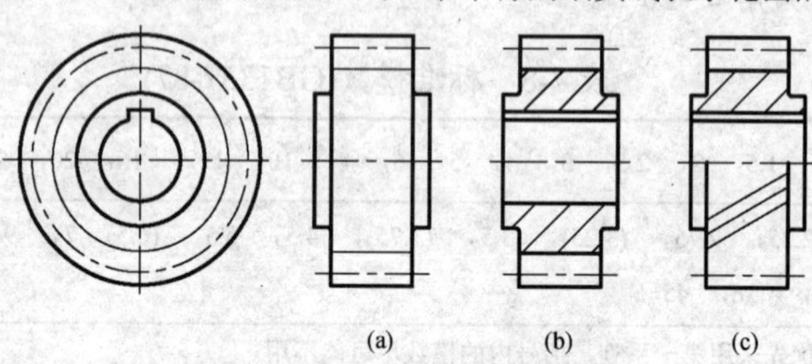

图 7-40 单个圆柱齿轮的画法

(a) 外形；(b) 全剖；(c) 半剖。

2. 圆柱齿轮啮合的画法

两标准齿轮相互啮合时，它们的分度圆处于相切位置，此时分度圆又称节圆。啮合部分的规定画法如下：

(1) 在垂直于圆柱齿轮轴线的投影面的视图上，两齿轮的节圆应该相切。啮合区内的齿顶圆仍用粗实线画出(图 7-41(a))，也可省略不画(图 7-41(b))。

(2) 在平行于圆柱齿轮轴线的投影面的视图上，啮合区内的齿顶线不需画出，节线用粗实线绘制(图 7-41(c)及(d))。

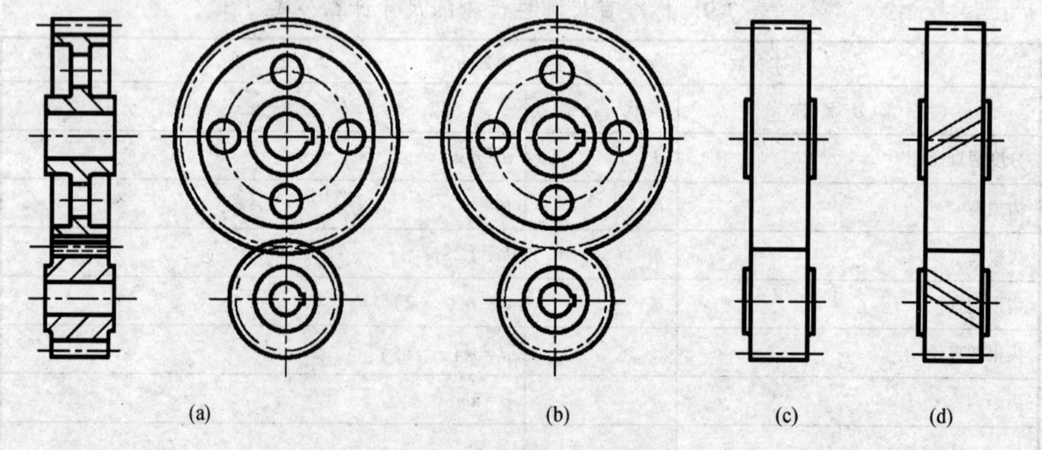

图 7-41 圆柱齿轮啮合的画法

(a) 全剖和左视图；(b) 左视图的另一种画法；(c) 未剖(直齿)；(d) 未剖(斜齿)。

(3) 在平行于圆柱齿轮轴线的投影面的视图上，啮合区内主动是轮的齿顶成和定根线用粗实成画出，另一个齿轮的轮齿被遮挡的部分用虚线画出(图 7-41(a)，图 7-42)。

(4) 在剖视图中，当剖切平面不通过啮合齿轮的轴线时，齿轮一律按不剖绘制。

3. 齿轮和齿条啮合的画法

当齿轮的直径无限大时，其齿顶圆、齿根圆、分度圆和齿廓曲线都成了直线。这时，齿轮就变成了齿条。

齿轮和齿条啮合时，齿轮旋转，齿条作直线运动。 齿轮和齿条啮合的画法与两圆柱齿轮啮合的画法基本相同，这时齿轮的节圆应与齿条的节线相切，如图 7-43 所示。在俯视图中，齿条上齿形的终止线用粗实线表示。

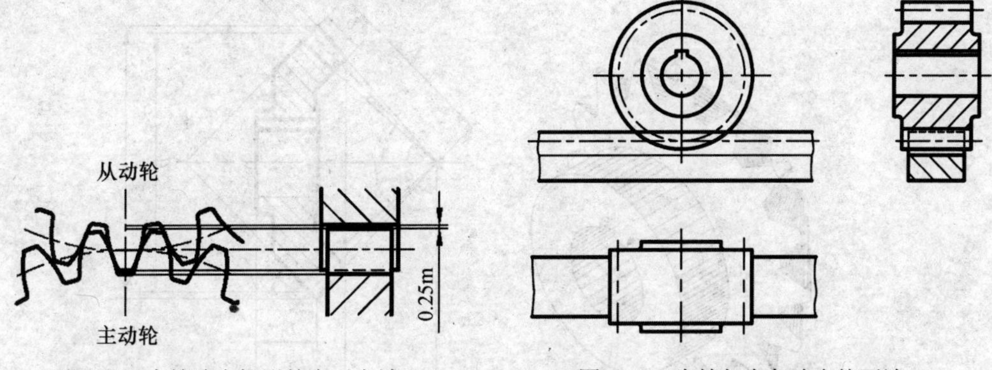

图 7-42 齿轮啮合投影的表示方法

图 7-43 齿轮与齿条啮合的画法

图 7-44 所示为直齿图柱齿轮的零件图。在齿轮零件图上不仅要表示出齿轮的形状、尺寸和技术要求，而且要列出制造齿轮所需要的参数和公差值。

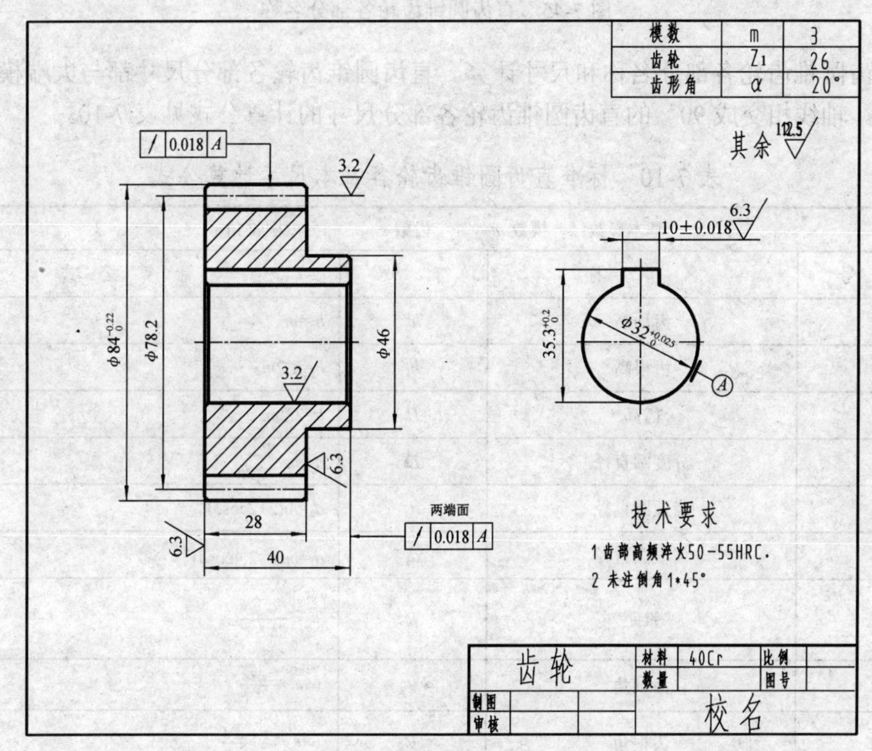

图 7-44 直齿圆柱齿轮零件图

7.3.3 直齿圆锥齿轮

圆锥齿轮的轮齿位于圆锥面上，因此它的轮齿一端大而另一端小，齿厚由大端到小端逐渐变小，模数和分度圆也随之变化。为了设计和制造方便，规定以大端模数为标准模数来计算大端轮齿各部分的尺寸。圆锥齿轮各部分名称和符号见图 7-45。

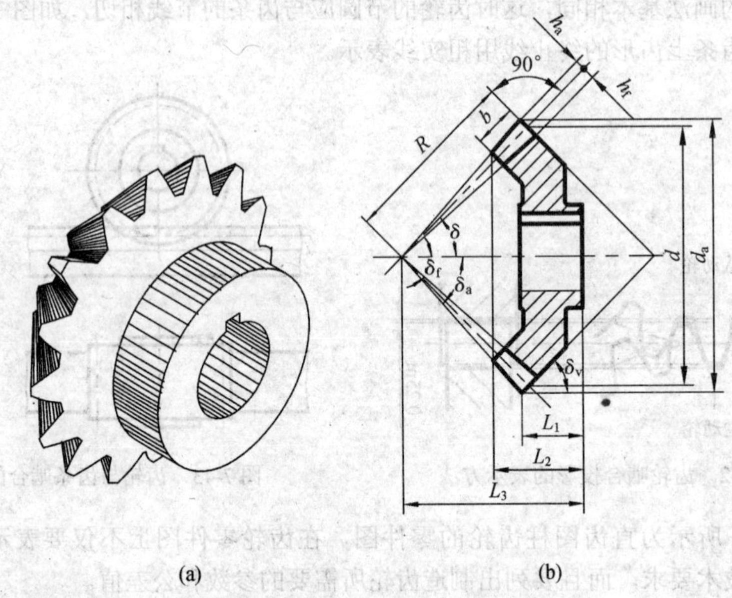

图 7-45 直齿圆锥齿轮各部分名称

直齿圆锥齿轮各部分名称和尺寸计算。直齿圆锥齿轮各部分尺寸都与大端模数和齿数有关。轴线相交成 90° 的直齿圆锥齿轮各部分尺寸的计算公式见表 7-10。

表 7-10 标准直齿圆锥齿轮各基本尺寸计算公式

基本参数： 模数 m 齿数 z 分度圆锥角 δ			
序号	名称	符号	计算公式
1	齿顶高	h_a	$h_a=m$
2	齿根高	h_f	$h_f=1.2m$
3	齿高	H	$h=2.2m$
4	分度圆直径	D	$d=mz$
5	齿顶圆直径	d_a	$d_a=m(z+2\cos\delta)$
6	齿根圆直径	d_f	$d_f=m(z-2.4\cos\delta)$
7	锥距	R	$R=\dfrac{mz}{2\sin\delta}$
8	齿顶角	θ_a	$\tan\theta_a=\dfrac{2\sin\delta}{z}$
9	齿根角	θ_f	$\tan\theta_f=\dfrac{2.4\sin\delta}{z}$

(续)

基本参数：　模数 m　　齿数 z　　分度圆锥角 δ			
序　号	名　称	符　号	计 算 公 式
10	分度圆锥角	δ	当 $\delta_1+\delta_2=90°$° 时，$\tan\theta_1=\dfrac{z_1}{z_2}, \delta_2=90°-\delta_1$
11	顶锥角	δ_a	$\delta_a=\delta+\theta_a$
12	根锥角	δ_f	$\delta_f=\delta-\theta_f$
13	背锥角	δ_v	$\delta_v=90°-\delta$
14	齿　宽	b	$b \leqslant \dfrac{R}{3}$

1) 圆锥齿轮的画法：锥齿轮的画法基本上与圆柱齿轮相同，只是由于圆锥的特点，在表达和作图方法上较圆柱齿轮复杂。

(1) 单个圆锥齿轮的画法，如图 7-46 所示。

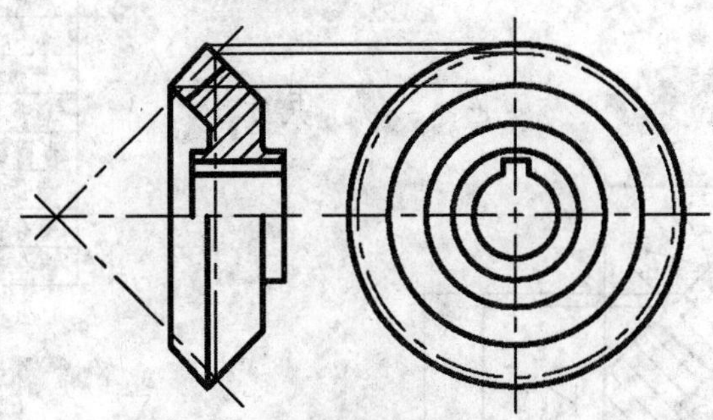

图 7-46　圆锥齿轮的画法

在投影为非圆的视图中，画法与圆柱齿轮类似，即常采用剖视，其轮齿按不剖处理，用粗实线画出齿顶线和齿根线，用点画线画出分度线。

在投影为圆的视图中，轮齿部分只需用粗实线画出齿轮大端和小端的齿顶圆；用点画线画出大端的分度圆；齿根圆不画。画图步骤如图 7-47 所示。

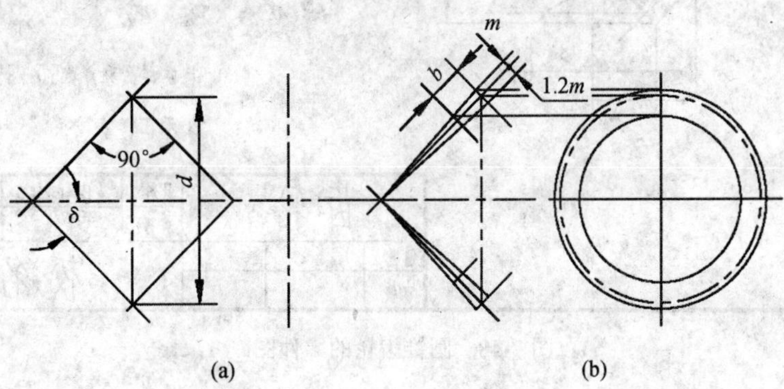

(c)　　　　　　　　　　(d)

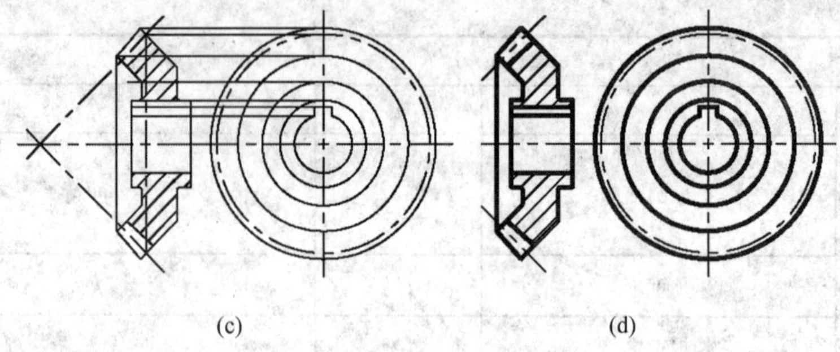

图 7-47　圆锥齿轮的画图步骤

(a) 定出分度圆直径、分度圆锥角；(b) 画出齿顶线(圆)、齿根线，并定出齿宽 b；

(c) 画出其它投影轮廓；(d) 画剖面线，修饰并加深。

圆锥齿轮的零件图如图 7-48 所示。

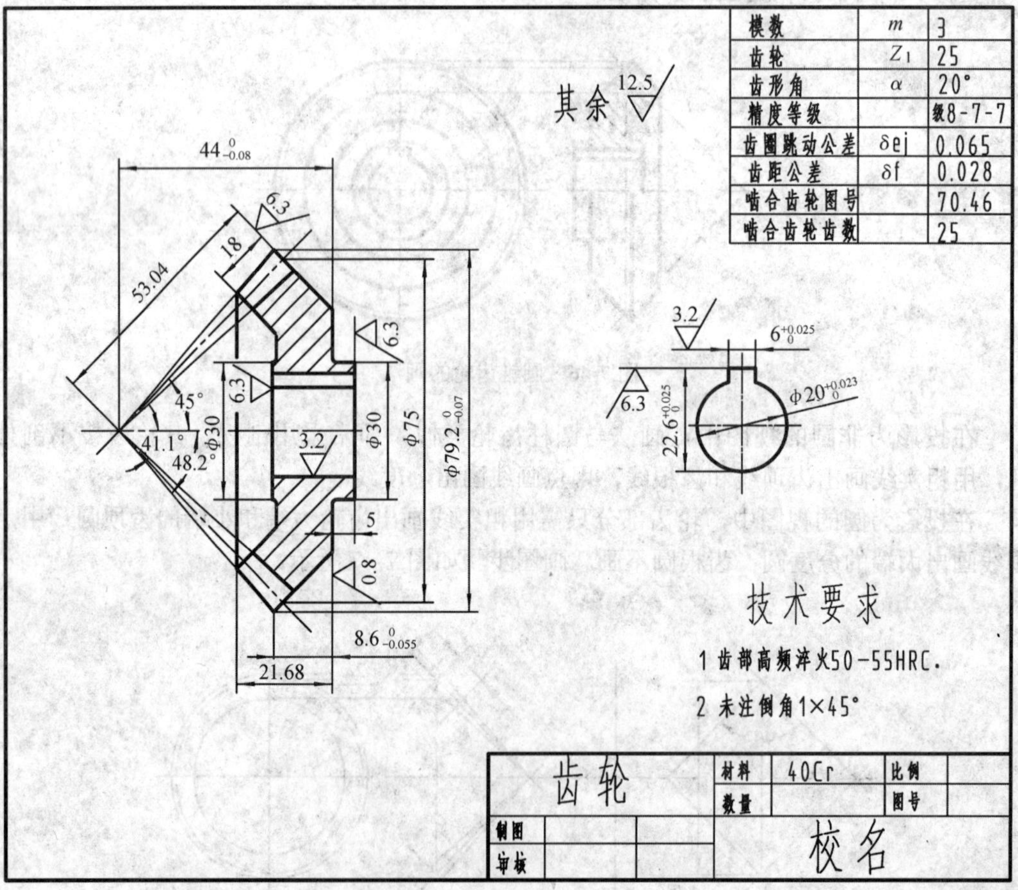

模数 | m | 3
齿轮 | Z1 | 25
齿形角 | α | 20°
精度等级 | | 级8-7-7
齿圈跳动公差 | δej | 0.065
齿距公差 | δf | 0.028
啮合齿轮图号 | | 70.46
啮合齿轮齿数 | | 25
其余 12.5
44 0 -0.08
6.3
18
53.04
6.3
6.3
45°
41.1°
48.2°
φ30
3.2
φ30
φ75
φ79.2 0 -0.07
5
0.8
8.6 0 -0.055
21.68
3.2
6 +0.025 0
6.3
φ20 +0.023 0
22.6 +0.025 0
技术要求
1 齿部高频淬火50-55HRC.
2 未注倒角1×45°
齿轮
材料
40Cr
比例
数量
图号
制图
审核
校名

图 7-48　圆锥齿轮的零件图

(2) 圆锥齿轮啮合的画法如图 7-49 所示。

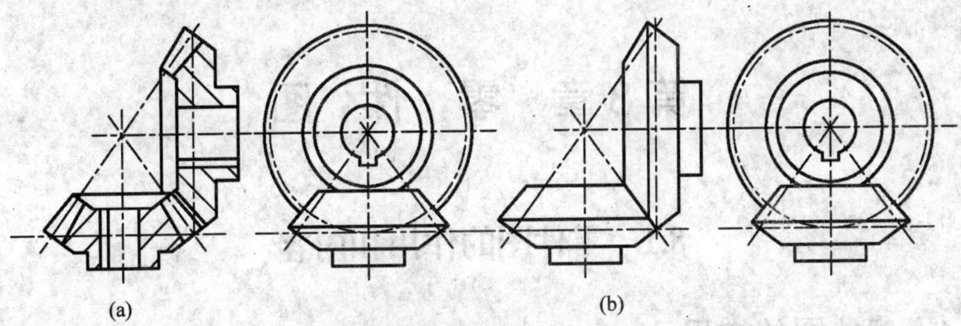

图 7-49 圆锥齿轮啮合的画法

圆锥齿轮啮合时，两分度圆锥相切，它们的锥顶交于一点。画图时主视图多用剖视表示，并将一齿轮的齿顶线画成粗实线，另一齿轮的齿顶线画成虚线或省略，如图 7-49(a)所示。

在外形视图中，一齿轮的节线与另一齿轮的节圆相切，如图 7-49(b)所示。

啮合画法的作图步骤如图 7-50 所示。

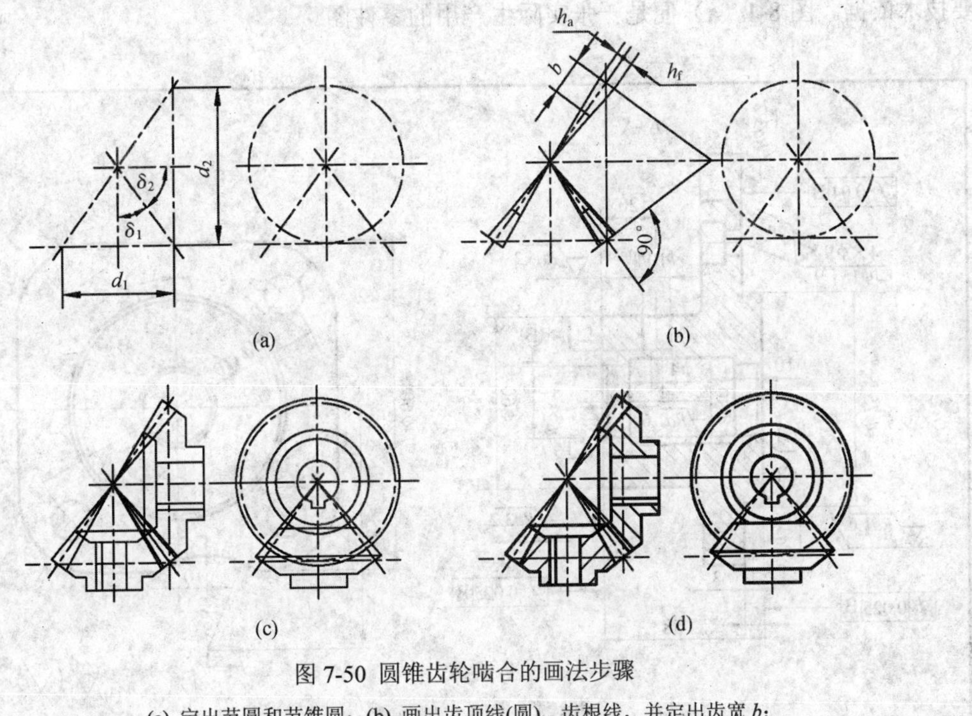

图 7-50 圆锥齿轮啮合的画法步骤

(a) 定出节圆和节锥圆；(b) 画出齿顶线(圆)、齿根线，并定出齿宽 b；

(c) 画出其它投影轮廓；(d) 画剖面线，修饰并加深。

第8章 零 件 图

8.1 零件图的作用和内容

8.1.1 零件图的作用

任何机器或部件都是由若干个零件按一定的装配关系和技术要求装配而成的。在实际生产中，工人根据技术人员提供的零件图制造出经检验后合格的每个零件，然后再装配成机器或部件。用来制造、检验零件的图样称为零件工作图（简称零件图）。零件图要反映出设计者的意图，表达出机器或部件对该零件的要求，还要表达出该零件的内、外结构形状及尺寸大小，同时要考虑到结构和制造的合理性，它是制造和检验零件的主要技术依据。图 8-1（a）便是一张实际生产用的零件图。

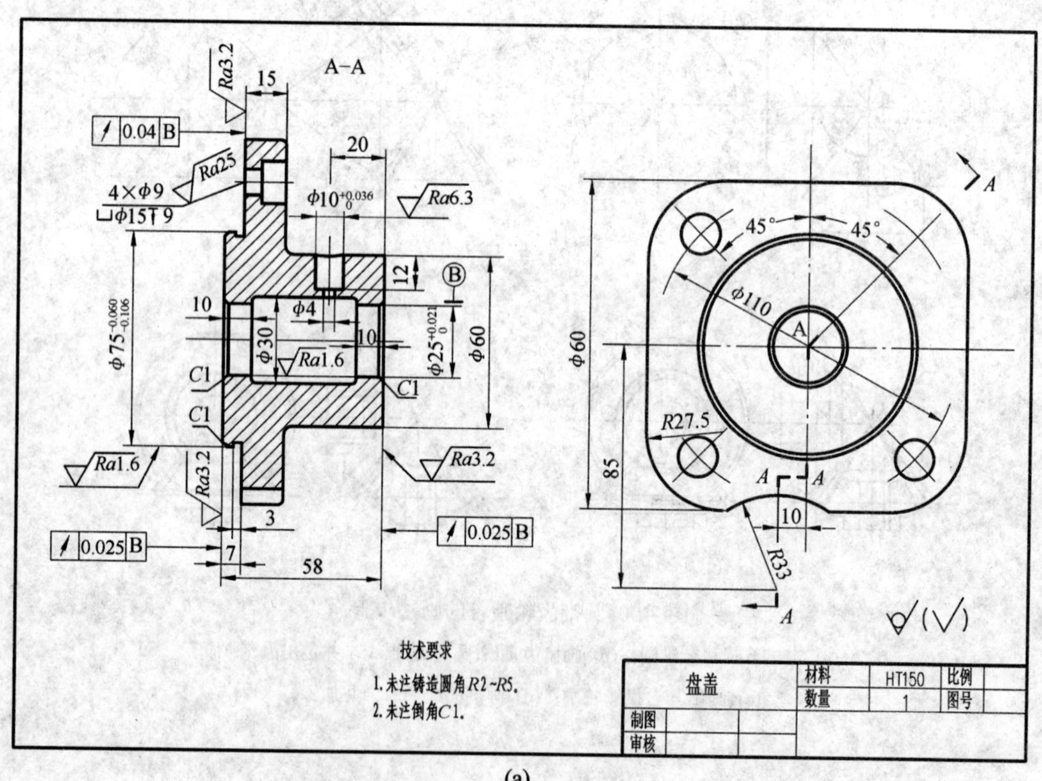

(a)

(b)

图 8-1 盘盖

(a) 盘盖零件图；(b) 盘盖立体图。

8.1.2 零件图的内容

从图 8-1(a)可以看出，一张完整的零件图应包括以下基本内容。

1. 一组视图

该组视图要综合运用视图、剖视图、断面图、局部放大图及各种规定和简化画法，完整、清晰、准确和简便地表达出零件的内、外结构和形状。

2. 一组尺寸

图样上必须正确、完整、清晰、合理地标注出零件各部分结构形状的大小和相对位置的全部尺寸，以便于零件的制造和检验。

3. 技术要求

用规定的代号或文字说明零件在制造和检验时应达到的技术指标。如表面粗糙度、尺寸公差、形位公差、材料和热处理以及其它特殊要求。

4. 标题栏

标题栏应配置在图框的右下角，主要填写零件的名称、材料、数量、图号、比例以及设计、审核、批准者的姓名、日期等。

8.2 零件图的视图选择

零件图的视图选择，就是要求选用适当简练的表达方案，将零件的结构形状完整、准确、清晰地表达出来，并且便于看图。要达到这个要求，首先必须选择好主视图，然后选配其它视图。

8.2.1 主视图的选择

主视图是表达零件结构形状最主要的视图，在表达零件时，首先应确定主视图，主视图选择的是否合理将直接影响到其它视图的选择和配置。因此在全面分析零件形状的基础上，选择主视图时要考虑以下几个原则。

1. 形状特征原则

从形体分析角度来说，应将最能反映零件各部分形状和相对位置的方向作为主视图的投影方向。如图 8-2 所示的轴，考虑到该轴基本上是圆柱体，因此轴的主视图应选用垂直于圆柱轴线方向作为投影方向，这样既能反映出轴肩、退刀槽，倒角、平键键槽等形状和结构，又能反映各圆柱的形状大小和各部分的相对位置关系。

主视图的投影方向只能确定主视图的形状，不能确定主视图在图纸上的方位。例如，按照上述轴的主视图投影方向，可以把轴的主视图轴线画成水平，也可以画成竖直或倾斜，因此，还必须确定零件的安放位置。

2．加工位置原则

主视图选择应符合零件的主要加工位置。如图 8-2 所示的轴，由于该轴主要在车床和磨床上加工，为了使生产工人便于对照图样进行生产，一般主视图将轴线画成水平，并把直径较小的一端放在右面的位置，这样便于加工和安装。通常对轴、套、盘盖类等回转体零件，按加工位置选择主视图，即轴线水平放置。

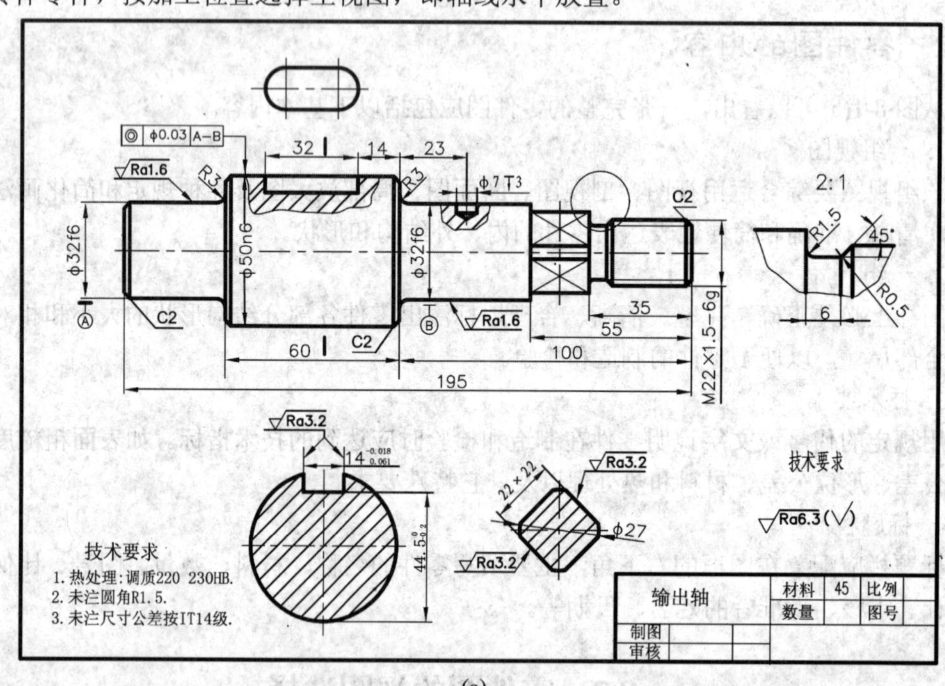

(a)

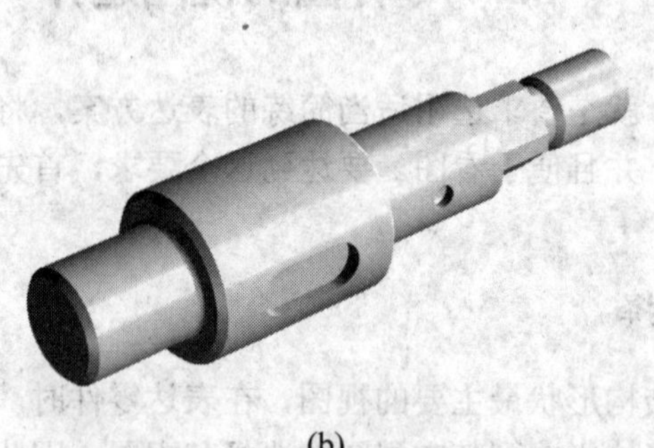

(b)

图 8-2　输出轴

(a) 输出轴零件图；(b) 输出轴立体图。

3．工作位置原则

工作位置是指零件装配在机器或部件中工作时的位置。支座、箱体类零件一般按工作位置选择主视图。因为这类零件结构形状一般比较复杂，加工部位较多，在加工不同的表面时往往其加工位置也不同，加工位置不容易考虑。如图 8-3 所示的支架，既反映零件各部分形体特征，又符合零件在机器中的工作位置。

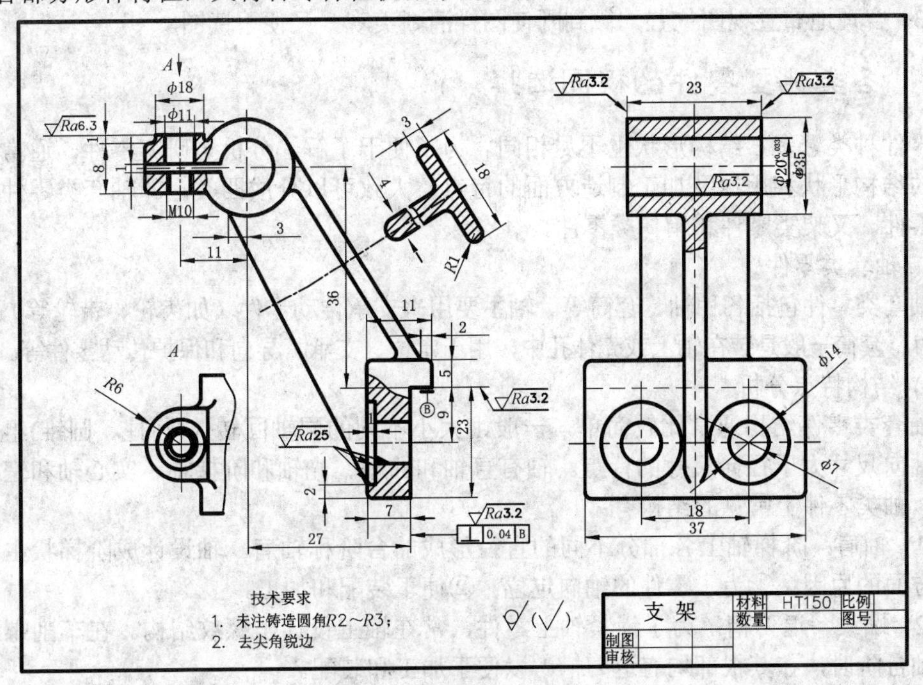

(a)

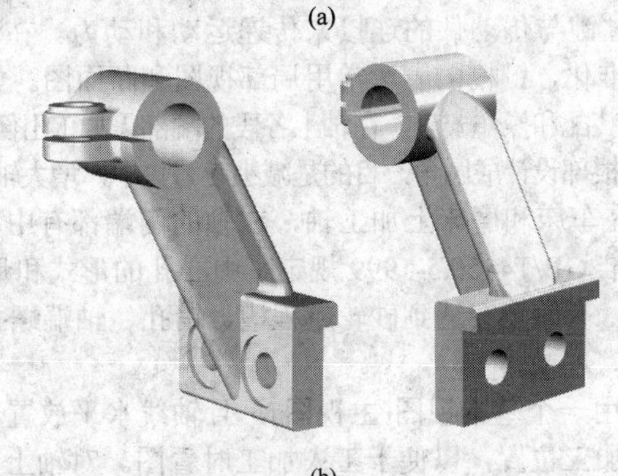
(b)

图 8-3 支架
(a) 支架零件图；(b) 支架立体图。

总之，零件的主视图选择，既要反映零件各部分形体特征，又要符合零件在机器中的工作位置和主要加工位置；但对有些不规则的零件很难满足以上要求，对这些零件则主要根据其形状结构特点来选择主视图。此外，选择主视图时还应考虑合理利用图纸。

8.2.2 其它视图的选择

在主视图确定后，应根据零件的形体结构，考虑需要哪些视图与主视图配合，以反映出零件的内外结构形状。选择其它视图时，应考虑以下几点：

(1) 每个视图都应有明确的表达重点，各个视图互相配合，互相补充而不重复。

(2) 视图数量要恰当，在把零件内、外结构形状表达清楚的前提下，视图数量尽量少，以便于画图和看图。

(3) 合理地布置视图位置，做到既使图样清晰美观，又便于读图。

8.2.3 各类典型零件的视图选择

零件种类繁多，结构形状也不尽相同。为了便于了解、分析与研究零件，通常根据零件的结构形状和用途及加工制造方面的特点，大致可以分成四类，即轴套类零件、盘盖类零件、叉架类零件和箱体类零件。

1. 轴套类零件

轴套类零件包括各种轴、套筒等。轴主要用来支承传动零件（如齿轮、带轮等）和传递动力。套筒一般是装在轴上或壳体孔中，用于定位、支承、导向和保护传动零件等。

1) 结构特点分析

轴套类零件结构通常比较简单，一般由大小不同的同轴回转体(圆柱、圆锥)组成，具有轴向尺寸大于径向尺寸的特点。轴有直轴和曲轴、光轴和阶梯轴、实心轴和空心轴之分。轴类零件上常见的结构有：

(1) 轴肩：阶梯轴上各部分不同的直径形成的台阶称轴肩。轴设计成阶梯状主要是两个方面的原因：①为了零件的轴向定位；②便于装配和加工。

(2) 螺纹、退刀槽：为了锁紧轴上零件，常在轴上设计出螺纹结构。在车削螺纹或阶梯轴台阶时，在其根部均有退刀槽，以便于加工和装配。

(3) 键槽：轴是通过键与传动件的连接来传递运动和动力。在轴上常开有键槽，它们的形状和尺寸都已标准化，键槽的表达常用局部视图和断面图。如图 8-2 所示。

(4) 倒角：为了便于装配和操作安全，在轴上各段的端部需加工出倒角，如图 8-2 所示。

(5) 圆角：在轴肩的根部设计成圆角，目的是减小应力集中，增大轴肩根部的强度。

(6) 中心孔：为了在车床和磨床上加工轴，在轴的两端都有中心孔，中心孔通常为标准结构要素。国家标准 GB/T4459.5-1999 规定了中心孔的形式和尺寸，见附表。

轴上结构根据需要，有时还会遇到砂轮越程槽、销孔、轴端螺孔等结构。

2) 视图选择

轴套类零件通常采用一个基本视图(主视图)，且轴线水平放置表达它的主要结构，使它符合车削和磨削的加工位置，以便于工人加工时看图。对轴上的孔、键槽等结构，一般用局部剖视、局部视图和断面图表示，对退刀槽、圆角等细小结构用局部放大图表达。中心孔可用规定标准代号表示(见附表)。轴的零件图如图 8-2(a)所示。

2. 盘盖类零件

在机器上常用的盘、盖类零件，包括齿轮、带轮、链轮、手轮及端盖、透盖、法兰盘等零件。轮一般用键、销与轴连接，用以传递扭矩。盘、盖可起支承、定位和密封等作用。

1) 结构特点

这类零件的结构形状特点是径向尺寸较大，轴向尺寸较小，零件的主体部分常是同轴回转体或其它几何形状的扁平盘状，常带有均布安装孔、轮辐、键槽、凸台、凹坑等结构，其毛坯多为铸件或锻件，加工方法以车削为主。

2) 视图选择

盘盖类零件一般选择两个基本视图，主视图采用剖视图表达内部结构，按加工位置将轴线水平放置，另一视图表示零件的外形轮廓及孔、轮辐等的相对位置。对细小结构可用局部放大图表达。如图 8-1 所示。

3. 叉架类零件

叉架类零件包括各种用途的叉杆和支架，主要用在变速机构、操纵机构和支承机构中，并起连接和支承作用，如拨叉、连杆、摇臂、支架等零件。叉架类零件的外形较为复杂，加工位置较多，其毛坯多为铸件和锻件。

1) 结构特点

由于叉架类零件的形状不规则，外形比较复杂，其结构按其功能的不同，常分为三部分：安装部分、连接部分和工作部分。

安装部分：拨叉类零件一般安放在传动轴上，其安装部分通常是带有键槽或螺孔的套筒。支架类零件主要用于支承机构，其安装部分一般为底座，并带有螺栓孔。

工作部分：用于操纵、连接和支承其它零件的部分为工作部分，如图 8-3 所示。

连接部分：将安装部分和工作部分连接成一个整体。通常由不同形状的筋板组成。

2) 视图选择

由于叉架类零件加工工序较多，各工序位置不同，故一般按工作位置和形状特征原则选择主视图。主视图通常采用局部剖视来表达主体外形和局部内形，一般用两个基本视图和一些局部视图、斜视图、断面图就可以表达清楚这一类零件。如图 8-3(a)所示，支架的主视图是按工作位置和形体特征原则选择的，表达了支架结构的形状特征，左上方的局部剖视表达开槽凸缘的上边是光孔、下边是螺孔。右下方固定板的局部剖视表示沉孔结构，移出断面图表达连接板的断面形状。左视图表示固定板形状及两个沉孔的分布情况，其上方的局部剖视表示圆柱筒是通的，*A* 向局部视图表示了开槽凸缘的形状。

4. 箱体类零件

箱体类零件一般是机器及部件的主要零件，起着支承和包容其它零件的作用，内外结构一般比较复杂。其毛坯多为铸件。

1) 结构特点

箱体类零件的结构根据其不同的作用大致分为以下几部分？

支承部分：支持运动件的部分，是箱体类零件的主要部分。一般需要有安装轴承的孔，在孔的两端有安装端盖的平面和螺孔。

润滑部分：为了使运动件得到良好的润滑，在箱体上常设有储油池、注油孔、放油孔、回油槽、油标孔以及各种油槽。

加强部分：为了使箱体受力和薄弱的部分得以加强，常采用筋板、凸台等方式增加强度。

安装连接部分：为了和其它零件连接一起，箱壳上有连接和安装的平面，并有定位的销孔和连接的螺栓孔。

箱壁部分　将支承与安装部分连接成一体，形成空腔的部分，它以壁板结构为主其形状多以所包容的零件形状而变化。

2) 视图选择

由于箱体类零件加工部位多，加工位置多变，因此主视图选择一般应考虑工作位置和显示形状特征原则。根据具体零件的不同，箱体类零件往往需要三个或三个以上的基本视图，并采用各种剖视图及其不同剖切方法来表达主体结构。基本视图没有表达清楚的部分可用局部视图、斜视图、局部剖视、断面图等表达。如图 8-4 所示的蜗轮减速箱

D — D
C — C
E
B
技术要求
1. 铸件不得有裂纹、夹渣、缩松等铸造缺陷。
2. 未注倒角为2x45°.
3. 未注铸造为R3.
蜗轮减速箱体
材料
HT200
比例
数量
图号
制图
审核

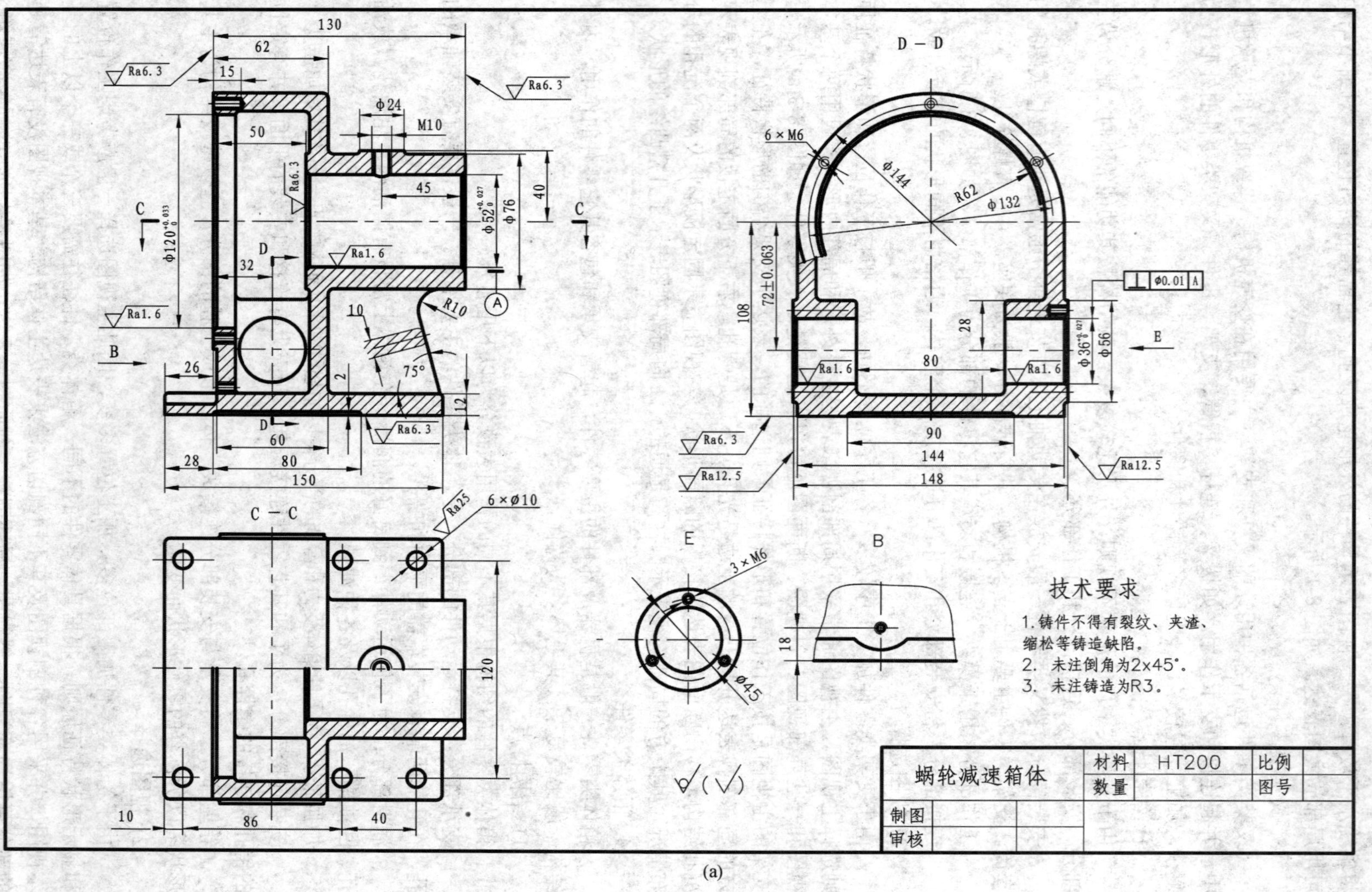

(a)

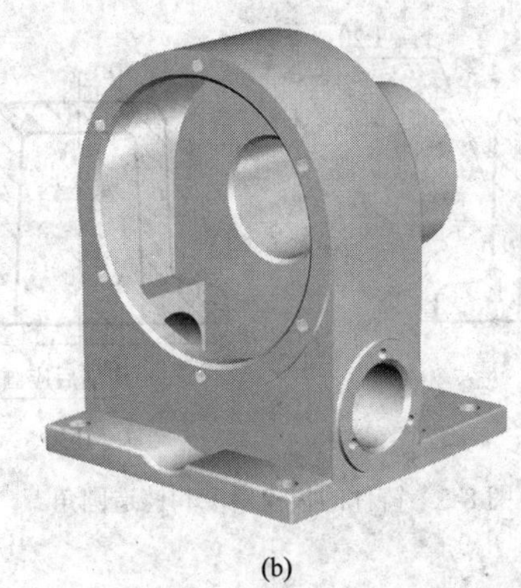

(b)

图 8-4 蜗轮减速箱体

(a) 蜗轮减速箱体零件图；(b) 蜗轮减速箱体立体图。

体，主视图采用了全剖视，清楚地反映出内部孔腔结构；俯视图前、后对称，采用半剖视，表示出壳体和套筒的壁厚；左视图采用局部剖，既表达了壳体下部前后两轴孔的形状，又保留了壳体左端面上六个螺孔的分布情况；*E* 向局部视图表达了壳体前面凸缘(因主视图全剖而被剖去)，*B* 向局部视图反映底面凹槽的形状，主视图上肋板部分的重合断面表示肋板断面圆角的实形。

8.3 零件上常见的工艺结构

零件的结构和形状，不仅要满足零件在机器中的使用要求，而且在制造零件时还要符合制造工艺要求。零件的工艺结构，多数是在生产过程中满足加工和装配要求而设置的。因此，在设计和绘制零件工作图时，必须把这些工艺结构绘制或标注在零件工作图上，以便于加工和装配。

8.3.1 铸造工艺结构

1. 拔模斜度

在铸件造型时，为了方便取模，在铸件的内、外壁沿起模方向应有一定的的斜度，称为拔模斜度。一般斜度为 1∶20，铸造零件的拔模斜度在图中可不画、不标注，必要时可在技术要求或图形中注明，如图 8-5(a)所示。

2. 铸造圆角

为了便于铸件造型时拔模，避免铸件冷却时产生裂纹和缩孔，在铸件表面转折处应制成圆角，这种圆角称铸造圆角。零件图上一般应画出铸造圆角，一般为 *R*=2mm～5mm，在技术要求中统一注明，不必在图上一一注出。若是经过切削加工后的转折处则应画成尖角，因为这时圆角已被切削掉。如图 8-5(b)所示。

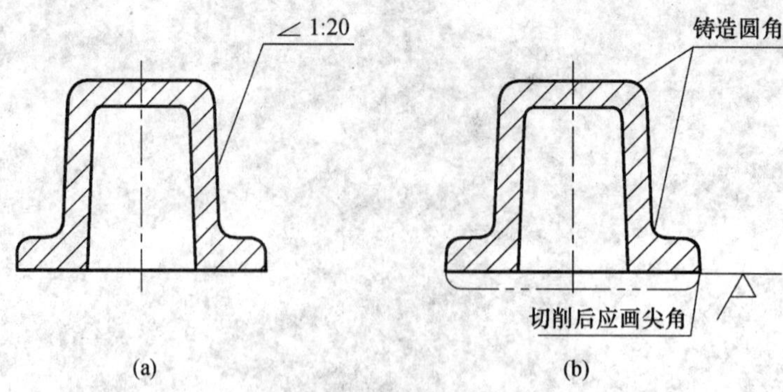

图 8-5 铸件的拔模斜度和铸造圆角

3. 铸件壁厚

铸件壁厚若不均匀，液态金属的冷却速度就不一样，容易形成缩孔或产生裂纹，如图 8-6(a)所示，在设计铸件时，壁厚应尽量均匀或逐渐过渡如图 8-6(b)、(c)，为保证铸件液态金属的流动性，铸件的壁厚不应小于 3mm～8mm。

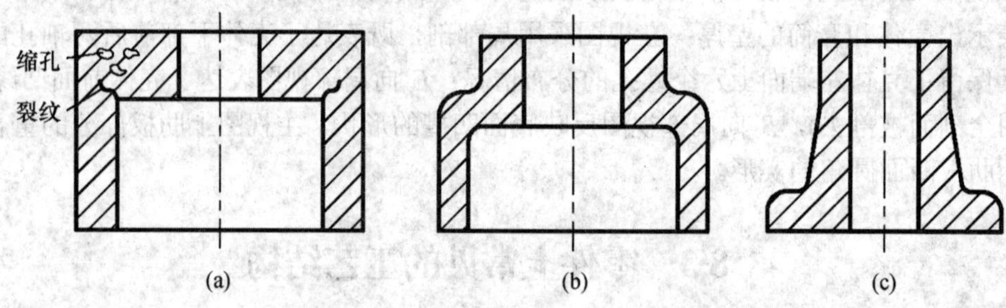

图 8-6 铸件壁厚要均匀或逐渐变化

4. 过渡线的画法

由于铸件或锻件毛坯表面的转角处有圆角，其表面交线模糊不清，为了便于看图仍要画出交线，但交线两端空出不与轮廓线相交，这种交线叫过渡线(可见过渡线用细实线表示)。常见过渡线的画法如图 8-7、图 8-8、图 8-9 所示。

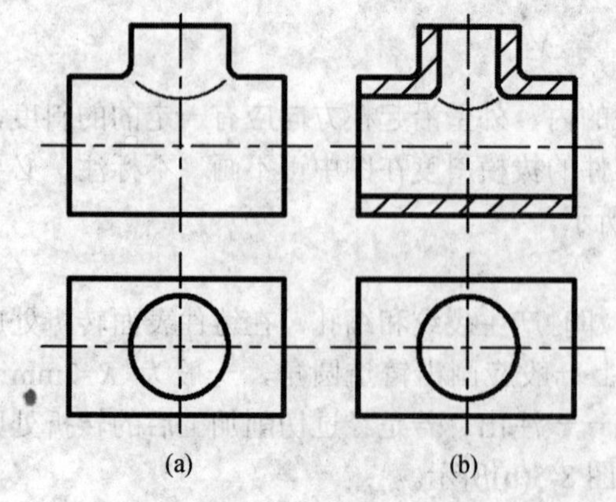

图 8-7 两曲面相交的过渡线画法

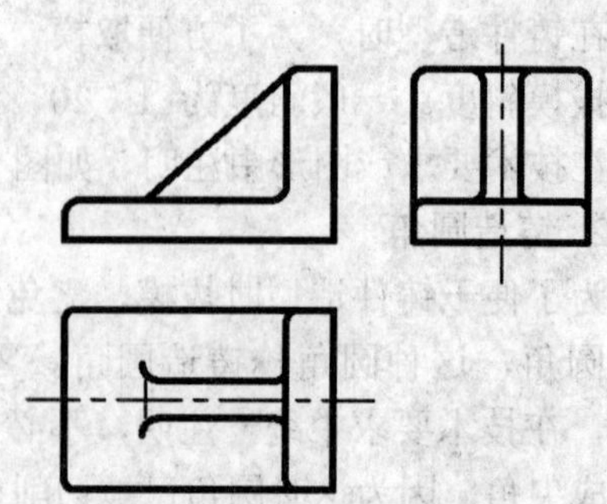

图 8-8 平面与平面相交的过渡线画法

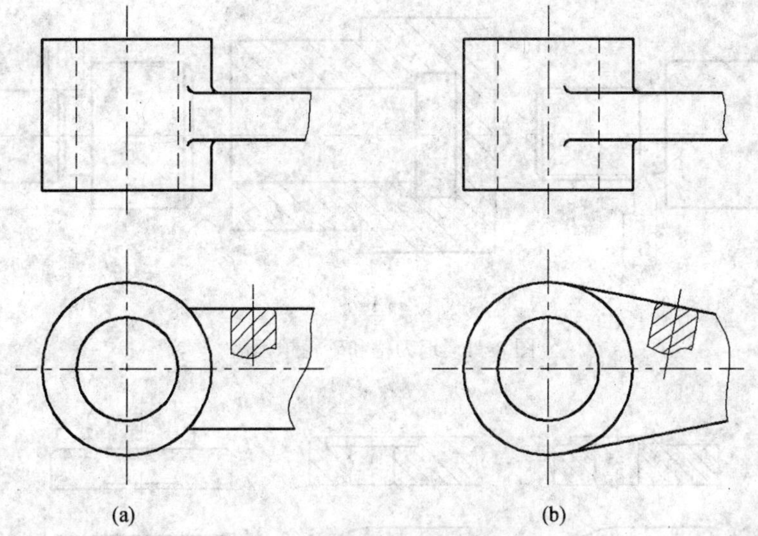

图 8-9　肋板与圆柱的过渡线画法

(a) 相交；(b) 相切。

8.3.2　机械加工工艺结构

1．倒角和圆角

为了去除零件加工表面转角处的毛刺、锐边和便于零件装配，一般在轴和孔的端部加工出倒角。为了避免阶梯轴轴肩的根部因应力集中而容易断裂，故在轴肩的根部加工成圆角。倒角多为 45°，也有时为 30° 或 60°。45° 倒角可用 C 表示，其它角度的倒角应分别注出倒角宽度值和角度，如图 8-10 所示。

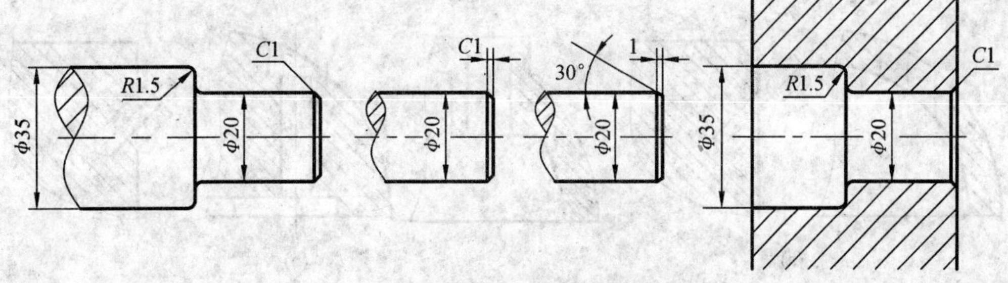

图 8-10　倒角和圆角的画法

2. 退刀槽、砂轮越程槽

为了在加工工件时便于刀具进入或退出，以及使相邻两零件在装配时容易靠紧，或者为了保证切削加工精度，常在加工表面的台肩处预先加工出退刀槽(图 8-11(a)、(b))和砂轮越程槽(如图 8-11(c)所示)。

3. 凸台、凹坑

为了保证两零件表面接触良好，以及尽可能减少加工面和接触面，一般在零件的表面制成凸台或凹坑等结构，如图 8-12 所示。

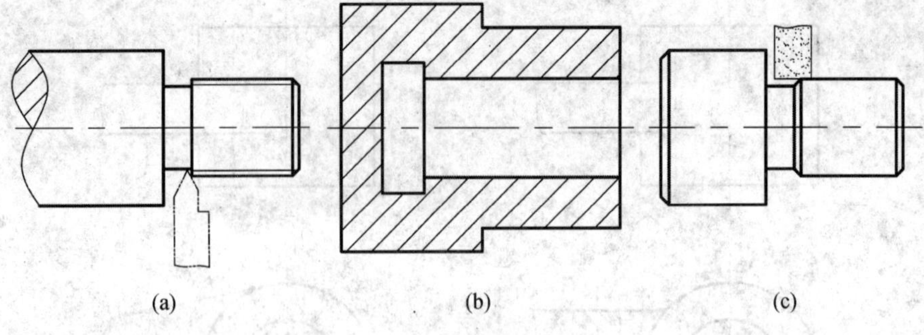

图 8-11　退刀槽和砂轮越程槽

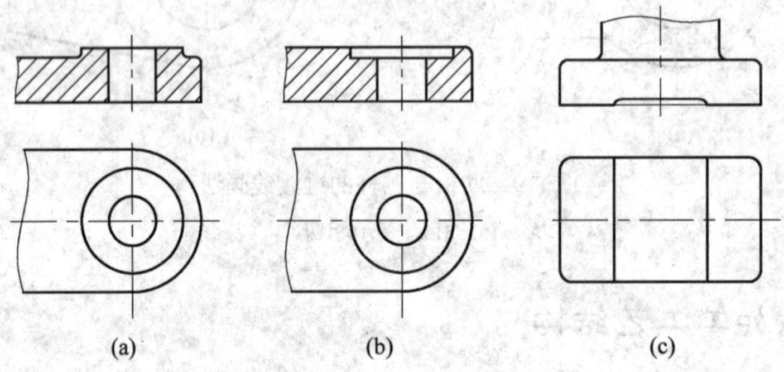

图 8-12　凸台和凹坑

4. 钻孔结构

在钻孔时，应尽量使钻头垂直于孔端表面，以避免钻头歪斜、折断。当孔端表面是斜面或曲面时，则应先把该表面制成与钻头垂直的凸台或凹坑，然后再钻孔。如图 8-13 所示。

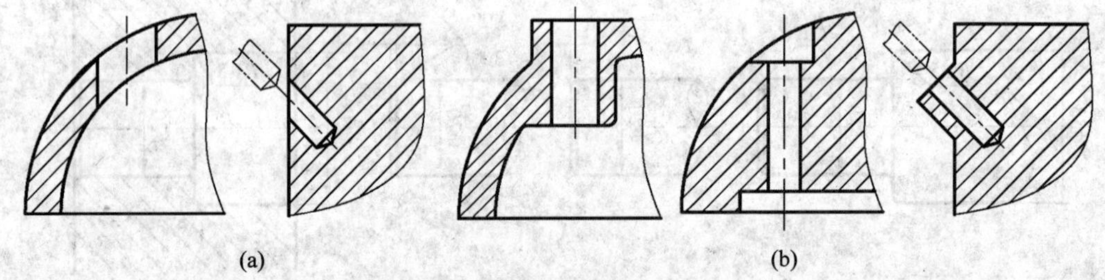

图 8-13　钻孔结构

(a) 不正确；(b) 正确。

8.4　零件图的尺寸标注

零件图中标注的尺寸是加工和检验零件的重要依据。在零件图上标注尺寸，除了要做到完整、正确、清晰外，着重解决合理标注尺寸的问题。所谓合理性，是指所标注的尺寸能够满足设计和加工工艺要求。要把尺寸注得合理，需要有一定的实践经验和专业知识，要对零件进行形体、结构分析和工艺分析，才能恰当地选择尺寸基准，合理地选择尺寸标注形式。这里主要介绍一些合理标注尺寸的基本知识和注意的问题。

8.4.1 尺寸基准的选择

标注和测量尺寸的起点称为尺寸基准。要合理标注尺寸，首先要选择恰当的尺寸基准。下面主要介绍设计基准和工艺基准。

1. 设计基准

零件在机器或部件中工作时用以确定其位置的一些面、线或点称为设计基准

如图 8-14(a)所示的轴承架，在机器中是用接触面Ⅰ、Ⅲ和对称面Ⅱ来定位的，以保证下面 $\phi25^{+0.033}_{0}$ 轴孔的轴线与对面另一个轴承架(或其它零件)上轴孔的轴线在同一直线上，并使相对的两个轴孔的端面间的距离达到必要的精确度。因此，上述这三个平面是轴承架的设计基准。

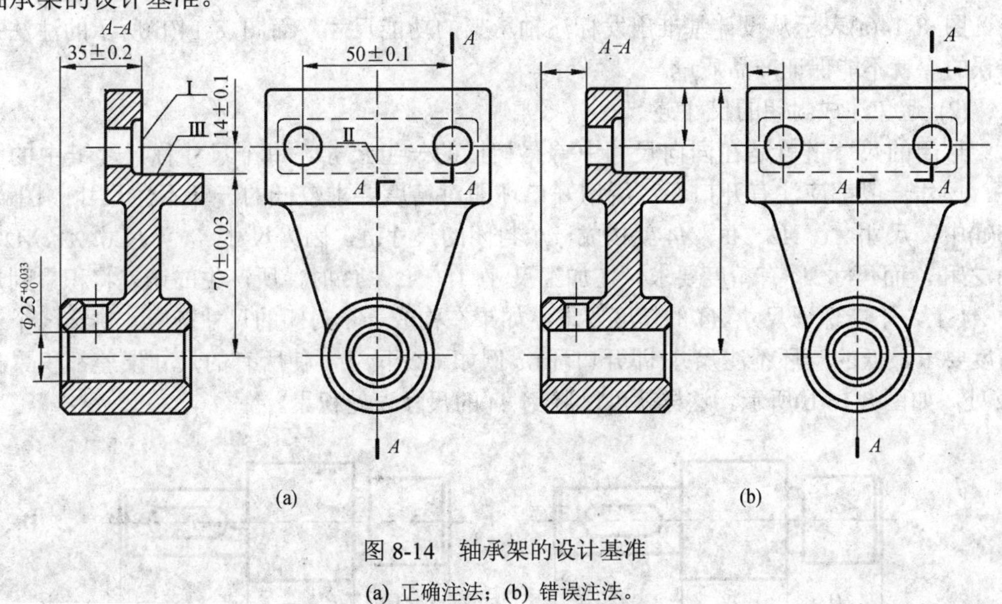

图 8-14 轴承架的设计基准

(a) 正确注法；(b) 错误注法。

2. 工艺基准

零件在加工和测量时用以确定其位置的一些面、线或点称为工艺基准。如图 8-15 所示的套，加工、测量时是以轴线和右端面作为径向和轴向的基准。因此该零件的轴线和右端面为工艺基准。

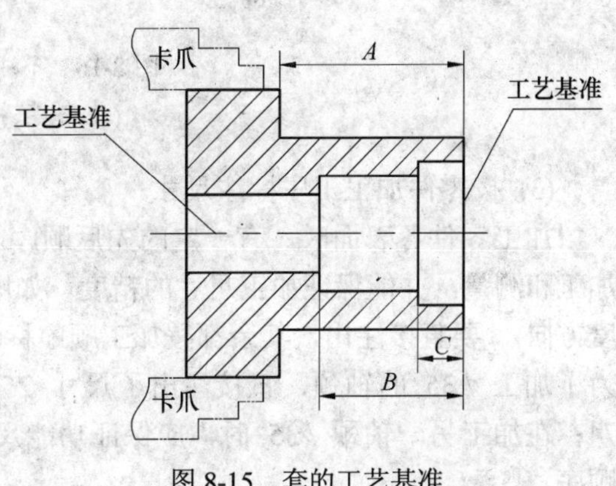

图 8-15 套的工艺基准

每个零件都有长、宽、高三个方向的尺寸，因此每个方向至少要有一个尺寸基准，当同一方向有几个基准时，其中必定有一个是主要基准，其余的则为辅助基准。主要基准与辅助基准之间应有尺寸联系。

从设计基准出发标注尺寸，能反映设

计要求，保证零件在机器中的工作性能；从工艺基准出发标注尺寸，则便于加工和测量。因此，在设计工作中，尽量使设计基准和工艺基准一致，称之为“基准重合原则”，这样可以减少尺寸误差。当设计基准和工艺基准不一致时，所注尺寸应在保证设计要求的前提下，力求满足工艺要求。

8.4.2 合理标注尺寸应注意的事项

(1) 零件上的功能尺寸必须直接注出。

影响产品工作性能、精度和互换性的尺寸，称为功能尺寸。例如，零件的规格、性能尺寸、配合面的尺寸、与其它零件的连接和安装尺寸，以及影响零件在部件中准确位置的尺寸。这些尺寸都必须在零件图上直接标注出来，一般还应注出它们的尺寸公差和精度要求。

图 8-14(a)表示从设计基准出发标注轴承架的功能尺寸，而图 8-14(b)所示的注法是错误的，就不能保证产品质量。

(2) 避免注成封闭的尺寸链。

封闭的尺寸链就是在同向尺寸中首尾相接的一组尺寸，每个尺寸称尺寸链中的一环。尺寸一般都应注有开口环，所谓开口环即对精度要求较低的一环不注尺寸。图 8-16(a)中，尺寸 $A1$、$A2$、$A3$、$A4$ 就构成一个封闭的尺寸链，因为尺寸 $A4$ 为尺寸 $A1$、$A2$、$A3$ 之和，而尺寸 $A4$ 有精度要求。在加工尺寸 $A1$、$A2$、$A3$ 时，所产生的误差将积累到尺寸 $A4$ 上，不能保证尺寸 $A4$ 的精度要求。如果在构成一个封闭的尺寸链中，挑选一个对精度要求最低的一环不注尺寸(即开口环)，例如 $A2$ 尺寸，使所有的尺寸误差都积累在 $A2$ 处，如图 8-16(b)所示。这样就可以避免 $A4$ 的尺寸误差积累。

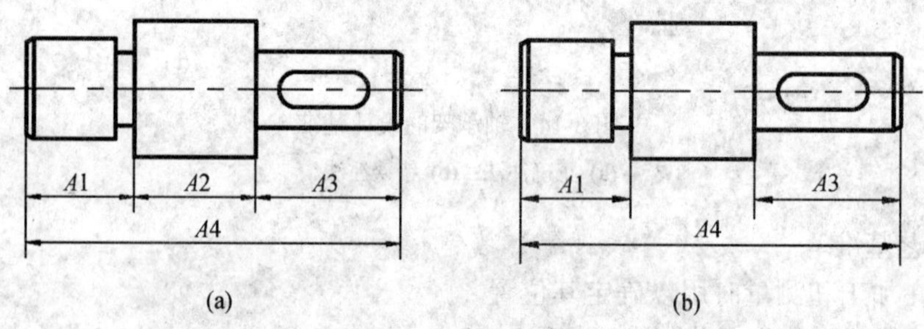

图 8-16 不注封闭尺寸链

(a) 错误；(b) 正确。

(3) 按零件加工工序标注尺寸。

加工零件各表面时，有一定的先后顺序。标注尺寸应尽量与加工工序一致，以便于加工和测量，并能保证加工尺寸的精度。如图 8-17 所示的轴，仅尺寸 51 是功能尺寸(长度方向)，要直接注出，其余都按加工顺序标注。为了便于备料，注出了轴的总长 128；为了加工 $\phi35$ 的轴颈，直接注出了尺寸 25。调头加工 $\phi40$ 的部位，直接注出了尺寸 74；在加工另一轴颈 $\phi35$ 时，应保证功能尺寸 51。这样既保证设计要求，又符合加工顺序。

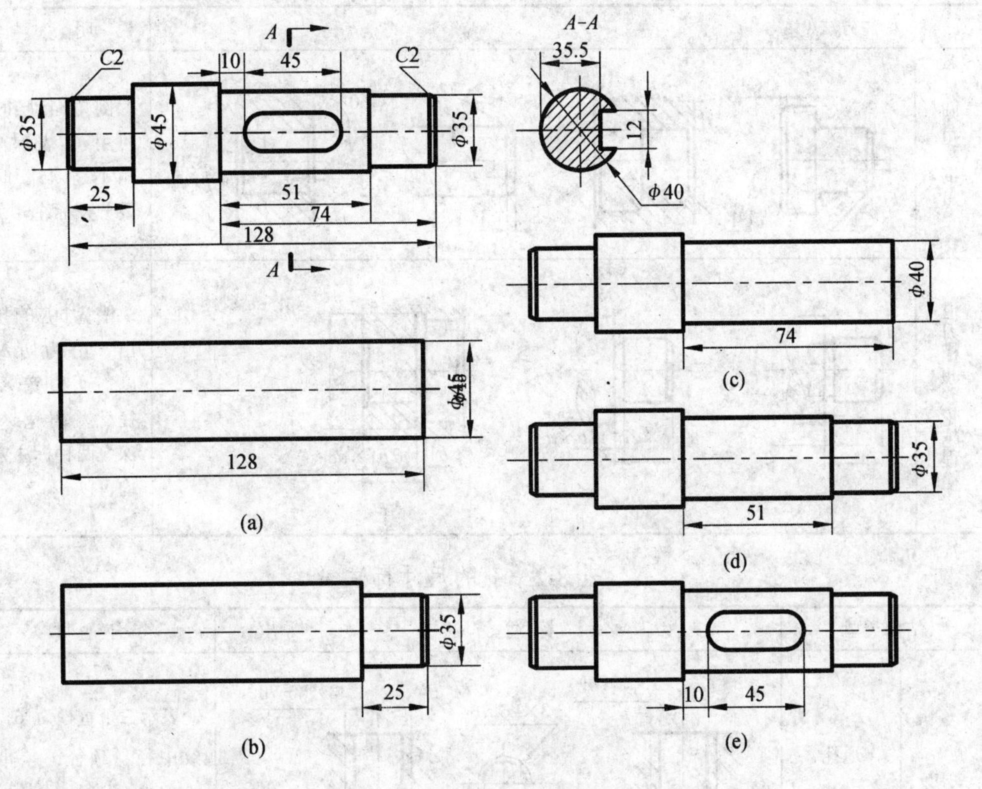

图 8-17　尺寸标注与加工顺序

(4) 标注尺寸要便于测量。

注尺寸要考虑测量方便，尽量做到使用普通量具就能直接测量，以减少专用量具的设计和制造。如图 8-18(a)、(b)为套筒件轴向尺寸的两种注法。

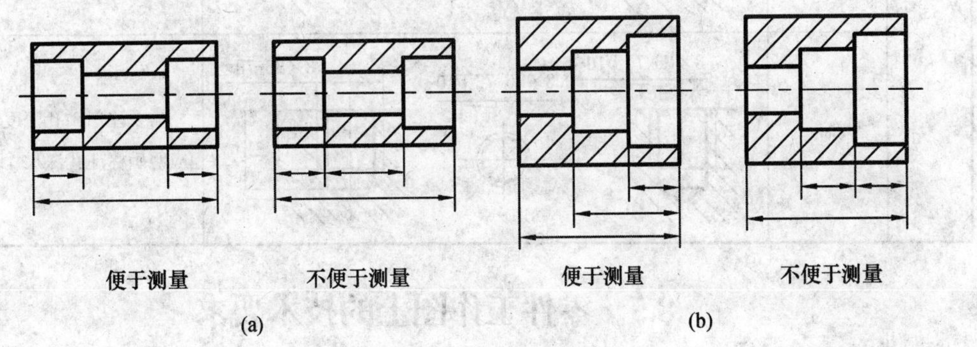

图 8-18　标注尺寸要便于测量

(5) 零件常见典型结构的尺寸注法，见表 8-1 和表 8-2。

表 8-1　圆角和倒角、退刀槽及砂轮越程槽尺寸标注

	标注方法	说　明
圆角和倒角	C1　R1　C1　R1　C1　30°　1　60°　1　1　120°	倒角 45° 时，可用 C 表示，倒角不是 45° 时，要分开标注
退刀槽和砂轮越程槽	d1　b　b×d1　或b×a　d3　b1　或b1×d3	槽宽 b 应直接注出，n 为切入深度，“槽宽×直径”“槽宽×槽深”两种标注方法均可以

表 8-2　孔的尺寸标注

结构类型		标 注 方 法	说　明
螺孔	通孔	3×M6-7H　3×M6 7H　3×M6-7H	表示三个直径为 6，螺纹中径、顶径公差带为 7H，均匀分布的螺孔
	不通孔	3×M6-7H↧10　3×M6-7H↧10　3×M6-7H　10	螺孔的深度为 0
	不通孔	3×M6 7H↧10 孔↧12　3×M6 7H↧10 孔↧12　3×M6-7H　10　12	需要注出钻孔深度时，应明确标注孔深尺寸

8.5　零件工作图上的技术要求

一张完整的零件工作图，除了表达零件的结构形状的一组图形和表达其大小的一组尺寸外，还应使用各种符号或文字来注明该零件的全部技术要求，这些技术要求包括对零件的设计、加工、检验、修饰以及与其他零件装配及使用等方面的内容。技术要求提得是否恰当，关系到零件的加工方法、精度和使用寿命。技术要求涉及面广，它必须具

备许多综合的专业知识。本节仅介绍极限与配合、表面粗糙度、形状和位置公差以及材料及热处理等方面的基本知识和标注方法。

8.5.1 极限与配合

1. 互换性

在现代化的成批或大量生产中，互换性是工业产品必备的基本性质。所谓“互换性”，就是指在同一批规格大小相同的零件，任意取其中一个零件，不经选择和任何其他加工及修配，就能装配成完全符合规定要求的产品。零件具有互换性，不仅便于采用先进设备和加工的流水线作业，而且大大简化了零件的设计和制造过程，有利于各企业间的相互协作，缩短生产周期，提高劳动生产率，降低生产成本，便于装配和维修，保证产品质量。标准化是互换性的保证，国家标准 GB/T1800.1～4-1998 对尺寸极限与配合分别作了基本规定，下面择要介绍。

2．公差的基本术语和定义

在零件的加工过程中，由于受到机床、刀具、测量和操作者技术水平等方面的影响，加工出来的零件尺寸不可能绝对准确，必然存在着一定的误差。因此，在设计时为了保证零件的互换性，应根据零件的使用和加工要求，将零件尺寸的加工误差限制在一定的范围内，规定出尺寸的允许变动量，因而形成了公差与配合的一系列概念。下面以图 8-19 为例说明公差的基本术语和定义

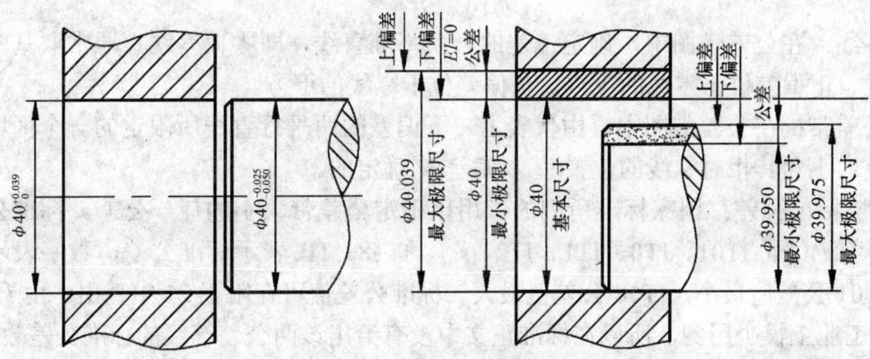

图 8-19 尺寸公差名词解释及公差带图

(1) 基本尺寸：是在设计时根据零件的结构、使用要求以及力学性质和加工等方面确定的尺寸。在国家标准《极限与配合 基础》中定义为：通过它应用上、下偏差可算出极限尺寸的尺寸，如 ϕ40。它只表示零件的基本尺寸，并不是零件实际加工的尺寸。

(2) 实际尺寸：通过测量获得的尺寸。实际尺寸包含实际测量误差。

(3) 极限尺寸：允许零件尺寸变化的两个极限值。它以基本尺寸为基数来确定，其中较大的一个称为最大极限尺寸，如 ϕ40.039(孔)，ϕ39.972(轴)；较小的一个称为最小极限尺寸，如 ϕ40(孔)，ϕ39.950(轴)。

(4) 尺寸偏差(简称偏差)：某一尺寸减其基本尺寸所得代数差。极限尺寸减其基本尺寸所得代数差称为极限偏差。极限偏差分为上偏差和下偏差，上偏差等于最大极限尺寸减去基本尺寸，下偏差等于最小极限尺寸减去基本尺寸。国标规定了偏差代号：孔的

上偏差用 *ES*、孔的下偏差用 *EI* 表示；轴的上偏差用 *es*、轴的下偏差用 *ei* 表示。偏差可以为正、负或零值。如图 8-19 所示，*ES*=40.039−40=+0.039，*EI*=40−40=0。*es*=39.975−40=−0.025，*ei*=39.950−40=−0.050。

(5) 尺寸公差：允许尺寸的变动量，简称公差。尺寸公差等于最大极限尺寸与最小极限尺寸之代数差或上偏差与下偏差之差。这里注意，公差仅表示尺寸允许变动的范围，所以是绝对值而不是代数值。如图 8-19 所示，孔的公差=40.039−40=0.039，轴的公差=39.975−39.950=0.025。

(6) 零线、公差带和公差带图　由于公差及偏差的数值与尺寸数值相比，差别很大，不便用同一比例表示，故采用适当的比例画成两个极限偏差表示的公差带，称为公差带图，如图 8-20 所示。

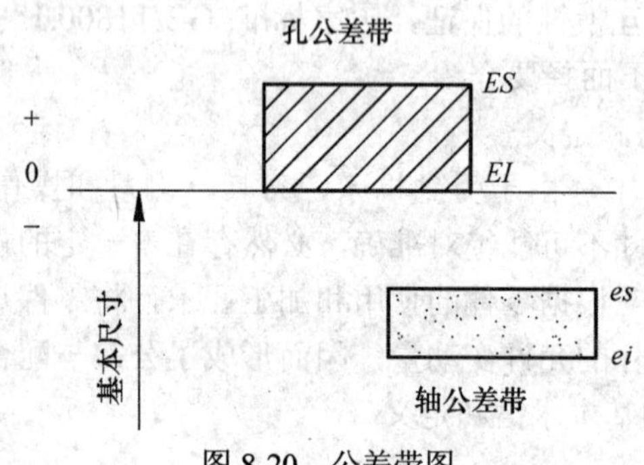

图 8-20　公差带图

零线：在公差带图中，确定偏差的一条基准直线，即零偏差线。通常取基本尺寸作为零线。正偏差位于零线的上方，负偏差位于零线的下方。

公差带：在公差带图中，由代表上、下偏差的两平行直线所限定的一个区域。它是由公差大小和其相对零线的位置(基本偏差)来确定的。

(7) 标准公差：国家标准所列的，用以确定公差带大小的任一公差。标准公差分为 20 个等级，即 IT01、IT0、IT1、IT2、…、IT18。IT 表示标准公差，数字表示公差等级，IT01 公差值最小，IT18 公差值最大。标准公差值可在附表 21 中查出。由于 IT01 和 IT0 在工业上很少用到，所以在标准正文中没有给出该两公差等级的标准公差数值。

(8) 基本偏差　国家标准所列的，用以确定公差带相对于零线位置的上偏差或下偏差。一般指靠近零线的那个偏差，如图 8-21 所示。孔和轴的基本偏差系列共有 28 种。它的代号分别用大、小写拉丁字母表示。大写表示孔、小写表示轴。当公差带在零线的上方时，基本偏差为下偏差，反之则为上偏差。在基本偏差系中，A～H(a～h)的基本偏差用于间隙配合，J～ZC(j～zc)用于过渡配合和过盈配合。基本偏差数值可从国标和有关手册中查得。

3. 配合

基本尺寸相同的，相互结合的孔和轴公差带之间的关系称为配合。根据使用要求相互结合孔与轴公差带之间的不同，国家标准规定配合分成三类：

(1) 间隙配合：保证具有间隙(包括最小间隙等于零)的配合，称为间隙配合。从孔、轴公差带来看，孔的公差带在轴的公差带之上，就形成间隙配合。如图 8-22 所示中的公差带在轴公差带之上，故它们之间的为间隙配合。

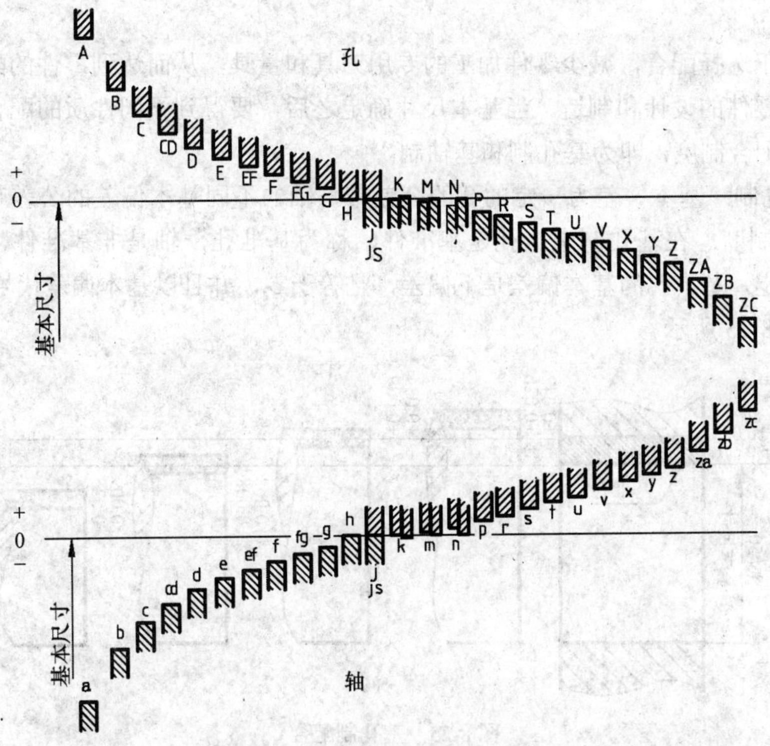

图 8-21　孔和轴的基本偏差系列

(2) 过盈配合：保证具有过盈(包括最小过盈等于零)的配合，称为过盈配合。从孔、轴公差带来看，孔的公差带在轴的公差带之下，就形成过盈配合，如图 8-23 所示。

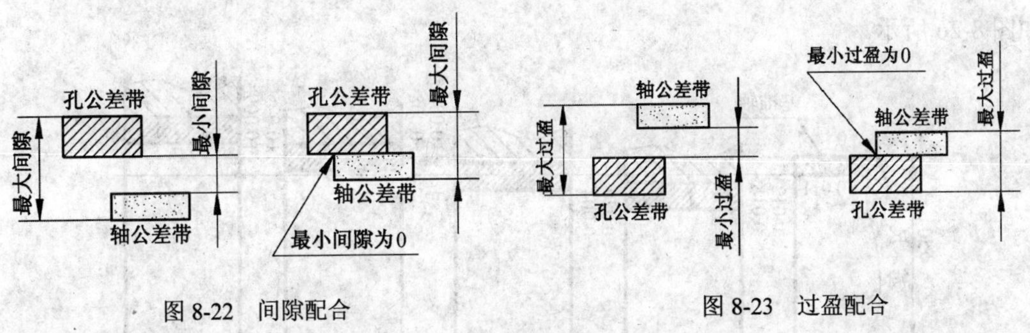

图 8-22　间隙配合

图 8-23　过盈配合

(3) 过渡配合：可能具有间隙也可能具有过盈的配合，称为过渡配合。此时，孔的公差带与轴的公差带相互交迭，如图 8-24 所示。

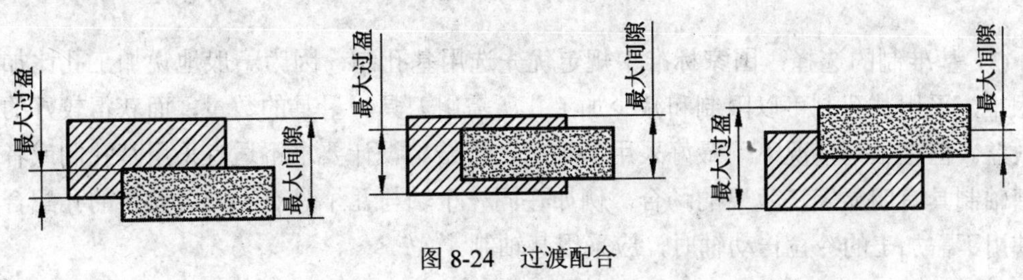

图 8-24　过渡配合

4. 配合制度

为了便于选择配合，减少零件加工的专用刀具和量具，从而达到零件的配合性质要求，以便于零件的设计和制造。当基本尺寸确定之后，要得到不同性质的配合，国家标准规定两种配合制度，即为基孔制和基轴制。

(1) 基孔制：基本偏差为一定的孔的公差带与轴的不同基本偏差的公差带形成各种配合的一种制度。在基孔制中，孔是基准件，称为基准孔，轴是非基准件，称为配合轴。同时规定，基准孔的基本偏差是下偏差，且等于零，并且以基本偏差代号 H 表示基孔制，如图 8-25 所示。

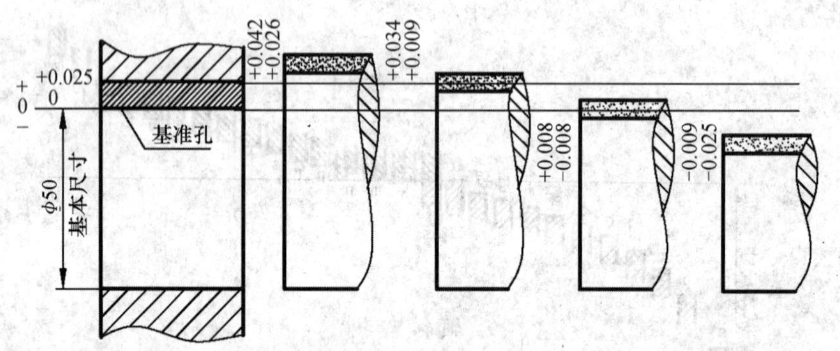

图 8-25　基孔制配合

(2) 基轴制：基本偏差为一定轴的公差带与不同基本偏差的孔的公差带形成各种配合的一种制度。在基轴制中，轴是基准件，称为基准轴，孔是非基准孔，称为配合孔。同时规定，基准轴的基本偏差是上偏差，且等于零，并以基本偏差代号 h 表示基轴制，如图 8-26 所示。

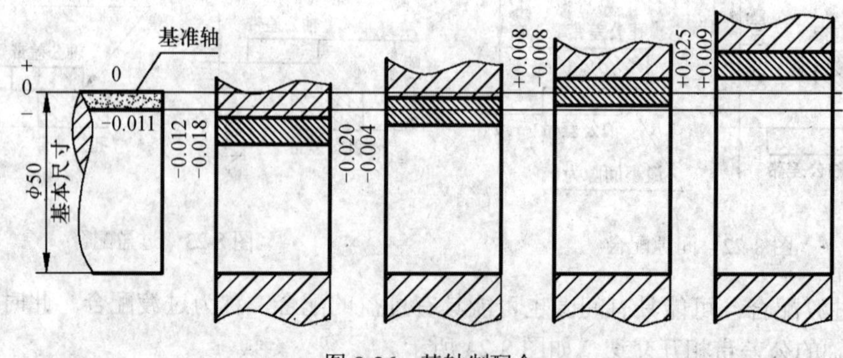

图 8-26　基轴制配合

(3) 基准制的选择：国家标准中规定优先选用基孔制，因为一般地说加工孔比加工轴困难，采用基孔制可以限制和减少加工孔所需用刀具、量具的数量，而获得较好的经济效益。但在下列情况下，最好采用基轴制，当结构设计要求不适宜采用基孔制或者采用基轴制具有明显经济效果的场合。例如在同一个轴与几个具有不同公差带的孔配合或当使用不需加工的冷拉传动轴时，应采用基轴制。

5. 优先配合与常用配合

国家标准规定的基孔制常用配合 59 种，其中优先配合 13 种，见表 8-3。基轴制的常用配合 47 种，其中优先配合 13 种，见表 8-4。

6. 公差与配合在图样上的标注

1) 公差在零件图中的标注

在零件图中标注线性尺寸的公差有三种形式，如图 8-27 所示：①在孔和轴的基本尺寸后面标注公差带代号，这种注法常用于大批量生产中，由于需采用专用量具检验零件，因此不需要标注出偏差值。②在孔和轴的基本尺寸后面只注写上、下偏差数值，上、下偏差数字的高度为尺寸数字高度的 2/3，且下偏差的数字与尺寸数字在同一水平线上，这种注法常用于小批量或单件生产，以便于加工检验时对照。在零件图中多采用此种标注方法。③在孔和轴的基本尺寸后面既标注公差带代号又注上、下偏差数值，但偏差数值要加注括号。这种注法主要用于非标准配合。当标注偏差数值时，上、下偏差的小数点必须对齐，小数点后右端的“0”一般不予注出，如果为了使上、下偏差的小数点后的位数相同，可以用“0”补充；当上偏差或下偏差为“零”时，用数字“0”标出，并与上偏差或下偏差的小数点前的个位数对齐；当公差带相对于基本尺寸对称配置，即两个偏差的绝对值相同时，偏差只需标注一次，并应在偏差与基本尺寸之间注出符号“±”，且两者数字高度相同。

2) 配合在装配图中的标注

配合代号由相配的孔和轴的公差带代号组成，用分数式写在基本尺寸的右边，分子为孔的公差带代号，分母为轴的公差带代号。如 $\phi 40\frac{H8}{f7}$。配合在装配图中标注有以下三种形式，如图 8-28 所示：①标注孔和轴的配合代号；这种注法应用最多；②零件与标准件或外购件配合时，可仅标注该零件的公差带代号，如轴颈与滚动轴承内圈的配合，机座孔与滚动轴承外圈的配合；③标注孔、轴的偏差值，这种标注主要用于非标准配合。

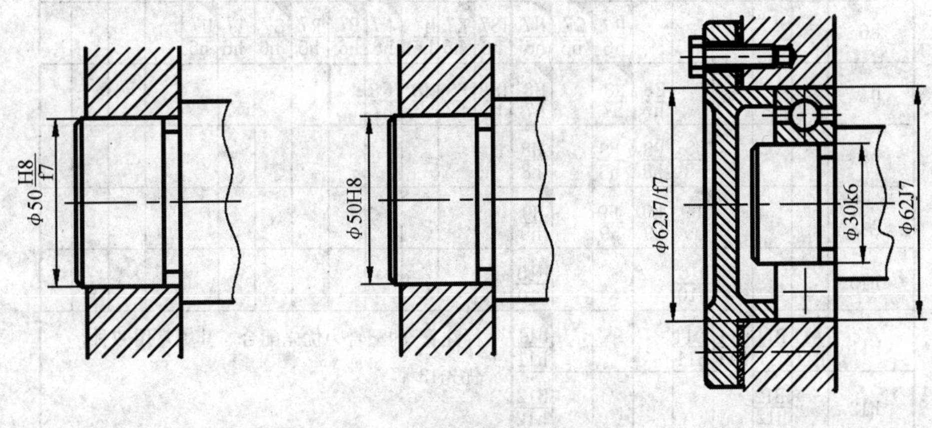

图 8-27　公差在零件图中的标注

表 8-3 基孔制优先、常用配合

基准孔	轴																				
	a	b	c	d	e	f	g	h	js	k	m	n	p	r	s	t	u	v	x	y	z
	间隙配合								过渡配合			过盈配合									
H6						H6/f5	H6/g5	H6/h5	H6/js5	H6/k5	H6/m5	H6/n5	H6/p5	H6/r5	H6/s5	H6/t5					
H7						H7/f6	◤H7/g6	◤H7/h6	H7/js6	◤H7/k6	H7/m6	◤H7/n6	◤H7/p6	H7/r6	◤H7/s6	H7/t6	◤H7/u6	H7/v6	H7/x6	H7/y6	H7/z6
H8					H8/e7	◤H8/f7	H8/g7	◤H8/h7	H8/js7	H8/k7	H8/m7	H8/n7	H8/p7	H8/r7	H8/s7	H8/t7	H8/u7				
				H8/d8	H8/e8	H8/f8		H8/h8													
H9			H9/c9	◤H9/d9	H9/e9	H9/f9		◤H9/h9													
H10			H10/c10	H10/d10				H10/h10													
H11	H11/a11	H11/b11	◤H11/c11	H11/d11				◤H11/h11	标注◤的配合为优先配合。其中常用59种，优先13种												
H12		H12/b12						H12/h12													

表 8-4 基轴制优先、常用配合

基准轴	孔																				
	A	B	C	D	E	F	G	H	JS	K	M	N	P	R	S	T	U	V	X	Y	Z
	间隙配合								过渡配合			过盈配合									
h5						F6/h5	G6/h5	H6/h5	JS6/h5	K6/h5	M6/h5	N6/h5	P6/h5	R6/h5	S6/h5	T6/h5					
h6						F7/h6	◤G7/h6	◤H7/h6	JS7/h6	◤K7/h6	M7/h6	◤N7/h6	◤P7/h6	R7/h6	◤S7/h6	T7/h6	◤U7/h6				
h7					E8/h7	◤F8/h7		◤H8/h7	JS8/h7	K8/h7	M8/h7	N8/h7									
h8				D8/h8	E8/h8	F8/h8		H8/h8													
h9				◤D9/h9	E9/h9	F9/h9		◤H9/h9													
h10				D10/h10				H10/h10													
h11	A11/h11	B11/h11	◤C11/h11	D11/h11				◤H11/h11	标注◤的配合为优先配合。其中常用47种，优先13种												
h12		B12/h12						H12/h12													

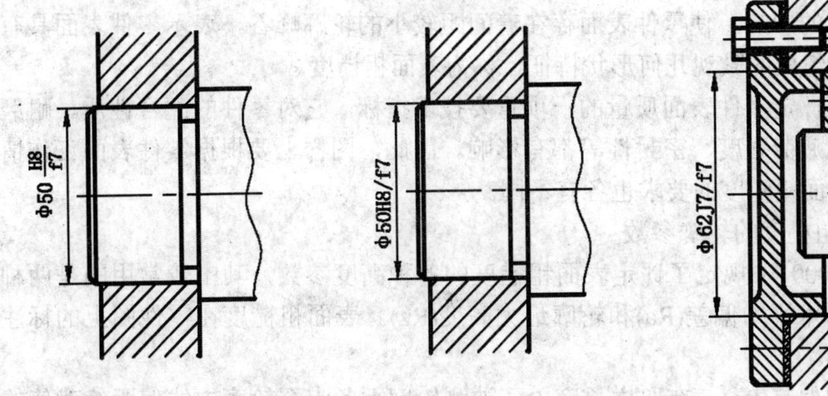

图 8-28　配合在装配图中的标注

7. 配合代号的识别、查表

1)配合代号的识别

【例 1】　$\phi 40\, H_8 \cdot f^7$_基本尺寸为 40，基孔制的间隙配合。

其中，H8——基准孔的公差带代号，基本偏差为 H，公差等级为 8 级。

f7——轴的公差带代号，基本偏差为 f，公差等级为 7 级。

【例 2】　$\phi 20\, p_8 \cdot h_7$ — 基本尺寸为 20，基轴制的过盈配合。

其中，P8——孔的公差带代号，基本偏差为 P，公差等级为 8 级。

h7——基准轴的公差带代号，基本偏差为 h，公差等级为 7 级。

【例 3】　$\phi 30\, H7 \cdot n_6$ — 基本尺寸为 30，基孔制的过渡配合。

其中，H7——基准孔的公差带代号，基本偏差为 H，公差等级为 7 级。

n6——轴的公差带代号，基本偏差为 n，公差等级为 6 级。

2) 配合代号的查表

如果已知基本尺寸和公差带代号，则可从极限偏差表中查得尺寸的上、下偏差值。例如$\phi 40\, H8 \cdot f^7$ 的偏差值，由附表 24 查得ϕ40H8 的偏差值。在附表 24 中由尺寸段大于 30～40 横行和孔的公差带代号 H8 的纵列相交处查得，并写成$\phi 40^{+0.039}_{0}$。由附表 23 查得ϕ40f7 的偏差值。在附表 23 中由尺寸段大于 30～40 横行和轴的公差带代号 f7 的纵列相交处查得，并写成$\phi 40^{-0.025}_{-0.050}$。

8.5.2　表面结构

在机械图样上，为保证零件装配后的使用要求，除了对零件各部分结构的尺寸、形状和位置给出公差要求，还要根据功能需要对零件的表面质量—表面结构给出要求。表面结构是表面粗糙度、表面波纹度、表面缺陷、表面纹理和表面几何形状的总称。表面结构的各项要求在图样上的表示法在 GB/T131—2006 中均有具体规定。这里主要介绍常用的表面粗糙度表示法。

1. 表面粗糙度的概念

零件在加工时，由于刀具在零件表面上留下的刀痕、切削时表面金属的塑性变形和机床的震动等因素的影响，使零件表面存在着间距较小的轮廓峰谷，表示零件表面具有较小间距和峰谷所组成的微观几何形状特征，称为表面粗糙度。

表面粗糙度是评定零件表面质量的一项重要技术指标，它对零件的配合性质、耐磨性、抗腐蚀性、抗疲劳强度、密封性等都有影响。因此，图样上要根据零件表面工作情况不同，对零件表面粗糙度的要求也各有不同。

2. 评定表面粗糙度的轮廓参数

GB/T3505—2000 中规定了评定表面粗糙度的各种高度参数，其中较常用的是两种高度参数：轮廓算术平均偏差(Ra)和轮廓最大高度(Rz)。表面粗糙度在零件图上的标注见 GB/T131—2006。

轮廓算术平均偏差(Ra)：在取样长度内，被测轮廓上各点至轮廓中线偏距绝对值的算术平均值。

轮廓最大高度(Rz)：在取样长度内轮廓峰顶线和轮廓谷底线之间的距离。

在实际应用中，以轮廓算术平均偏差(Ra)用得更多。根据 GB 1031—1995 规定，常用的轮廓算术平均偏差 Ra 值见表 8-5。

表 8-5 轮廓算术平均偏差 Ra 值 (μm)

0.012	0.025	0.05	0.10	0.20	0.40	0.80
1.6	3.2	6.3	12.5	25	50	100

3. 有关检验规范的基本术语

检验评定表面结构的参数值必须在特定条件下进行，国家标准规定，图样中注写参数代号及其数值要求的同时，还应明确其检验规范。

1) 取样长度和评定长度

以表面粗糙度高度参数的测量为例，在基准线上选取一段适当长度进行测量，这段长度称为取样长度。用于评定轮廓的、包含着一个或几个取样长度的测量段称为评定长度。

当参数代号后未注明时，评定长度默认为 5 个取样长度，否则应注明个数。例如，*R*z0.4、*R*a3 0.8、*R*z1 3.2 分别表示为 5 个(默认)、3 个、1 个取样长度。

2) 极限值判断规则

16%规则：运用本规则时，当被检表面测得的全部参数值中，超过极限值的个数不多于总个数的 16%时，该表面是合格的。

最大规则：运用本规则时，被检的整个表面上测得的参数值一个也不应超过给定的极限值。

16%规则是所有表面结构要求标注的默认规则。即当参数代号后未注写“max”字样时，均默认应用 16%规则(例如 *R*a 0.8)。反之，则应用最大规则(例如 *R*amax 0.8)。

4. 表面粗糙度的选用

零件表面粗糙度参数值的选用，既要满足零件表面的功能要求，又要考虑经济合理性。也就是在满足零件功能要求的前提下，应尽量选用较大的表面粗糙度参数值，以降低加工成本。表 8-6 列出了 Ra 值与其对应的主要加工方法和应用。

表 8-6　表面粗糙度参数 Ra 值应用

Ra/um	表面特征	主要加工方法	应用举例
>40～80	明显可见刀痕	粗车、粗铣、粗刨、钻孔及粗纹锉刀和粗砂轮加工	光洁程度最低的加工面，一般很少应用
>20～40	可见刀痕		
>10～20	微见刀痕	粗车、粗刨、立铣、平铣、钻等	不接触表面、不重要的接触表面，如螺钉孔、倒角、机座底面等
>5～10	可见加工痕迹	精车、精铣、精刨、镗孔及粗磨等	没有相对运动的零件接触面，如箱、盖、套筒要求紧贴的表面、键和键槽工作的表面；相对运动不高的接触面，如支架孔、衬套、带轮轴孔的工作表面
>2.5～5	微见加工痕迹		
>1.25～2.5	看不见加工痕迹		
>0.63～1.25	可辩加工痕迹方向	精车、精铰、精拉精镗、精磨等	要求很好密合的接触面，如滚动轴承配合的表面、销孔等相对运动速度较高的接触面，如滑动轴承的配合面、轮齿工作表面
>0.32～0.63	微辩加工痕迹方向		
>0.16～0.32	不辩加工痕迹方向		
>0.08～0.16	暗光泽面	研磨、抛光、超级精细研磨等	精密量具表面、极重要零件的摩擦面，如汽缸的内表面、精密机床的主轴轴颈等
>0.04～0.08	亮光泽面		
>0.02～0.04	镜状光泽面		
>0.01～0.02	雾状镜面		
≯0.01	镜面		

5. 表面粗糙度的标注

(1) 表面粗糙度的图形符号种类、名称、尺寸及其含义如表 8-7 所列。

表 8-7　表面粗糙度符号

符号	意义	符号画法和特征画法
	基本符号，单独使用没有意义	 2H　H　60°　H=1.4h　线宽=0.1h　h=字高
	表示用去除材料方法获得的表面，如：车、铣、刨、磨、钻等加工	 基本符号加一短划
	表示不去除材料的表面，如：铸、锻、冲、压、热轧、冷轧等加工。也可用于表示保持上道工序形成的表面	 基本符号加一圆
	注写对表面结构的各种补充要求	在以上各种符号的长边上加一横线

标注表面粗糙度除了注写参数和数值外，必要时应标注补充要求，包括加工工艺、表面纹理及方向、加工余量等。这些要求在图形符号中的注写位置如图 8-29 所示。

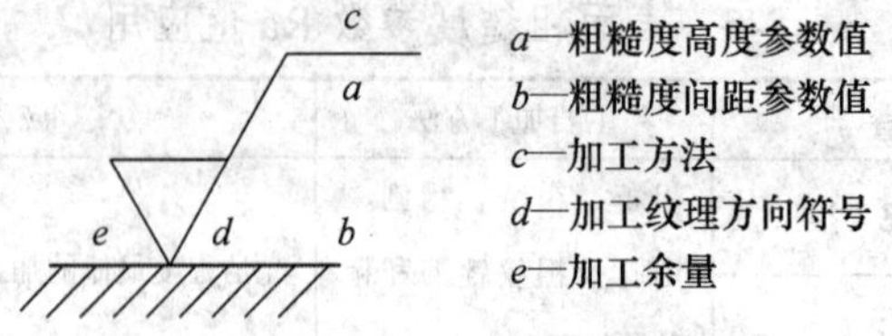

图 8-29　补充要求的注写位置

(2) 表面粗糙度代号是在表面粗糙度符号的基础上，注写了具体参数代号及数值等要求后组成的。表面粗糙度代号的示例及含义如表 8-8 所列。

表 8-8　表面粗糙度代号示例

代　号	含义/解释	补充说明
Ra 3.2	表示不允许去除材料，单向上限值，轮廓的算术平均偏差 3.2μm，评定长度为5个取样长度（默认），“16%规则”（默认）	参数代号与极限值之间应留有空格(下同)，取样长度可由GB/T10610和GB/T6062中查取
*Rz*max 3.2	表示去除材料，单向上限值，轮廓的最大高度最大值 3.2μm，评定长度为5个取样长度（默认），“最大规则”	本例及上例均为单向极限要求，且均为单向上限值，则均可不加注“*U*”，若为单向下限值，则应加注“*L*”
*U R*amax 3.2 *L* Ra 0.8	表示去除材料，双向极限值，上限值:轮廓的算术平均偏差 3.2μm，评定长度为5个取样长度（默认），“最大规则”，下限值:轮廓的算术平均偏差 0.8μm，评定长度为5个取样长度(默认)，“16%规则”(默认)	本例为双向极限要求，用“*U*”和“*L*”分别表示上限值和下限值，在不致引起歧义时，可不加注“*U*”、“*L*”

(3) 表面粗糙度代号在图样上的标注　在零件图中，零件的每个表面一般只标注一次表面粗糙度的代号，其符号的尖端必须从材料的外部指向并接触零件表面，应注在可见轮廓线、尺寸线、尺寸界线或引出线上，代号中的数字及符号方向与标注尺寸数字的方向一致。表 8-9 列举了表面粗糙度的标注示例。

表 8-9　表面粗糙度标注示例

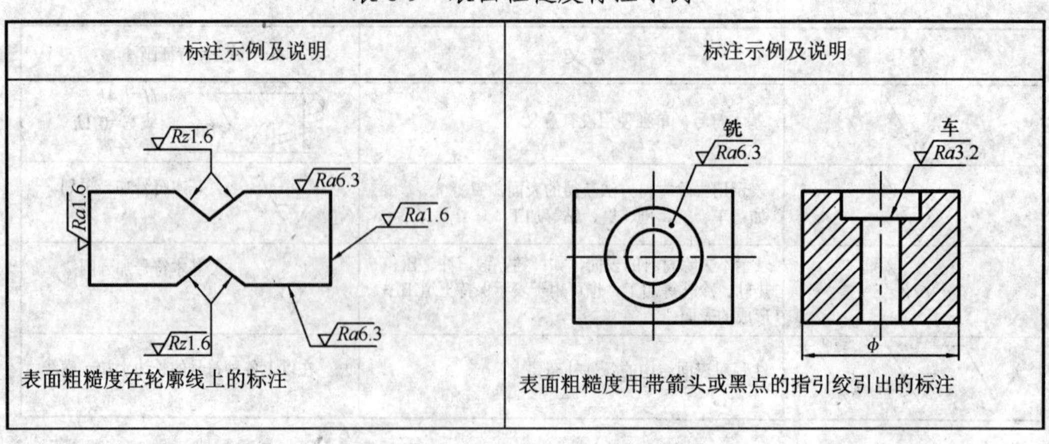

标注示例及说明	标注示例及说明
表面粗糙度在轮廓线上的标注	表面粗糙度用带箭头或黑点的指引绞引出的标注

（续）

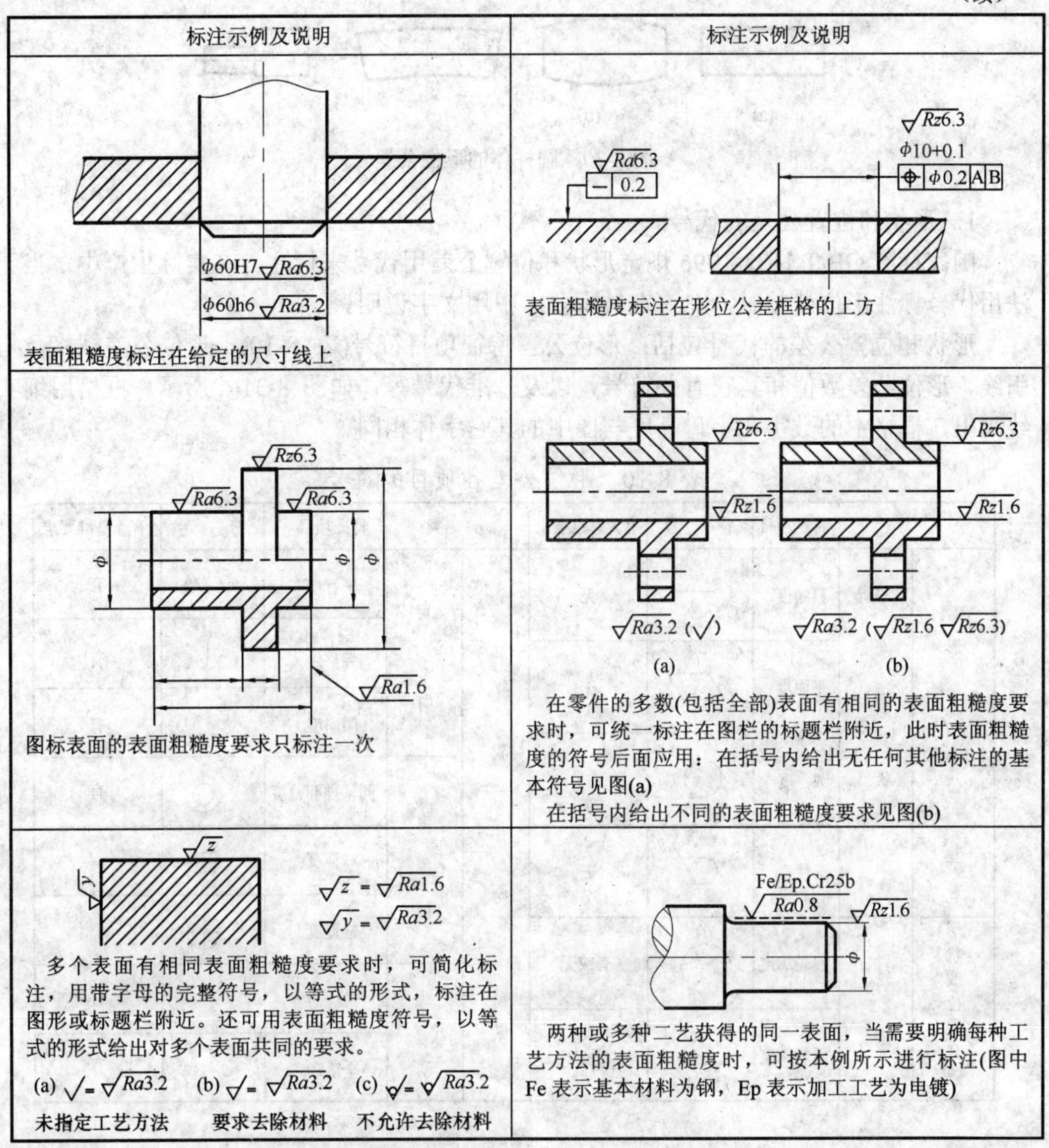

标注示例及说明	标注示例及说明
表面粗糙度标注在给定的尺寸线上	表面粗糙度标注在形位公差框格的上方
图标表面的表面粗糙度要求只标注一次	在零件的多数(包括全部)表面有相同的表面粗糙度要求时，可统一标注在图栏的标题栏附近，此时表面粗糙度的符号后面应用：在括号内给出无任何其他标注的基本符号见图(a) 在括号内给出不同的表面粗糙度要求见图(b)
多个表面有相同表面粗糙度要求时，可简化标注，用带字母的完整符号，以等式的形式，标注在图形或标题栏附近。还可用表面粗糙度符号，以等式的形式给出对多个表面共同的要求。 (a) √= √Ra3.2 未指定工艺方法 (b) √= √Ra3.2 要求去除材料 (c) √= √Ra3.2 不允许去除材料	两种或多种二艺获得的同一表面，当需要明确每种工艺方法的表面粗糙度时，可按本例所示进行标注(图中 Fe 表示基本材料为钢，Ep 表示加工工艺为电镀)

8.5.3 形状公差和位置公差

形状公差和位置公差简称形位公差，它是指零件的实际形状和位置相对理想形状和位置的允许变动量。

零件加工后，不仅存在尺寸误差，而且还会产生几何形状和相互位置误差。如图 8-30(a)、(b)、(c)所示的圆柱体，加工后呈现中间粗、两头细或轴线弯曲的情况。这种在形状上出现的误差叫做形状误差。在加工阶梯轴时，可能会出现各段圆柱的轴线不在一条直线上，如图 8-30(d)所示，这种在相互位置上出现的误差叫做位置误差。如果零件在加工时所产生的形状和位置误差过大，将会影响机器的质量。因此，对加工的零件要根据实际需要，在图纸上注出相应的形状和位置公差。

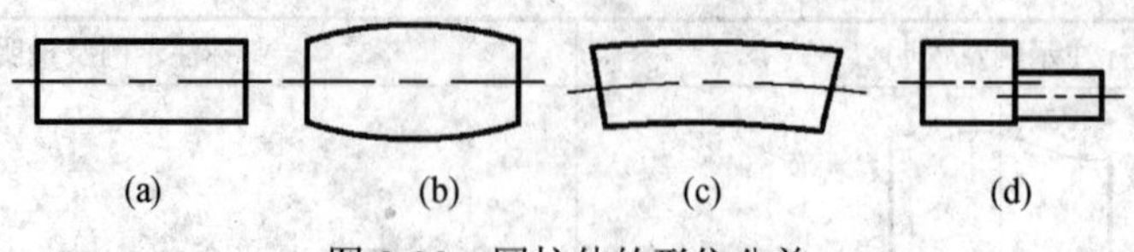

图 8-30　圆柱体的形位公差

1．形状和位置公差的代号

国家标准 GB/T 1182-1996 规定形状和位置公差用代号来标注。在实际生产中，当无法用代号标注形位公差时，允许在技术要求中用文字说明。

形状和位置公差的代号包括：形位公差特征项目符号(表 8-10)、形位公差框格及指引线、形位公差数值和其它有关符号，以及基准代号等，如图 8-31(a)所示。框格用细实线画出，框格中的数字和字母高度与图中的其它字体相同。

表 8-10　形位公差各项目的符号

分类		特征项目	符号	有无基准要求	分类		特征项目	符号	有无基准要求
形状公差	形状	直线度	—	无	位置公差	定向	平行度	//	有
形状公差	形状	平面度	▱	无	位置公差	定向	垂直度	⊥	有
形状公差	形状	圆度	○	无	位置公差	定向	倾斜度	∠	有
形状公差	形状	圆柱度	⌭	无	位置公差	定位	同轴(同心)度	◎	有
形状或位置公差	轮廓	线轮廓度	⌒	有或无	位置公差	定位	对称度	⌯	有
形状或位置公差	轮廓	面轮廓度	⌓	有或无	位置公差	定位	位置度	⌖	有或无
					位置公差	跳动	圆跳动	↗	有
					位置公差	跳动	全跳动	⌰	有

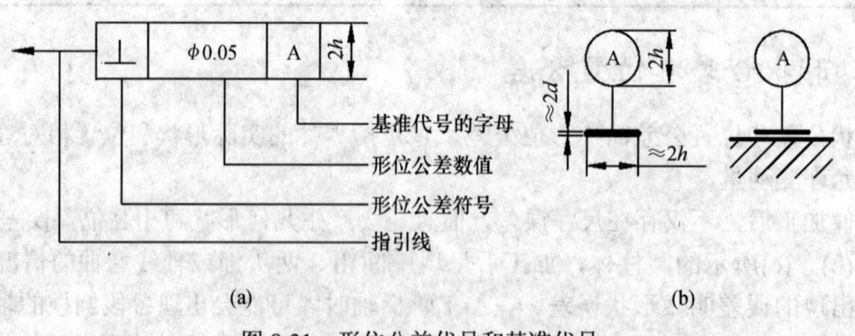

图 8-31　形位公差代号和基准代号

2. 形位公差标注方法

(1) 形位公差框格的一端用带箭头的指引线相连，指引线的箭头要指向被测要素的轮廓线或其延长线上；当被测要素是表面或轮廓线时，指引线的箭头应与该要素的尺寸线明显地错开，如图 8-32 所示；当被测要素为轴线、中心平面或球心时，指引线的箭头应与该要素尺寸线的箭头对齐，如图 8-33 所示。

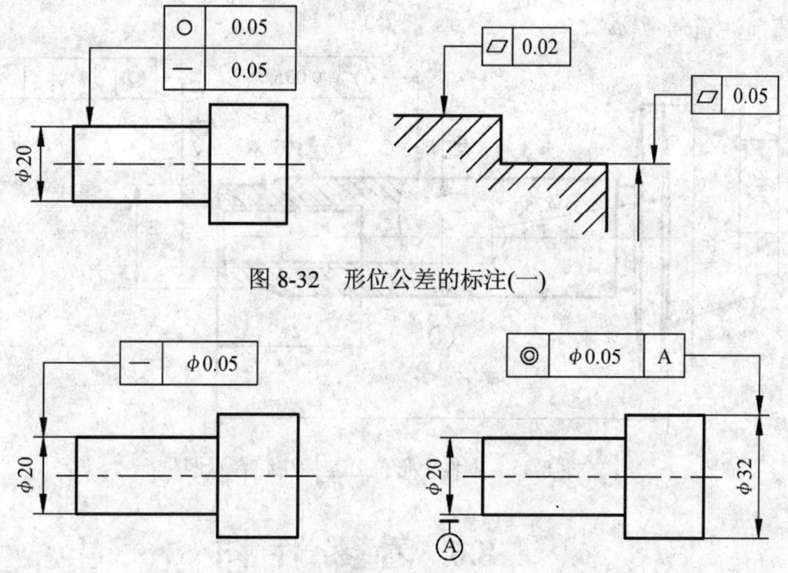

图 8-32　形位公差的标注(一)

图 8-33　形位公差的标注(二)

(2) 基准代号由基准符号(加粗的短划线)、圆圈、连线和字母组成，如图 8-31(b)所示，无论基准代号在图样中的方向如何，圆圈内的字母都应水平书写。当基准要素是表面或轮廓线时，基准符号应靠近要素的轮廓线或其延长线标注，并应与该要素的尺寸线明显地错开，如图 8-34(a)所示。当基准要素为轴线、中心平面或球心时，基准符号应与该要素尺寸线的箭头对齐，如图 8-34(b)所示。

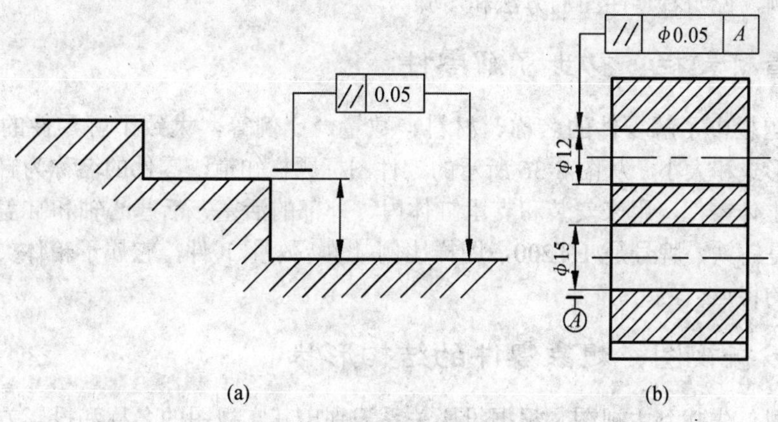

图 8-34　形位公差的标注(三)

3. 形位公差标注综合举例

零件上形位公差的综合标注示例如图 8-35 所示。

(1) 以 $\phi 16_{-0.034}^{-0.016}$ 圆柱的轴线为基准 *A*。

(2) $\phi 16_{-0.034}^{-0.016}$圆柱面的圆柱度公差为 0.005。

(3) SR750 球面对基准 A 的圆跳动公差为 0.05。

(4) M8×1 螺孔的轴线对基准 A 的同轴度公差为 0.1，因为它的公差带是圆柱形，故在公差值前注符号“ϕ”。

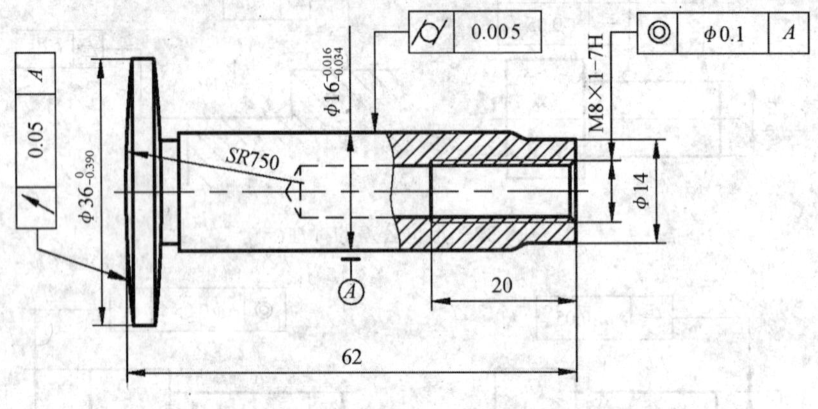

图 8-35　零件上形位公差标注综合示例

8.6 看零件图

在设计和制造机器的实际工作中，看零件图是一项非常重要的工作，如在设计零件时，要参考同类型零件的图纸，研究分析零件结构特点，使所设计的零件更合理； 在制造零件、技术改造等技术工作中同样需要看零件图。看零件图的目的和要求是根据零件图了解零件的名称、材料和用途；分析视图了解组成零件各部分结构的形状、特点以及它们之间的相对位置；分析了解制造零件的有关技术要求。下面以图 8-36 所示的缸体零件图为例，说明看零件图的方法和步骤。

8.6.1 看标题栏，初步了解零件

从标题栏中了解零件的名称、材料、数量、比例等，大致了解零件的功能结构特点、毛坯形式和大小。从图 8-36 所示的零件图标题栏知道，零件的名称为缸体，它是液压油缸的主体零件，用来安装和支承缸体内、外部的活塞、活塞心轴和缸盖等零件。缸体的材料是铸铁，牌号是 HT200，图样比例 1:1，数量 1 件，它属于箱体类零件，具有铸造结构的特点。

8.6.2 分析视图，想象零件的结构形状

看图时，先找到主视图，根据投影关系识别出其它视图的名称和投影方向以及所采用的表达方法和表达的内容，剖视、断面的剖切位置，从而搞清表达方案。运用形体分析法，将视图分成几部分，在相应的视图上找出该部分的投影，进行结构分析，明确各部分的结构形状，然后，综合各部分形状，想出零件整体结构形状。一般为先外形，后内部，先主要部分，后次要部分，最后是分析细节部分。

如图 8-36 所示，缸体零件图有三个基本视图。主视图是全剖视图，剖切平面通过

A–A
2×M12×1.5-6H
2×φ24
0.025 A
0.06 B
φ35H7
6×M6 6H
4×φ9
⌴φ15↧9
2×φ4
锥销孔
Ra3.2
Ra25
Ra12.5
Ra6.3
Ra1.6
R14
R10
R5
φ40
φ52
φ55
技术要求
未注铸造圆角R2
缸体
材料
HT200
比例
数量
1
图号
制图
审核

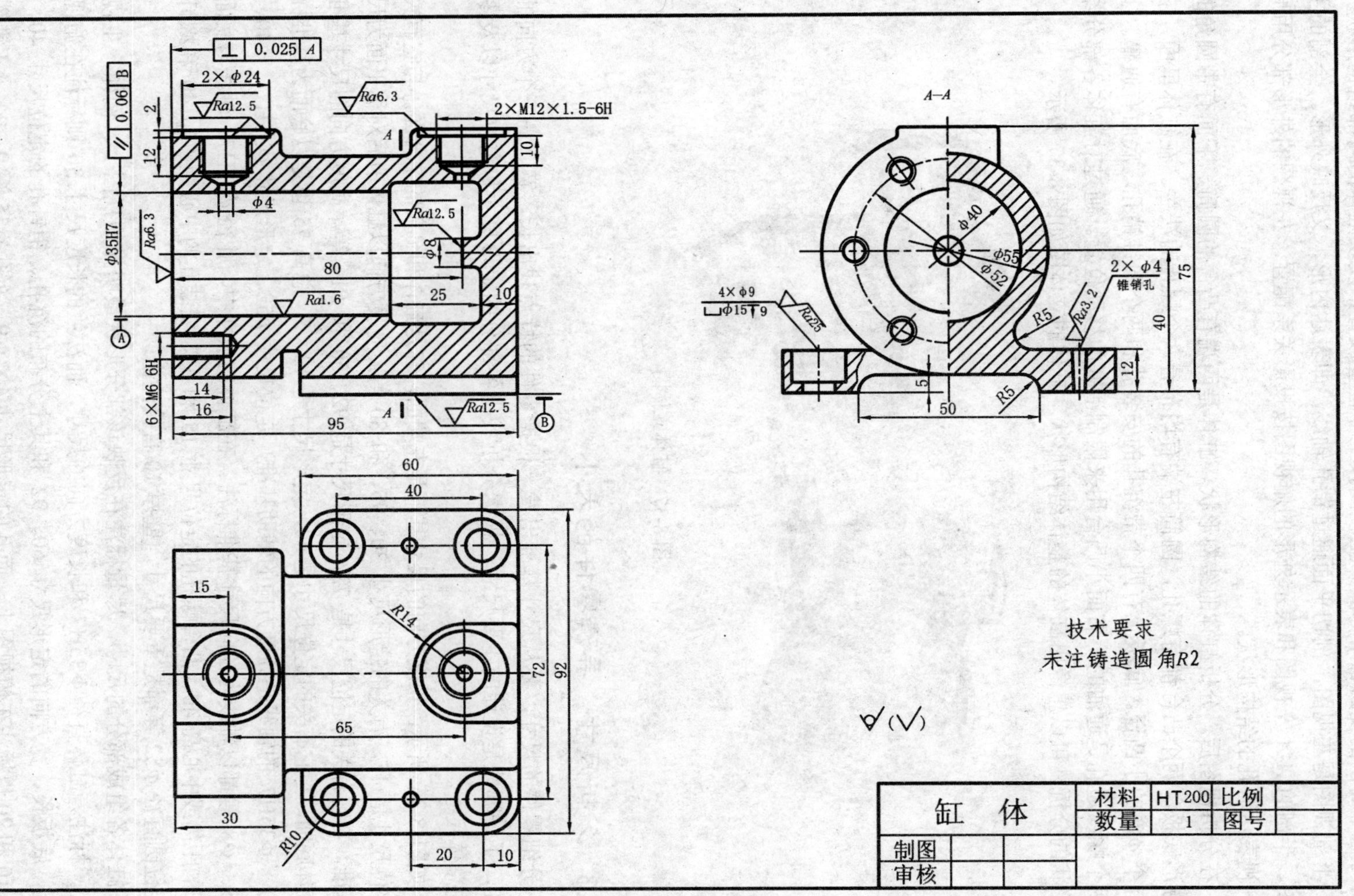

图 8-36 缸体零件图

前后对称平面，剖视图省略标注。主视图按工作位置放置，反映缸体的内部结构形状。*A-A* 半剖视图是左视图，剖切平面通过销孔轴线，即表达内形，又反映外形。全剖的主视图、半剖的 *A-A* 左视图和表示外形的俯视图按投影关系配置。左视图的外形部分用局部剖视表达通孔的结构形状。

在分析视图后，分析缸体的结构形状。缸体是两端有凸台的圆筒，下面有带圆角的长方形底板，两个凸台都有螺孔，圆筒左端有均布着六个螺孔的法兰。在缸体里面，右端有个 $\phi 8$ 的小凸台。底板上有四个带沉孔的安装孔和两个圆锥销孔。底面有通槽。上面两个螺纹通孔是通油的，右面小凸台用来限制活塞的移动位置。通过对缸体各部分结构形状的分析，可以想像出缸体的整体结构形状。缸体的立体图如图 8-37 所示。

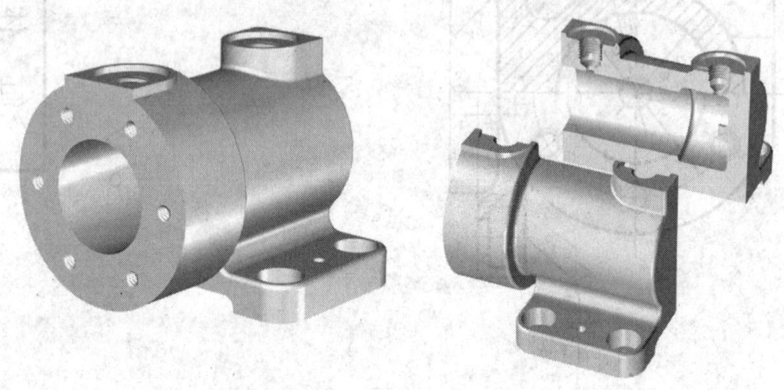

图 8-37　缸体立体图

8.6.3　分析尺寸，弄清零件的大小

分细零件的尺寸，要从尺寸基准出发，根据零件的特点找出长、宽、高三个方向的基准，了解哪些是设计的主要尺寸，根据分析找出各部分的定形尺寸和定位尺寸以及零件的总体尺寸。

如图 8-36 所示，长度方向的尺寸基准是左端面，它是缸体和缸盖的结合面，与它有关的定位尺寸是 15，有关的定形尺寸 30、95、和 80 等。宽度方向以缸体前后对称平面为尺寸基准，与它有关的定位尺寸是 72，定形尺寸是 92、50 和 *R*14 等。高度方向的尺寸基准为缸体底面，与它有关的定位尺寸是 40，定形尺寸是 12、5，总高 75 也是以底面为基准标注的。ϕ35H7 的轴线是高度方向的辅助基准，定位尺寸 ϕ52、定形尺寸 ϕ35H7、ϕ40、ϕ55、ϕ8 等都以轴线为径向尺寸基准标注。在缸体的尺寸中，孔径 ϕ35H7、轴线与底面之间的距离或中心高 40、凸台螺孔的定位尺寸 15 和 65、安装孔的中心距 72、40 和螺钉孔定位圆直径 ϕ52 等都是重要尺寸。壁厚 10 直接注出。

缸体各组成部分的尺寸，尽量标注在反映该部分形状最明显的视图上。例如，主视图上，标注着缸体直径 ϕ35H7 和长度方向的尺寸，而法兰的长度尺寸 30 则标注在俯视图上，底板长、宽方向的定形尺寸 60、92 和其上分布的沉孔、销钉孔的定位尺寸 40、72、10 和 20 也标注在俯视图上，而孔的定形尺寸 4×ϕ9、沉孔 ϕ15 深 9、2×ϕ4 锥销孔配作则标注在左视图上。

8.6.4 看技术要求，进一步明确制造及检验的要求

零件图中的技术要求是制造零件的质量指标，其加工过程必须采取相应的工艺措施予以保证。因此，看图时对表面粗糙度、尺寸公差、形位公差以及其它技术要求等项目要逐项分析，然后考虑合理的工艺过程及方法。

如图 8-36 中，配合面标注着尺寸公差 ϕ35H7，左端面对轴线的垂直度公差 0.025，轴线对底面的平行度公差 0.060， 表面粗糙度要求最高的面是 ϕ35H7 的孔，Ra=1.6。对图样上的其它技术要求也要逐条看懂，以便制造和检验。

第9章 装配图

9.1 装配图的作用和内容

9.1.1 装配图的作用

装配图是用来表达机器或部件的图样，是用于表示部件或机器的工作原理、零件之间的装配关系和各零件的主要结构形状以及装配、检验、安装时所需的尺寸和技术要求的重要技术文件。表示一台完整机器的称为总装配图；表示机器中某个部件的称为部件装配图。

在新设计或测绘部件或机器时，一般先要画出装配图表示该机器或部件的构造和装配关系，并确定各零件的结构形状和协调各零件的尺寸等，然后再根据装配图进行零件设计，画出符合部件或机器要求的零件图；在装配部件或机器时，则要根据装配图及其技术要求，把零件按一定顺序进行装配；在使用、管理、维修时，需要利用装配图了解部件或机器的结构和工作原理等。因此,装配图是反映设计思想，装配、使用机器和进行技术交流的重要技术文件。

9.1.2 装配图的内容

图 9-1 是滑动轴承的装配图，由图可以看出一张完整的装配图应包括下列内容：

1．一组视图

用一组视图正确、完整、清晰和简便地表达机器或部件的工作原理，各个零件之间的装配关系和连接方式，以及主要零件的主要结构形状。

2．必要的尺寸

装配图应注出机器或部件的性能、规格尺寸、零件间的配合尺寸、机器或部件的外形尺寸、安装尺寸，以及设计时确定的其它重要尺寸。

3．技术要求

用文字或符号准确、简明地说明机器或部件的质量、装配、检验、安装、调试、使用与维护等方面的要求。

4．标题栏、序号和明细栏

在标题栏中注明机器或部件的名称、规格、比例、图号以及设计、制图者的签名等。

在装配图上对每种零件或组件必须进行编号；并编制明细栏依次注写出各种零件的序号、名称、规格、数量、材料等内容。

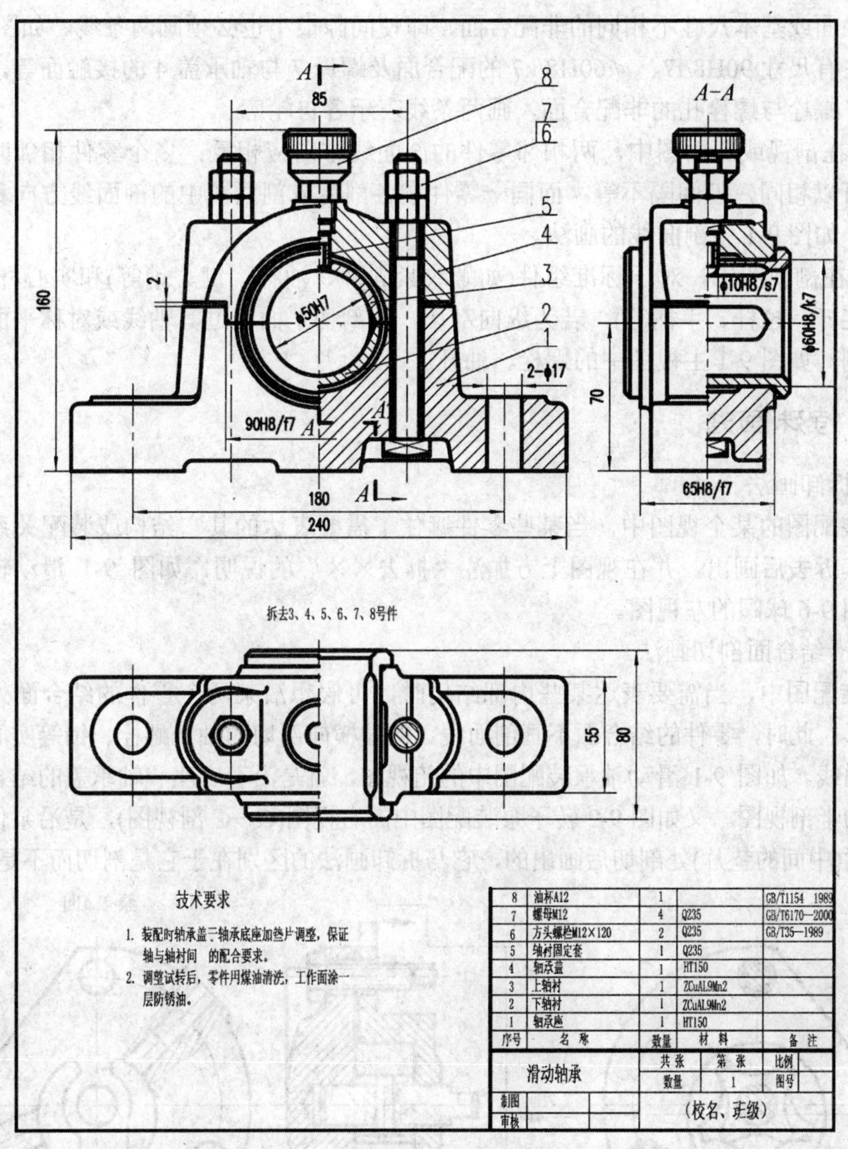

图 9-1 滑动轴承

9.2 装配图的表达方法

9.2.1 基本表达方法

零件图中的各种表达方法（视图、剖视图、断面图）同样适用于装配图。但由于装配图主要用来表达由若干零件所组成的机器或部件的工作原理、装配与连接关系，因此《机械制图》国家标准制定了装配图的规定画法和特殊的表达方法。

9.2.2 规定画法

(1) 两相邻件的接触面或基本尺寸相同的配合表面，只画一条线表示。而两相邻件的非接触面或基本尺寸不相同的非配合面，即使间隙很小也必须画两条线。如图 9-1 的视图中注有尺寸 90H8/f7、ϕ60H8/k7 的配合面及螺母 7 与轴承盖 4 的接触面等，都只画一条线。螺栓与螺栓孔的非配合面，画两条线表示各自轮廓。

(2) 在剖视或断面图中，两相邻零件的剖面线方向应相反；多个零件相邻时，剖面线方向可以相同，但间隔不等；而同一零件在各剖视或剖面图中的剖面线方向和间隔必须相同，如图 9-1 中剖面线的画法。

(3) 在剖视图中，对于标准组件(如螺纹紧固件、油杯、键、销等)和实心杆件(如实心轴、连杆、拉杆、手柄等)，若为纵向剖切，即剖切平面通过其轴线或对称平面时，按不剖绘制，如图 9-1 主视图中的螺栓、油杯。

9.2.3 特殊画法

1．拆卸画法

在装配图的某个视图中，当某些零件遮住了需要表达的其它结构或装配关系时，可假想将其拆去后画出，并在视图上方加注“拆去××”的说明，如图 9-1 滑动轴承的俯视图、图 9-6 球阀的左视图。

2．沿结合面剖切画法

在装配图中，当需要表达某些内部结构时，可假想沿某两个零件的结合面处剖切后画出投影。此时，零件的结合面不画剖面线，但被横向剖切的轴、螺栓、销等实心杆件要画出剖面线。如图 9-1 滑动轴承装配图中的俯视图，就是沿着底座和轴承盖的结合面剖切后画出的半剖视图。又如图 9-2 转子泵装配图中的右视图(*C*—*C* 剖视图)，是沿泵体和泵盖的结合面(中间的垫片)处剖切后画出的，它与拆卸画法的区别在于它是剖切而不是拆卸。

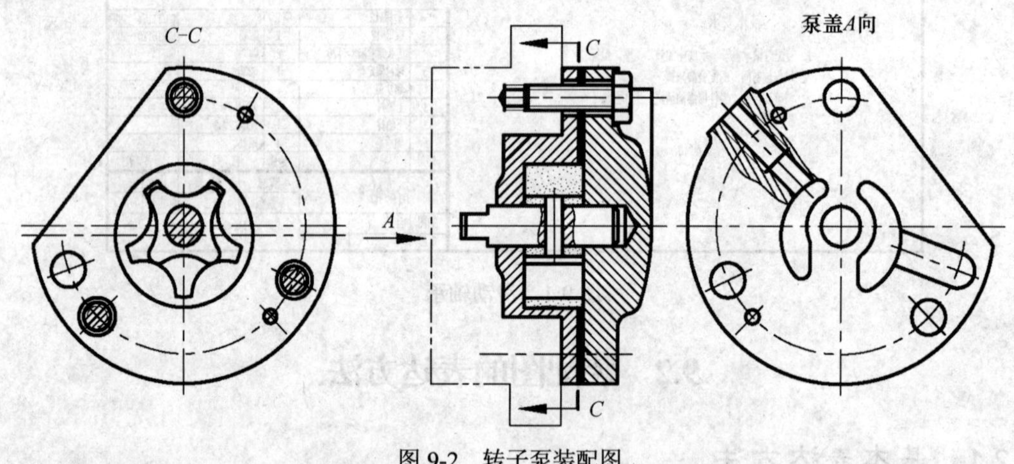

图 9-2　转子泵装配图

3．单独表达某个零件画法

对于装配图中的某个重要零件，如某些结构未表达清楚，可单独画出该零件的某一视图，并加以标注。如图 9-2 转子泵中零件泵盖的 *A* 向视图，需要在该视图上方标注“泵盖 *A* 向”。

4．假想画法

(1) 在装配图中，当需要表达运动件的运动范围和极限位置时，可用粗实线画出该零件的轮廓，再用双点划线画出其运动范围或极限位置。如图 9-3 三星齿轮传动机构装配图上手柄的运动极限位置画法。

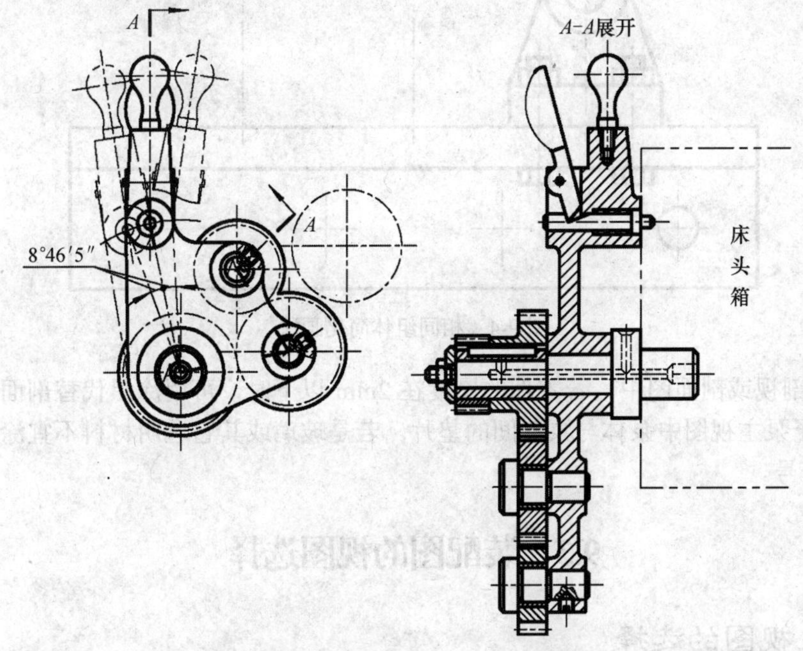

图 9-3 三星齿轮传动机构装配图

(2) 在装配图中，当需要表示与本部件有装配或安装关系，但又不属于本部件的相邻零、部件时，可假想用双点划线画出该相邻件的外形轮廓。如图 9-2 转子泵装配图中的主视图和图 9-3 左视图(*A—A* 展开)中的双点划线，分别表示了转子泵的相邻零件机架和三星齿轮传动机构的相邻部件床头箱。

5．展开画法

在表达不在同一平面内多个轴的传动机构时，可假想按其传动顺序用几个平面沿轴线剖切，将剖切平面依次展开、摊平在同一个平面上(要与选定的投影面平行)，然后画出其剖视图，并加注“×—×展开”。如图 9-3 三星齿轮传动机构装配图中的左视图即为车床上三星齿轮传动机构的剖视展开画法。

6．夸大画法

在装配图中，对于薄片零件、细丝弹簧、较小的斜度和锥度、较小的间隙等，若无法按其实际尺寸画出时，可不按原比例而适当夸大画出。如图 9-1 主视图中螺栓与螺栓孔之间的非配合间隙，图 9-2 转子泵主视图中泵体与泵盖间的垫片(涂黑处)等，都采用了夸大画法。

7．简化画法

(1) 在装配图中，零件的一些细小的工艺结构如小圆角、倒角、退刀槽等均可省略不画。

(2) 在装配图中，若干相同的零件组(如螺纹连接组件等)可仅详细地画出一处(或几处),其余各处以点划线表示其中心位置。如图 9-4 相同组合件的简化画法。

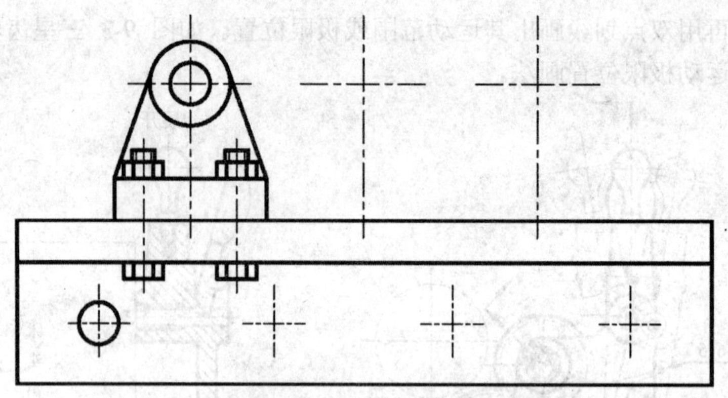

图 9-4　相同组体简化画法

(3) 在剖视或剖面图中，若零件的厚度在 2mm 以下时，可用涂黑代替剖面符号。如图 9-2 转子泵主视图中泵体与泵盖间的垫片。若是玻璃或其它透明材料不宜涂黑时，可不画剖面符号。

9.3　装配图的视图选择

9.3.1　主视图的选择

与画零件图一样，画装配图时应首先选好主视图，然后选择其他视图。一般将机器或部件按工作位置放置，当工作位置倾斜时应放正。把最能清楚的表达出机器或部件的工作原理、装配关系和主要结构的视图作为主视图。

以图 9-5 所示的球阀为例，图 9-6 是球阀的装配图。主视图用全剖视，用以表达球阀的工作原理及组成球阀各零件的形状、结构和装配关系。

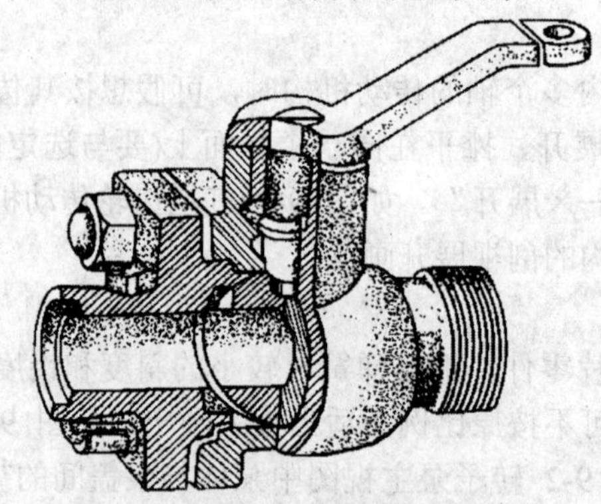

图 9-5　球阀的装配轴测图

9.3.2　确定其它视图

主视图选好后，还应着重分析有哪些装配关系、工作原理及零件的主要结构形状尚未表示清楚，考虑用适当的方法将它们简练清晰的表达出来。

图 9-6 中除主视图外，还采用了俯视图和半剖的左视图。

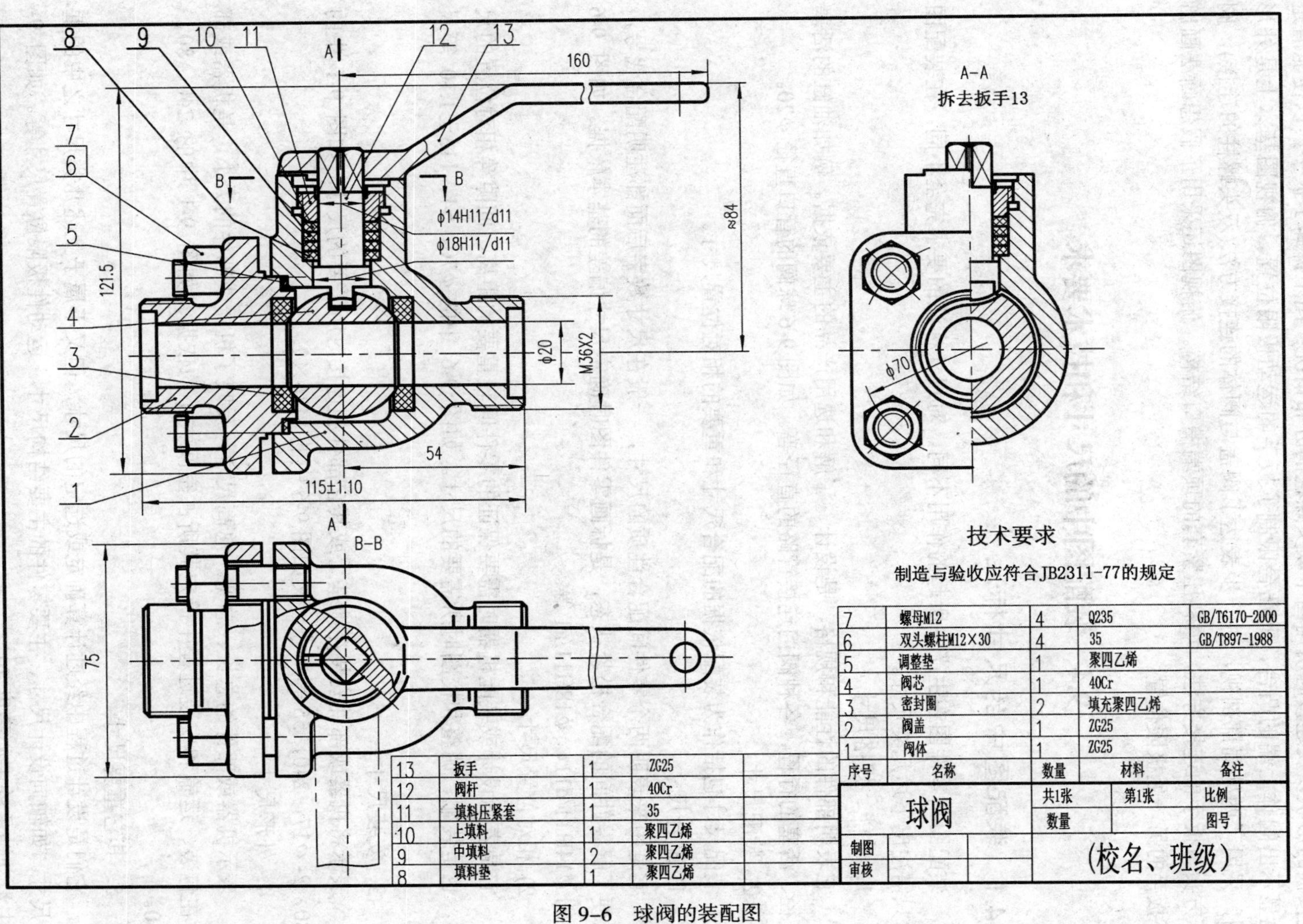

13	扳手	1	ZG25	
12	阀杆	1	40Cr	
11	填料压紧套	1	35	
10	上填料	1	聚四乙烯	
9	中填料	2	聚四乙烯	
8	填料垫	1	聚四乙烯	

7	螺母M12	4	Q235	GB/T6170-2000
6	双头螺柱M12×30	4	35	GB/T897-1988
5	调整垫	1	聚四乙烯	
4	阀芯	1	40Cr	
3	密封圈	2	填充聚四乙烯	
2	阀盖	1	ZG25	
1	阀体	1	ZG25	
序号	名称	数量	材料	备注

球阀		共1张	第1张	比例	
		数量		图号	
制图			(校名、班级)		
审核					

图 9-6 球阀的装配图

左视图进一步反映了阀杆与阀芯的装配关系以及阀杆榫头的结构形状；阀盖与阀体连接板的形状以及连接时所用四个双头螺柱的分布情况；图中拆卸了扳手，以便能清楚地显示出阀体上端的凸台，此凸台限制了扳手的运动极限位置。俯视图基本上是外形图，采用了两处局部剖视，进一步表达了阀盖与阀体的连接方法(双头螺柱的连接)，阀杆方头与扳手的连接方法，填料压紧套的顶端槽口结构。俯视图还采用了假想画法画出了扳手的另一处极限位置。

9.4 装配图中的尺寸和技术要求

9.4.1 装配图中的尺寸标注

装配图和零件图在生产中所起的作用不同，对尺寸标注的要求完全不同，在装配图中只需注出下述几类尺寸。

1．性能、规格尺寸

它表明部件的性能和规格，是设计、了解和选用产品的主要依据。例如油缸的活塞直径、活塞的行程，各种阀门连接管路的直径等。如图 9-6 球阀的管口直径 ϕ20。

2．装配尺寸

装配尺寸包括作为装配依据的配合尺寸和重要的相对位置尺寸。

1) 配合尺寸

它是用来表明两个零件间配合性质的尺寸，一般在尺寸数字后面都注明配合代号，以便了解零件间的配合松紧状态，是拆画零件图时确定尺寸偏差的基本依据。如图 9-6 中的 ϕ14H11/d11、ϕ18H11/a1 等。

2) 相对位置尺寸

它是表示设计或装配机器时需要保证的零件间较重要的距离、间隙等相对位置的尺寸，也是装配、调整和校图时所需要的尺寸。如图 9-6 中的 ϕ70、54、115±1.10 等尺寸。

3．安装尺寸

表示将机器或部件安装在地基上或其它部件相连接时所需要的尺寸。如图 9-1 中的 180，2-ϕ17，240，55 等尺寸，又如图 9-6 中的 M36×2。

4．外形尺寸

表示机器或部件的总长、总宽、总高尺寸，反映了机器或部件的大小，是机器或部件在包装、运输和安装过程中确定其所占空间大小的依据。如图 9-1 中的 240、80、160。

5．其它重要尺寸

它们是设计过程中经过计算确定或选定的尺寸，但又不属于上述几类尺寸之中的重要尺寸。如轴向设计尺寸、主要零件的主要结构尺寸、运动件极限位置尺寸等。如图 9-1 中滑动轴承的中心高度 70。

以上几类尺寸，在一张装配图中不一定全都具备，另外有时一个尺寸可兼有几种含义。装配图中尺寸数量不多，既要按种类逐一考虑，还应根据实际情况合理标注。

9.4.2 装配图中的技术要求

用文字或符号准确、简练地说明对机器或部件的性能、装配、检验、调整、安装、运输、使用、维护、保养等方面的要求和条件，统称为装配图中的技术要求。一般写在明细栏的上方或图纸下方空白处，也可另写成技术要求文件作为图样的附件。以上所述内容在一张装配图中不一定样样俱全，应根据具体情况而定。如图 9-1 中的技术要求。

9.5 装配图中的零、部件序号和明细栏

为了便于看图，做好生产准备工作和图样管理，对装配图中每种零、部件都必须编注序号，并填写明细栏。

9.5.1 零、部件序号

1. 编注序号的一般规定

(1) 装配图中每种零、部件都必须编注序号。装配图中相同的零、部件只编注一个序号，且一般只编注一次。

(2) 零、部件的序号应与明细栏中的序号一致。

(3) 同一装配图中编注序号的形式应一致。

2. 序号的编注规则

1) 序号编注的形式由小圆点、指引线、水平线(或圆)及数字组成。指引线与水平线(或圆)均为细实线，数字写在水平线的上方(或圆内)，数字高度应比尺寸数字高度大一号，指引线应从所指零件的可见轮廓内引出，并在末端画一小圆点，如图 9-7 所示。当所指部分不宜画小圆点(如很薄的零件或涂黑的剖面)时，可在指引线末端画一箭头以代替小圆点， 如图 9-8 所示。

(2) 指引线应尽量分布均匀，彼此不能相交，当通过剖面线区域时，须避免与剖面线平行。必要时，指引线可曲折一次，如图 9-9 所示。

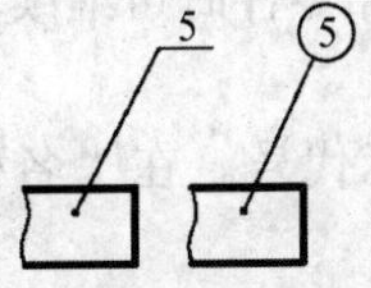

图 9-7 零件序号编注形式

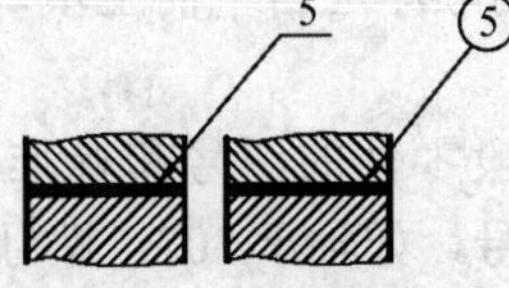

图 9-8 箭头指引线

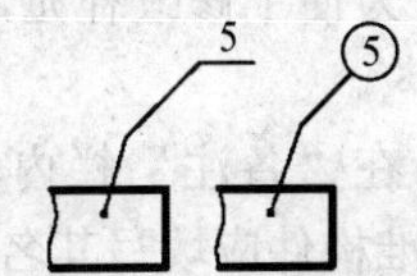

图 9-9 指引线曲折一次

(3) 对于一组紧固件(如螺栓、螺母和垫圈)及装配关系清楚的组件可采用公共指引线，其编注形式如图 9-10 所示。

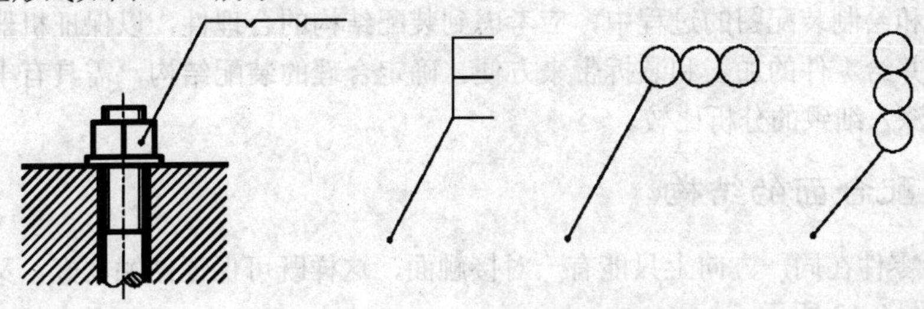

图 9-10 公共指引线

(4) 对于标准化组件，如滚动轴承、油杯、电动机等，可看成一个整体只编注一个序号。如图 9-1 中油杯的编注。

(5) 编注序号时，应按水平或垂直方向排列整齐，可顺时针方向或逆时针方向依次编号，不得跳号，如图 9-1、图 9-6 所示 。

9.5.2 明细栏

明细栏是装配图中全部零件的详细目录，是说明装配图中零件的序号、名称、材料、数量、规格等的表格。国家标准 GB10609.2—89 规定了明细栏格式，为学生做作业方便，推荐采用图 9-11 所示简化的明细栏，填写明细栏时应遵照以下规定。

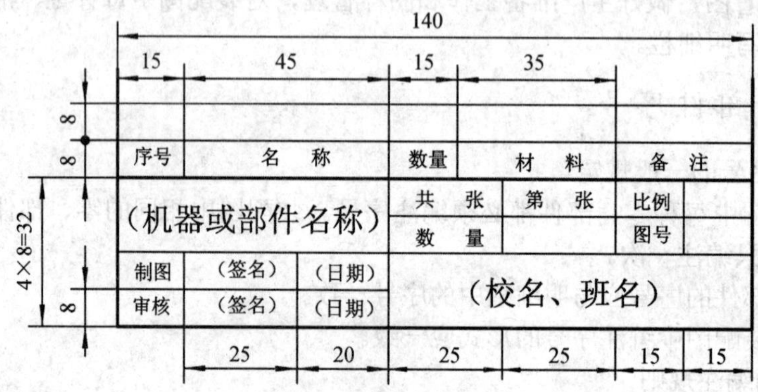

图 9-11 标题栏与明细栏

1) 明细栏位于标题栏的上方，并与标题栏相连，上方位置不够时可续接在标题栏的左侧，若还不够可再向左侧续编。对于复杂的机器或部件也可使用单独的明细栏列出，装订成册，作为装配图的一个附件。

2) 明细栏外框竖线为粗实线，其余线为细实线，其下边线与标题栏上边线或图框边线重合，长度相同。

3) 为便于修改补充，序号的顺序应自下而上填写，以便增加零件时可继续向上画格。

4) 在“备注”栏内填写一般零件的图号和标准构件的国标代号。在“名称”栏内，标准构件应填写其名称、代号，如轴承 307，螺母 M30。

9.6 装配结构的合理性简介

在设计和绘制装配图的过程中，应考虑到装配结构的合理性，以保证机器或部件的性能要求，并给零件的加工和装拆带来方便。确定合理的装配结构，需具有丰富的实际经验，并作深入细致的分析比较。

接触面或配合面的结构

1. 当两零件在同一方向上只能有一对接触面，这样既可保证结触良好，又可降低加工要求。如图 9-12 所示。

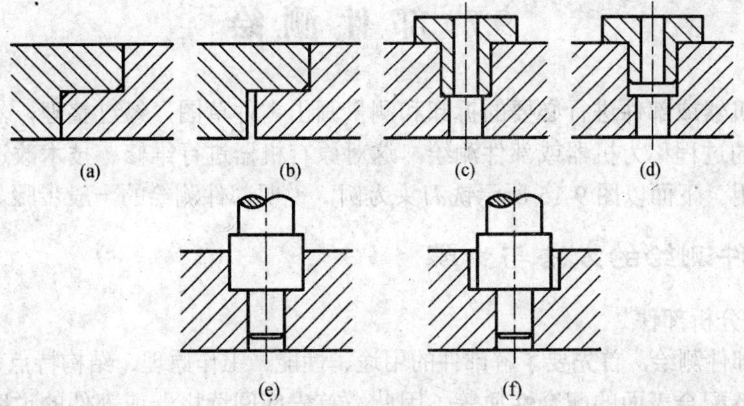

图 9-12　常见的装配结构(一)

(a) 不合理；(b) 合理；(c) 不合理；(d) 合理；(e) 不合理 (f) 合理。

2. 当轴孔配合，且轴肩与孔的端面相互接触时，应在接触端面制成倒角、圆角或在轴肩部切槽，以保证两零件接触良好。如图 9-13 所示。

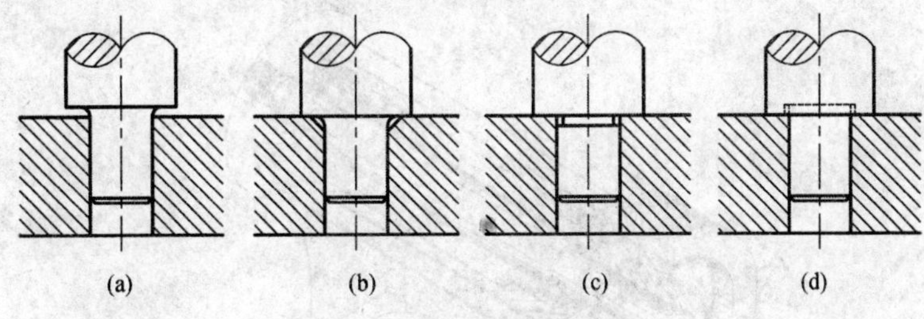

图 9-13　常见的装配结构(二)

(a)；不合理；(b)、(c)、(d) 合理。

3. 在装配体中，尽可能合理地减少零件与零件之间的接触面积，这样使机械加工的面积减少，保证了良好接触，并可降低加工成本，如图 9-14 所示。

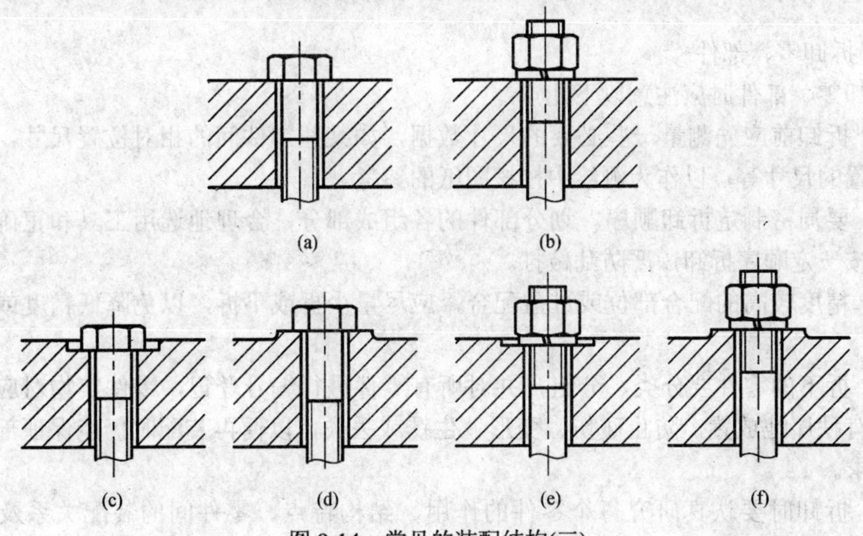

图 9-14　常见的装配结构(三)

(a) 不合理；(b) 不合理；(c) 合理；(d) 合理；(e) 合理；(f) 合理。

9.7 部件测绘

对现有机器或部件进行必要的拆卸和测量画出零件草图，经过整理，然后绘制装配图和零件图的过程称为机器或部件测绘。这对原有机器进行维修、技术改造或仿造时有着重要的作用。下面以图 9-15 所示铣刀头为例，说明部件测绘的一般步骤。

9.7.1 部件测绘的方法与步骤

1．了解分析部件

要搞好部件测绘，首先要了解部件的用途、性能、工作原理、结构特点、各零件间的装配关系，各配合表面的配合性质等。因此，首先应阅读机器或部件的说明书和有关资料，参考同类产品图纸。同时还需对部件进行详细地观察，分析部件的结构和工作原理，检测有关的性能指标和一些重要的装配尺寸。确定活动构件的极限为置，为拆卸和测绘做好准备。从图 9-15 可了解到铣刀头部件的结构、工作原理及装配图的连接等情况。

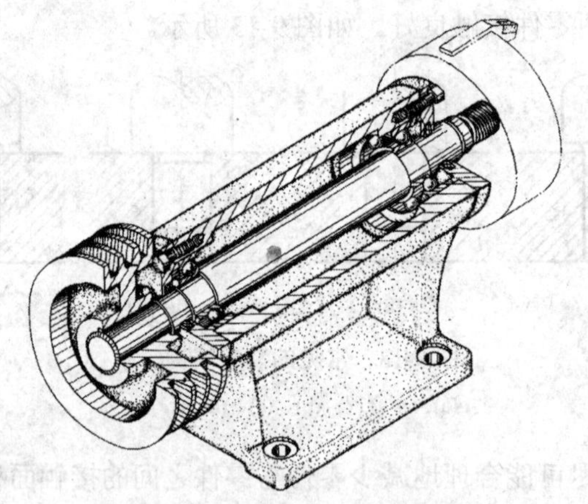

图 9-15　铣刀头部件的轴测图

2．拆卸零、部件

拆卸零、部件时应注意以下几点：

(1) 拆卸前应先测量一些必要的尺寸数据，如某些零件间的相对位置尺寸，运动件极限位置的尺寸等，以作为测绘中校核图纸的参考。

(2) 要周密制定拆卸顺序。划分部件的各组成部分，合理地选用工具和正确的拆卸方法，按一定顺序拆卸，严防乱敲打。

(3) 精度较高的配合部位或过盈配合，应尽量少拆或不拆，以免降低精度或损坏零件。

(4) 拆下的零件要分类、分组，并对所有零件进行编号登记，零件实物对应地拴上标签，有秩序地放置，防止碰伤、变形、生锈或丢失，以便再装配时仍能保证部件的性能和要求。

(5) 拆卸时要认真研究每个零件的作用、结构特点、零件间的装配关系及传动情况，正确判别配合性质和加工要求。

9.7.2 画装配示意图

装配示意图是再拆卸过程中所画的记录图样。零件之间的真实装配关系只有再拆卸后才能显示出来，因此必须边拆边画装配示意图，记录各零件间的装配关系，作为绘制装配图和重新装配的依据。

装配示意图是假象把零件看成透明的，既要画零件的外形轮廓，又要画内部结构。国家标准《机械制图》(GB4460—84)规定了机构运动简图符号。画装配示意图时，一些零件应按标准中规定的符号画出，对其它无规定符号的零件，则可根据零件的外形用简单的线条画出其轮廓。图形画好之后，再将零件编上序号，标上名称，对标准件还应注明规格。

图 9-16 为铣刀头的装配图示意图。

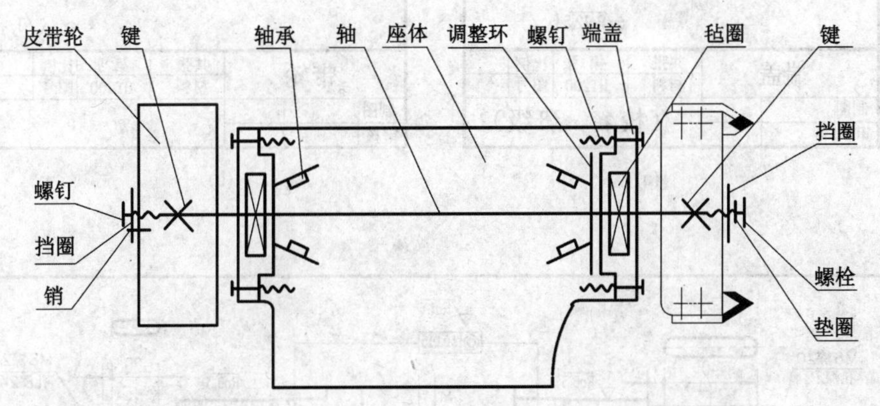

图 9-16 铣刀头装配示意图

1—带轮；2、11—螺钉；3、7—挡圈；4—销；5—垫圈；6—螺栓；8、16—键；9—毡圈；10—端盖；12—调整环；13—座体；14—轴；15—轴承。

9.7.3 测绘零件、画零件草图

零件草图是画装配图和零件图的依据。在部件测绘中画零件草图时应注意以下几点：

1. 凡标准件只需测量其主要尺寸，查有关标准，确定规定标记，不必画零件草图。其余所有零件都必须画出零件草图。

2. 画零件草图可先从主要的或大的零件着手，按装配关系依次画出各零件草图，以便随时校核和协调零件的相关尺寸。

3. 两零件的配合尺寸或结合面的尺寸量出后，要及时填写在各自的零件草图中，以免发生矛盾。

如图 9-17 所示为铣刀头部分零件草图。

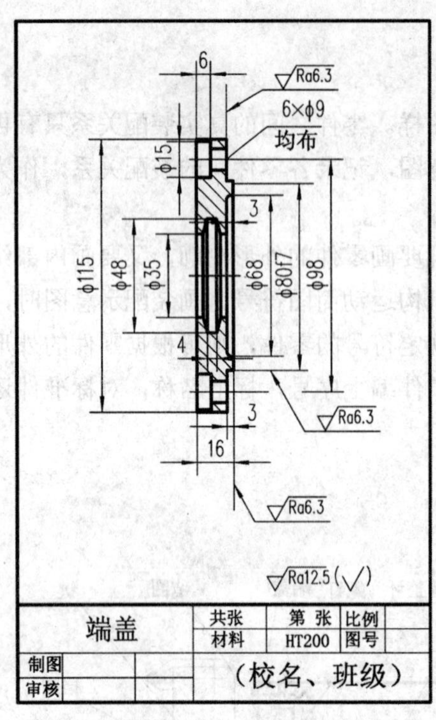

6
Ra6.3
6×ϕ9
均布
ϕ15
3
ϕ115
ϕ48
ϕ35
ϕ68
ϕ80f7
ϕ98
4
3
Ra6.3
16
Ra6.3
Ra12.5 (√)
端盖
共张
第 张
比例
材料
HT200
图号
制图
审核
（校名、班级）

Ra6.3
56
Ra6.3
52
16
10
Ra12.5
12
Ra25
26
Ra6.3
8
C2
C2
ϕ147
ϕ140
ϕ56
ϕ110
31.3
ϕ28
Ra1.6
Ra6.3
Ra12.5
3.5
13
36°
带轮
共张
第 张
比例
材料
HT200
图号
制图
审核

Ra1.6
ϕ0.015
M6深20
孔深22
40
7
Ra6.3
Ra6.3
20
4
M8深22
孔深24
ϕ28k7
10
ϕ34
ϕ35k6
ϕ44
ϕ35k6
ϕ34
ϕ25h6
ϕ4H7
深6
Ra6.3
23
23
32
Ra3.2
55
194
95
400
3:1
8
Ra6.3
3×1
R0.5
24
6
Ra6.3
18
Ra6.3
6
12.5 (√)
技术要求
1. 调质处理HB261～269。
2. 未注倒角C1
轴
材料
45
比例
数量
1
图号
制图
审核
（校名、班级）

(a)

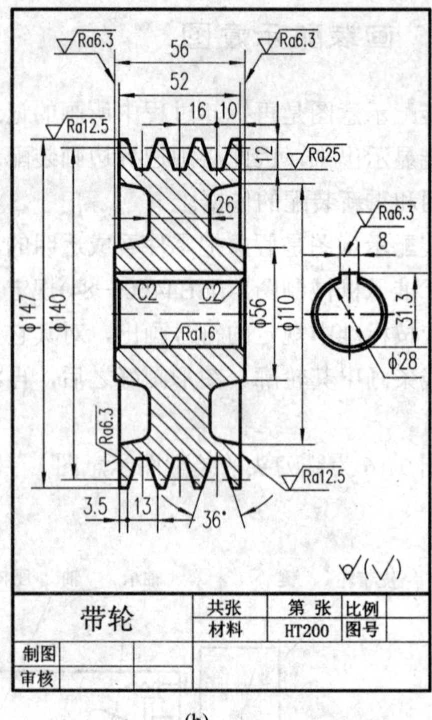

(b)

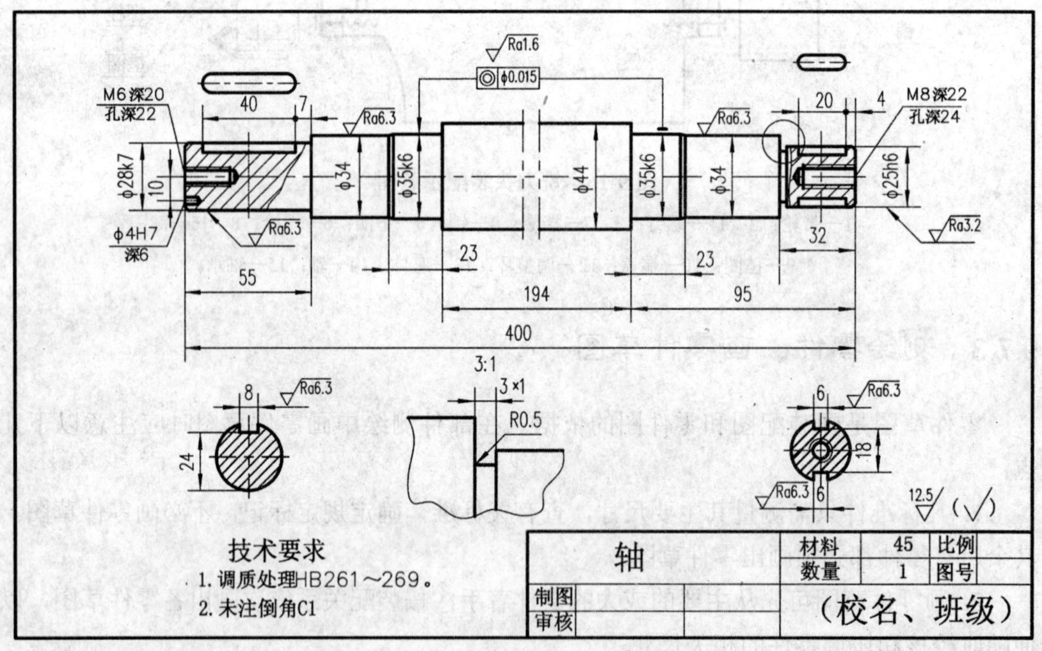

(c)

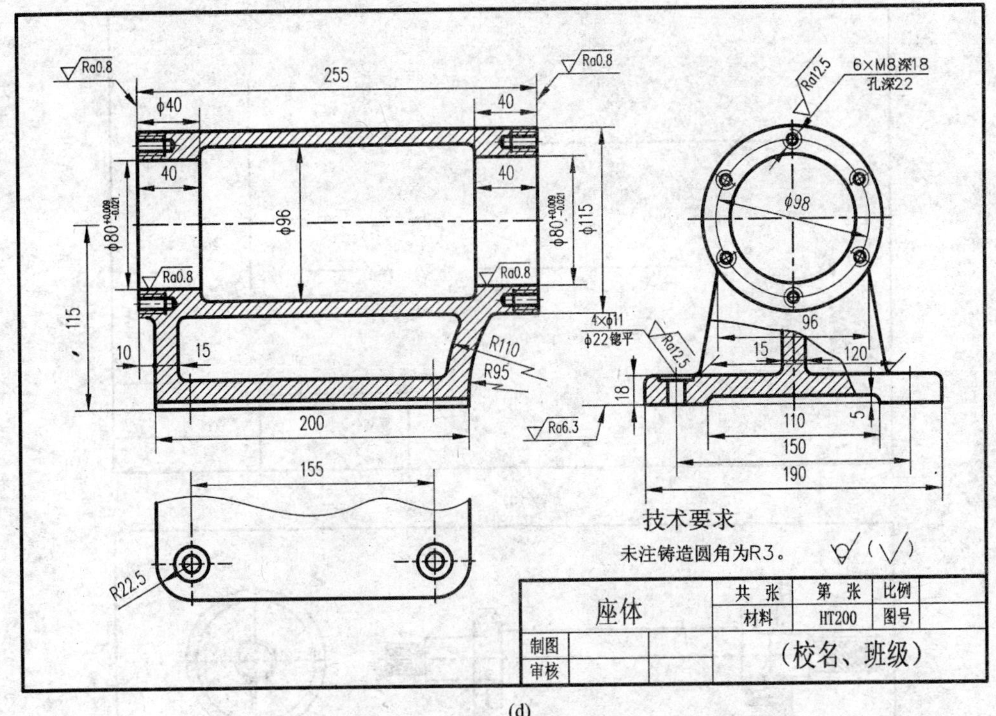

(d)

图 9-17　铣刀头部分零件草图

(a) 铣刀头端盖；(b) 铣刀头带轮；(c) 铣刀头轴；(d) 铣刀头座体。

9.7.4　画装配图

装配图的视图选择、绘制和尺寸标注等问题前面已作介绍。根据装配示意图和所有零件草图、标准件的标记，就可以画出部件的装配图。具体作图方法和步骤以图 9-18 所示的铣刀头装配图为例，加以说明。

1. 选比例，定图幅，画出边框，标题栏。

2. 合理布图，画出各视图的基准线，留出明细栏的位置。如图 9-18(a)所示。考虑到需标注尺寸和序号，布图既要适中，还要留出图间距。

3. 画底稿，通常从表达主要装配干线的视图开始画，一般从主视图开始，几个视图同时配合作图。画剖视图时以装配干线为准由内向外画，可避免画出被遮挡的不必要的图线，也可由外向内画，如先画外边主体大件。在实际绘图时往往采用两种结合的方法，视作图方便而定。

无论采用哪种画法，都必须遵循以下原则：

画完第一件后，必须找到与此相邻的件及它们的接触面，将此接触面作为画下一件时的定位面，开始画第二件，这样按装配关系一件接一件依次画出下一件，切勿随意乱画。

下面采用由内向外的方法，画出铣刀头装配图。

(1) 先画出传动轴的主视图，如图 9-18(b)所示。

(2) 找到相邻件轴承，从与轴的接触面处画轴承，再找到与轴承相邻件的接触面画出端盖，如图 9-18(b)所示。

(3) 从端盖内侧面开始画座体，再画出皮带轮。如图 9-18c 所示。

(4) 最后画出挡圈、螺钉、键、销、调整垫及刀盘等，完成底图。如图 9-18(c)所示。

4. 完成装配图，检查改错后，画剖面线，标注尺寸及配合代号，编注零件序号，描深。最后填写明细栏、标题栏和技术要求，校核，完成全图，如图 9-19 所示。

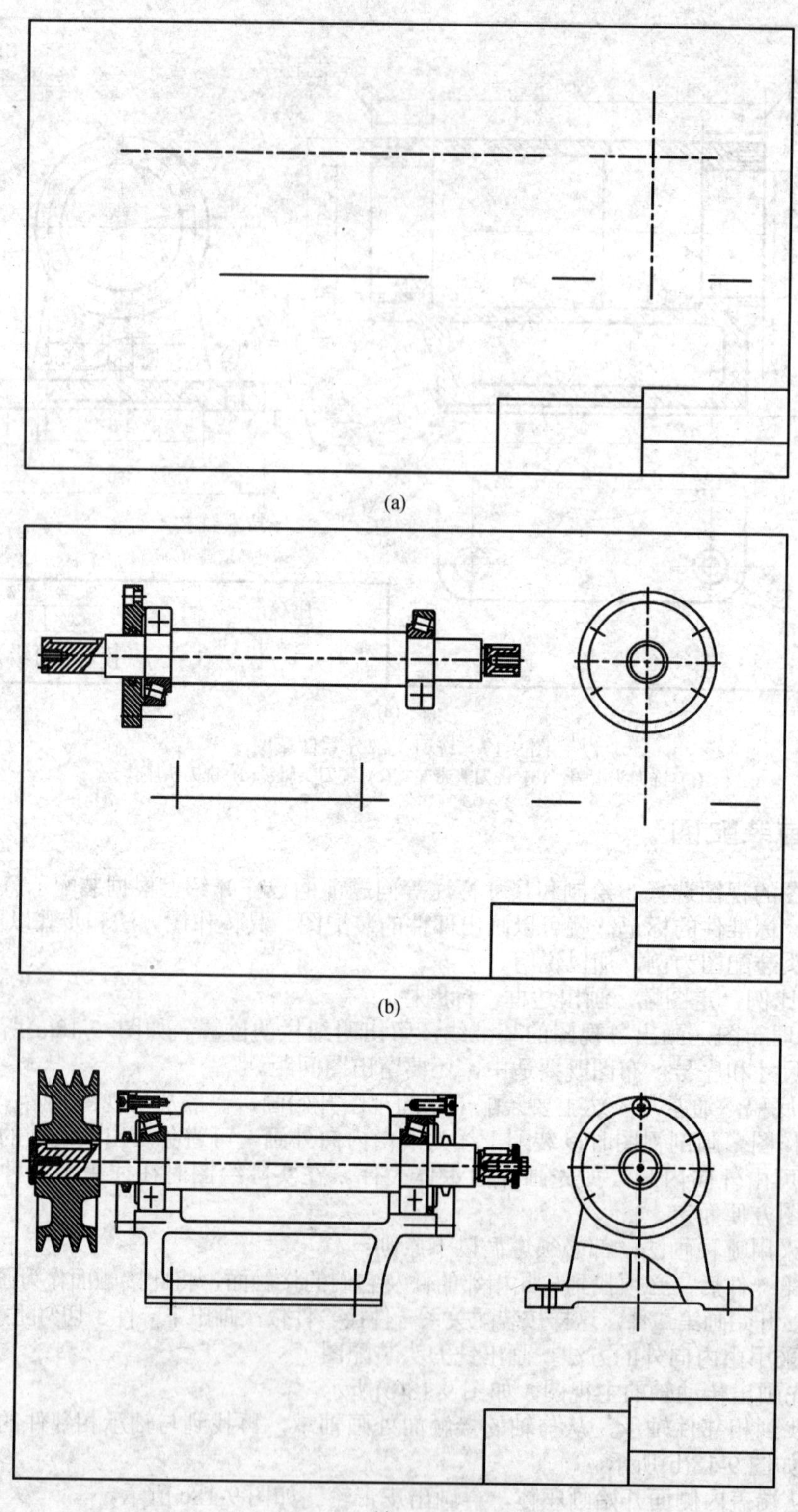

(a)

(b)

(c)

图 9-18　铣刀头装配图作图步骤

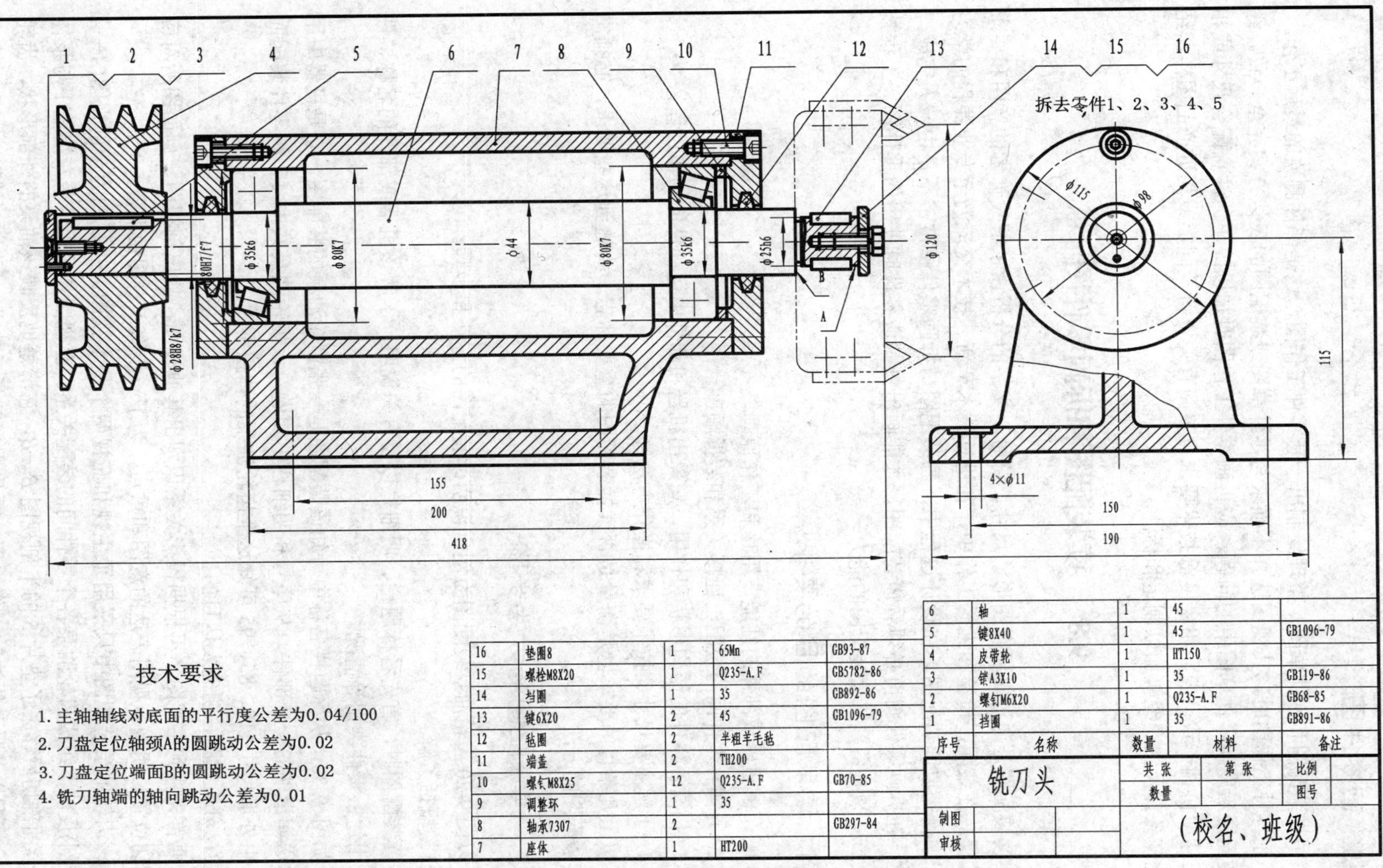

技术要求

1. 主轴轴线对底面的平行度公差为0.04/100
2. 刀盘定位轴颈A的圆跳动公差为0.02
3. 刀盘定位端面B的圆跳动公差为0.02
4. 铣刀轴端的轴向跳动公差为0.01

序号	名称	数量	材料	备注
16	垫圈8	1	65Mn	GB93-87
15	螺栓M8X20	1	Q235-A.F	GB5782-86
14	挡圈	1	35	GB892-86
13	键6X20	2	45	GB1096-79
12	毡圈	2	半粗羊毛毡	
11	端盖	2	TH200	
10	螺钉M8X25	12	Q235-A.F	GB70-85
9	调整环	1	35	
8	轴承7307	2		GB297-84
7	座体	1	HT200	
6	轴	1	45	
5	键8X40	1	45	GB1096-79
4	皮带轮	1	HT150	
3	销A3X10	1	35	GB119-86
2	螺钉M6X20	1	Q235-A.F	GB68-85
1	挡圈	1	35	GB891-86

铣刀头		共 张	第 张	比例	
		数量		图号	
制图		（校名、班级）			
审核					

图 9-19 铣刀头装配图

9.7.5 画零件图

根据装配图和零件草图，整理绘制出一套零件工作图，这是部件测绘的最后工作。

画零件工作图时，其视图选择不强求与零件草图或装配图的表达方案完全一致。经画装配图后发现零件草图中的问题，应再画零件工作图时加以改正。注意配合尺寸或相关尺寸应协调一致。表面粗糙度等技术要求可参阅有关资料及同类或相近产品图样，结合生产条件及生产经验加以制定和标注。

9.8 读装配图和拆画零件图

读装配图是通过对现有图形、尺寸、符号、文字的分析，了解设计者的意图和要求的过程。在装配、检验和维修工作中，在进行技术革新、技术交流乃至专业课程的学习工程中，需要读装配图。在设计过程中，画装配图与拆画零件图常常不是由一人完成，因此，在拆画零件图前必须看懂装配图，才能画出供制造零件时使用的零件图。工程技术人员必须具备熟练读装配图的能力。

9.8.1 读装配图的目的要求

1. 了解机器或部件的性能、用途和工作原理。

2. 弄懂各零件间的装配、连接关系和装拆顺序。

3. 搞清各零件的结构形状和作用，想象出机器和部件中运动件的动作过程。

4. 了解主要尺寸、技术要求和操作方法等。

以上几条目的要求也是衡量是否读懂装配图的重要标志。为达到这些要求，必须掌握读装配图的方法。

9.8.2 读装配图的方法步骤

以图 9-20 齿轮油泵装配图为例，说明读装配图的方法和步骤。

1．概括了解

读装配图时，首先看标题栏、明细栏以及有关说明，了解该机器或部件的名称、性能、用途、零件类别等情况。

如图 9-20，从标题栏名称中可知该装配图是一张齿轮油泵的装配图。它是机器中用来输送润滑油的一个部件，从序号和明细栏中知道，该齿轮油泵共由 17 种零件装配而成。由外形尺寸 118、85、95 可知这个齿轮油泵的体积不大。

2．分析视图、明确表达目的

要首先找到主视图，再根据投影关系识别出其他视图，找出剖视图、剖面图所对应的剖切位置，明确各视图表达的意图和重点，为下一步深入看图做准备。

该齿轮油泵装配图中只采用了主视和左视两个基本视图。主视图为全剖视图(*A*—*A* 旋转剖)反映了组成齿轮油泵各个零件间的装配关系。左视图是采用沿着左端盖 1 与泵体 6 结合面剖切后移去了垫片 5 的半剖视图 *B*—*B*，它清楚地反映该油泵的外部形状，齿轮的啮合情况以及吸、压油的工作原理；再采用局部剖反映吸、压油口的情况。

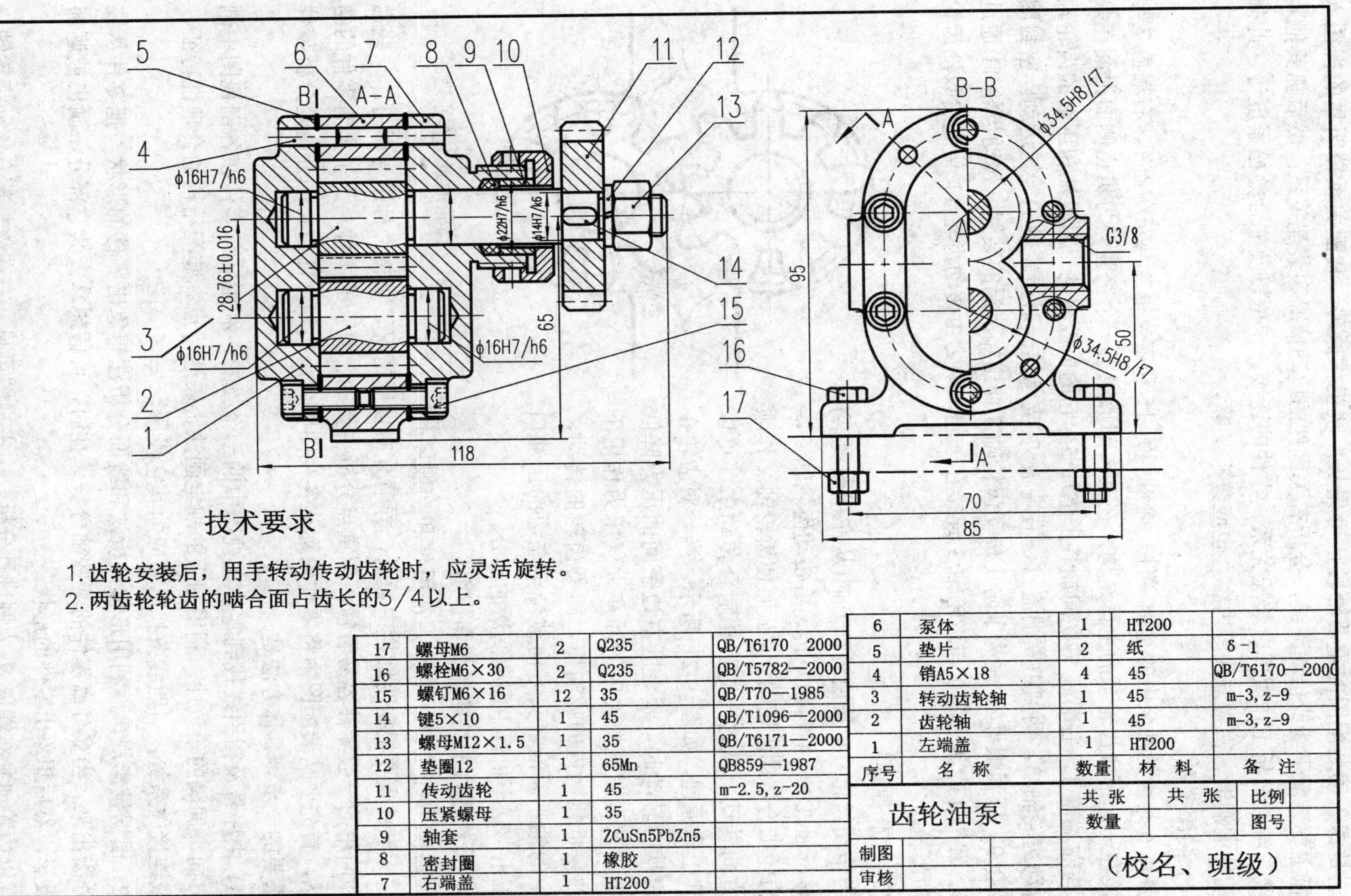

技术要求

1. 齿轮安装后，用手转动传动齿轮时，应灵活旋转。
2. 两齿轮轮齿的啮合面占齿长的3/4以上。

序号	名称	数量	材料	备注
17	螺母M6	2	Q235	QB/T6170 2000
16	螺栓M6×30	2	Q235	QB/T5782—2000
15	螺钉M6×16	12	35	QB/T70—1985
14	键5×10	1	45	QB/T1096—2000
13	螺母M12×1.5	1	35	QB/T6171—2000
12	垫圈12	1	65Mn	QB859—1987
11	传动齿轮	1	45	m-2.5, z-20
10	压紧螺母	1	35	
9	轴套	1	ZCuSn5PbZn5	
8	密封圈	1	橡胶	
7	右端盖	1	HT200	
6	泵体	1	HT200	
5	垫片	2	纸	δ-1
4	销A5×18	4	45	QB/T6170—2000
3	转动齿轮轴	1	45	m-3, z-9
2	齿轮轴	1	45	m-3, z-9
1	左端盖	1	HT200	

齿轮油泵	共 张	共 张	比例	
	数量		图号	
制图			（校名、班级）	
审核				

图 9-20 齿轮油泵装配图

3．分析装配关系和工作原理

这是深入读装配图的重要阶段，可先从反映工作原理、装配关系较明显的视图入手，抓主要装配干线或传动路线，分析有关零件的运动情况和装配关系；然后抓其他装配干线，继续分析工作原理、装配关系、零件的连接、定位以及配合的松紧度等。此外对运动件的润滑、密封方式等内容，也应分析了解。

(1) 装配关系

泵体 6 是齿轮油泵中的基础零件，通过螺钉 15 和定位销 4 与左端盖 1、右端盖 7 与其连接在一起形成齿轮泵的主体结构，在其内部形成了一个空腔。为防止侧面泄漏在泵体 6 与左端盖 1、右端盖 7 之间加装了垫片 5。它的内腔容纳一对吸油和压油的齿轮轴 2、传动齿轮轴 3，两侧由左端盖 1、右端盖 7 支承这一对齿轮轴的旋转运动。密封圈 8、轴套 9、压紧螺母 10 是为了防止传动齿轮轴 3 伸出端泄漏的装置。传动齿轮 11 通过键 14、螺母 13、垫圈 10 与齿轮轴 3 连接在一起，动力由传动齿轮 11 传递给吸油齿轮和压油齿轮。

(2) 工作原理

当传动齿轮 11 按逆时针方向(从左视图观察)转动时，通过键 14 将扭矩传递给传动齿轮轴 3，经过齿轮啮合带动齿轮轴 2，从而使齿轮轴 2 作顺时针方向转动。从这一对齿轮啮合传动中，可以了解其工作原理，如图 9-21 所示。当一对齿轮在泵体内啮合转动时，啮合区右边空间的压力降低而产生局部真空，油池内的油在大气压力作用下进入油泵低压区内的吸油口，随着齿轮的转动，齿槽中的油不断沿箭头方向被带至左边的压油口把油压出，送至机器中需要润滑的部分。

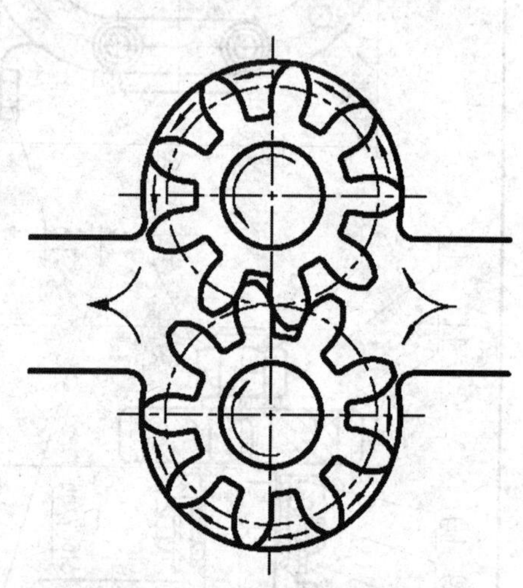

图 9-21　齿轮油泵工作原理图

4．分析零件的结构形状和作用

机器或部件是由标准件、常用件和一般零件组成，标准件只要根据明细栏中数量，弄清分布使用情况、规格、标准号即可。一些常用的和简单的一般零件容易看懂，应重点分析主要的、复杂的零件。为了弄清零件的结构形状，首先要从装配图中将零件轮廓从各视图中分离出来，能否正确分离是分析零件至关重要的一步。具体方法是:

(1) 由序号及指引线找到零件在视图中的一个投影，利用同一零件在各剖视图中剖面线方向、间隔的一致性，利用图上的规定画法、表达特点、装配结构的合理性特征、配合或连接关系等，对照线条找出对应的其它投影。

(2) 根据投影规律，利用形体分析法和线面分析法想象出零件的形状，把零件从装配中分离出来。当被分离零件的某些部分被遮住时，可假想拿去其它部分，画出被遮部分的投影，然后想象出零件的形状。

现以齿轮油泵右端盖 7 为例进行分析。由主视图可见，右端盖上部有传动齿轮轴 3 穿过,下部有齿轮轴 2 轴颈的支承孔，在右部凸缘的外圆柱面上有外螺纹，用压紧螺母 10 通过轴套 9 将密封圈 8 压紧在轴的四周，先从主视图上区分出右端盖的视图轮廓，由于在装配图的主视图上，右端盖的一部分可见投影被其它零件所遮，因而它是一幅不完整的图形，如图 9-22(a)所示为从装配图主视图中分离出右端盖全剖的主视图。根据此零件的作用及装配关系，可以补全所缺的轮廓线，如图 9-22(b)所示。在装配图的左视图中，其螺钉孔、销孔、轴孔都被泵体 6、齿轮轴 2、传动齿轮轴 3 等零件挡住，不能完整地表达出来。因此这些缺少的结构形状、可以通过对装配整体的理解和工作情况，进行补充表达和设计，右端盖的外形为长圆形，沿周围分布有六个螺钉沉孔和两个圆柱销孔。如图 9-22(c)所示为从装配图中分离、补充、想象出的右端盖左视图，结合主、左视图即可想出其结构形状，如图 9-23 所示的轴测图。通过以上分析，右端盖的结构形状对其作用的分析就会很容易了，请读者自行分析。这样逐一分析每个零件，便可弄清每个零件的结构形状、作用及零件间的装配关系。在此基础上进行归纳总结想象出齿轮油泵的整体结构。图 9-24 所示为齿轮油泵的轴测分解图。

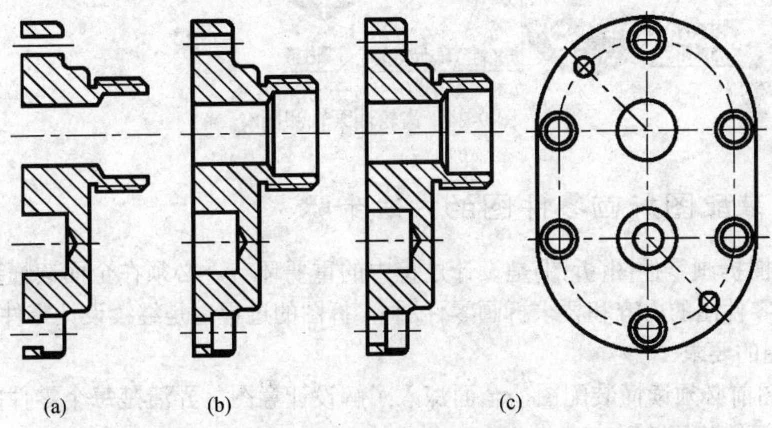

图 9-22　从装配图中分离、补充、设计后的右端盖视图

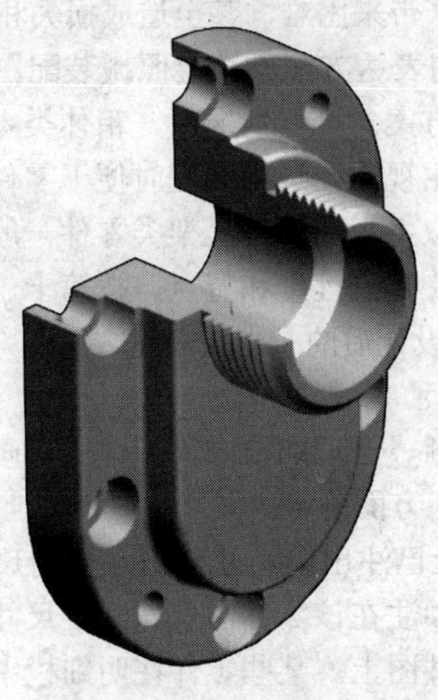

图 9-23　右端盖的轴测图

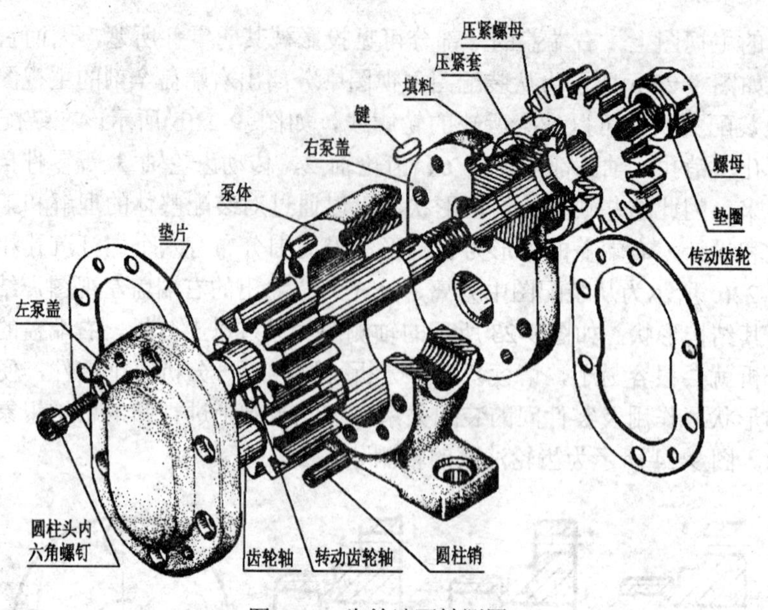

图 9-24　齿轮油泵轴测图

9.8.3　由装配图拆画零件图的方法步骤

由装配图拆画零件图(拆图)是设计过程中的重要环节。必须在全面读懂装配图的基础上，按照零件图的内容和要求拆画零件图 ，拆图的过程也是继续设计零件的过程。

1. 拆图的要求

(1) 拆图前必须读懂装配图，全面深入了解设计意图，弄清楚每个零件的形状、作用和它们之间的装配关系。

(2) 拆画零件图时，既要考虑机器或部件对零件的要求，又要满足制造和装配此零件的工艺要求，否则会给生产带来困难，甚至造成损失和浪费。

(3) 拆画零件图时选择的表达方案不一定照搬装配图的表达，而应对零件的结构特点进行分析，重新考虑表达方案。一般情况下，箱体类零件的主视图所选位置可与装配图一致，即按工作位置选取主视图，这样装配时便于零件图与装配图对照；对轴套、盘盖类零件一般按加工位置选取主视图；对叉架类零件一般按形状特征或工作位置选取主视图。根据零件的结构形状、复杂程度和特点，按第十一章所述的原则和方法选取其他视图。如图 9-25 所示为调整设计后的右端盖表达方案。

2. 标注所拆零件的尺寸

要按照正确、完整、清晰、合理的要求，标注所拆画的零件图上的尺寸。拆画的零件图，其尺寸来源可从以下几方面确定：

(1) 抄注。凡是装配图上已注出的尺寸都是必要的尺寸，拆图时应将与被拆零件有关的尺寸按其数值大小直接抄注在该零件图上。配合尺寸应分别按孔、轴的公差带代号或查出偏差值注在相应的零件图上。某些零件在明细栏中给定了尺寸，如弹簧、垫片厚度应当按已给尺寸标注。

(2) 查取。零件上的一些标准结构(如倒角、圆角、退刀槽、螺纹、销孔、键槽等)

的尺寸数值，应从有关标准中查取核对后进行标注；螺孔、键槽可查明细栏，从偶件中的另一标准件规定标记来确定。

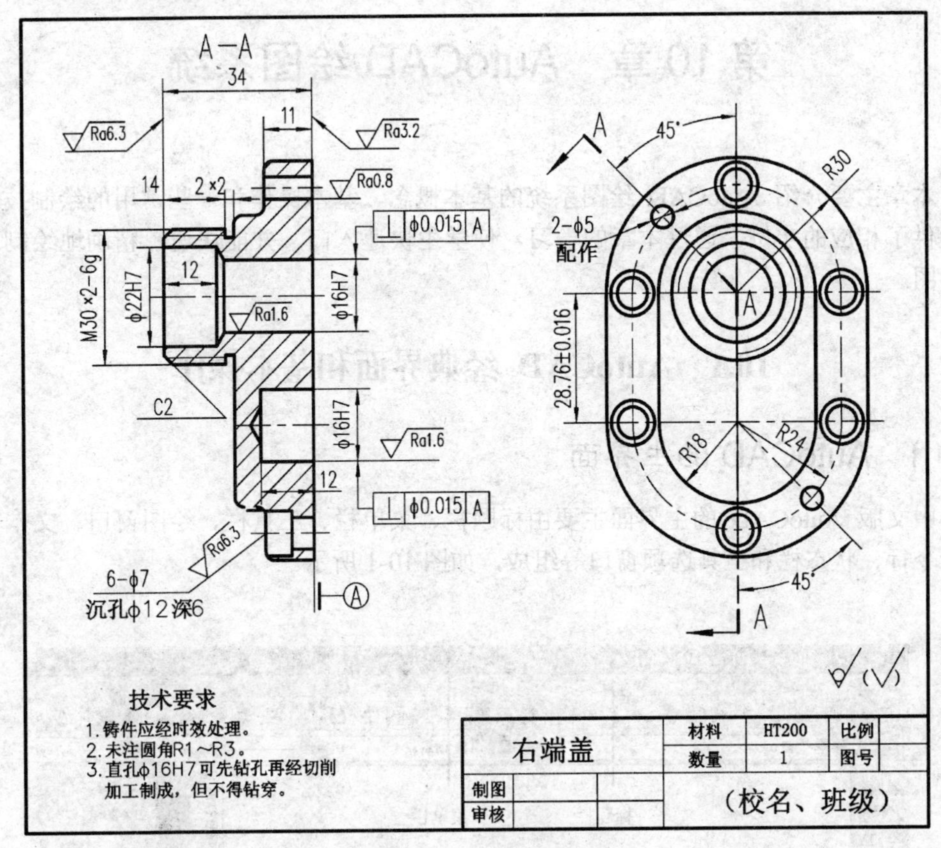

图 9-25　右端盖零件图

(3) 计算。零件的某些尺寸数值，需根据装配图所给定的有关尺寸和参数，经过必要的计算或校核来确定，并不许圆整。如齿轮分度圆直径，可根据模数和齿数或齿数和中心距计算确定。

(4) 量取。装配图中没有标注的其余尺寸，应按装配图的比例在装配图上直接量取后算出，并按标准系列适当圆整，使之尽量符合标准长度或标准直径的数值。

根据上述尺寸来源，配齐拆画的零件图上的尺寸，标注尺寸时要恰当选择尺寸基准和标注形式，与相关零件的配合尺寸、相对位置尺寸协调一致，避免矛盾发生，重要尺寸应准确无误。

4．确定技术要求

根据零件的作用，结合设计要求，查阅有关手册或参阅同类、相近产品的零件图来确定所拆画零件图上的表面粗糙度、公差配合、形位公差等技术要求。最后填写标题栏，完成所拆画的零件图，如图 9-25 所示。

第 10 章 AutoCAD 绘图系统

本章主要介绍 AutoCAD 绘图系统的基本概念、基本操作和一些常用的绘制技巧，并提供了相应的实例。通过本章的学习，使学生快速入门，并能快速、精确地绘制二维零件图。

10.1 AutoCAD 经典界面和基本操作

10.1.1 AutoCAD 的主界面

中文版 AutoCAD 的主界面主要由标题栏、菜单栏、工具栏、绘图窗口、文本窗口与命令行、状态栏和工具选项窗口等组成，如图 10-1 所示。

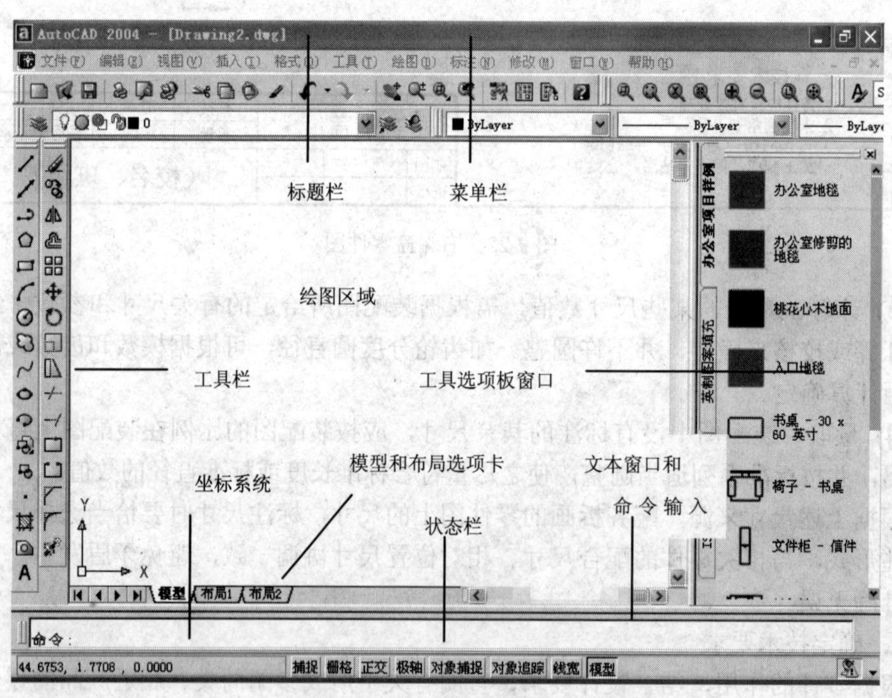

图 10-1 绘图屏幕

1. 菜单栏（下拉菜单）

菜单由菜单文件定义。用户可以修改或设计自己的菜单文件。典型的下拉菜单包括：文件（F）、编辑（E）、视区（V）、插入（I）、格式（O）、工具（T）、绘图（D）、标注(N)、修改(M)、窗口(W)。用鼠标左键点击下拉菜单标题时，会在标题下出现菜单列项表，在表中拾取各命令项。

2．工具栏

工具栏包括许多由图标表示的工具。单击这些图标按钮就可激活相应的命令。AutoCAD 提供 24 个工具条，在下拉菜单“视区”下选取工具栏，出现工具栏对话框，如图 10-2 所示，在此对话框可以打开、关闭、新建、删除某个工具条。

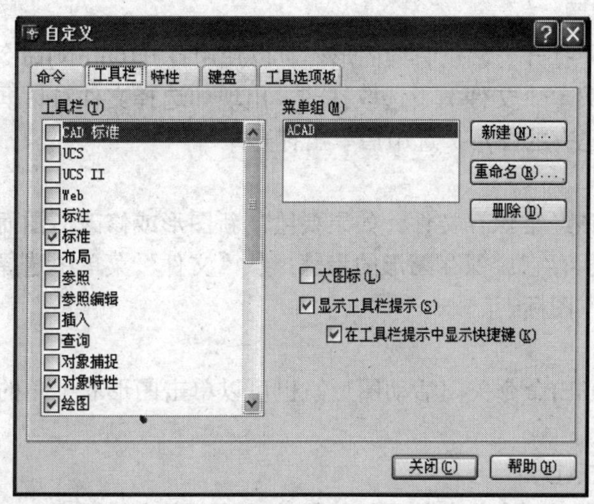

图 10-2　工具栏

3．绘图区域

显示图形。根据窗口大小和显示的其他组件(例如工具栏和对话框)数目，绘图区域的大小将有所不同。

4．十字光标

在绘图区域标识拾取点和绘图点。十字光标由定点设备控制，可以使用十字光标定位点、选择和绘制对象。

5．模型/布局选项卡

在模型(图形)空间和图纸(布局)空间来回切换。一般情况下，先在模型空间创建设计，然后创建布局以绘制和打印图纸空间中的图形。

6．命令窗口

在绘图区下方，显示命令提示和信息。

7．状态栏

在左下角显示光标坐标。状态栏还包含一些按钮，使用这些按钮可以打开常用的绘图辅助工具。这些工具包括“捕捉”(捕捉模式)、“栅格”(图形栅格)、“正交”(正交模式)、“极轴”(极轴追踪)、“对象捕捉”(对象捕捉)、“对象追踪”(对象捕捉追踪)、“线宽”(线宽显示)和“模型”(模型空间和图纸空间切换)。

8．工具选项板窗口

为我们提供了常用绘图模板和图案填充模板，而且可以将常用的块和图案填充放置在工具选项板上。需要向图形中添加块或图案填充时，只需将其从工具选项板拖动至图形中即可。

10.1.2 图形文件的使用

1. 用新建(NEW)命令建立一幅新图

用新建(NEW)命令可以开始一幅新图。可以从标准工具条单击新建图标或下拉菜单文件下选取新建，出现绘图屏幕，如图 10-1 所示。

2. 打开一幅旧图

在 AutoCAD 中打开一幅已有的图形，可以使用打开(OPEN)命令。从标准工具条单击打开图标或下拉菜单“文件”下选取打开，出现如选择文件对话框，在对话框中可以从不同路径下查找已有的图形，选中后单击打开即可。

3. 保存图形

绘制图形时应该经常保存文件。如果要绘制新图形或修改旧图而又不影响原图形，可以用一个新名称保存它。保存图形的步骤：从“文件”菜单中选择“保存”或从标准工具条单击“保存”图标。

4. 关闭图形

关闭图形(CLOSE)命令关闭活动图形。也可以单击图形右上角的“关闭”按钮来关闭图形。

5. 退出 AutoCAD

如果已经保存了对所有打开的图形的修改，就可以直接退出 AutoCAD 而不用再次保存。如果没有保存修改，AutoCAD 会提示保存或放弃修改。

退出 AutoCAD 的步骤：从“文件”菜单中选择“退出”。

10.2 绘图入门

通过上一节的学习，我们对 AutoCAD 绘图系统有一定的了解。同时对绘图屏幕和图形文件操作有了初步的认识。本节主要介绍初次绘图时常用到的一些命令。

10.2.1 辅助绘图命令

辅助绘图命令是一种绘图工具，其本身并不具有绘制和编辑实体的功能，但又是我们在绘图过程中不可缺少的。通过这些命令能为我们提供一个良好的绘图环境，达到精确绘制图形的目的。

1. 绘图单位、界限的设置

1) 绘图单位 UNITS 命令

绘图单位 UNITS 命令为绘图提供坐标、距离和角度的记数制和精度。

命令的使用：在下拉菜单“格式”中拾取单位，屏幕显示“图形单位”对话框，如图 10-3 所示。此对话框分长度和角度两项，可以各自设置类型和精度。

2) 图形界限 LIMITS 命令

图形界限 LIMITS 命令用于设置当前图形的绘图界限。

命令的使用：

在下拉菜单“格式”中拾取图形界限，命令行提示：

命令: _limits

重新设置模型空间界限:

指定左下角点或 [开(ON)/关(OFF)] <0.0，0.0>: 输入左下角坐标

指定右上角点 <420.0，297.0>: 输入右上角坐标

指令说明：

(1) 绘图界限的功能分为打开(ON)，关闭(OFF)两种状态，在 ON 状态下绘图元素不能超出边界，否则出错。在 OFF 状态下，AutoCAD 不进行边界检查。

(2) 绘图界限命令所确定的绘图范围，以栅格显示。

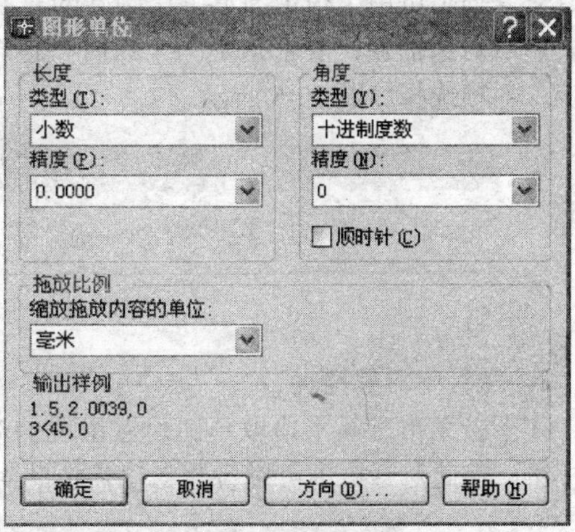

图 10-3 图形单位对话框

2．栅格、栅格捕捉的设置

栅格 GRID 命令可在屏幕显示一个可见的点阵，以便于作图定位。也可以设定栅格的行、列间距并随意显示或隐藏。

栅格捕捉 SNAP 命令设置锁定光标移动的距离，由连续移动改为跳动。

栅格、栅格捕捉的设置：在下拉菜单“工具”中拾取草图设置，屏幕显示 “草图设置”对话框，如图 10-4 所示。此对话框中拾取捕捉和栅格，就可以各自设置栅格和捕捉间距。

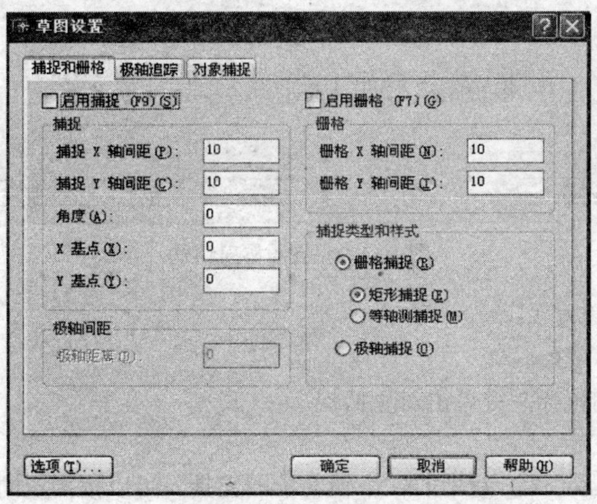

图 10-4 草图设置对话框

10.2.2 精确绘图

在绘图过程中，为使绘图和设计过程更简便易行， AutoCAD 提供了栅格、捕捉、正交、对象捕捉及自动追踪等多个绘图工具。这些绘图工具有助于在快速绘图的同时保证绘图的精度。

1．对象捕捉命令

对象捕捉可用于指定图形中已画好的对象上的点。

单点对象捕捉：要求指定一个点时，在对象捕捉工具条拾取相应的对象捕捉模式来响应。各项选择如图 10-5 所示。

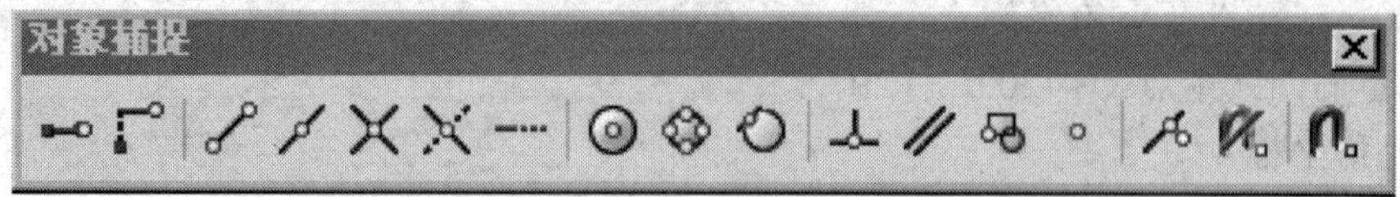

图 10-5　对象捕捉对话框

2．运行中对象捕捉

在下拉菜单工具下拾取草图设置出现的对话框，如图 10-6 所示，然后选取对象捕捉按钮，在此对话框中可以设置自己需要的对象捕捉目标。

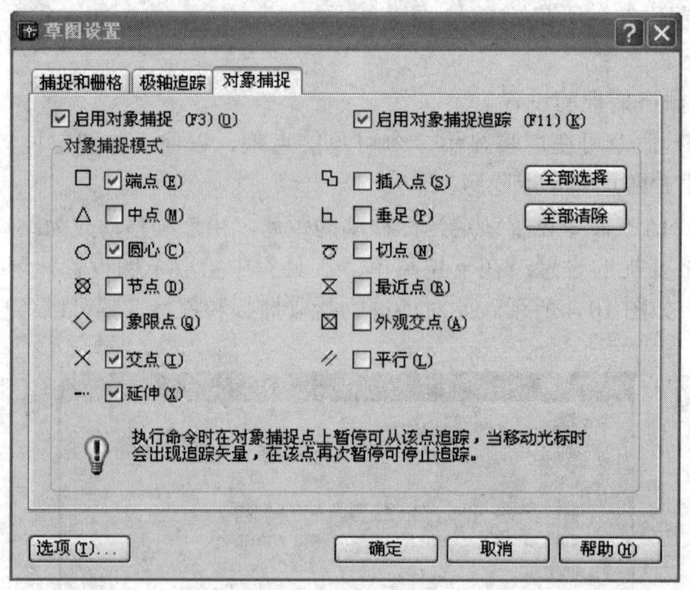

图 10-6　草图设置对话框

对象捕捉的快捷方式：

(1) 按下功能键 F3。

(2) 在状态栏用鼠标左键单击对象捕捉。

3．对象追踪

对象追踪是 AutoCAD 新增的一个辅助绘图工具，可以按指定的角度或与其他对象特定的关系来确定点的位置。

10.3　基本绘图命令

本节主要介绍 Auto CAD 基本绘图命令，使我们能够在计算机上完成点、线、圆等几何元素的绘制。

10.3.1 绘制直线(LINE)命令

直线是最基本的图形对象。用直线(LINE)命令能绘制一系列相连的线段，也可以让起点和端点闭合，形成一个封闭的图形。如图 10-7。

绘制直线的步骤：从“绘图”菜单或绘图工具条中选择“直线”。

命令行提示：

命令: _line

指定第一点:点取 1(指定一点时可用鼠标在屏幕点取，也可在命令行输入点的坐标)

指定下一点或 [放弃(U)]:2

指定下一点或 [放弃(U)]: <正交 开>3(按下 F8 表示正交，此时只能水平、垂直线)

指定下一点或 [闭合(C)/放弃(U)]:4

指定下一点或 [闭合(C)/放弃(U)]: <正交 关>5

指定下一点或 [闭合(C)/放弃(U)]: c (输入 C 表示闭合)

1．说明

(1) 画完一条独立直线段或连续几段直线段的末端时，在命令提示行下，按下 Enter 键或空格键，结束此直线的绘制。

(2) 如画封闭多边形时，在最后命令提示行下输入 C，将所画线框封闭。

(3) 在画线过程中要取消刚刚所画出的线段，在命令提示行下输入 U 〈Undo 取消〉，将最后画得线段取消。

(4) 若要画水平和垂直方向的线段，应按下 F8 进入正交模式 ORTHO。

(5)画直线时，点的坐标输入方式。

2．使用输入线段端点坐标值方法画线时有四种方式。

(1) 用绝对 X、Y 坐标值如 80，60。

(2) 用极坐标(@距离<方向)如@100<90 表示长度 100，方向 90 度。

(3) 用相对坐标(@△X，△Y)。

(4) 用鼠标移动光标在屏幕中点取。

10.3.2 绘制矩形(RECTANGLE)命令

矩形 RECTANGLE 命令可以在任意位置指定两对角点画出矩形。如图 10-7 所示。

绘制矩形的步骤：从“绘图”菜单选取矩形或绘图工具条中单击“矩形”图标。

命令行提示：

命令: _rectangle

指定第一个角点或 [倒角(C)/标高(E)/圆角(F)/厚度(T)/宽度(W)]:A

指定另一个角点:B

10.3.3 绘制圆 (CIRCLE) 命令

绘制圆的方法有多种，缺省方法是指定圆心和半径。可以在任何位置画任意大小直径的圆，如图 10-7 所示。

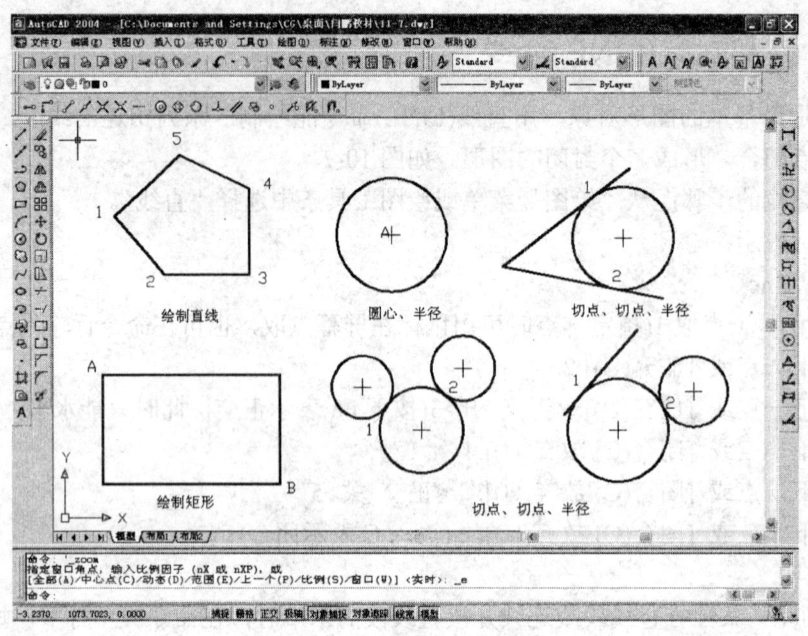

图 10-7 基本图形的绘制

1．绘制圆命令的拾取

(1) 从绘图工具条中单击“圆”图标。(为缺省项，即圆心、半径画圆)

(2) 从“绘图”菜单选取圆出现级联菜单，有六种绘制圆的方法供选择：给定圆心、半径画圆；给定圆心、直径画圆；给定两点画圆；给定三点画圆给定两切线、半径画圆；给定三切点画圆。

2．绘制圆的步骤

1) 圆心、半径画圆(该项为缺省)

命令: _circle

指定圆的圆心或 [三点(3P)/两点(2P)/相切、相切、半径(T)]: A　输入圆心坐标

指定圆的半径或 [直径(D)]: 50　输入新的半径值

2) 给定两切线、半径画圆

命令: _circle 指定圆的圆心或 [三点(3P)/两点(2P)/相切、相切、半径(T)]: _t

在对象上指定一点作圆的第一条切线:1

在对象上指定一点作圆的第二条切线:2

指定圆的半径 <56.0814>: 50

其它几种方法按上述步骤自己练习。

10.3.4 绘制点(POINT)命令

画点命令可以在任意 X，Y 定位的图形中设置一特定的点标志，以供绘图参考或锁定图形的位置。

1．操作方法

在绘图工具条或下拉式菜单绘图中点取点选项，即可在屏幕中绘制点。

2．点式样的确定

在下拉式菜单格式中拾取点式样(P)出现如图 10-8 所示的对话框，在此对话框中可选取显示点的形式。

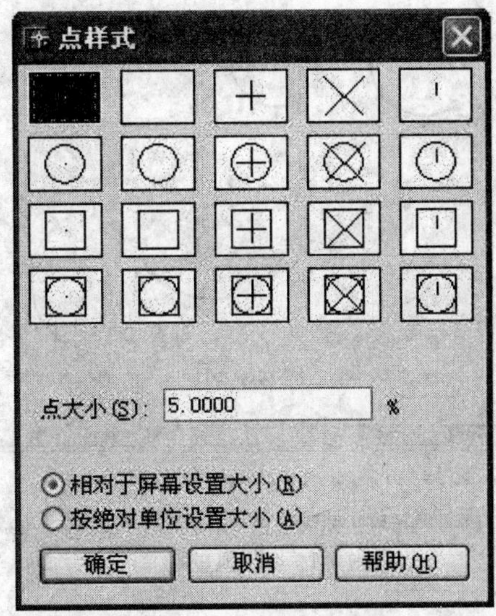

图 10-8 点样式对话框

3．点的大小

在点的大小栏目输入点的尺寸。

10.3.5 画圆弧命令 ARC

利用画圆弧命令可绘制任意半径和任意长度的圆弧。

画圆弧的方法共有四大类 10 种，最常用的缺省方法是“三点定弧法”。

操作方法：在下拉式菜单绘图下点取圆弧后，屏幕出现级联菜单，如图 10-9 所示。

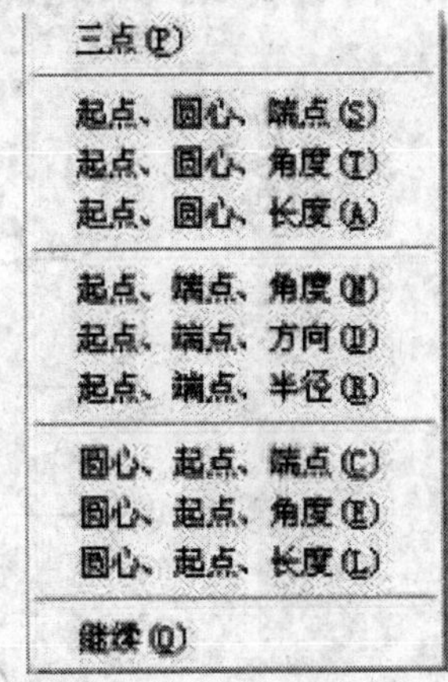

图 10-9 绘制圆弧的方式

(1) 给定三点画圆弧。在绘图工具条拾取圆弧或下拉式菜单绘图下点取圆弧后再拾取三点。作图过程如图 10-10 所示。

命令: _arc 指定圆弧的起点或 [圆心(CE)]:

指定圆弧的第二点或 [圆心(CE)/端点(EN)]:

指定圆弧的端点:

(2) 给定起点、圆心、终点(S，C，E)画圆弧(操作同上)

命令: _arc 指定圆弧的起点或 [圆心(CE)]:

指定圆弧的第二点或 [圆心(CE)/端点(EN)]: _c 指定圆弧的圆心:

指定圆弧的端点或 [角度(A)/弦长(L)]:

(3) 其它几种画圆弧的方法如图 10-10 所示。

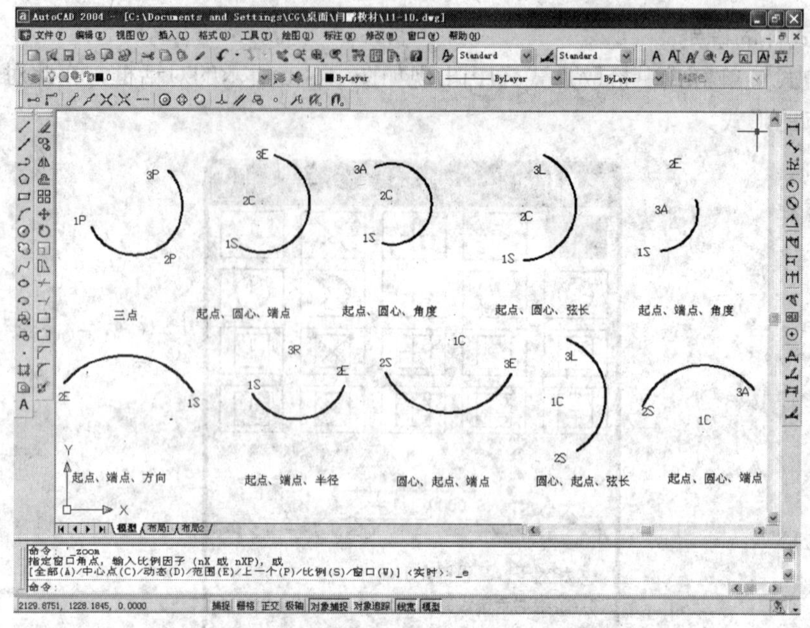

图 10-10　圆弧的绘制

10.3.6　绘制椭圆(ELLIPSE)命令

AutoCAD 提供了三种画椭圆的方法。

[操作方法]

在下拉式菜单绘图中点取椭圆选项，弹出级联菜单，有三种画椭圆的方法供选择：

(1) 设定椭圆长短轴长度，如图 10-11(a)所示。

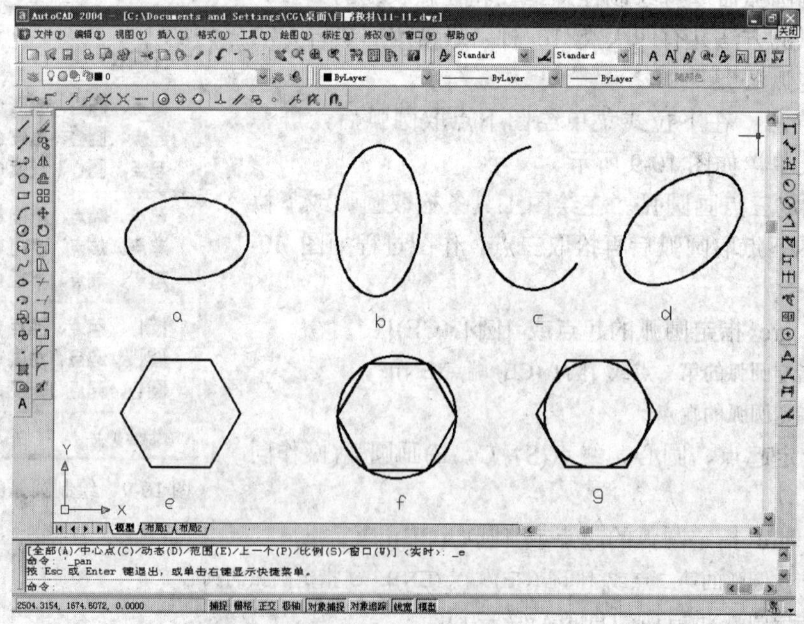

图 10-11　椭圆和正多边形的绘制

在级联菜单中拾取轴、端点或绘图工具条拾取椭圆：

命令: _ellipse

指定椭圆的轴端点或 [圆弧(A)/中心点(C)]: <输入第一轴的第一端点>

指定轴的另一个端点: <输入第一轴的第二端点>

指定另一条半轴长度或 [旋转(R)]:

屏幕上即出现所画椭圆。

(2) 设定圆心和两轴各一个端点，如图 10-11(b)所示

在级联菜单中拾取中心点

命令: _ellipse

指定椭圆的轴端点或 [圆弧(A)/中心点(C)]: _c <C，代表 Center>

指定椭圆的中心点: <输入椭圆中心>

指定轴的端点: <输入第一轴的第一端点>

指定另一条半轴长度或 [旋转(R)]: <输入第二轴的第一端点>

屏幕上即出现所画椭圆。

(3) 椭圆弧 (椭圆一轴长度和旋转角(R))，如图 10-11(c)所示。

命令: _ellipse

指定椭圆的轴端点或 [圆弧(A)/中心点(C)]: _a

指定椭圆弧的轴端点或 [中心点(C)]:

指定轴的另一个端点:

指定另一条半轴长度或 [旋转(R)]:

指定起始角度或 [参数(P)]:

指定终止角度或 [参数(P)/包含角度(I)]:

(4) 圆的镜射(椭圆一轴长度和旋转角(R))。

命令: _ellipse

指定椭圆的轴端点或 [圆弧(A)/中心点(C)]:

指定轴的另一个端点:

指定另一条半轴长度或 [旋转(R)]: r

指定绕长轴旋转: 30

如图 10-10(d)所示。

说明：以长轴为直径的圆，绕长轴旋转的角度为旋转角，一般由 0 度至 89.4 度。

10.3.7 绘制正多边形(POLYGON)命令

用正多边形命令允许画 3 到 1204 边的正多边形，也可指定以内接(INSCRIBING)或外切(CIRCUMSCRIBING)圆的方式画正多边形。多边形是一条闭区间的多义线，可用(PEDIT)多重编辑命令修改。

操作方法：在下拉式菜单绘图或绘图工具条中点取多边形：

命令: _polygon 输入边的数目 <4>:

指定多边形的中心点或 [边(E)]:

输入选项 [内接于圆(I)/外切于圆(C)] <I>:

下面介绍画正多边形可用三种方式。

(1) 设定正多边形的边长(Edge)法，如图 10-11(e)所示。

在指定多边形的中心点或 [边(E)]: <输入 E，代表边长>

指定多边形的中心点或 [边(E)]: e

指定边的第一个端点:

指定边的第二个端点:

屏幕画出所需正多边形。

(2) 设定圆的内接方式(INSCRIBING)，如图 10-11(f)所示。

在指定多边形的中心点或 [边(E)]: <输入或点取圆心位置>

输入选项 [内接于圆(I)/外切于圆(C)] <I>:<直接回车代表内接于圆(I)>

指定圆的半径: 输入或点取内接圆半径

屏幕画出所需正多边形。

(3) 设定圆的外切方式(CIRCUMSCRIBING)，如图 10-11(g)所示。

在指定多边形的中心点或 [边(E)]: <输入或点取圆心位置>

输入选项 [内接于圆(I)/外切于圆(C)] <I>:C <输入 C 回车表示内接于圆(C)>

指定圆的半径: 输入或点取内接圆半径屏幕画出所需正多边形。

10.3.8 绘制多义线(PLINE)命令

由多个直线段和圆弧段相连结而构成的一个实体，称之为多义线或多段线。各段线间共有相同的顶点(VERTEX)坐标，可将其宽度加大或缩小，可以构成一个封闭的多边形或椭圆，可对其进行编辑修改等。

画多义线的操作与画直线段和画弧线段方法稍有不同，步骤如下(图 10-12)。

1．命令操作

在绘图工具条或下拉式菜单绘图中点取多义线(P)

命令: _pline

指定起点:　<输入或点取线段起点>

当前线宽为 0.0000

指定下一点或 [圆弧(A)/闭合(C)/半宽(H)/长度(L)/放弃(U)/宽度(W)]:

各选项说明：

指定下一点：此选项为默认选项，输入或拾取一点完成该线段；

圆弧(A)：输入 A 后回车，开始圆弧；

闭合(C)：输入 C 后回车，所画线段闭合；

半宽(H)：输入 H 后回车，设定线的半宽；

长度(L)：输入 L 后回车，开始指定长度的线段；

放弃(U)：输入 U 后回车，为取消上次操作；

宽度(W)：输入 W 后回车，设定线段的起始宽度。

2．多义线的绘制

命令: _pline

指定起点: 点 1　<输入或点取线段起点>如图 10-12 所示。

当前线宽为 0.0000

指定下一点或 [圆弧(A)/闭合(C)/半宽(H)/长度(L)/放弃(U)/宽度(W)]: W

指定起点宽度 <0.0000>: 0.6

指定端点宽度 <0.6000>:

指定下一点或 [圆弧(A)/闭合(C)/半宽(H)/长度(L)/放弃(U)/宽度(W)]: 点 2

指定下一点或 [圆弧(A)/闭合(C)/半宽(H)/长度(L)/放弃(U)/宽度(W)]: 点 3

指定下一点或 [圆弧(A)/闭合(C)/半宽(H)/长度(L)/放弃(U)/宽度(W)]: A

指定圆弧的端点或

[角度(A)/圆心(CE)/闭合(CL)/方向(D)/半宽(H)/直线(L)/半径(R)/第二点(S)/放弃(U)/宽度(W)]: R

指定圆弧的半径:

指定圆弧的端点或

[角度(A)/圆心(CE)/闭合(CL)/方向(D)/半宽(H)/直线(L)/半径(R)/第二点(S)/放弃(U)/宽度(W)]: 点 4

指定圆弧的端点或

[角度(A)/圆心(CE)/闭合(CL)/方向(D)/半宽(H)/直线(L)/半径(R)/第二点(S)/放弃(U)/宽度(W)]: L

指定下一点或 [圆弧(A)/闭合(C)/半宽(H)/长度(L)/放弃(U)/宽度(W)]: 点 5

指定下一点或 [圆弧(A)/闭合(C)/半宽(H)/长度(L)/放弃(U)/宽度(W)]: A

指定圆弧的端点或

[角度(A)/圆心(CE)/闭合(CL)/方向(D)/半宽(H)/直线(L)/半径(R)/第二点(S)/放弃(U)/宽度(W)]: R

指定圆弧的端点或

[角度(A)/圆心(CE)/闭合(CL)/方向(D)/半宽(H)/直线(L)/半径(R)/第二点(S)/放弃(U)/宽度(W)]: W

指定起点宽度 <0.6000>:

指定端点宽度 <0.6000>: 0

指定圆弧的端点或

[角度(A)/圆心(CE)/闭合(CL)/方向(D)/半宽(H)/直线(L)/半径(R)/第二点(S)/放弃(U)/宽度(W)]: CL

10.3.9 绘制圆环和实心圆(DOUGHNUT 或 DONUT)命令

用该命令通过指定圆环的内外半径，能画出一定宽度的圆环或不同直径的实心圆。

操作方法：在下拉式菜单绘图中点取圆环(D)

命令提示行出现:

命令: _donut

指定圆环的内径 <10.0000>:

指定圆环的外径 <20.0000>:

指定圆环的中心点 <退出>: 如图 10-12 所示。

说明:圆环是否填充受 FILL 命令的控制。

10.3.10 绘制多线(MLINE)命令

用多线(MLINE)命令可以绘制由多条平行线段组成的复合线，类似于将多义线偏移一次或多次。另外还可以用(MLEDIT)命令编辑多个多线的交点；用 MLSTYLE 命令创建新的多线样式或编辑已有的多线样式。

多线命令的使用：绘制如图 10-12 所示图线

在绘图工具条或下拉式菜单绘图中点取多线(M)

命令提示行出现:

命令: _mline

当前设置: 对正 = 上，比例 = 20.00，样式 = STANDARD

指定起点或 [对正(J)/比例(S)/样式(ST)]:

指定下一点:

指定下一点或 [放弃(U)]:

指定下一点或 [闭合(C)/放弃(U)]:

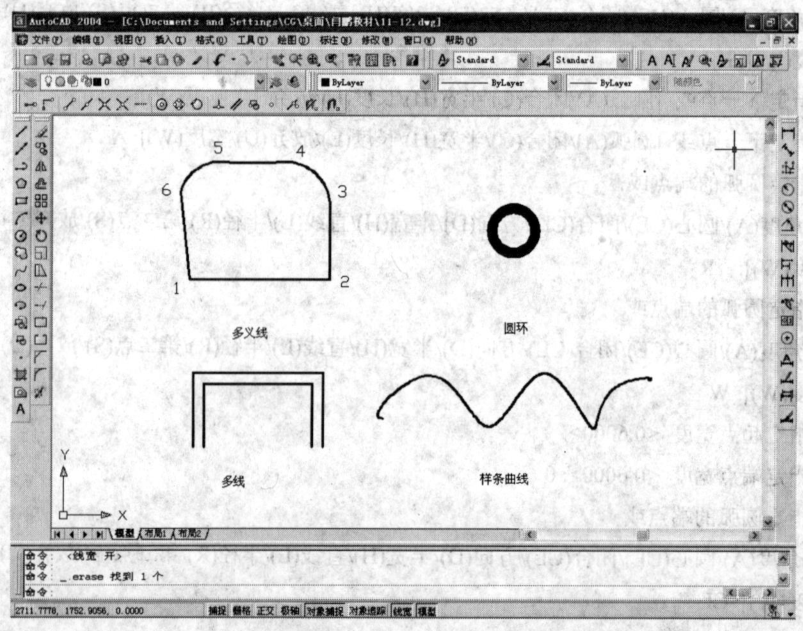

图 10-12　多义线、圆环、多线及样条曲线等画法

10.3.11 绘制样条曲线(SPLINE)命令

利用样条曲线(SPLINE)命令可以绘制通过或接近一系列点的曲线。

样条曲线命令的使用：绘制如图 10-12 所示图线。

在绘图工具条或下拉式菜单绘图中点取样条曲线(S)，命令提示行出现:

命令: _spline 指定第一个点或 [对象(O)]:

指定下一点:

指定下一点或 [闭合(C)/拟合公差(F)] <起点切向>:

指定下一点或 [闭合(C)/拟合公差(F)] <起点切向>:

指定起点切向:

10.3.12 编辑文本命令

利用文本命令 TEXT 和 MTEXT 可以在图形中输入文本、字符串。AutoCAD 提供了很强的文字处理能力，并且可以支持 Windows 系统的字体。

1．单行文字 TEXT 命令

利用单行文字命令可在图形中输入当前文字式样的文字，以作为图形的注解。如果需要可以修改当前的文字式样。

单行文字 TEXT 命令操作方法：在下拉菜单绘图中拾取文字(X)后出现级联菜单再拾取单行文字。

命令: _dtext

当前文字样式: Standard 文字高度: 2.5000

指定文字的起点或 [对正(J)/样式(S)]:

指定高度 <2.5000>: 10

指定文字的旋转角度 <0>:

输入文字: AutoCAD2000

说明：如果不是左对齐，而是需要选择其他对齐方式，应在该命令提示后输入 J。

2．多行文字(MTEXT)命令

利用多行文字(MTEXT)命令输入多行文字，可以段落的方式处理所输入的文字，段落的宽度由用户指定的矩形框来决定。

多行文字 MTEXT 命令操作方法：在绘图工具条中拾取多行文字 A 或下拉菜单绘图中拾取文字(X)后出现级联菜单再拾取单行文字。

命令: _mtext 当前文字样式: "Standard"。文字高度: 10

指定第一角点:

指定对角点或 [高度(H)/对正(J)/行距(L)/旋转(R)/样式(S)/宽度(W)]:

指定对角点后出现如图 10-13 所示的多行文字编辑器对话框。在此对话框中输入要写的文字，可以对文字进行编辑。在按下右边输入文字按钮可以打开其它文字文件。

文字书写后，按下确定按钮即可。

图 10-13 多行文字编辑器

3．特殊符号的产生

在实际绘图时，有时遇到标注特殊符号时，可以用控制符来产生这些特殊符号。

控制符	产生的特殊符号	使用方法
%%O	字符顶部划线的开/关	在需顶划线字符的前后输入%%OO 和%%O
%%U	字符底部划线的开/关	在需底划线字符的前后输入%%UU 和%%U
%%D	温度和角度符号“℃”	在需加温度角度符号的字符后输入%%D
%%C	圆的直径符号“Ø”	在需加直径符号的数字前输入%%C
%%P	正负尺寸公差符号“± ”	在上下偏差数字前输入%%P
%%%	百分号“%”	在需加百分号的字符后输入%%%

10.4 编 辑 命 令

图形编辑是指对已有图形进行修改、移动、复制和删除等操作。在实际绘图过程中需要经常对某些实体做这方面的操作，而且与绘图命令同时使用，保证作图准确，减少重复的绘图操作，从而提高设计绘图的效率。

10.4.1 图形编辑的选择方式

在编辑实体时，都是针对图形中的某一输入项，这就意味着如何选择编辑实体的问题，AutoCAD 图形系统中，有两种选择方式。

1．对象选取方法

在对图形编辑之前，首先要选择编辑目标，即告诉 AutoCAD 要对哪些图形进行编辑。一般在使用有关编辑命令过程中，AutoCAD 会自动向用户提问，在 Select object: 下让用户为图形编辑指定目标。

在目标的选择上，当系统变量 PICKFIRST 设置为 1 时，用户可在命令提示下用光标选择目标，然后进行编辑。当系统变量 PICKFIRST 设置为 0 时，为先选择编辑命令，而后选择目标方式。

AutoCAD 为用户提供了 16 种目标选择方法。现介绍几种常用的方法：

(1) 直接选取(点选) 用光标点去拾取目标。选中目标后，同时目标变虚，即证明目标已被选中。

(2) 窗口方式(Window) 可以选定一个矩形区域中所包含的对象。在选择目标提示下输入“W”，然后输入窗口第一点、第二点确定窗口大小，窗口内的实体都是选择的目标。

(3)交叉窗口方式(Crossing) 与窗口方式类似，在选择目标提示下输入“C”，与窗口边界相交和窗口内的实体都是选择的目标。

(4)全部方式 (All) 选择图中所有实体。在选择目标提示下输入“ALL”。

(5)移去方式 (Remove) 可以把选中的目标移出，使之恢复原态。在选择目标提示下输入“R”。

(6)加入方式 (Add) 在移去模式下，键入 A 则返回到选目标方式，把选中的实体加入。

当 AutoCAD 提示用户选择目标时，应用以上方式来响应，大部分情况下，AutoCAD 不指定选择目标方式。

2．对话框确定选择目标

AotuCAD 提供了 6 中选择模式来加强对象的选择功能。可以在选项对话框中的选项卡中打开或关闭一种或多种对象选择模式。

在下拉式菜单工具中选取“草图设置”后出现“草图设置”对话框，如图 10-14 所示，点取“选择”分项在对话框中用户可选择多种模式并可设置选择框的大小。

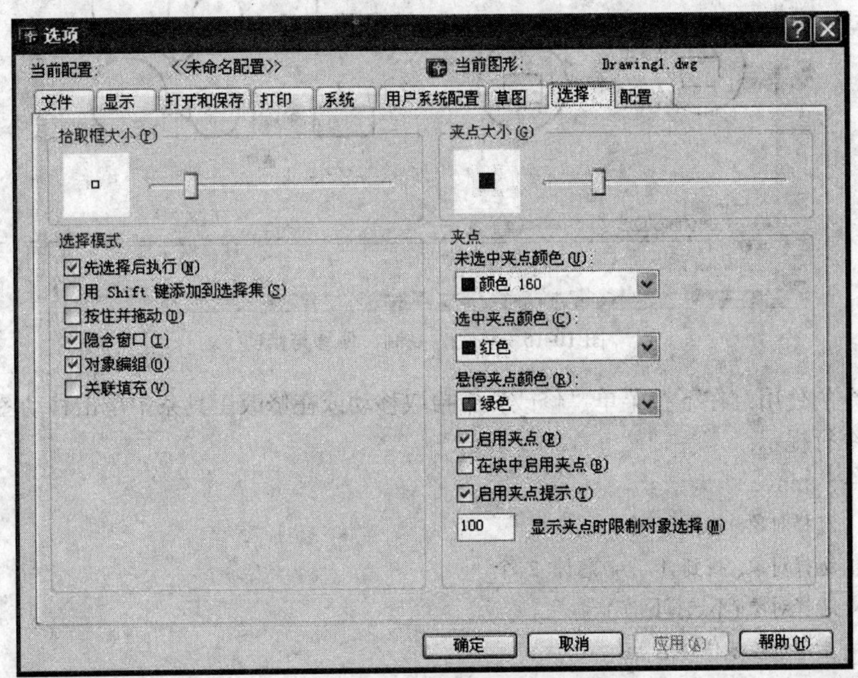

图 10-14　选择对话框

10.4.2　图形编辑命令

绘图和编辑命令是 AutoCAD 绘图系统的两大重要部分，在使用过程只有灵活运用，才能节省大量的时间。

1．删除(Erase)命令

执行删除(Erase)命令，将删除所选图形。

命令的使用：在下拉菜单“修改”中拾取删除或在修改工具条中单击删除图标。

命令行提示：

命令: _erase

选择对象: 找到 1 个

选择对象: 找到 1 个，总计 2 个

选择对象: 回车即删除选取的对象

2．移动 Move 命令

执行移动 Move 命令，在绘制中可以将选取的目标移动到其他位置。如图 10-15。

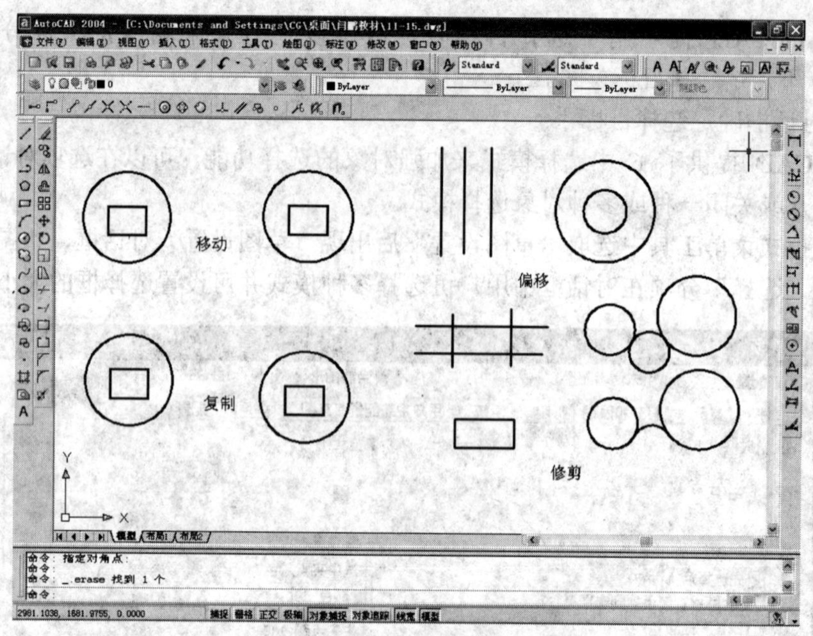

图 10-15　移动、复制、偏移与修剪

命令的使用：在下拉菜单“修改”中拾取移动或在修改工具条中单击移动图标。

命令行提示：

命令: _move

选择对象: 找到 1 个

选择对象: 找到 1 个，总计 2 个

选择对象:(不选择回车)

指定基点或位移:A 点

指定位移的第二点或 <用第一点作位移>:　B 点

3．复制 Copy 命令

执行复制 Copy 命令将在指定位置上拷贝所选图形，而不改变原图形。如图 10-15。

命令的使用：在下拉菜单“修改”中拾取复制或在修改工具条中单击复制图标。

命令行提示：

命令: _copy

选择对象: 找到 1 个

选择对象: (不选择回车)

指定基点或位移，或者 [重复(M)]:

指定位移的第二点或 <用第一点作位移>:

说明:

(1) 在指定基点或位移，或者 [重复(M)]: 提示时，若键入 M，则为连续复制方式。

(2) 复制命令与移动命令不同之处在于原图形不动，而在新的位置上复制一个图形。

4．偏移 Offset 命令

偏移可以建立一个和原图形本身平行的实体。即创建一个与选定对象类似的新对象，并把它放在离原对象一定距离的位置。可以偏移直线、圆弧、圆、二维多段线、椭圆、椭圆弧、参照线、射线和平面样条曲线。如图 10-15。

命令的使用：在下拉菜单“修改”中拾取偏移或在修改工具条中单击偏移图标。

命令行提示：

命令: _offset

指定偏移距离或 [通过(T)] <1.0000>: 20

选择要偏移的对象或 <退出>:

5．修剪 Trim 命令

用指定的修剪边界将图形中不要的部分剪去。剪切边可以是直线、圆弧、圆、多段线、椭圆、样条曲线、构造线、射线和图纸空间中的视口，如图 10-15 所示。

命令的使用：在下拉菜单“修改”中拾取修剪或在修改工具条中单击修剪图标。

命令行提示：

命令: _trim

当前设置: 投影=UCS 边=无

选择剪切边 ...

选择对象: 找到 1 个

选择对象: 找到 1 个，总计 2 个

选择对象: (不选择回车)

选择要修剪的对象或 [投影(P)/边(E)/放弃(U)]:(此时用鼠标光标点取要修剪的对象)

6．旋转 Rotate 命令

旋转 Rotate 命令通过设置的基准点旋转图形，如图 10-16 所示。

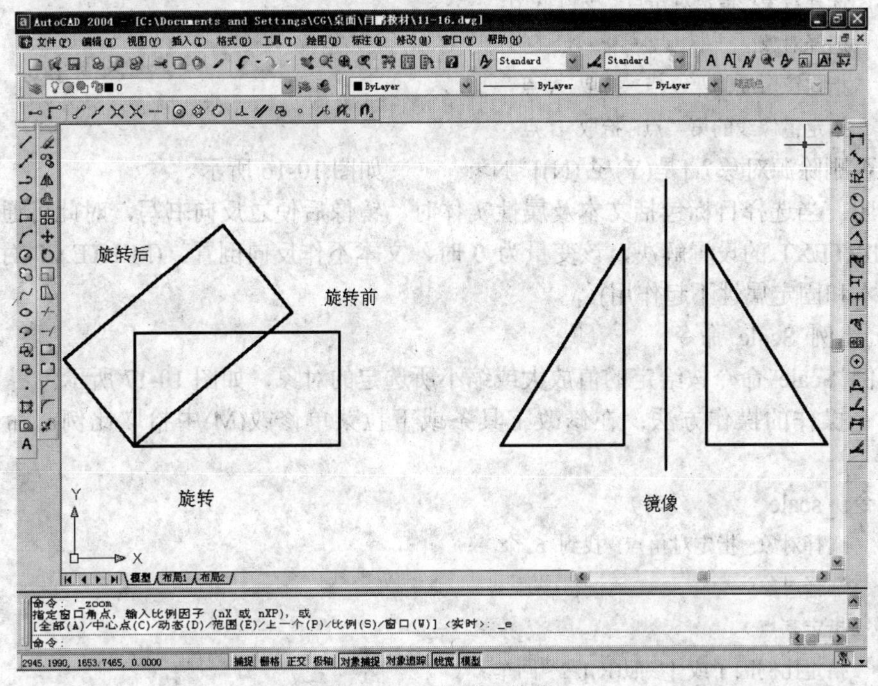

图 10-16 旋转和镜像

命令操作的操作方法：

在修改工具条中单击“旋转”图标或在“修改(M)”菜单中拾取旋转。命令行提示：

命令: _rotate

UCS 当前的正角方向: ANGDIR=逆时针 ANGBASE=0

选择对象: 找到 1 个

选择对象:

指定基点:

指定旋转角度或 [参照(R)]

指令说明:

(1)如果在指定旋转角度或 [参照(R)]: 提示中直接输入角度值，则图形绕基准点旋转，角度大于 0 时逆时针旋转，角度小于 0 时顺时针旋转。

(2) 指定旋转角度或 [参照(R)]:R　　提示中键入 R，系统进一步提示:

指定参考角 <0>:参考角　<回车>

指定新角度:

7．镜像(对称)Mirror 命令

镜像(对称)Mirror 命令将图形进行镜象变换，可以保留和删除原图形。如图 10-16 所示。

命令操作的操作方法：在修改工具条中单击“镜像”图标或在“修改(M)”菜单中拾取镜像。命令行提示：

命令: _mirror

选择对象: 指定对角点: 找到 3 个

选择对象:

指定镜像线的第一点: 拾取 A 点

指定镜像线的第二点: 拾取 B 点

是否删除源对象？[是(Y)/否(N)] <N>:　　如图 10-16 所示。

说明：当选择目标包括文本及属性实体时，镜像后使之反向书写，对此可通过系统变量 MIRTEXT 的设置解决，该变量为 0 时，文本不作反向倒置，(MIRTEXT 对插入块内的文本和固定属性不起作用)。

8．比例 Scale 命令

比例 Scale 命令按给定的值放大或缩小所选定的对象，如图 10-17 所示。

命令操作的操作方法：在修改工具条或下拉菜单修改(M)中拾取比例。命令行提示：

命令: _scale

选择对象: 指定对角点: 找到 6 个

选择对象:

指定基点:

指定比例因子或 [参照(R)]: 2 <回车>

说明: 如果在指定比例因子或 [参照(R)]: 提示后输入 R，则输入参考长度值，而不是比例因子。

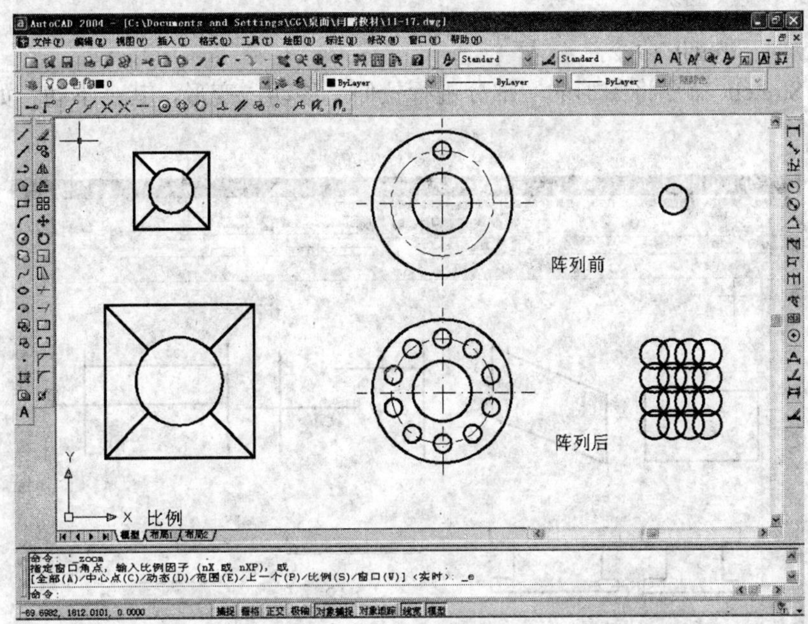

图 10-17　比例和阵列

9．阵列(数组)Array 命令

阵列(数组)Array 命令将选定的图形拷贝成矩形阵列和环形阵列。如图 10-17 所示。

命令操作的操作方法：在修改工具条或下拉菜单修改中拾取阵列。命令行提示：

命令: _array

选择对象: 找到 1 个

选择对象:

输入阵列类型 [矩形(R)/环形(P)] <R>: p 键入 R 或 P

1) 环形阵列(键入 P)

指定阵列中心点:

输入阵列中项目的数目: 8

指定填充角度 (+=逆时针，-=顺时针) <360>:

是否旋转阵列中的对象？[是(Y)/否(N)] <Y>:

2) 矩形阵列(键入 R)

输入阵列类型 [矩形(R)/环形(P)] <P>: r

输入行数 (---) <1>: 5

输入列数 (|||) <1> 5

输入行间距或指定单位单元 (---): 16

指定列间距 (|||): 16

说明：

(1) 如果行间距为正值，则由原图向上排列，如果行间距为负值，则由原图向下排列。如果列间距为正值，则由原图向右排列；反之，向左排列。

(2) 在环形阵列中，输入角度为正值，按逆时针方向阵列；为负时， 按顺时针方向阵列。

10．拉伸 Stretch 命令

拉伸 Stretch 命令将图形的一部分进行拉伸、移动、变形，其余不动。如图 10-18 所示。

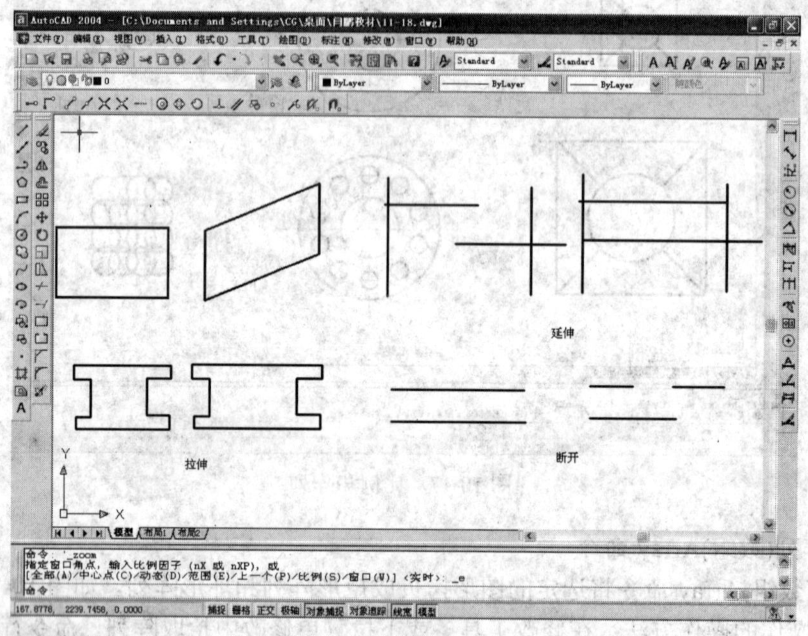

图 10-18 拉伸和断开

命令操作的操作方法：在修改工具条或下拉菜单修改(M)中拾取拉伸。命令行提示：

命令: _stretch

以交叉窗口或交叉多边形选择要拉伸的对象...

选择对象: 指定对角点: 找到 5 个

选择对象:

指定基点或位移:

指定位移的第二点:

11．延伸 Extend 命令

延伸 Extend 命令延长选定目标到达指定边界，如图 10-18 所示。

命令操作的操作方法：在修改工具条或下拉菜单修改(M)中拾取延伸。命令行提示：

命令: _extend

当前设置: 投影=UCS 边=无

选择边界的边 ...

选择对象: 找到 1 个

选择对象: 找到 1 个，总计 2 个

选择对象:

选择要延伸的对象或 [投影(P)/边(E)/放弃(U)]:

选择要延伸的对象或 [投影(P)/边(E)/放弃(U)]:

12．中断 Break 命令

中断 Break 命令可以将直线、圆、圆弧和多义线作部分删除或将它们断开成为两个实体，如图 10-18 所示。

命令操作的操作方法：在修改工具条或下拉菜单修改(M)中拾取断开。命令行提示：

命令: BREAK

选择对象:

指定第二个打断点 或 [第一点(F)]:

根据提示有如下操作：

(1) 选第二点，则从目标点到第二点之间线段被删除。

(2) 键入 F，重选断开第一点，再选第二点，实现线段删除。

13．圆角 FILLET 命令

圆角 FILLET 命令是用指定半径的圆弧连接两直线或圆弧，如图 10-19 所示。

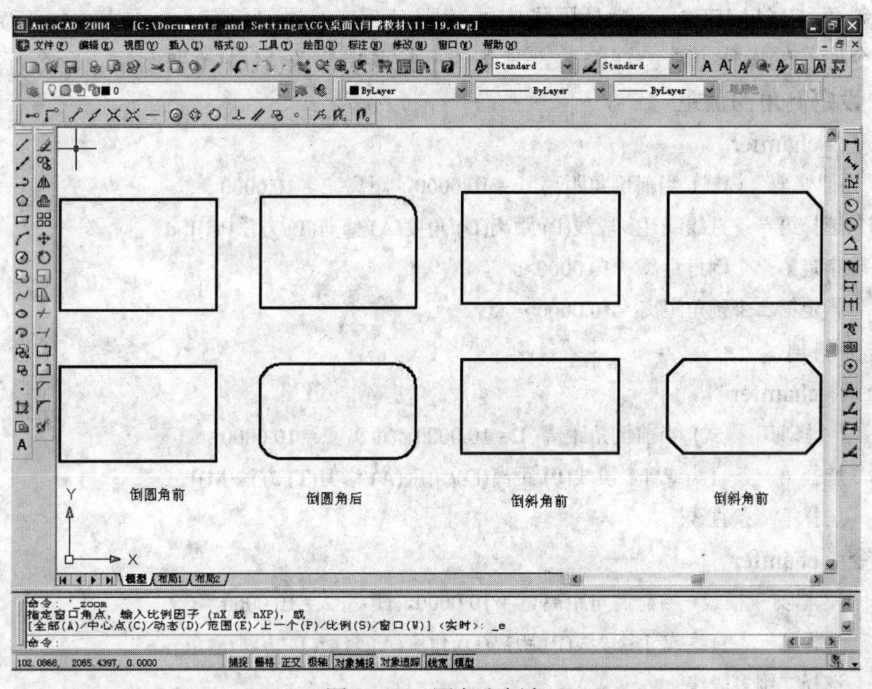

图 10-19 圆角和倒角

命令操作的操作方法：在修改工具条或下拉菜单修改(M)中拾取圆角。命令行提示：

1) 设定倒圆角的半径

命令: _fillet

当前模式: 模式 = 修剪，半径 = 10.0000

选择第一个对象或 [多段线(P)/半径(R)/修剪(T)]: r

指定圆角半径 <10.0000>: 输入倒圆角半径

2) 倒圆角

命令: _fillet

当前模式: 模式 = 修剪，半径 = 10.0000

选择第一个对象或 [多段线(P)/半径(R)/修剪(T)]:

选择第二个对象:

命令: _fillet

当前模式: 模式 = 修剪，半径 = 10.0000

选择第一个对象或 [多段线(P)/半径(R)/修剪(T)]: p

选择二维多段线:

说明:

(1) 当设定半径 R=0 时，可使两线相交。

(2) 当设定半径太大无法连接时，出现错误信息提示。

(3) 当选用多义线倒圆角时，图形必须封闭才能全部倒圆角。

14. 倒斜角 CHAMFER 命令

倒斜角 CHAMFER 命令是用指定的截距对两直线进行倒角，如图 10-19 所示。

命令操作的操作方法：在修改工具条或下拉菜单修改(M)中拾取倒角。命令行提示：

1) 设定倒角的截距

命令: _chamfer

(“修剪”模式) 当前倒角距离 1 = 10.0000，距离 2 = 10.0000

选择第一条直线或 [多段线(P)/距离(D)/角度(A)/修剪(T)/方法(M)]: d

指定第一个倒角距离 <10.0000>:

指定第二个倒角距离 <10.0000>:

2) 倒斜角

命令: _chamfer

(“修剪”模式) 当前倒角距离 1 = 10.0000，距离 2 = 10.0000

选择第一条直线或 [多段线(P)/距离(D)/角度(A)/修剪(T)/方法(M)]:

选择第二条直线:

命令: _chamfer

(“修剪”模式) 当前倒角距离 1 = 10.0000，距离 2 = 10.0000

选择第一条直线或 [多段线(P)/距离(D)/角度(A)/修剪(T)/方法(M)]: p

选择二维多段线:

15. 打散 EXPL0DE 命令

打散 EXPL0DE 命令把复杂的实体(插入的块，多义线，尺寸标注)分解成简单的单元体，以便于编辑。

命令操作的操作方法：在修改工具条或下拉菜单修改(M)中拾取断开。命令行提示：

命令: _explode

选择对象: 找到 1 个

选择对象:

16．多义线编辑 PEDIT 命令

多义线编辑 PEDIT 命令是用来编辑多义线，根据操作不同可以完成多种编辑工作。

命令操作的操作方法：在下拉菜单修改中拾取多段线。命令行提示：

命令: _pedit 选择多段线: 选择多义线目标

所选对象不是多段线是否将其转换为多段线? <Y>回车

输入选项: [闭合(C)/合并(J)/宽度(W)/编辑顶点(E)/拟合(F)/样条曲线(S)/非曲线化(D)/线型生成(L)/放弃(U)]: j

各选项意义如下:

闭合(C) 使多义线封闭或开启

合并(J) 用于多义线连接，两线必须首尾相交

宽度(W) 改变多义线的线宽

编辑顶点(E) 编辑多义线顶点

拟合(F) 将多义线拟合成光滑曲线(过顶点)

样条曲线(S) 将多义线拟合成三次 B 样条曲线(不过顶点)

非曲线化(D) 将光滑曲线还原成多义线

线型生成(L) 设置非连续线的线型是否要配合线长显示

放弃(U) 取消上次动作

绘制如图 10-20 所示的图形，用多义线编辑命令进行编辑，输入各项观察线段的变化。

17．编辑对象特性

AutoCAD 对对象的特性管理做了重大的改进，增加了对象特性管理器。对象特性管理器以简单的表格形式来查看和修改对象的属性，使用起来极为方便。

修改对象特性的两种方式：

1) 对象特性工具栏

对象特性工具栏提供了快速查看和修改所有对象都具有的通用特性选项。主要包括图层、图层特性、颜色、线型、线宽以及打印样式。

2) 对象特性管理器

从标准工具条中单击特性图标或从工具菜单选取对象特性管理器屏幕出现如图 10-21 所示的对象特性管理器对话框。

对象特性管理器对话框是一个形式简单的表格式对话框，表格中的内容即为所选对象的特性，根据所选对象的不同，表格中的内容也将不同。

对话框上部的下来列表框显示选择的对象，无选

择时，对话框将显示图形整体属性，选择多个对象时显示其共同属性。对话框下部是对象的特性表，可分别将特性按字母顺序和按分类排列。

对表中每个特性，可以通过点击特性栏进行修改，而且非常方便。

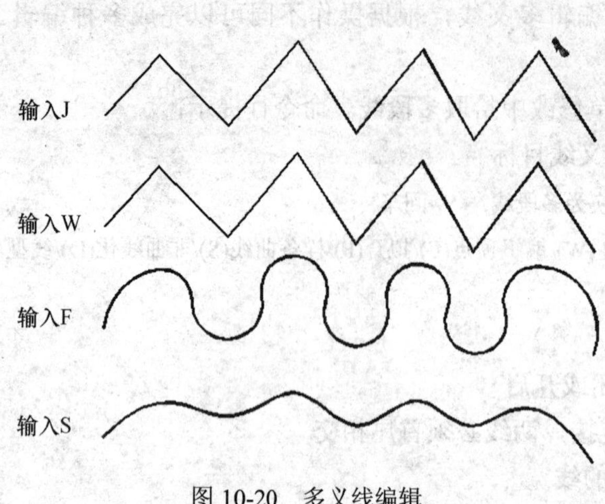

图 10-20 多义线编辑

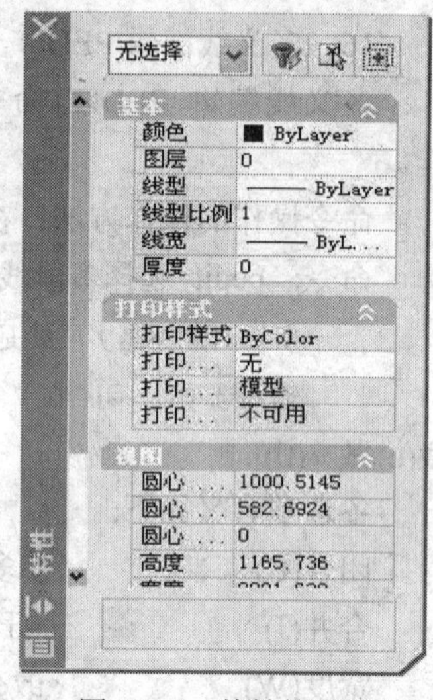

图 10-21 特性管理器

10.5 图形显示与查询

在使用 AutoCAD 绘图时，一个重要的方面是控制图形窗口的显示。AutoCAD 提供了多种显示命令来改变视图，可以从不同角度来观看图形，从而使用户在绘图和读图时更方便。

AutoCAD 提供了一组查询命令，利用这些命令可以了解系统的运行状态、查询图形对象的数据信息等，是计算机辅助设计的重要工具。

10.5.1 图缩放(ZOOM)命令

缩放命令如同摄像机的变焦镜头。它可以增加或减小视图区域，使图形放大或缩小，但对象的真实尺寸保持不变。

1．缩放命令的使用方法

(1) 从缩放工具条中拾取各项如图 10-22 所示。

图 10-22 标准和缩放工具条

(2) 从下拉菜单“视区”下拾取“缩放”后，再选取各选项。

(3) 从标准工具条中拾取常用四项。

2. 各选项的意义

(1) 窗口　把矩形窗口范围内的图形放大到整个屏幕。

(2) 实时缩放　选取该项，屏幕光标就变为放大镜符号。按住鼠标左键向上移动放大图形，向下移动缩小图形。

(3) 动态缩放　该选项提供了一种转换到另一个图形的简便、快捷的方法，使用它可以见到整个图形，然后确定新视图的位置和大小。

(4) 前一视图　选取该项可使屏幕显示上一次的视图。

(5) 全部视图　选取该项可以使绘制的图形在屏幕上全部显示，看到整个图形。

10.5.2　平移(PAN)命令

平移命令可以观看当前视图中图形的不同部分，而不改变缩放。该命令有两种模式：实时模式和定点模式，一般用实时模式。

平移命令的操作：在标准工具条拾取平移按钮，即进入实时平移状态，光标变成一只小手，按住鼠标左键向任何方向移动，窗口内图形就可按光标移动的方向移动。

10.5.3　重画(REDRAW)与重生(REGEN)命令

1. 重画(REDRAW)命令

重画(REDRAW)命令用于重画屏幕上的图像。

2. 重生(REGEN)命令

重生(REGEN)命令用于新生成屏幕上图形的数据。

10.5.4　图形信息的查询

AutoCAD 提供了一组查询命令，利用这些命令可以了解其运行状态、查询图形对象的数据信息、计算距离和面积等。使用时在下拉菜单工具下选取查询，再拾取各项即可。

10.6　图层、线型和图块命令

本节着重介绍在绘图过程中如何设置、建立和使用图层，并且给每个图层赋置线型及颜色以及图块的使用。

10.6.1　图层

图层是 AuotCAD 的一大特色。它就象一张透明胶片，在它上面可以存储各种图形信息。绘图时各种实体可以放在一个图层上，也可以放在多个图层上，并给每个图层设置不同的颜色和线型。这样便于对所有实体的可见性、颜色、线型和线宽进行全面控制。

1. 图层在使用过程中具有以下特性：

(1) 图层名　每个图层都有一个名字，其中 0 层是 AuotCAD 自动定义的，其余由自己定义，字母不超过 31 个字符。

(2) 在一幅图中使用的层数不限，每层容纳的实体数量不限制。

(3) 在绘制图形时，只有当前层起作用，也就是绘制图形时均画在当前层上。

(4) 同一图层上的实体处于同一状态，如可见或不可见。

2．图层的设置和使用

在 AutoCAD 中，可以用“图层特性管理器”对话框方便地设置和控制图层。利用对话框可直接设置及改变图层的参数和状态。即设置层的颜色、线型、可见性、建立新层、设置当前层、冻结或解冻图层、锁定或解锁图层以及列出所有存在的层名等操作。

从下拉菜单格式下拾取图层或特性工具条单击图层图标，出现如图 10-23 所示对话框。

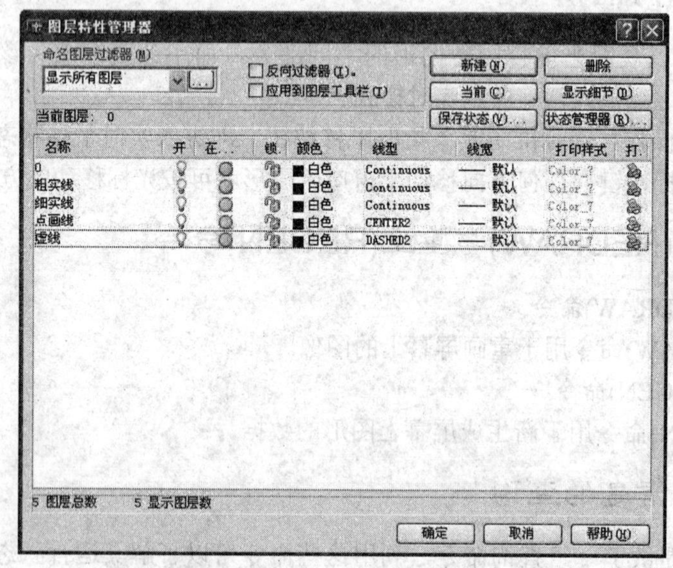

图 10-23　图层特性管理器对话框

(1) 建立新图层。在图层特性管理器对话框中单击新建按钮，建立一个名为 Layer1 的新图层。也可以将此名改为任何其它名。

(2) 设置当前层。在对话框中选择一个图层名，然后单击当前按钮，就可以将该层设置为当前层。在绘图过程中改变当前层，最好从特性工具条的层名列表框中选取。

(3) 设定图层颜色。图层中的每一层都有一个颜色号，该编号是从 1～255 的一个整数。为了便于在不同计算机系统之间交换图形，在 1～255 中，常使用前 7 个标准色，它们是:

1　Red 红色；　　2　Yellow　黄色；

3　Green　绿色；　4　Cyan　青色；

5　Blue　蓝色；　6　Magenta　洋红色；

7　white　白色。

如果要改变图层的颜色，在对话框中选择一个图层名后单击颜色，出现如图 10-24 所示的选择颜色对话框，在此对话框中选取需要的颜色，单击确定按钮，就可以将该层设置为所需要的颜色。

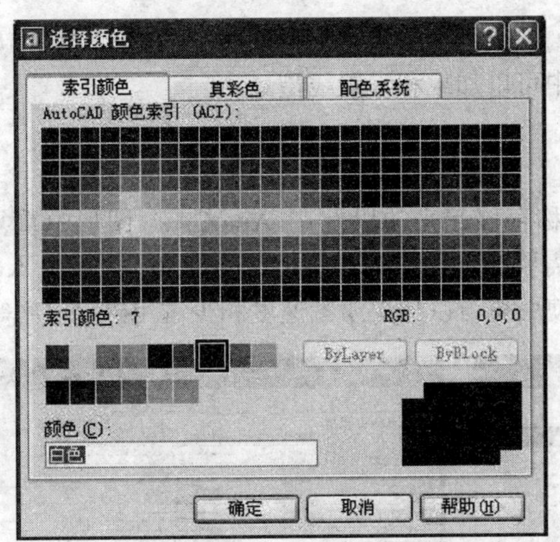

图 10-24 颜色对话框

(4) 设定图层的线型。每一个图层可以设置一个具体的线型，不同的图层线型可以相同，也可以不同。每一种线型都有自己的名字，线型名最长不超过 31 个字符。所有新生成的层上的线型都按缺省方式定为“CONTINUOUS"。

如果要改变图层的线型，在对话框中选择一个图层名后单击线型，出现如图 10-25 所示的选择线型对话框，在此对话框中选取需要的线型，单击确定按钮，就可以将该层设置为所需要的线型。如果在选择线型对话框中没有所需要的线型，则单击加载按钮，出现如图 10-26 所示的加载线型对话框，在可用线型列表框中选取所需线型，单击确定按钮即可。

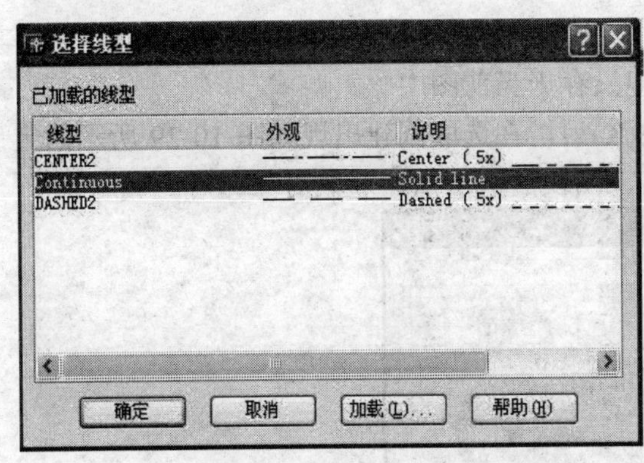

图 10-25 线型对话框

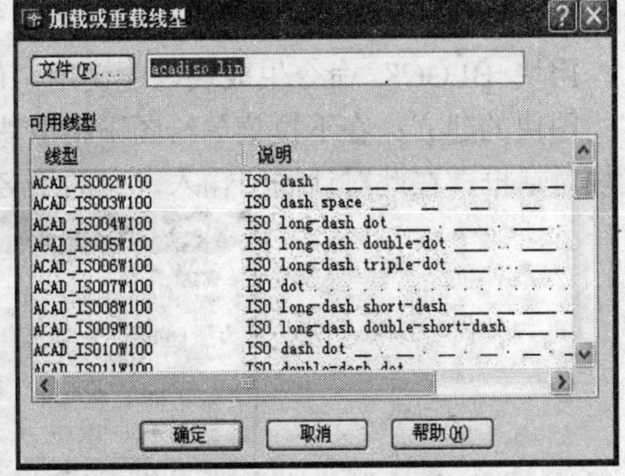

图 10-26 加载线型对话框(5)图层线宽的设置

图层线宽是 AutoCAD 新增的特性，通过线宽特性，使绘制出的图形更直观。图层线宽的设置是在对话框中选择一个图层名，然后单击线宽按钮，出现如图 10-27 所示线宽对话框，在此对话框中选取所需线宽后，单击确定按钮，就可以将该层设置为所需线宽。

10.6.2 线型 Lintype 命令

线型 Lintype 命令列出、加载及设置当前图形允许使用的线型。

线型命令的使用：在下拉菜单格式下拾取线型(N)出现如图 10-28 所示的线型管理器对话框，在此对话框中可以加载和设置线型。

10.6.3 图块

块是以特定的名称存储起来的以便在 AutoCAD 图形中重复使用的实体或一组实体。块可以根据作图需要插入到图中任意指定的位置，且在插入时，可以指定不同的比例因子和旋转角度，使用块可以加快绘图速度和少占用磁盘空间等。

图 10-27　线宽对话框

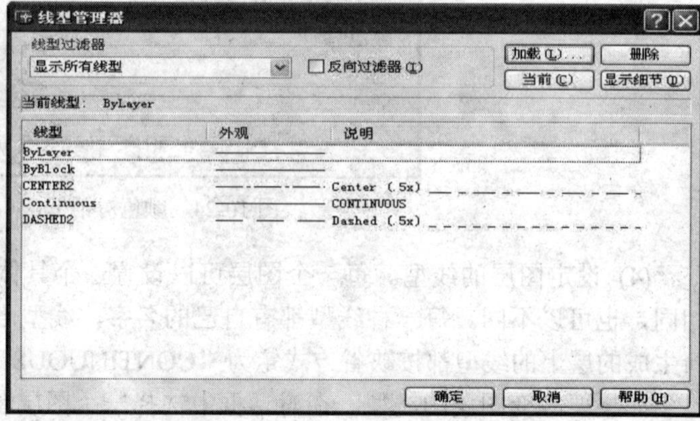

图 10-28　线型管理器对话框

在利用 AutoCAD 开发专业软件(如在机械、建筑、道路、电子等方面)时，可将一些经常使用的常用件、标准件及符号作成图块，使之成为一个图库，在绘图时以便随时调用，这样会减小重复性工作，提高绘图效率。

1．定义块 BLOCK 命令

用块 BLOCK 命令生成块以便调用，但只存于当前图中。

图块的建立：在下拉菜单绘图下拾取块(K)后，在选取创建出现如图 10-29 所示的定义块对话框，在此对话框中输入定义的块名，图块的基准点，选取对象即可。

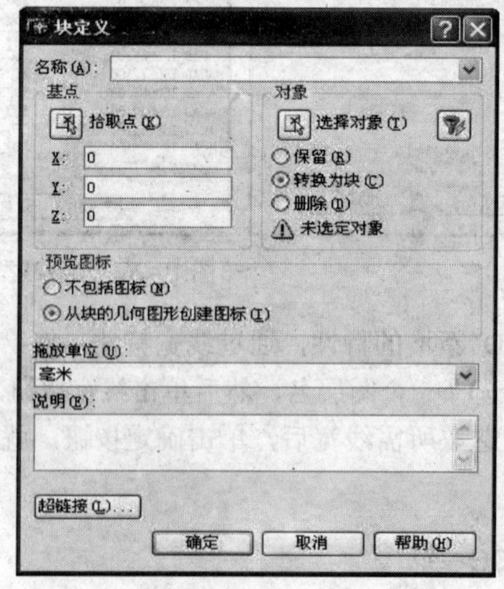

图 10-29　块定义对话框

2．写块(WBLOCK)命令

将当前图形或已定义过的块以指定的文件名存盘，形成一个独立文件。

写块的建立：在命令行输入 WBLOCK 回车出现如图 10-30 所示的写快对话框，在此对话框中单击拾取按钮设置图块插入时的基准点，单击选择对象按钮选取图块的对象，单击确定按钮即可。

3．块插入 INSERT 命令

块插入 INSERT 命令能将已定义过的块插入到当前图中。插入时需指定块名、插入点、比例因子和旋转角度。

在下拉菜单插入下拾取拾取块(B)或在绘图工具条单击插入块图标，出现如图 10-31 所示的插入对话框。下面介绍对话框中的各项含义：

(1) 块名：在当前图形中插入定义的块。

(2) 选择插入的图形文件：单击浏览按扭，出现选择图形文件。可在此对话框中选择或搜索要插入的图形文件名。这里只能插入以.DWG 为扩展名图形文件。

(3) 插入点：该选项用于确定块或文件的插入点。

(4) 分解：打开此开关，在插入块的同时把块打散，否则块插入以后是一个整体。

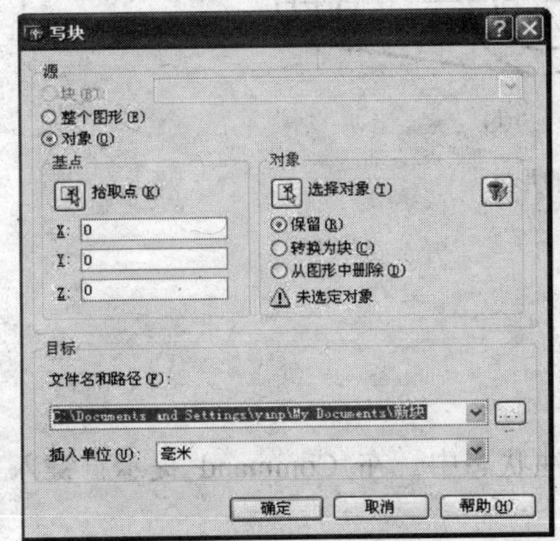

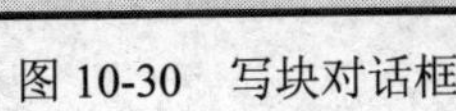
图 10-30　写块对话框

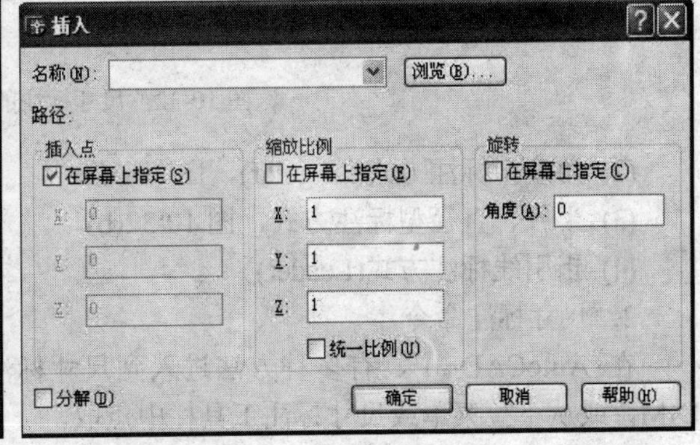

图 10-31　插入对话框

10.7　AutoCAD 尺寸标注

在工程制图中，进行尺寸标注是必不可少的一项工作。因为图形只表示零部件的形状和位置关系，而零件和大小及各部分之间的相互位置是要靠尺寸确定的。因此，尺寸是制造、安装及检验的重要依据。AutoCAD 为此提供了一套完整、快速的尺寸标注方式和命令。本节将介绍尺寸标注命令的使用方法。

10.7.1　尺寸标注的基本方法

1．尺寸标注的组成及类型

1) 尺寸的组成

一个完整的尺寸由尺寸线(Dimension line)、尺寸界线(Extension line)、尺寸箭头

(Arrows)及尺寸文本组成。尺寸文本即包含基本尺寸，也包含尺寸公差(Tolerances)，标注时根据要求而定。

2) 尺寸标注的几种类型

AutoCAD 系统提供了以下四种基本类型的尺寸标注方法，而每种尺寸标注的命令可用前三个字符输入。

(1) 长度型(Linear)，图 10-32(a)。

① 水平(Horizontal)、垂直(Vertical)标注方式；

② 对齐标注方式(Aligned)；

③ 基准线标注方式(Baseline)；

④连续标注方式(Continue)。

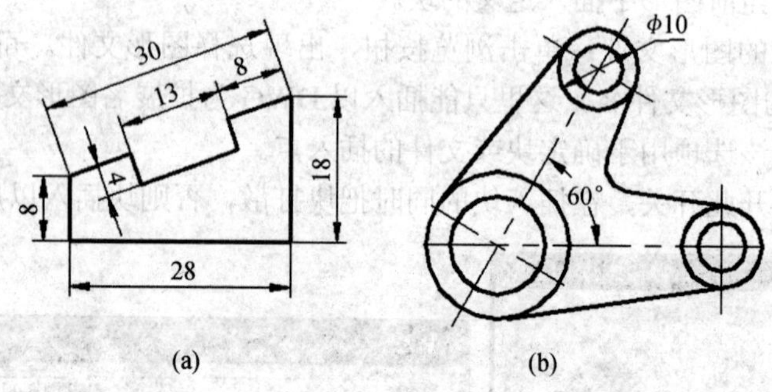

图 10-32 尺寸标注的形式

(2) 角度型标注方式(Angular)，图 10-32(b)。

(3) 半径、直径型标注方式，图 10-32(b)。

(4) 指引线标注方式(Leader)。

2．尺寸标注命令

在 AutoCAD 中，有多种方法进入到尺寸标注状态中。在 Command 提示符键入 DIM，或从下拉菜单或尺寸标注工具栏中点取。

1) 线性尺寸标注命令

(1) 标注水平、垂直。

[指令位置]

下拉菜单：标注(N)下线性(L)或尺寸标注工具条

[功 能] 标注水平、垂直的长度型尺寸。

[指令操作]

在下拉菜单标注 N 下拾取线性 L

命令: _dimlinear

指定第一条尺寸界线起点或 <选择对象>: (A 点)如图 10-33 所示

指定第二条尺寸界线起点: (B 点)

指定尺寸线位置或[多行文字(M)/文字(T)/角度(A)/水平(H)/垂直(V)/旋转(R)]: (C 点)

标注文字 =45

命令: _dimlinear(第二种标注方法，如图 10-33 所示)

指定第一条尺寸界线起点或 <选择对象>:　回车

选择标注对象:　选择线、圆弧或圆(1 点)

指定尺寸线位置或[多行文字(M)/文字(T)/角度(A)/水平(H)/垂直(V)/旋转(R)]:

标注文字 =45

(2) 倾斜标注方式(Aligned)命令。

[指令位置]

下拉菜单：标注(N)下对齐(G)或尺寸标注工具条。

[功　　能]：标注倾斜的长度型尺寸。

[指令操作]

在下拉菜单标注(N)下拾取对齐(G)或标注工具条拾取。

命令: _dimaligned(第一种标注方法，如图 10-33 所示)

指定第一条尺寸界线起点或 <选择对象>:(A 点)

指定第二条尺寸界线起点: (B 点)

指定尺寸线位置或[多行文字(M)/文字(T)/角度(A)]: (C 点)

标注文字 =43

命令: _dimaligned

指定第一条尺寸界线起点或 <选择对象>:回车

选择标注对象:　选择线、圆弧或圆

指定尺寸线位置或[多行文字(M)/文字(T)/角度(A)]:

标注文字 =43

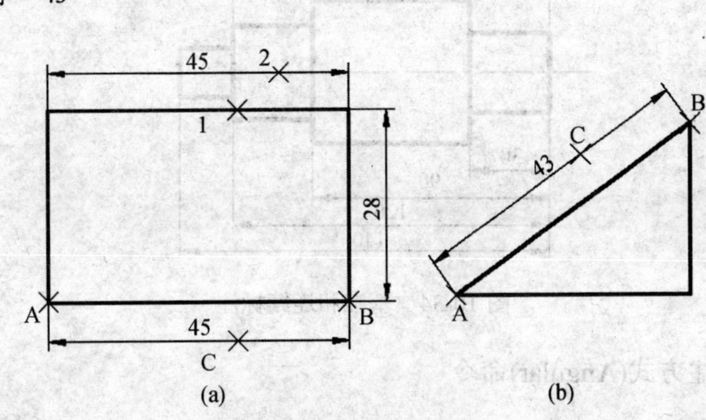

图 10-33　线性标注

(3) 基准线标注方式(Baseline)命令。

[指令位置]

下拉菜单：标注(N)下基准(B)或尺寸标注工具条。

[功　　能]:以基准线为起点标注尺寸。

[指令操作]

在下拉菜单标注(N)下拾取基准(B)或尺寸标注工具条。

命令: _dimbaseline(如图 10-34 所示)

指定第二条尺寸界线起点或 [放弃(U)/选择(S)] <选择>:

标注文字 =30

指定第二条尺寸界线起点或 [放弃(U)/选择(S)] <选择>:

标注文字 =90

说明：基准线标注命令不能单独应用，在使用前必须用过线性或对齐命令，才能进行基准标注。

(4) 连续标注方式(Continue)命令。

[指令位置]

下拉菜单: 标注(N)下连续(C)或尺寸标注工具条。

[功　　能]:采用连续的链式标注尺寸。如图 10-34 所示

[指令操作]

在下拉菜单标注(N)下拾取连续(C)或尺寸标注工具条。

命令: _dimcontinue

指定第二条尺寸界线起点或 [放弃(U)/选择(S)] <选择>:

标注文字 =30

指定第二条尺寸界线起点或 [放弃(U)/选择(S)] <选择>:

标注文字 =60

说明：连续标注命令不能单独应用，在使用前必须用过线性或对齐命令，才能进行连续标注。

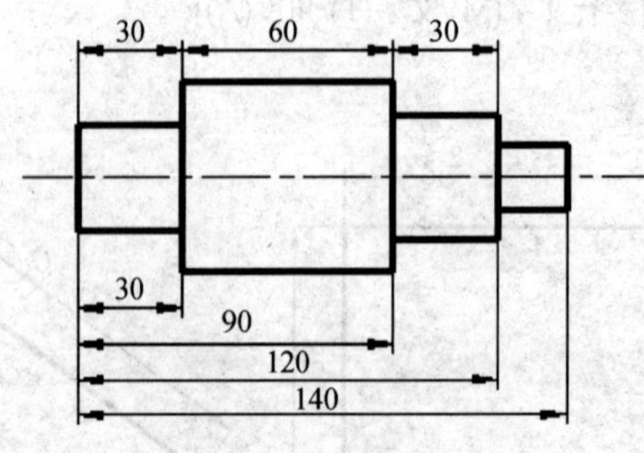

图 10-34　基准和连续标注

2) 角度型标注方式(Angular)命令

[指令位置]

下拉菜单: 标注(N)下角度(A)或尺寸标注工具条。

[功　　能]: 标注两线之间的夹角。

[指令操作]

在下拉菜单标注(N)下拾取拾取角度(A)或尺寸标注工具条。

命令: _dimangular

选择圆弧、圆、直线或 <指定顶点>:　(如选取一条直线 A)

选择第二条直线:　选取第二条直线 B

指定标注弧线位置或 [多行文字(M)/文字(T)/角度(A)]:　选择尺寸圆弧线位置(C 点)

标注文字 =27(图 10-35(a))

3) 半径、直径型标注方式

(1) 半径标注方式 Radius 命令。

[指令位置]

下拉菜单：标注(N)下半径(R)或尺寸标注工具条。

[功　　能]:标注圆或圆弧的半径。

[指令操作]

在下拉菜单标注(N)下拾取半径(R)或尺寸标注工具条。

命令: _dimradius

选择圆弧或圆:

标注文字 =20

指定尺寸线位置或 [多行文字(M)/文字(T)/角度(A)]:(如图 10-35(b)所示)

(2) 直径标注方式 Diameter 命令。

[指令位置]

下拉菜单：标注(N)下直径(D)或尺寸标注工具条。

[功　　能]:标注圆或圆弧的直径。

[指令操作]

在下拉菜单标注(N)下拾取直径(D)或尺寸标注工具条。

命令: _dimradius

选择圆弧或圆:

标注文字 =50

指定尺寸线位置或 [多行文字(M)/文字(T)/角度(A)]:

4) 指引线标注方式(Leader)

[指令位置]

下拉菜单：标注(N)下引线(E)或尺寸标注工具条。

[功　　能]：单箭头标注指向物体。

[指令操作]

在下拉菜单标注(N)下拾取直径(D)或尺寸标注工具条。

命令: _qleader

指定第一条引线点或 [设置(S)]<设置>:

指定下一点:

指定下一点:

指定文字宽度 <0>:

输入注释文字的第一行 <多行文字(M)>:(图 10-35 (b))

图 10-35　角度标注

10.7.2 尺寸变量

尺寸变量是控制尺寸标注的参量，它的设置直接影响尺寸标注的方式。通过对尺寸变量的设置，可以对确定组成尺寸的尺寸线、尺寸界线、尺寸文本以及箭头的式样、大小和它们之间相对位置等发生变化，以满足尺寸标注的使用要求。

1．尺寸变量的改变

在标注尺寸时，根据要标注尺寸的类型和方式的不同，有时需要对尺寸变量的设置进行修改。而改变某一尺寸变量的值时，有如下两种方法：

(1) 在 Command：或 DIM：状态，输入尺寸变量名，然后根据提示操作即可。例如，当希望把箭头的值改为 4 时，可按下面方式操作：

Command： DIMASZ

New value for DIMASZ<2.50>：4

(2) 利用标注样式管理器设置尺寸标注形式，如图 10-36 所示。

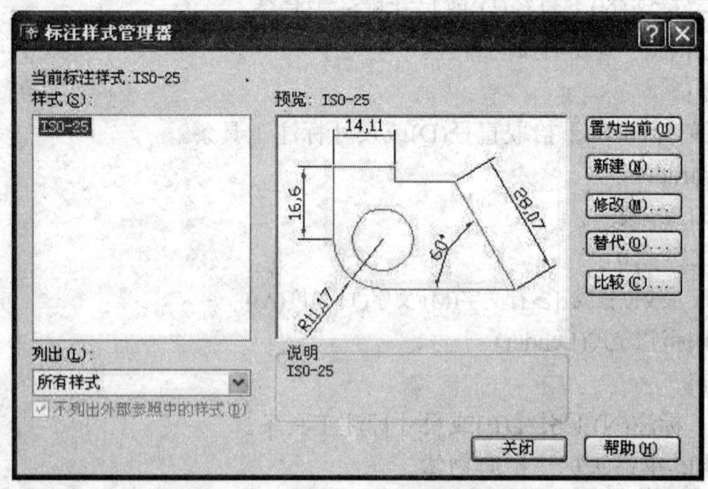

图 10-36 标注样式管理器对话框

在 AutoCAD 中，可在命令行中键入 DimStyle 或 DDIM 来打开尺寸标注样式管理器。也可从下拉菜单格式(O)下或标注下拾取标注式样(D)或标注工具栏标注式样图标。

利用该标注样式管理器，用户可以形象直观地设置尺寸变量，建立尺寸标注式样。下面介绍该对话框中主要选项的功能。

2．标注样式管理器

1) 式样(Style)

该选项列出当前定义尺寸类型的名称。如果要改变当前尺寸标注类型，可在此区内选取一个，然后单击右边的置为当前按钮即可。

2) 置为当前(Set Current)按钮

该按钮把式样(Style)中选择的尺寸标注类型置为当前(Set Current)。

3) 新建(New)按钮

选择该按钮将显示建立新标注样式对话框，如图 10-37 所示。在新样式名编辑框输入新建的尺寸的标注样式的名称。在基础式样列表框中可以指定新建的尺寸标注样式将以哪个已有的样式为模板。在用于列表框中可以指定新建的尺寸标注样式将以哪些类型的尺寸标注。然后单击继续按钮，显示新建标注样式对话框，在此对话框内可以对组成尺寸的各要素及标注方式进行设置，如图 10-38 所示。

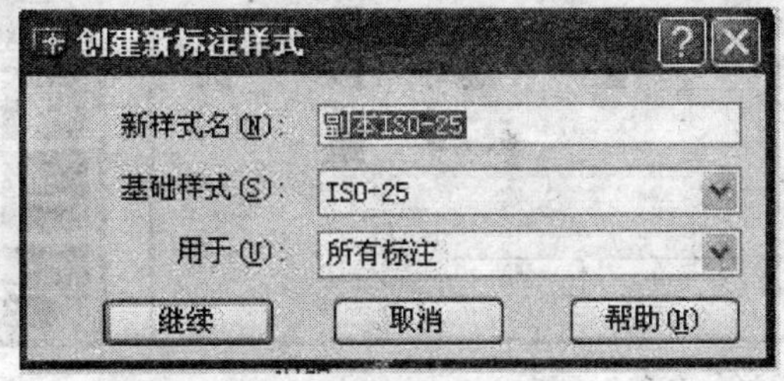

图 10-37　新建标注式样

4) 修改、替代对话框

修改、替代对话框与新建标注式样对话框的内容完全一样。

5) 尺寸公差和形位公差的标注

尺寸公差的标注形式主要有：极限偏差、上下偏差、单向偏差和角度公差等。

(1) 尺寸公差标注的操作：在下拉菜单格式下拾取标注样式点取新建、修改、替代按钮，打开新建、修改、替代标注式样对话框，再点击公差按钮，在公差格式选项中，方式(M)选项选择极限偏差，然后在上下偏差选项中输入偏差。

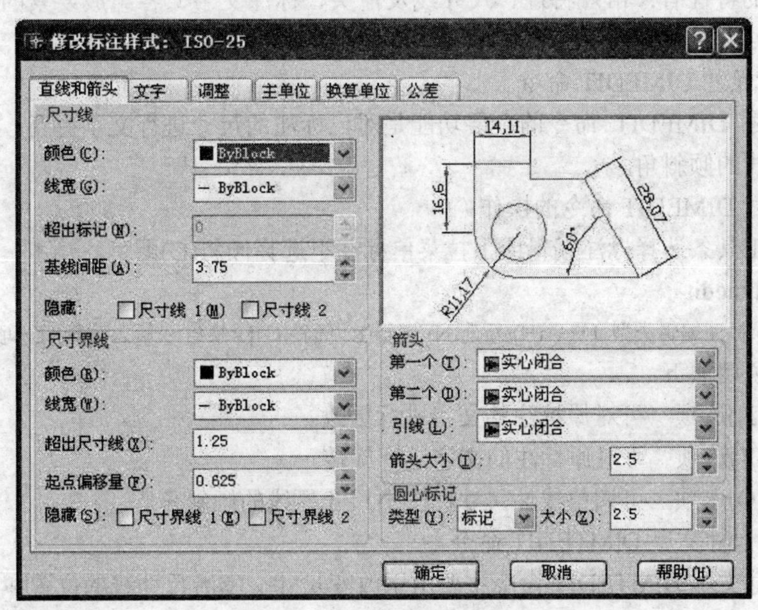

图 10-38　新建标注样式对话框

(2) 形位公差的标注。

形位公差的标注将用一个特征控制框并根据标注形位公差的要求进行设置。

形位公差标注的操作：

在下拉菜单标注下拾取公差选项或从标注工具条点取公差出现形位公差标注对话

框，如图 10-39 所示。

点击符号栏黑框显示形位公差符号对话框如图 10-40 所示，在此框内选取所需。

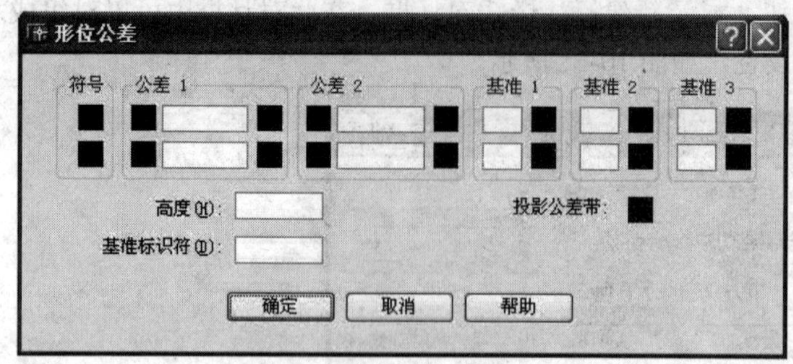

图 10-39　形位公差对话框

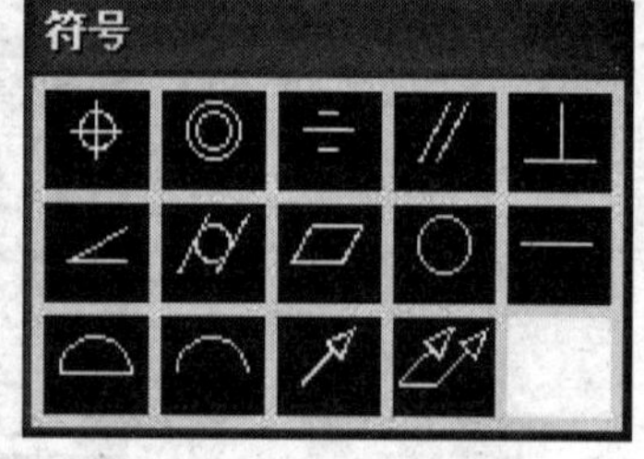

图 10-40　符号对话框

10.7.3　尺寸标注的编辑

在图形中已标注好的尺寸，也可以进行编辑。尺寸标注编辑命令是用来编辑或管理有关尺寸标注方式及其尺寸变量的命令。

在 AotuCAD 中，可以用特性管理器和相应的编辑命令对尺寸进行编辑。

1. 用特性管理器修改尺寸特性

利用特性管理器可以非常方便地管理、编辑尺寸的各组成要素。在特性管理器中可以进行编辑的特性有：常规特性、尺寸线及箭头、标注文字、各组成要素的位置、公差等。

2. 编辑尺寸 DIMEDIT 命令

编辑尺寸 DIMEDIT 命令的主要功能是对已标注的尺寸进行文字更新、文字旋转和调整尺寸界线的倾斜角。

编辑尺寸 DIMEDIT 命令的操作：

在标注工具条选择标注编辑或下拉菜单标注下选择倾斜(Q)即可。

命令: _dimedit

输入标注编辑类型 [缺省(H)/新建(N)/旋转(R)/倾斜(O)] <缺省>:(输入编辑的选项)

各选项说明如下：

(1)新建(N)选项　可对原标注的文字进行更改。

(2)旋转(R)选项　可对原标注的文字进行旋转。

(3)倾斜(O)选项　可调整线性尺寸标注中尺寸界线的倾斜角。

3. 编辑尺寸文字 DIMTEDIT 命令

修改尺寸文本 DIMTEDIT 命令主要用于改变尺寸文本沿尺寸线的位置和角度。

编辑尺寸 DIMEDIT 命令的操作：

在标注工具条选择编辑标注文字或下拉菜单标注下选择对齐文字(X)选择各项。

命令: _dimtedit

选择标注:

指定标注文字的新位置或 [左(L)/右(R)/中心(C)/缺省(H)/角度(A)]: 选括号中的选项

各选项含义如下：

(1) 左(L)/右(R) 它们分别决定尺寸文本是沿尺寸线左对齐(left)还是右对齐(Right)。

(2) 中心(C) 使尺寸文本放到尺寸线中心位置。

(3) 缺省(H) 按缺省位置、方向设置尺寸文本。

(4) 角度(A) 使尺寸文本旋转一角度。

在标注工具条选择编辑标注文字可以任意移动尺寸文字的位置。

4. 更新标注 UPDATE 命令

更新尺寸标注(UPDATE)命令可使已有的尺寸标注与当前尺寸标注一致。

更新尺寸标注(UPDATE)命令的操作：

在标注工具条选择标注更新或下拉菜单标注下选择更新标注(U)。

命令: _dimstyle 当前标注样式: ISO-25

输入尺寸样式选项

[保存(S)/恢复(R)/状态(ST)/变量(V)/应用(A)/?] <恢复>: A

选择对象: (选择欲更新的尺寸实体)

这样，所选的尺寸标注对象将按当前的尺寸标注样式来更新。

10.8 AutoCAD 的图案填充

在工程制图中，为了表达假想被剖切零件的断面，使之与没剖到的部分区分开来，并表达出零件的材料特征，在零件与剖切平面相接触部分的封闭轮廓线内，进行填充由规律图线构成的图案，我们称之为"剖面线"。AutoCAD 设置了这种功能，完成剖面线的绘制。

AutoCAD 软件包提供了一个 ACAD.PAT 文件，文件中有一个标准图案库，可以使用库中的某种图案，也可以由用户定义图案，还可以使用 HATCH 命令运行已定义的简单图案进行图案填充。

填充图案一般都是由许多条图案线构成，AutoCAD 将它构成一个块，所以应用时，将整个填充图案作为一个实体进行填充或删除。

10.8.1 定义图案填充边界

当进行图案填充时，首先要确定填充的边界。边界可以是直线、圆弧、圆、二维多段线、椭圆、样条曲线、块或图纸空间视口的任意组合。每个边界的组成部分至少应该部分处于当前视图内。使用“拾取点”定义边界时，指定的边界集将决定 AutoCAD 通过指定点定义边界的方式，边界对象应为封闭轮廓线，不可以有任何间隙。对重叠边界在与其他边界相交处被当作终止端。

10.8.2 图案填充的操作

AutoCAD 提供了两个用于填充的命令：HATCH 和 BHATCH。两个命令都可以完成图案填充操作，但在功能及形式方面有所差别，BHATCH 命令强于 HATCH 命令。下面主要介绍 BHATCH 命令的操作。

在绘图工具条拾取图案填充或在下拉菜单绘图下拾取图案填充(H)显示如图 10-41 所示的对话框。

图 10-41　边界图案填充对话框

此对话框提供了快速和高级两个选项卡及其他命令的按钮。在此对话框中可以定义边界、图案类型、图案特性。

1. 快速选项卡

使用快速选项卡可以处理图案填充并快速的创建图案填充。在快速选项卡中，可以定义填充图案的外观。它包括以下控制：

1) 类型(Y)下拉列表框

类型下拉列表框可以设置填充图案的类型，它有三个选项：预定义、用户定义和自定义。

预定义选项——让用户指定一个已定义好的填充图案。而且图案可以控制任何预定义图案的比例系数和角度。

用户定义——让用户用当前线型定义一个简单的填充图案。

自定义——可用于从其他定制的.PAT 文件而不是从 ACAD.PAT 文件中指定的图案。

2) 图案(P)下拉列表框

图案(P)下拉列表框中列出了可用的预定义图案。拾取图案(P)下拉列表框后的[…]按钮或连击图样编辑框将显示如图 10-42 所示的填充图案选项板对话框。在该对话框中共有 4 个选项：ANSI，ISO，其他预定义和自定义。

点击每个选项将列出以字母顺序排列的填充图案供用户选择。

3) 自定义图案(T)下拉列表框自定义图案(T)下拉列表框中列出了可用的自定义图案。但只有在类型下拉列表框中选择了自定义时才能使用。

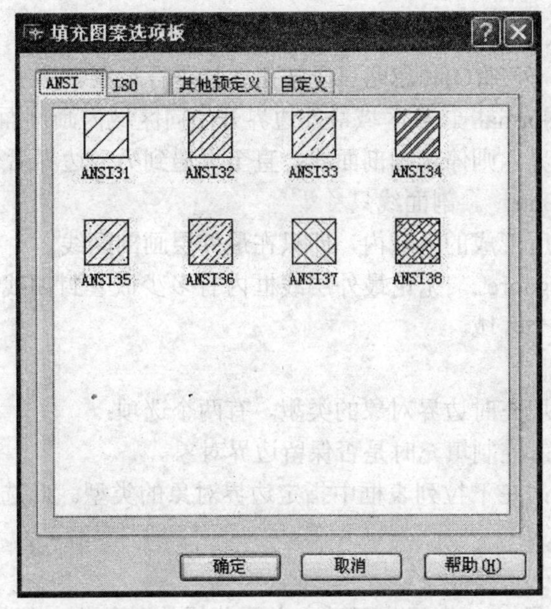

图 10-42　填充图案选项板对话框

4) 角度(L)下拉列表框

角度(L)下拉列表框可以让用户指定填充图案的角度。

5) 比例(S)下拉列表框

比例(S)下拉列表框用于设置填充图案的比例系数，控制图案的疏或密。

6) 间距(C)编辑框

间距(C)编辑框用于指定用户定义图案中线的间距。此选项只有在类型(Y)下拉列表框中选择了用户定义选项时才可用。

2．高级选项

在图案填充对话框中的高级选项定义了如何创建和填充边界，点击高级选项显示图10-43所示的选项。此选项包括以下部分：

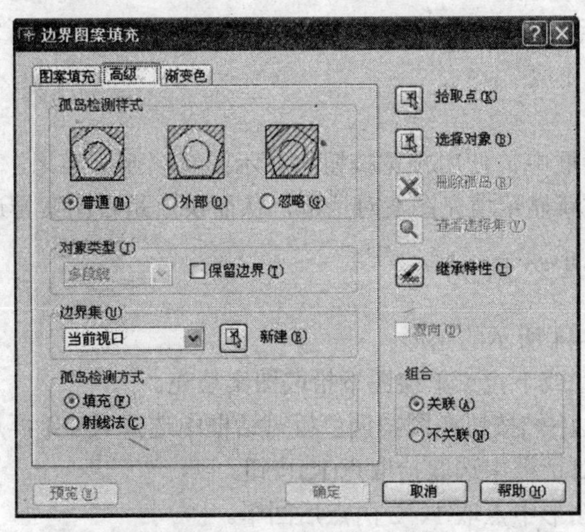

图 10-43　图案填充对话框

1) 设置填充方式：

可按下普通(M)、外部(O)和忽略三个按扭选择进行设置。

(1) 普通方式：Normal 。从区域最外边界开始向区域内画剖面线，如剖面线遇到区域内其他图形元的边界，则停止画剖面线，直至再遇到另一边界后再开始绘制。

(2) 外部方式：Outer 。剖面线只

画在两封闭线框所形成的区域内，即只在最外层画剖面线。

(3) 忽略方式：Ignore 。无论最外层线框内有多少嵌套封闭线框，剖面线将覆盖由最外线框所围成的整个区域。

2) 对象类型(T)部分

此部分指定图案填充时边界对象的类型。有两个选项：

(1) 保留边界(T)：控制填充时是否保留边界对象。

(2) 对象类型(T)：在下拉列表框中指定边界对象的类型。此选项只有在选择了保留边界(T)时才可用。

3) 边界集(U)部分

当通过点选择边界时，此部分可以定义要分析的对象集。如果直接在选择对象(B)选择边界，所选的边界对象集无效。

(1) 边界集(U)下拉列表框。指定边界对象集。它有两个可能的选项：当前视口和现有集合。

(2) 新建(N)按钮。选择新建(N)按钮，将用新的边界集来代替任何已有的边界集。

4) 拾取点(K)按钮

在填充图案对话框中，拾取点(K)按钮可通过拾取边界的方法确定填充范围进行图案填充。

5) 选择对象(B)按钮

在填充图案对话框中，选择对象(B)按钮可通过选择边界对象的方法确定填充范围进行图案填充。

6) 查看选择集(V)按钮

在填充图案对话框中，选择查看选择集(V)按钮将加亮显示所定义的边界集。当没有定义边界时，此项不亮。

7) 预览(W)按钮

在填充图案对话框中，使用预览按钮将显示图案填充的结果。当预览完毕后，按回车或右击鼠标按钮重新显示填充图案对话框，从而决定是否图案合适。

10.8.3 剖面线填充示例

1. 绘制如图 10-44 所示的图形。
2. 从绘图工具栏或下拉菜单绘图下拾取图案填充。
3. 选取图案右边[…]按钮在图案调色板对话框中选择 ANSI 再点取 ANSI31。
4. 在填充图案对话框中选取拾取点(K)按钮。
5. 在所绘制的图形中点取 1、2 两点后回车。
6. 在填充图案对话框中选取预览(W)按钮，看图案比例是否合适，进行调整。

7. 选取确定按钮即结束。

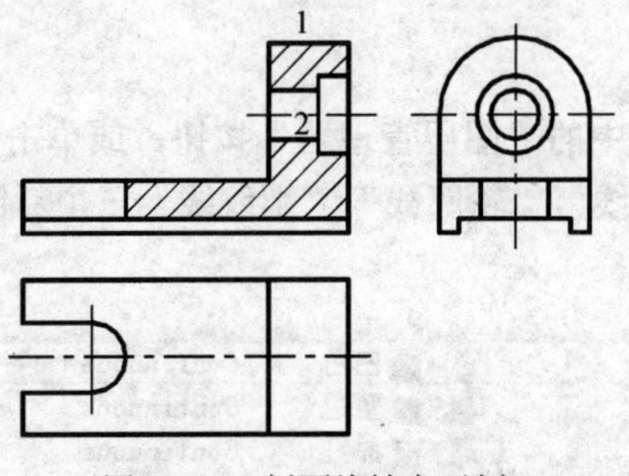

图 10-44　剖面线填充示例

10.9　实例一　键槽的绘制

10.9.1　实例介绍

本实例将绘制有键槽、退刀槽、螺纹等结构的轴。通过这根轴的绘制，我们将熟悉AutoCAD 制图工具的使用和绘图方法。

本例将介绍如下知识点：

- 相对坐标法；
- 修剪命令的使用；
- 倒角命令的使用。

轴的最终效果如图 10-45 所示。

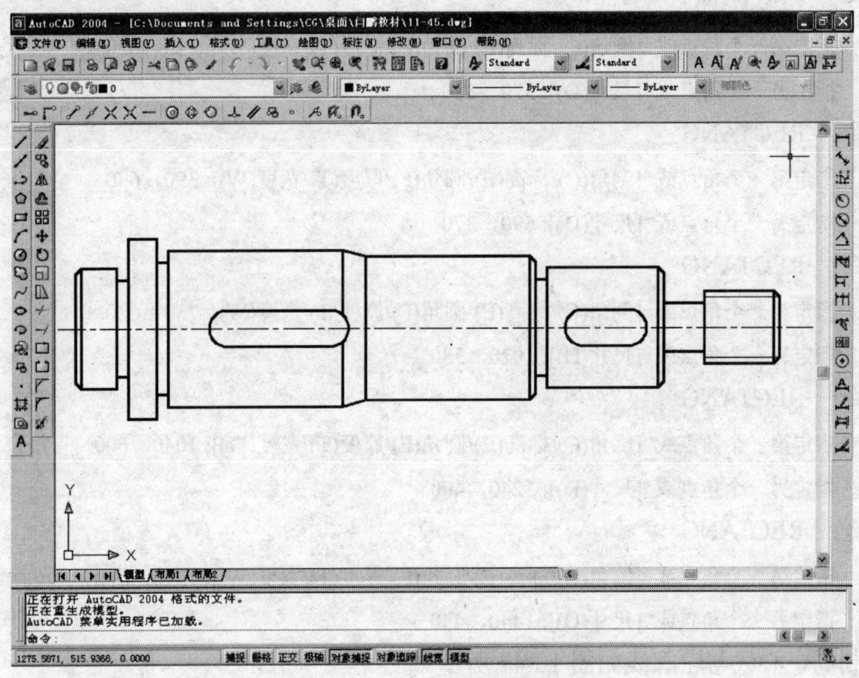

图 10-45　轴的最终效果图

10.9.2 操作步骤

1．设置图层

单击“图层”工具栏中的“图层管理器”按钮，或单击“格式”|“图层...”，打开图层管理器。建立“中心线”、“轮廓线”、“螺纹线”三个新图层，并设计不同的颜色和线宽，如图 10-46 所示。

名称				颜色	线型	线宽	打印样式	
0				■白色	Continuous	—— 默认	Color_7	
轮廓线				■蓝色	Continuous	━━ 0.... 毫米	Color_5	
螺纹线				■品红	Continuous	—— 默认	Color_6	
中心线				■红色	CENTER	—— 默认	Color_1	

图 10-46　设置图层

2．绘制中心线与轮廓线

将中心线图层置为当前层，使用“直线”工具绘制中心线，命令窗口提示如下：

命令: _line 指定第一点: 200，500

指定下一点或 [放弃(U)]: 1500，500

指定下一点或 [放弃(U)]:(回车)

将轮廓线图层置为当前层，使用“矩形”工具绘制中心线，命令窗口提示如下：

命令: _rectang

指定第一个角点或 [倒角(C)/标高(E)/圆角(F)/厚度(T)/宽度(W)]: 230，600

指定另一个角点或 [尺寸(D)]: 300，400

命令: RECTANG

指定第一个角点或 [倒角(C)/标高(E)/圆角(F)/厚度(T)/宽度(W)]: 320，650

指定另一个角点或 [尺寸(D)]: 370，350

命令: RECTANG

指定第一个角点或 [倒角(C)/标高(E)/圆角(F)/厚度(T)/宽度(W)]: 390，630

指定另一个角点或 [尺寸(D)]: 690，370

命令: RECTANG

指定第一个角点或 [倒角(C)/标高(E)/圆角(F)/厚度(T)/宽度(W)]: 730，620

指定另一个角点或 [尺寸(D)]: 1020，380

命令: RECTANG

指定第一个角点或 [倒角(C)/标高(E)/圆角(F)/厚度(T)/宽度(W)]: 1040，600

指定另一个角点或 [尺寸(D)]: 1240，400

命令: RECTANG

指定第一个角点或 [倒角(C)/标高(E)/圆角(F)/厚度(T)/宽度(W)]: 1310，560

指定另一个角点或 [尺寸(D)]: 1440，440

绘制的中心线与轮廓线如图 10-47 所示。

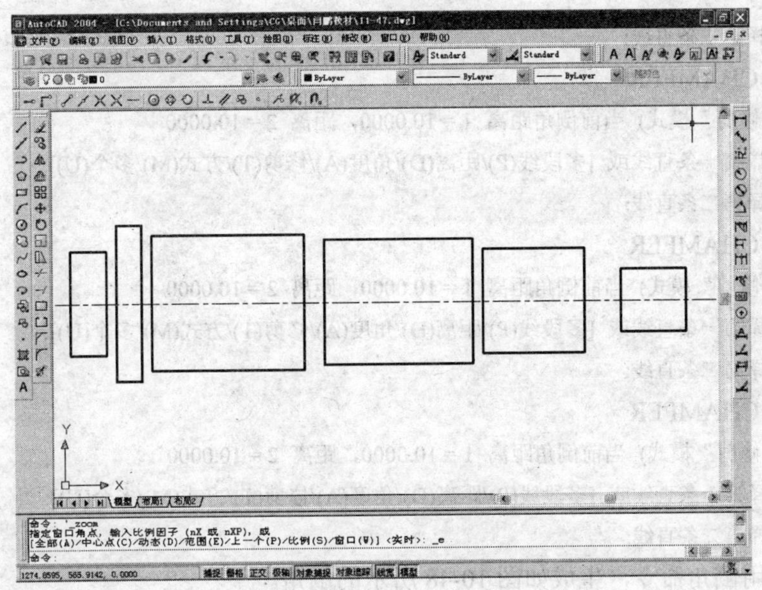

图 10-47　中心线和轮廓线

3．生成倒角

单击修改“”工具栏中的“倒角”按钮，命令提示如下：

命令: _chamfer

(“修剪”模式) 当前倒角距离 1 = 0.0000，距离 2 = 0.0000

选择第一条直线或 [多段线(P)/距离(D)/角度(A)/修剪(T)/方式(M)/多个(U)]: D

指定第一个倒角距离 <0.0000>: 10

指定第二个倒角距离 <10.0000>:

选择第一条直线或 [多段线(P)/距离(D)/角度(A)/修剪(T)/方式(M)/多个(U)]:

选择第二条直线:

命令: CHAMFER

(“修剪”模式) 当前倒角距离 1 = 10.0000，距离 2 = 10.0000

选择第一条直线或 [多段线(P)/距离(D)/角度(A)/修剪(T)/方式(M)/多个(U)]:

选择第二条直线:

命令: CHAMFER

(“修剪”模式) 当前倒角距离 1 = 10.0000，距离 2 = 10.0000

选择第一条直线或 [多段线(P)/距离(D)/角度(A)/修剪(T)/方式(M)/多个(U)]:

选择第二条直线:

命令: CHAMFER

(“修剪”模式) 当前倒角距离 1 = 10.0000，距离 2 = 10.0000

选择第一条直线或 [多段线(P)/距离(D)/角度(A)/修剪(T)/方式(M)/多个(U)]:

选择第二条直线:

命令: CHAMFER

(“修剪”模式) 当前倒角距离 1 = 10.0000，距离 2 = 10.0000

选择第一条直线或 [多段线(P)/距离(D)/角度(A)/修剪(T)/方式(M)/多个(U)]:

选择第二条直线:

命令:　CHAMFER

(“修剪”模式) 当前倒角距离 1 = 10.0000，距离 2 = 10.0000

选择第一条直线或 [多段线(P)/距离(D)/角度(A)/修剪(T)/方式(M)/多个(U)]:

选择第二条直线:

命令:　CHAMFER

(“修剪”模式) 当前倒角距离 1 = 10.0000，距离 2 = 10.0000

选择第一条直线或 [多段线(P)/距离(D)/角度(A)/修剪(T)/方式(M)/多个(U)]:

选择第二条直线:

命令:　CHAMFER

(“修剪”模式) 当前倒角距离 1 = 10.0000，距离 2 = 10.0000

选择第一条直线或 [多段线(P)/距离(D)/角度(A)/修剪(T)/方式(M)/多个(U)]:

选择第二条直线:

重复使用倒角命令，生成如图 10-48 所示的倒角。

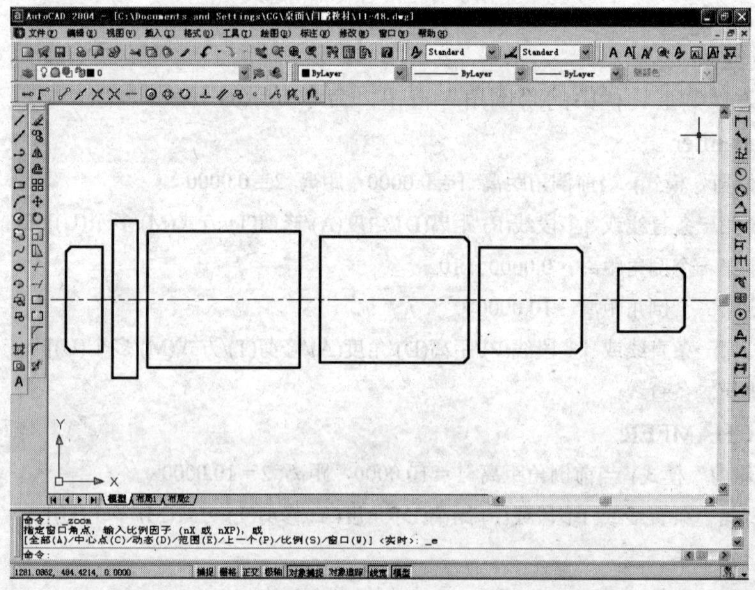

图 10-48　倒角

再使用直线工具画出倒角处的轮廓线，命令窗口提示如下:

命令: _line 指定第一点:　<对象捕捉 开>

指定下一点或 [放弃(U)]:选中点 1

指定下一点或 [放弃(U)]: 选中点 2

命令:　LINE 指定第一点:

指定下一点或 [放弃(U)]: 选中点 3

指定下一点或 [放弃(U)]: 选中点 4

命令:　LINE 指定第一点:

指定下一点或 [放弃(U)]: 选中点 5

指定下一点或 [放弃(U)]: 选中点 6

命令: LINE 指定第一点:

指定下一点或 [放弃(U)]: 选中点 7

指定下一点或 [放弃(U)]: 选中点 8

命令: LINE 指定第一点:

指定下一点或 [放弃(U)]: 选中点 9

指定下一点或 [放弃(U)]: 选中点 10

命令: LINE 指定第一点:

指定下一点或 [放弃(U)]: 选中点 11

指定下一点或 [放弃(U)]: 选中点 12

绘制效果图如图 10-49 所示。

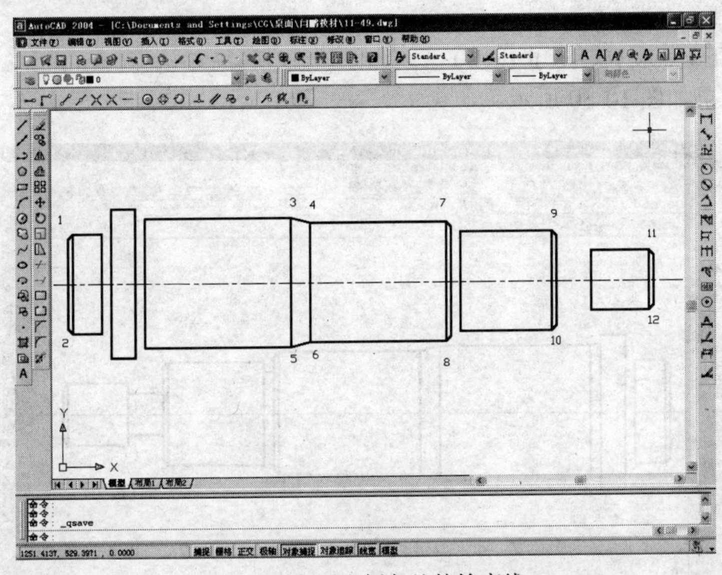

图 10-49 画出倒角处的轮廓线

4. 轮廓处理

使用“直线”工具将轴的各部分连接起来，命令窗口提示如下：

命令: _line 指定第一点: 300，580

指定下一点或 [放弃(U)]: 320，580

指定下一点或 [放弃(U)]: (回车)

命令: LINE 指定第一点: 300，420

指定下一点或 [放弃(U)]: 320，420

指定下一点或 [放弃(U)]: (回车)

命令: LINE 指定第一点: 390，610

指定下一点或 [放弃(U)]: @-20，0

指定下一点或 [放弃(U)]: (回车)

命令: LINE 指定第一点: 390，390

指定下一点或 [放弃(U)]: @-20，0

指定下一点或 [放弃(U)]: (回车)
命令: LINE 指定第一点: 1040，580
指定下一点或 [放弃(U)]: @-20，0
指定下一点或 [放弃(U)]: (回车)
命令: LINE 指定第一点:1040，420
指定下一点或 [放弃(U)]: @-20，0
指定下一点或 [放弃(U)]: (回车)
命令: LINE 指定第一点: 1310，540
指定下一点或 [放弃(U)]: @-70，0
指定下一点或 [放弃(U)]: (回车)
命令: LINE 指定第一点: 1310，460
指定下一点或 [放弃(U)]: @-70，0
指定下一点或 [放弃(U)]: (回车)

绘制的效果如图 10-50 所示。

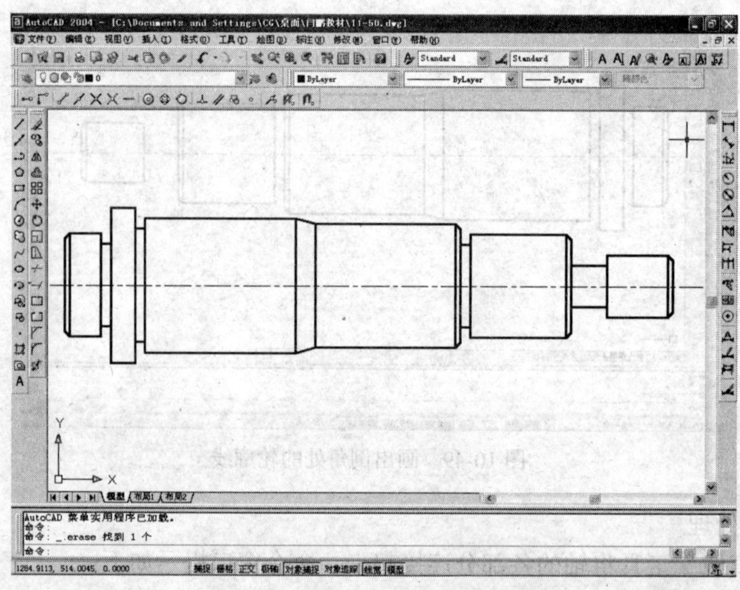

图 10-50 连接各部分

5．绘制键槽

首先使用“多段线”工具绘制第一个键槽，命令窗口提示如下：

命令: _pline
指定起点: 490，530
当前线宽为 0.0000
指定下一个点或 [圆弧(A)/半宽(H)/长度(L)/放弃(U)/宽度(W)]: @180，0
指定下一点或 [圆弧(A)/闭合(C)/半宽(H)/长度(L)/放弃(U)/宽度(W)]: A
指定圆弧的端点或
[角度(A)/圆心(CE)/闭合(CL)/方向(D)/半宽(H)/直线(L)/半径(R)/第二个点(S)/放弃(U)/

宽度(W)]: @0，-60

指定圆弧的端点或

[角度(A)/圆心(CE)/闭合(CL)/方向(D)/半宽(H)/直线(L)/半径(R)/第二个点(S)/放弃(U)/

宽度(W)]: L

指定下一点或 [圆弧(A)/闭合(C)/半宽(H)/长度(L)/放弃(U)/宽度(W)]: @-180，0

指定下一点或 [圆弧(A)/闭合(C)/半宽(H)/长度(L)/放弃(U)/宽度(W)]: A

指定圆弧的端点或

[角度(A)/圆心(CE)/闭合(CL)/方向(D)/半宽(H)/直线(L)/半径(R)/第二个点(S)/放弃(U)/

宽度(W)]: @0，60

指定圆弧的端点或

[角度(A)/圆心(CE)/闭合(CL)/方向(D)/半宽(H)/直线(L)/半径(R)/第二个点(S)/放弃(U)/

宽度(W)]: (回车)

使用“矩形”工具和“圆角”工具来绘制第 2 个键槽，先用矩形工具绘制一个矩形，命令窗口提示如下：

命令: _rectang

指定第一个角点或 [倒角(C)/标高(E)/圆角(F)/厚度(T)/宽度(W)]: 1070，530

指定另一个角点或 [尺寸(D)]: @140，-60

使用圆角工具将这个矩形的两端变成半圆形，命令窗口提示如下：

命令: _fillet

当前设置: 模式 = 修剪，半径 = 0.0000

选择第一个对象或 [多段线(P)/半径(R)/修剪(T)/多个(U)]: R

指定圆角半径 <0.0000>: 30

选择第一个对象或 [多段线(P)/半径(R)/修剪(T)/多个(U)]:

选择第二个对象:

命令: FILLET

当前设置: 模式 = 修剪，半径 = 30.0000

选择第一个对象或 [多段线(P)/半径(R)/修剪(T)/多个(U)]:

选择第二个对象:

命令: FILLET

当前设置: 模式 = 修剪，半径 = 30.0000

选择第一个对象或 [多段线(P)/半径(R)/修剪(T)/多个(U)]:

选择第二个对象:

命令: FILLET

当前设置: 模式 = 修剪，半径 = 30.0000

选择第一个对象或 [多段线(P)/半径(R)/修剪(T)/多个(U)]:

选择第二个对象:

绘制效果如图 10-51 所示。

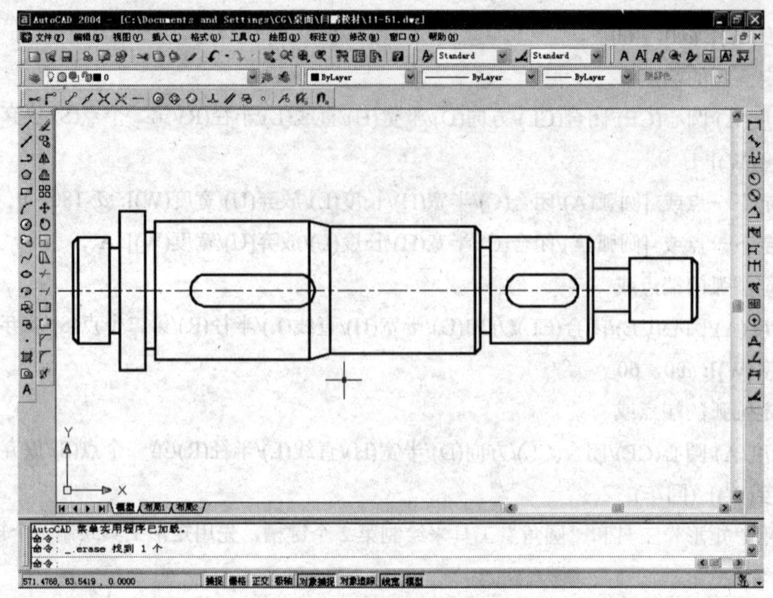

图 10-51　绘制键槽

单击“修改”工具栏中的“打断”，将第 1 个键槽和轮廓线相交的部分删除，命令窗口提示如下：

命令: _break 选择对象:

指定第二个打断点或 [第一点(F)]: F

指定第一个打断点: <对象捕捉 开>

指定第二个打断点:

绘制效果如图 10-52 所示。

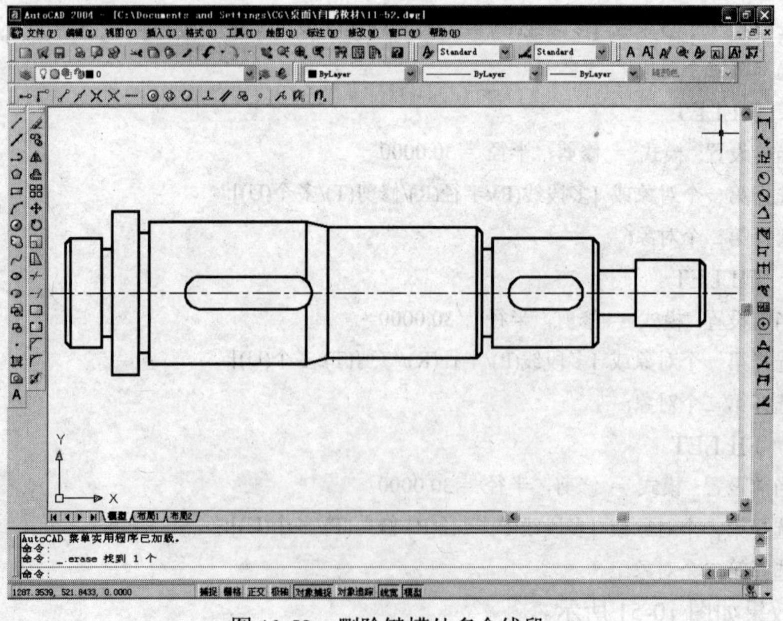

图 10-52　删除键槽处多余线段

6．绘制螺纹线

将螺纹层设为当前层，使用“直线”工具绘制螺纹线，命令窗口提示如下：

命令: _line 指定第一点: 1440，550

指定下一点或 [放弃(U)]: 1310，550

指定下一点或 [放弃(U)]: (回车)

命令: LINE 指定第一点: 1440，450

指定下一点或 [放弃(U)]: @-130，0

指定下一点或 [放弃(U)]: (回车)

绘图效果如图 10-45 所示。

10.10 实例二 平衡支架三视图的绘制

10.10.1 实例介绍

本实例将绘制平衡支架的三视图，通过三视图的绘制，我们将熟悉 AutoCAD 绘制零件三视图的方法和技巧。

本例将介绍如下知识点：

- 三视图的绘制方法；
- 复制命令的使用；
- 倒角命令的使用。

平衡支架的最终效果如图 10-53 所示。

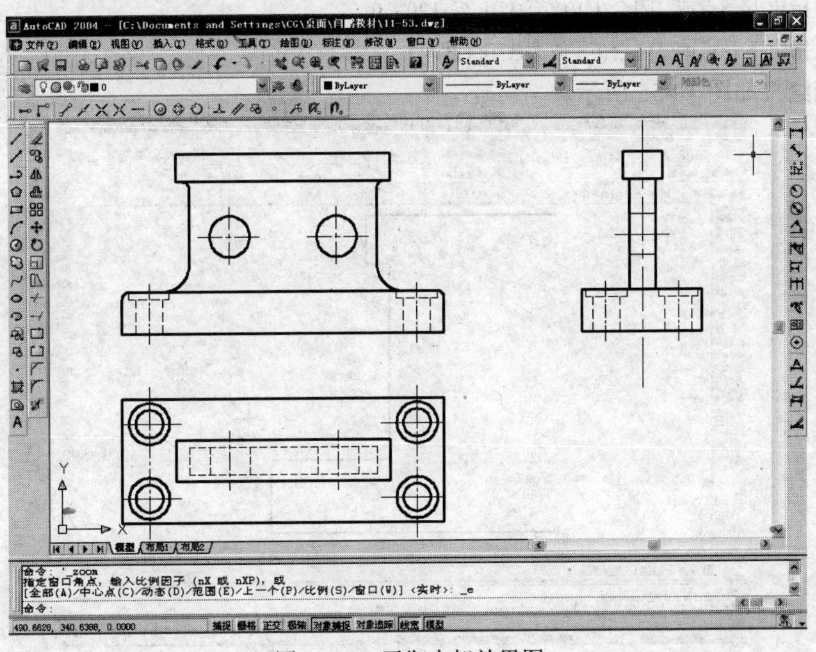

图 10-53 平衡支架效果图

10.10.2　操作步骤

1．建立图层结构

建立粗实线层、点画线层、细实线层和虚线层四个图层。如图 10-54 所示：

名称	开	在...	锁	颜色	线型	线宽	打印样式	打.
0				□白色	Continuous	—— 默认	Color_7	
粗实线层				□白色	Continuous	—— 0.... 毫米	Color_7	
点画线层				□白色	CENTER	—— 默认	Color_7	
细实线层				□白色	Continuous	—— 默认	Color_7	
虚线层				□白色	DASHED	—— 默认	Color_7	

图 10-54　建立图层

2．绘制主视图

主视图的主要特征是左右对称的，可以先绘制其中的一半图形结构，然后使用镜像编辑命令绘制另一半图形。

1) 绘制轮廓线

将粗实线层设置为当前层：

命令: LINE

命令: _line 指定第一点:

指定下一点或 [放弃(U)]: @80，0

指定下一点或 [放弃(U)]: @0，-20

指定下一点或 [闭合(C)/放弃(U)]: @-10，0

指定下一点或 [闭合(C)/放弃(U)]: @0，-80

指定下一点或 [闭合(C)/放弃(U)]: @50，0

指定下一点或 [闭合(C)/放弃(U)]: @0，-30

指定下一点或 [闭合(C)/放弃(U)]: @-120，0

指定下一点或 [闭合(C)/放弃(U)]: (回车)

绘制结果如图 10-55 所示。

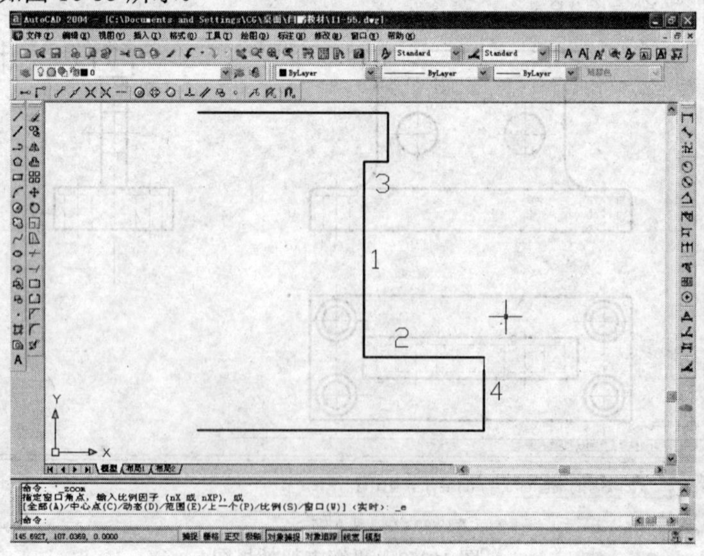

图 10-55　绘制轮廓线

命令: FILLET

当前模式: 模式 = 修剪，半径 = 10.0000

选择第一个对象或 [多段线(P)/半径(R)/修剪(T)]: R

指定圆角半径 <10.0000>: 20

选择第一个对象或 [多段线(P)/半径(R)/修剪(T)]: (选择图中的线段 1)

选择第一个对象:(选择图中的线段 2)

命令: FILLET

当前模式: 模式 = 修剪，半径 = 10.0000

选择第一个对象或 [多段线(P)/半径(R)/修剪(T)]: R

指定圆角半径 <10.0000>: 5

选择第一个对象或 [多段线(P)/半径(R)/修剪(T)]: (选择图中的线段 2)

选择第一个对象:(选择图中的线段 4)

命令: FILLET

当前模式: 模式 = 修剪，半径 = 10.0000

选择第一个对象或 [多段线(P)/半径(R)/修剪(T)]: R

指定圆角半径 <10.0000>: 5

选择第一个对象或 [多段线(P)/半径(R)/修剪(T)]: (选择图中的线段 1)

选择第一个对象:(选择图中的线段 3)

再调用 LINE 命令，从倒圆角后线段 2 的左端点向左绘制一长度为 90 的水平线，从倒圆角后线段 3 的左端点向左绘制一长度为 75 的水平线。绘制结果如图 10-56 所示。

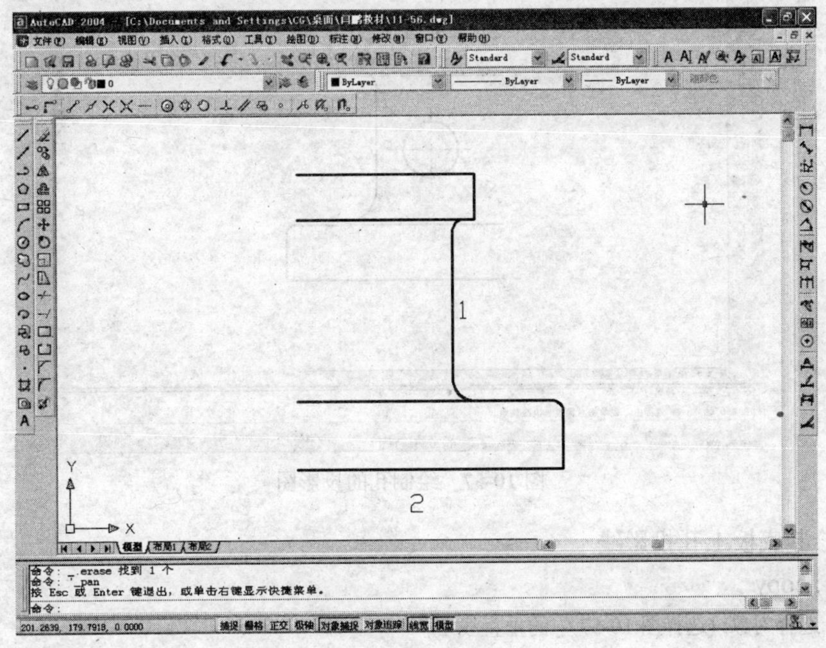

图 10-56 倒圆角

2) 绘制孔的投影

命令: copy

选择对象: (选择图 10-56 中的垂直线 1)

选择对象: (回车)

指定基点或位移，或者 [重复(M)]: (在垂直线 1 上任意指定一点)

指定位移的第二点或 <用第一点作位移>: @-30，0

命令: copy

选择对象: (选择图 10-56 中的水平线 2)

选择对象: (回车)

指定基点或位移，或者 [重复(M)]: (在水平线 2 上任意指定一点)

指定位移的第二点或 <用第一点作位移>: @0，70

在“特征”对话框中将刚复制的两直线图层设置为“点画线层”，并调整合适的线型比例。

命令: circle

指定圆的圆心或 [三点(3P)/两点(2P)/相切、相切、半径(T)]:(捕捉两中心线的交点)

指定圆的半径或 [直径(D)]: 15

绘图结果如图 10-57 所示。

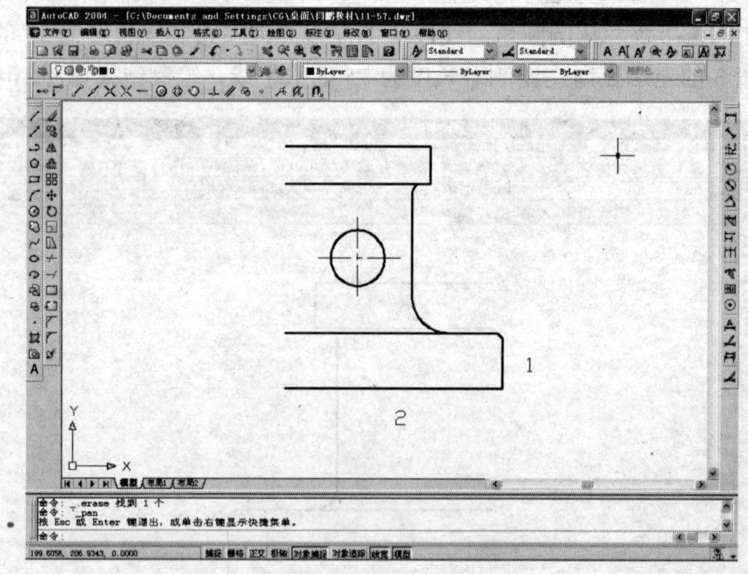

图 10-57　绘制孔的投影图

3) 绘制底板上孔投影线

命令: copy

选择对象: (选择图 10-57 中的垂直线 1)

选择对象: (回车)

指定基点或位移，或者 [重复(M)]: m

指定基点: (在垂直线 1 任意指定一点)

指定位移的第二点或 <用第一点作位移>: @-20，0

指定位移的第二点或 <用第一点作位移>: @-30，0

指定位移的第二点或 <用第一点作位移>: @-35，0

指定位移的第二点或 <用第一点作位移>: @-10，0

指定位移的第二点或 <用第一点作位移>: @-5，0

指定位移的第二点或 <用第一点作位移>:

命令: copy

选择对象: (选择图 10-57 中的水平线 2)

选择对象: (回车)

指定基点或位移，或者 [重复(M)]: (在水平线 2 任意指定一点)

指定位移的第二点或 <用第一点作位移>: @0，25

调用 extend 和 trim 命令，将图中的线延伸并修剪，并修改线型，结果如图 10-58 所示。

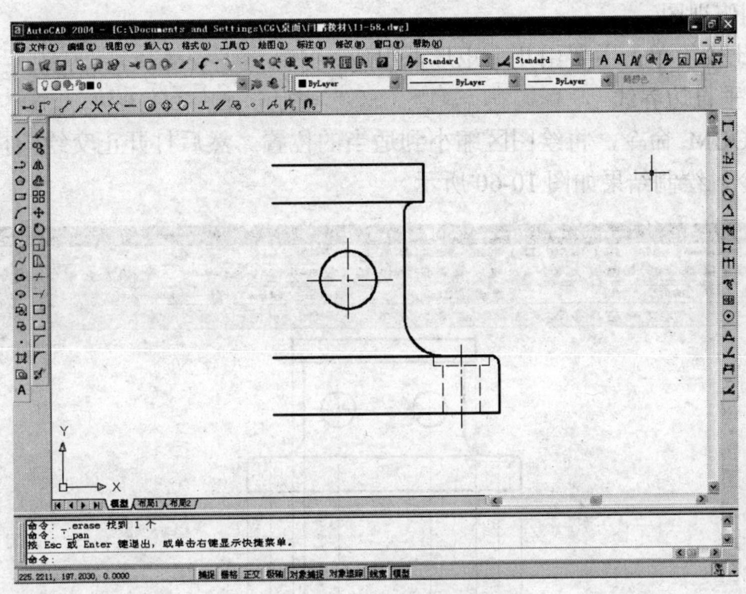

图 10-58　延伸并修剪线段

4) 镜像其它图形对象

命令: mirror

选择对象: 选择要镜像的对象

选择对象: (回车)

指定镜像线的第一点:

指定镜像线的第二点:

是否删除源对象？[是(Y)/否(N)] <N>:

结果如图 10-59 所示。

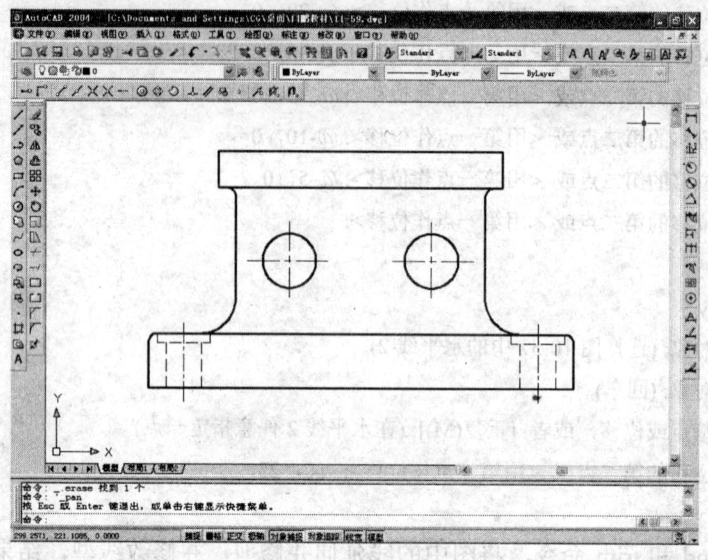

图 10-59　镜像操作

3．绘制俯视图

俯视图比较简单，主要由几个矩形框组成。

1) 绘制垂直边界线

调用 ZOOM 命令，将绘图区缩小到适当的位置。然后打开正交绘图模式，接着调用 LINE 命令，绘制结果如图 10-60 所示。

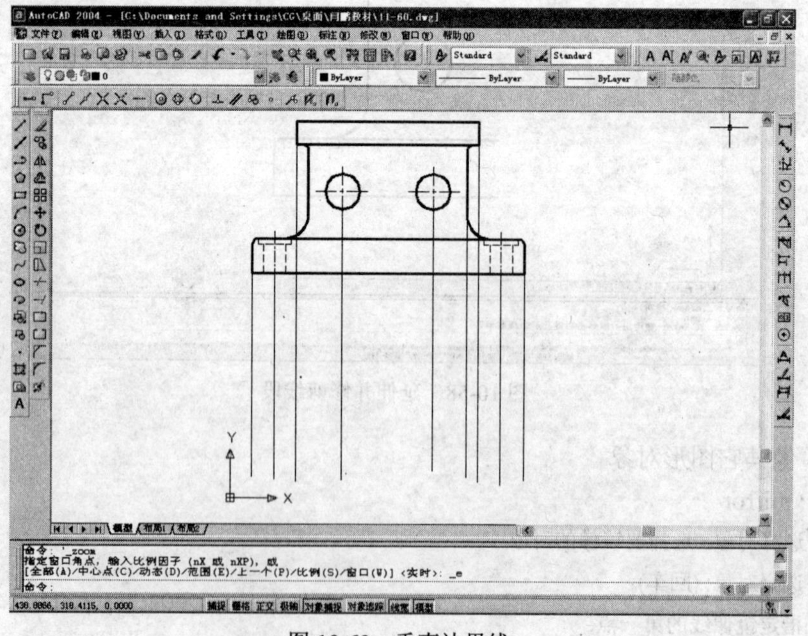

图 10-60　垂直边界线

2) 绘制水平线

命令: LINE

指定第一点:

指定下一点或 [放弃(U)]:

指定下一点或 [放弃(U)]: (回车)

命令: COPY

选择对象: (选择刚绘制的水平线)

选择对象: (回车)

指定基点或位移，或者 [重复(M)]: M

指定基点: (选择刚绘制的水平线上任意一点)

指定位移的第二点或 <用第一点作位移>: @0，-30

指定位移的第二点或 <用第一点作位移>: @0，-35

指定位移的第二点或 <用第一点作位移>: @0，-55

指定位移的第二点或 <用第一点作位移>: @0，-60

指定位移的第二点或 <用第一点作位移>: @0，-90

指定位移的第二点或 <用第一点作位移>:

3) 修剪线段

将图中的线段按图 10-61 所示修剪，并将相应的线段转为点画线层。

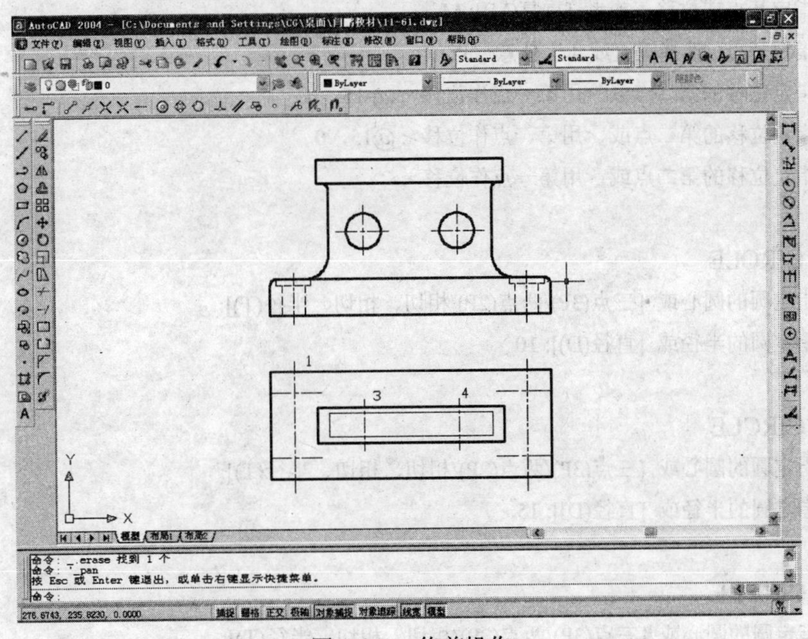

图 10-61　修剪操作

4) 绘制孔投影圆和线段

命令: COPY

选择对象:(选择图 10-61 水平线 1)

选择对象: (回车)

指定基点或位移，或者 [重复(M)]: M

指定基点: (选择水平 1 上任意一点)

指定位移的第二点或 <用第一点作位移>: @0，-18

指定位移的第二点或 <用第一点作位移>: @0，-72

指定位移的第二点或 <用第一点作位移>:

命令: COPY

选择对象: (选择图 10-61 垂直线 3)

选择对象: (回车)

指定基点或位移，或者 [重复(M)]: M

指定基点: (选择垂直线 3 上任意一点)

指定位移的第二点或 <用第一点作位移>: @-15，0

指定位移的第二点或 <用第一点作位移>: @15，0

指定位移的第二点或 <用第一点作位移>:

命令: COPY

选择对象: (选择图 10-61 垂直线 4)

选择对象: (回车)

指定基点或位移，或者 [重复(M)]: M

指定基点: (选择垂直线 4 上任意一点)

指定位移的第二点或 <用第一点作位移>: @-15，0

指定位移的第二点或 <用第一点作位移>: @15，0

指定位移的第二点或 <用第一点作位移>:

命令: CIRCLE

指定圆的圆心或 [三点(3P)/两点(2P)/相切、相切、半径(T)]:

指定圆的半径或 [直径(D)]: 10

命令: CIRCLE

指定圆的圆心或 [三点(3P)/两点(2P)/相切、相切、半径(T)]:

指定圆的半径或 [直径(D)]: 15

命令: CIRCLE

指定圆的圆心或 [三点(3P)/两点(2P)/相切、相切、半径(T)]:

指定圆的半径或 [直径(D)]: 10

命令: CIRCLE

指定圆的圆心或 [三点(3P)/两点(2P)/相切、相切、半径(T)]:

指定圆的半径或 [直径(D)]: 15

命令: CIRCLE
指定圆的圆心或 [三点(3P)/两点(2P)/相切、相切、半径(T)]:
指定圆的半径或 [直径(D)]: 10

命令: CIRCLE
指定圆的圆心或 [三点(3P)/两点(2P)/相切、相切、半径(T)]:
指定圆的半径或 [直径(D)]: 15

命令: CIRCLE
指定圆的圆心或 [三点(3P)/两点(2P)/相切、相切、半径(T)]:
指定圆的半径或 [直径(D)]: 10

命令: CIRCLE
指定圆的圆心或 [三点(3P)/两点(2P)/相切、相切、半径(T)]:
指定圆的半径或 [直径(D)]: 15

调用 TRIM 命令，按下图所示进行修剪，并修改这些线段的图层。绘制结果如图 10-62 所示。

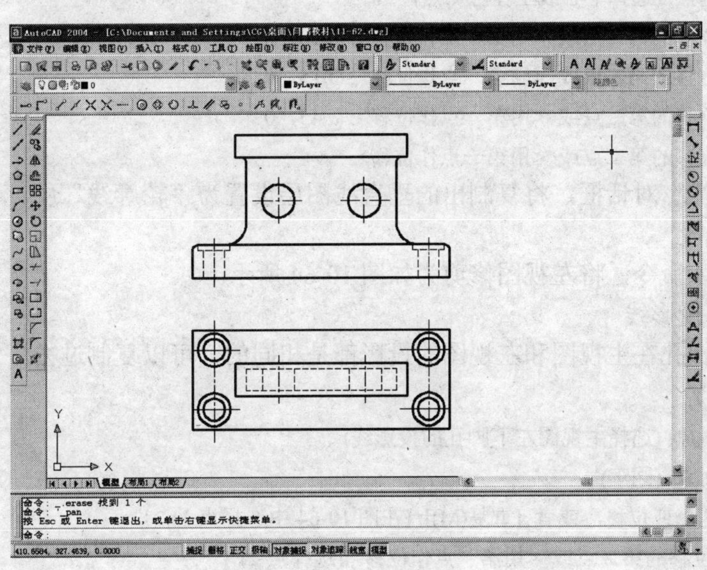

图 10-62 主俯视图

4．绘制左视图

1) 绘制水平边界线

调用 ZOOM 命令，将绘图区缩小到适当的位置。然后打开正交绘图模式，接着调用 LINE 命令，绘制结果如图 10-63 所示。

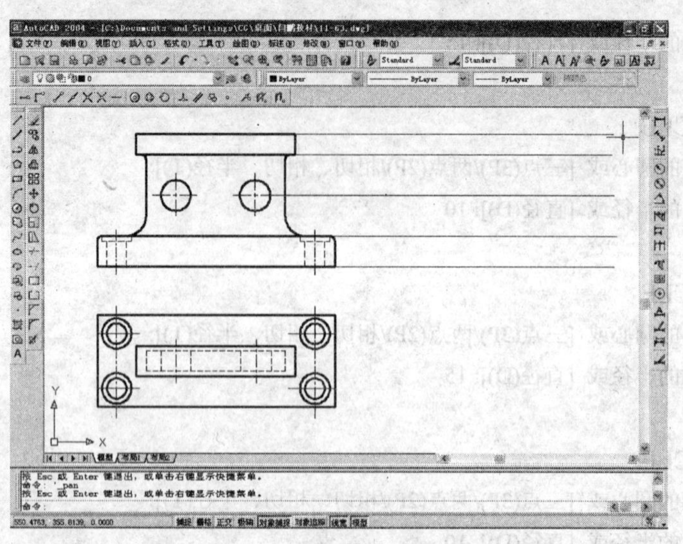

图 10-63　绘制水平边界线

2) 绘制垂直边界线

将中心线层设置为当前图层，然后调用命令，画一条中心线。

命令: COPY

选择对象: 选择中心线

选择对象: (回车)

指定基点或位移，或者 [重复(M)]: M

指定基点: (选择中心线上任意一点)

指定位移的第二点或 <用第一点作位移>: @10，0

指定位移的第二点或 <用第一点作位移>: @15，0

指定位移的第二点或 <用第一点作位移>: @45，0

指定位移的第二点或 <用第一点作位移>:

使用“特征”对话框，将复制出的垂直线图层设置为“轮廓线”层。

3) 修剪线段

调用 TRIM 命令，将左视图修剪为如图 10-64 所示。

4) 绘制圆投影线

底板的阶梯孔在主视图和左视图的投影都是相同的，可以复制过去。

命令:COPY

选择对象: (选择主视图左下脚孔的投影线)

选择对象: (回车)

指定基点或位移，或者 [重复(M)]: (在图 10-64 中选择点 1)

指定位移的第二点或 <用第一点作位移>:(选择点 2)

命令: MOVE

选择对象: (选择复制孔的投影线)

选择对象: (回车)

指定基点或位移: (选择点 2)

指定位移的第二点或 <用第一点作位移>: @-18，0

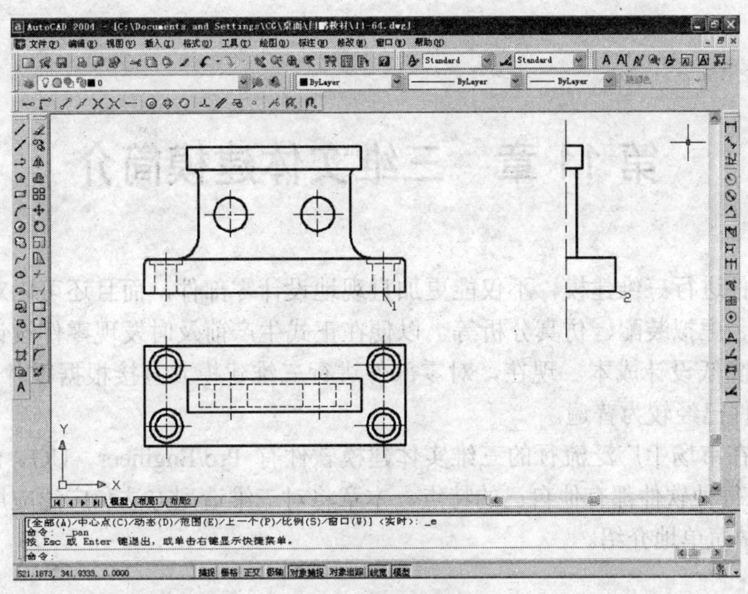

图 10-64　左视图操作

(5) 绘制竖板圆孔的左视图

结果如图 10-65 所示。

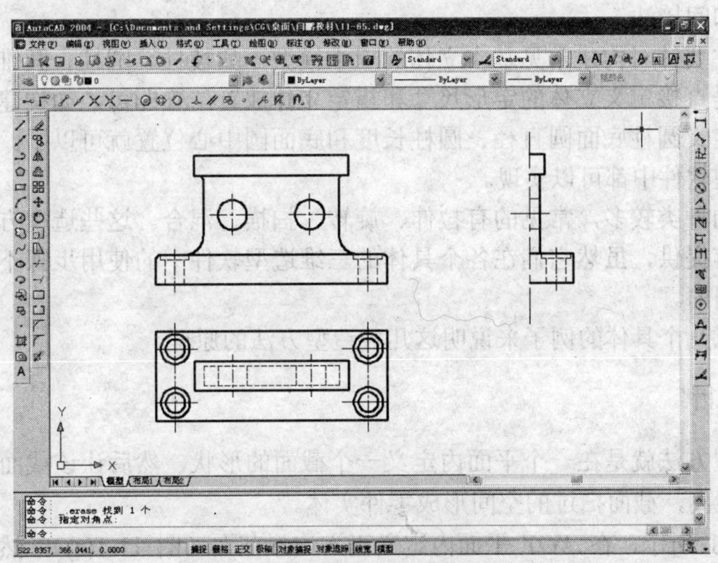

图 10-65　左视图操作

6) 镜像对象

命令: MIRROR

选择对象:(选择左视图中除中心线外的所有线)

选择对象:

指定镜像线的第一点: 指定镜像线的第二点:

是否删除源对象？[是(Y)/否(N)] <N>:

绘制结果如图 10-53 所示。

第 11 章　三维实体建模简介

对零部件进行三维建模，不仅能更加直观地设计零部件，而且还可以对设计的零部件虚拟加工、虚拟装配、仿真分析等，以便在正式生产前及时发现零件设计中的错误并做出改正，降低设计成本。现在，对零部件进行三维建模并直接根据零件的三维 CAD 模型制造零件已经较为普遍。

当前，在市场上广泛流行的三维实体建模软件有 Pro/Engineer、UG、SolidWroks、3DMax 等，每种软件都有他自己的特点。本章将对三维造型方法和广泛应用的三维建模软件 Pro/E 做简单地介绍。

11.1　三维造型方法

在计算机中构建零件三维 CAD 模型方法有多种，按使用构型元素的多少和途径可分为直接法和间接法。

直接法主要针对构建常见基本立体的三维模型，如棱柱、圆柱、圆锥、球等。这种构建方法就是直接定义立体的定形尺寸和指定立体放置位置即可，如构建圆柱的三维模型，就可以定义圆柱底面圆直径、圆柱长度和底面圆中心位置就可以了。这种方法在多数的三维造型软件中都可以实现。

间接法的种类较多，常见的有拉伸、旋转、扫描、混合。这些造型方法在现在的造型软件中都有提供，虽然它们在各个具体的三维造型软件中的使用步骤不一定相同，但是原理是相同的。

下面就以几个具体的例子来说明这几种造型方法的原理。

11.1.1　拉伸

拉伸造型方法就是在一个平面内定义一个截面的形状，然后让该截面沿它的法线方向移动一段距离，截面扫过的空间形成零件实体。

如图 11-1 所示，在 *XOY* 平面内定义正六边形截面（图 11-1(a)），然后让该正六边形截面沿 Z 轴移动一段距离则得到正六棱柱（图 11-1(b)）。

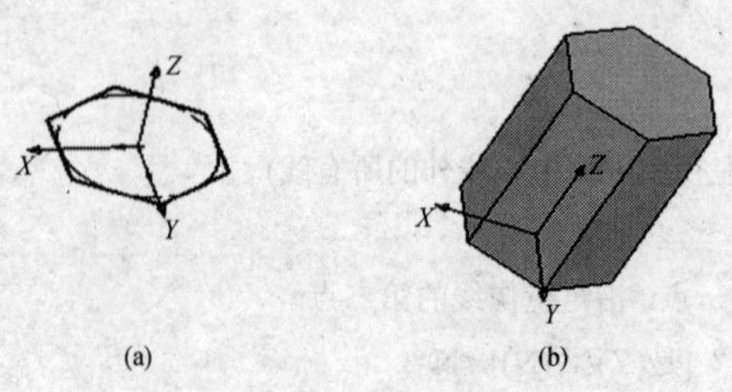

图 11-1　拉伸造型方法

拉伸造型方法也可用于切除材料。如图 11-2 所示，在六棱柱的一个底面上定义一个圆形截面（图 11-2(a)），然后让该圆形截面沿轴线向有实体的方向拉伸，则可在棱柱内切除一个圆柱孔(图 11-2(b))。

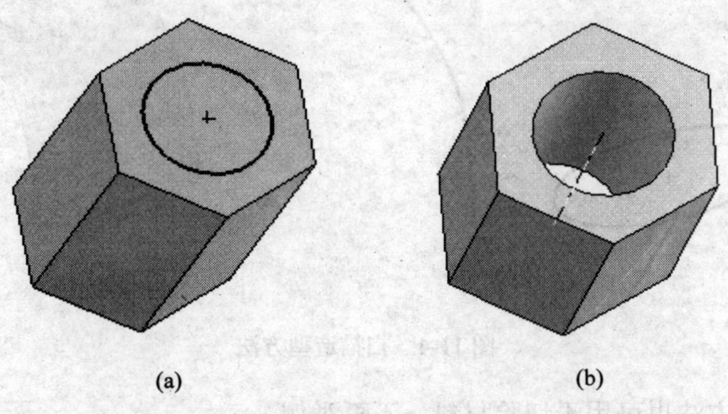

图 11-2　拉伸切除

11.1.2　旋转

旋转的造型方法就是在一个平面内定义一个截面图形和一条中心线，然后让截面绕中心线转过一定的角度，则截面所扫过的空间形成零件实体。

如图 11-3，在 *XOY* 平面内定义的三角形截面和中心线（图 11-3(a)），三角形截面绕中心线旋转过 360 度后形成圆锥（图 11-3(b)）。

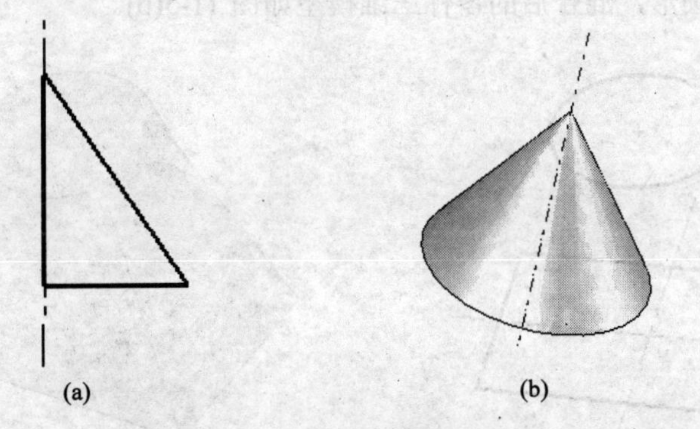

图 11-3　旋转造型方法

旋转造型的方法也可用于切除材料，不再举例。

11.1.3　扫描

扫描的造型方法就是在一个平面内定义扫描截面，在另一个平面内（通常与截面垂直）定义一条扫描轨迹线，然后让截面沿扫描轨迹线进行扫描，则截面扫过的空间形成零件实体。

如图 11-4 所示，在 XOY 平面内定义扫描截面，在 *YOZ* 平面内定义扫描轨迹线(图 11-4(a))，扫描后得到的零件如图 11-4b。

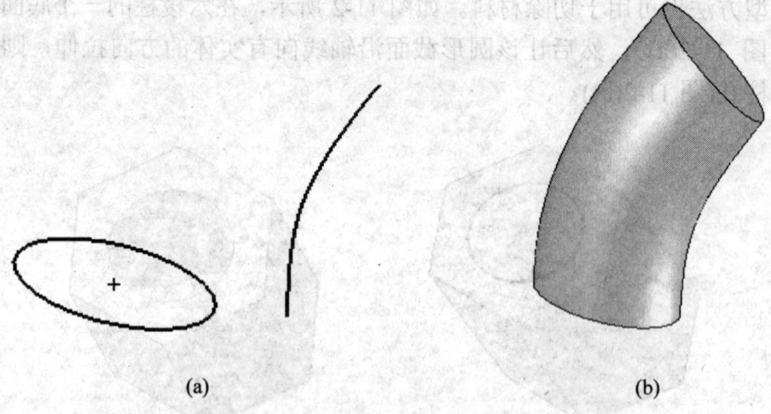

图 11-4　扫描造型方法

扫描造型的方法也可用于切除材料，不再举例。

11.1.4　混合

混合造型方法就是在一个方向上定义几个相隔一定距离的不同形状的截面，然后一端的截面按定义的对应关系扫描的另一端的过程中，形状渐变成另一端截面的形状，则截面扫过的空间形成零件的实体。

如图 11-5 所示，在 *Z* 向定义了两个平行于 *XOY* 面的截面，一个是矩形，一个是圆形，两截面间相距一定距离(图 11-5(a))，当矩形截面沿 *Z* 轴靠向圆形截面，同时矩形截面的形状渐变成圆形，混合后的零件三维模型如图 11-5(b)。

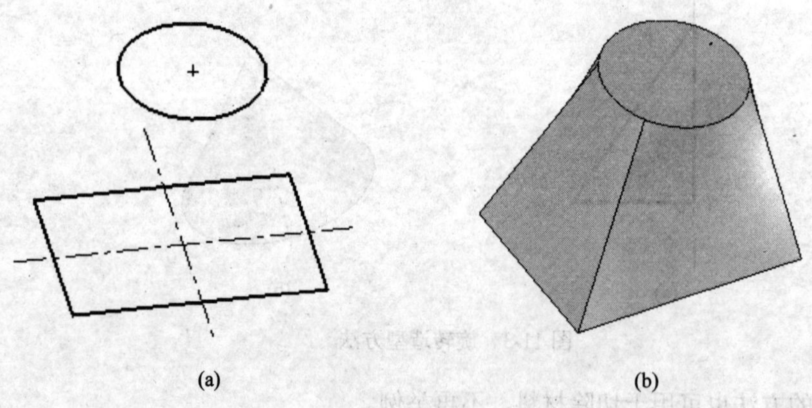

图 11-5　混合造型方法

除了以上所谈到的几种造型方法外，不同的造型软件还有一些自己的造型方法，如需深入学习可具体参考相关造型软件的资料。

11.2　Pro/Engineer 用户界面

Pro/ENGINEER WildFire 版的用户界面如图 11-6 所示，主要由菜单栏、工具栏、特征工具栏、导航器、工作窗口、浏览器、特征定义栏组成。除此之外，对于不同的功能模块还可能出现【菜单管理器】面板(图 11-7)和特征对话框(如图 11-8)。本节将详细介绍这些组成部分的功能。

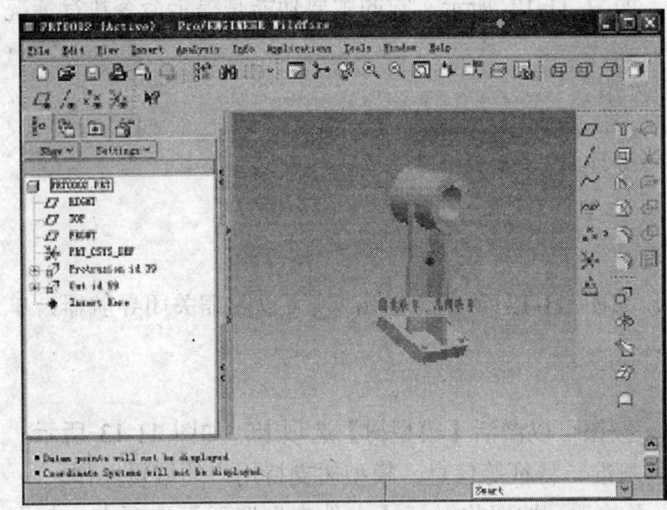

图 11-6 用户界面

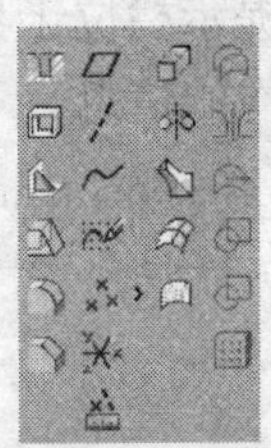

图 11-7 【菜单管理器】

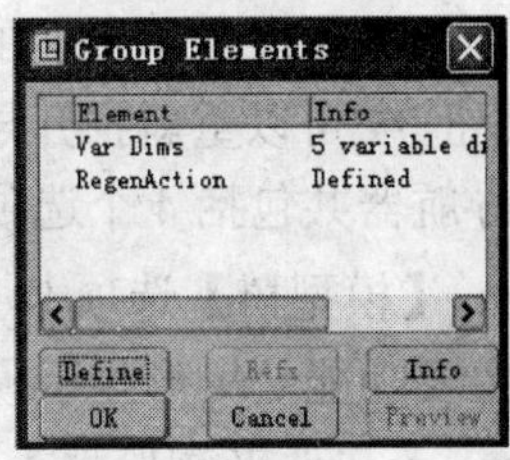

图 11-8 特征对话框

11.2.1 菜单栏

菜单栏集合了大量的 Pro/ENGINEER 操作命令，如图 11-9 所示。它包括文件、编辑、视图、插入、分析、信息、应用程序、工具、窗口和帮助菜单。

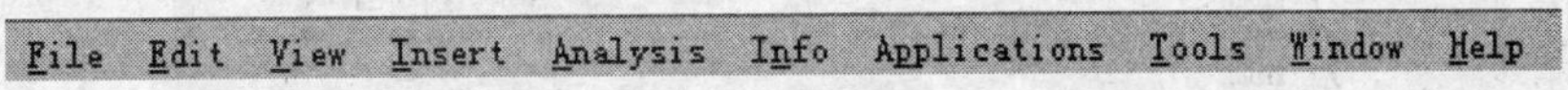

图 11-9 菜单栏

11.2.2 工具栏

工具栏一般位于菜单栏的下方，如图 11-10 所示。用户可以根据自行定义工具栏的位置。

图 11-10 工具栏

工具栏中的各按钮的功能与菜单栏中对应的命令功能相同。工具栏中的按钮可以通过【工具】菜单中的【定制屏幕】命令进行自定义。

11.2.3 特征工具栏

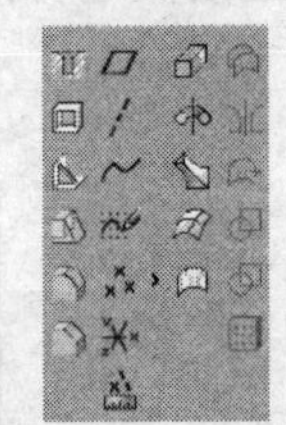

图 11-11 特征工具栏

特征工具栏一般位于界面的右方，系统默认的特征工具栏如图 11-11 所示，用户可以根据需要选择【工具】菜单中的【定制屏幕】命令自行定义特征工具栏。特征工具栏中的按钮功能是创建不同的特征。

11.2.4 命令提示栏

命令提示栏位于界面的下侧，如图 11-12 所示。它的主要功能是提示命令执行情况和下步操作的信息。

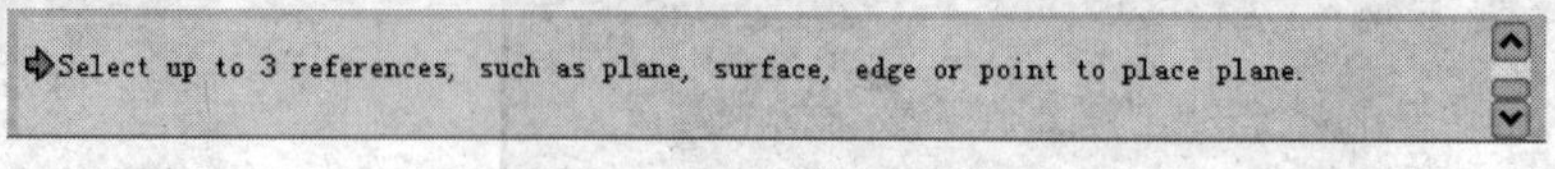

图 11-12 命令提示栏

11.2.5 导航器

导航器一般位于界面的左侧，如图 11-13 所示。单击 可以收缩关闭导航器，单击 按钮 可以重新打开导航器。

导航器共包括 4 个选项卡。

- 【模型树】选项卡 单击 按钮可以激活【模型树】选项卡，如图 11-13 所示，它的主要功能是树形显示模型的各基准、特征等信息。模型树支持用户的编辑操作。
- 【文件夹浏览器】选项卡单击 按钮将激活【文件夹浏览器】选项卡，如图 11-14 所示，在文件夹浏览器中选择文件夹后，会在其右侧的浏览器中显示该文件夹中所有文件。单击 按钮可以新建文件夹；单击 按钮可以删除选定的文件夹；单击 按钮可以返回到工作目录。

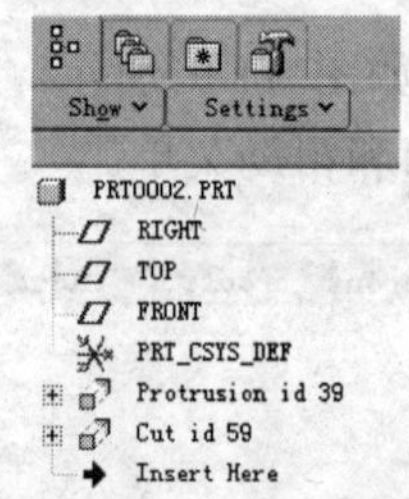

图 11-13 【模型树】选项卡

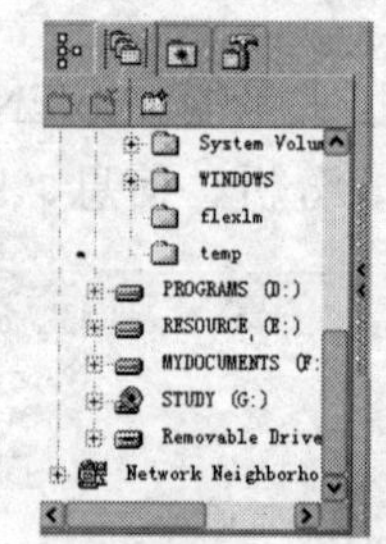

图 11-14 【文件夹浏览器】选项卡

- 【收藏夹】选项卡 单击 按钮将激活【收藏夹】选项卡，如图 11-15 所示。它的主要功能是收藏用户选定的文件夹。单击 按钮将当前目录添加到收藏夹中；单击 按钮可以对收藏夹中的项目进行编辑。
- 【连接】选项卡 单击 按钮将激活【连接】选项卡，如图 11-16 所示。它的功能是连接快速访问有关 PTC 解决方案的页面和服务程序。

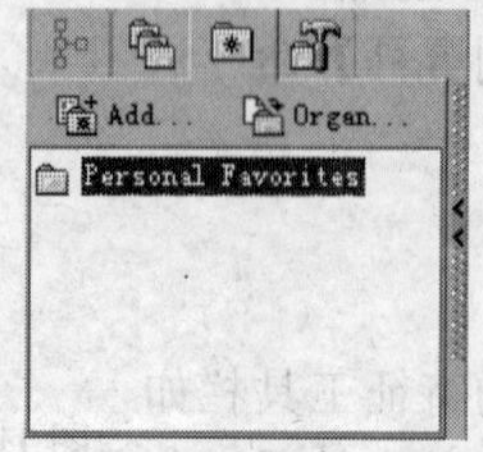

图 11-15 【收藏家】选项卡

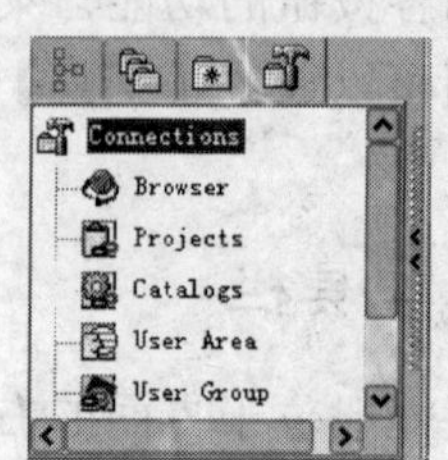

图 11-16 【连接】选项卡

11.2.6 浏览器

浏览器如图 11-17 所示。通过它可以访问网站和一些在线的目录信息，还可以显示特征的查询信息等。

图 11-17　浏览器

11.2.7 特征定义栏

特征定义栏一般位于界面下方，如图 11-18 所示。它的主要功能是用来详细定义和编辑创建的特征的参数和参照等，只有部分特征是通过特征定义栏来定义的，例如倒角、拉伸、孔、拔模等特征，在后面创建这些特征时再作详细介绍。

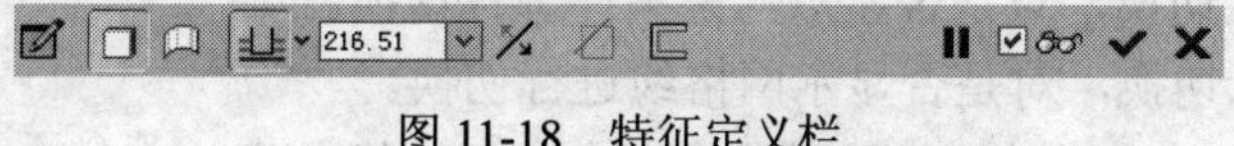

图 11-18　特征定义栏

11.3 草绘截面设计

草绘截面是进行零件、曲面等模块设计的基础，图元是截面的最小设计单位，Pro/ENGINEER 中的图元包括点、直线、矩形、圆、圆弧、曲线和文本等。本节将具体介绍草绘截面及图元的绘制及修改方法等。

11.3.1 绘制截面的界面和工具介绍

本节讲述绘制截面的界面和其中的工具，使读者对绘制截面有一个初步的认识。首先要进入截面设计的界面，具体方法是：选择【文件】|【新建】命令，在打开的【新建】对话框中选择【草绘】文件类型，输入新建文件名，单击【确定】按钮即可进入绘制截面的用户界面，如图 11-19 所示。

11.3.2 工具栏

工具栏如图 11-20 所示，其中大多数按钮功能已经在第 2 节作了详细介绍，本节详细介绍控制截面的视角、尺寸、网格、约束条件等功能按钮。

这部分工具栏中各按钮的功能如下。

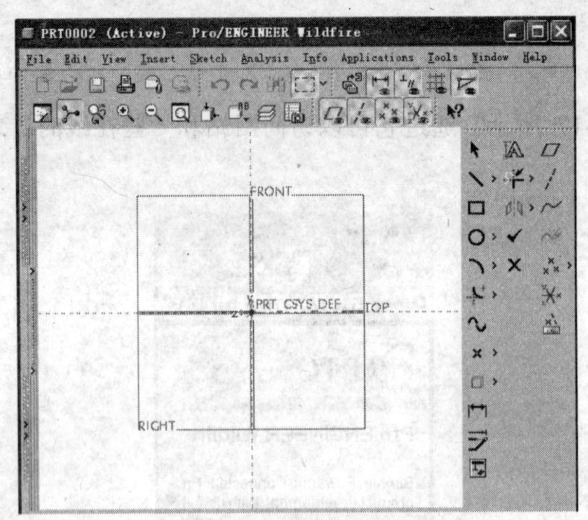

图 11-19 绘制截面的用户界面

图 11-20 绘制截面的部分工具栏

：视觉状态转换，恢复到原先的视觉状态。

：尺寸显示切换，对是否显示尺寸进行切换。

：约束条件切换，对是否显示约束条件进行切换。

：网格显示切换，对是否显示网格线进行切换。

：端点显示切换，对是否显示曲线端点进行切换。

11.3.3 特征工具栏

绘制截面的特征工具栏如图 11-21 所示，是绘制截面图元的快捷工具按钮的集合。绘制截面的特征工具栏中的按钮按照各自的功能可以分为切换选取模式、绘制直线、绘制矩形、绘制圆、绘制曲线、修剪、复制和其他 9 种功能类型。

图 11-21 绘制截面的特征工具栏

11.3.4 菜单栏

在进行截面设计中主要使用的是菜单栏中的【草绘】菜单，【草绘】菜单包括的命令如图 11-22 所示。

【草绘】菜单中的命令与特征工具栏中对应的按钮功能是一样的，它们的对应关系比较直观。

草图截面是零件设计的基础，只有掌握各种图元的绘制方法，进行草绘截面才能够进一步地进行零件设计。草绘过程中尤其需要注意的是图元的尺寸标注和约束条件的合理应用，相互之间不能够冲突，进行各图元的合理定位。

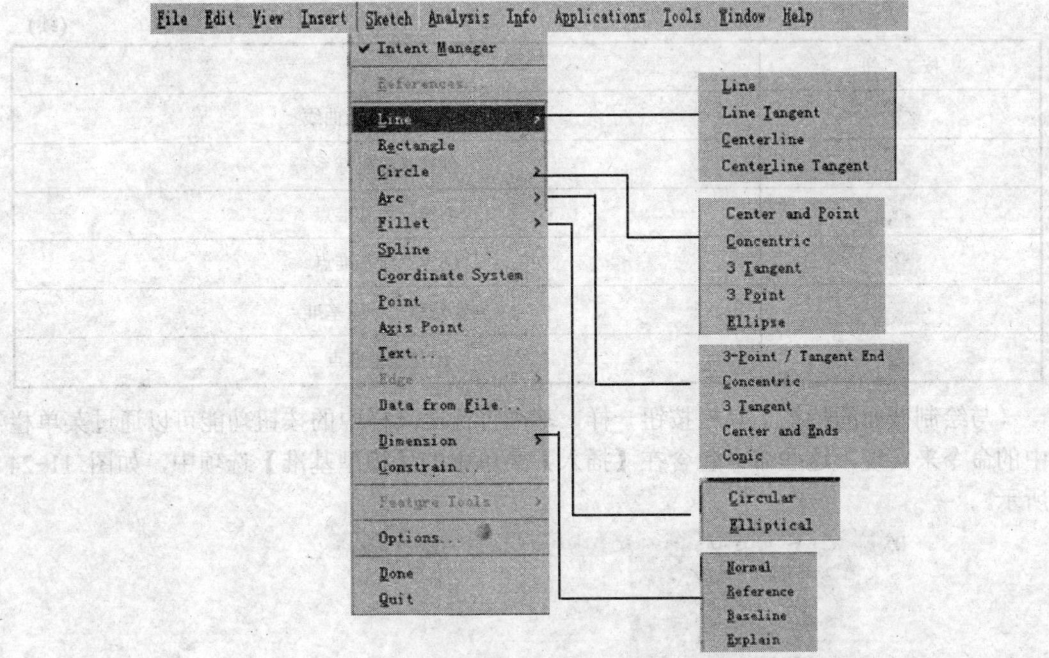

图 11-22 【草绘】菜单命令

11.4 基 准 特 征

基准特征是指创建几何模型及零件实体时，用来为实体添加定位、约束、标注等定义时的参照特征，它包括基准点、基准线、基准平面、基准轴和基准坐标 5 个特征。

基准特征的功能按钮

创建基准特征的功能按钮在系统界面的基准特征工具栏中，如图 11-23 所示。

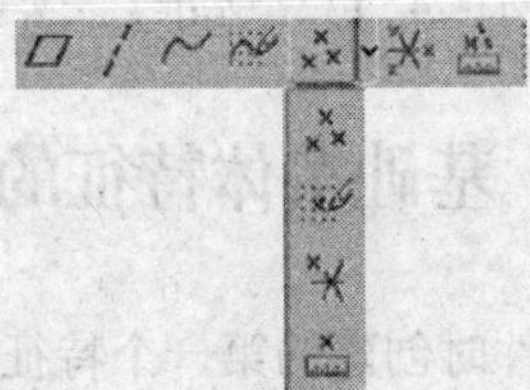

图 11-23 基准特征工具

各按钮的含义见表 11-1。

表 11-1 基准特征的功能按钮的含义

按 钮	含 义
	创建基准平面
	创建基准轴
	创建基准曲线

(续)

按　钮	含　义
	创建草绘基准曲线
	创建基准坐标系
	创建一般基准点
	创建草绘基准点
	创建偏移坐标系基准点
	创建域基准点

与绘制截面的特征工具栏按钮一样，基准特征工具栏中的按钮功能可以通过菜单栏中的命令来实现，这些命令包含在【插入】菜单中的【模型基准】选项中，如图 11-24 所示。

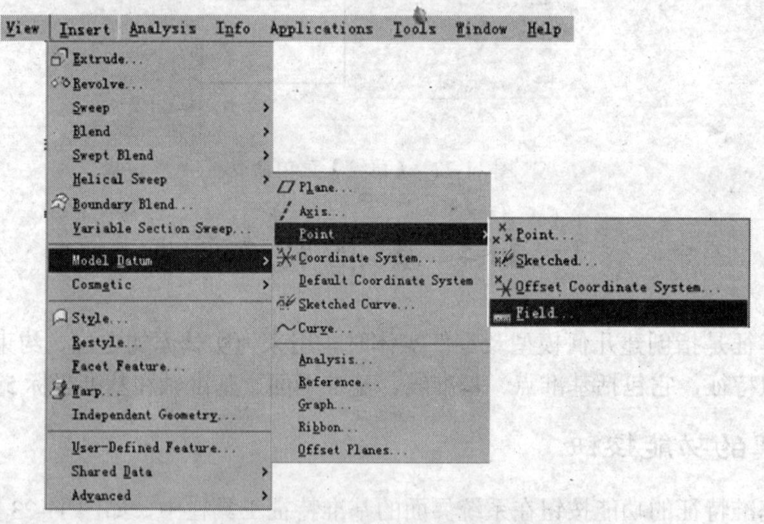

图 11-24 【模型基准】子菜单

11.5 基础实体特征的建模

基础特征是指开始创建新零件时创建的第一个特征，它是模型其他部分的基础，在基础特征增加的特征为实体特征。特征的建立过程与加工的过程非常相似，也就是说基础特征相当于加工之前的毛坯材料，在有了基础特征之后，才可以进行进一步的加工，如实际加工中的车、铣、刨等方式。

Pro/Engineer 提供的用于建立基础实体特征的方式有多种，如拉伸建模、旋转建模、复制建模、镜像建模等。本节只是简单介绍了拉伸建模、旋转建模等几种方式，若详细学习本节的知识还需进一步参考其他资料。

11.5.1 拉伸建模

应用拉伸工具建模是“面动成体”思想最简单直接的体现。“面动成体”是首先绘制截面图形(面)，然后将此截面沿其垂直方向移动一定的距离来生成体积或切除材料，如图 11-25 所示。它主要应用于截面形状复杂而轴向比较简单的物体建模。

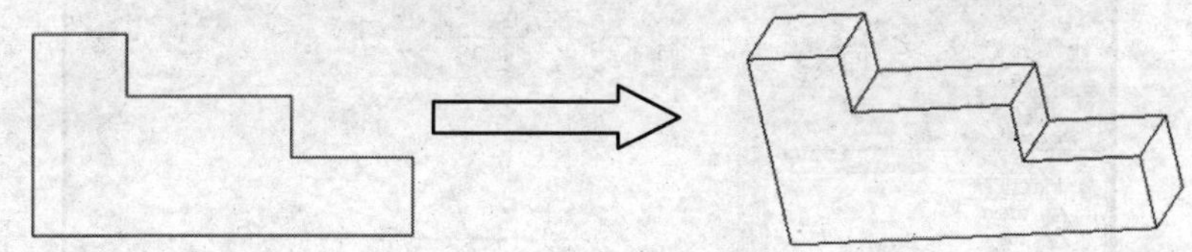

图 11-25　拉伸建模

11.5.2　拉伸建模

在 WildFire 版中，进入(Extrude)操作界面有以下两种方法。

- 在界面右边的工具栏中单击 按钮，进入拉伸的操作界面。
- 选择【插入】→【拉伸】命令，进入拉伸的操作界面。

下面以一个实例介绍拉伸工具的使用方法。此实例是利用拉伸的方法建立一个零件模型，并且结合使用草绘方法进行草绘截面的设计，本节具体介绍。

1) 创建并定义新对象

(1) 单击工具栏上的 (创建新对象)按钮，打开如图 11-26 所示的【新建】对话框，从【类型】选项组中选中【零件】单选按钮，从【子类型】选项组中选中【实体】单选按钮，在【名称】文本框中输入名称为 Shili1,清除选中【使用缺省模板】复选框。

(2) 单击【确定】按钮，打开如图 11-27 所示的【新文件选项】对话框，在【模板】下拉列表中选择 mmns_part_solid 选项，这表示此零件模型为实体零件，其单位为毫米/牛顿/秒。完成设置 后，单击【确定】按钮返回到工作界面。

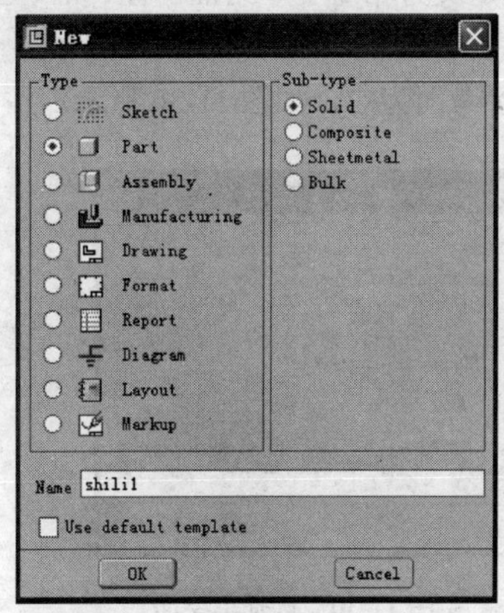

图 11-26　【新建】对话框

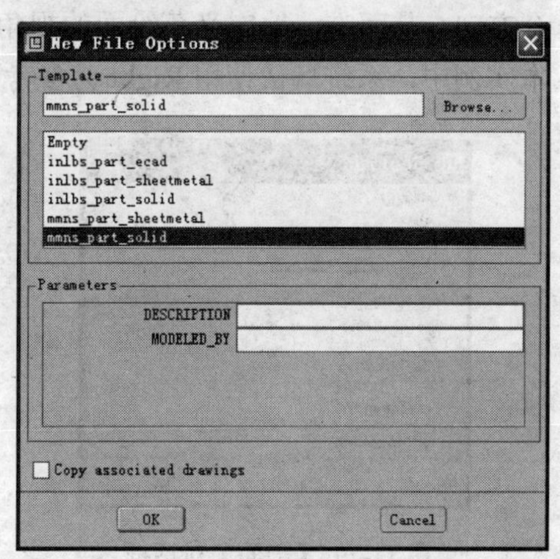

图 11-27　【新文件选项】对话框

(3) 单击工具栏中的图标，或选择【插入】→【拉伸】命令，进入拉伸的操作界面，如图 11-28 所示。

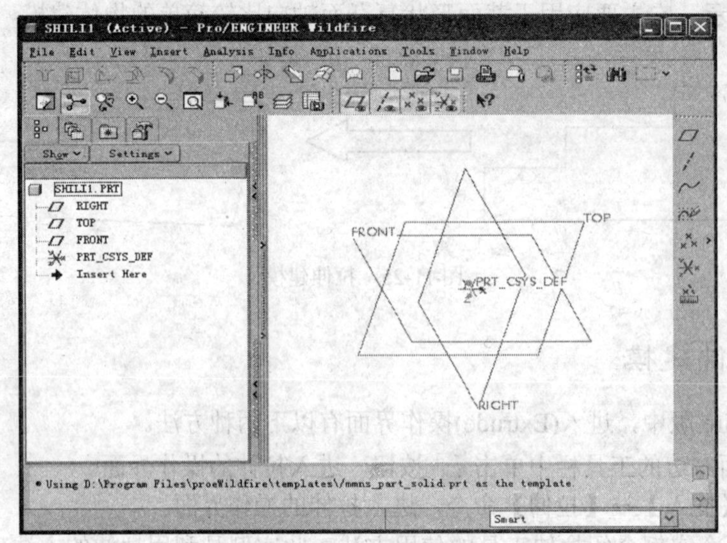

图 11-28　拉伸操作界面

2) 草绘截面

(1) 单击图标，开如图 11-29 所示的【剖面】对话框，此时【剖面】对话框中，淡黄色所示区域为当前正在等待定义状态。

(2) 开始选择草绘截面，在视图中选择 Front 基准面作为草绘截面。

提示：Pro/E 中草绘截面的方向是由与草绘面垂直的参考面定位的，参考面可以是基准面或实体上的平面，例如选某个面作为 Right 右参考面时，就是指此参考面的正法线方向在截面绘制的时候指向右方。草绘视图方向为确定草绘截面的成长方向，参照为参考面，即一个垂直于草绘面的面，可以将参考面定义为相对于草绘面的左、右、上或下 4 个方向，从而唯一地定义草绘面的视角方向。

本实例中，系统默认使用 Right 为参考面，其参考面为右，如图 11-30 所示。

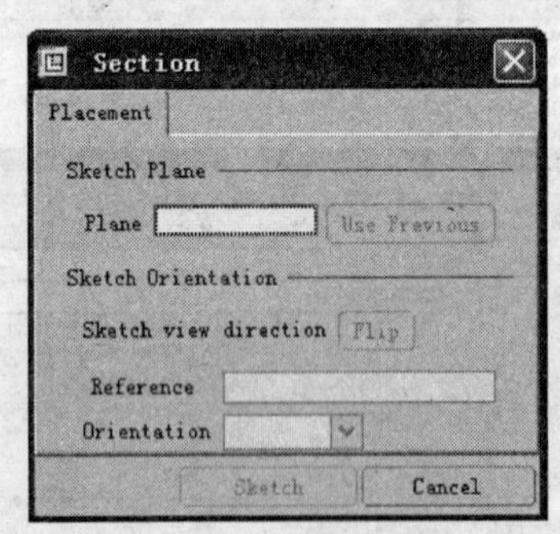

图 11-29 【剖面】对话框

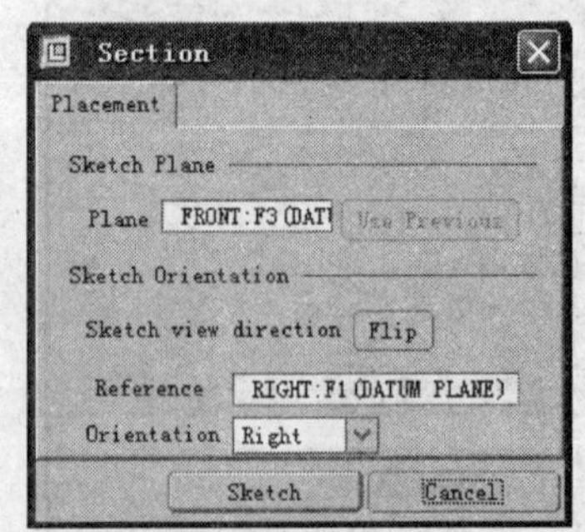

图 11-30　选择草绘面

(3) 单击【草绘】按钮，进入草绘模式，如图 11-31 所示。在【参照】对话框中，单击【关闭】按钮，关闭此对话框。

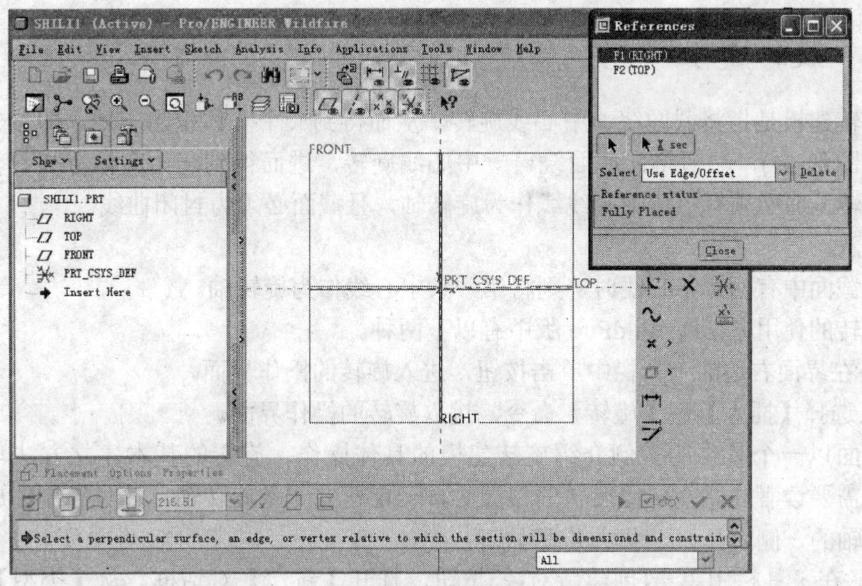

图 11-31 草绘模式

(4) 单击工具栏中的＼按钮，在草绘的区域绘制一个多边形，如图 11-32 所示。单击工具栏中的＼按钮结束绘制。

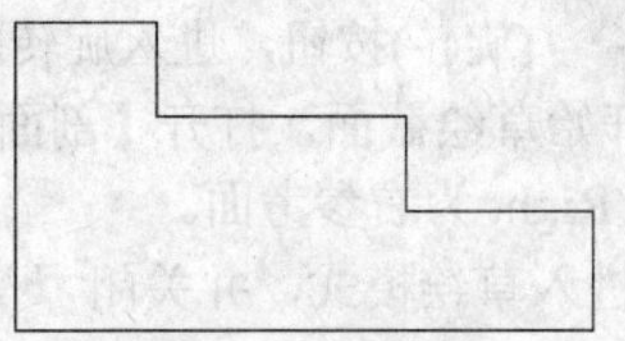

图 11-32 草绘图形

3) 定义截面属性

回到拉伸的操作界面，开始定义草绘截面的拉伸属性。单击□图标，表示所建立的特征为实体。在输入栏中输入拉伸的深度 50，如图 11-33 所示。

图 11-33 操作界面

单击✔图标，完成矩形的拉伸，得到的实体特征如图 11-34 所示。

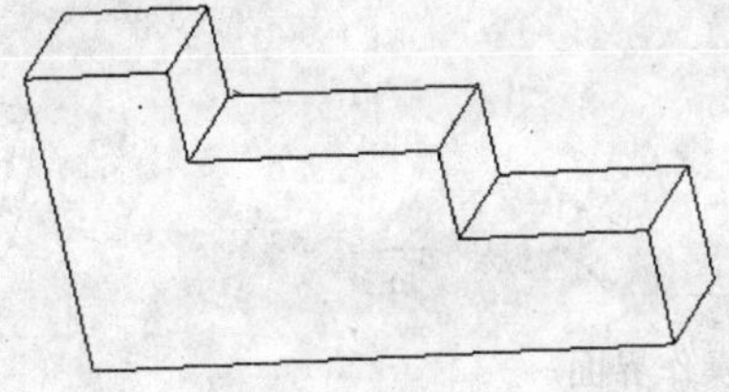

图 11-34 拉伸实体特征

11.5.3 旋转建模

旋转建模是指将截面绕一中心线旋转，从而得到一个有体积的实体。即首先绘制旋转截面图形(面)，然后将此截面绕着一中心线旋转，进而得到一个实体特征。其中，绘制的旋转截面必须有一条中心线线作为旋转轴，且截面必须为封闭曲线。

注意：

若截面中有两条中心线时，则将第一条中心线作为旋转轴。

旋转的使用方法在 WildFire 版中有以下两种。

- 在界面右边的工具栏中单击按钮，进入旋转的操作界面。
- 选择【插入】→【旋转】命令，进入旋转的操作界面。

下面以一个具体的实例介绍旋转建模的具体操作。旋转的基本建立方法与拉伸相同，但需要读者注意在草绘旋转的截面时，一定建立一条旋转轴，并且绘制的旋转截面在旋转轴的一侧。具体操作步骤如下：

(1) 在工具栏中单击(创建新对象)按钮，打开【新建】对话框。从【类型】选项组中选中【零件】单选按钮，从【子类型】选项组中选中【实体】单选按钮，在【名称】文本框中输入名称为 Shilil，清除【使用缺省模板】复选框。

(2) 单击【确定】按钮，打开【新文件选项】对话框，在【模板】选项组中选择【mmns_part_solid】表示此零件模型为实体零件，其单位制为毫米/牛顿/秒。

(3) 单击右边工具栏中的 (旋转)按钮，进入旋转的操作界面。

(4) 单击草绘按钮，开始草绘截面。打开【剖面】对话框，在视图中选择 Front 基准面作为草绘图，系统默认 Right 为右参考面。

(5) 单击【草绘】按钮，进入草绘模式，并关闭此对话框。

(6) 单击工具栏中的按钮(在画直线按钮组)，在草绘区绘制一条水平的中心线，作为旋转轴。单击按钮，在中心线的一侧绘制如图 11-35 所示的截面图形。

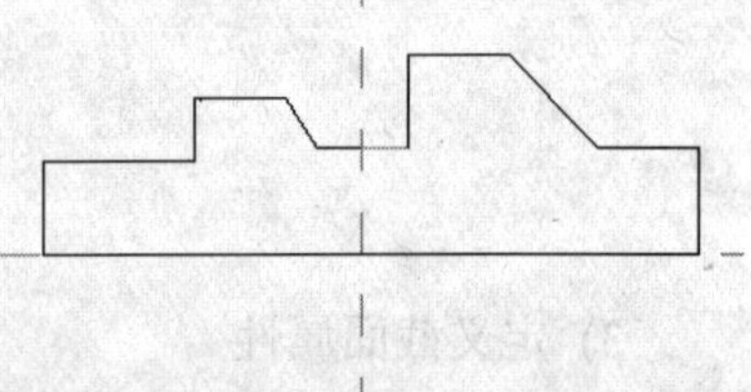

图 11-35　草绘的旋转截面图形

注意：绘制的旋转截面必须全部在旋转轴的一侧。

(7) 单击工具栏中的按钮，返回到旋转的操作界面，来定义草绘截面的旋转属性。单击图标，表示所建立的特征为实体。输入旋转角度为 360，如图 11-36 所示。单击图标，完成截面的旋转，实体特征如图 11-37 所示。

图 11-36　操作界面

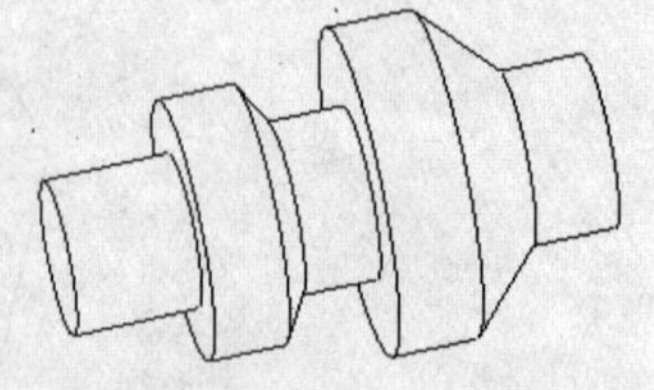

图 11-37　旋转实体

11.5.4 复制模型

复制模型是一种高效率重复制作多个相同特征的工具。创建特征后，再利用已创建的特征进行模型复制比重新创建一个相同的特征更具有效率。复制允许通过将现有特征复制到新位置来创建新特征。在复制特征时，必须要指定复制的位置，选取要复制的特征，然后建立复制特征尺寸的从属或独立的关系。这里仅以移动复制来说明复制的操作。

(1) 复制方法：选择【编辑】→【特征操作】命令，打开【菜单管理器】面板，如图 12-38 所示。选择【复制】选项，打开【复制特征】面板，如图 11-39 所示。

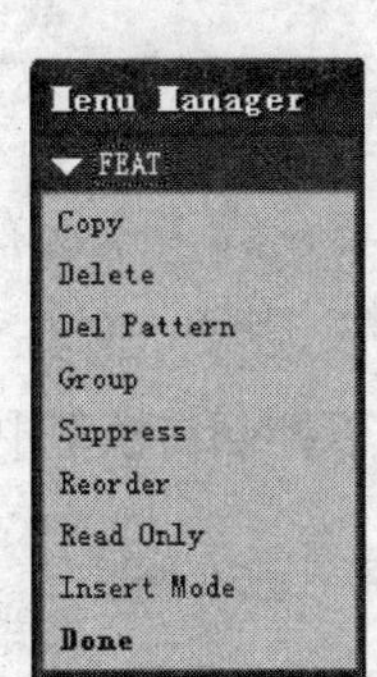

图 11-38 【菜单管理器】面板

图 11-39 【复制特征】面板

(2) 在【复制特征】面板中，指定复制目标位置，包括新参照、相同参照、镜像和移动。这里指定的目标如图 11-40。

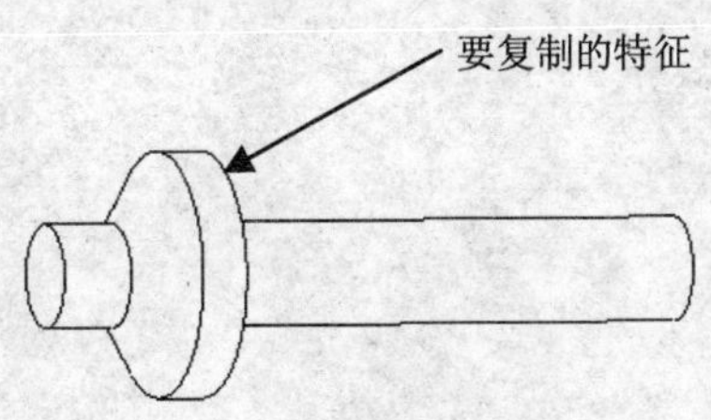

图 11-40 选择复制特征

- 新参考：指定新的特征参照，可以保留每个参照或单击选择一个新的参照来替换。
- 相同参考：保留要复制特征的参照。
- 镜像：将特征相对于平面或基准平面镜像。
- 移动：包括旋转和平移。

通过新参考、相同参考、镜像、移动方式复制特征，都可以指定复制特征与原始特征是否存在共享尺寸，通过旋转和平移进行复制时，必须指定平移或旋转的参照方向，平面、曲线/边/轴或坐标系。这里指定沿主轴的轴线移动。

(3) 在【复制特征】菜单中，指定复制特征的从属关系，包括从属和独立。

- 从属：复制副本时没有改变尺寸将从属原始特征，此情况下，若被复制特征的尺寸发生改变，则复制特征的尺寸也发生相同的改变。
- 独立：系统为每个复制的特征指定其自身的尺寸，因此可修改它们而不影响原始特征。同样，修改原始特征也不会影响复制的特征。

这里选择独立。当以上所有关系定义好后，复制特征也得到了完整的定义，按确定后可的复制特征如图 11-41。

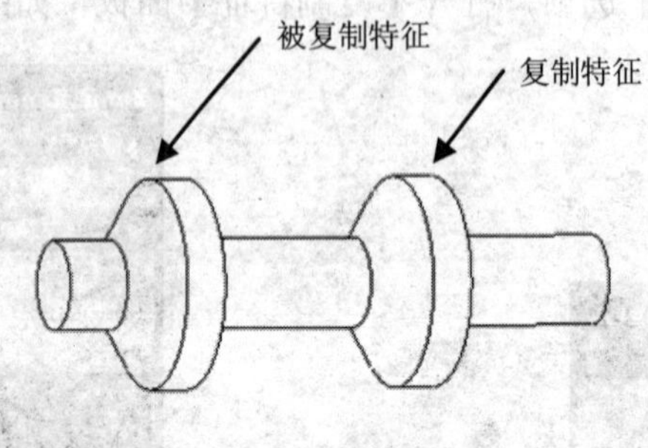

图 11-41　特征复制

提示：通过使复制特征从属或独立于其他项目，可以控制在模型中对设计意图的把握程度。

附 录

附录1 普通螺纹基本尺寸(GB/T 193—2003 及 GB/T 196—81)

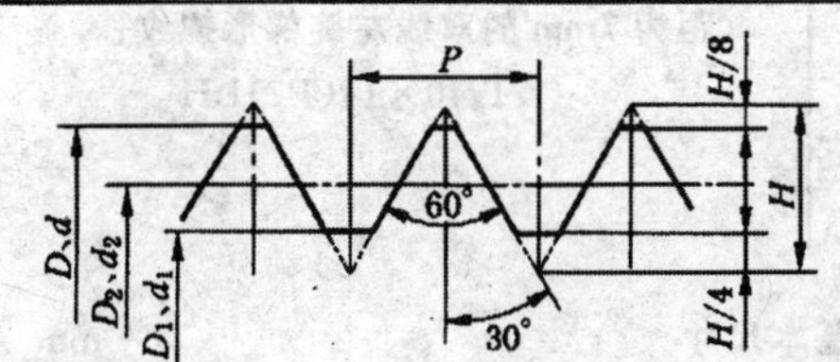

标记示例

公称直径 24mm,螺距为 1.5mm 右旋的细牙普通螺纹:

M24×1.5

直径与螺距系列、基本尺寸 mm

公称直径 D、d		螺距 P		粗牙小径 D_1、d_1	公称直径 D、d		螺距 P		粗牙小径 D_1、d_1
第一系列	第二系列	粗牙	细牙		第一系列	第二系列	粗牙	细牙	
3		0.5	0.35	2.459		27	3	2,1.54,1,(0.75)	23.752
	3.5	(0.6)		2.850					
4		0.7	0.5	3.242	30		3.5	(3),2,1.5,1,(0.75)	26.211
	4.5	(0.75)		3.688		33	3.5	(3),2,1.5,1,(0.75)	29.211
5		0.8		4.134	36		4	3,2,1.5,(1)	31.670
6		1	0.75,(0.5)	4.917		39	4		34.670
8		1.25	1,0.75,(0.5)	6.647	42		4.5	(4),3,2,1.5(1)	37.129
10		1.5	1.25,1,0.75,(0.5)	8.376		45	4.5		40.129
12		1.75	1.5,1.25,1,(0.75),(0.5)	10.106	48		5		42.587
	14	2	1.5,(1.25)*,1(0.75),(0.5)	11.835		52	5		46.587
16		2	1.5,1,(0.75),(0.5)	13.835	56		5.5	4,3,2,1.5,(1)	50.046
	18	2.5	2,1.5,1,(0.75),(0.5)	15.294		60	(5.5)	4,3,2,1.5(1)	50.046
20		2.5		17.294	64		6	4,3,2,1.5(1)	57.505
	22	2.5	2,1.5,1,(0.75),(0.5)	19.294		68	6		61.505
24		3	2,1.5,1,(0.75)	20.752		72	6		65.505

注:1. 优先选用第一系列,括号内尺寸尽可能不用。公称直径 D、d 第三系列未列入。中径 D_2、d_2 未列入。

* M14×1.25 仅用于火花塞。

细牙普通螺纹螺距与小径的关系 mm

螺距 P	小径 D_1、d_1	螺距 P	小径 D_1、d_1	螺距 P	小径 D_1、d_1
0.35	$d-1+0.621$	1	$d-2+0.917$	2	$d-3+0.835$
0.5	$d-1+0.459$	1.25	$d-2+0.647$	3	$d-4+0.752$
0.75	$d-1+0.188$	1.5	$d-2+0.376$	4	$d-5+0.670$

注:表中的小径按 $D_1=d_1-2\times\frac{5}{8}H$、$H=\frac{\sqrt{3}}{2}P$ 计算得出

附录 2　梯形螺纹(GB/T 5796.2—1986、GB/T 5796.3—1986)

标记示例

公称直径 40mm，导程 14mm，螺距为 7mm 的双线左旋梯形螺纹：

Tr40×14(P7)LH

直径与螺距系列、基本尺寸

mm

公称直径 d 第一系列	公称直径 d 第二系列	螺距 P	中径 $d_2=D_2$	大径 D_4	小径 d_3	小径 D_1
8		1.5	7.25	8.30	6.20	6.50
	9	1.5	8.25	9.30	7.20	7.50
		2	8.00	9.50	6.50	7.00
10		1.5	9.25	10.30	8.20	8.50
		2	9.00	10.50	7.50	8.00
	11	2	10.00	11.50	8.50	9.00
		3	9.50	11.50	7.50	8.00
12		2	11.00	12.50	9.50	10.00
		3	10.50	12.50	8.50	9.00
	14	2	13.00	14.50	11.50	12.00
		3	12.50	14.50	10.50	11.00
16		2	15.00	16.50	13.50	14.00
		4	14.00	16.50	11.50	12.00
	18	2	17.00	18.50	15.50	16.00
		4	16.00	18.50	13.50	14.00
20		2	19.00	20.50	17.50	18.00
		4	18.00	20.50	15.50	16.00
	22	3	20.50	22.50	18.50	19.00
		5	19.50	22.50	16.50	17.00
		8	18.00	23.00	13.00	14.00
24		3	22.50	24.50	20.50	21.00
		5	21.50	24.50	18.50	19.00
		8	20.00	25.00	15.00	16.00

公称直径 d 第一系列	公称直径 d 第二系列	螺距 P	中径 $d_2=D_2$	大径 D_4	小径 d_3	小径 D_1
	26	3	24.50	26.50	22.50	23.00
		5	23.50	26.50	20.50	21.00
		8	22.00	27.00	17.00	18.00
28		3	26.50	28.50	24.50	25.00
		5	25.50	28.50	22.50	23.00
		8	24.00	29.00	19.00	20.00
	30	3	28.50	30.50	26.50	29.00
		6	27.00	31.00	23.00	24.00
		10	25.00	31.00	19.00	20.00
32		3	30.50	32.50	28.50	29.00
		6	29.00	33.00	25.00	26.00
		10	27.00	33.00	21.00	22.00
	34	3	32.50	34.50	30.50	31.00
		6	31.00	35.00	27.00	28.00
		10	29.00	35.00	23.00	24.00
36		3	34.50	36.50	32.50	33.00
		6	33.00	37.00	29.00	30.00
		10	31.00	37.00	25.00	26.00
	38	3	37.50	38.50	34.50	35.00
		7	34.50	39.00	30.00	31.00
		10	33.0	39.00	27.00	28.00
40		3	38.50	40.50	36.50	37.00
		7	36.50	41.00	32.00	33.00
		10	35.00	41.00	29.00	30.00

附录3　55° 非密封管螺纹的基本尺寸和公差(GB/T 7307—2001)

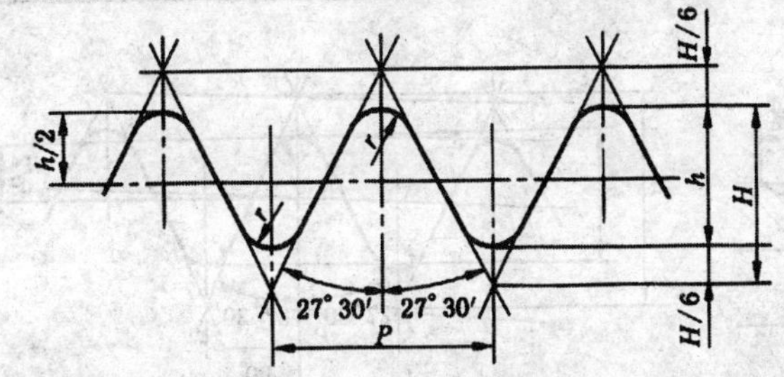

标记示例

尺寸代号1/2,A级外螺纹：

G1/2A

mm

1	2	3	4	5	6	7	8
尺寸代号	每25.4mm内的牙数 n	螺距 P	牙高 h	圆弧半径 $r\approx$	基本直径		
					大径 $d=D$	中径 $d_2=D_2$	小径 $d_1=D_1$
1/2	14	1.814	1.162	0.249	20.955	19.793	18.631
5/8	14	1.814	1.162	0.249	22.911	21.749	20.587
3/4	14	1.814	1.162	0.249	26.441	25.279	24.117
7/8	14	1.814	1.162	0.249	30.201	29.039	27.877
1	11	2.309	1.479	0.317	33.249	31.770	30.291
1⅛	11	2.309	1.479	0.317	37.897	36.418	34.939
1¼	1	2.309	1.479	0.317	41.910	40.431	38.952
1½	11	2.309	1.479	0.317	47.803	46.324	44.845
1¾	11	2.309	1.479	0.317	53.746	52.267	50.788
2	11	2.309	1.479	0.317	59.614	58.135	56.656

1	9	10	11	12	13	14	15	16	17
尺寸代号	外螺纹					内螺纹			
	大径公差 T_d		中径公差 T_{d2}			中径公差 T_{D2}		小径公差 T_{D1}	
	下偏差	上偏差	下偏差		上偏差	下偏差	上偏差	下偏差	上偏差
			A级	B级					
1/2	−0.284	0	−0.142	−0.284	0	0	+0.142	0	+0.541
5/8	−0.284	0	−0.142	−0.284	0	0	+0.142	0	+0.541
3/4	−0.284	0	−0.142	−0.284	0	0	+0.142	0	+0.541
7/8	−0.284	0	−0.142	−0.284	0	0	+0.142	0	+0.541
1	−0.360	0	−0.180	−0.360	0	0	+0.180	0	+0.640
1⅛	−0.360	0	−0.180	−0.360	0	0	+0.180	0	+0.640
1¼	−0.360	0	−0.180	−0.360	0	0	+0.180	0	+0.640
1½	−0.360	0	−0.180	−0.360	0	0	+0.180	0	+0.640
1¾	−0.360	0	−0.180	−0.360	0	0	+0.180	0	+0.640
2	−0.360	0	−0.180	−0.360	0	0	+0.180	0	+0.640

附录4　用螺纹密封的管螺纹的基本尺寸(GB/T 7306-2000)

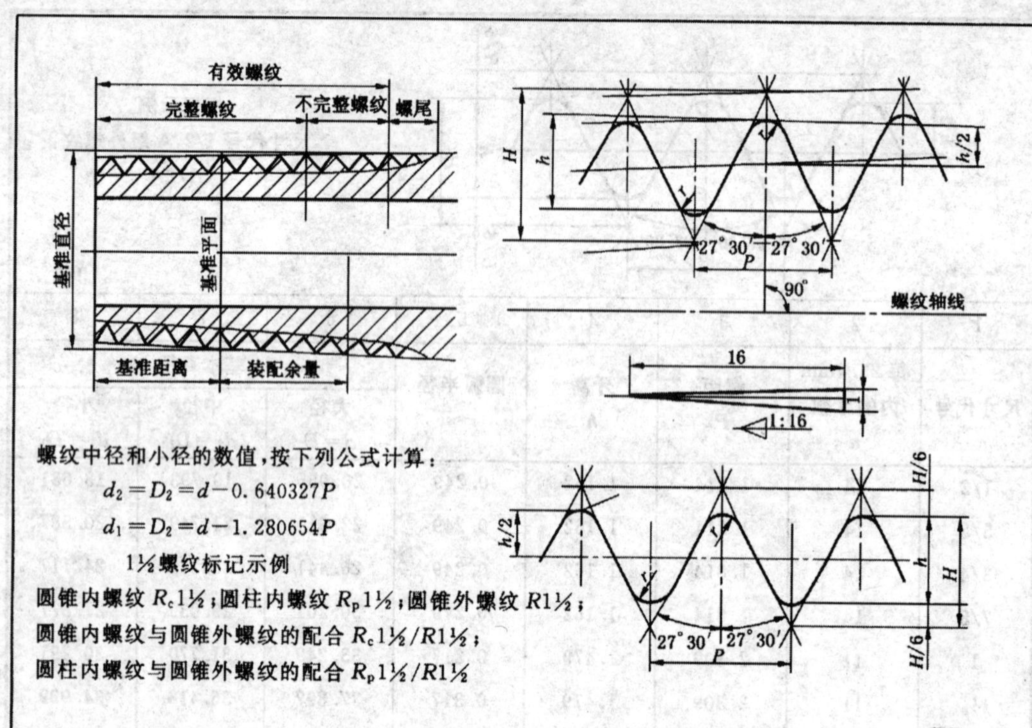

螺纹中径和小径的数值，按下列公式计算：

$d_2=D_2=d-0.640327P$

$d_1=D_2=d-1.280654P$

1½螺纹标记示例

圆锥内螺纹 $R_c1½$；圆柱内螺纹 $R_p1½$；圆锥外螺纹 $R1½$；

圆锥内螺纹与圆锥外螺纹的配合 $R_c1½/R1½$；

圆柱内螺纹与圆锥外螺纹的配合 $R_p1½/R1½$

mm

尺寸代号	每25.4内的牙数 n	螺距 P	牙高 h	圆弧半径 $r\approx$	基面上的基本直径			基准距离	有效螺纹长度
					大径（基准直径）$d=D$	中径 $d_2=D_2$	小径 $d_1=D_1$		
1/16	28	0.907	0.581	0.125	7.723	7.142	6.561	4.0	6.5
1/8	28	0.907	0.581	0.125	9.728	9.147	8.566	4.0	6.5
1/4	19	1.337	0.856	0.184	13.157	12.301	11.445	6.0	9.7
3/8	19	1.337	0.856	0.184	16.662	15.806	14.950	6.4	10.1
1/2	14	1.814	1.162	0.249	20.955	19.793	18.631	8.2	13.2
3/4	14	1.814	1.162	0.249	26.441	25.279	24.117	9.5	14.5
1	11	2.309	1.479	0.317	33.249	31.770	30.291	10.4	16.8
1¼	11	2.309	1.479	0.317	41.910	40.431	38.952	12.7	19.1
1½	11	2.309	1.479	0.317	47.803	46.324	44.845	12.7	19.1
2	11	2.309	1.479	0.317	59.614	58.135	56.656	15.9	23.4
2½	11	2.309	1.479	0.317	75.184	73.705	72.226	17.5	26.7
3	11	2.309	1.479	0.317	87.884	86.405	84.926	20.6	29.8
3½	11	2.309	1.479	0.317	100.330	98.851	97.372	22.2	31.4
4	11	2.309	1.479	0.317	113.030	111.551	110.072	25.4	35.8
5	11	2.309	1.479	0.317	138.430	136.951	135.472	28.6	40.1
6	11	2.309	1.479	0.317	163.830	162.351	160.872	28.6	40.1

附录5　六角头螺栓　C级(GB/T 5780-2000)

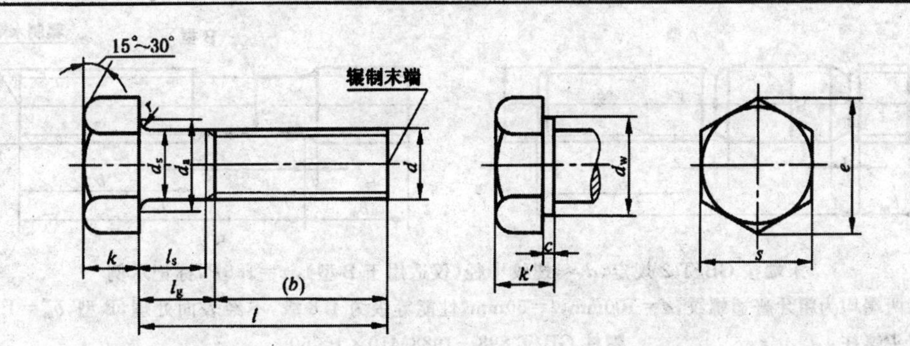

标记示例

螺纹规格 d=M12、公称长度 l=80mm、性能等级为8.8级、表面氧化、A级的六角头螺栓：

螺栓 GB/T 5780—2000　M12×80

mm

螺纹规格 d		M5	M6	M8	M10	M12	M16	M20	M24	M30	M36
b 参考	l<125	16	18	22	26	30	38	46	54	66	78
	125<l<200	—	—	28	32	36	44	52	60	72	84
	l>200	—	—	—	—	—	57	65	73	85	97
c	max	0.5	0.5	0.6	0.6	0.6	0.8	0.8	0.8	0.8	0.8
d_a	max	6	7.2	10.2	12.2	14.7	18.7	24.4	28.4	35.4	42.4
d_s	max	5.48	6.48	8.58	10.58	12.7	16.7	20.84	24.84	30.84	37
	min	4.52	5.52	7.42	9.42	11.3	15.3	19.16	23.16	29.16	35
d_w	min	6.7	8.7	11.4	14.4	16.4	22	27.7	33.2	42.7	51.1
e	min	8.63	10.89	14.20	17.59	19.85	26.17	32.95	39.55	50.85	60.79
k	公称	3.5	4	5.3	6.4	7.5	10	12.5	15	18.7	22.5
	min	3.12	3.62	4.92	5.95	7.05	9.25	11.6	14.1	17.65	21.45
	max	3.88	4.38	5.68	6.85	7.95	10.75	13.4	15.9	19.75	23.85
k'	min	2.2	2.5	3.45	4.2	4.95	6.5	8.1	9.9	12.4	15.0
r	min	0.2	0.25	0.4	0.4	0.6	0.6	0.8	0.8	1	1
s	max	8	10	13	16	181	24	30	36	46	55
	min	7.64	9.64	12.57	15.57	17.57	23.16	29.16	35	45	53.8
l(商品规格范围及通用规格)		25~50	30~60	35~80	40~100	45~120	55~160	65~200	80~240	90~300	110~360
l 系列	25,30,35,40,45,50,(55),60,(65),70,80,90,100,110,120,130,140,150,160,180,200,220,240,260,280,300,320,340,360										

注：1. 末端按 GB/T 2—1985 规定；

2. $l_{gmax}=l$ 公称 $-b$ 参考；$l_{smin}=l_{gmax}-5P$；P 为螺距

附录 6 螺柱(摘 GB/T 897～900—1988)

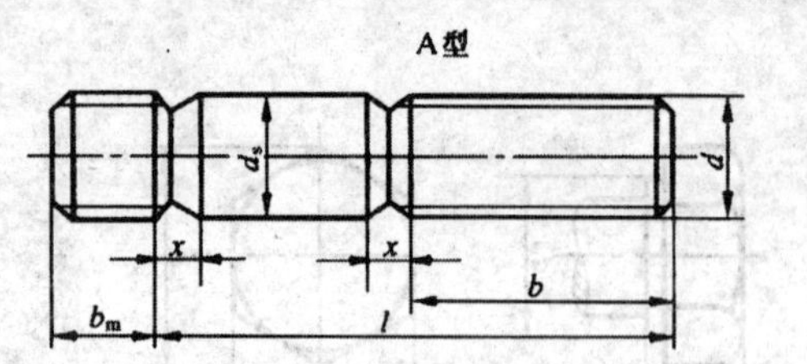

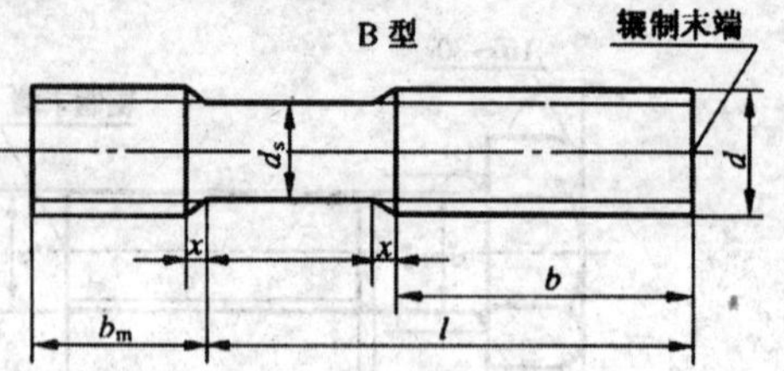

末端按 GB/T 2 规定，d_s≈螺纹中径(仅适用于 B 型)，$x=1.5P$，标记示例

两端均为粗牙普通螺纹，$d=100\text{mm}$，$l=50\text{mm}$，性能等级为 4.8 级，不经表面处理，B 型，$b_m=1.25d$ 的双头螺柱：　　螺柱 GB/T 898—1988M10×1×50

旋入机体一端为粗牙普通螺纹，旋螺母一端为螺距 $P=1\text{mm}$ 的细牙普通螺纹，$d=10\text{mm}$，$l=50\text{mm}$，性能等级为 4.8 级，不经表面处理，A 型，$b_m=1.25d$ 的双头螺柱：

螺柱 GB/T 898—1988 AM10—M10×1×50

mm

螺纹规格	b_m				l/b
	GB/T 897 $b_m=1d$	GB/T 898 $b_m=1.25d$	GB/T 899 $b_m=1.5d$	GB/T 900 $b_m=2d$	
M5	5	6	8	10	16～22/10,23～50/16
M6	6	8	10	12	18～22/10,23～30/14,32～75/18
M8	8	10	12	16	18～22/12,23～30/16,32～90/22
M10	10	12	15	20	25～28/14,30～38/16,40～120/26,130/32
M12	12	15	18	24	25～30/16,32～40/20,45～120/30,130～180/36
(M14)	14		21	28	30～35/18,38～50/25,55～120/34,130～180/40
M16	16	20	24	32	30～38/20,40～60/30,65～120/38,130～200/44
(M18)	18		27	36	35～40/22,45～60/35,65～120/42,130～200/48
M20	20	25	30	40	35～40/25,45～65/35,70～120/46,130～200/52
(M22)	22		33	44	40～55/30,50～70/40,75～120/50,130～200/56
M24	24	30	36	48	45～50/30,55～75/45,80～120/54,130～200/60
(M27)	27		40	54	50～60/35,65～85/50,90～120/60,130～200/66
M30	30	38	45	60	60～65/40,70～90/50,95～120/66,130～200/72
(M33)	33		49	66	65～70/45,75～95/60,100～120/72,130～200/78
M36	36	45	54	72	65～75/45,80～120/60,130～200/84,210～300/97
(M39)	39		58	78	70～80/50,85～120/65,130～200/90,210～300/103
M42	42	52	64	84	70～80/50,85～120/70,130～200/96,210～300/109
M48	48	60	72	96	75～90/60,95～120/80,130～200/108,210～300/121
l(系列)	16,(18),20,(22),25,(28),30,(32),35,(38),40,45,50,(55),60,(65),70,(75),80,(85),90,(95),100,110,120,130,140,150,160,170,180,190,200,210,220,230,240,250,260,270,280,290,300				

注：尽可能不采用括号内的规格。P 为粗牙螺纹的螺距

附录 7　内六角圆柱头螺钉(GB/T 70.1—2000)

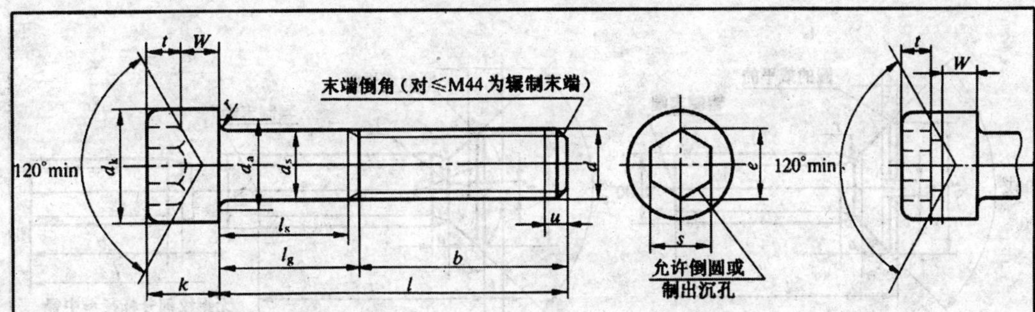

标记示例

螺纹规格 d＝M5，公称长度 l＝20 mm，性能等级为 12.9 级，表面氧化的内六角圆柱头螺钉：

螺钉 GB/T 70.1—2000　M5×20-12.9

mm

螺纹规格 d		M3	M4	M5	M6	M8	M10	M12	M16	M20	M24
P		0.5	0.7	0.8	1	1.25	1.5	1.75	2	2.5	3
b 参考		18	20	22	24	28	32	36	44	52	60
d_k	max	5.5	7	8.5	10	13	16	18	24	30	36
	min	5.32	6.78	8.28	9.78	12.73	15.73	17.73	23.67	29.67	35.61
d_a	max	3.6	4.7	5.7	6.8	9.2	11.2	13.7	17.7	22.4	26.4
d_s	max	3	4	5	6	8	10	12	16	20	24
	min	2.86	3.82	4.82	5.82	7.78	9.78	11.73	15.73	19.67	23.67
e	min	2.87	3.44	4.58	5.72	6.86	9.15	11.43	16.00	19.44	21.73
f	max	0.51	0.60	0.60	0.68	1.02	1.02	1.87	1.87	2.04	2.04
k	max	3	4	5	6	8	10	12	16	20	24
	min	2.86	3.82	4.82	5.70	7.64	9.64	11.57	15.57	19.48	23.48
r	min	0.1	0.2	0.2	0.25	0.4	0.4	0.6	0.6	0.8	0.8
s	公称	2.5	3	4	5	6	8	10	14	17	19
	min	2.52	3.02	4.02	5.02	6.02	8.025	10.025	14.032	17.05	19.065
	max	2.56	3.08	4.095	5.095	6.095	8.115	10.115	14.142	17.23	19.275
t	min	1.3	2	2.5	3	4	5	6	8	10	12
u	max	0.3	0.4	0.5	0.6	0.8	1	1.2	1.6	2	2.4
d_w	min	5.j07	6.53	8.03	9.38	12.33	15.33	17.23	23.17	28.87	34.81
W	min	1.15	1.4	1.9	2.3	3.3	4	4.8	6.8	8.6	10.4
l（商品规格范围公称长度）		5～30	6～40	8～50	10～60	12～80	16～100	12～120	25～160	30～200	40～200
l≤表中数值时，制出全螺纹		20	25	25	30	35	40	45	55	65	80
l（系列）		5,6,8,10,12,(14),16,20,25,30,35,40,45,50,(55),60,(65),70,80,90,100,110,120,130,140,150,160,180,200									

注：1. P——螺距；

2. l_{gmax}（夹紧长度）＝l 公称－b 参考；l_{smin}（无螺纹杆部长）＝l_{gmax}－5P；

3. 尽可能不采用括号内的规格。GB/T 70.1—2000 包括 d＝M1.6-M36，本表只摘录其中一部分

附录 8　开槽沉头螺钉(GB/T 68—2000)开槽半沉头螺钉(GB/T 69—2000)

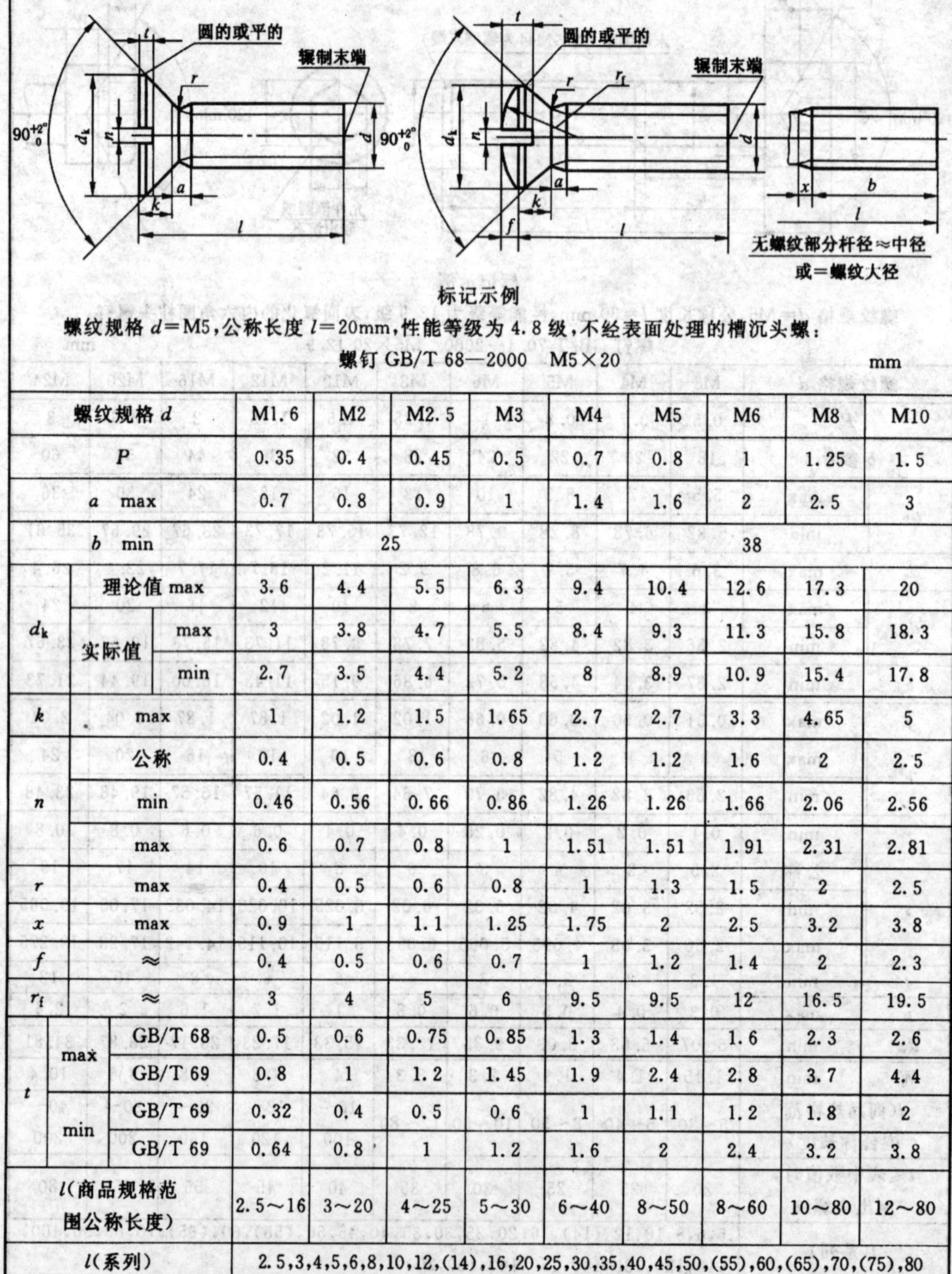

标记示例

螺纹规格 d=M5,公称长度 l=20mm,性能等级为 4.8 级,不经表面处理的槽沉头螺:

螺钉 GB/T 68—2000　M5×20

mm

螺纹规格 d		M1.6	M2	M2.5	M3	M4	M5	M6	M8	M10
P		0.35	0.4	0.45	0.5	0.7	0.8	1	1.25	1.5
a	max	0.7	0.8	0.9	1	1.4	1.6	2	2.5	3
b	min	25				38				
d_k	理论值 max	3.6	4.4	5.5	6.3	9.4	10.4	12.6	17.3	20
d_k	实际值 max	3	3.8	4.7	5.5	8.4	9.3	11.3	15.8	18.3
d_k	实际值 min	2.7	3.5	4.4	5.2	8	8.9	10.9	15.4	17.8
k	max	1	1.2	1.5	1.65	2.7	2.7	3.3	4.65	5
n	公称	0.4	0.5	0.6	0.8	1.2	1.2	1.6	2	2.5
n	min	0.46	0.56	0.66	0.86	1.26	1.26	1.66	2.06	2.56
n	max	0.6	0.7	0.8	1	1.51	1.51	1.91	2.31	2.81
r	max	0.4	0.5	0.6	0.8	1	1.3	1.5	2	2.5
x	max	0.9	1	1.1	1.25	1.75	2	2.5	3.2	3.8
f	≈	0.4	0.5	0.6	0.7	1	1.2	1.4	2	2.3
r_f	≈	3	4	5	6	9.5	9.5	12	16.5	19.5
t	max GB/T 68	0.5	0.6	0.75	0.85	1.3	1.4	1.6	2.3	2.6
t	max GB/T 69	0.8	1	1.2	1.45	1.9	2.4	2.8	3.7	4.4
t	min GB/T 69	0.32	0.4	0.5	0.6	1	1.1	1.2	1.8	2
t	min GB/T 69	0.64	0.8	1	1.2	1.6	2	2.4	3.2	3.8
l(商品规格范围公称长度)		2.5～16	3～20	4～25	5～30	6～40	8～50	8～60	10～80	12～80
l(系列)		2.5,3,4,5,6,8,10,12,(14),16,20,25,30,35,40,45,50,(55),60,(65),70,(75),80								

注:1. 公称长度 l≤30mm,而螺纹规格 d 在 M1.6～M3 的螺钉,应制出全螺纹;公称长度,l≤45 mm,而螺纹规格在 M4～M10 的螺钉也应制出全螺纹[$b=l-(k+a)$]。

2. 尽可能不采用括号内的规格。P 为螺距

附录9 开槽圆柱头螺钉(GB/T 65—2000)

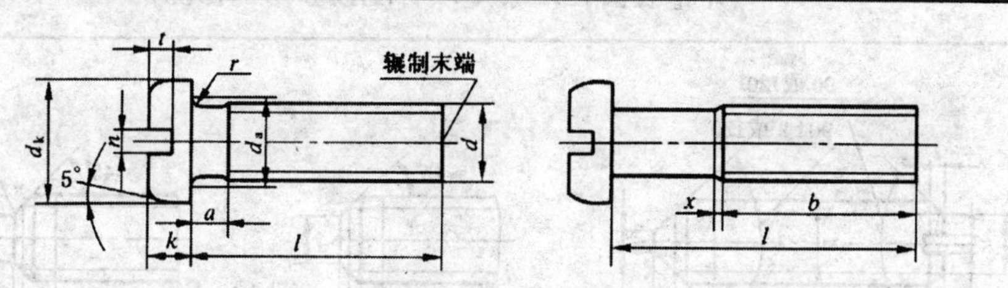

标记示例

螺纹规格 d=M5，公称长度 l=20mm，性能等级为4.8级，不经表面处理的开槽圆柱头螺钉：

螺钉 GB/T 65—2000 M5×20

mm

螺纹规格 d		M4	M5	M6	M8	M10
P		0.7	0.8	1	1.25	1.5
a	max	1.4	1.6	2	2.5	3
b	min	38	38	38	38	38
d_k	max	7	8.5	10	13	16
	min	6.78	8.28	9.78	12.73	15.73
d_a	max	4.7	5.7	6.8	9.2	11.2
k	max	2.6	3.3	3.9	5	6
	min	2.45	3.1	3.6	4.7	5.7
n	公称	1.2	1.2	1.6	2	2.5
	min	1.26	1.26	1.66	2.06	2.56
	max	1.51	1.51	1.91	2.31	2.81
r	min	0.2	0.2	0.25	0.4	0.4
t	min	1.1	1.3	1.6	2	2.4
w	min	1.1	1.3	1.6	2	2.4
x	max	1.75	2	2.5	3.2	3.8
公称长度 l (商品规格范围)		5～40	6～50	8～60	10～80	12～80
l(系列)		5,6,8,10,12,(14),16,20,25,30,35,40,45,50,(55),60,(65),70,(75),80				

注：1. 尽可能不采用括号内的规格。P 为螺距为。公称长度 l≤40mm 的螺钉，制出全螺纹($b=l-a$)

附录10　开槽锥端紧定螺钉(GB/T 71—1985)、开槽平端紧定螺钉(GB/T 73—1985)
开槽长圆柱端紧定螺钉(GB/T 75—1985)

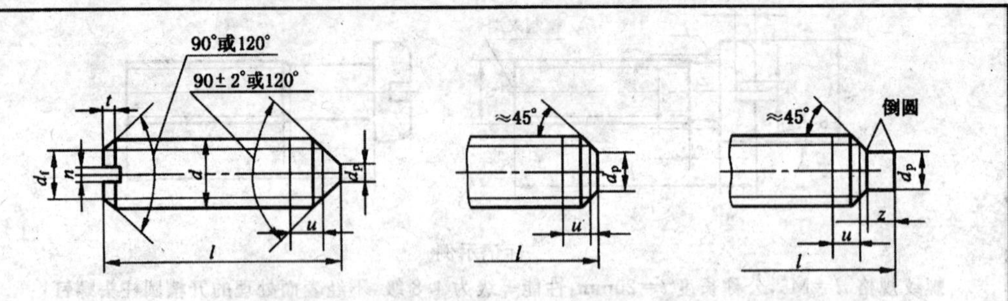

公称长度为短螺钉时，应制成120°，u为不完整螺纹的长度$\leqslant 2P$。标记示例

螺纹规格d=M5，公称长度l=12mm，性能等级为14H级，表面氧化的开槽平端紧定螺钉：

螺钉 GB/T 73—1985 M5×12-14H

mm

螺纹规格 d		M1.2	M1.6	M2	M2.5	M3	M4	M5	M6	M8	M10	M12
P		0.25	0.35	0.4	0.45	0.5	0.7	0.8	1	1.25	1.5	1.75
$d_f \approx$		螺纹小径										
d_t	min	—	—	—	—	—	—	—	—	—	—	—
	max	0.12	0.16	0.2	0.25	0.3	0.4	0.5	1.5	2	2.5	3
d_p	min	0.35	0.55	0.75	1.25	1.75	2.25	3.2	3.7	5.2	6.64	8.14
	max	0.6	0.8	1	1.5	2	2.5	3.5	4	5.5	7	8.5
n	公称	0.2	0.25	0.25	0.4	0.4	0.6	0.8	1	1.2	1.6	2
	min	0.26	0.31	0.31	0.46	0.46	0.66	0.86	1.06	1.26	1.66	2.06
	max	0.4	0.45	0.45	0.6	0.6	0.8	1	1.2	1.51	191	2.31
t	min	0.4	0.56	0.64	0.72	0.8	1.12	1.28	1.6	2	2.4	2.8
	max	0.52	0.74	0.84	0.95	1.05	1.42	1.63	2	2.5	3	3.6
z	min	—	0.8	1	1.2	1.5	2	2.5	3	4	5	6
	max	—	1.05	1.25	1.25	1.75	2.25	2.75	3.25	4.3	5.3	6.3
GB/T 71	l(公称长度)	2~6	2~8	3~10	3~12	4~16	6~20	8~25	8~30	10~40	12~50	14~60
	l(短螺钉)	2	2~2.5	2~2.5	2~3	2~3	2~4	2~5	2~6	2~8	2~10	2~12
GB/T 73	l(公称长度)	2~6	2~8	2~10	2.5~12	3~16	4~20	5~25	6~30	8~40	10~50	12~60
	l(短螺钉)	—	2	2~2.5	2~3	2~3	2~4	2~5	2~6	2~6	2~8	2~10
GB/T 75	l(公称长度)	—	2.5~8	3~10	4~12	5~16	6~20	8~25	8~30	10~40	12~50	14~60
	l(短螺钉)	—	2~2.5	2~3	2~4	2~5	2~6	2~8	2~10	2~14	2~16	2~20
l(系列)		2,2.5,3,4,5,6,8,10,12,(14),16,20,25,30,35,40,45,50,(55),60										

附录 11　Ⅰ型六角螺母(GB/T 6170—2000)

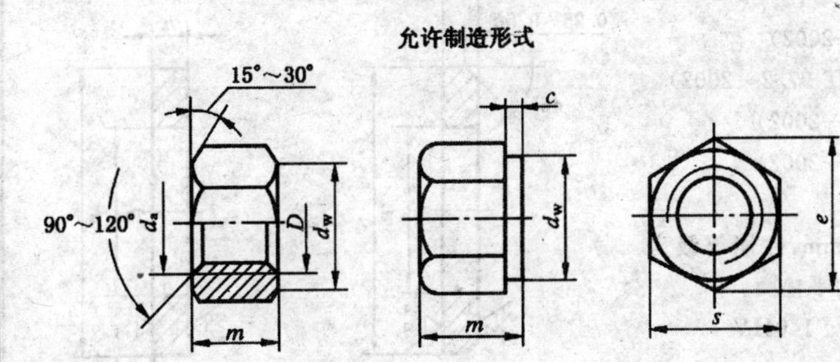

标记示例

螺纹规格 D=M12，性能等级为 10 级，不经表面处理、A 级的Ⅰ型六角螺母：

GB/T 6170—2000 M16

mm

螺纹规格 D	c	d_a		d_w	e	m		m'	m''	s	
	max	min	max	min	min	max	min	min	min	max	min
M1.6	0.2	1.6	1.84	2.4	3.41	1.3	1.05	0.8	0.7	3.2	3.02
M2	0.2	2	2.3	3.1	4.32	1.6	1.35	1.1	0.9	4	3.82
M2.5	0.3	2.5	2.9	4.1	5.45	2	1.75	1.4	1.2	5	4.82
M3	0.4	3	3.45	4.6	6.01	2.4	2.15	1.7	1.5	5.5	5.32
M4	0.4	4	4.6	5.9	7.66	3.2	2.9	2.3	2	7	6.78
M5	0.5	5	5.75	6.9	8.79	4.7	4.4	3.5	3.1	8	7.78
M6	0.5	6	6.75	8.9	11.05	5.2	4.9	3.9	3.4	10	9.78
M8	0.6	8	8.75	11.6	14.38	6.8	6.44	5.1	4.5	13	12.73
M10	0.6	10	10.8	14.6	17.77	8.4	8.04	6.4	5.6	16	15.73
M12	0.6	12	13	16.6	20.03	10.8	10.37	8.3	7.3	18	17.73
M16	0.8	16	17.3	22.5	26.75	14.8	14.1	11.3	9.9	24	23.67
M20	0.8	20	21.6	27.7	32.95	18	16.9	13.5	11.8	30	29.16
M24	0.8	24	25.9	33.2	39.55	21.5	20.2	16.2	14.1	36	35
M30	0.8	30	32.4	42.7	50.85	25.6	24.3	19.4	17	46	45
M36	0.8	36	38.9	51.1	60.79	31	29.4	23.5	20.6	55	53.8
M42	1	42	45.4	60.6	72.02	34	32.4	25.9	22.7	65	63.8
M48	1	48	51.8	69.4	82.6	38	36.4	29.1	25.5	75	73.1
M56	1	56	60.5	78.7	93.56	45	43.3	34.7	30.4	85	82.8
M64	1.2	64	69.1	88.2	104.86	51	49.1	39.3	34.4	95	92.8

注：1. A 级用于 $D \leqslant 16$ 的螺母；B 级用于 $D > 16$ 的螺母。本表仅按商品规格和通用规格列出。

2. 螺纹规格为 M8～M64、细牙、A 级和 B 级的Ⅰ型六角螺母，请查阅 GB/T 6171—2000

附录12 垫圈

小垫圈 A级(GB/T 848—2002)

平垫圈 倒角型A级(GB/T 97.2—2002)

平垫圈 A级(GB/T 97.1—2002)

大垫圈 A级(GB/T 96.1—2002)

标记示例

标准系列,公称尺寸 d=8mm,性能等级为140HV级,不经表面处理的平垫圈:

垫圈 GB/T 97.1—2002 8 140HV

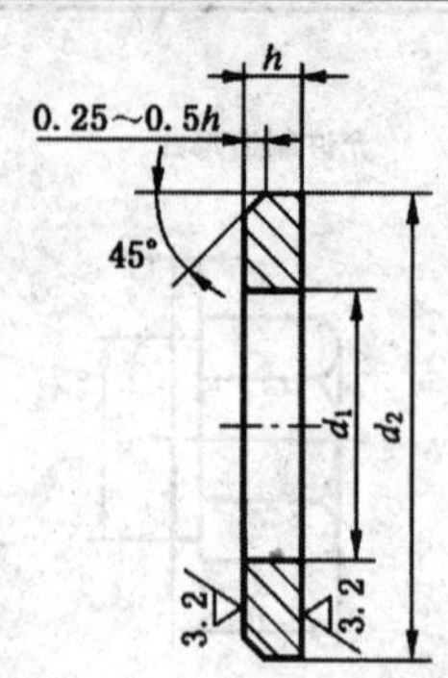

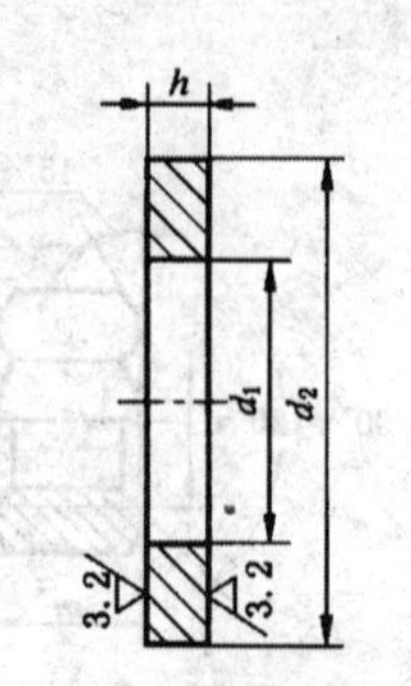

mm

公称尺寸(螺纹规格)d			1.6	2	2.5	3	4	5	6	8	10	12	14	16	20	24	30	36
d_1 内径	max	GB/T 848	1.84	2.34	2.84	3.38	4.48	5.48	6.62	8.62	10.77	13.27	15.27	17.27			31.33	
		GB/T 97.1													21.33	25.33	31.39	37.62
		GB/T 97.2	—	—	—	—	—											
		GB/T 96	—	—	—	3.38	3.48								22.52	26.84	34	40
	公称(min)	GB/T 848	1.7	2.2	2.7	3.2	4.3	5.3	6.4	8.4	10.5	13	15	17	21	25	31	37
		GB/T 97.1																
		GB/T 97.2	—	—	—	—	—											
		GB/T 96	—	—	—	3.2	4.3								22	26	33	39
d_2 外径	公称(max)	GB/T 848	3.5	4.5	5	6	8	9	11	15	18	20	24	28	34	39	50	60
		GB/T 97.1	4	5	6	7	9	10	12	16	20	24	28	30	37	44	56	66
		GB/T 97.2	—	—	—	—	—											
		GB/T 96	—	—	—	9	12	15	18	24	30	37	44	50	60	72	92	110
	min	GB/T 848	3.2	4.2	4.7	5.7	7.64	8.64	10.57	14.57	17.57	19.48	23.48	27.48	33.38	33.38	49.38	58.8
		GB/T 97.1	3.7	4.7	5.7	6.64	8.64	9.64	11.57	15.57	19.48	23.48	27.48	29.48	36.38	43.38	56.26	64.8
		GB/T 97.2	—	—	—	—	—											
		GB/T 96	—	—	—	8.64	11.57	14.57	17.57	23.48	29.48	36.38	43.38	49.38	58.1	70.1	89.8	107.8
h 厚度	公称	GB/T 848	0.3	0.3	0.5	0.5	0.5	1	1.6	1.6	1.6	2	2.5	2.5	3	4	4	5
		GB/T 97.1					0.8				2	2.5		3				
		GB/T 97.2	—	—	—	—	—											
		GB/T 96	—	—	—	0.8	1	1.2	1.6	2	2.5	3	3	3	4	5	6	8
	max	GB/T 848	0.35	0.35	0.55	0.55	0.55	1.1	1.8	1.8	1.8	2.2	2.7	2.7	3.3	4.3	4.3	5.6
		GB/T 97.1					0.9				2.2	2.7		3.3				
		GB/T 97.2	—	—	—	—	—											
		GB/T 96	—	—	—	0.9	1.1	1.4	1.8	2.2	2.7	3.3	3.3	3.3	4.6	6	7	9.2
	max	GB/T 848	0.25	0.25	0.45	0.45	0.45	0.9	1.4	1.4	1.4	1.8	2.3	2.3	2.7	3.7	3.7	4.4
		GB/T 97.1					0.7				1.8	2.3		2.7				
		GB/T 97.2	—	—	—	—	—											
		GB/T 96	—	—	—	0.7	0.9	1.0	1.4	1.8	2.3	2.7	2.7	2.7	3.4	4	5	6.8

附录 13 标准型弹簧垫圈(GB/T 93—1987)、轻型弹簧垫圈(GB/T 859—1987)、重型弹簧垫圈(GB/T 7244—1987)

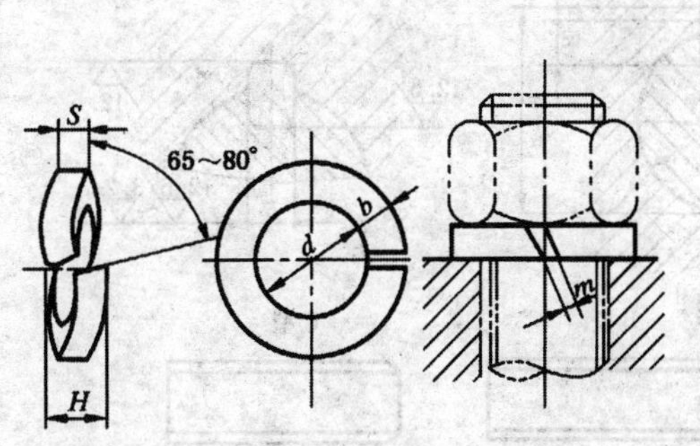

标记示例

规格 16mm、材料为 65Mn、表示氧化的标准型弹簧垫圈：

垫圈 GB/T 93—1987 16

规格(螺纹大径)	d_{min}	GB/T 93—1987			GB/T 859—1987				GB/T 7244—1987			
		S(b)公称	H_{min}	$m\leqslant$	S(公称)	b(公称)	H_{min}	$m\leqslant$	S(公称)	b 公称	H_{min}	$m\leqslant$
2	2.1	0.5	1	0.25	—	—	—	—	—	—	—	—
2.5	2.6	0.65	1.3	0.33	—	—	—	—	—	—	—	—
3	3.1	0.8	1.6	0.4	0.6	1	1.2	0.3	—	—	—	—
4	4.1	1.1	2.2	0.55	0.8	1.2	1.6	0.4	—	—	—	—
5	5.1	1.3	2.6	0.65	1.1	1.5	2.2	0.55	—	—	—	—
6	6.1	1.6	3.2	0.8	1.3	2	2.6	0.65	1.8	2.6	3.6	0.9
8	8.1	2.1	4.2	1.05	1.6	2.5	3.2	0.8	2.4	3.2	4.8	1.2
10	10.2	2.6	5.2	1.3	2	3	4	1	3	3.8	6	1.5
12	12.2	3.1	6.2	1.55	2.5	3.5	5	1.25	3.5	4.3	7	1.75
16	16.2	4.1	8.2	2.05	3.2	4.5	6.4	1.6	4.8	5.3	9.6	2.4
20	20.2	5	10	2.5	4	5.5	8	2	6	6.4	12	3
24	24.5	6	12	3	5	7	10	2.5	7.1	7.5	14.2	3.55
30	30.5	7.5	15	3.75	6	9	12	3	9	9.3	18	4.5
36	36.5	9	18	4.5	—	—	—	—	10.8	11	21.6	5.4
42	42.5	10.5	21	5.25	—	—	—	—	—	—	—	—
48	48.5	12	24	6	—	—	—	—	—	—	—	—

注：m 应大于零

附录 14　普通型平键及键槽尺寸(GB/T 1095—2003、GB/T 1096—2003)

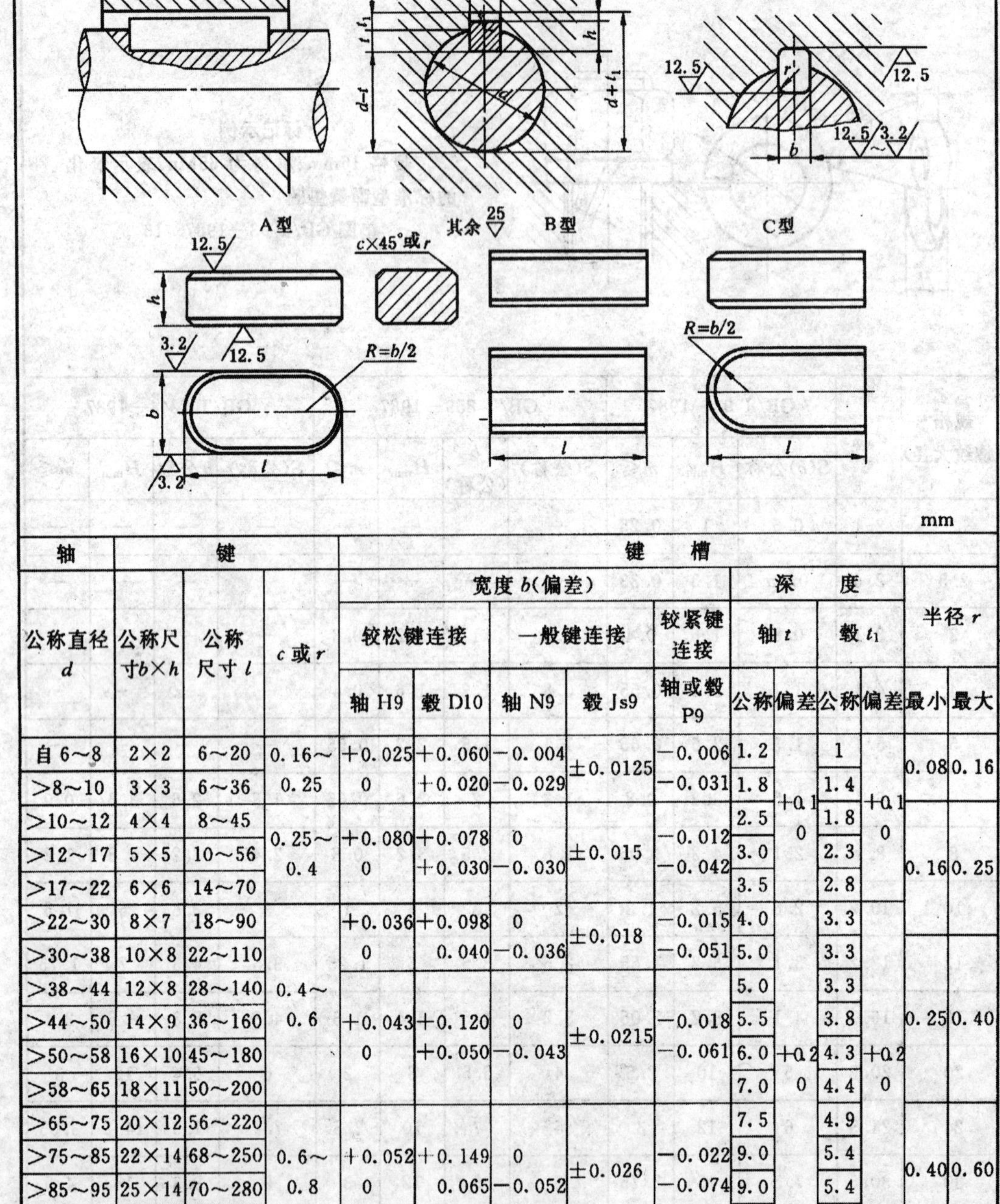

mm

轴	键			键槽										
				宽度 b(偏差)					深度				半径 r	
公称直径 d	公称尺寸 b×h	公称尺寸 l	c 或 r	较松键连接		一般键连接		较紧键连接	轴 t		毂 t_1			
				轴 H9	毂 D10	轴 N9	毂 Js9	轴或毂 P9	公称	偏差	公称	偏差	最小	最大
自 6~8	2×2	6~20	0.16~	+0.025	+0.060	−0.004	±0.0125	−0.006	1.2		1		0.08	0.16
>8~10	3×3	6~36	0.25	0	+0.020	−0.029		−0.031	1.8	+0.1	1.4	+0.1		
>10~12	4×4	8~45	0.25~	+0.080	+0.078	0		−0.012	2.5	0	1.8	0		
>12~17	5×5	10~56	0.4	0	+0.030	−0.030	±0.015	−0.042	3.0		2.3		0.16	0.25
>17~22	6×6	14~70							3.5		2.8			
>22~30	8×7	18~90		+0.036	+0.098	0	±0.018	−0.015	4.0		3.3			
>30~38	10×8	22~110		0	0.040	−0.036		−0.051	5.0		3.3			
>38~44	12×8	28~140	0.4~						5.0		3.3			
>44~50	14×9	36~160	0.6	+0.043	+0.120	0	±0.0215	−0.018	5.5		3.8		0.25	0.40
>50~58	16×10	45~180		0	+0.050	−0.043		−0.061	6.0	+0.2	4.3	+0.2		
>58~65	18×11	50~200							7.0	0	4.4	0		
>65~75	20×12	56~220							7.5		4.9			
>75~85	22×14	68~250	0.6~	+0.052	+0.149	0	±0.026	−0.022	9.0		5.4		0.40	0.60
>85~95	25×14	70~280	0.8	0	0.065	−0.052		−0.074	9.0		5.4			
>95~110	28×16	80~320							10.0		6.4			

注:1. 在工作图中,轴槽深用($d-t$)或 t 标注,轮毂槽深用($d+t_1$)标注,这两组尺寸的偏差按相应的 t 和 t_1 的偏差选取。($d-t$)的偏差值应取负号(−)。

2. 键的极限偏差宽(b)用 h9,高(h)用 $h11$,长(L)用 h4。平键的轴槽长度公差用 H14。

3. 长度(l)系列为 6、8、10、12、14、16、18、20、22、25、28、32、36、40、45、50、56、68、70、80、90、100、110、125、140、160、180、200、220、225、280、320、360、400、450、500

附录15　普通型半圆键及键槽尺寸（GB/T 1098—2003，GB/T 1099—2003）

mm

轴径 d		键的公称尺寸								键槽							
键传递扭矩用	键定位用	键宽 b		高度 h		直径 d		$l\approx$	C	槽宽 b			轴 t		毂 t_1		半径 r
		公称尺寸	偏差 h_9	公称尺寸	偏差 h_{11}	公称尺寸	偏差 h_{12}			一般键连接		较紧键连接	公称	偏差	公称	偏差	
										轴 N9	毂 J9	轴毂 P9					
自 3～4	自 3～4	1.0	0 −0.025	1.4	0 −0.066	4	0 −0.120	3.9	0.16～ 0.25	−0.004 −0.029	±0.012	−0.006 −0.031	1.0	+0.1 0	0.6	0.1 0	0.08～ 0.16
>4～5	>4～6	1.5		2.6		7	0 −0.150	6.8					2.0		0.8		
>5～6	>6～8	2.0		2.6		7		6.8					1.8		1.0		
>6～7	>8～10	2.0		3.7	0 −0.075	10		9.7					2.9		1.0		
>7～8	>10～12	2.5		3.7		10		9.7					2.7		1.2		
>8～10	>12～15	3.0		5.0		13	0 −0.180	12.7					3.8		1.4		
>10～12	>15～18	3.0		6.5		16		15.7					5.3	+0.2 0	1.4		
>12～14	>18～20	4.0	0 −0.030	6.5	0 −0.990	16		15.7	0.25～ 0.40	0 −0.030	±0.015	−0.012 −0.042	5.0		1.8		0.16～ 0.25
>14～16	>20～22	4.0		7.5		19	0 −0.210	18.6					6.0		1.8		
>16～18	>22～25	5.0		6.5		16	0 −0.180	15.7					4.5		2.3		
>18～20	>25～28	5.0		7.5		19	0 −0.210	18.6					5.5		2.3		
>20～22	>28～32	5.0		9.0		22		21.6					7.0		2.3		
>22～25	>32～36	6.0		9.0		22		21.6					6.5		2.8		
>25～28	>36～40	6.0		10.0		25		24.5					7.5	+0.3 0	2.8		
>28～32	40	8.0	0 −0.036	11.0	0 −0.110	28	0 −0.250	27.4	0.40～ 0.60	0 −0.036	±0.018	−0.015 −0.051	8.0		3.3	+0.2 0	0.25～ 0.40
>32～38	—	10.0		13.0		32		31.4					10.0		3.3		

注：在工作图中，轴槽深用$(d-t)$或 t 标注，轮毂槽深用$(d+t_1)$标注，它们的偏差按相应的 t 和 t_1 的偏差选取。$(d-t)$的偏差值应取负号(−)

附录16 普通型楔键及键槽尺寸(GB/T 1564—2003及GB/T 1563—2003)

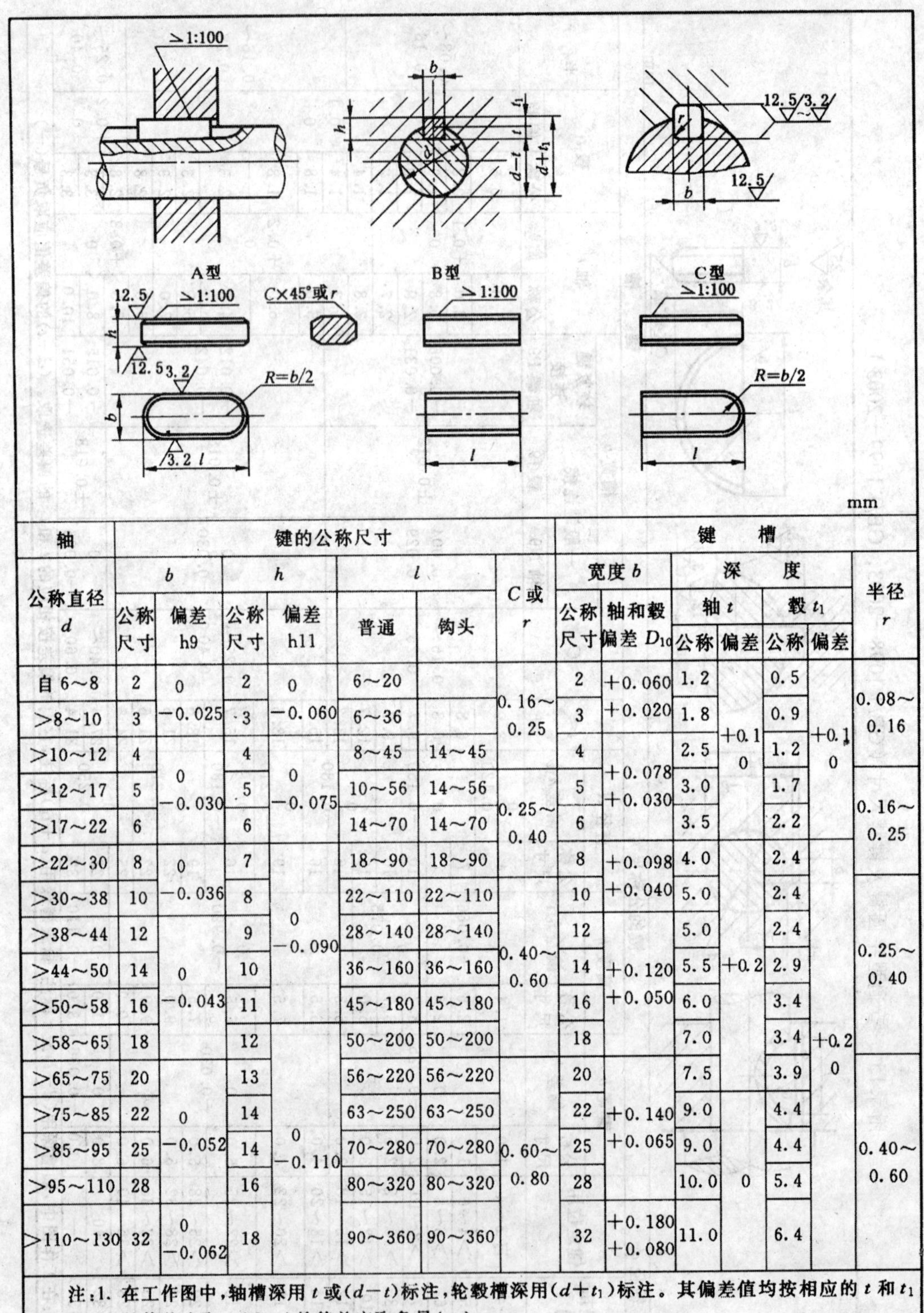

轴	键的公称尺寸							键槽						
公称直径 d	b		h		l		C或r	宽度b		深度				半径r
	公称尺寸	偏差 h9	公称尺寸	偏差 h11	普通	钩头		公称尺寸	轴和毂偏差 D_{10}	轴t 公称	轴t 偏差	毂t_1 公称	毂t_1 偏差	
自6~8	2	0 −0.025	2	0 −0.060	6~20		0.16~ 0.25	2	+0.060 +0.020	1.2	+0.1 0	0.5	+0.1 0	0.08~ 0.16
>8~10	3		3		6~36			3		1.8		0.9		
>10~12	4	0 −0.030	4	0 −0.075	8~45	14~45		4	+0.078 +0.030	2.5		1.2		
>12~17	5		5		10~56	14~56	0.25~ 0.40	5		3.0		1.7		0.16~ 0.25
>17~22	6		6		14~70	14~70		6		3.5		2.2		
>22~30	8	0 −0.036	7		18~90	18~90		8	+0.098 +0.040	4.0		2.4		
>30~38	10		8		22~110	22~110		10		5.0		2.4		
>38~44	12		9	0 −0.090	28~140	28~140		12		5.0		2.4		
>44~50	14	0 −0.043	10		36~160	36~160	0.40~ 0.60	14	+0.120 +0.050	5.5	+0.2	2.9		0.25~ 0.40
>50~58	16		11		45~180	45~180		16		6.0		3.4		
>58~65	18		12		50~200	50~200		18		7.0		3.4	+0.2 0	
>65~75	20		13		56~220	56~220		20		7.5		3.9		
>75~85	22	0 −0.052	14		63~250	63~250		22	+0.140 +0.065	9.0		4.4		
>85~95	25		14	0 −0.110	70~280	70~280	0.60~ 0.80	25		9.0		4.4		0.40~ 0.60
>95~110	28		16		80~320	80~320		28		10.0	0	5.4		
>110~130	32	0 −0.062	18		90~360	90~360		32	+0.180 +0.080	11.0		6.4		

注：1. 在工作图中，轴槽深用t或$(d-t)$标注，轮毂槽深用$(d+t_1)$标注。其偏差值均按相应的t和t_1的偏差选取。$(d-t)$的偏差应取负号(−)。

2. $(d+t_1)$及t_1均表示大端轮毂槽深度

附录 17 矩形花键基本尺寸系列及键槽截面尺寸(GB/T 1144—1987)

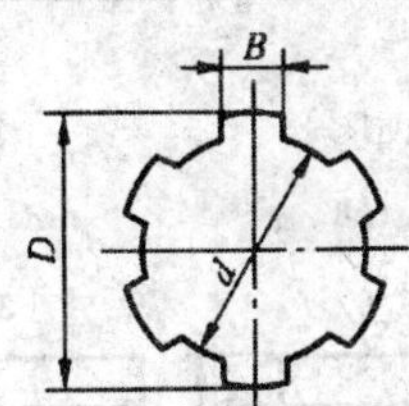

小径 d	轻系列						参考	
	规格 $N\times d\times D\times B$	键数 N	大径 D	键宽 B	c	r	$d_{1\min}$	$a_{\min}$
23	6×23×26×6	6	26	6	0.2	0.1	22	3.5
26	6×26×30×6		30	6	0.3	0.2	24.5	3.8
28	6×28×32×7		32	7			26.6	4.0
32	8×32×36×6	8	36	6			30.3	2.7
36	8×36×40×7		40	7			34.4	3.5
42	8×42×46×8		46	8			40.5	5.0
46	8×46×50×9		50	9			44.6	5.7
52	8×52×58×10		58	10	0.4	0.3	49.6	4.8
56	8×56×62×10		62	10			53.5	6.5
62	8×62×68×12		68	12			59.7	7.3

小径 d	中系列						参考	
	规格 $N\times d\times D\times B$	键数 N	大径 D	键宽 B	c	r	$d_{1\min}$	$a_{\min}$
11	6×11×14×3	6	14	3	0.2	0.1		
13	6×13×16×3.5		16	3.5				
16	6×16×20×4		20	4	0.3	0.2	14.4	1.0
18	6×18×22×5		22	5			16.6	1.0
21	6×21×25×5		25	5			19.5	2.0
23	6×23×28×6		28	6	0.4	0.3	21.2	1.2
26	6×26×32×6		32	6			23.6	1.2
28	6×28×34×7	8	34	7			25.8	1.4
32	8×32×38×6		38	6			29.4	1.0
36	8×36×42×7		42	7			33.4	1.0
42	8×42×48×8		48	8			39.4	2.5
46	8×46×54×9		54	9	0.5	0.4	42.6	1.4
52	8×52×60×10		60	10			48.6	2.5
56	8×56×65×10		65	10	0.6	0.5	52.0	2.5
62	8×62×72×12		72	12			57.7	2.4

注:矩形花键的标记代号应按次序包括下列项目:键数 N,小径 d,大径 D,键宽 B,花键的公差带代号。

示例　花键 $B=6$,$d=23\ \frac{H7}{f7}$;$D=26\ \frac{H10}{a11}$、$B=\frac{H11}{d11}$的标记如下:

花键副　$6\times23\ \frac{H7}{f7}\times26\ \frac{H10}{a11}\times6\ \frac{H11}{d10}$ GB/T 1144—1987

内花键　6×23H7×26H10×6H11 GB/T 1144—1987

外花键　6×23f7×26a11×6d11 GB/T 1144—1987

附录 18　圆柱销(GB/T 119—2000)

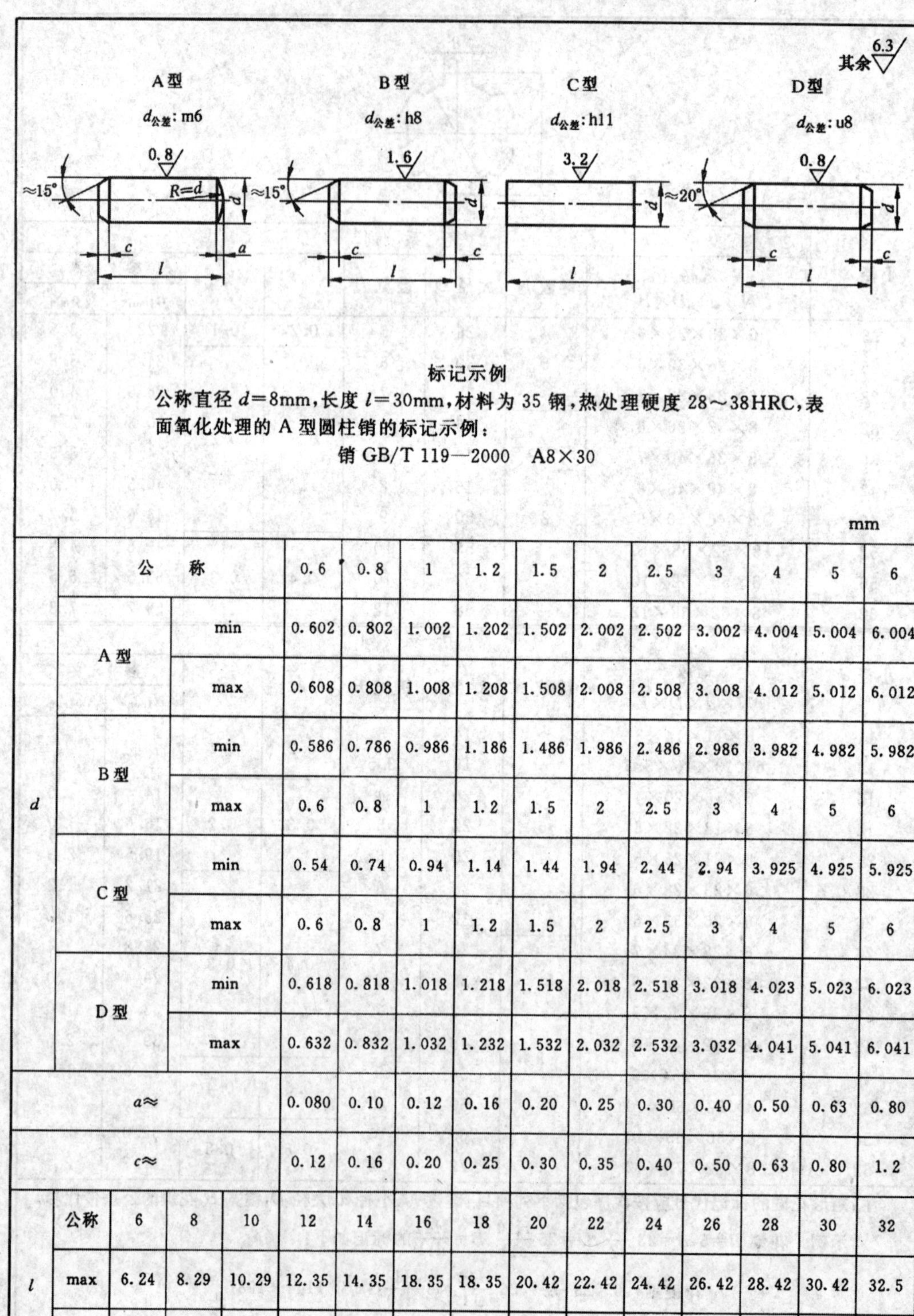

标记示例

公称直径 d=8mm，长度 l=30mm，材料为 35 钢，热处理硬度 28～38HRC，表面氧化处理的 A 型圆柱销的标记示例：

销 GB/T 119—2000　A8×30

mm

	公称		0.6	0.8	1	1.2	1.5	2	2.5	3	4	5	6
d	A型	min	0.602	0.802	1.002	1.202	1.502	2.002	2.502	3.002	4.004	5.004	6.004
		max	0.608	0.808	1.008	1.208	1.508	2.008	2.508	3.008	4.012	5.012	6.012
	B型	min	0.586	0.786	0.986	1.186	1.486	1.986	2.486	2.986	3.982	4.982	5.982
		max	0.6	0.8	1	1.2	1.5	2	2.5	3	4	5	6
	C型	min	0.54	0.74	0.94	1.14	1.44	1.94	2.44	2.94	3.925	4.925	5.925
		max	0.6	0.8	1	1.2	1.5	2	2.5	3	4	5	6
	D型	min	0.618	0.818	1.018	1.218	1.518	2.018	2.518	3.018	4.023	5.023	6.023
		max	0.632	0.832	1.032	1.232	1.532	2.032	2.532	3.032	4.041	5.041	6.041
	a≈		0.080	0.10	0.12	0.16	0.20	0.25	0.30	0.40	0.50	0.63	0.80
	c≈		0.12	0.16	0.20	0.25	0.30	0.35	0.40	0.50	0.63	0.80	1.2

	公称	6	8	10	12	14	16	18	20	22	24	26	28	30	32
l	max	6.24	8.29	10.29	12.35	14.35	18.35	18.35	20.42	22.42	24.42	26.42	28.42	30.42	32.5
	min	5.76	7.71	9.71	11.65	13.65	15.65	17.65	19.58	21.58	23.58	25.58	27.58	29.58	31.5

附录 19　圆锥销(GB/T 117—2000)

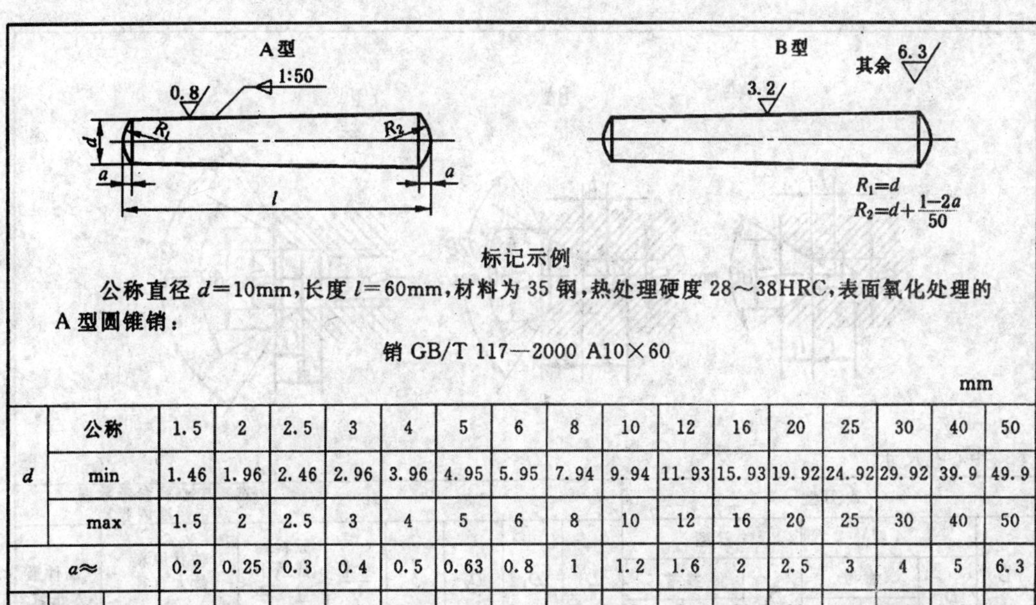

标记示例

公称直径 d=10mm，长度 l=60mm，材料为 35 钢，热处理硬度 28～38HRC，表面氧化处理的 A 型圆锥销：

销 GB/T 117—2000 A10×60

mm

d	公称	1.5	2	2.5	3	4	5	6	8	10	12	16	20	25	30	40	50
	min	1.46	1.96	2.46	2.96	3.96	4.95	5.95	7.94	9.94	11.93	15.93	19.92	24.92	29.92	39.9	49.9
	max	1.5	2	2.5	3	4	5	6	8	10	12	16	20	25	30	40	50
a≈		0.2	0.25	0.3	0.4	0.5	0.63	0.8	1	1.2	1.6	2	2.5	3	4	5	6.3

L	公称	5	6	8	10	12	14	16	18	20	22	24	26	28	30	32	35	40
	max	5.25	6.24	8.29	10.29	12.35	14.35	16.35	18.35	20.42	22.42	24.42	26.42	28.42	30.42	32.5	35.5	40.5
	min	4.76	5.76	7.71	9.71	11.65	13.65	15.65	17.65	19.58	21.58	23.58	25.58	27.58	29.58	31.5	34.5	39.5

附录 20　开口销(摘 GB/T 91—2000)

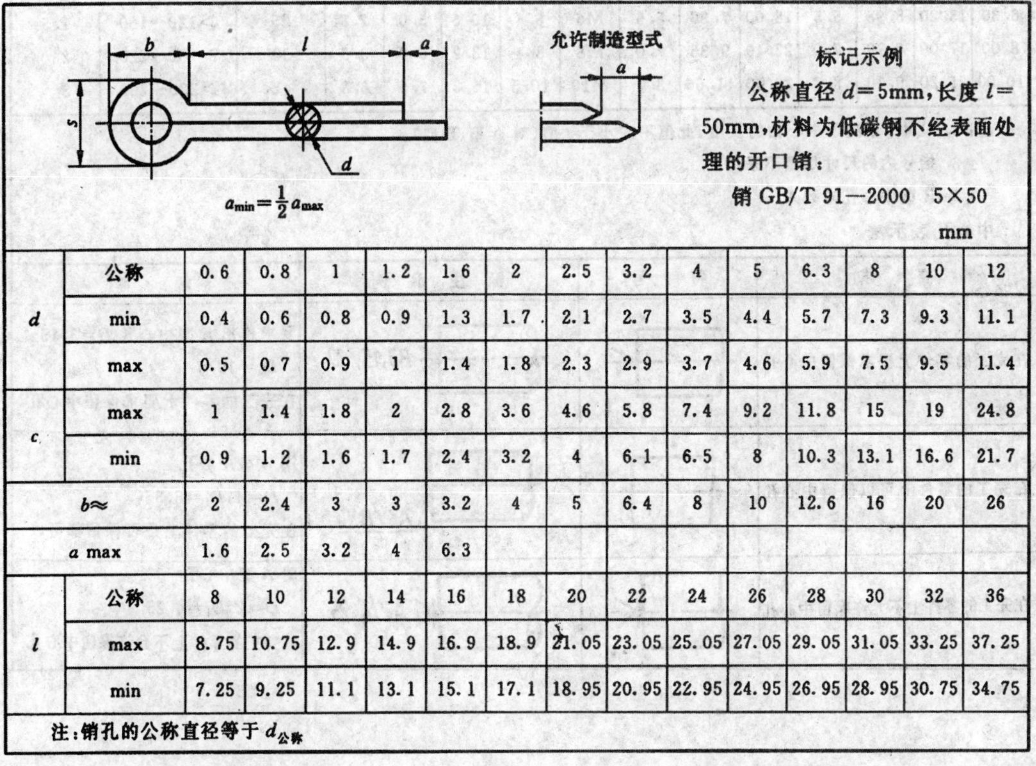

标记示例

公称直径 d=5mm，长度 l=50mm，材料为低碳钢不经表面处理的开口销：

销 GB/T 91—2000　5×50

mm

d	公称	0.6	0.8	1	1.2	1.6	2	2.5	3.2	4	5	6.3	8	10	12
	min	0.4	0.6	0.8	0.9	1.3	1.7	2.1	2.7	3.5	4.4	5.7	7.3	9.3	11.1
	max	0.5	0.7	0.9	1	1.4	1.8	2.3	2.9	3.7	4.6	5.9	7.5	9.5	11.4
c	max	1	1.4	1.8	2	2.8	3.6	4.6	5.8	7.4	9.2	11.8	15	19	24.8
	min	0.9	1.2	1.6	1.7	2.4	3.2	4	6.1	6.5	8	10.3	13.1	16.6	21.7
b≈		2	2.4	3	3	3.2	4	5	6.4	8	10	12.6	16	20	26
a max		1.6	2.5	3.2	4	6.3									
l	公称	8	10	12	14	16	18	20	22	24	26	28	30	32	36
	max	8.75	10.75	12.9	14.9	16.9	18.9	21.05	23.05	25.05	27.05	29.05	31.05	33.25	37.25
	min	7.25	9.25	11.1	13.1	15.1	17.1	18.95	20.95	22.95	24.95	26.95	28.95	30.75	34.75

注：销孔的公称直径等于 $d_{公称}$

附录 21　中心孔(GB/T4459.5—1999)

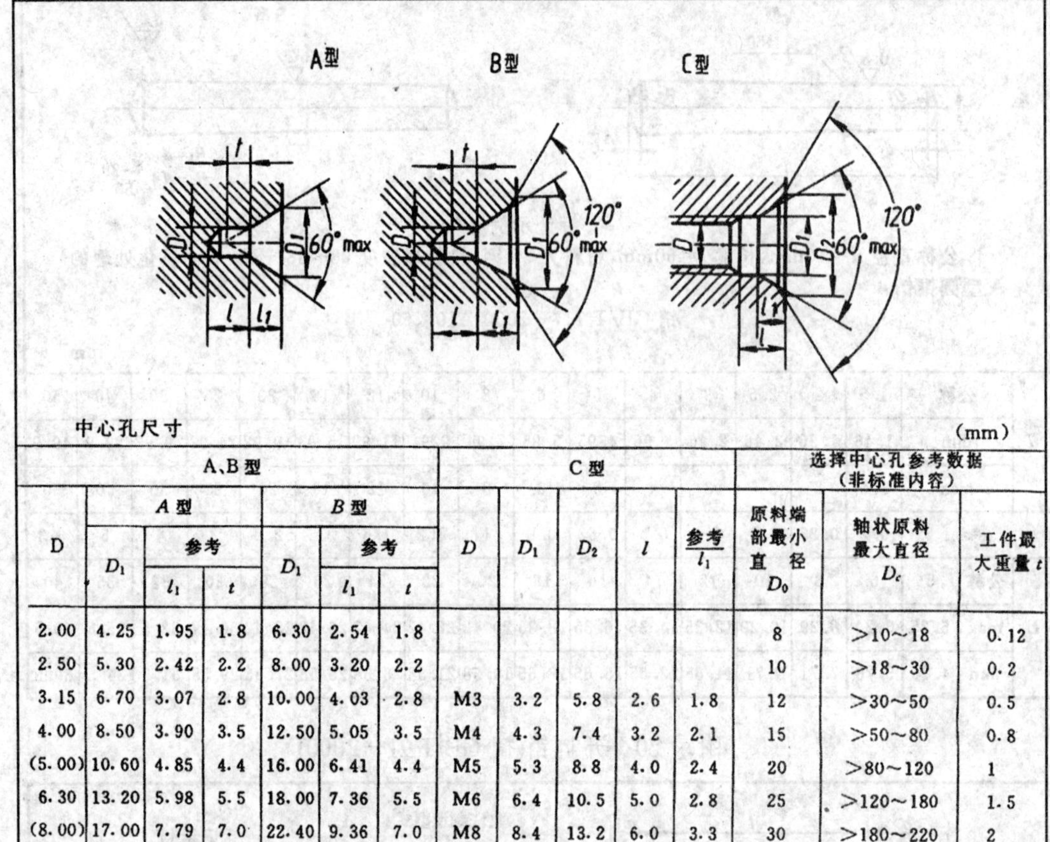

中心孔尺寸　(mm)

A、B型							C型					选择中心孔参考数据(非标准内容)		
D	A型			B型			D	D_1	D_2	l	参考 l_1	原料端部最小直径 D_0	轴状原料最大直径 D_c	工件最大重量 t
	D_1	参考 l_1	参考 t	D_1	参考 l_1	参考 t								
2.00	4.25	1.95	1.8	6.30	2.54	1.8						8	>10~18	0.12
2.50	5.30	2.42	2.2	8.00	3.20	2.2						10	>18~30	0.2
3.15	6.70	3.07	2.8	10.00	4.03	2.8	M3	3.2	5.8	2.6	1.8	12	>30~50	0.5
4.00	8.50	3.90	3.5	12.50	5.05	3.5	M4	4.3	7.4	3.2	2.1	15	>50~80	0.8
(5.00)	10.60	4.85	4.4	16.00	6.41	4.4	M5	5.3	8.8	4.0	2.4	20	>80~120	1
6.30	13.20	5.98	5.5	18.00	7.36	5.5	M6	6.4	10.5	5.0	2.8	25	>120~180	1.5
(8.00)	17.00	7.79	7.0	22.40	9.36	7.0	M8	8.4	13.2	6.0	3.3	30	>180~220	2
10.00	21.20	9.70	8.7	28.00	11.66	8.7	M10	10.5	16.3	7.5	3.8	42	>220~260	3

注：1. 尺寸 l 取决于中心钻的长度，此值不应小于 t 值(对 A 型、B 型)。

2. 括号内的尺寸尽量不采用。

3. R 型中心孔未列入

中心孔表示法

要　求	符　号	标 注 示 例	解　释
在完工的零件上要求保留中心孔		B3.15/10	要求作出 B 型中心孔 $D=3.15$ $D_1=10.0$ 在完工的零件上要求保留中心孔
在完工的零件上可以保留中心孔		A4/8.5	用 A 型中心孔 $D=4, D_1=8.5$ 在完工的零件上是否保留都可以
在完工的零件上不允许保留中心孔		A2/4.25	用 A 型中心孔 $D=2, D_1=4.25$ 在完工的零件上不允许保留中心孔

附录 22　标准公量数值(GB/T 1800.8—1993)

基本尺寸 /mm		标准公差等级																	
		IT1	IT2	IT3	IT4	IT5	IT6	IT7	IT8	IT9	IT10	IT11	IT12	IT13	IT14	IT15	IT16	IT17	IT18
大于	至	μm											mm						
—	3	0.8	1.2	2	3	4	6	10	14	25	40	60	0.1	0.14	0.25	0.4	0.6	1	1.4
3	6	1	1.5	2.5	4	5	8	12	18	30	48	75	0.12	0.18	0.3	0.48	0.75	1.2	1.8
6	10	1	1.5	2.5	4	6	9	15	22	36	58	90	0.15	0.22	0.36	0.58	0.9	1.5	2.2
10	18	1.2	2	3	5	8	11	18	27	43	70	110	0.18	0.27	0.43	0.7	1.1	1.8	2.7
18	30	1.5	2.5	4	6	9	13	21	33	52	84	130	0.21	0.33	0.52	0.84	1.3	2.1	3.3
30	50	1.5	2.5	4	7	11	16	25	39	62	100	160	0.25	0.39	0.62	1	1.6	2.5	3.9
50	80	2	3	5	8	13	19	30	46	74	120	190	0.3	0.46	0.74	1.2	1.9	3	4.6
80	120	2.5	4	6	10	15	22	35	54	87	140	220	0.35	0.54	0.87	1.4	2.2	3.5	5.4
120	180	3.5	5	8	12	18	25	40	63	100	160	250	0.4	0.63	1	1.6	2.5	4	6.3
180	250	4.5	7	10	14	20	29	46	72	115	185	290	0.46	0.72	1.15	1.85	2.9	4.6	7.2
250	315	6	8	12	16	23	32	52	81	130	210	320	0.52	0.81	1.3	2.1	3.2	5.2	8.1
315	400	7	9	13	18	25	36	57	89	140	230	360	0.57	0.89	1.4	2.3	3.6	5.7	8.9
400	500	8	10	15	20	27	40	63	97	155	250	400	0.63	0.97	1.55	2.5	4	6.3	9.7
500	630	9	11	16	22	32	44	70	110	175	280	440	0.7	1.1	1.75	2.8	4.4	7	11
630	800	10	13	18	25	36	50	80	125	200	320	500	0.8	1.25	2	3.2	5	8	12.5
800	1000	11	15	21	28	40	56	90	140	230	360	560	0.9	1.4	2.3	3.6	5.6	9	14
1000	1250	13	18	24	33	47	66	105	165	260	420	660	1.05	1.65	2.6	4.2	6.6	10.5	16.5
1250	1600	15	21	29	39	55	78	125	195	310	500	780	1.25	1.95	3.1	5	7.8	12.5	19.5
1600	2000	18	25	35	46	65	92	150	230	370	600	920	1.5	2.3	3.7	6	9.2	15	23
2000	2500	22	30	41	55	78	110	175	280	440	700	1100	1.75	2.8	4.4	7	11	17.5	28
2500	3150	26	36	50	68	96	135	210	330	540	860	1350	2.1	3.3	5.4	8.6	13.5	21	33

注：1. 基本尺寸大于 500mm 的 IT1 至 IT5 的标准公差数值为试行的。

2. 基本尺寸小于或等于 1mm 时，无 IT14 至 IT18

附录23　轴的极限偏差(摘出 GB1800.8—1998)

基本尺寸/mm　代号 / 等级	a*	b*		c			d				e		
	11	11	12	9	10	**11**	8	**9**	10	11	7	8	9
≤3	−270 −330	−140 −200	−140 −240	−60 −85	−60 −100	**−60** **−120**	−20 −34	**−20** **−45**	−20 −60	−20 −80	−14 −24	−14 −28	−14 −39
>3−6	−270 −345	−140 −215	−140 −260	−70 −100	−70 −118	**−70** **−145**	−30 −48	**−30** **−60**	−30 −78	−30 −105	−20 −32	−20 −38	−20 50
>6−10	−280 −370	−150 −240	−150 −300	−80 −116	−80 −138	**−80** **−170**	−40 −62	**−40** **−76**	−40 −98	−40 −130	−25 −40	−25 −47	−25 −61
>10−14 >14−18	−290 −400	−150 −260	−150 −330	−95 −138	−95 −165	**−95** **−205**	−50 −77	**−50** **−93**	−50 −120	−50 −160	−32 −50	−32 −59	−32 −75
>18−24 >24−30	−300 −430	−160 −290	−160 −370	−110 −162	−110 −194	**−110** **−240**	−65 −98	**−65** **−117**	−65 −149	−65 −195	−40 −61	−40 −73	−40 −92
>30−40	−310 470	−170 −330	−170 −420	−120 −182	−120 −220	**−120** **−280**	−80 −119	**−80** **−142**	−80 −180	−80 −240	−50 −75	−50 −89	−50 −112
>40−50	−320 −480	−180 −340	−180 −430	−130 −192	−130 −230	**−130** **−290**							
>50−60	−340 −530	−190 −380	−190 −490	−140 −214	−140 −260	**−140** **−330**	−100 −146	**−100** **−174**	−100 −220	−100 −290	−60 −90	−60 −106	−60 −134
>65−80	−360 −550	−200 −390	−200 −500	−150 −224	−150 −270	**−150** **−340**							
>80−100	−380 −600	−220 −440	−220 −570	−170 −257	−170 −310	**−170** **−390**	−120 −174	**−120** **−207**	−120 −260	−120 −340	−72 −107	−72 −126	−72 −159
>100−120	−410 −630	−240 −460	−240 −590	−180 −267	−180 −320	**−180** **−400**							
>120−140	−460 −710	−260 −510	−260 −660	−200 −300	−200 −360	**−200** **−450**	−145 −208	**−145** **−245**	−145 −305	−145 −395	−85 −125	−85 −148	−85 −185
>140−160	−520 −770	−280 −530	−280 −680	−210 −310	−210 −370	**−210** **−460**							
>160　180	−580 −830	−310 −560	−310 710	−230 −330	−230 −390	**−230** **−480**							
>180−200	−660 −950	−340 −630	−340 −800	−240 −355	−240 −425	**−240** **−530**	−170 −242	**−170** **−285**	−170 −355	−170 −460	−100 −146	−100 −172	100 −215
>200−225	−740 −1030	−380 −670	−380 −840	−260 −375	−260 −445	**−260** **−550**							
>225−250	−820 −1110	−420 −710	−420 −880	−280 −395	−280 −465	**−280** **−570**							
>250−280	−920 −1240	−480 −800	−480 −1000	−300 −430	−300 −510	**−300** **−620**	−190 −271	**−190** **−320**	−190 −400	−190 −510	−110 −162	−110 −191	−110 −240
>280−315	−1050 1370	−540 −860	−540 −1060	−330 −460	−330 −540	**−330** **−650**							
>315−335	−1200 −1560	−600 −960	−600 −1170	−360 −500	−360 −590	**−360** **−720**	−210 −299	**−210** **−350**	−210 −440	−210 −570	−125 −182	−125 −214	−125 −265
>355−400	−1350 −1710	−680 −1040	−680 −1250	−400 −540	−400 −630	**−400** **−760**							
>400−450	−1500 −1900	−760 −1160	−760 −1390	−440 −595	−440 −690	**−440** **−840**	−230 −327	**−230** **−385**	−230 −480	−230 −630	−135 −198	−135 −232	−235 −290
>450−500	−1650 −2050	−840 −1240	−840 −1470	−480 −635	−480 −730	**−480** **−880**							

(续)

f					g			h							
5	6	7	8	9	5	6	7	5	6	7	8	9	10	11	12
−6	−6	−6	−6	−6	−2	−2	−2	0	0	0	0	0	0	0	0
−10	−12	−16	−20	−31	−6	−8	−12	−4	−6	−10	−14	−25	−40	−60	−100
−10	−10	−10	−10	−10	−4	−4	−4	0	0	0	0	0	0	0	0
−15	−18	−22	−28	−40	−9	−12	−16	−5	−8	−12	−18	−30	−48	−75	−120
−13	−13	−13	−13	−13	−5	−5	−5	0	0	0	0	0	0	0	0
−19	−22	−28	−35	−49	−11	−14	−20	−6	−9	−15	−22	−36	−58	−90	−150
−16	−16	−16	−16	−16	−6	−6	−6	0	0	0	0	0	0	0	0
−24	−27	−34	−43	−59	−14	−17	−24	−8	−11	−18	−27	−43	−70	−110	−180
−20	−20	−20	−20	−20	−7	−7	−7	0	0	0	0	0	0	0	0
−29	−33	−41	−53	−72	−16	−20	−28	−9	−13	−21	−33	−52	−84	−130	−210
−25	−25	−25	−25	−25	−9	−9	−9	0	0	0	0	0	0	0	0
−36	−41	−50	−64	−87	−20	−25	−34	−11	−16	−25	−39	−62	−100	−160	−250
−30	−30	−30	−30	−30	−10	−10	−10	0	0	0	0	10	0	0	0
−43	−49	−60	−76	−104	−23	−29	−40	−13	−19	−30	−46	−74	−120	−190	−300
−36	−36	−36	−36	−36	−12	−12	−12	0	0	0	0	0	0	0	0
−51	−58	−71	−90	−123	−27	−34	−47	−15	−22	−35	−54	−87	−140	−220	−350
−43	−43	−43	−43	−43	−14	−14	−14	0	0	0	0	0	0	0	0
−61	−68	−83	−106	−143	−32	−39	−54	−18	−25	−40	−63	−100	−160	−250	−400
−50	−50	−50	−50	−50	−15	−15	−15	0	0	0	0	0	0	0	0
−70	−79	−96	−122	−165	−35	−44	−61	−20	−29	−46	−72	−115	−185	−290	−460
−56	−56	−56	−56	−56	−17	−17	−17	0	0	0	0	0	0	0	0
−79	−88	−108	−137	−186	−40	−49	−69	−23	−32	−52	−81	−130	210	−320	−520
−62	−62	−62	−62	−62	−18	−18	−13	0	0	0	0	0	0	0	0
−87	−98	−119	−151	−202	−43	−54	−75	−25	−36	57	−89	−140	−230	−360	−570
−68	−68	−68	−68	−68	−20	−20	−20	0	0	0	0	0	0	0	0
−95	−108	−131	−165	−223	−47	−60	−83	−27	−40	63	−97	−155	−250	−400	−630

(续)

代号 等级 基本尺寸/mm	js			k			m			n			p		
	5	6	7	5	**6**	7	5	6	7	5	**6**	7	5	**6**	7
≤3	±2	±3	±5	+4 0	**+6 0**	+10 0	+6 +2	+8 +2	+12 +2	+8 +4	**+10 +4**	+14 +4	+10 +6	**+12 +6**	+16 +6
>3~6	±2.5	±4	±6	+6 +1	**+9 +1**	+13 +1	+9 +4	+12 +4	+16 +4	+13 +8	**+16 +8**	+20 +8	+17 +12	**+20 +12**	+24 +12
>6~10	±3	±4.5	±7	+7 +1	**+10 +1**	+16 +1	+12 +6	+15 +6	+21 +6	+16 +10	**+19 +10**	+25 +10	+21 +15	**+24 +15**	+30 +15
>10~14 >14~18	±4	±5.5	±9	+9 +1	**+12 +1**	+19 +1	+15 +7	+18 +7	+25 +7	+20 +12	**+23 +12**	+30 +12	+26 +18	**+29 +18**	+36 +18
>18~24 >24~30	±4.5	±6.5	±10	+11 +2	**+15 +2**	+23 +2	+17 +8	+21 +8	+29 +8	+24 +15	**+28 +15**	+36 +15	+31 +22	**+35 +22**	+43 +22
>30~40 >40~50	±5.5	±8	±12	+13 +2	**+18 +2**	+27 +2	+20 +9	+25 +9	+34 +9	+28 +17	**+33 +17**	+42 +17	+37 +26	**+42 +26**	+51 +26
>50~65 >65~80	±6.5	±9.5	±15	+15 +2	**+21 +2**	+32 +2	+24 +11	+30 +11	+41 +11	+33 +20	**+39 +20**	+50 +20	+45 +32	**+51 +32**	+62 +32
>80~100 >100~120	±7.5	±11	±17	+18 +3	**+25 +3**	+38 +3	+28 +13	+35 +13	+48 +13	+38 +23	**+45 +23**	+58 +23	+52 +37	**+59 +37**	+72 +37
>120~140 >140~106 >160~180	±9	±12.5	±20	+21 +3	**+28 +3**	+43 +3	+33 +15	+40 +15	+55 +15	+45 +27	**+52 +27**	+67 +27	+61 +43	**+68 +43**	+83 +43
>180~200 >200~225 >225~250	±10	±14.5	±23	+24 +4	**+33 +4**	+50 +4	+37 +17	+46 +17	+63 +17	+51 +31	**+60 +31**	+77 +31	+70 +50	**+79 +50**	+96 +50
>250~280 >280~315	±11.5	±16	±26	+27 +4	**+36 +4**	+56 +4	+43 +20	+52 +20	+72 +20	+57 +34	**+66 +34**	+86 +34	+79 +56	**+88 +56**	+108 +56
>315~355 >355~400	±12.5	±18	±28	+29 +4	**+40 +4**	+61 +4	+46 +21	+57 +21	+78 +21	+62 +37	**+73 +37**	+94 +37	+87 +62	**+98 +62**	+119 +62
>400~450 >450~500	±13.5	±20	±31	+32 +5	**+45 +5**	+68 +5	+50 +23	+63 +23	+86 +23	+67 +40	**+80 +40**	+103 +40	+95 +68	**+108 +68**	+131 +68

注：1°. 基本尺寸小于 1mm 时，各级的 a 和 b 均不采用。

2. 黑体字为优先公差带。

(续)

r			s			t			u		v	x	y	z
5	6	7	5	6	7	5	6	7	6	7	6	6	6	6
+14 +10	+16 +10	+20 +10	+18 +14	+20 +14	+24 +14	—	—	—	+24 +18	+28 +18	—	+26 +20	—	+32 +26
+20 +15	+23 +15	+27 +15	+24 +19	+27 +19	+31 +19	—	—	—	+31 +23	+35 +23	—	+36 +28	—	+43 +35
+25 +19	+28 +19	+34 +19	+29 +23	+32 +23	+38 +23	—	—	—	+37 +28	+43 +28	—	+43 +34	—	+51 +42
+31 +23	+34 +23	+41 +23	+36 +28	+39 +28	+46 +28	—	—	—	+44 +33	+51 +33	—	+51 +40	—	+61 +50
						—	—	—			+50 +39	+56 +45	—	+71 +60
+37 +28	+41 +28	+49 +28	+44 +35	+48 +35	+56 +35	—	—	—	+54 +41	+62 +41	+60 +47	+67 +54	+76 +63	+86 +73
						+50 +41	+54 +41	+62 +41	+61 +48	+69 +48	+68 +55	+77 +64	+88 +75	+101 +88
+45 +34	+50 +34	+59 +34	+54 +43	+59 +43	+68 +43	+59 +48	+64 +48	+73 +48	+76 +60	+85 +60	+84 +68	+96 +80	+110 +94	+128 +112
						+65 +54	+70 +54	+79 +54	+86 +70	+95 +70	+97 +81	+113 +97	+130 +114	+152 +136
+54 +41	+60 +41	+71 +41	+66 +53	+72 +53	+83 +53	+79 +66	+85 +66	+96 +66	+106 +87	+117 +87	+121 +102	+141 +122	+163 +144	+191 +172
+56 +43	+62 +43	+73 +43	+72 +59	+78 +59	+89 +59	+88 +75	+94 +75	+105 +75	+121 +102	+132 +102	+139 +120	+165 +146	+193 +174	+229 +210
+66 +51	+73 +51	+86 +51	+86 +71	+93 +71	+106 +71	+106 +91	+113 +91	+126 +91	+146 +124	+159 +124	+168 +146	+200 +178	+236 +214	+280 +258
+69 +54	+76 +54	+89 +54	+94 +79	+101 +79	+114 +79	+119 +104	+126 +104	+139 +104	+166 +144	+179 +144	+194 +172	+232 +210	+276 +254	+332 +310
+81 +63	+88 +63	+103 +63	+110 +92	+117 +92	+132 +92	+140 +122	+147 +122	+162 +122	+195 +170	+210 +170	+227 +202	+273 +248	+325 +300	+390 +365
+83 +65	+90 +65	+105 +65	+118 +100	+125 +100	+140 +100	+152 +134	+159 +134	+174 +134	+215 +190	+230 +190	+253 +228	+305 +280	+365 +340	+440 +415
+86 +68	+93 +68	+108 +68	+126 +108	+133 +108	+148 +108	+164 +146	+171 +146	+186 +146	+235 +210	+250 +210	+277 +252	+335 +310	+405 +380	+490 +465
+97 +77	+106 +77	+123 +77	+142 +122	+151 +122	+168 +122	+186 +166	+195 +166	+212 +166	+265 +236	+282 +236	+313 +284	+379 +350	+454 +425	+549 +520
+100 +80	+109 +80	+126 +80	+150 +130	+159 +130	+176 +130	+200 +180	+209 +180	+226 +180	+287 +258	+304 +258	+339 +310	+414 +385	+449 +470	+604 +575
+104 +84	+113 +84	+130 +84	+160 +140	+169 +140	+186 +140	+216 +196	+225 +196	+242 +196	+313 +284	+330 +284	+369 +340	+454 +425	+549 +520	+669 +640
+117 +94	+126 +91	+146 +94	+181 +158	+190 +158	+210 +158	+241 +218	+250 +218	+270 +218	+347 +315	+367 +315	+417 +385	+507 +475	+612 +580	+742 +710
+121 +98	+130 +98	+150 +98	+198 +170	+202 +170	+222 +170	+263 +240	+272 +240	+292 +240	+382 +350	+402 +350	+457 +425	+557 +525	+682 +650	+822 +790
+133 +108	+144 +108	+165 +108	+215 +190	+226 +190	+247 +190	+293 +268	+304 +268	+325 +268	+426 +390	+447 +390	+511 +475	+626 +590	+766 +730	+936 +900
+139 +114	+150 +114	+171 +114	+233 +208	+244 +208	+265 +208	+319 +294	+330 +294	+351 +294	+471 +435	+492 +435	+566 +530	+696 +660	+856 +820	+1036 +1000
+153 +126	+166 +126	+189 +126	+259 +232	+272 +232	+295 +232	+357 +330	+370 +330	+393 +330	+530 +490	+553 +490	+635 +595	+780 +740	+980 +920	+1140 +1100
+159 +132	+172 +132	+195 +132	+279 +252	+292 +252	+315 +252	+387 +360	+400 +360	+423 +360	+580 +540	+603 +540	+700 +660	+860 +820	+1040 +1000	+1290 +1250

附录 24　孔的极限偏差(摘自 GB1800.3－1998)

代号	A*	B*		C		D				E		F			
基本尺寸/mm　等级	11	11	12	**11**	12	8	**9**	10	11	8	9	6	7	**8**	9
≤3	+330 +270	+200 +140	+240 +140	**+120 +60**	+160 +60	+34 +20	**+45 +20**	+60 +20	+80 +20	+28 +14	+39 +14	+12 +6	+16 +6	**+20 +6**	+31 +6
>3~6	+345 +270	+215 +140	+260 +140	**+145 +70**	+190 +70	+48 +30	**+60 +30**	+78 +30	+105 +30	+38 +20	+50 +20	+18 +10	+22 +10	**+28 +10**	+40 +10
>6~10	+370 +280	+240 +150	+300 +150	**+170 +80**	+230 +80	+62 +40	**+76 +40**	+98 +40	+130 +40	+47 +25	+61 +25	+22 +13	+28 +13	**+35 +13**	+49 +13
>10~14	+400	+260	+330	**+205**	+275	+77	**+93**	+120	+160	+59	+75	+27	+34	**+43**	+59
>14~18	+290	+150	+150	**+95**	+95	+50	**+50**	+50	+50	+32	+32	+16	+16	**+16**	+16
>18~24	+430	+290	+370	**240**	+320	+98	**+117**	+149	+195	+73	+92	+33	+41	**+53**	+72
>24~30	+300	+160	+160	**+110**	+110	+65	**+65**	+65	+65	+40	+40	+20	+20	**+20**	+20
>30~40	+470 +310	+330 +170	+420 +170	**+280 +120**	+370 +120	+119	**+142**	+180	+240	+89	+112	+41	+50	**+64**	+87
>40~50	+480 +320	+340 +180	+430 +180	**+290 +130**	+380 +130	+80	**+80**	+80	+80	+50	+50	+25	+25	**+25**	+25
>50~65	+530 +340	+380 +190	+490 +190	**+330 +140**	+440 +140	+146	**+174**	+220	+290	+106	+134	+49	+60	**+76**	+104
>65~80	+550 +360	+390 +200	+500 +200	**+340 +150**	+450 +150	+100	**+100**	+100	+100	+60	+60	+30	+30	**+30**	+30
>80~100	+600 +380	+440 +220	+570 +220	**+390 +170**	+520 +170	+174	**+207**	+260	+340	+126	+159	+58	+71	**+90**	+123
>100~120	+630 +410	+460 +240	+590 +240	**+400 +180**	+530 +180	+120	**+120**	+120	+120	+72	+72	+36	+36	**+36**	+36
>120~140	+710 +460	+510 +260	+660 +260	**+450 +200**	+600 +200	208	**+245**	+305	+395	+148	+185	+68	+83	**+106**	+143
>140~160	+770 +520	+530 +280	+680 +280	**+460 +210**	+610 +210										
>160~180	+830 +580	+560 +310	+710 +310	**+480 +230**	+630 +230	+145	**+145**	+145	+145	+85	+85	+43	+43	**+43**	+43
>180~200	+950 +660	+630 +340	+800 +340	**+530 +240**	+700 +240	+242	**+285**	+355	+460	+172	+215	+79	+96	**+122**	+165
>200~225	+1030 +740	+670 +380	+840 +380	**+550 +260**	+720 +260										
>225~250	+1110 +820	+710 +420	+880 +420	**+570 +280**	+740 +280	+170	**+170**	+170	+170	+100	+100	+50	+50	**+50**	+50
>250~280	+1240 +920	+800 +480	+1000 +480	**+620 +300**	+820 +300	+271	**+320**	+400	+510	+191	+240	+88	+108	**+137**	+186
>280~315	+1370 +1050	+860 +540	+1060 +540	**+650 +330**	+850 +330	+190	**+190**	+190	+190	+110	+110	+56	+56	**+56**	+56
>315~355	+1560 +1200	+960 +600	+1170 +600	**+720 +360**	+930 +360	+299	**+350**	+440	+570	+214	+265	+98	+119	**+151**	+202
>355~400	+1710 +1350	+1040 +680	+1250 +680	**+760 +400**	+970 +400	+210	**+210**	+210	+210	+125	+125	+62	+62	**+62**	+62
>400~450	+1900 +1500	+1160 +760	+1390 +760	**+840 +440**	+1070 +440	+327	**+385**	+480	+630	+232	+290	+108	+131	**+165**	+223
>450~500	+2050 +1650	+1240 +840	+1470 +840	**+880 +480**	+1110 +488	+230	**+230**	+230	+230	+135	+135	+68	+68	**+68**	+68

(续)

G		H							Js			K		
6	7	6	7	8	9	10	11	12	6	7	8	6	7	8
+8 +2	**+12** **+2**	+6 0	**+10** **0**	+14 **0**	**+25** **0**	+40 0	**+60** **0**	+100 0	±3	±5	±7	0 −6	**0** **−10**	+ −14
+12 +4	**+16** **+4**	+8 0	**+12** **0**	**+18** **0**	**+30** **0**	+48 0	**+75** **0**	+120 0	±4	±6	±9	+2 −6	**+3** **−9**	+5 −13
+14 +5	**+20** **+5**	+9 0	**+15** **0**	**+22** **0**	**+36** **0**	+58 0	**+90** **0**	+150 0	±4.5	±7	±11	+2 −7	**+5** **−10**	+6 −16
+17 +6	**+24** **+6**	+11 0	**+18** **0**	**+27** **0**	**+43** **0**	+70 0	**+110** **0**	+180 0	±5.5	±9	±13	+2 −9	**+6** **−12**	+8 −19
+20 +7	**+28** **+7**	+13 0	**+21** **0**	**+33** **0**	**+52** **9**	+84 0	**+130** **0**	+210 0	±6.5	±10	±16	+2 −11	**+6** **−15**	+10 −23
+25 +9	**+34** **+9**	+16 0	**+25** **0**	**+39** **0**	**+62** **0**	+100 0	**+160** **0**	+250 0	±8	±12	±19	+3 −13	**+7** **−18**	+12 −27
+29 +10	**+40** **+10**	+19 0	**+30** **0**	**+46** **0**	**+74** **0**	+120 0	**+190** **0**	+300 0	±9.5	±15	±23	+4 −15	**+9** **−21**	+14 −32
+34 +12	**+47** **+12**	+22 0	**+35** **0**	**+54** **0**	**+87** **0**	+140 0	**+220** **0**	+350 0	±11	±17	±27	+4 −18	**+10** **−25**	+16 −38
+39 +14	**+54** **+14**	+25 0	**+40** **0**	**+63** **0**	**+100** **0**	+160 0	**+250** **0**	+400 0	±12.5	±20	±31	+4 −21	**+12** **−28**	+20 −43
+44 +15	**+61** **+15**	+29 0	**+46** **0**	**+72** **0**	**+115** **0**	+185 0	**+290** **0**	+460 0	±14.5	±23	±36	+5 −24	**+13** **−33**	+22 −50
+49 +17	**+69** **+17**	+32 0	**+52** **0**	**+81** **0**	**+130** **0**	+210 0	**+320** **0**	+520 0	±16	±26	±40	+5 −27	**+16** **−36**	+25 −56
+54 +18	**+75** **+18**	+36 0	**+57** **0**	**+89** **0**	**+140** **0**	+230 0	**+360** **0**	+570 0	±18	±28	±44	+7 −29	**+17** **−40**	+28 −61
+60 +20	**+83** **+20**	+40 0	**+63** **0**	**+97** **0**	**+155** **0**	+250 0	**+400** **0**	+630 0	±20	±31	±48	+8 −32	**+18** **−45**	+29 −68

(续)

代号	M			N			P		R		S		T		U
基本尺寸/mm　等级	6	7	8	6	**7**	8	6	**7**	6	7	6	**7**	6	7	**7**
≤3	−2 −8	−2 −12	−2 −16	−4 −10	**−4 −14**	−4 −18	−6 −12	**−6 −16**	−10 −16	−10 −20	−14 −20	**−14 −24**	—	—	**−18 −28**
>3~6	−1 −9	0 −12	+2 −16	−5 −13	**−4 −16**	−2 −20	−9 −17	**−8 −20**	−12 −20	−11 −23	−16 −24	**−15 −27**	—	—	**−19 −31**
>6~10	−3 −12	0 −15	+1 −21	−7 −16	**−4 −19**	−3 −25	−12 −21	**−9 −24**	−16 −25	−13 −28	−20 −29	**−17 −32**	—	—	**−22 −37**
>10~14	−4	0	+2	−9	**−5**	−3	−15	**−11**	−20	−16	−25	**−21**	—	—	**−26**
>14~18	−15	−18	−25	−20	**−23**	−30	−26	**−29**	−31	−34	−36	**−39**			**−44**
>18~24	−4	0	+4	−11	**−7**	−3	−18	**−14**	−24	−20	−31	**−27**	—	—	**−33 −54**
>24~30	−17	−21	−29	−24	**−28**	−36	−31	**−35**	−37	−41	−44	**−48**	−37 −50	−33 −54	**−40 −61**
>30~40	−4	0	+5	−12	**−8**	−3	−21	**−17**	−29	−25	−38	**−34**	−43 −59	−39 −64	**−51 −76**
>40~50	−20	−25	−34	−28	**−33**	−42	−37	**−42**	−45	−50	−54	**−59**	−49 −65	−45 −70	**−61 −86**
>50~65	−5	0	+5	−14	**−9**	−4	−26	**−21**	−35 −54	−30 −60	−47 −66	**−42 −72**	−60 −79	−55 −85	**−76 −106**
>65~80	−24	−30	41	−33	**−39**	−50	−45	**−51**	−37 −56	−32 −62	−53 −72	**−48 −78**	−69 −88	−64 −94	**−91 −121**
>80~100	−6	0	+6	−16	**−10**	−4	−30	**−24**	−44 −66	−38 −73	−64 −86	**−58 −93**	−84 −106	−78 −113	**111 146**
>100~120	−28	−35	−48	−38	**−45**	−58	−52	**−59**	−47 −69	−41 −76	−72 −94	**−66 −101**	−97 −119	−91 −126	**−131 −166**
>120~140	−8	0	+8	−20	**−12**	−4	−36	**−28**	−56 −81	−48 −88	−85 −110	**−77 −117**	−115 −140	−107 −147	**−155 −195**
>140~160									−58 −83	−50 −90	−93 −118	**−85 −125**	−127 −152	−119 −159	**−175 −215**
>160~180	−33	−40	−55	−45	**−52**	−67	−61	**−68**	−61 −86	−53 −93	−101 −126	**−93 −133**	−139 −164	−131 −171	**−195 −235**
>180~200	−8	0	+9	−22	**−14**	−5	−41	**−33**	−68 −97	−60 −106	−113 −142	**−105 −151**	−157 −186	−149 −195	**−219 −265**
>200~225									−71 −100	−63 −109	−121 −150	**−113 −159**	−171 −200	−163 −209	**−241 −287**
>225~250	−37	−46	−63	−51	**−60**	−77	−70	**−79**	−75 −104	−67 −113	−131 −160	**−123 −169**	−187 −216	−179 −225	**−267 −313**
>250~280	−9	0	+9	−25	**−14**	−5	−47	**−36**	−85 −117	−74 −126	−149 −181	**−138 −190**	−209 −241	−198 −250	**−295 −347**
>280~315	−41	−52	−72	−57	**−66**	−86	−79	**−88**	−89 −121	−78 −130	−161 −193	**−150 −202**	−231 −263	−220 −272	**−330 −382**
>315~355	−10	0	+11	−26	**−16**	−5	−51	**−41**	−97 −133	−87 −144	−179 −215	**−169 −226**	−257 −293	−247 −304	**−369 −426**
>355~400	−46	57	−78	−62	**−73**	−94	−87	**98**	−103 −139	−93 −150	−197 −233	**−187 −244**	−283 −319	−273 −330	**−414 −471**
>400~450	−10	0	+11	−27	**−17**	−6	−55	**−45**	−113 −153	−103 −166	−219 −259	**−209 −272**	−317 −357	−307 −370	**−467 −530**
>450~500	−50	63	−86	−67	**−80**	−103	−95	**−108**	−119 −159	−109 −172	−239 −279	**−229 −292**	−347 −387	−337 −400	**−517 −580**

注：1. * 基本尺寸小于 1mm 时，各级的 A 和 B 均不采用。

2. 黑体字为优先公差带

参 考 文 献

[1] 何铭新，钱可强.机械制图(第五版).北京：高等教育出版社，2004.

[2] 蒋寿伟.现代机械工程图学(第五版).北京：高等教育出版社，2006.

[3] 刘小年，杨月英.机械制图(第二版).北京：高等教育出版社，2007.

[4] 钱可强.机械制图(第二版).北京：高等教育出版社，2007.

[5] 王槐德.机械制图新旧标准代换教程(第二版).北京：中国标准出版社，2004.

[6] 王兰美.机械制图.北京：高等教育出版社，2004.

[7] 朱泽平,何冰清.机械制图(第一版).北京：科学出版社，2010.

机械工程图学习题集

JIXIE GONGCHENG TUXUE XITIJI

主编　何冰清　闫　鹏
主审　李绍珍

国防工業出版社
National Defense Industry Press

机械工程图学习题集

主编　何冰清　闫鹏
主审　李绍珍

国防工業出版社
·北京·

内 容 简 介

本习题集的内容和与之配套的《机械工程图学》教材一致，主要包括制图的基本知识，点、直线及平面的投影，立体的投影，回转体表面的截交线和相贯线，组合体的视图，轴测图，机件的常用表达方法，标准件和常用件，零件图，装配图，AutoCAD 绘图系统等习题。所选题目全部用 AutoCAD 绘制，学生习作时既可用手工绘制，也可用计算机绘制。

与本书配套使用的《机械工程图学》由国防工业出版社同时出版。

本书可供高等工科院校作为工程制图教材，也可供有关工程技术人员参考。

《机械工程图学习题集》
编 委 会

主　编　何冰清　闫　鹏

副主编　冯衍霞　李　华　苏国胜

参　编　朱泽平　张玉伟　付秀琢　黄丽霞　张红霞

主　审　李绍珍

前　言

本书参照教育部工程图学教学指导委员会《工程图学课程教学基本要求》，总结了我校教师多年的工程图学教学经验，吸收了山东轻工业学院及兄弟院校近几年的教学改革成果，并适当考虑了工程图学的发展要求，编写了这本《机械工程图学》教材及与之配套的《机械工程图学习题集》。

习题集所有题目均用 AutoCAD 绘制，学生习作既可用手工仪器完成，也可用计算机完成。

本习题集由何冰清、闫鹏任主编，冯衍霞、李华、苏国胜任副主编。参加编写的有张红霞（第一章）、冯衍霞（第二章）、黄丽霞（第三章）、付秀琢（第四章）、朱泽平（第五章）、张玉伟（第六章）、李华（第七章）、何冰清（第八章、第九章）、闫鹏（第十章）。

本书由山东大学李绍珍教授主审。

本书在编写过程中，得到了山东轻工业学院有关领导及工程图学教师的支持与帮助，在此表示衷心的感谢。

由于编者水平所限，书中难免有错误与不当之处，敬请读者给予批评指正。

编　者

目　录

第 1 章　制图的基本知识

1-1　字体（要求用 HB 铅笔书写）

1. 汉字练习

机械图样基本知识零件形状标注尺寸

字体端正笔画清楚排列整齐间隔均匀

视图投影剖面设计校核班级比例结构分析箱体螺栓

2. 数字和字母练习

1 2 3 4 5 6 7 8 9 0 Φ 1 2 3 4 5 6 7 8 9 0 Φ

A B C D E F G H I J K L M N O P Q R S T U V

W X Y Z Ⅰ Ⅱ Ⅲ Ⅳ Ⅴ Ⅵ Ⅶ Ⅷ Ⅸ Ⅹ

a b c d e f g h i j k l m n o p q r s t u v w x y z

班级　　　　学号　　　　姓名

1-2 线型、尺寸标注

1. 在指定位置抄画图线及平面图形。

2. 2. 将下面图形进行尺寸标注(尺寸数值由图中按 1: 1 量取整数)。

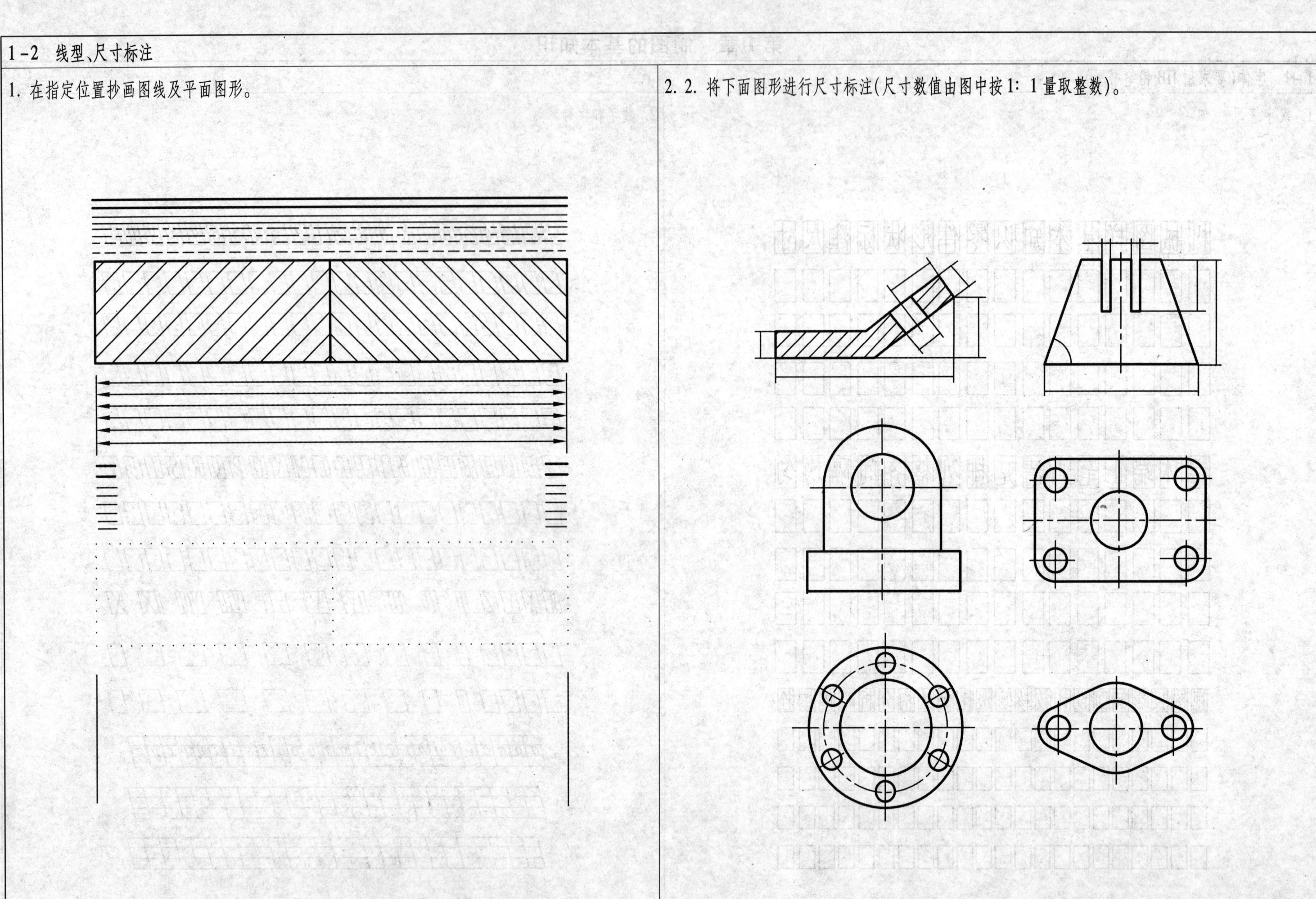

班级 学号 姓名

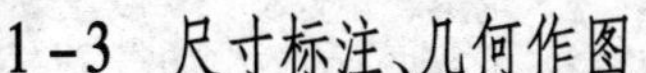

1-3 尺寸标注、几何作图

1. 分析尺寸标注的错误(打×),在下图中进行正确尺寸标注(标注完整)。

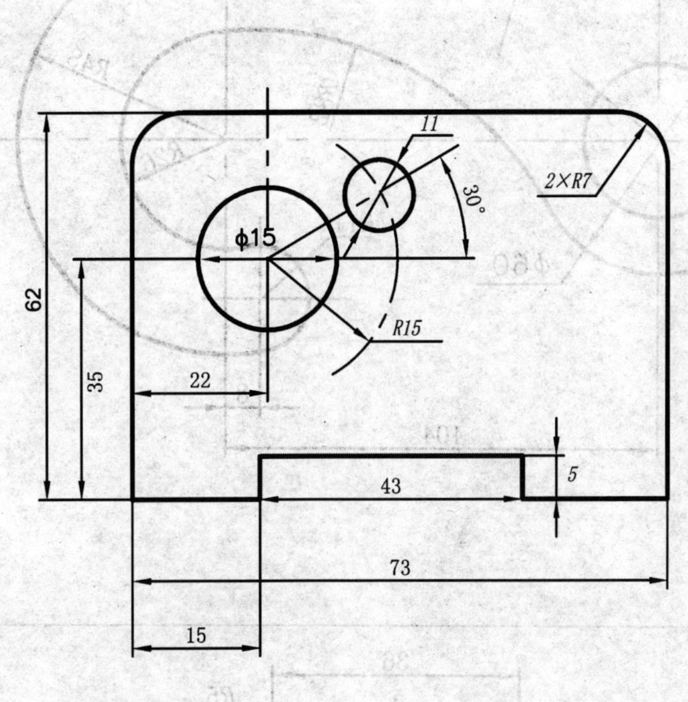

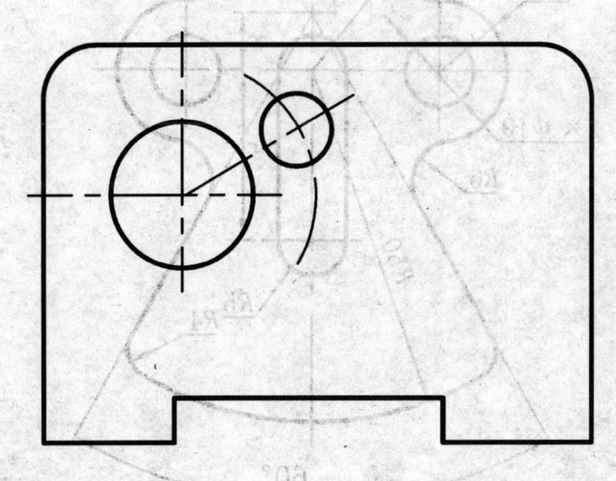

2. 几何作图

(1)按图例完成下列图形(保留作图过程),并标注锥度、斜度。

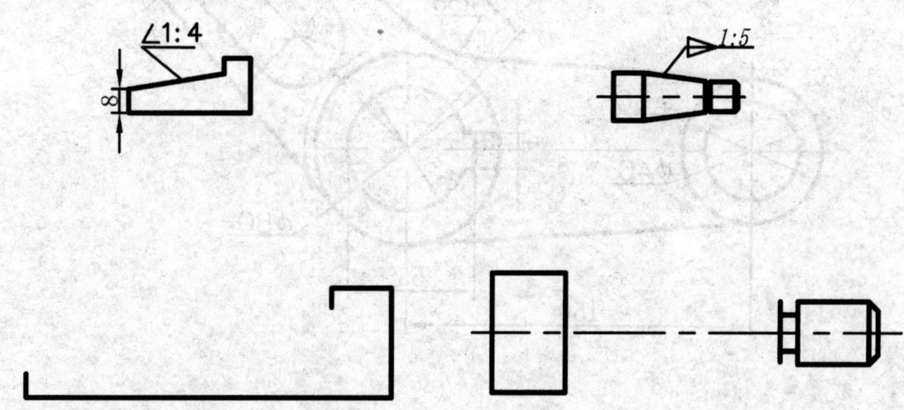

(2)作圆的内接正五边形和内接正六边形。

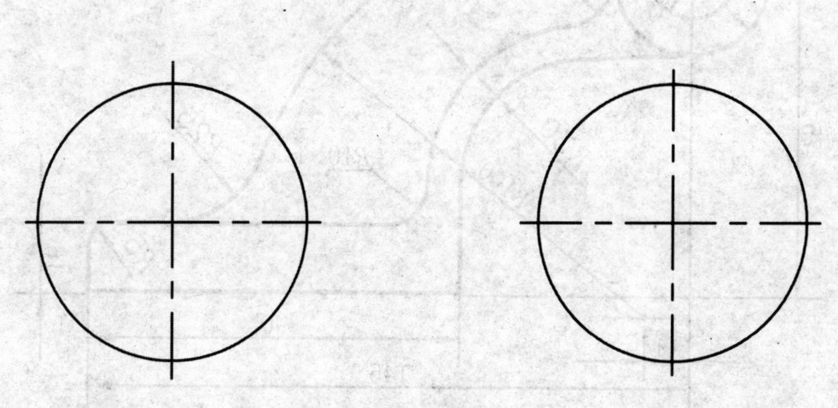

班级　　学号　　姓名

1-4 圆弧连接(用1:1的比例抄画下列图形,保留作图线)

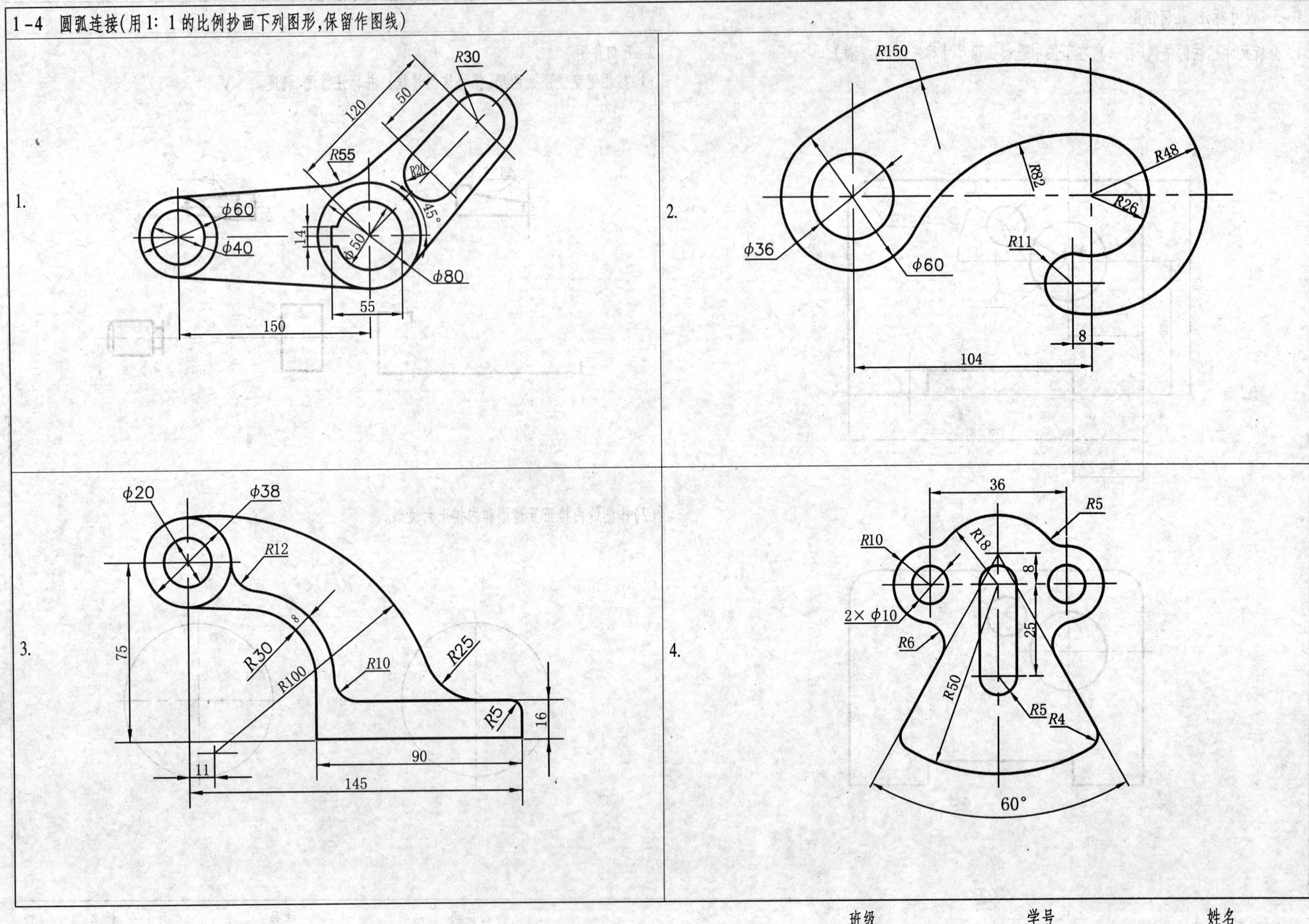

第2章　点、直线及平面的投影

2-1　点的投影

1. 已知各点的投影,试作出第三投影。

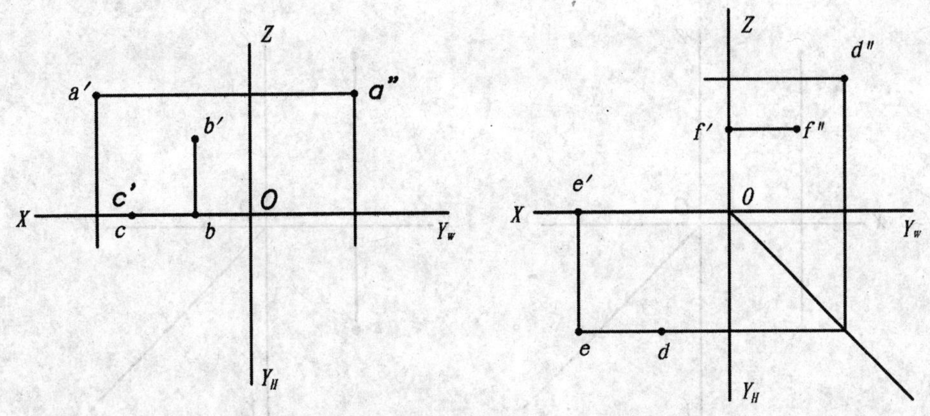

2. 根据已知条件,试作出各点的三面投影图。

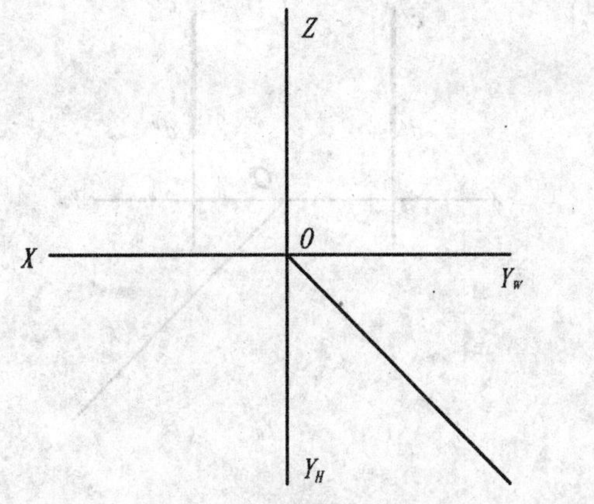

(mm)

	距V面	距H面	距W面
A	10	15	20
B	15	20	10
C	20	10	15

3. 已知点A在点B的上方10mm,后方15mm,左方12mm,点C在点D的下方10mm,前方10mm,右方5mm,试作出点A和点C的三面投影图。

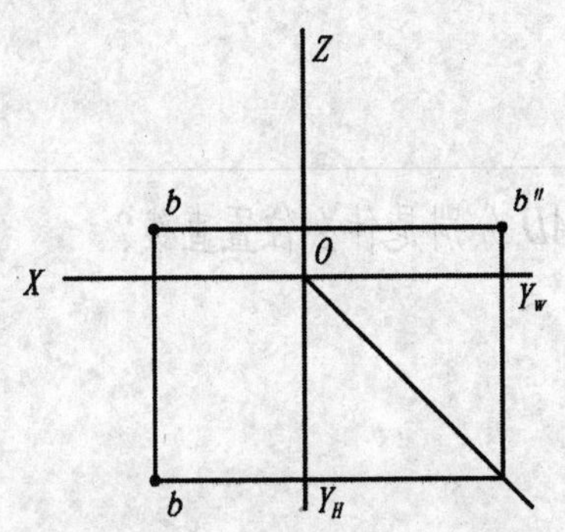

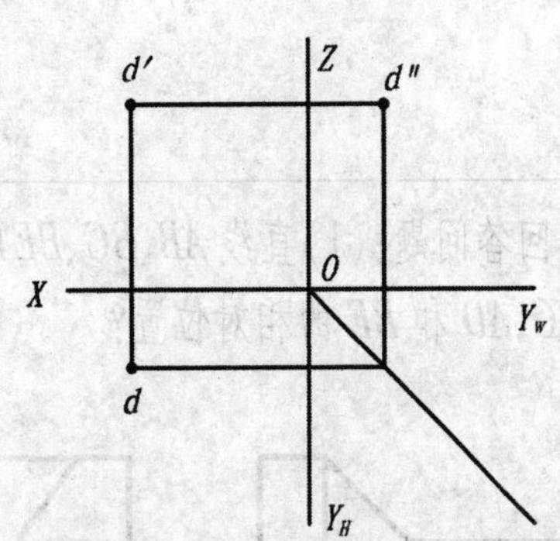

4. 已知各点的投影图,问各点与投影面的距离各为多少(取整数)。

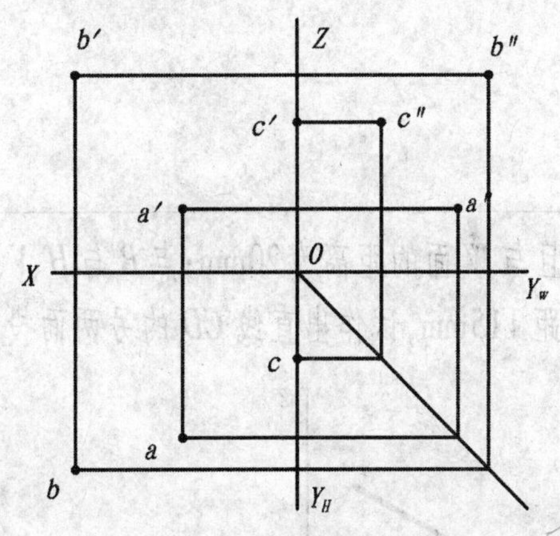

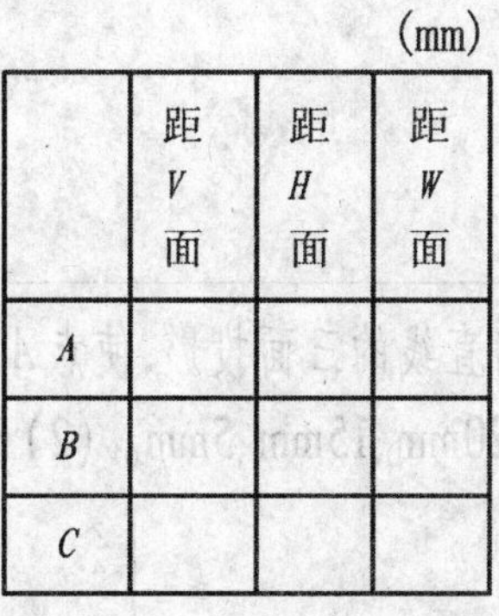

(mm)

	距V面	距H面	距W面
A			
B			
C			

5. 已知A点的三面投影和点B、C的V、W投影,求点B、C的H面投影。(用两点相对位置作图)

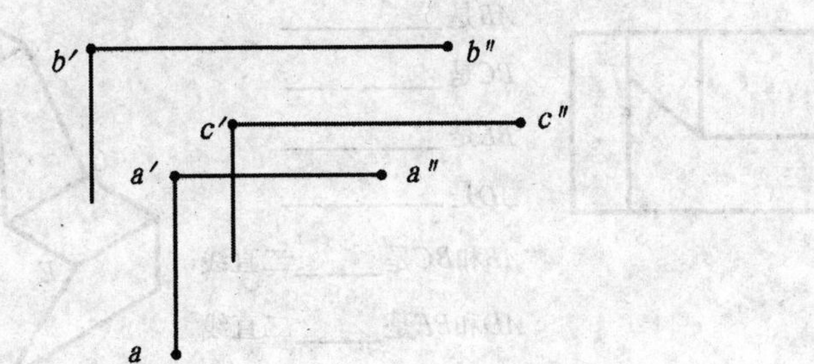

6. 已知点A(15,10,0)和点B(10,15,5),试作出它们的三面投影图及在轴测图中的位置。

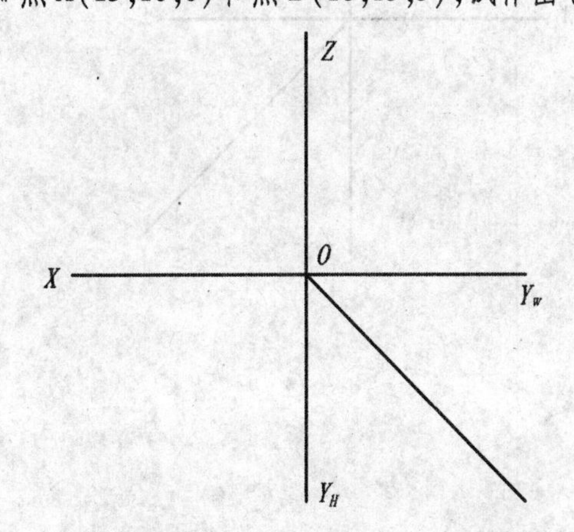

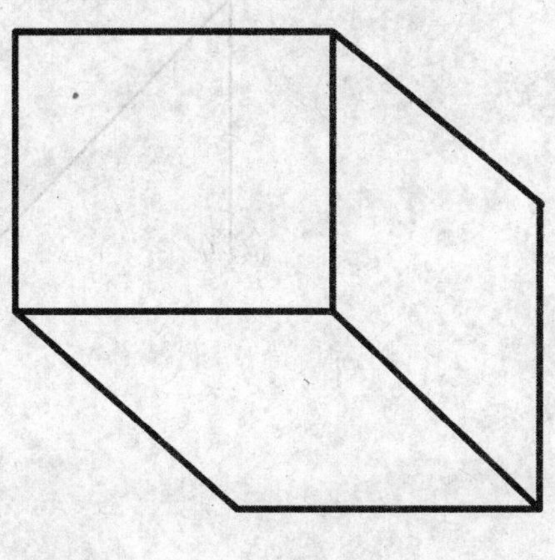

班级　　学号　　姓名

2-2 直线的投影

1. 判别下列直线对投影面的相对位置,并作出其第三投影。

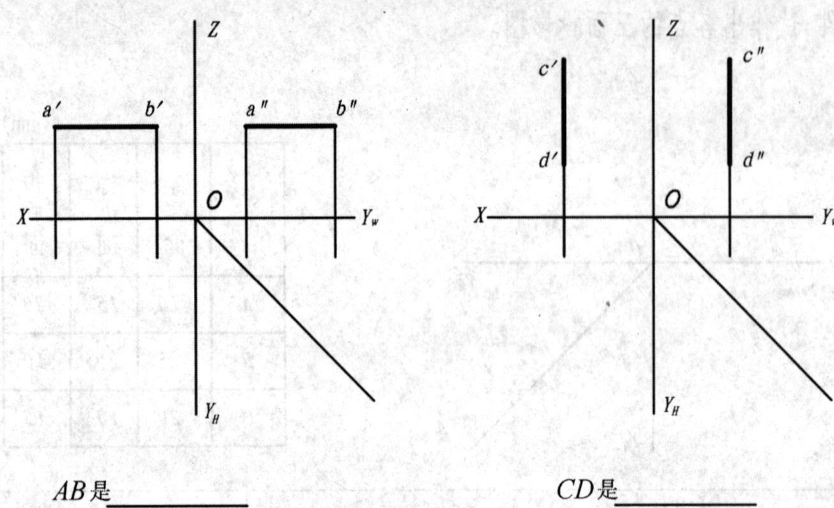

AB是__________　　CD是__________

2. 已知AB的长度为20mm,求作其三面投影图。

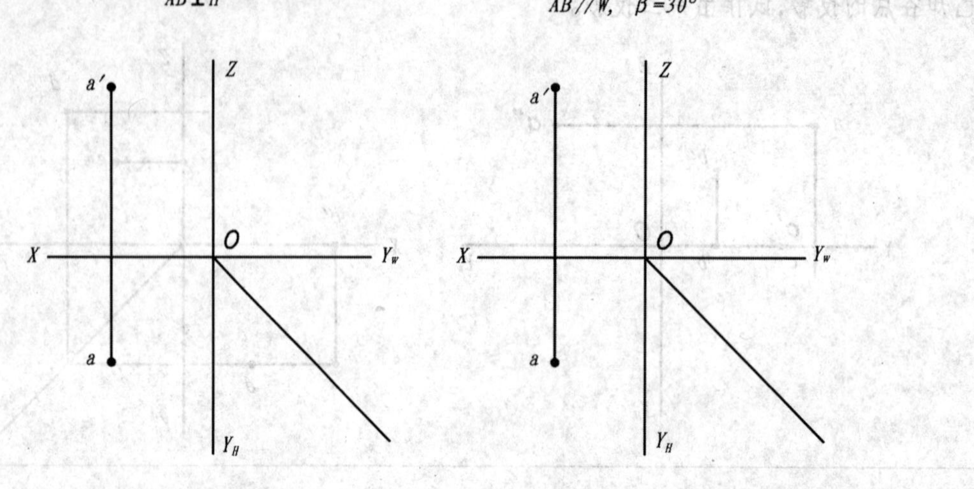

(B点在A点的下方)　　(B点在A点的前方、下方)

3. (1)试作出直线的三面投影,使点A位于OX上,且与W面的距离为20mm;点B与H、V、W面间的距离分别为20mm、15mm、5mm。(2)已知直线CD距V15mm,试作出直线CD的另两面投影图。

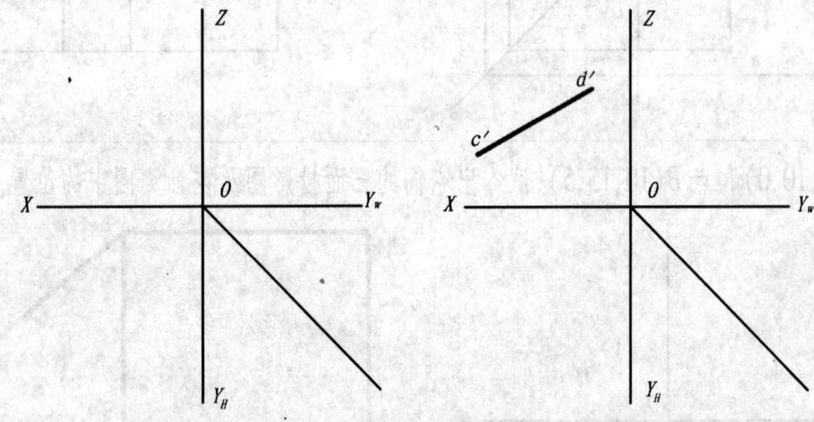

4. 看懂投影图并回答问题:(1)直线AB、BC、BET和AD分别是什么位置直线?(2)直线AB和BC,AD和BE的相对位置?

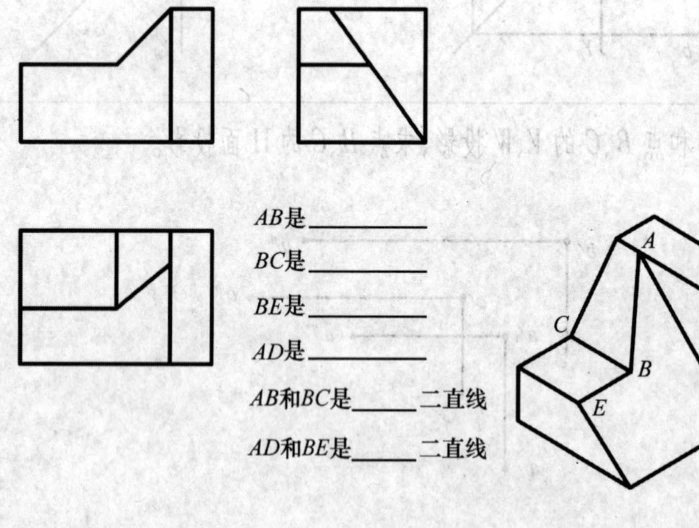

AB是__________

BC是__________

BE是__________

AD是__________

AB和BC是______二直线

AD和BE是______二直线

班级　　　　学号　　　　姓名

2-3 直线的投影

1. 判别两直线在空间的相对位置(后两题保留作图过程)。

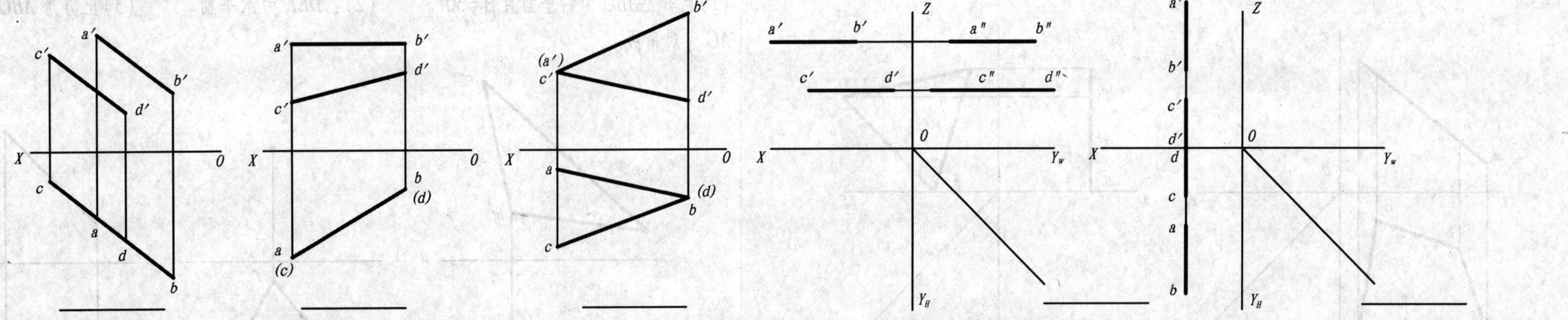

2. 已知直线 AB 的水平面投影 ab 和实长 L,求作 AB 的正面投影 $a'b'$。

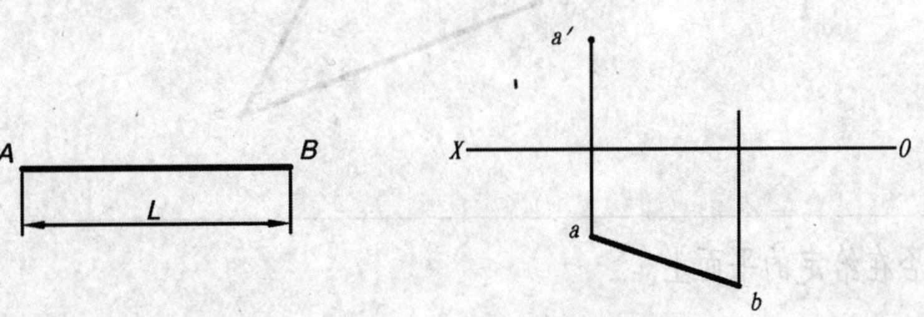

3. 判断交叉二直线重影点的可见性。

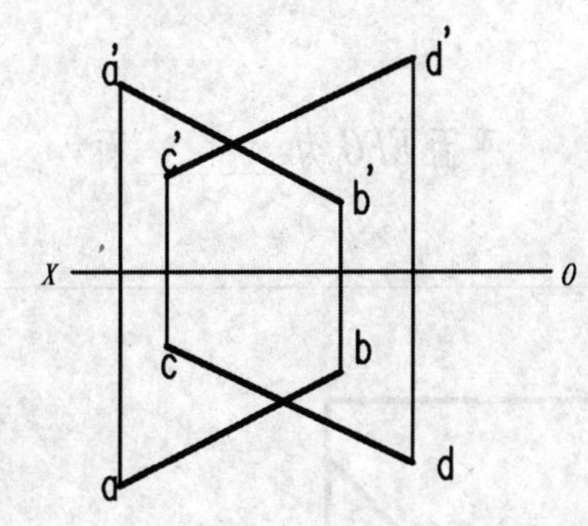

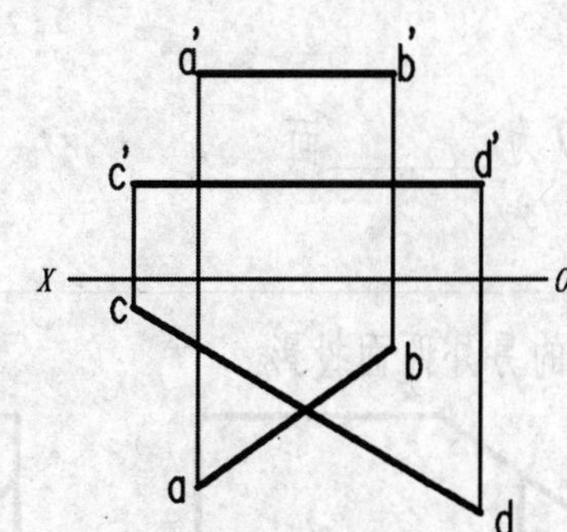

4. 在距 H 面 15mm 处引一条水平线与已知的平行二直线 AB、CD 相交。

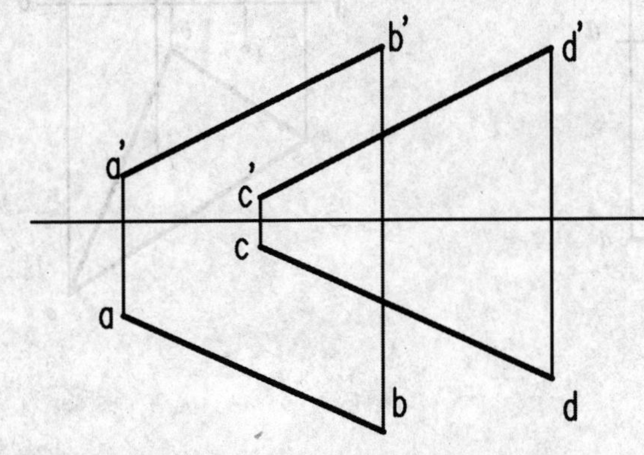

5. 判断∠ABC 是不是直角。

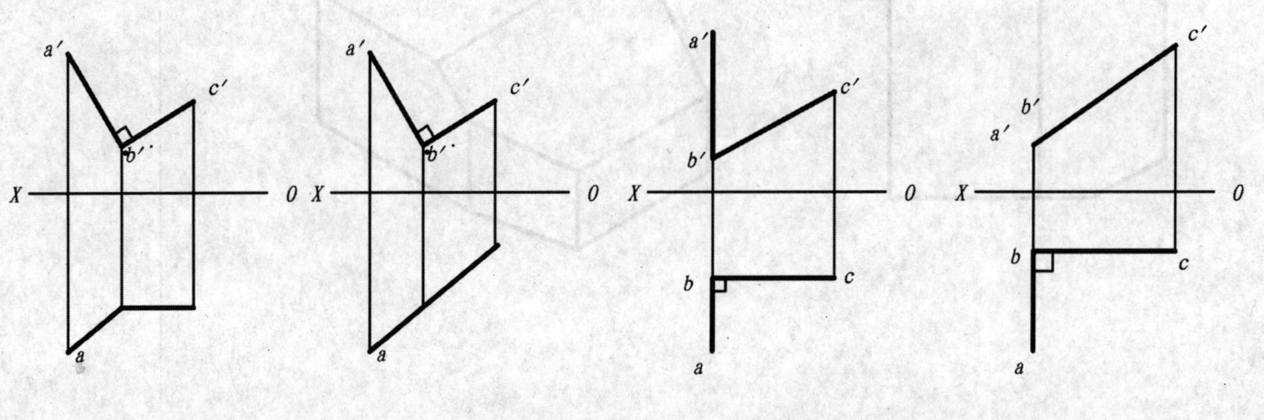

班级　　学号　　姓名

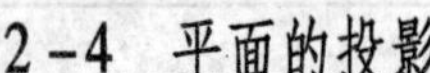

2-4 平面的投影

1. 已知平面 *ABCD* 和 *EFG* 及平面上点 *K* 的两投影，完成第三投影，并判别平面对投影面的相对位置。

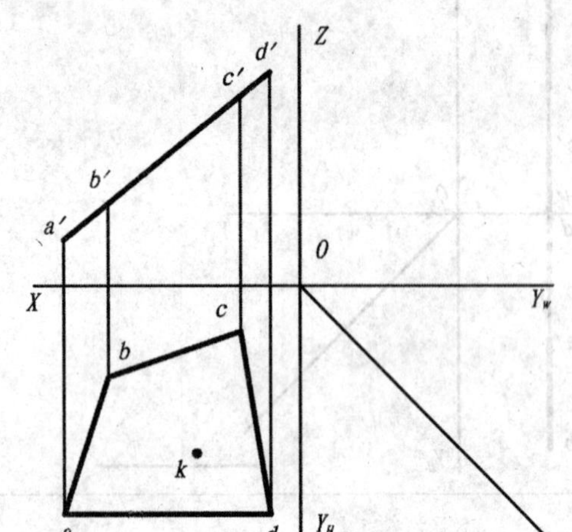

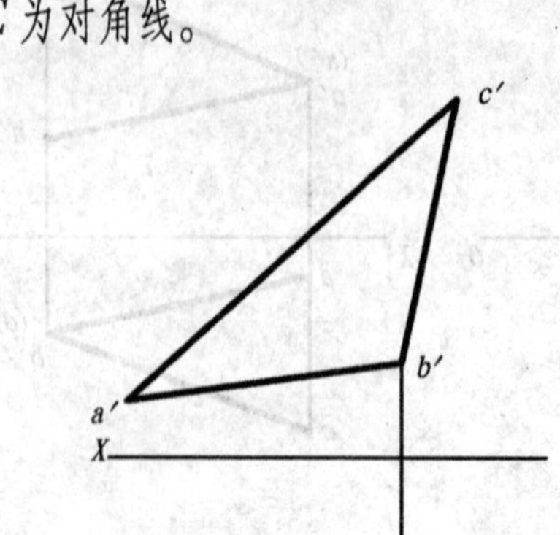

平面 *ABCD* 为________面　　　　平面 *EFG* 为________面

2. 完成下列平面图形的两投影。

(1) 已知△*ABC* 为铅垂面且 $\beta=30°$。　(2) △*DEF* 为水平面。　(3) 正方形 *ABCD* 为正垂面，*AC* 为对角线。

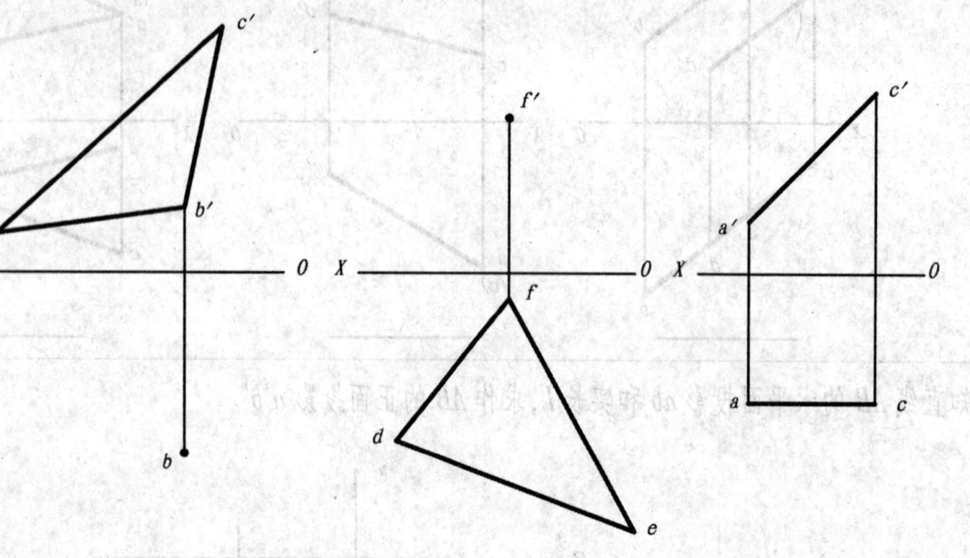

3. 标出指定平面的另外两面投影。

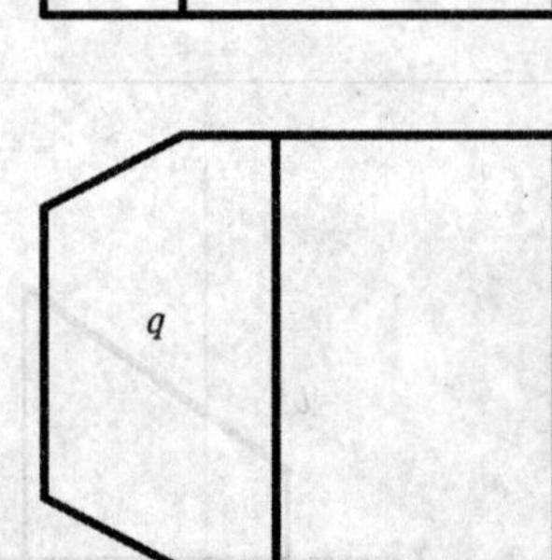

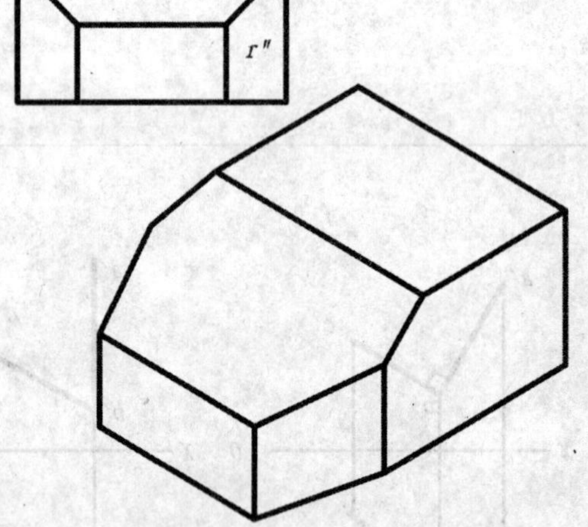

4. 判断点 *K*、*L* 是否在给定的平面上。

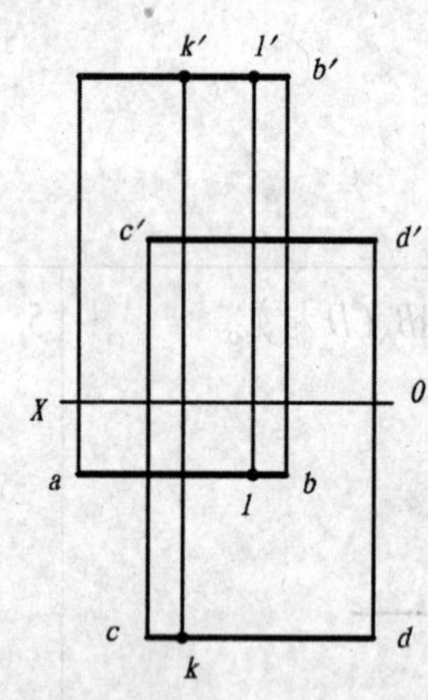

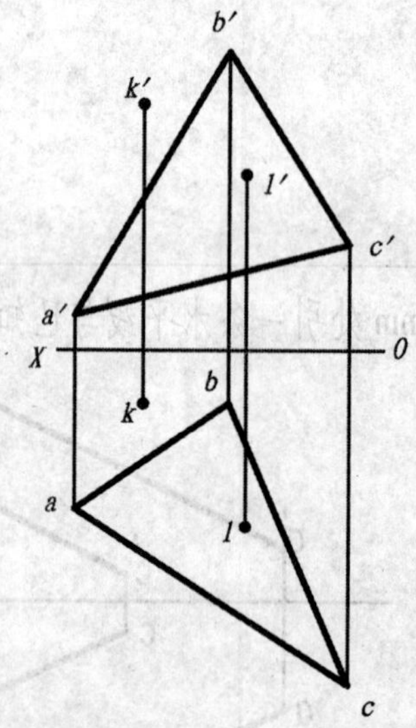

班级　　　　学号　　　　姓名

2-5 平面的投影

1. 补全平面上点和直线的投影。

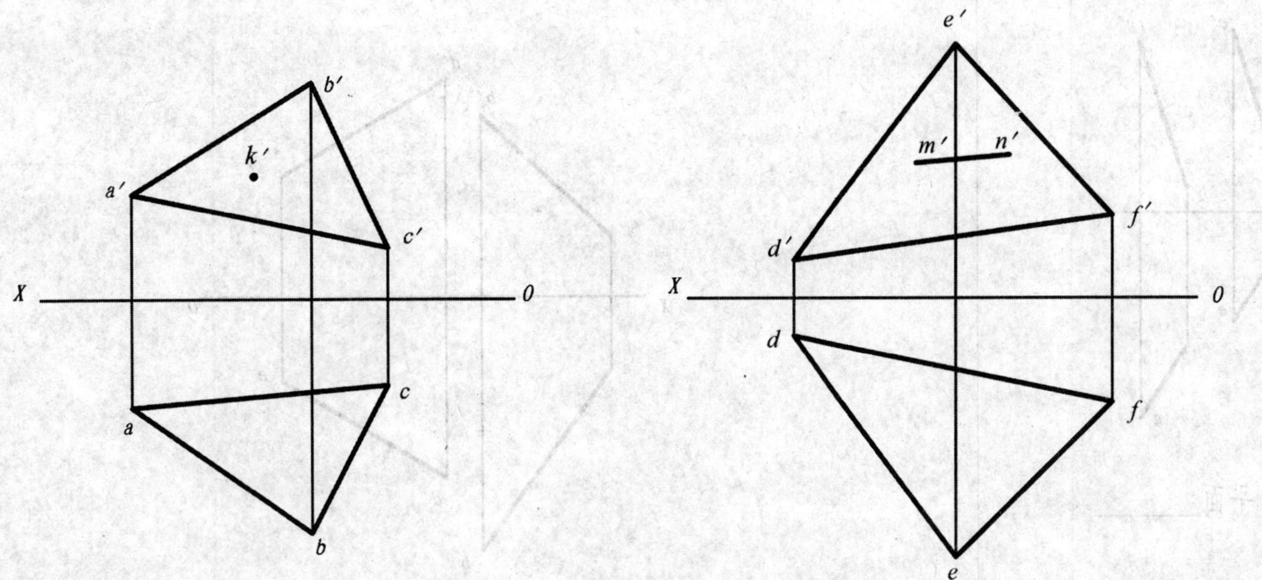

2. 在平面 *ABC* 内作一条距 *H* 面为 25mm 的直线 *EF*。

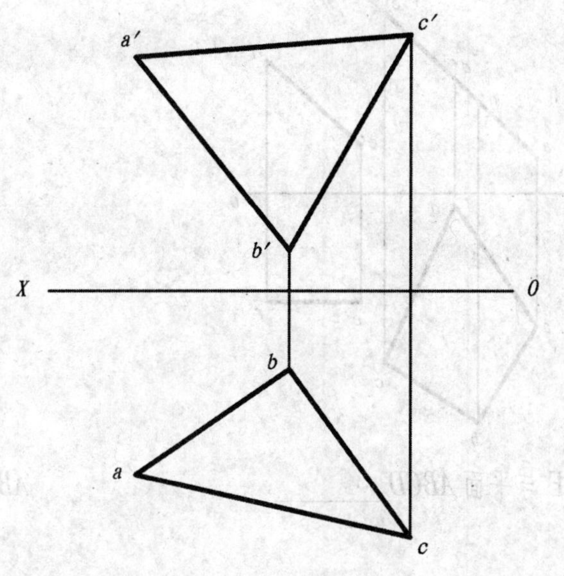

3. 在△*ABC* 上过点 *A* 作正平线 *AD* 和水平线 *AE*。

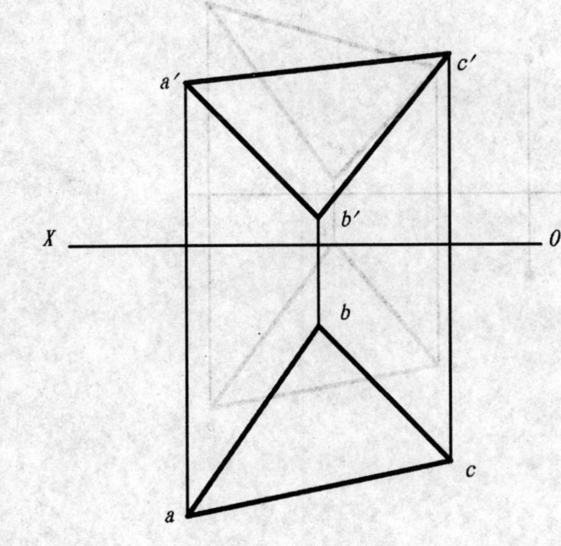

4. 完成平面图形 *ABCD* 的水平投影。

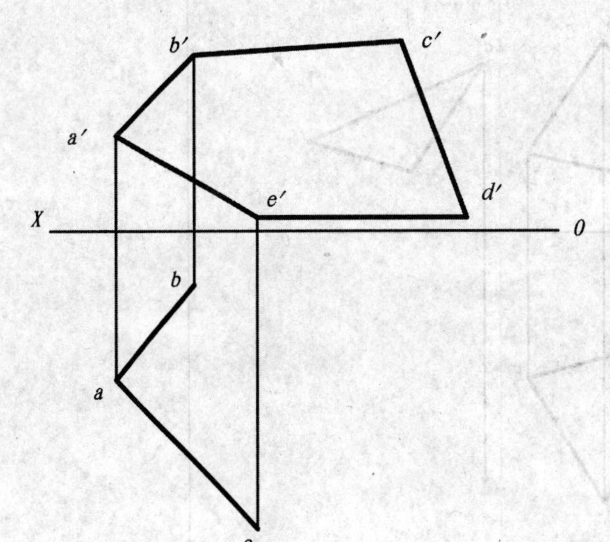

5. 在平面 *ABCD* 上取点 *K*，使其距 *V* 面 25mm，距 *H* 面 15mm。

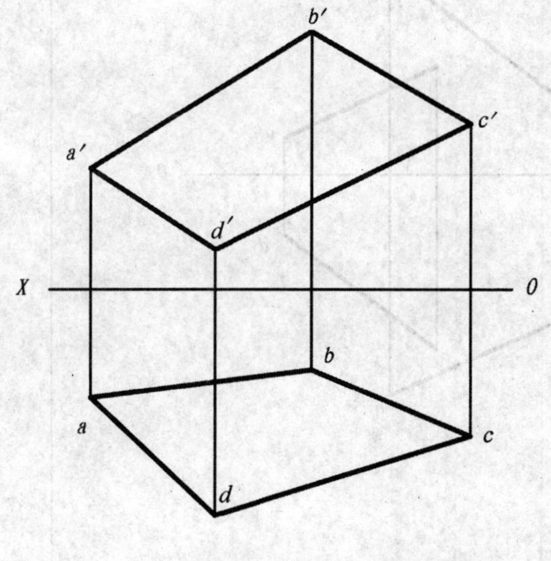

班级　　　　学号　　　　姓名

2-6 直线与平面、平面与平面的相对位置

1. 判断直线与平面、平面与平面是否相互平行。

(1) $a'b' \parallel c'd' \parallel e'f'$；$ef \parallel OX$

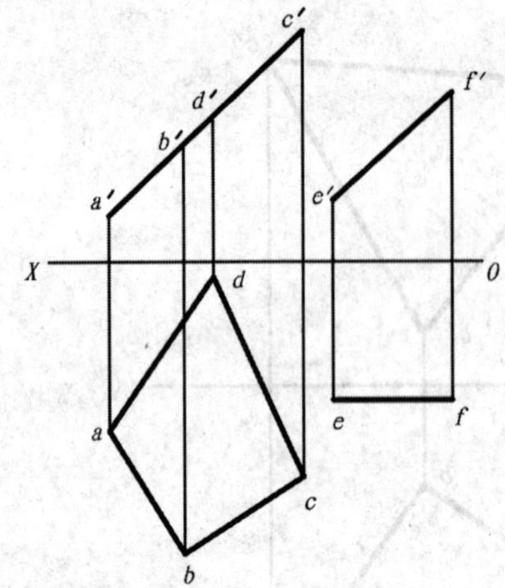

直线 EF 与平面 *ABCD* ________

(2) $a'b' \parallel c'd' \parallel e'f' \parallel g'h'$ $ab \parallel cd \parallel ef \parallel gh$

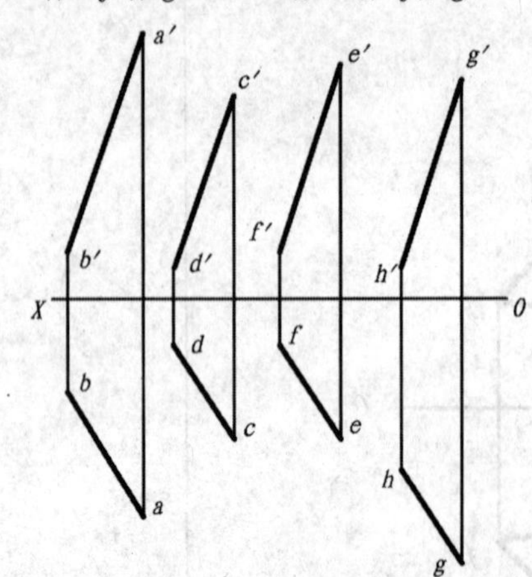

$AB \parallel CD$ 平面与 $EF \parallel GH$ 平面________

2. 过直线 *AB* 作平面，使其平行于直线 *DE*。

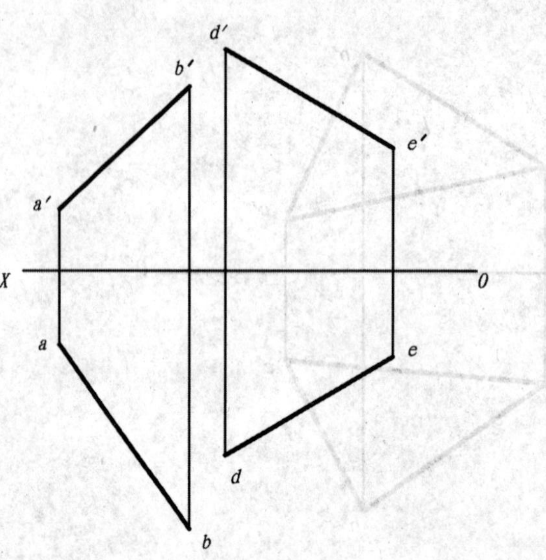

3. 过 *AB* 与 *CD* 各作一平面，使其相互平行。

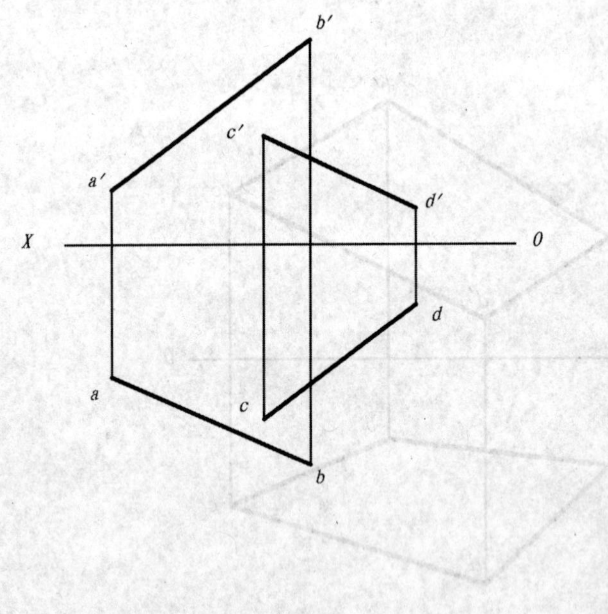

4. 已知△*ABC* 与△*DEF* 平行（$d'e' \parallel b'c'$），试补全△*DEF* 的 H 面投影。

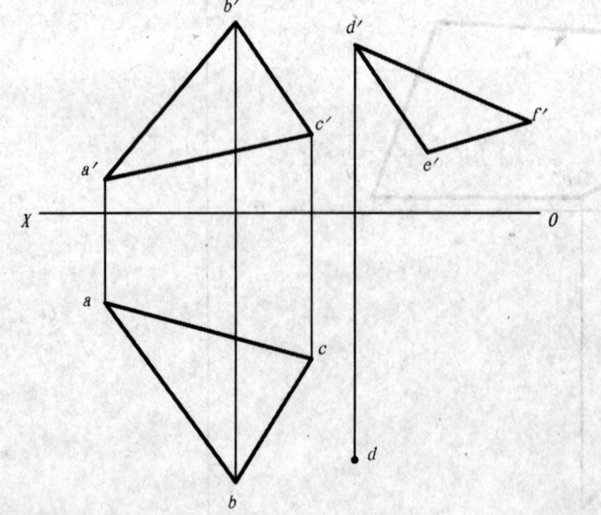

5. 过点 *K* 作正平线 *KL*，使其平行于△*ABC*。

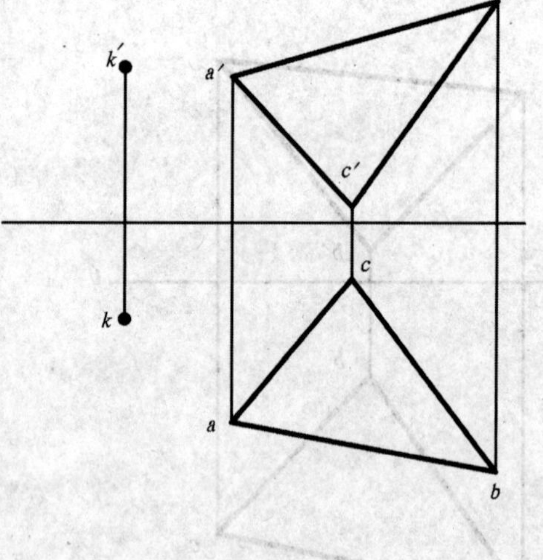

班级 学号 姓名

2-7 直线与平面、平面与平面的相对位置

1. 求交点并判断可见性。

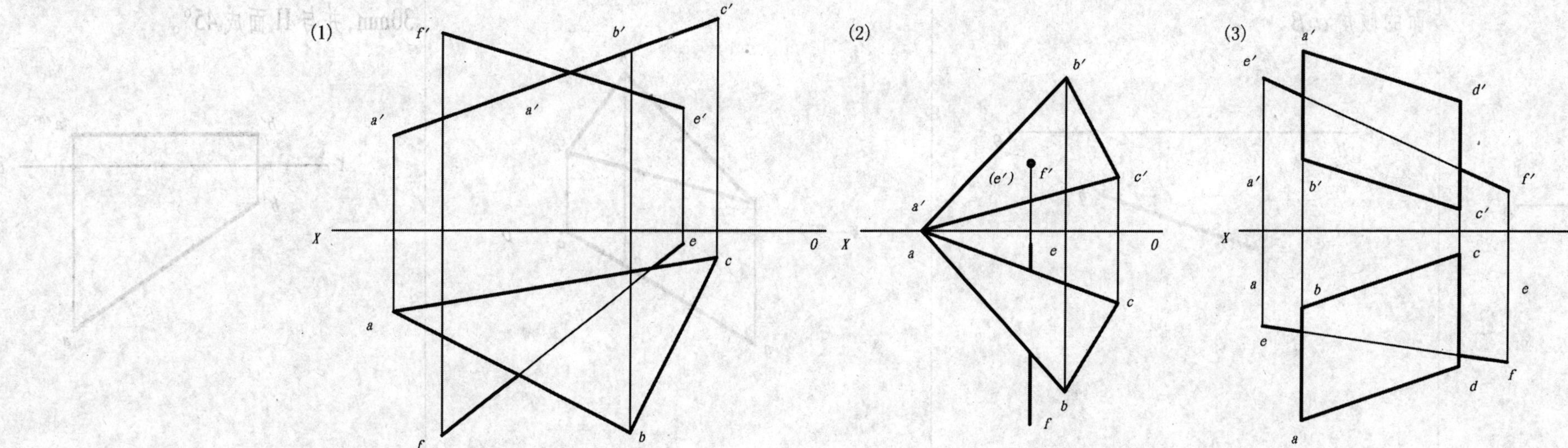

2. 求两平面的交线，并判别可见性。

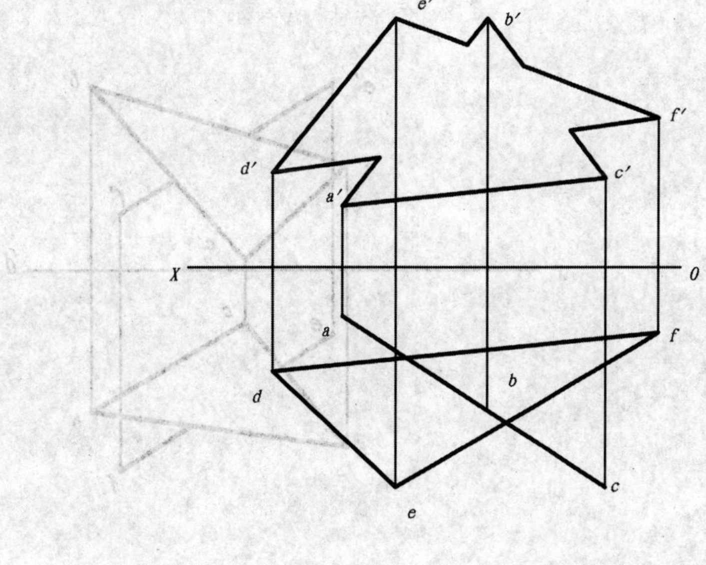

3. 求两平面的交线，并判别可见性。

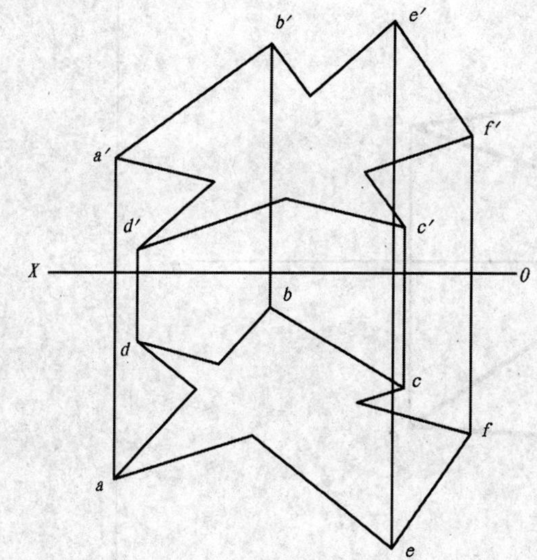

班级　　　　学号　　　　姓名

2-8 换面法

1. 求直线 AB 实长及其对 H、V 面的倾角 α、β。

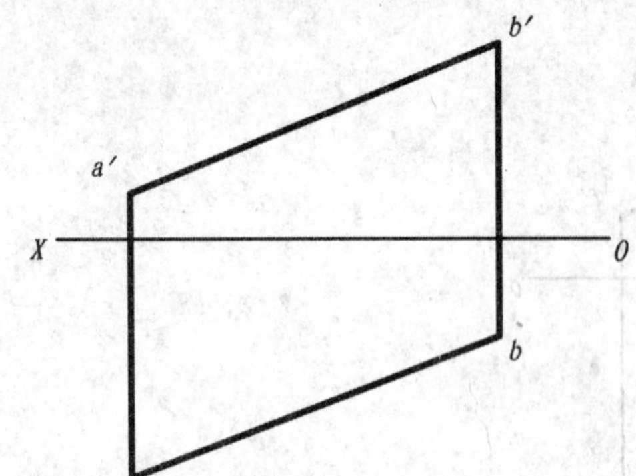

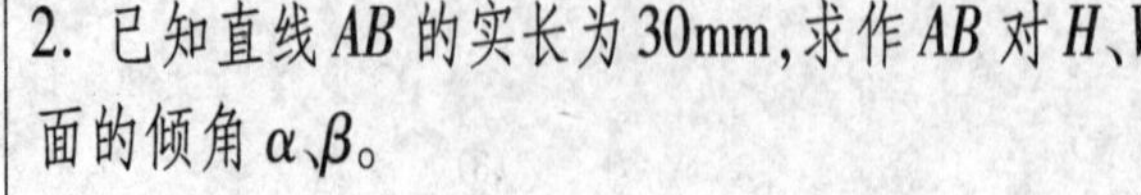

2. 已知直线 AB 的实长为 30mm，求作 AB 对 H、V 面的倾角 α、β。

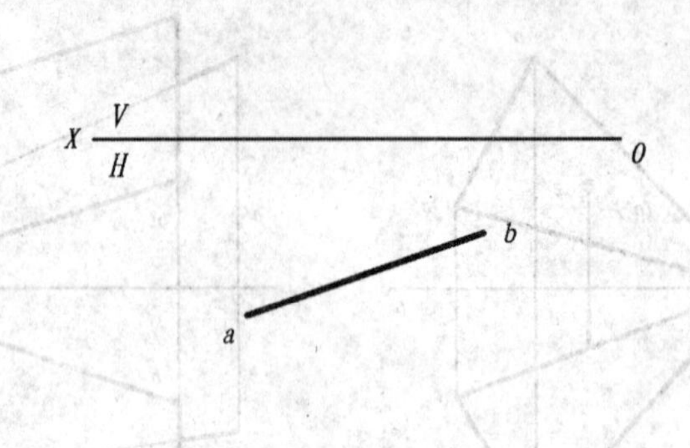

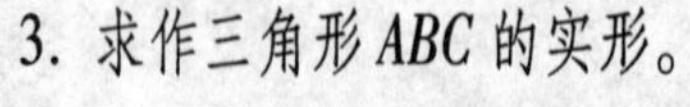

3. 求作三角形 ABC 的实形。

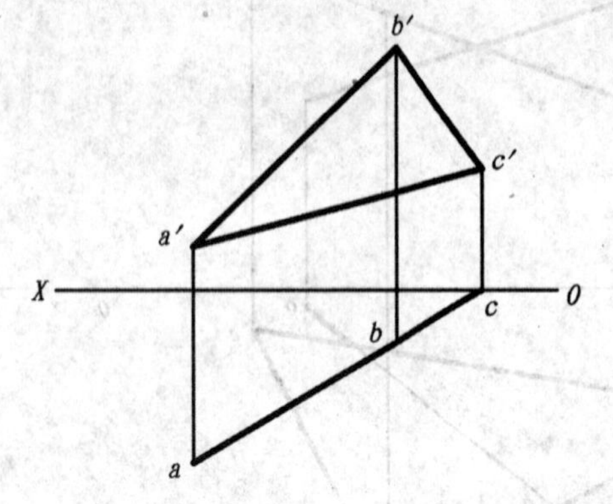

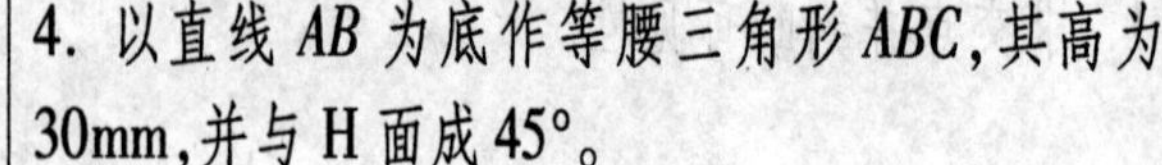

4. 以直线 AB 为底作等腰三角形 ABC，其高为 30mm，并与 H 面成 45°。

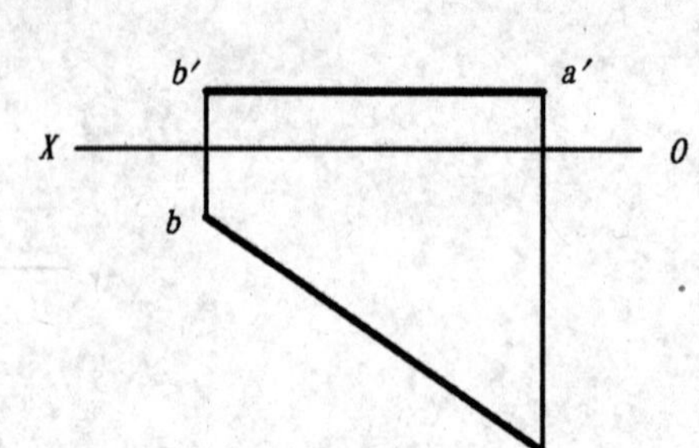

5. 求三角形 ABC 的实形。

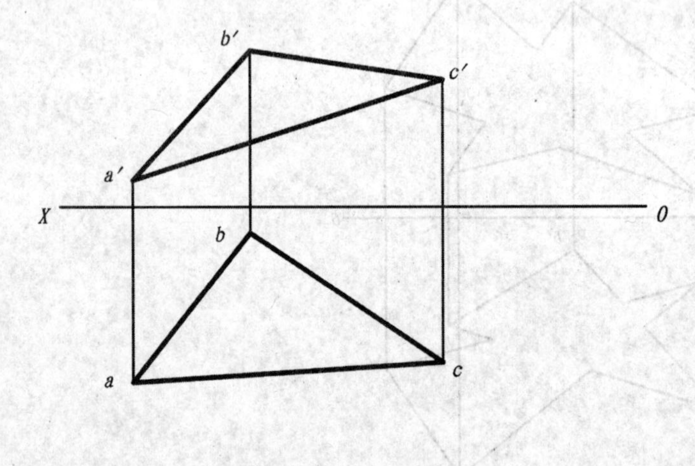

6. 求点 D 到三角形 ABC 的距离。

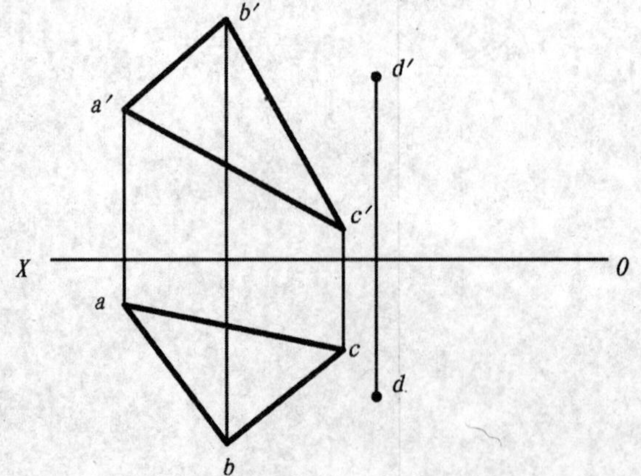

7. 求直线 EF 与 $\triangle ABC$ 的交点 K。

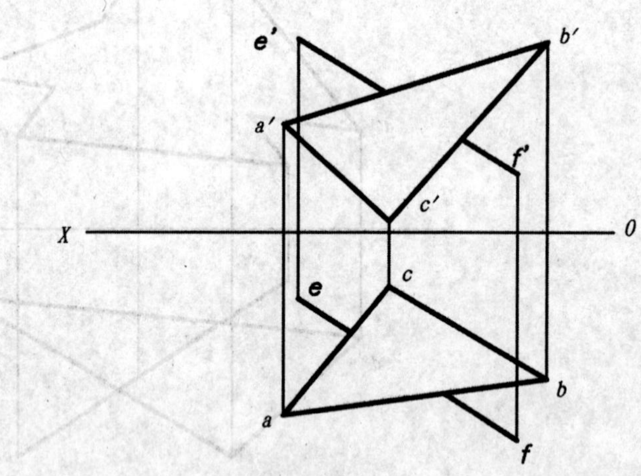

班级　　学号　　姓名

3-1 补全平面立体的三面投影；并求其表面上点、线的投影。

3-2 求平面切割体的投影。

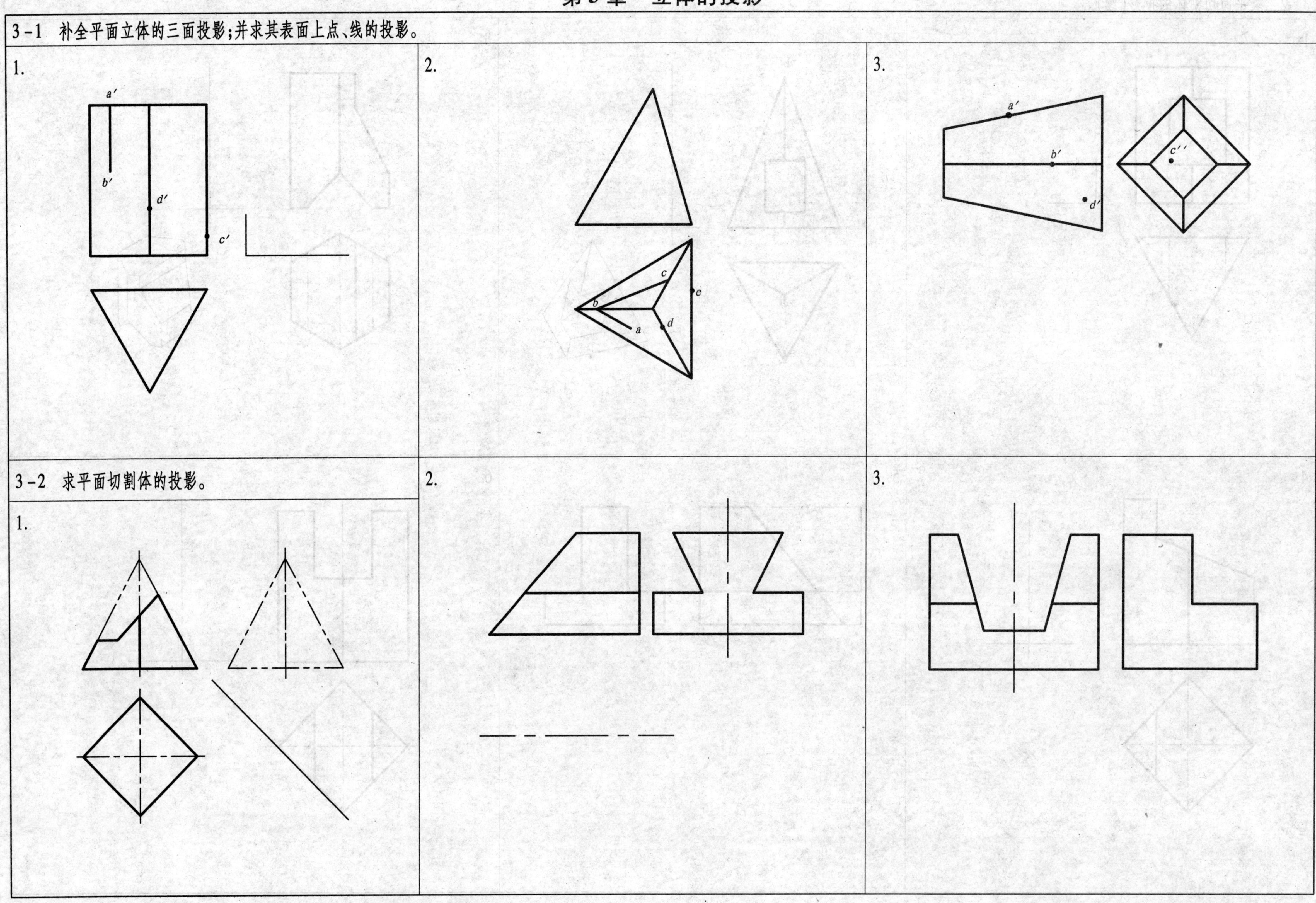

班级 学号 姓名

3-2 求平面切割体的投影(续)。

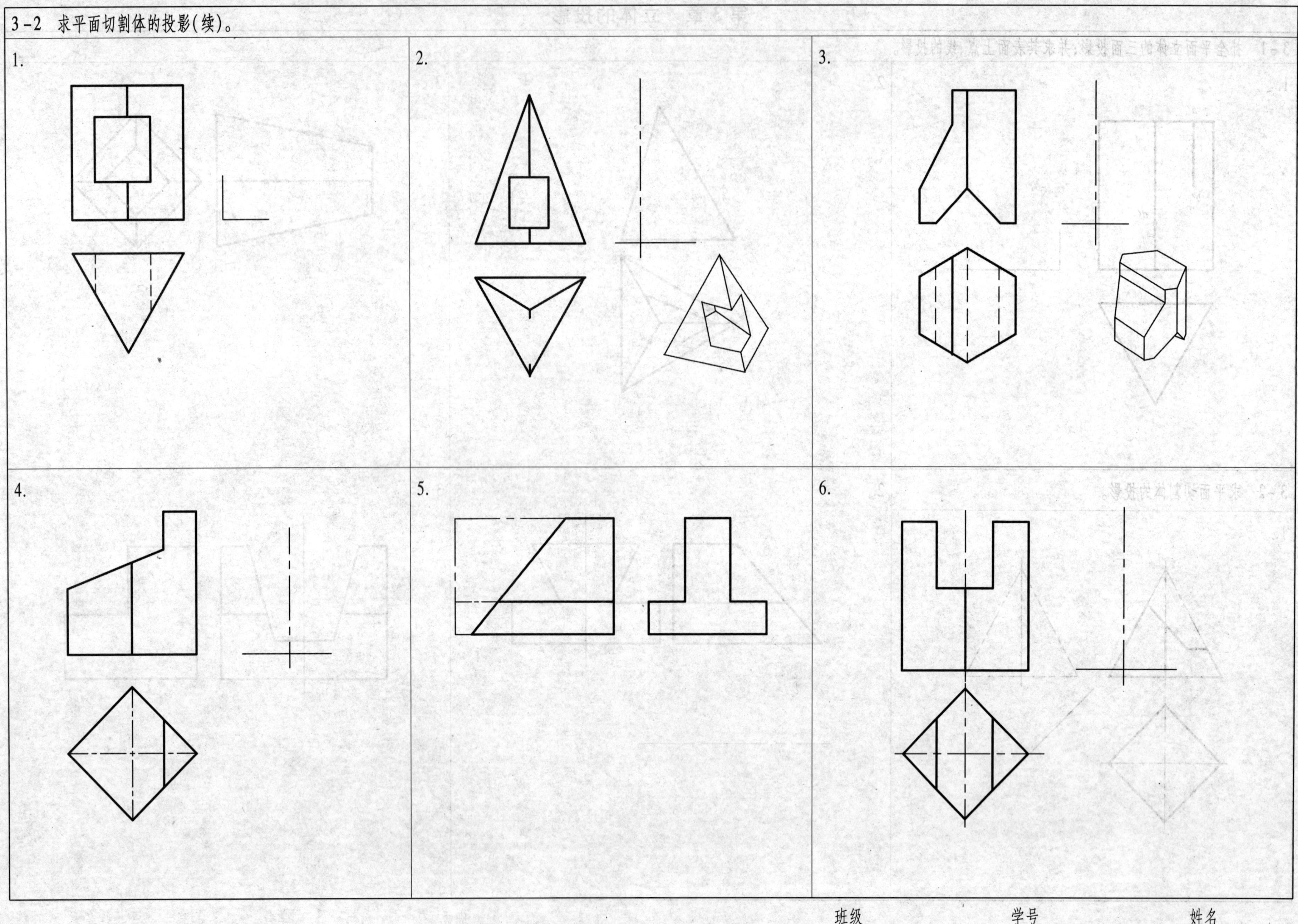

班级　　学号　　姓名

3-3 曲面立体及其表面上的点和线。
1.
a′
b′
e′
c′
d
2.
a′
c′
d′
b″
3-4 补全曲面立体的投影(保留作图线)。
1.
3.
c″
d″
a
b
4.
b′
a′
d′
c″
e
2.

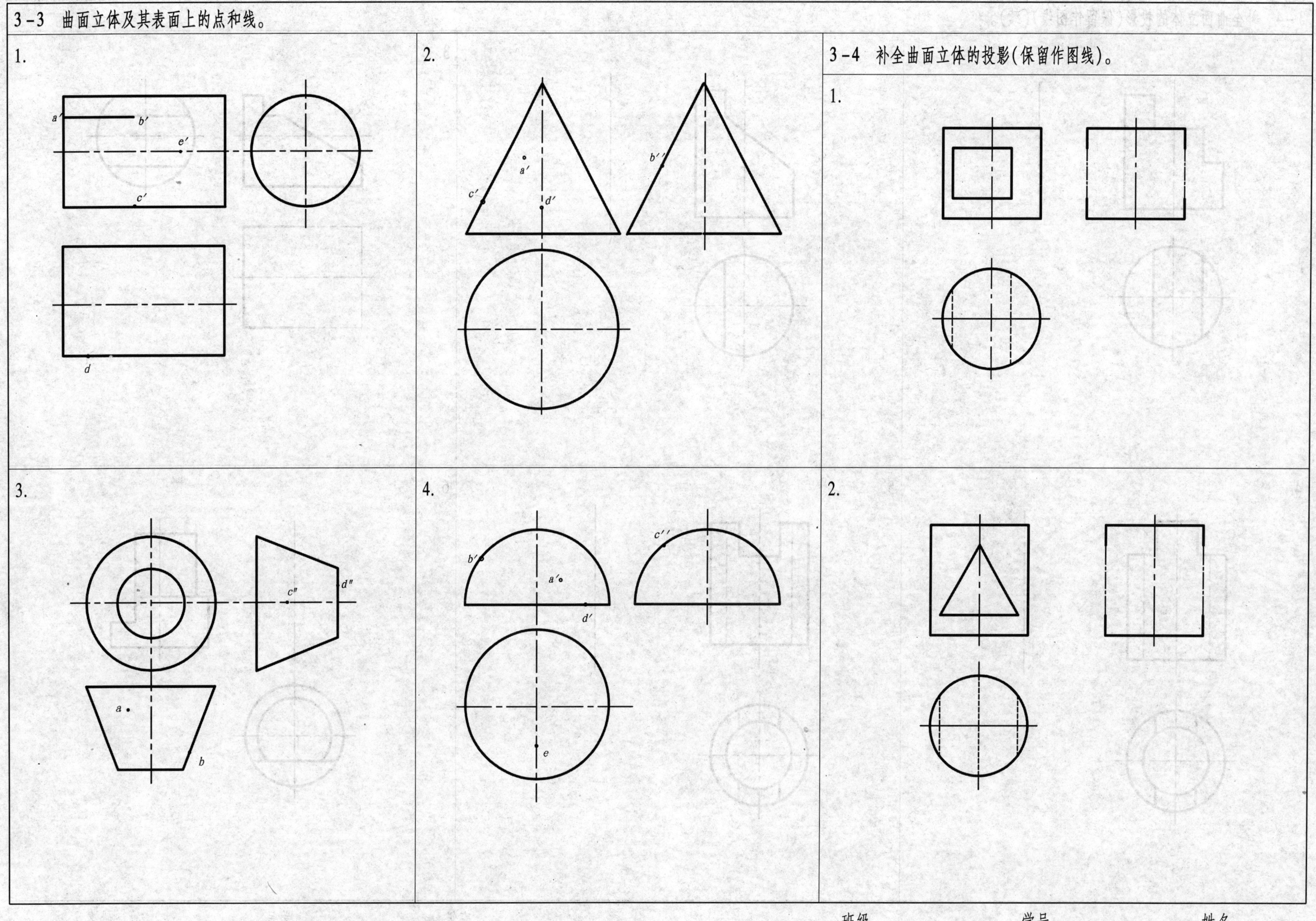

班级 学号 姓名

3-4 补全曲面立体的投影(保留作图线)(续)。

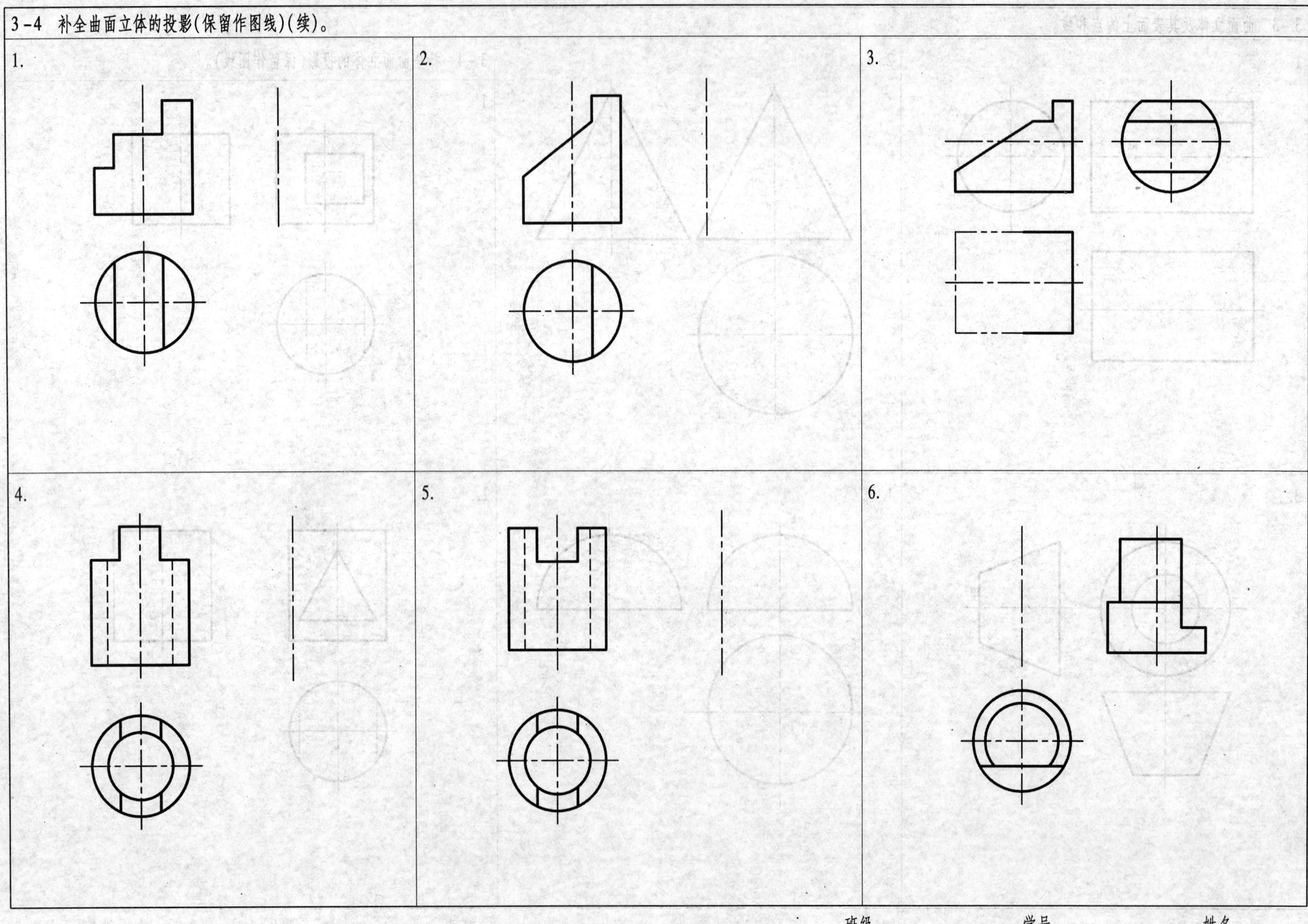

班级 学号 姓名

3-5　完成曲面立体及其截交线的投影。

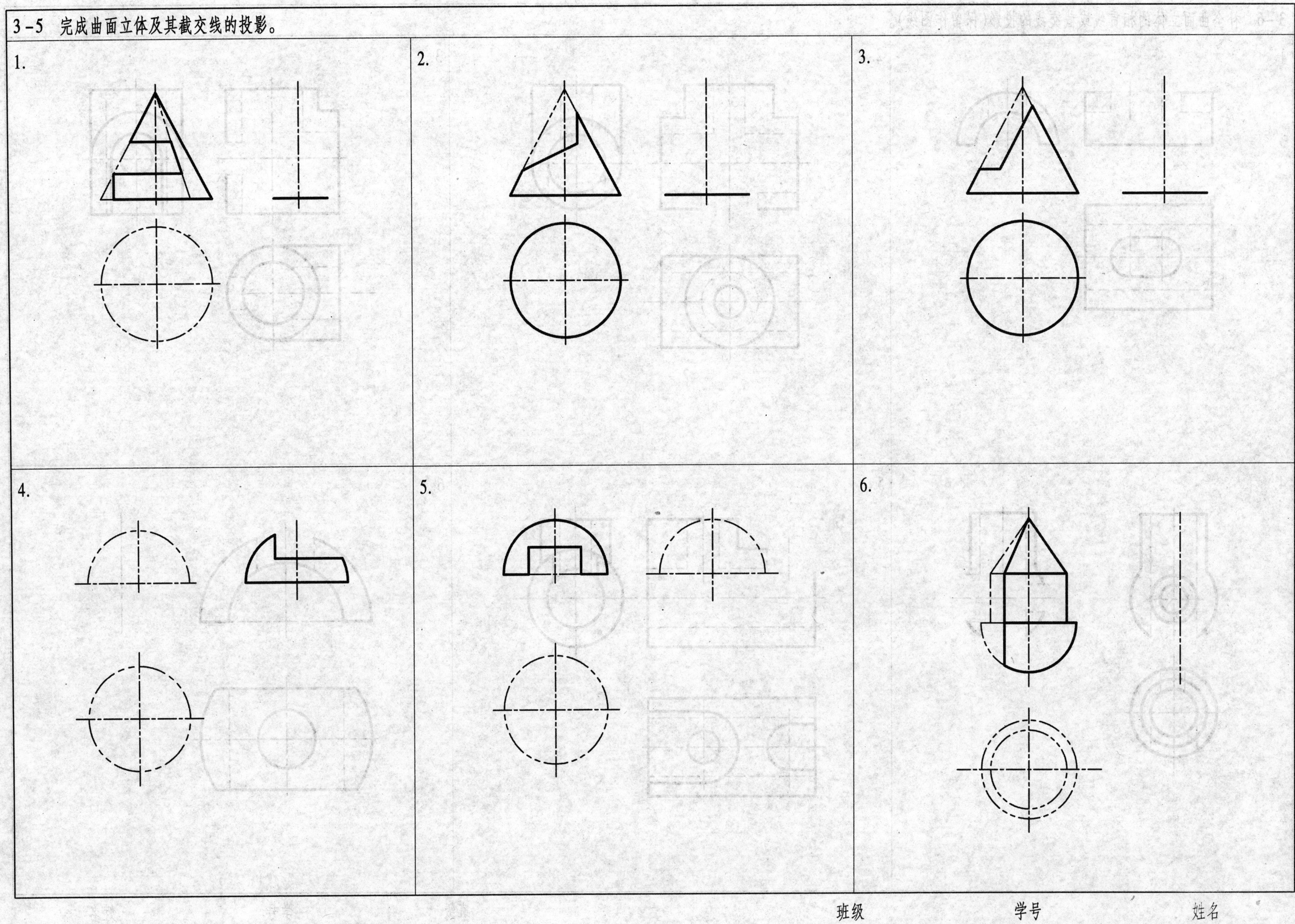

班级　　　　学号　　　　姓名

3-6 补全曲面立体的相贯线或截交线的投影(保留作图线)。

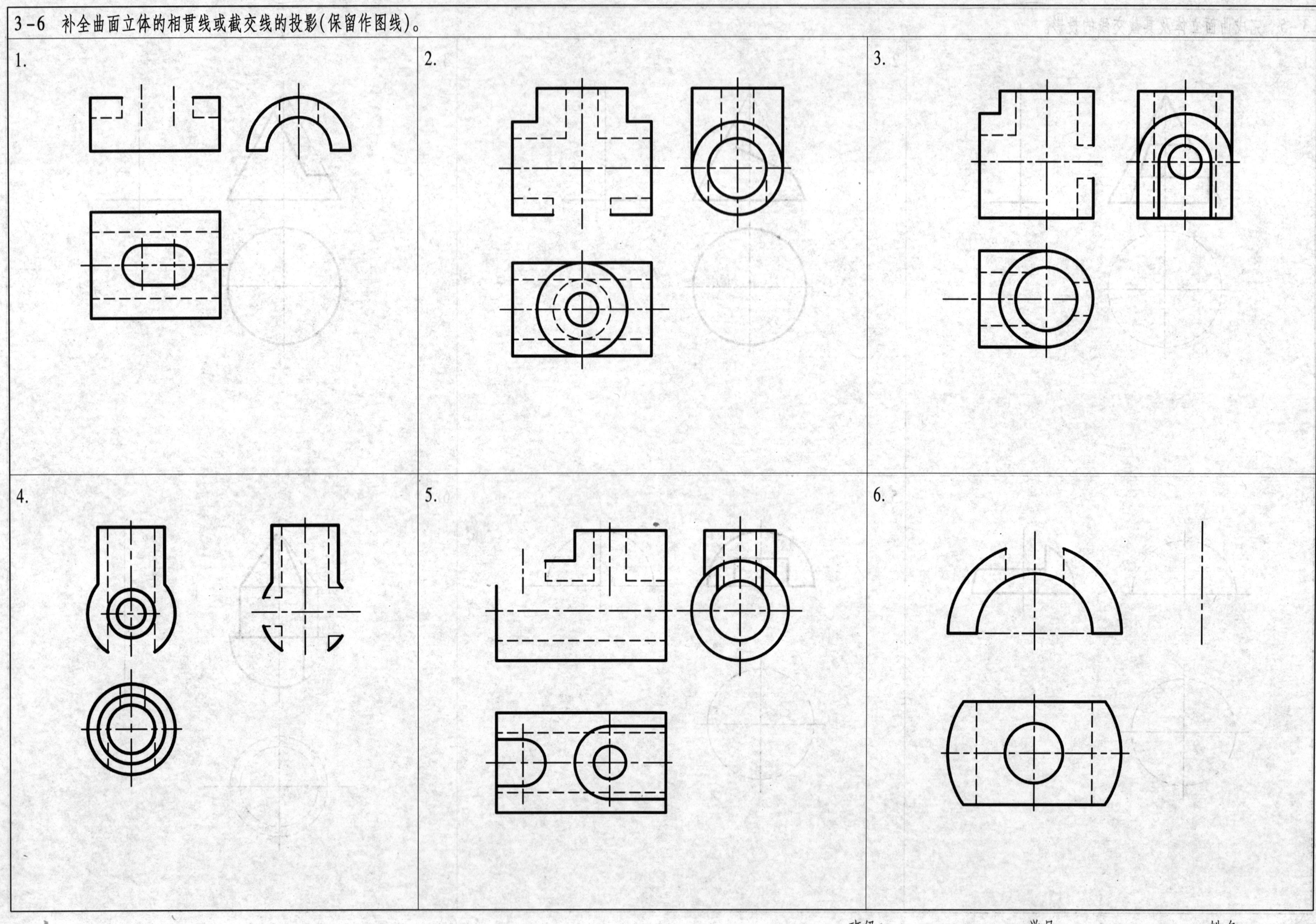

班级　　学号　　姓名

3-7 补全曲面立体相贯线的投影(保留作图线)。

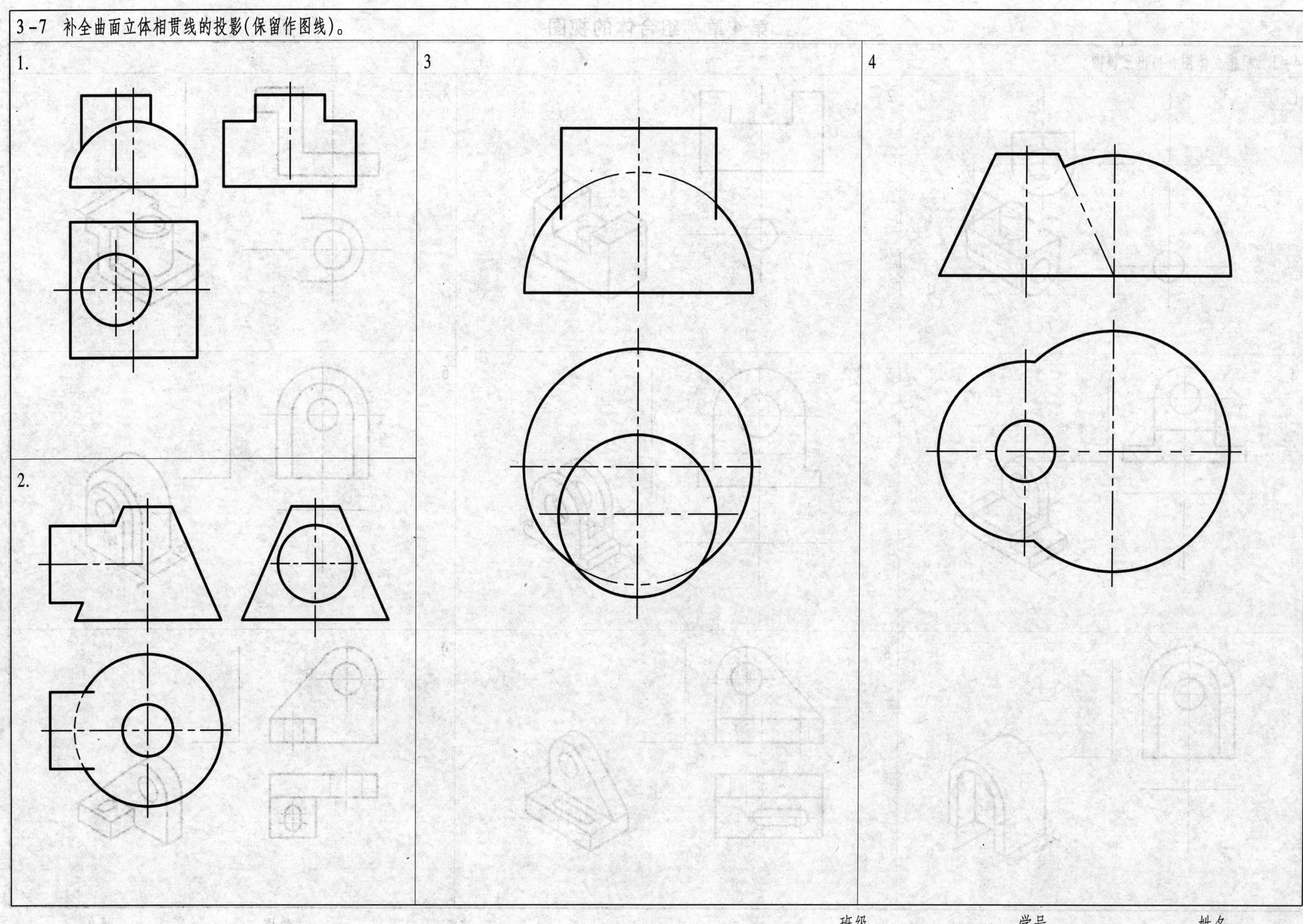

班级 学号 姓名

4-1　根据立体图补画出三视图。

班级　　学号　　姓名

4-2 根据立体图补齐视图中所缺的线条。

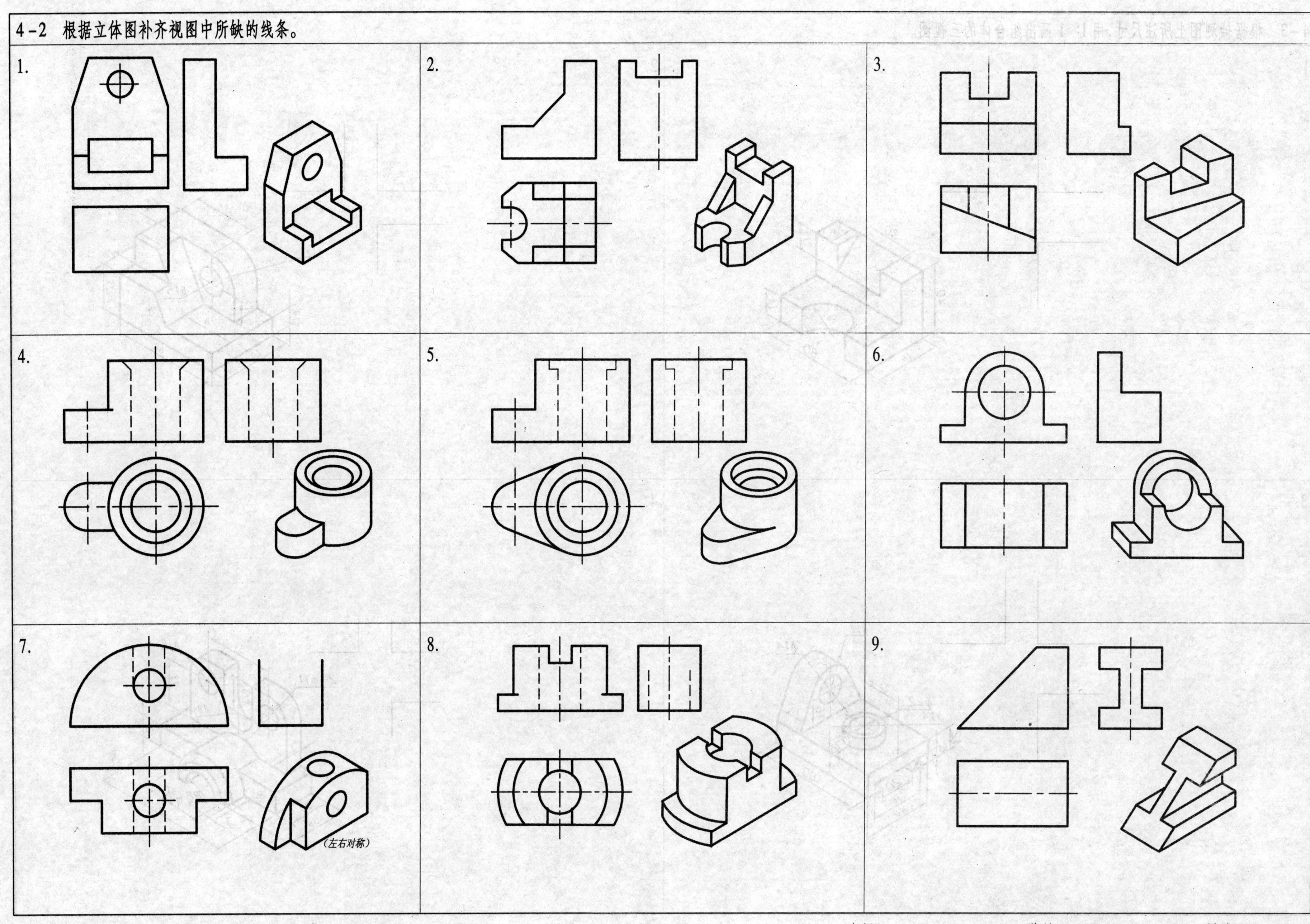

班级 学号 姓名

4-3 根据轴测图上所注尺寸,用1:1画出组合体的三视图。

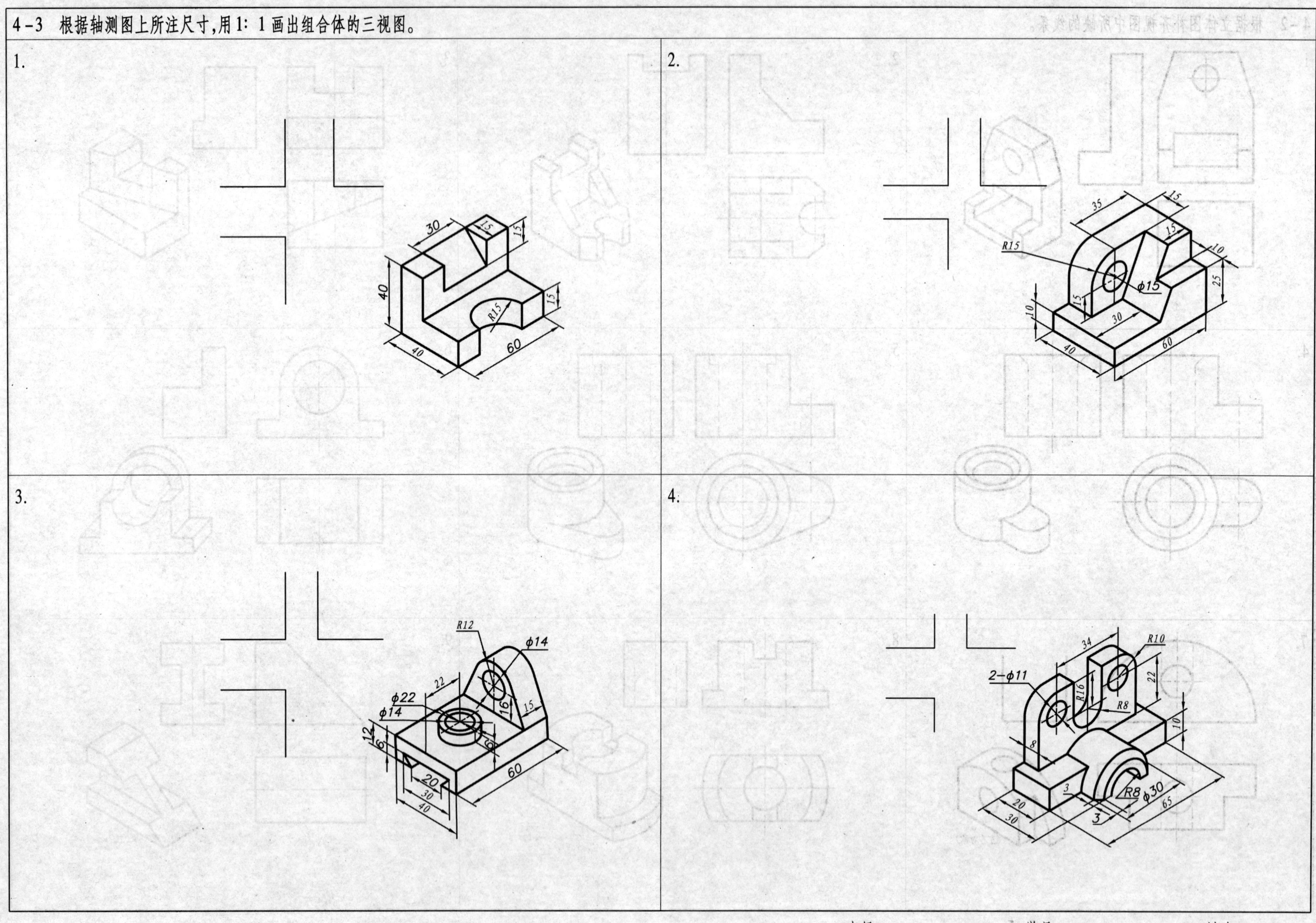

班级　　学号　　姓名

4-4 标注下面视图尺寸,尺寸数值直接量取。

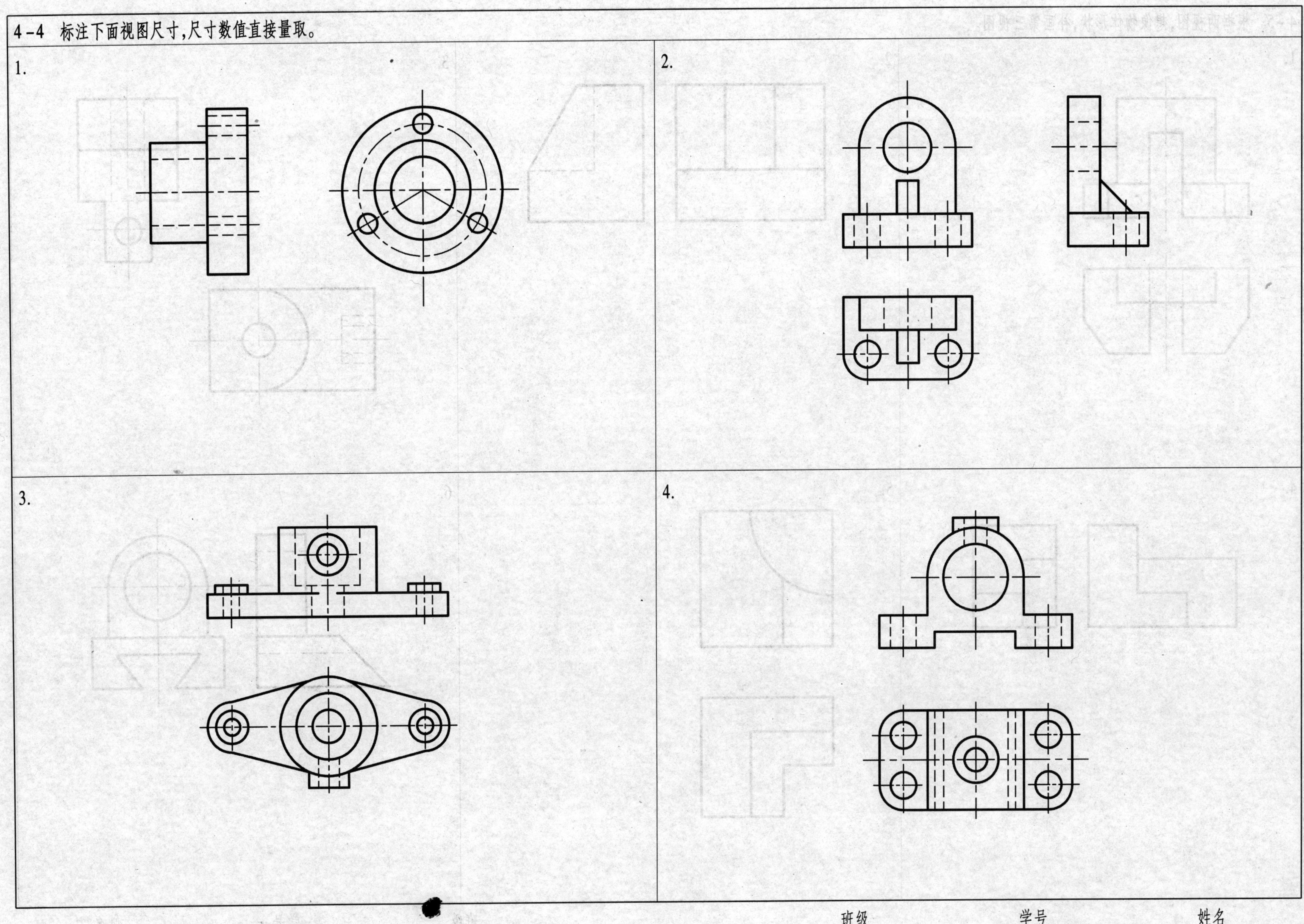

班级 学号 姓名

4-5 根据两视图,想像物体形状,补画第三视图。

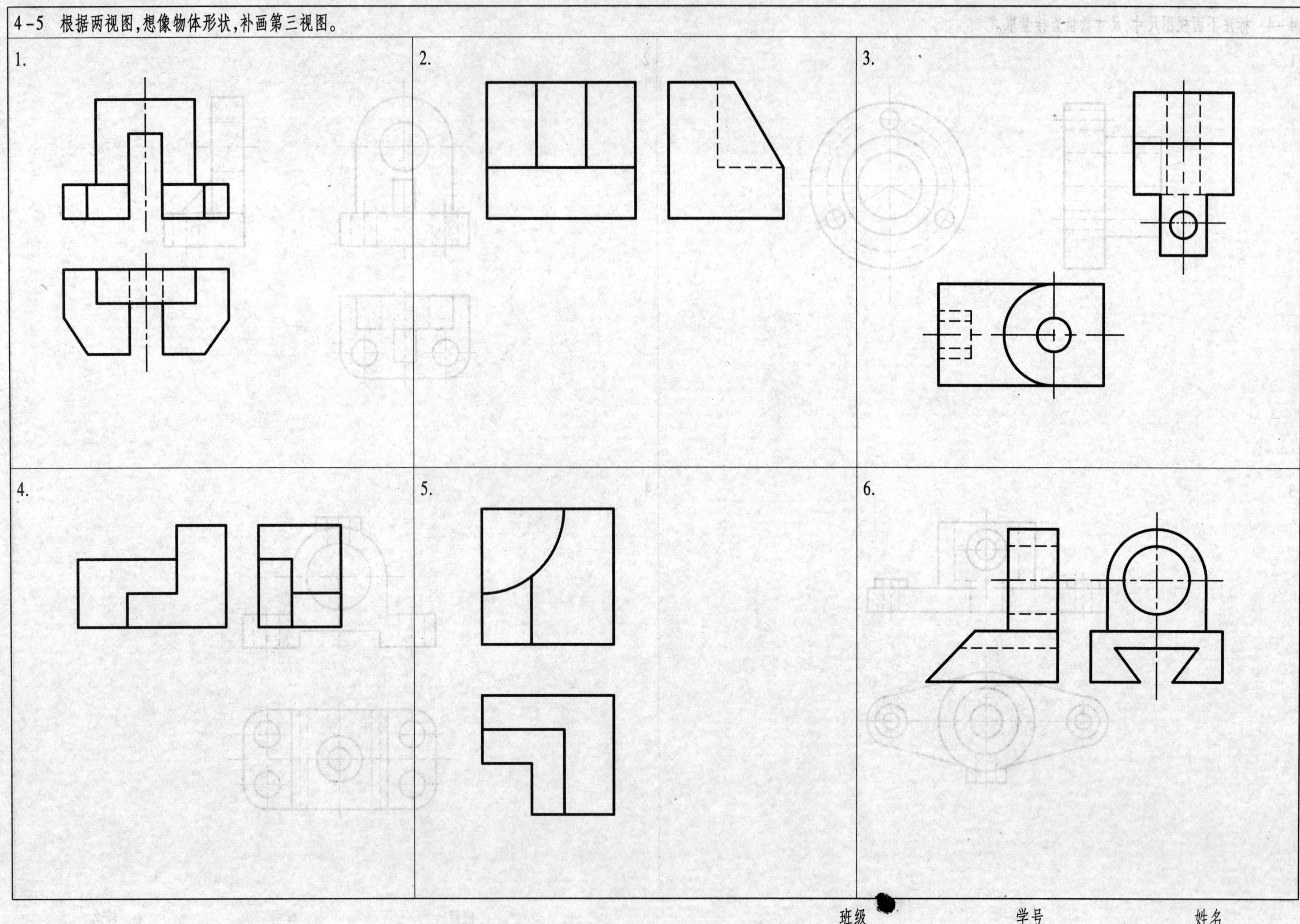

班级　　　　学号　　　　姓名

4-6 根据两视图，想像物体形状，补画第三视图。

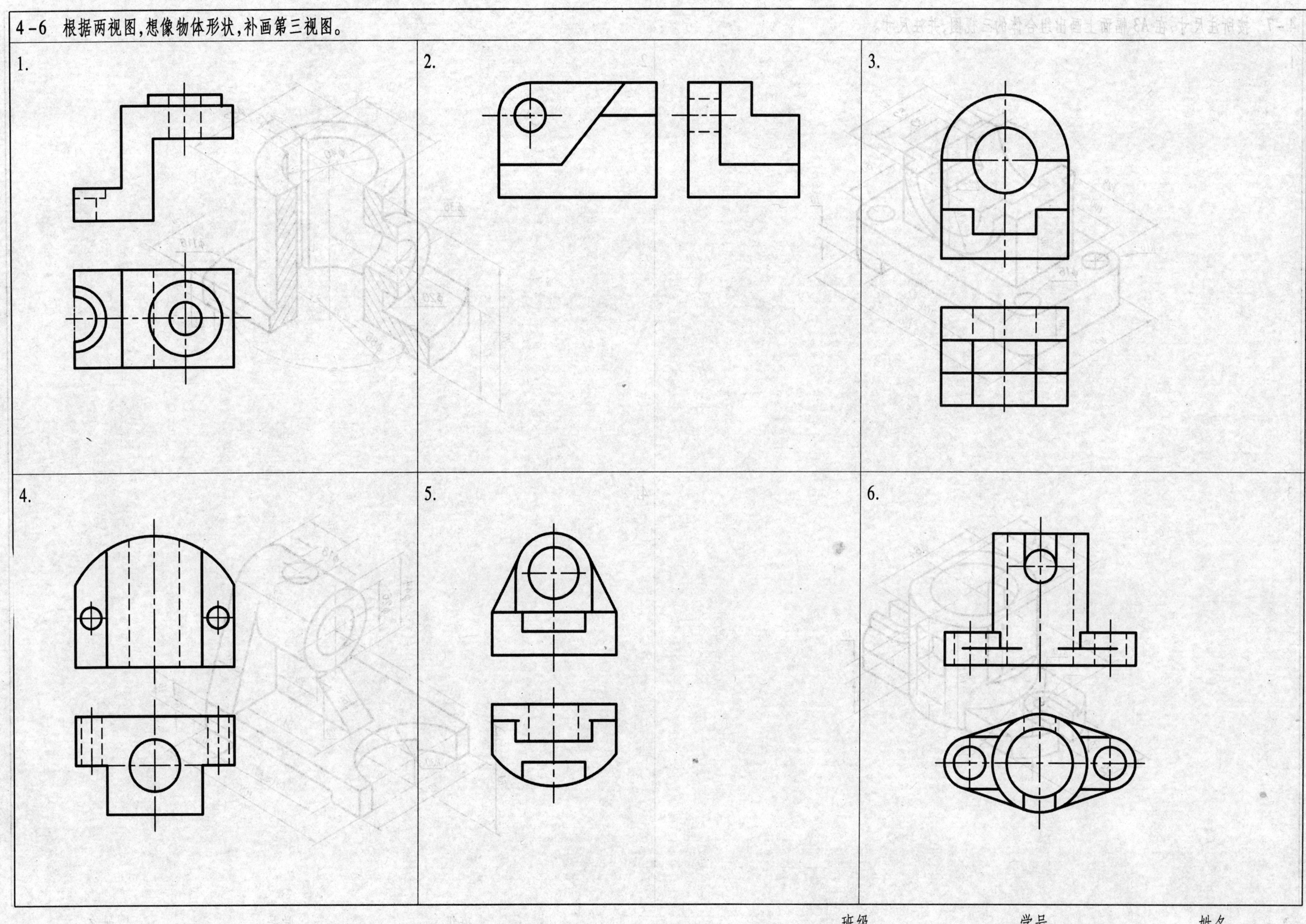

班级 学号 姓名

4-7 按所注尺寸，在A3幅面上画出组合体的三视图，并注尺寸。

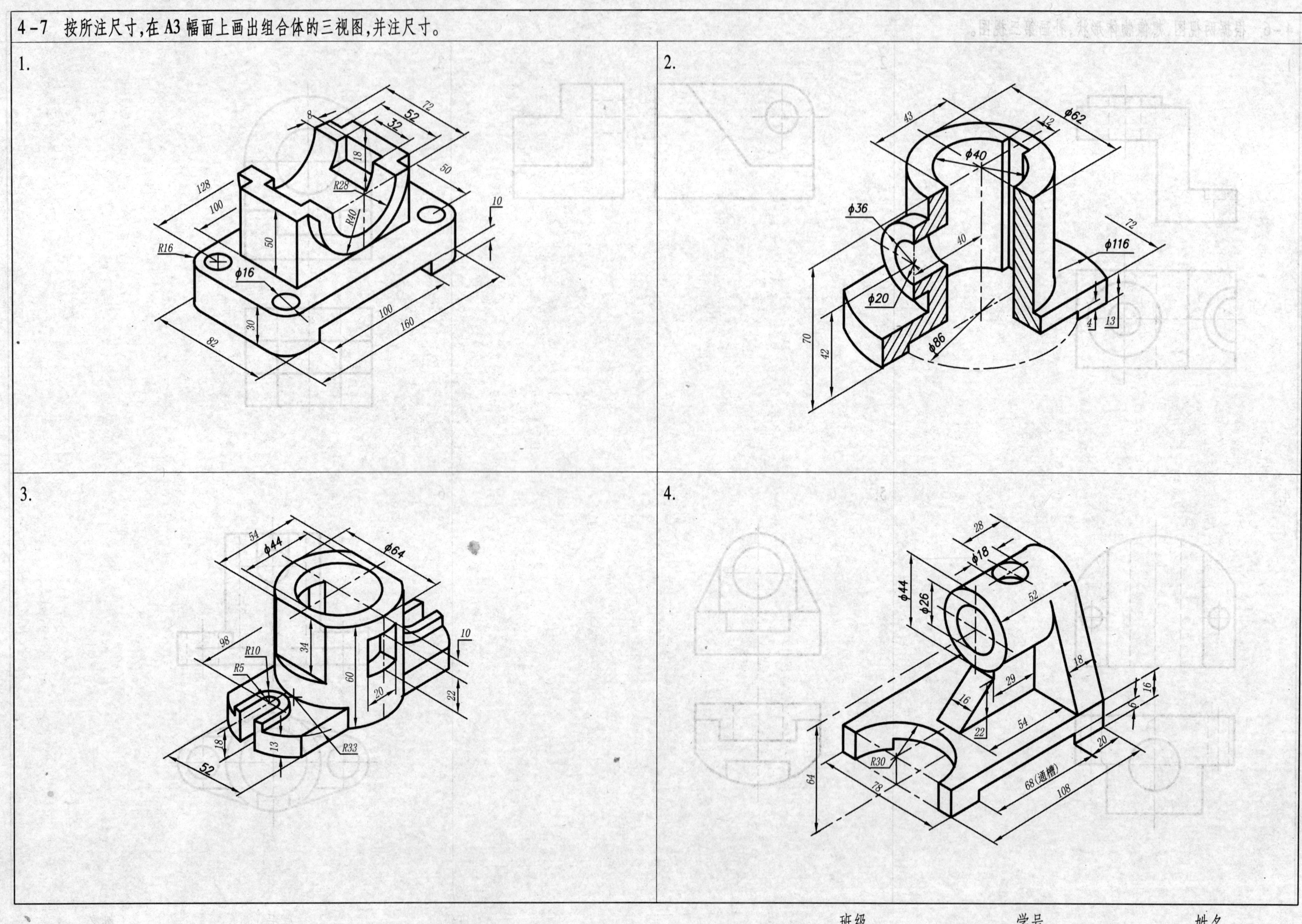

班级 学号 姓名

5-1 画轴测投影图。

1. 由立体二视图,画出正等测图。

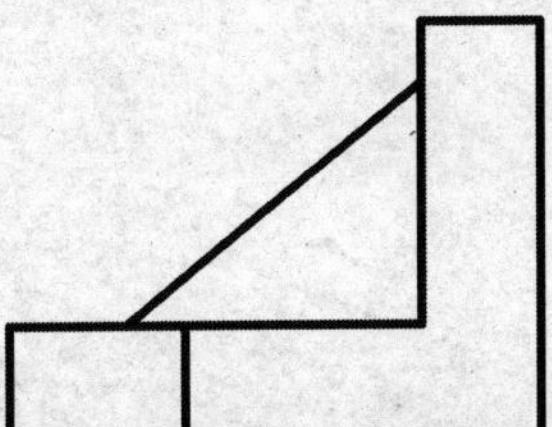

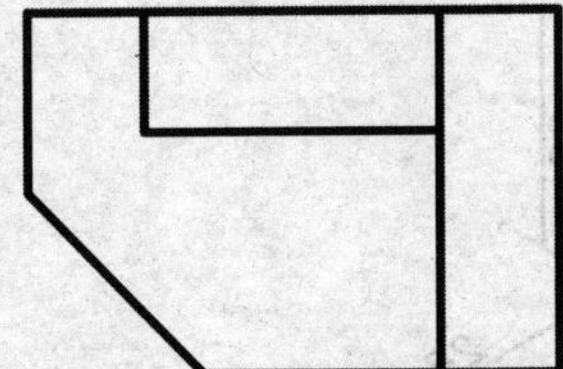

2. 由立体三视图,画出正等测图。

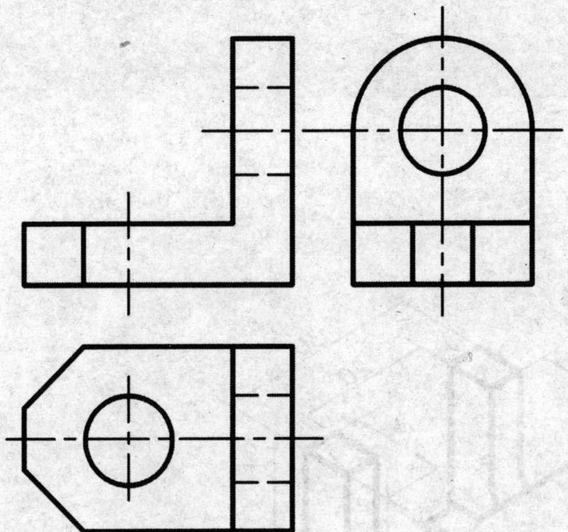

3. 由立体三视图,画出斜二测图。

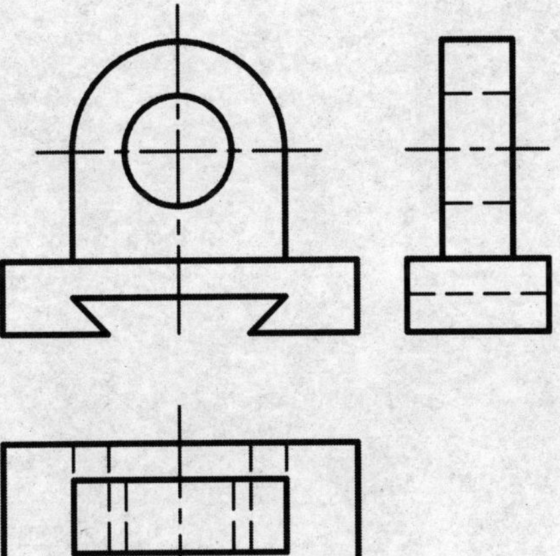

4. 由立体二视图,画出斜二测图。

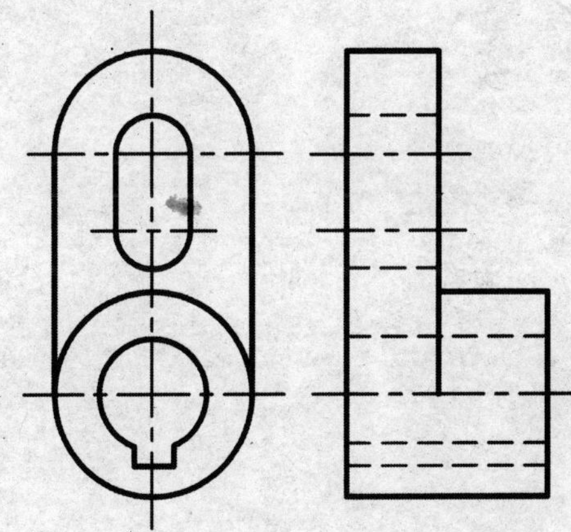

班级　　　　学号　　　　姓名

5-2 上机操作,画轴测图。

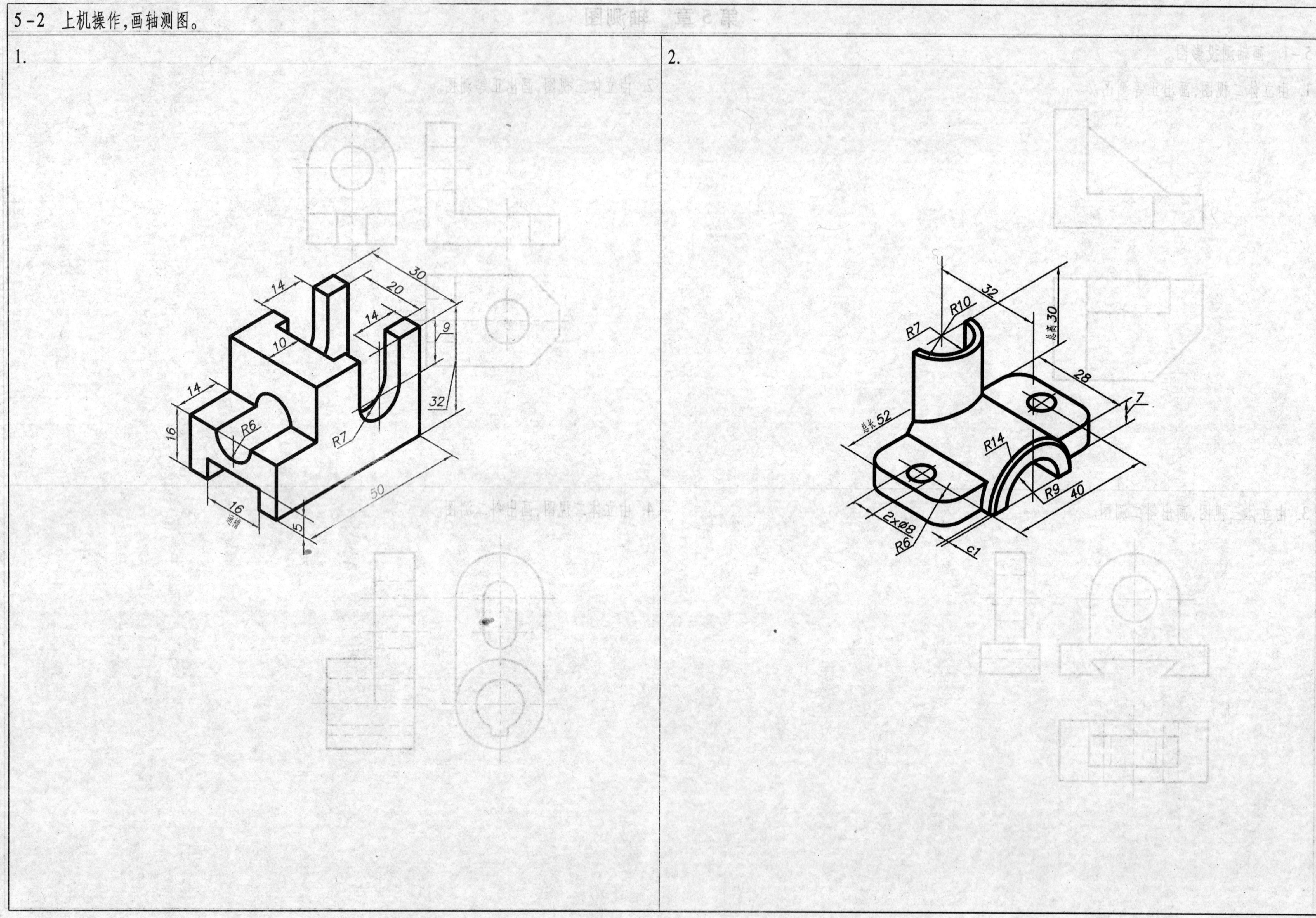

1.
14
30
20
14
9
10
14
32
16
R6
R7
50
16
通槽
5
2.
32
R10
R7
总高30
28
7
总长52
R14
R9
40
2×Ø8
R6
c1

6-1　基本视图、斜视图和局部视图。

1. 在指定位置作出各个向视图。　　A　　B

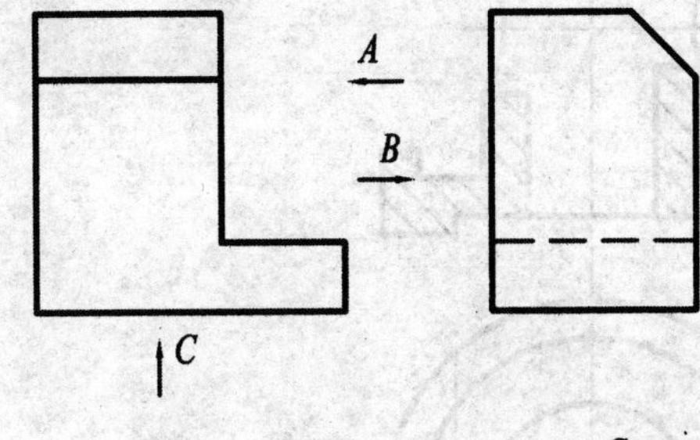

C

2. 作 A 向斜视图。

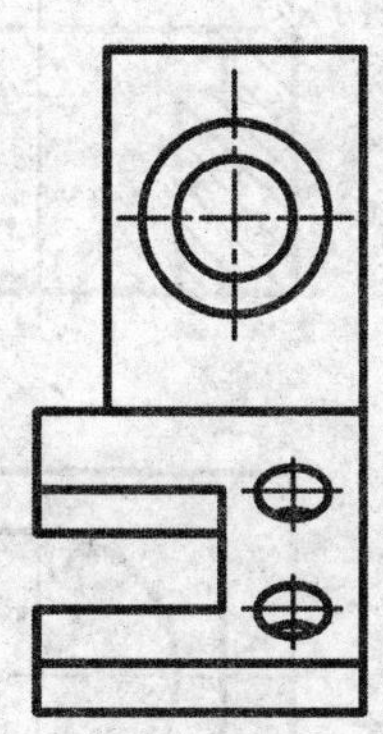

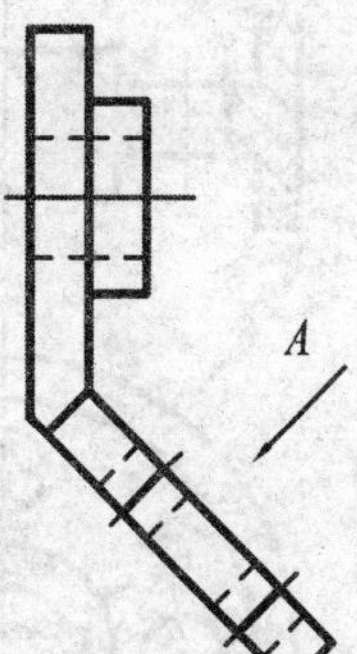

3. 在指定位置作局部视图和斜视图。

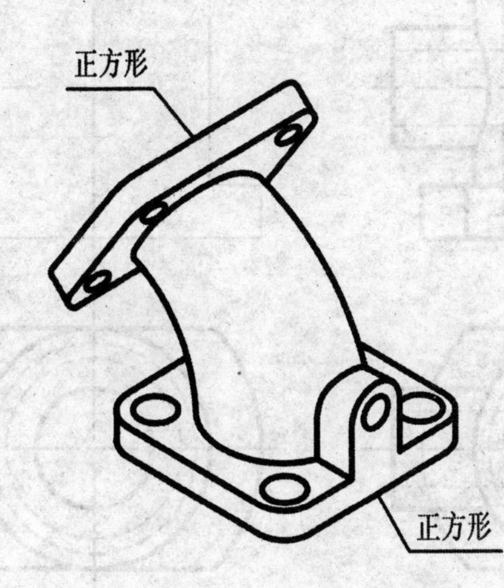

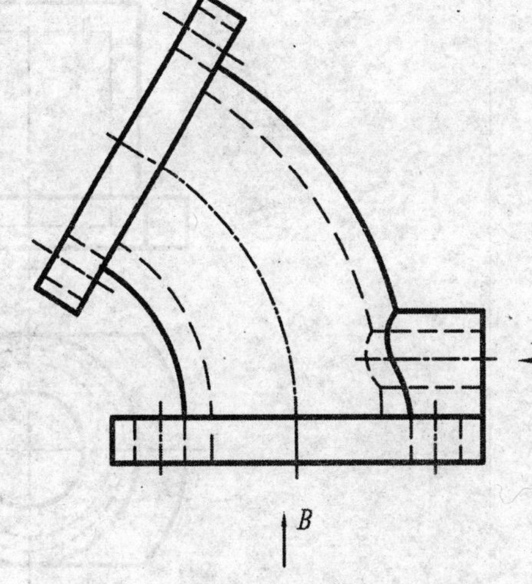

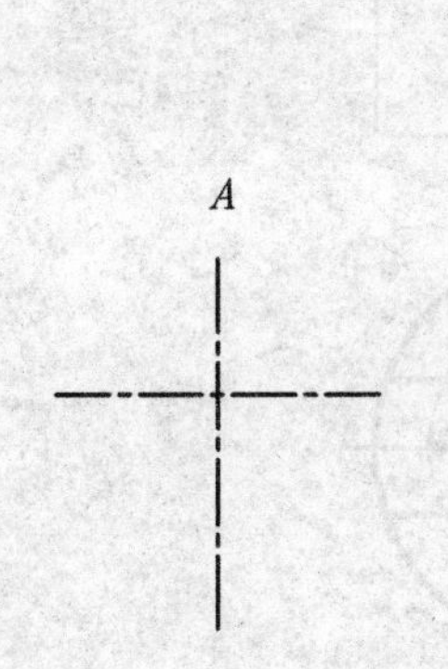

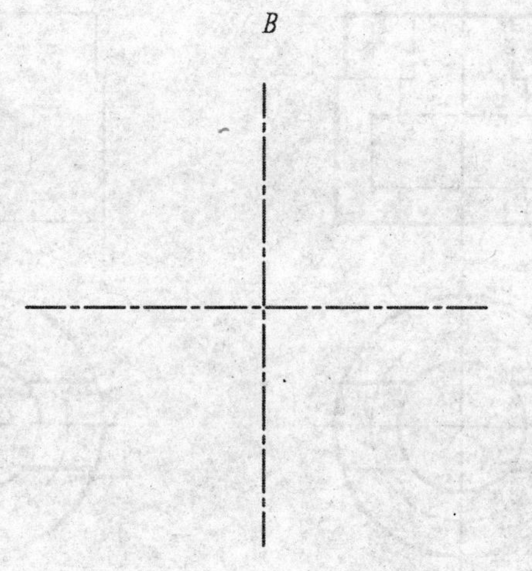

班级　　学号　　姓名

6-2 剖视概念与全剖视。

1. 补全剖视图中所缺的图线。

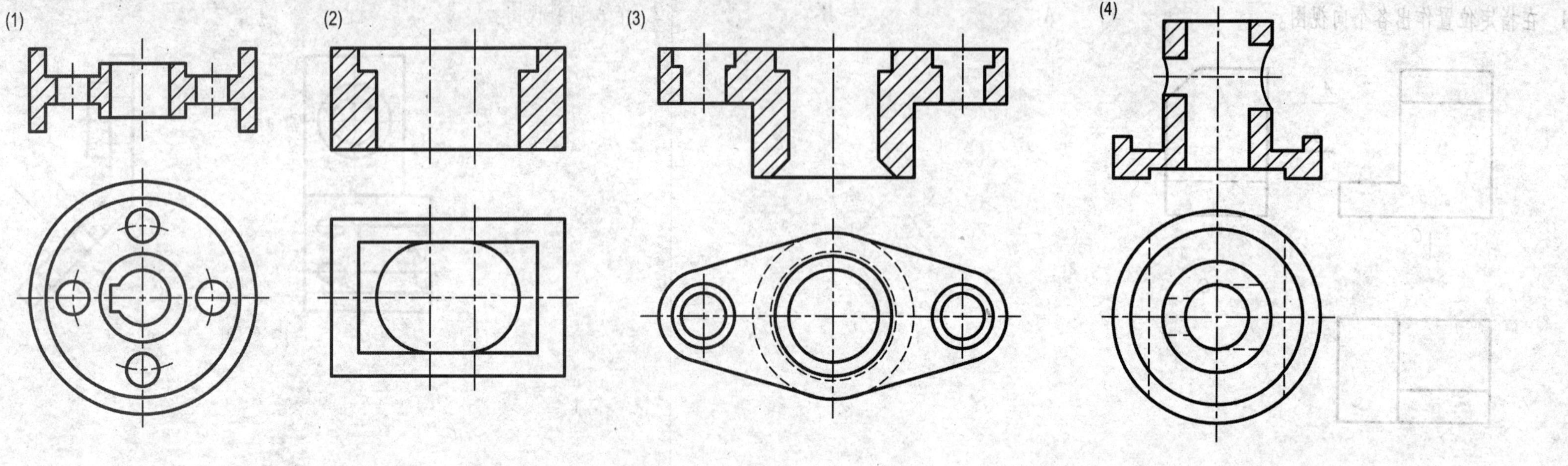

2. 在指定位置把主视图画成全剖视图。

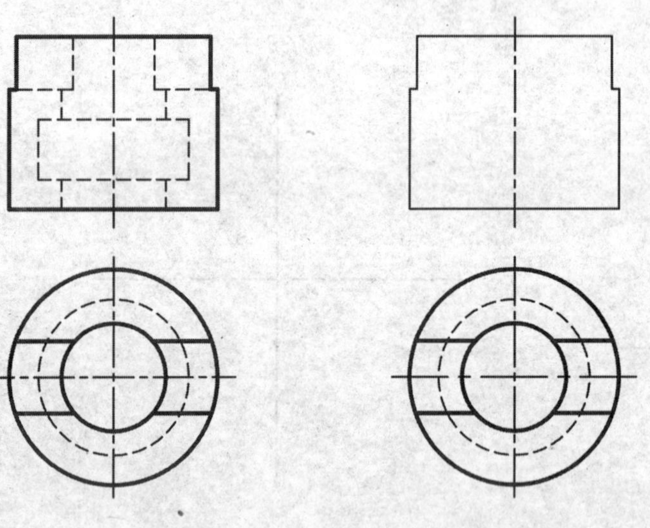

3. 在指定位置把主视图画成全剖视图。

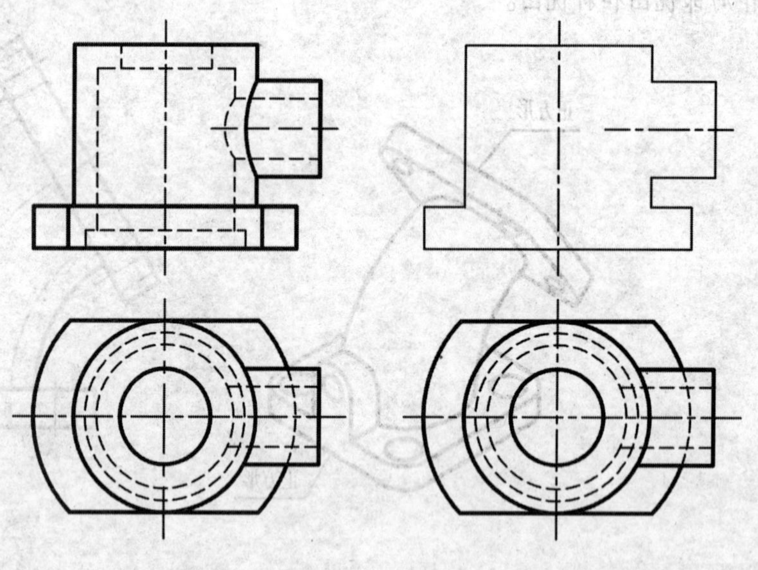

班级 学号 姓名

6-3 全剖视与半剖视。

1. 在指定位置，将主视图画成半剖视图，左视图画成全剖视图。

2. 作 C-C 剖视图。

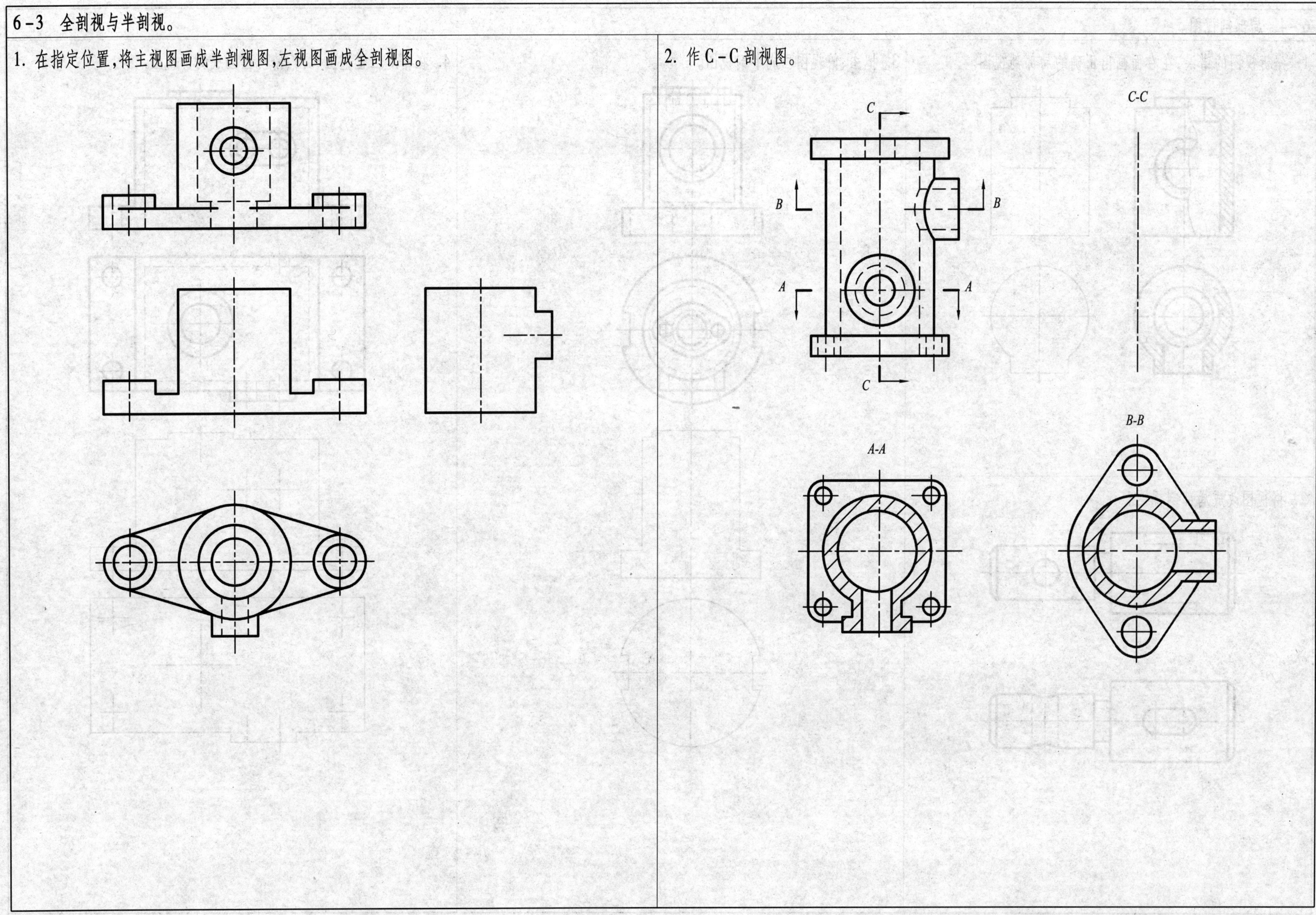

班级 学号 姓名

6-4 局部剖视图。

1. 分析视图的错误,在右面画出正确的局部剖视图。

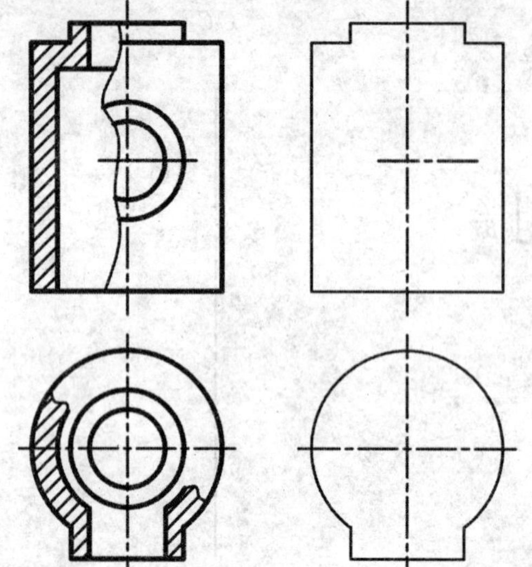

2. 将视图改成局部剖视图。

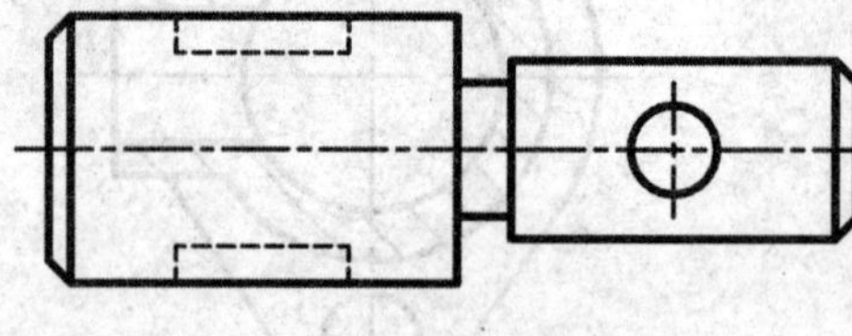

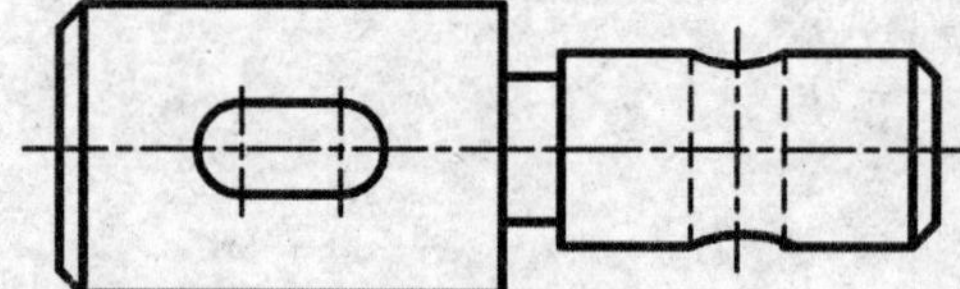

3. 把主、俯视图画成半剖视图。

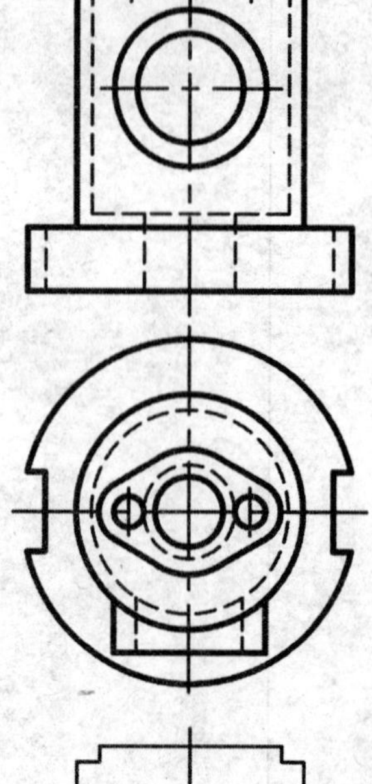

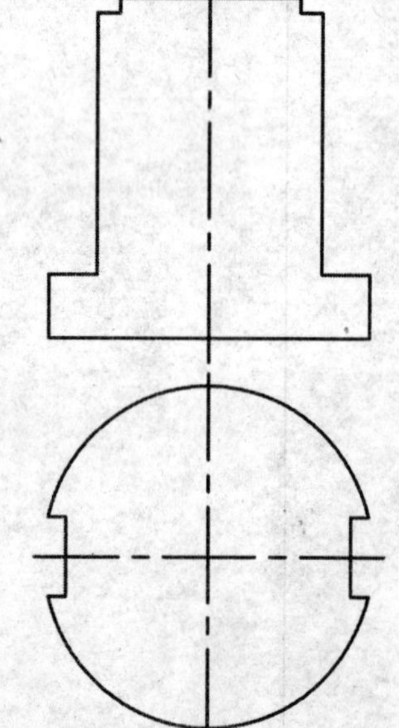

4. 在指定位置把主视图、俯视图画成局部视图。

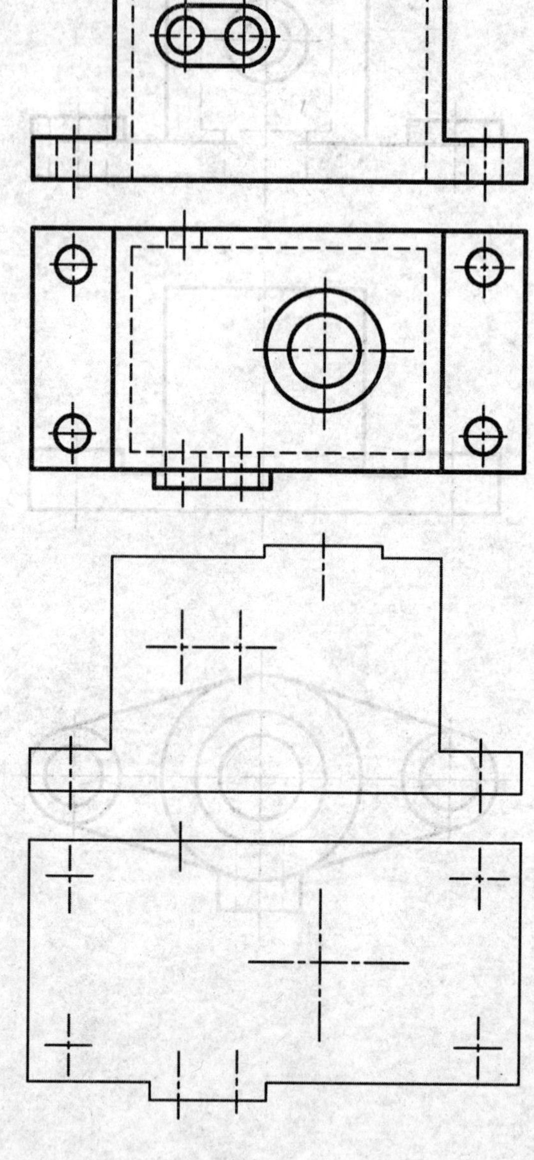

班级　　　　学号　　　　姓名

6-5 用两个平行的或相交的剖切平面剖开物体后，把主视图画成全剖视图。

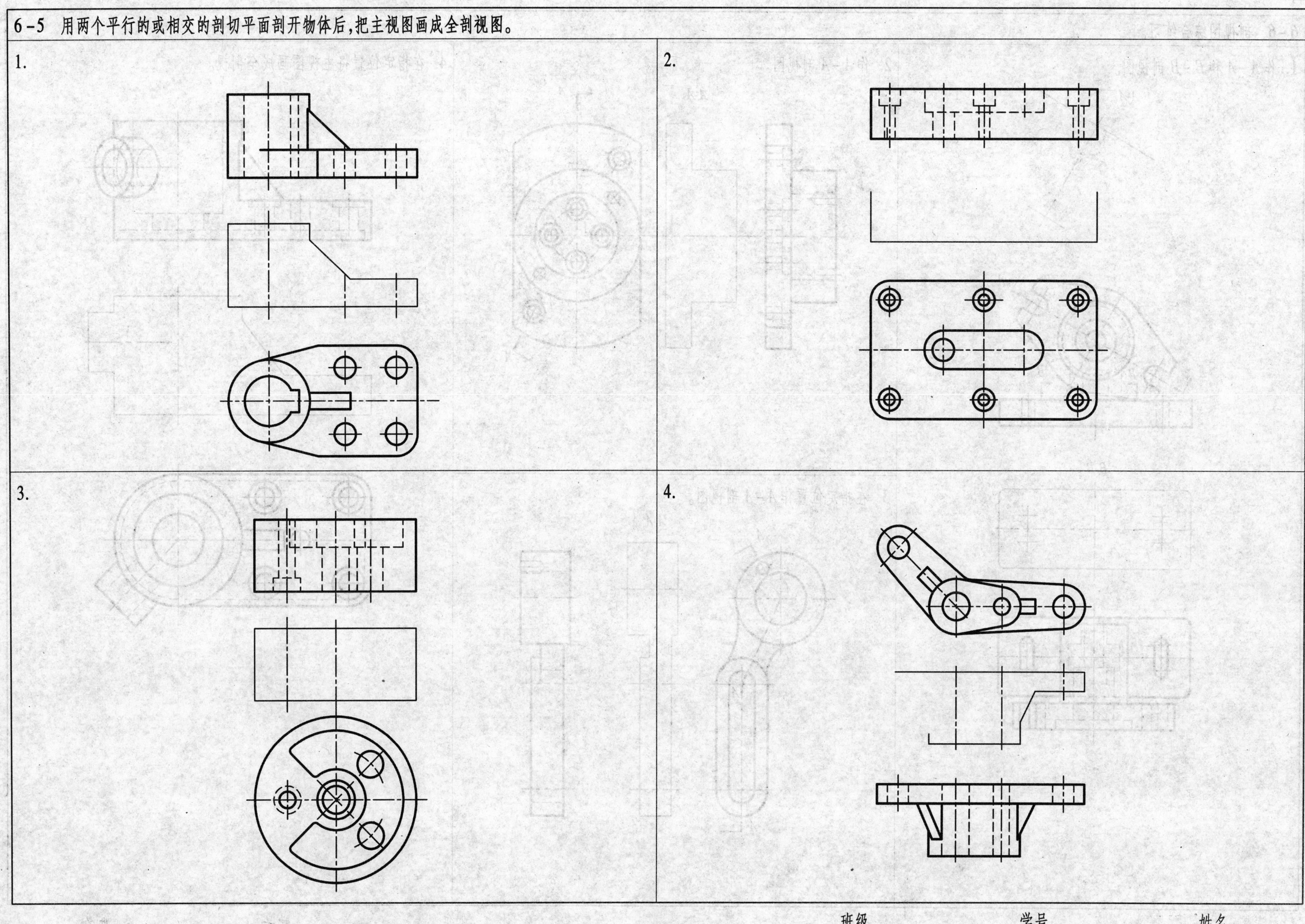

班级 学号 姓名

6－6 剖视图综合练习。

1. 作 A－A 和 B－B 剖视图。

2. 作 A－A 剖视图。

3. 在指定位置作 A－A 剖视图。

4. 在指定位置将主视图画成全剖视。

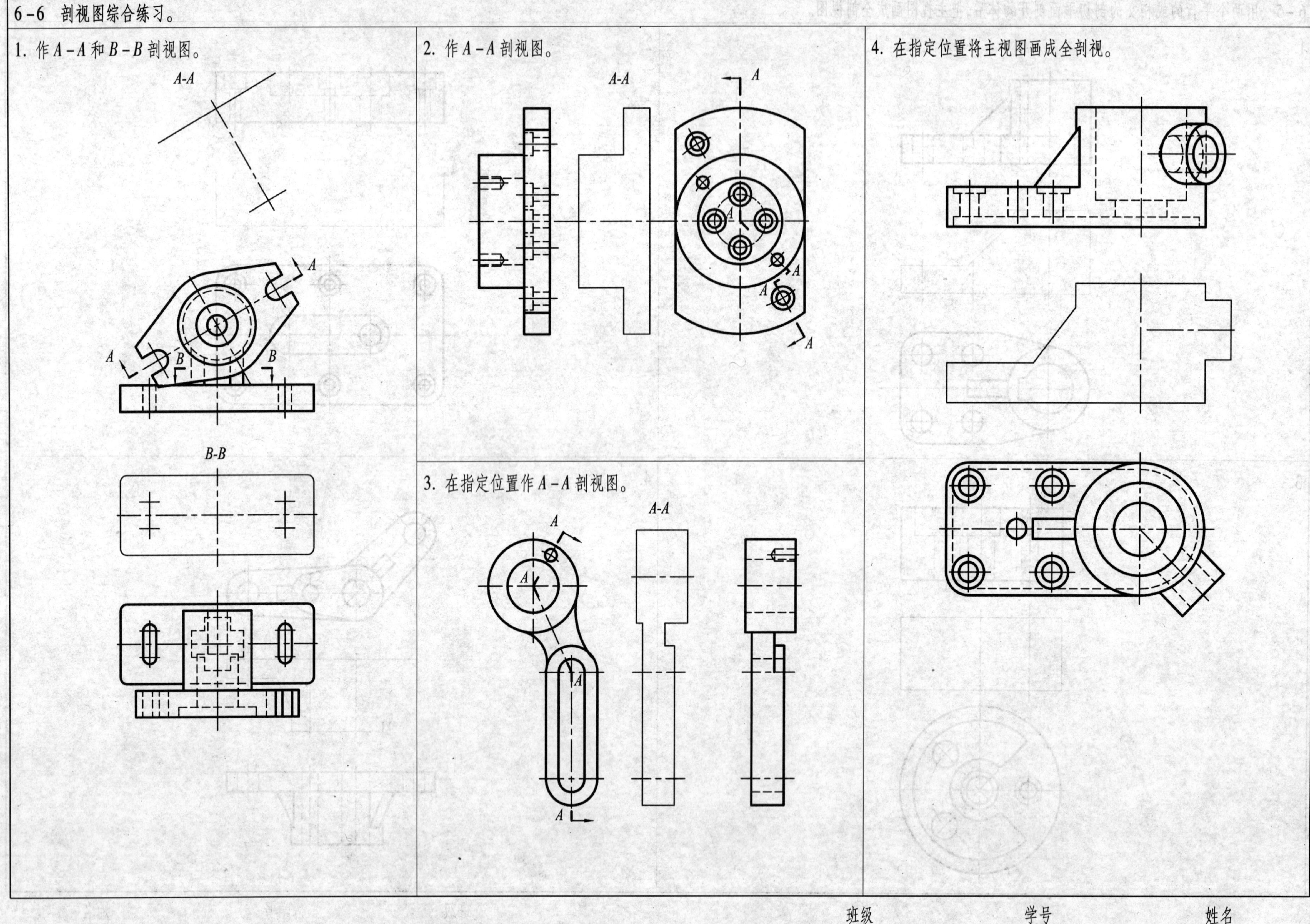

班级　　学号　　姓名

6-7 移出剖面、局部放大图。

1. 在两个相交剖切平面迹线的延长线上，作移出剖面。

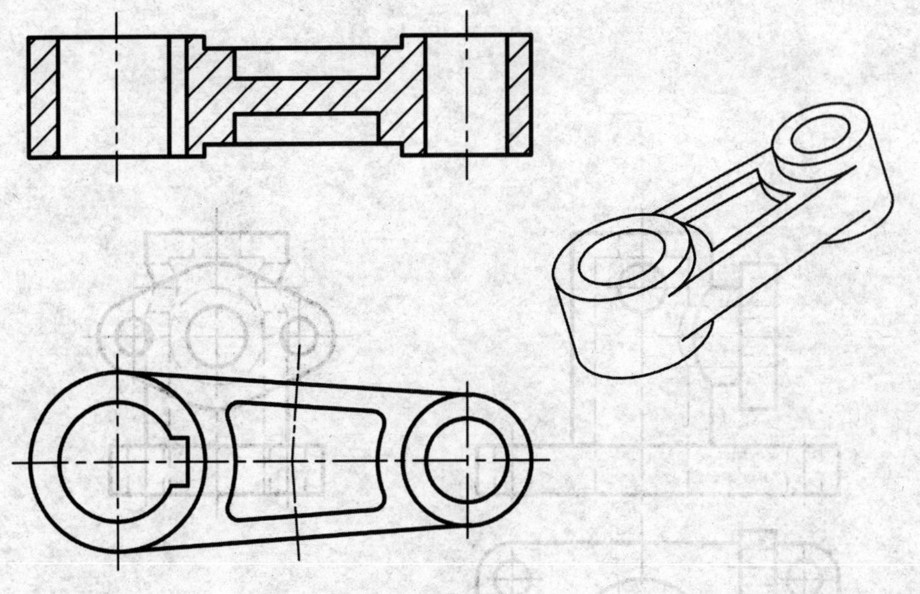

2. 作指定位置的移出剖面。

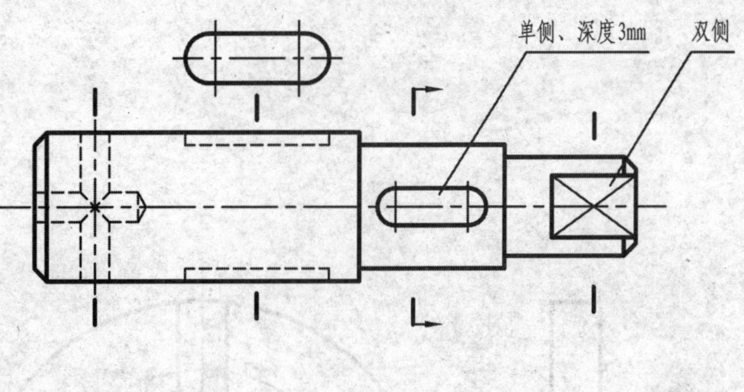

3. 分析右面错误的剖面画法，将正确的画在左面。

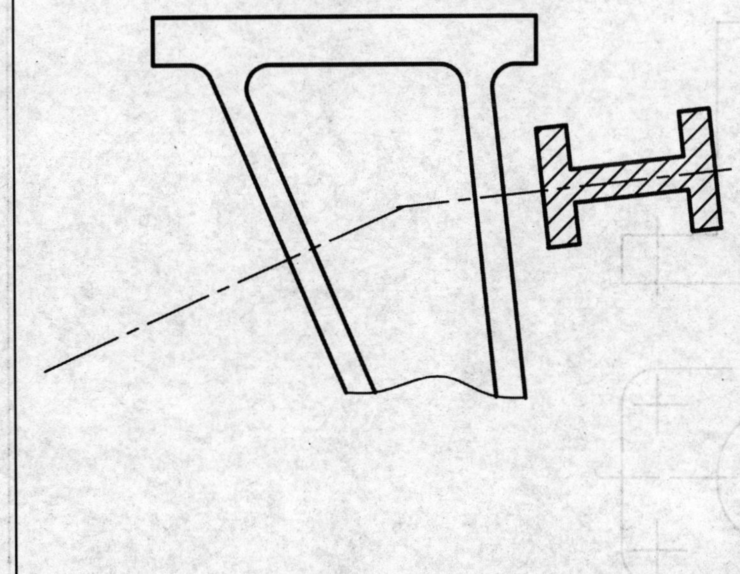

4. 改正图中错误的断面画法和标注方法。

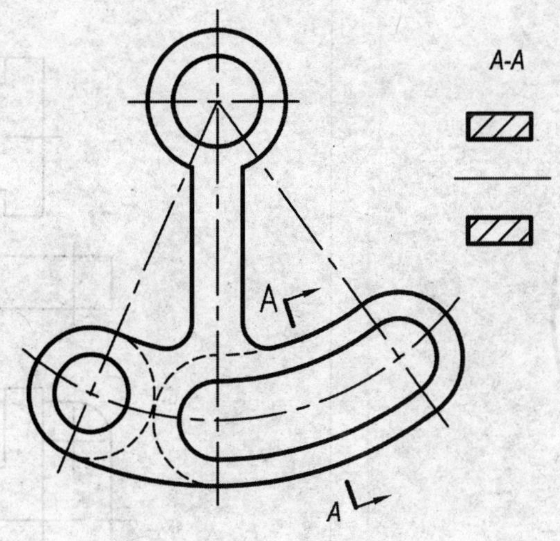

5. 按2:1比例画出局部放大图。

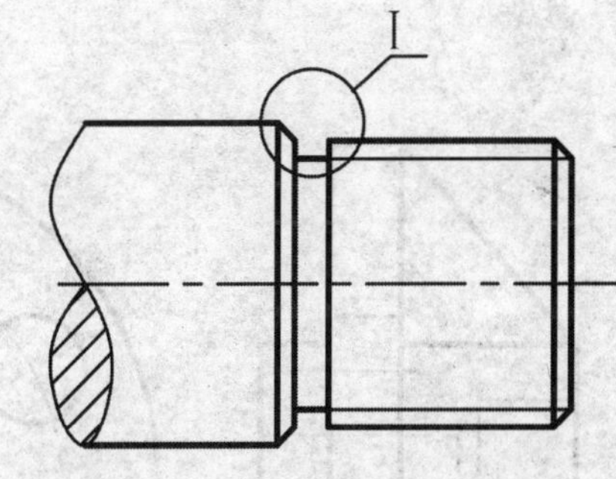

班级　　　　学号　　　　姓名

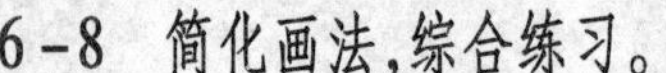

6-8 简化画法，综合练习。

1. 看懂端盖的两视图，在主视图上作全剖视。

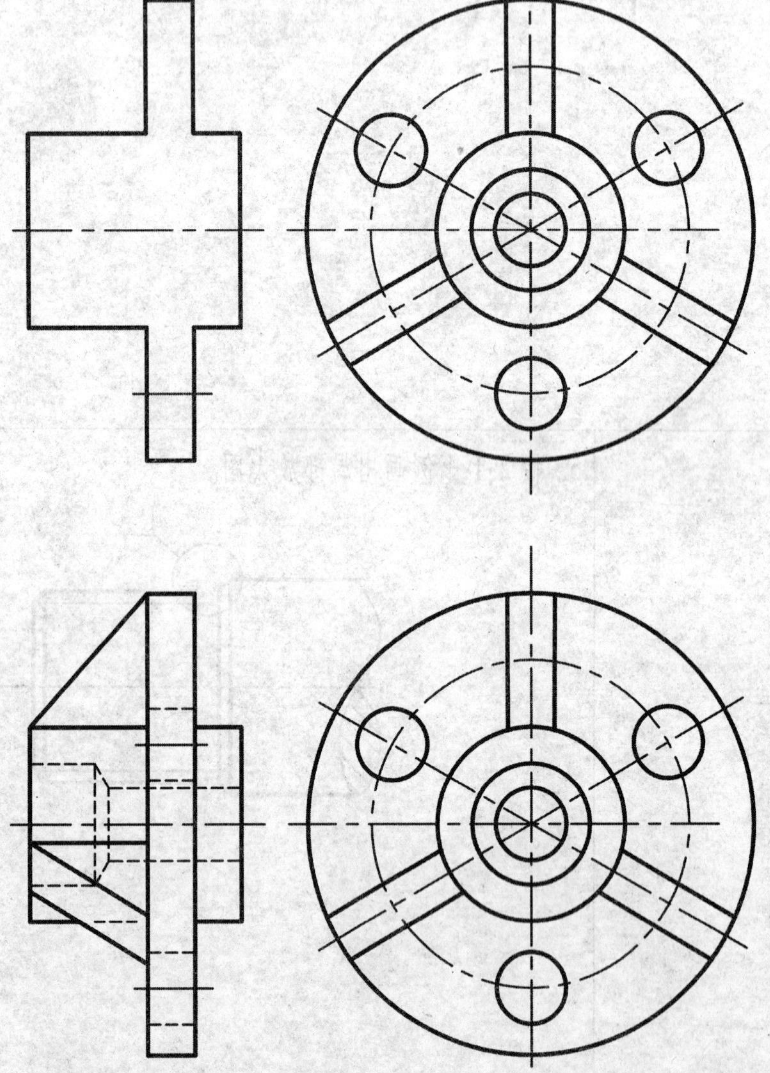

2. 根据已给三视图，在视图下方画出适当的剖视图及其他视图。

班级　　　　学号　　　　姓名

6-9　表达方法与尺寸标注综合练习。

1.　　　　　　　　　　　　　　2.

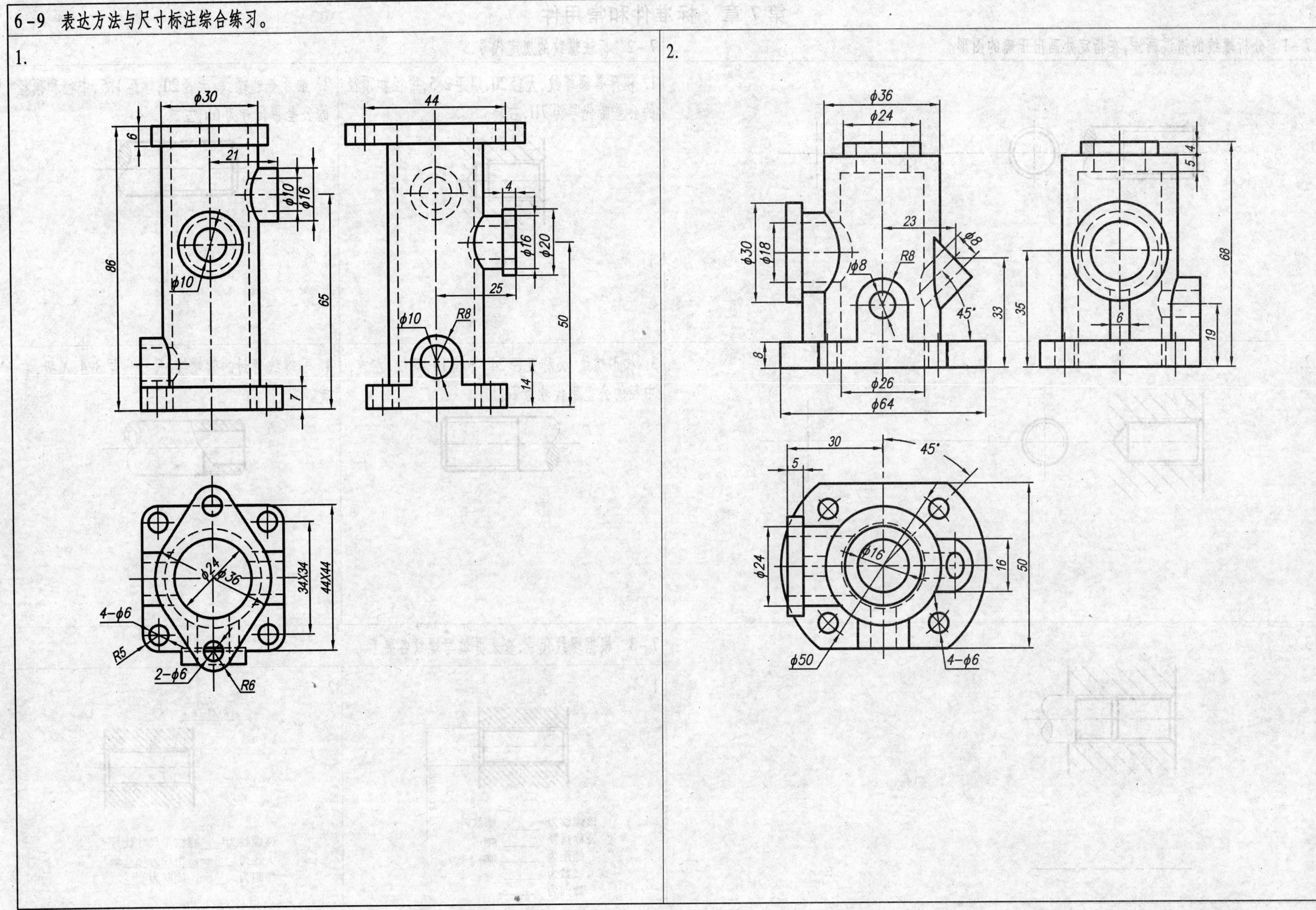

班级　　　　学号　　　　姓名

第7章 标准件和常用件

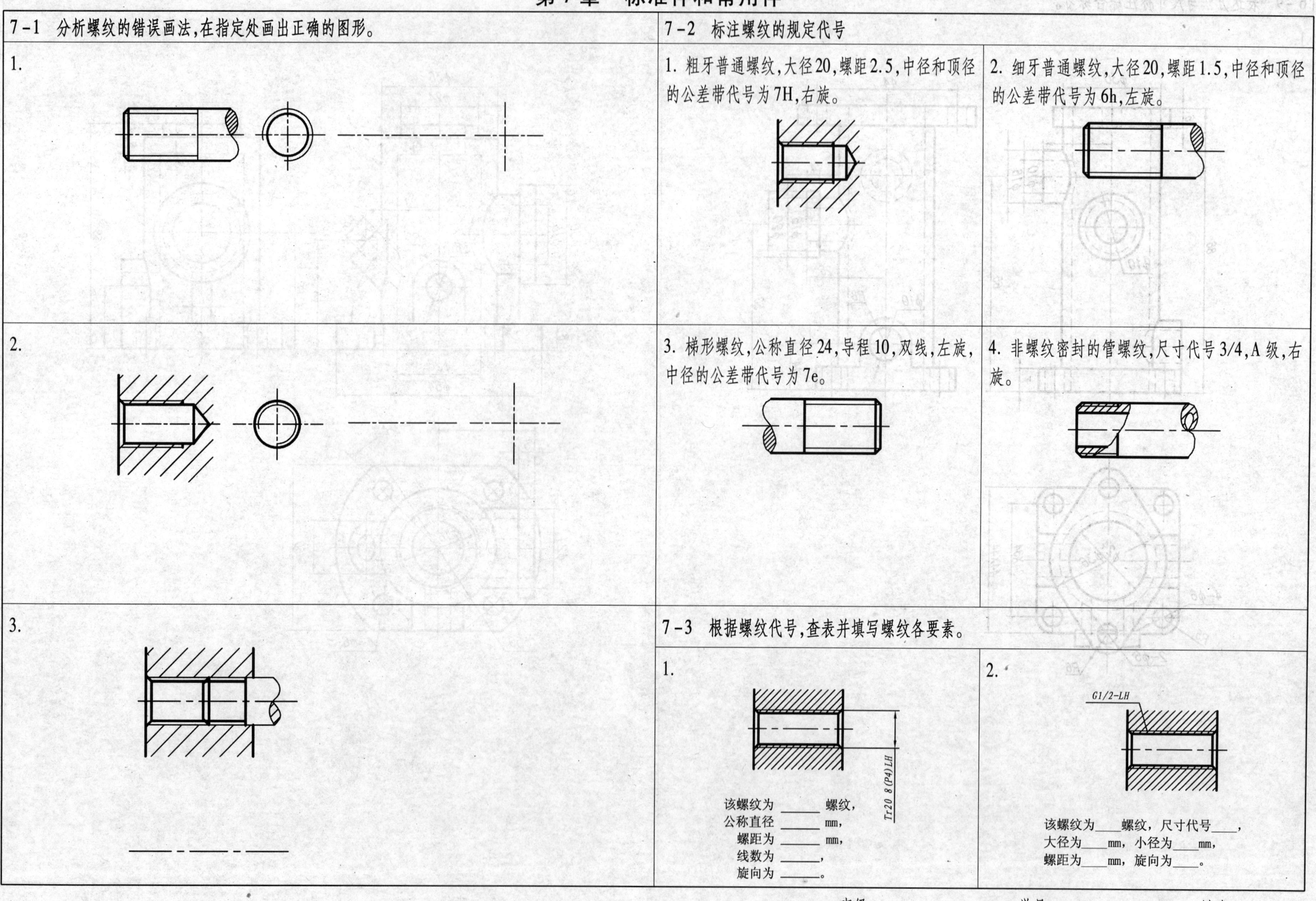

班级　　　学号　　　姓名

7-4 螺纹紧固件的连接。

1. 画螺栓连接的三视图(主视图画成全剖视图)。

已知条件:螺栓 GB5782-86-M20XL,

螺母 GB6170-86-M20,

垫圈 GB97.1-85-20-140HV,

$\delta_1=20\text{mm},\delta_2=25\text{mm}$。

2. 画双头螺栓连接的两视图(主视图画成全剖视图)。

已知条件:螺栓 GB898 M20XL,

螺母 GB6170-86-M20,

垫圈 GB93-87X20,

光孔件厚度,$\delta=20\text{mm}$,螺孔件材料为铸铁。

3. 画螺钉连接的两视图(2:1)。

已知条件:螺钉 GB68-85-M8XL,

光孔件厚度 $\delta=15\text{mm}$,螺孔件材料为铸铁。

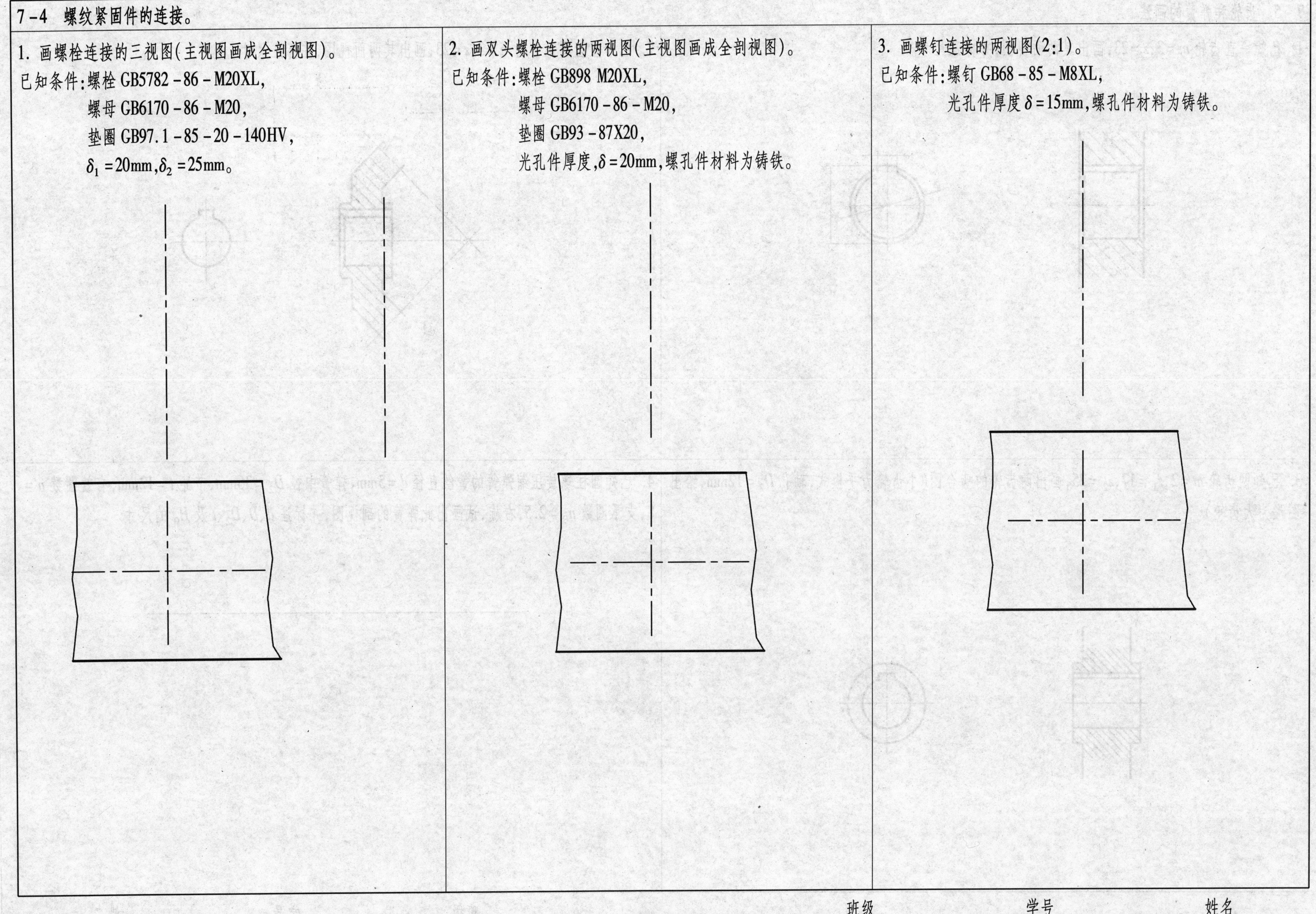

班级 学号 姓名

7-5 齿轮和弹簧的画法

1. 已知一直齿轮 $m=3$, $z=23$，画出其两面视图，并标注尺寸。

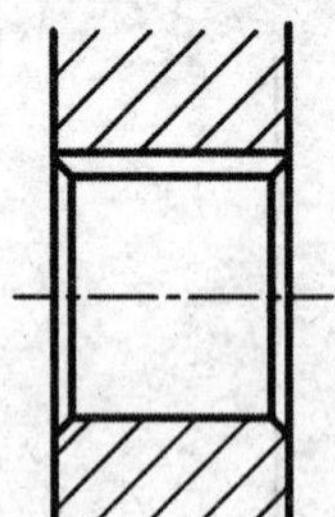

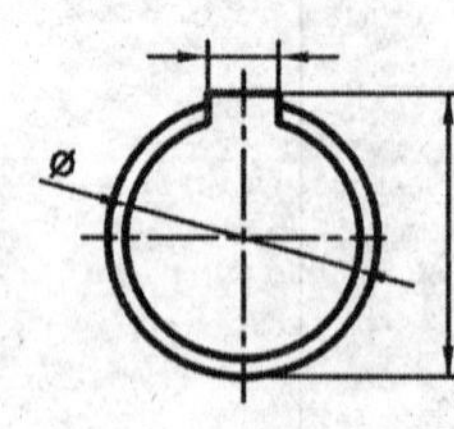

2. 已知直齿圆锥齿轮 $m=3$, $z=23$，画出其两面视图，并标注尺寸。

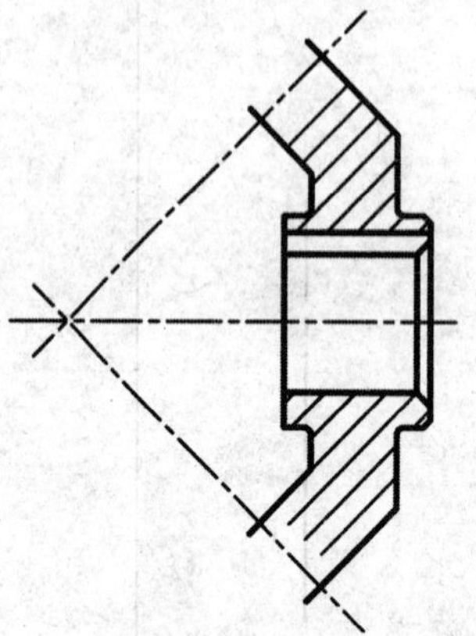

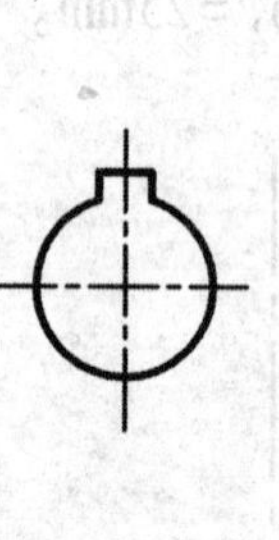

3. 已知两齿轮 $m=2$, $z_1=17$, $z_2=25$，画出两齿轮的啮合图（小齿轮为平板式，轴孔 $D_2=12$mm，给出图形为大齿轮）。

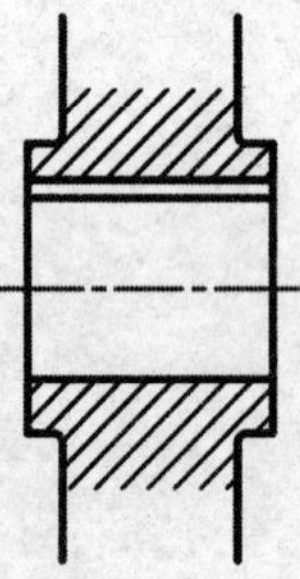

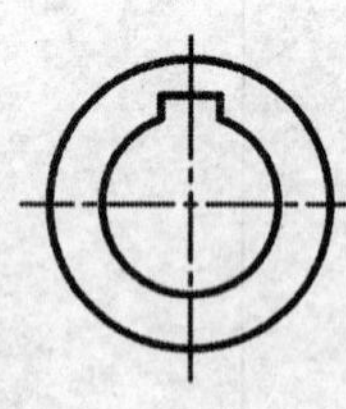

4. 已知圆柱螺旋压缩弹簧的簧丝直径 $d=5$mm，弹簧中径 $D_2=36$mm，节距 $t=12$mm，有效圈数 $n=8$，支承圈数 $n_0=2.5$，右旋，试画出此弹簧的剖视图，并标注 d、D、D_2、t 及 H_0 的尺寸

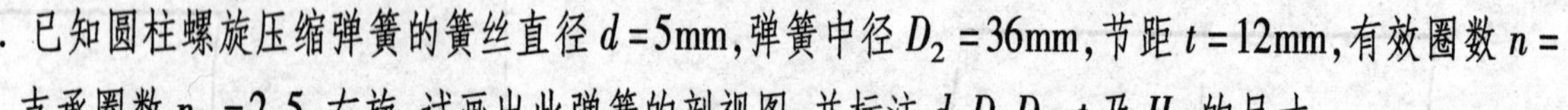

班级　　学号　　姓名

7-6 键、销、滚动轴承的画法和标记

1. 普通平键

(1) 按轴径(由图中量取)查表画出键槽 A-A 剖面图,并标注尺寸(包括公差)。

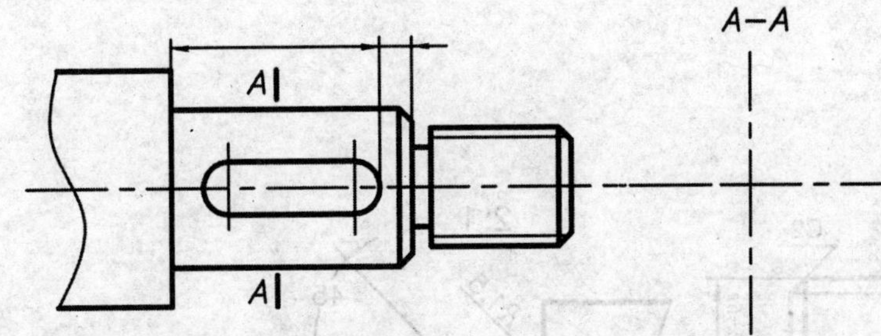

(2) 画出与上轴相配合的齿轮轴孔的键槽图,并标注尺寸(包括公差)。

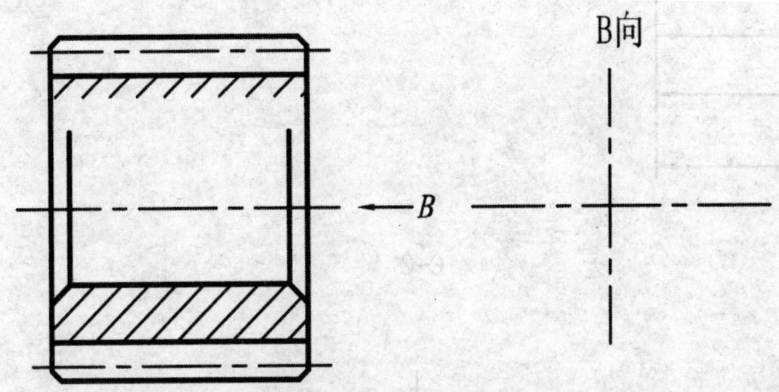

(3) 画出(1)、(2)两题的轴与轮用键连接的装配图,写出键的规定标记。

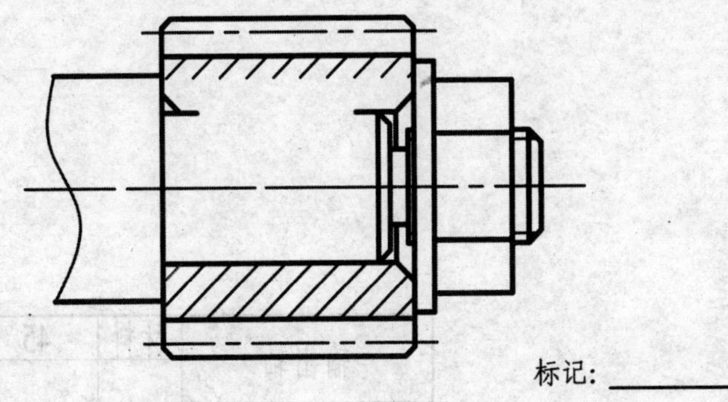

标记: ________

2. 销

(1) 画出 $d=6$、A 型圆锥销连接图(补齐轮廓线和剖面线),写出该销的标记。

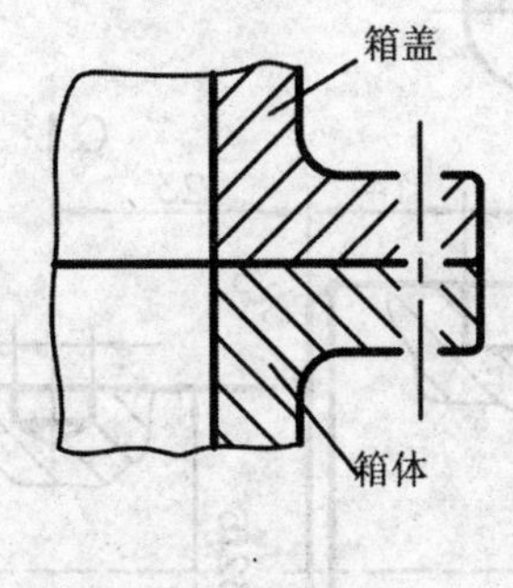

标记: ________

(2) 画出 $d=8$、A 型圆柱销连接图,写出该销的标记。

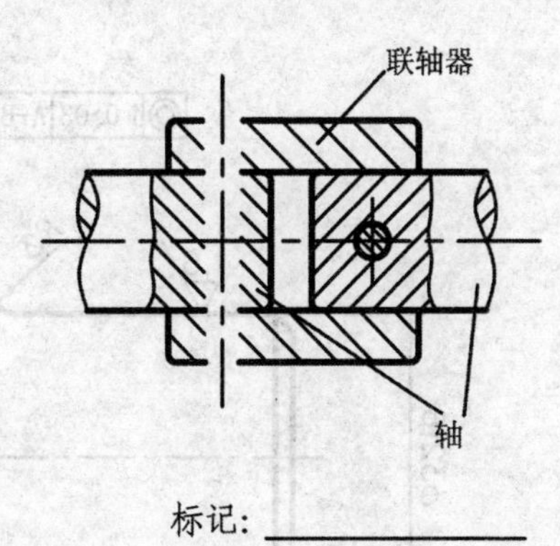

标记: ________

3. 滚动轴承

(1) 根据滚动轴承的代号标记,查表确定有关尺寸。

(2) 用简化画法,按比例 1: 1 画出滚动轴承的另一半详细图形。

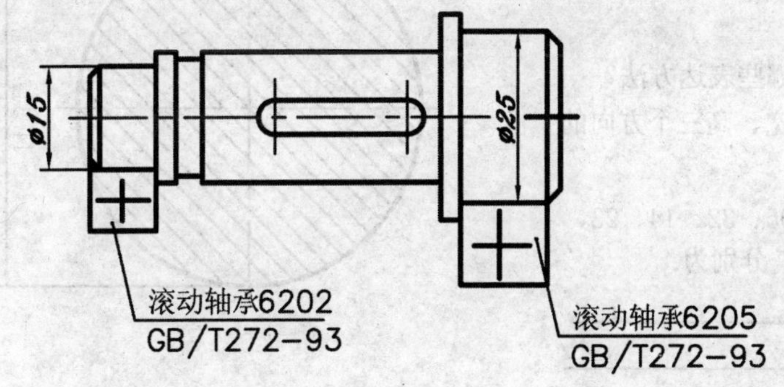

班级　　　　学号　　　　姓名

8-1　看懂输出轴零件图，并回答提出的问题。

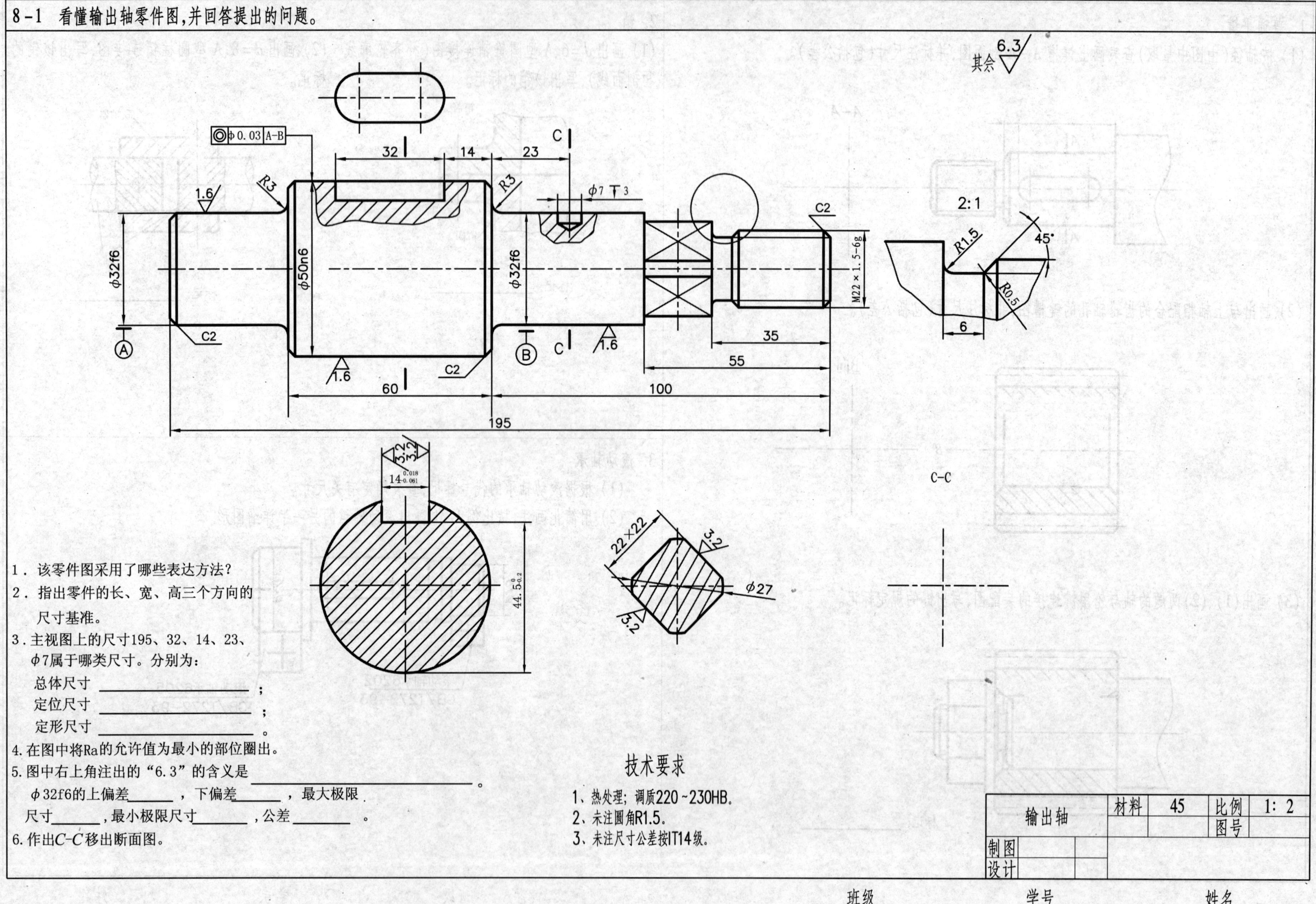

1．该零件图采用了哪些表达方法？

2．指出零件的长、宽、高三个方向的尺寸基准。

3．主视图上的尺寸195、32、14、23、φ7属于哪类尺寸。分别为：

总体尺寸 ________；

定位尺寸 ________；

定形尺寸 ________。

4．在图中将Ra的允许值为最小的部位圈出。

5．图中右上角注出的“6.3”的含义是 ________。φ32f6的上偏差 ____，下偏差 ____，最大极限尺寸 ____，最小极限尺寸 ____，公差 ____。

6．作出C-C移出断面图。

班级　　　　学号　　　　姓名

8-2 读盘盖零件图,试画出俯视图,并回答以下问题。

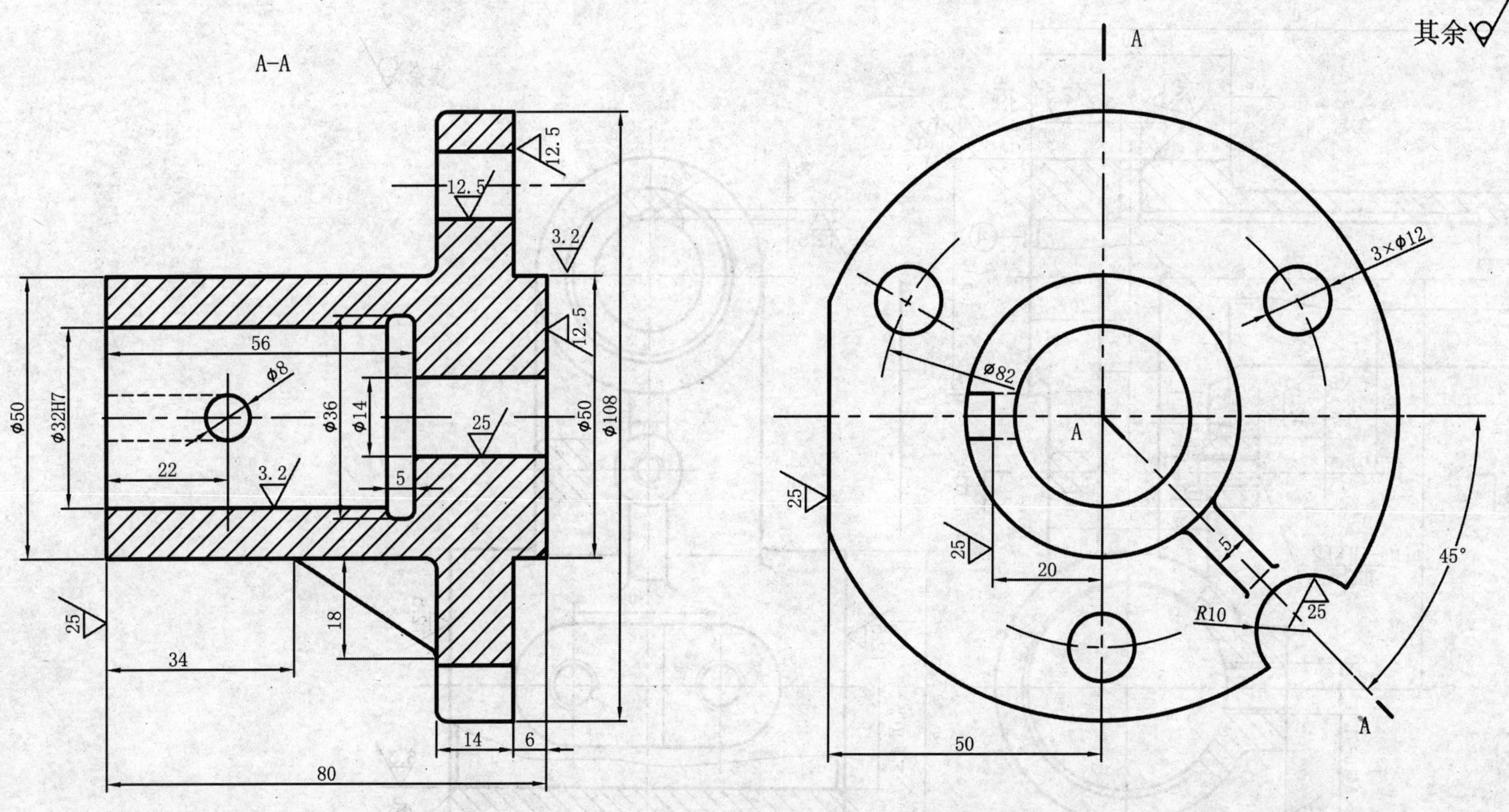

1. 根据零件名称和结构形状,此零件属于_____ 类零件。
2. 该零件采用了什么表达方法?
3. 指出零件长、宽、高三个方向的尺寸基准。
4. 主视图中的尺寸ϕ50、ϕ36、80、34、18、14、6属于哪类尺寸:
   总体尺寸 ____________________;
   定位尺寸 ____________________;
   定形尺寸 ____________________。
5. 在图中将Ra的允许值为最小的部位圈出来。
6. ϕ32H7的公差带代号 _____、基本尺寸 _____、最大极限尺寸 ________、最小极限尺寸 ________、公差 ______。
7. 在主视图上作出肋板的重合断面图。

技术要求
未注铸造圆角R2。

盘盖			材料	HT150
			数量	
制图			重量	
描图			比例	1: 1
审核			图号	

班级 学号 姓名

8-3 看懂零件图,画B-B移出断面图。

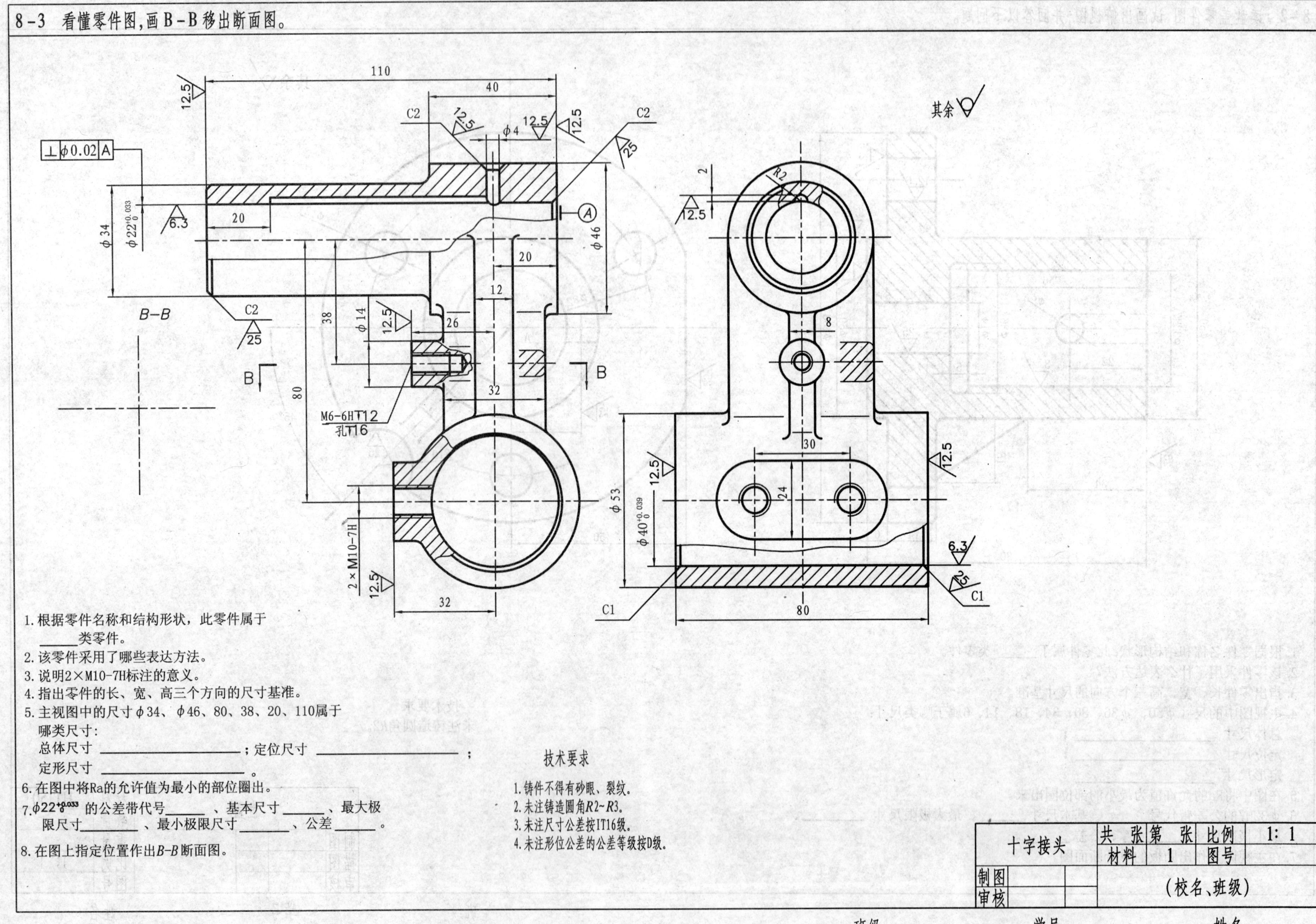

1. 根据零件名称和结构形状，此零件属于______类零件。
2. 该零件采用了哪些表达方法。
3. 说明2×M10-7H标注的意义。
4. 指出零件的长、宽、高三个方向的尺寸基准。
5. 主视图中的尺寸φ34、φ46、80、38、20、110属于哪类尺寸：
   总体尺寸 ____________________；定位尺寸 ____________________；
   定形尺寸 ____________________。
6. 在图中将Ra的允许值为最小的部位圈出。
7. $\phi 22^{+0.033}_{0}$ 的公差带代号______、基本尺寸______、最大极限尺寸______、最小极限尺寸______、公差______。
8. 在图上指定位置作出B-B断面图。

技术要求

1. 铸件不得有砂眼、裂纹。
2. 未注铸造圆角R2~R3。
3. 未注尺寸公差按IT16级。
4. 未注形位公差的公差等级按D级。

十字接头	共 张 第 张	比例	1∶1
	材料 1	图号	
制图		(校名、班级)	
审核			

班级　　学号　　姓名

8-4 看懂缸体零件图,回答问题。

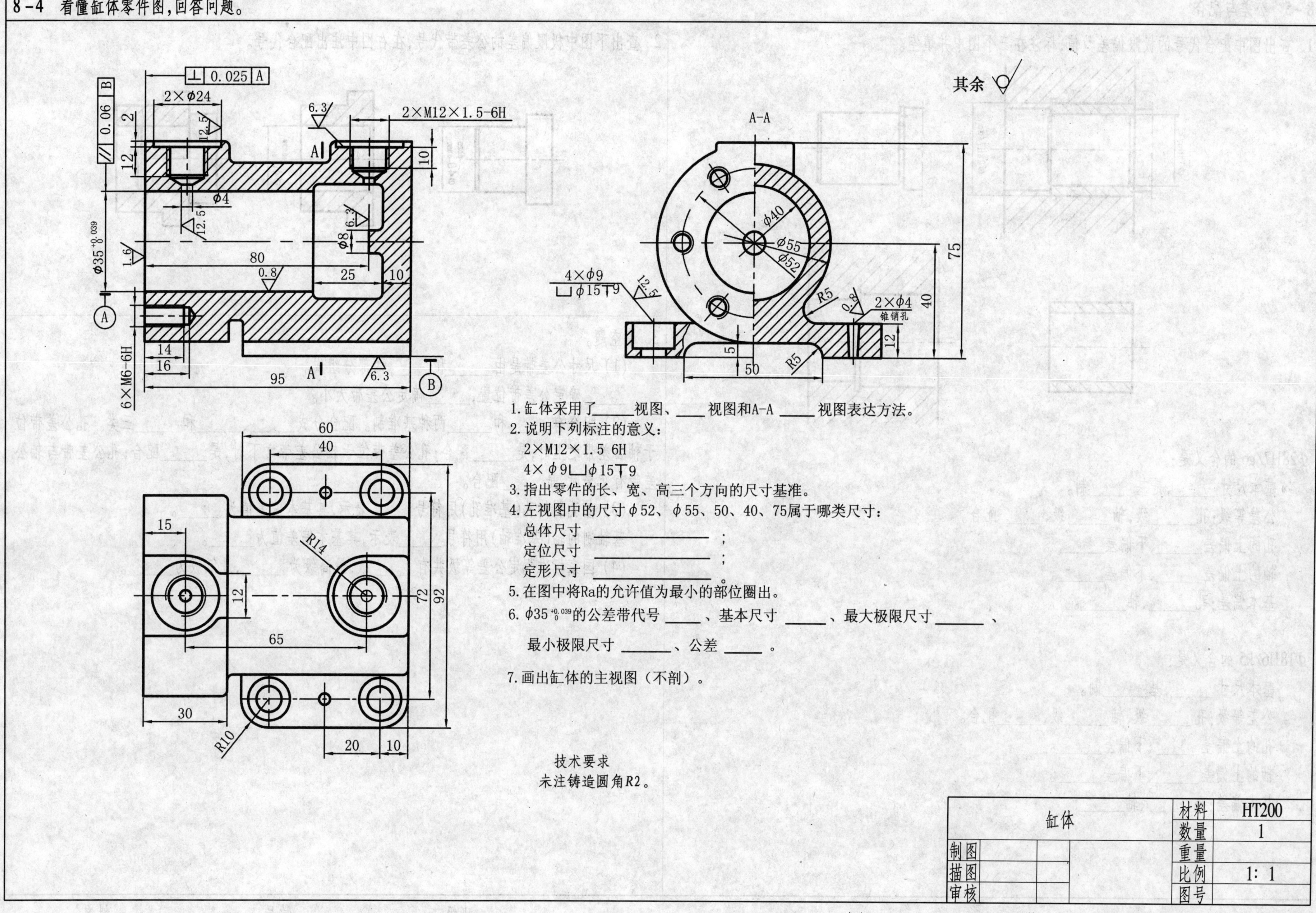

1. 缸体采用了_____视图、____视图和A-A ____视图表达方法。

2. 说明下列标注的意义:

2×M12×1.5 6H

4×φ9⌴φ15↧9

3. 指出零件的长、宽、高三个方向的尺寸基准。

4. 左视图中的尺寸φ52、φ55、50、40、75属于哪类尺寸:

总体尺寸 ____________;

定位尺寸 ____________;

定形尺寸 ____________。

5. 在图中将Ra的允许值为最小的部位圈出。

6. φ35$^{+0.039}_{0}$的公差带代号 ____、基本尺寸 ____、最大极限尺寸 _____、

最小极限尺寸 ______、公差 ____ 。

7. 画出缸体的主视图(不剖)。

技术要求

未注铸造圆角R2。

缸体			材料	HT200
			数量	1
制图			重量	
描图			比例	1:1
审核			图号	

班级　　学号　　姓名

8-5 公差与配合

1. 查出图中配合代号的极限偏差数值,标注在三个图中并填空。

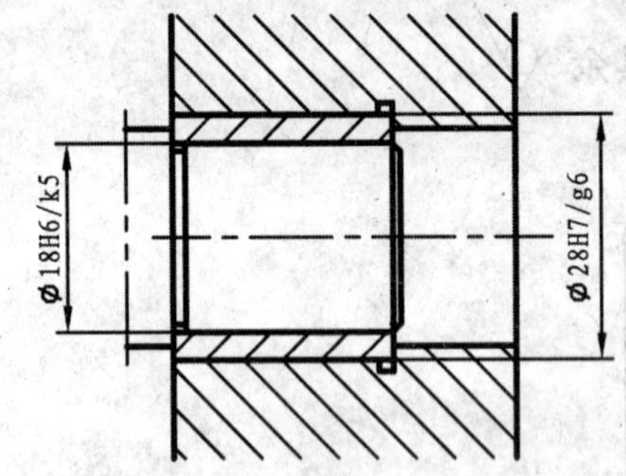

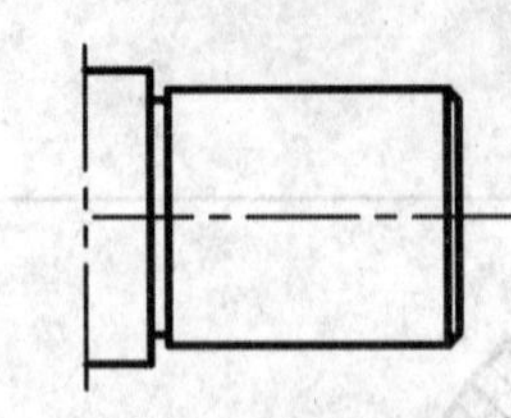

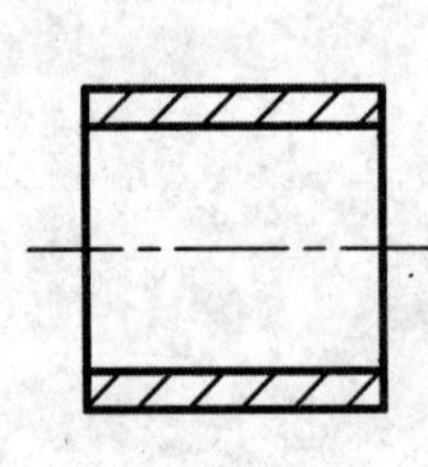

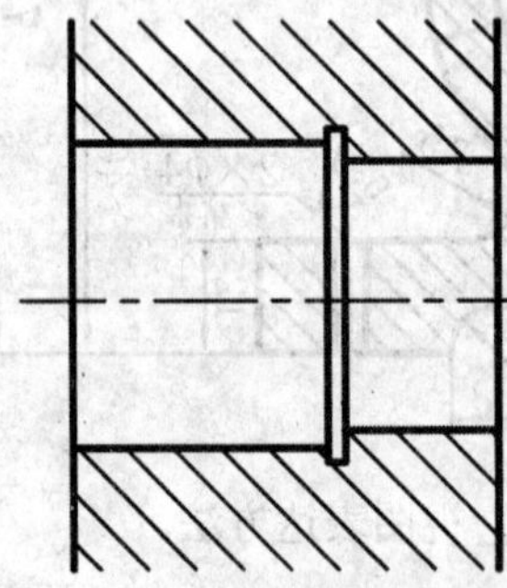

Φ28H7/g6 的含义是:

基本尺寸_____,是基_____制。

公差等级:孔_____级,轴_____级,_____配合。

孔的上偏差_____、下偏差_____。

轴的上偏差_____、下偏差_____。

基本偏差:孔_____、轴_____。

Φ18H6/k5 的含义是:

基本尺寸_____,基_____制。

公差等级:孔_____级,轴_____级,_____配合。

孔的上偏差_____、下偏差_____。

轴的上偏差_____、下偏差_____。

基本偏差:孔_____、轴_____。

2. 查出下图中极限偏差的公差带代号,在右图中注出配合代号。

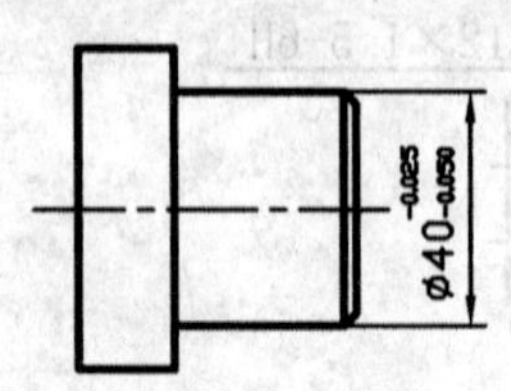

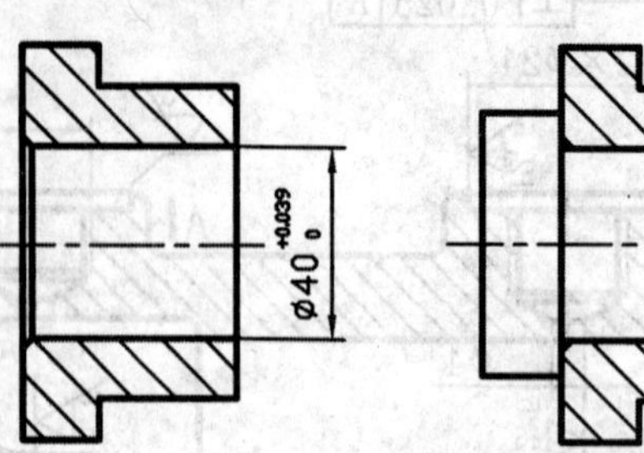

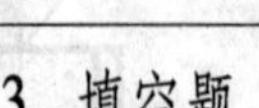

3. 填空题。

(1) 尺寸公差带是由_____和_____两部分组成。

_____确定公差带位置,_____确定公差带大小。

(2) 配合有_____和_____两种基准制。配合分成_____、_____和_____三类。孔公差带位于轴公差带之上时,是_____配合;孔公差带位于轴公差带之下时,是_____配合;孔公差带与轴公差带有交叠时,是_____配合。

(3) 基孔制的孔(基准孔)用符号_____表示,其基本偏差值为_____。

基轴制的轴(基准轴)用符号_____表示,其基本偏差值为_____。

(4) 国家标准规定公差等级共有_____级,最高级为_____,最低级为_____。

班级　　　　学号　　　　姓名

8-6 表面粗糙度及形位公差

1. 根据所给数据，标注表面粗糙度。

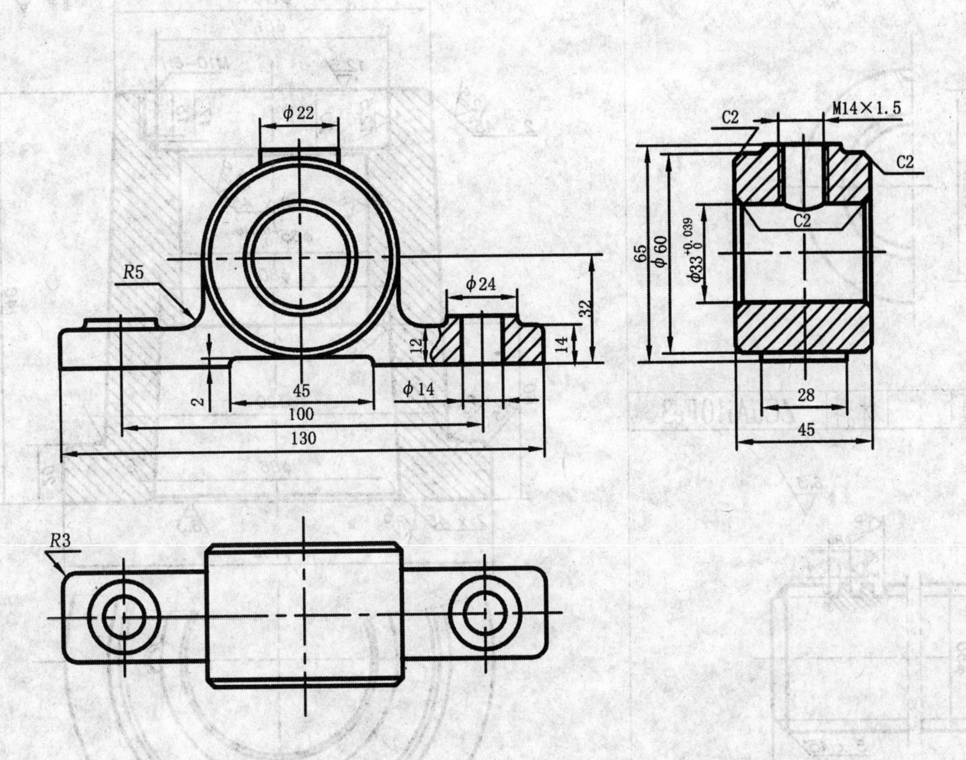

1. Φ22 凸台顶面 Ra12.5；
2. 轴承前后端面的倒角及轴孔倒角均为 Ra12.5；
3. 轴承前后端面 Ra6.3；
4. 轴承底面 Ra6.3；
5. Φ33 轴孔 Ra1.6；
6. Φ24 凸台顶面及 M14×1.5 螺孔 Ra12.5；
7. 其余▽。

2. 将活塞销技术要求的形位公差内容用框格标注在图上。

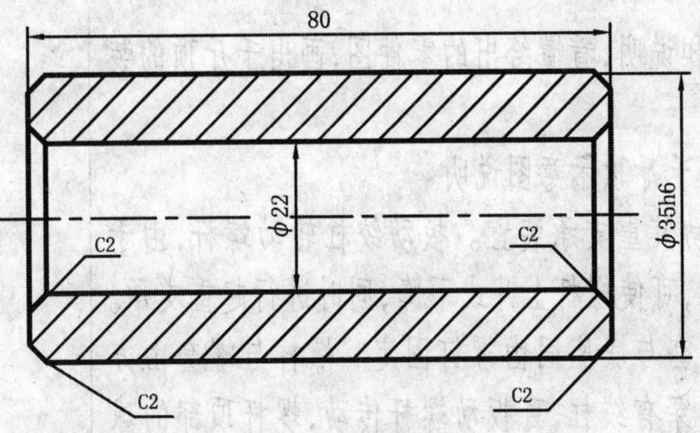

技术要求

1. Φ35h6 轴线的直线度公差 Φ0.06；
2. Φ35h6 圆柱度公差 0.01；
3. 左端面对 Φ35h6 轴线的垂直度公差 0.05。

3. 阅读下图中形位公差，并回答框格的内容。

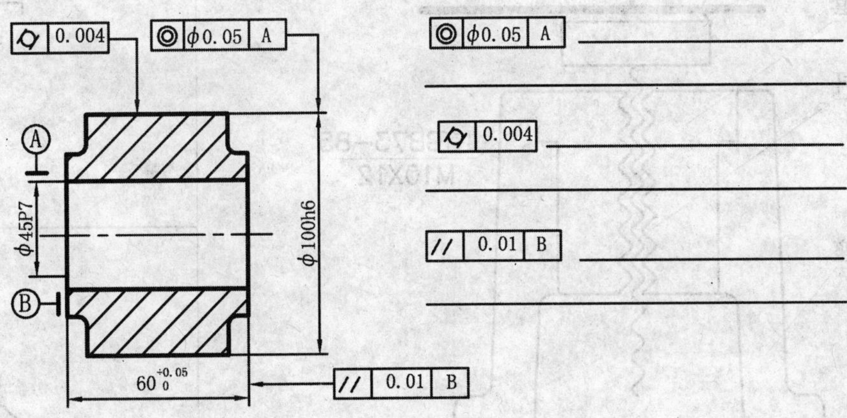

◎ φ0.05 A ________________________________

____

◇ 0.004 ________________________________

____

// 0.01 B ________________________________

____

班级　　学号　　姓名

9-1　由零件图画千斤顶装配图。

参考千斤顶示意图和说明，看懂给出的零件图，画出千斤顶的装配图。

千斤顶示意图说明

该千斤顶是一种手动其重支承装置。扳动绞杠转动螺杆，由于螺杆、螺套间的螺纹作用，可使螺杆上升或下降，同时进行起重支承。

底座上装有螺套，螺套与底座间由螺钉固定。螺杆与螺套由方牙螺纹传动，螺杆头部中穿有绞杠，可扳动螺杆传动，螺杆顶部的球面结构与顶垫的内球面接触起浮动作用，螺杆与顶垫之间有螺钉限位。

千斤顶示意图说明

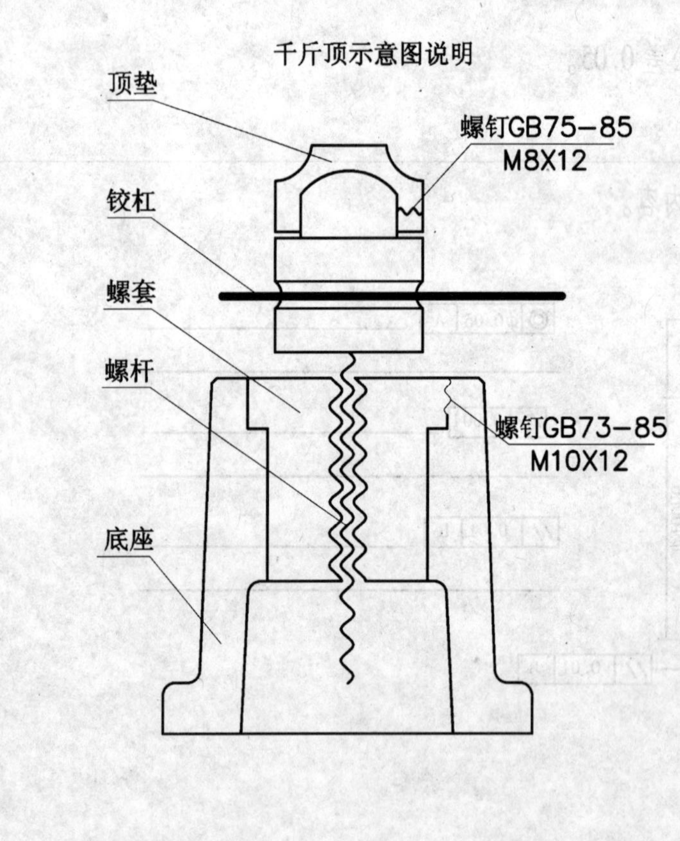

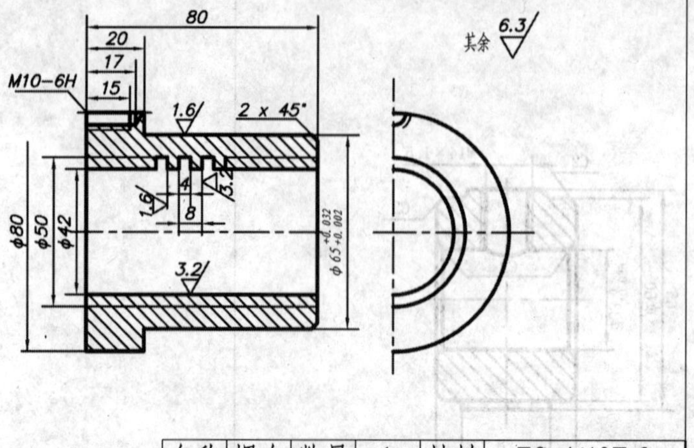

名称	螺套	数量	1	材料	ZCuAi10Fe3

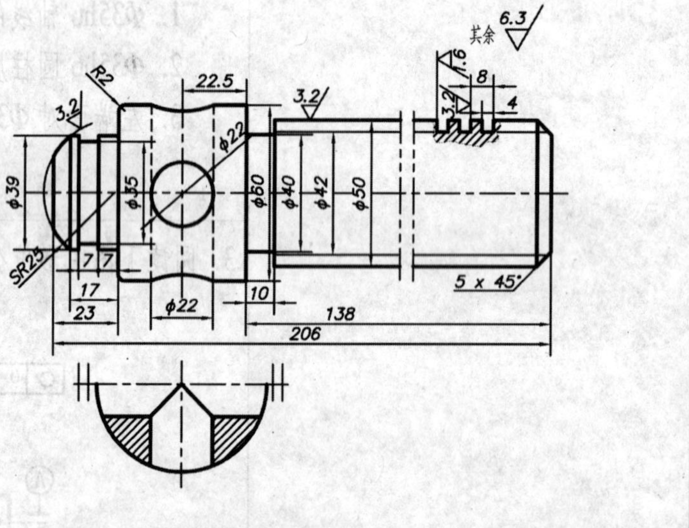

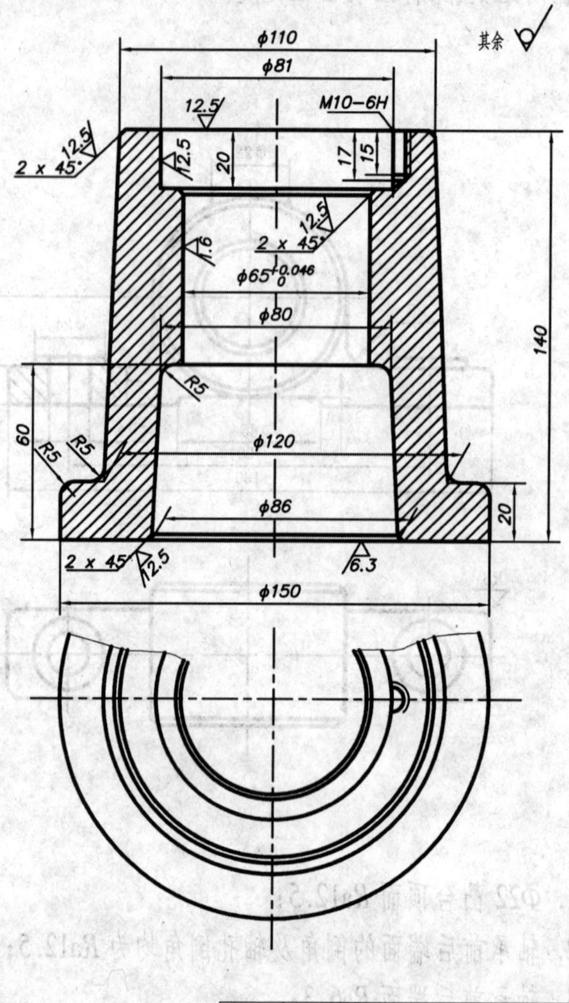

名称	底座	数量	1	材料	HT200

名称	螺杆	数量	1	材料	45

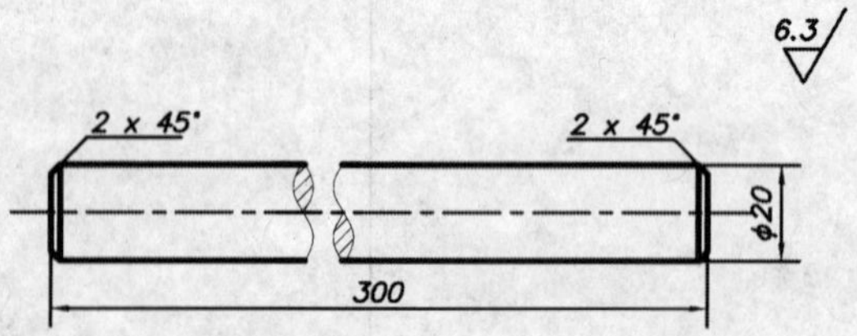

名称	螺杠	数量	1	材料	35

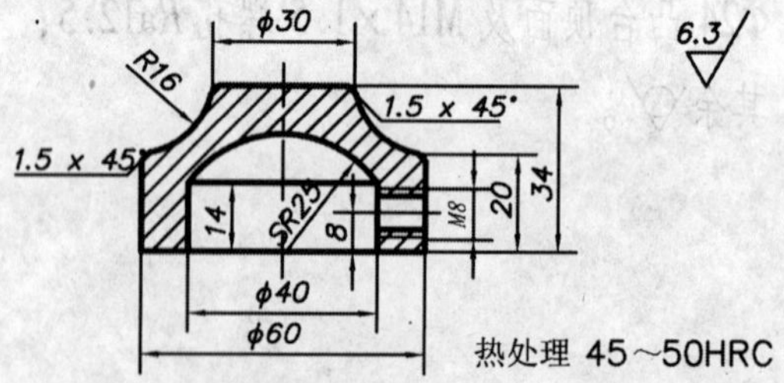

热处理 45～50HRC

名称	顶垫	数量	1	材料	HT200

班级　　学号　　姓名

9-2 由装配示意图及其零件图拼画装配图(回油阀)。

回油阀装配示意图

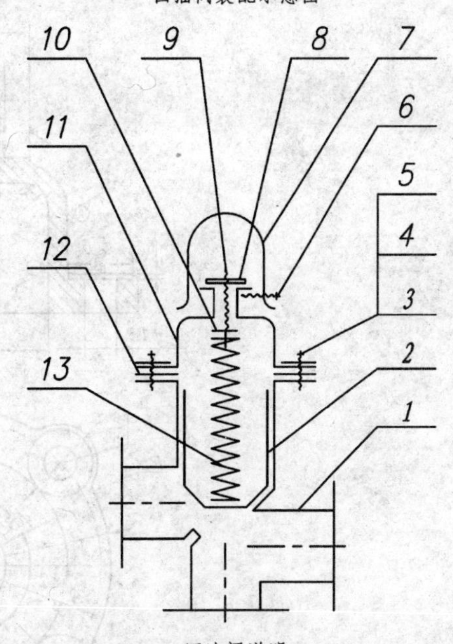

回油阀说明

回油阀是供油管路上的装置。在正常工作时,阀门2靠弹簧13的压力处在关闭位置,此时油从阀体右孔流入,经阀体下部的孔进入导管。当导管中油压增高超过弹簧压力时,阀门被顶开,油就顺阀体左端孔经另一导管流回油箱,以保证管路的安全。弹簧压力的大小靠螺杆9来调节。为防止螺杆松动,在螺杆上部用螺母8并紧。罩子7用来保护螺杆,阀门两侧有小圆孔,其作用是使进入阀门内腔的油流出来,阀门的内腔底部有螺孔,是供拆卸时用的,阀体1与阀盖11是用4个螺柱连接,中间有垫片12以防漏油。

13	弹簧	1	65Mn	
12	垫片	1	纸板	
11	阀盖	1	ZL102	
10	弹簧垫	1	H62	
9	螺杆	1	35	
8	螺母 M16	1	Q235	GB6170-86
7	罩子	1	ZL102	
6	螺钉	1	Q235	GB75-85
5	垫圈 12	4	Q235	GB97.1-85
4	螺母 M12	4	Q235	GB6170-86
3	螺柱 M12×35	4	Q235	GB899-88
2	阀门	1	H62	
1	阀体	1	ZL102	
序号	名称	数量	材料	备注

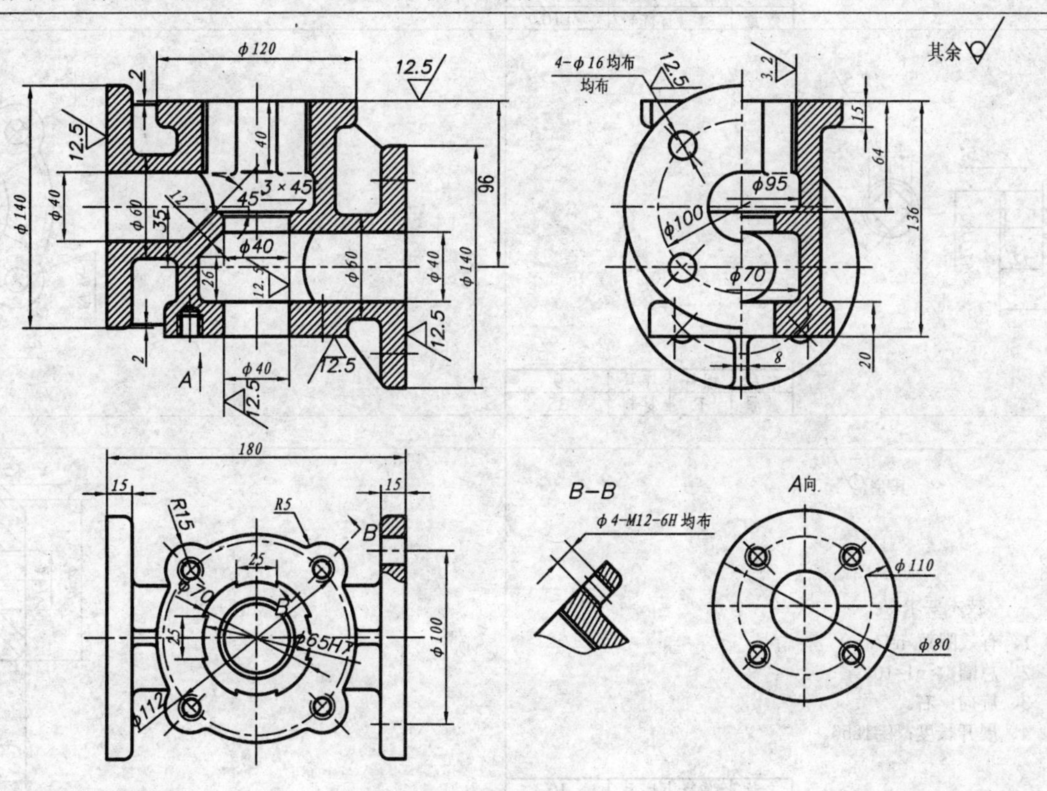

名称	阀门	序号	1
数量	1	材料	ZL102

班级　　学号　　姓名

9-2 由装配示意图及其零件图拼画装配图(回油阀)。(续)

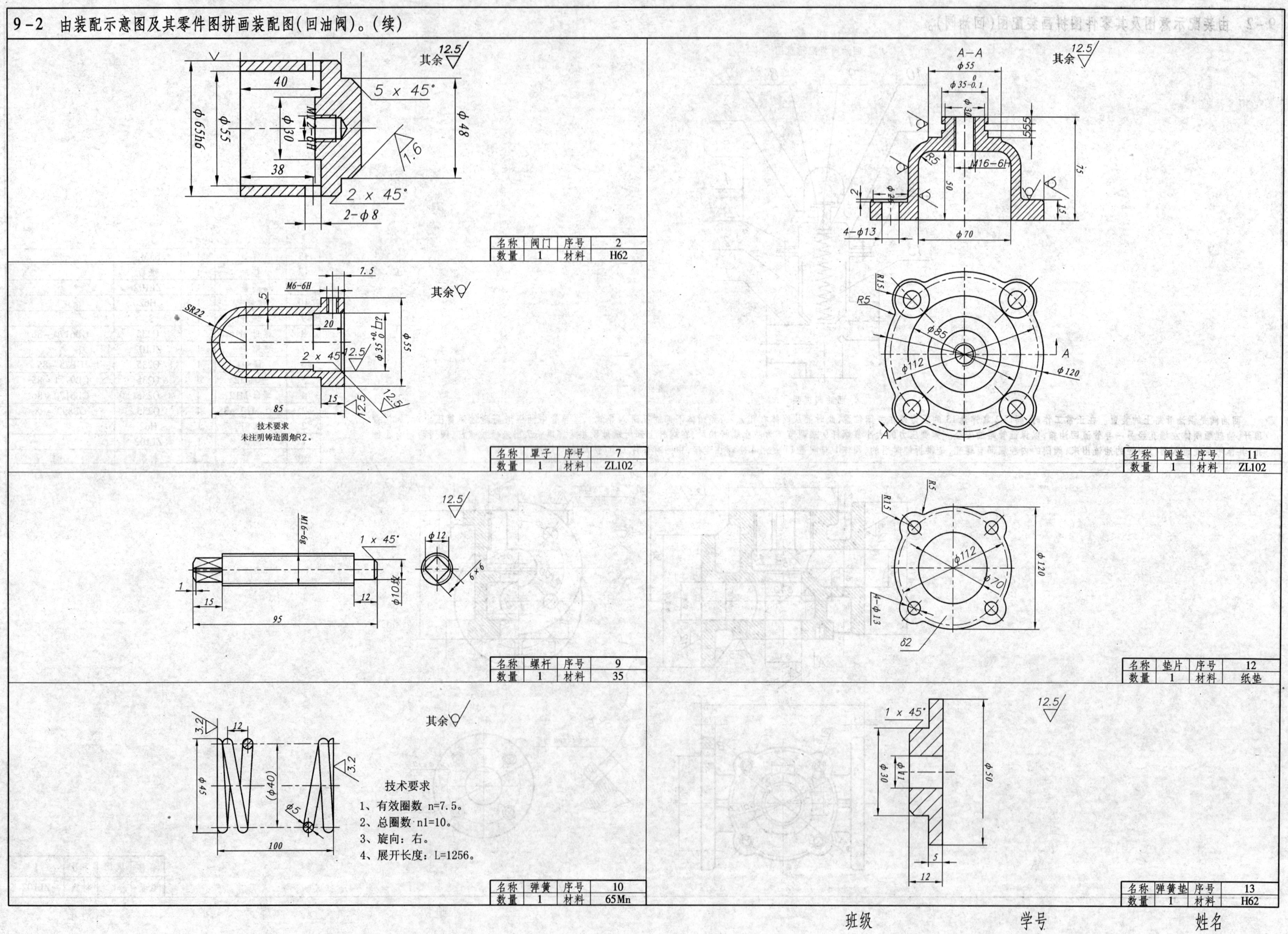

班级 学号 姓名

9-3 看懂气缸装配图,回答问题,拆画零件图。

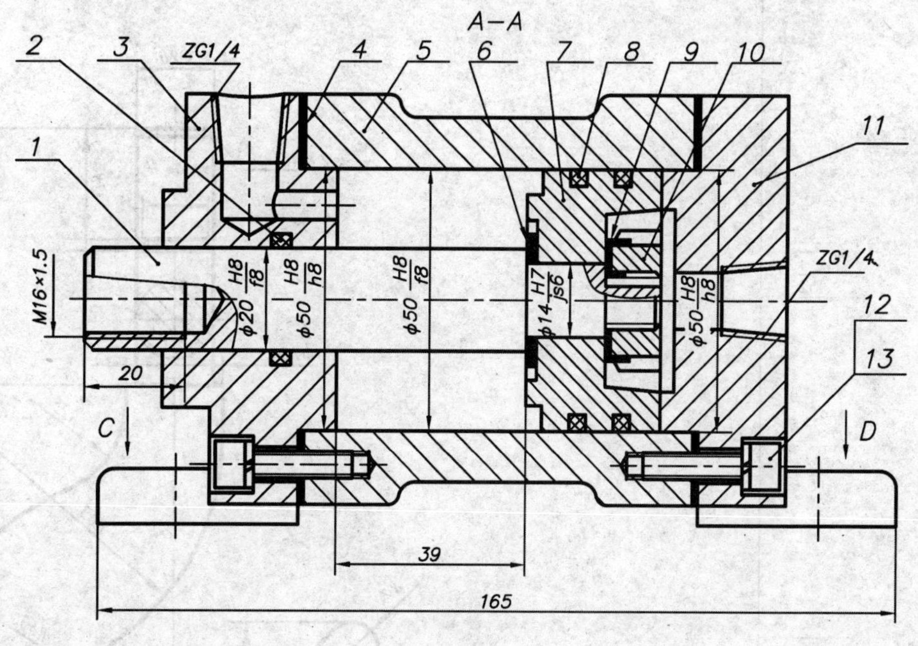

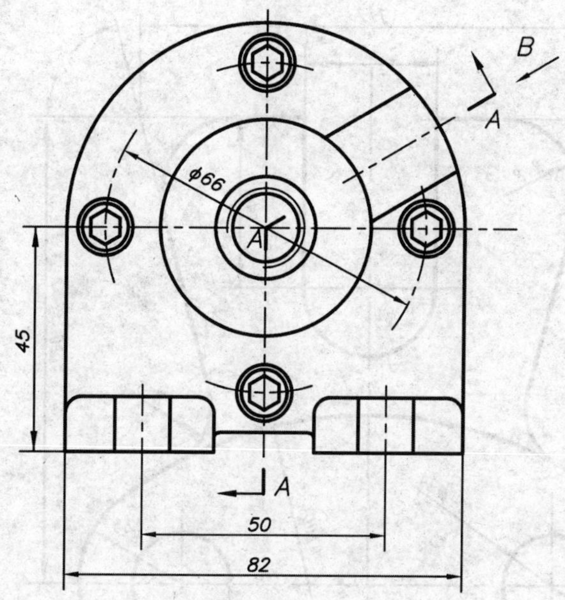

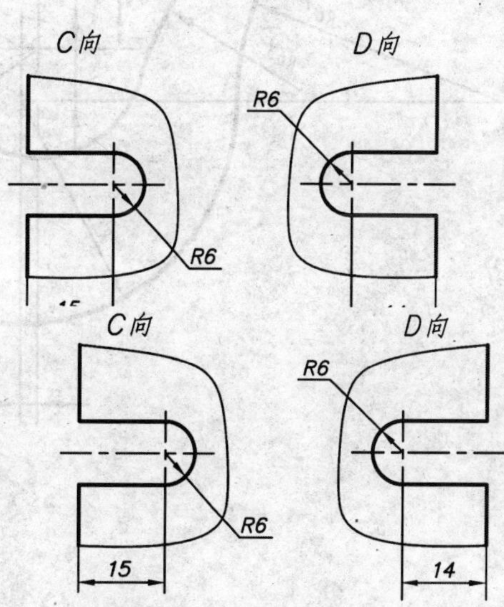

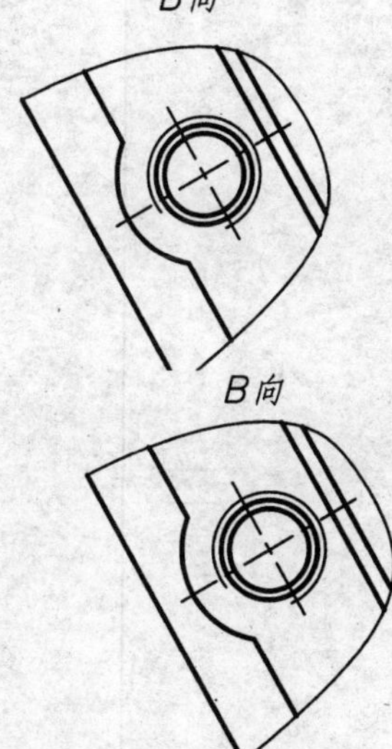

13	垫圈	8	65Mn	GB93-87
12	螺钉 M6×22	8	A3	GB77-85
11	后盖	1	HT150	
10	螺母 M12	1	A3	GB812-86
9	垫圈 2	1	A3	GB858-87
8	密封圈	2	橡胶	
7	活塞	1	ZL3	
6	垫片	1	橡胶石棉板	
5	缸体	1	HT200	
4	垫片	2	橡胶石棉板	
3	前盖	1	HT150	
2	密封圈	1	橡胶	
1	活塞杆	1	45	
序号	名称	数量	材料	备注
气 缸				图别
				比例
制图				
评阅				

一、气缸工作原理

前盖和后盖上各有一个螺纹通孔,是通高压气泵的。当需要夹紧时,高压气体从右边螺纹孔进入,推动活塞及活塞杆向左移动,活塞杆的左端螺孔与夹紧机构的螺纹杆相边,从而进行夹紧,当需要再松开时,高压气体从左边螺纹孔进入,推动活塞及活塞杆向右移动即可。

二、回答下列问题

1. 主视图采用了______表达方法。
2. 该装配图有多少种零件组成?其中有几种标准件?
3. 件 11 后盖与件 5 缸体由几个什么零件(零件名)连接。
4. 写出该装配图的性能尺寸______总体尺寸______安装尺寸______。
5. 件 2 的作用是______。
6. 说明下列配合代号的意义。

φ20H8/f8 ____________ φ50H8/h8 ____________ φ14H7/js6 ____________

7. 解释 M16X1.5-6G 的意义____________

三、拆画件 3 前盖、件 5 缸体、件 11 后盖的零件图。要求:比例 1:1,标注尺寸、标注表面粗糙度、标注必要的尺寸公差。

班级　　　　学号　　　　姓名

10-1　上机抄画平面图形。

1. 平面图形

2. 吊钩

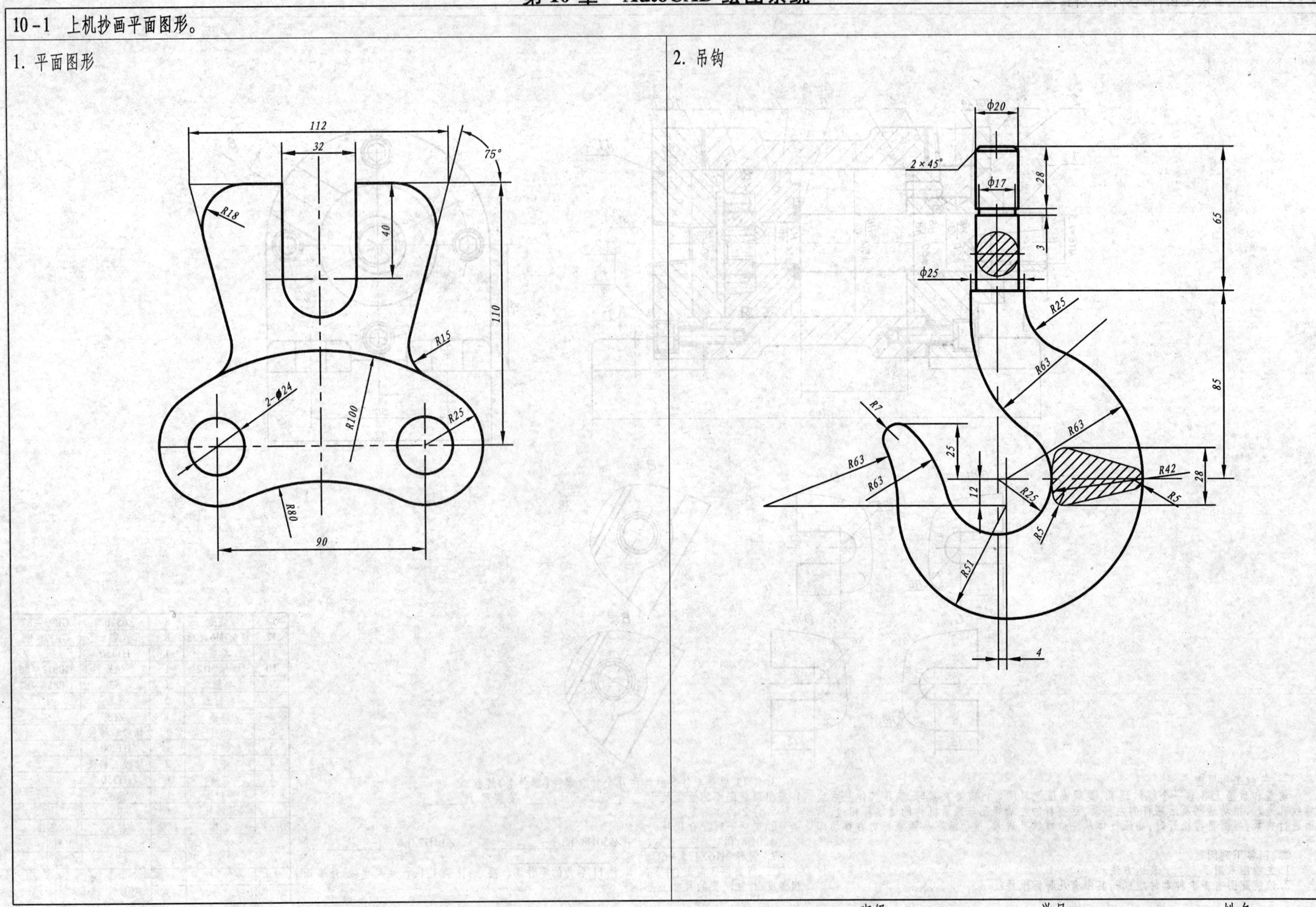

班级　　学号　　姓名

10-2 上机操作。

1. 按尺寸上机抄画图形。

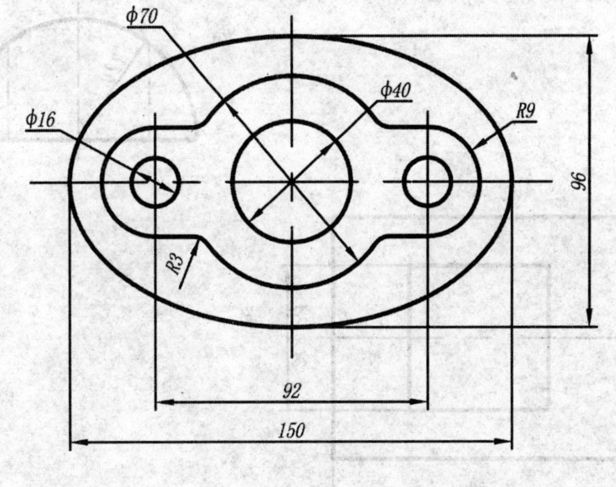

2. 按尺寸上机抄画图形。

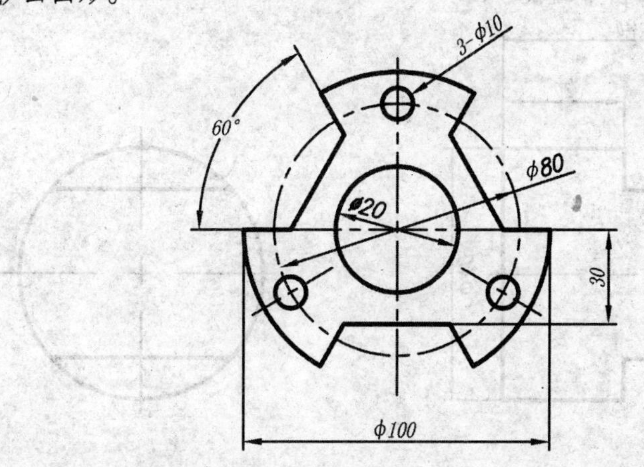

3. 按尺寸上机抄画图形并补画出第三面投影图。

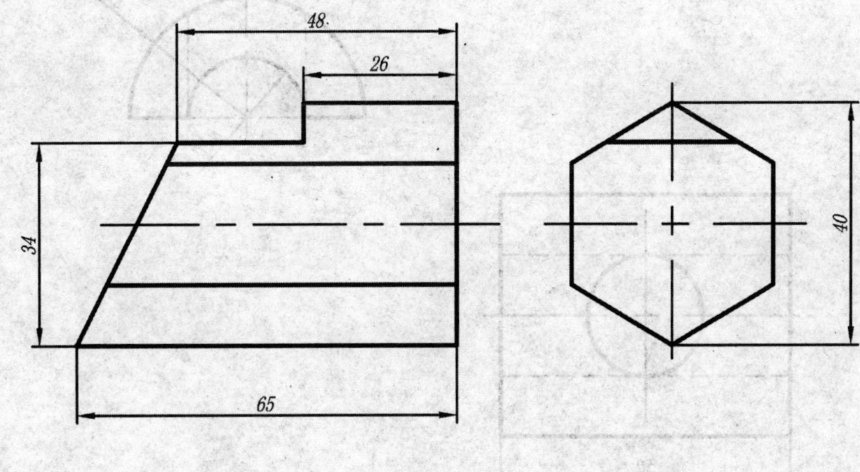

4. 按尺寸上机抄画图形并补画出第三面投影图。

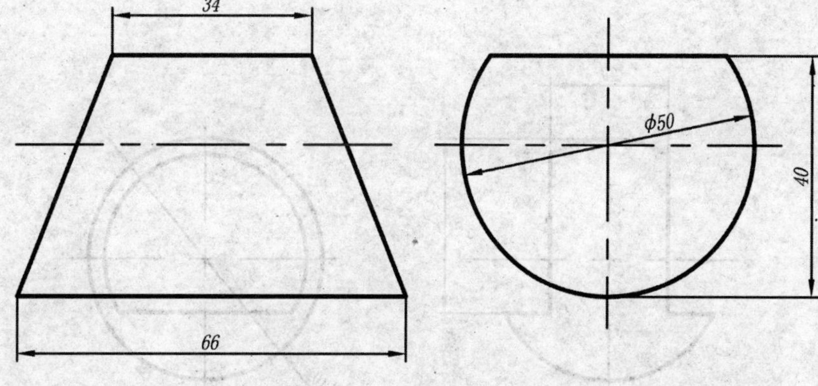

班级　　　　学号　　　　姓名

10-3 上机操作。

1. 按尺寸上机抄画图形并补画出第三投影图。

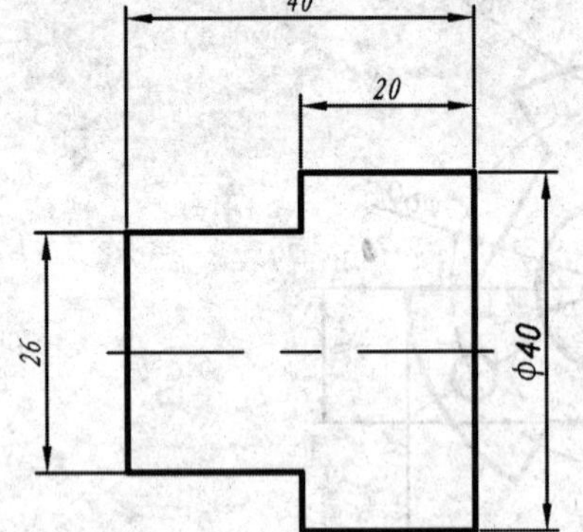

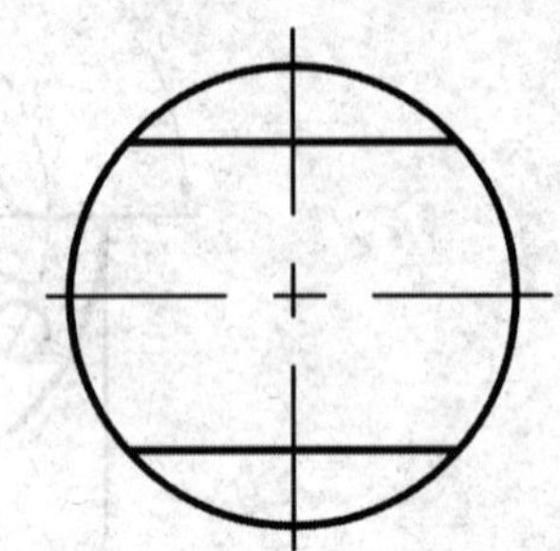

2. 按尺寸上机抄画图形并补画出第三投影图。

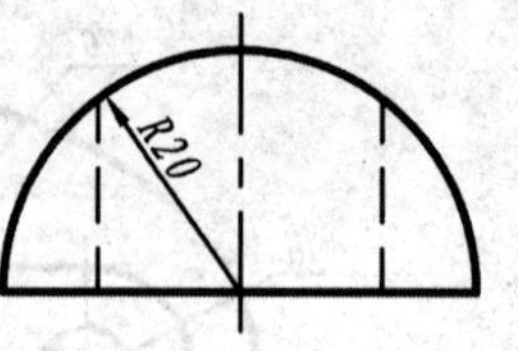

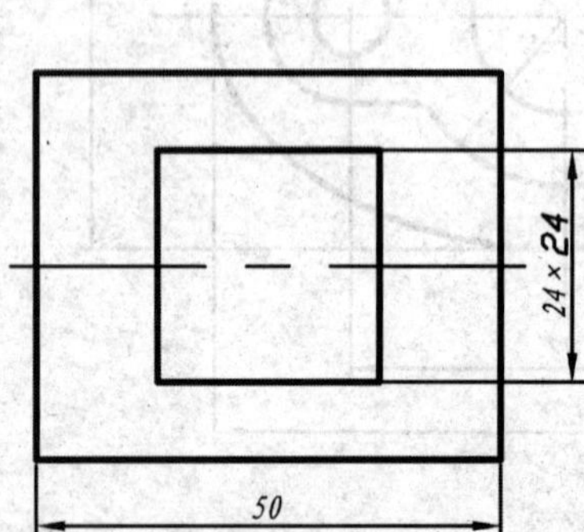

3. 按尺寸上机抄画图形并补画出第三投影图。

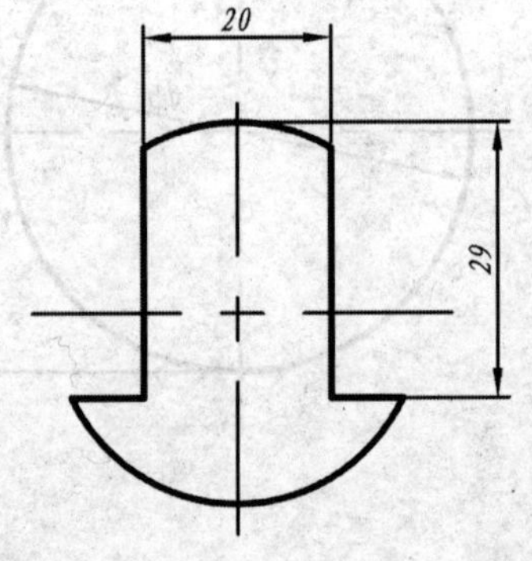

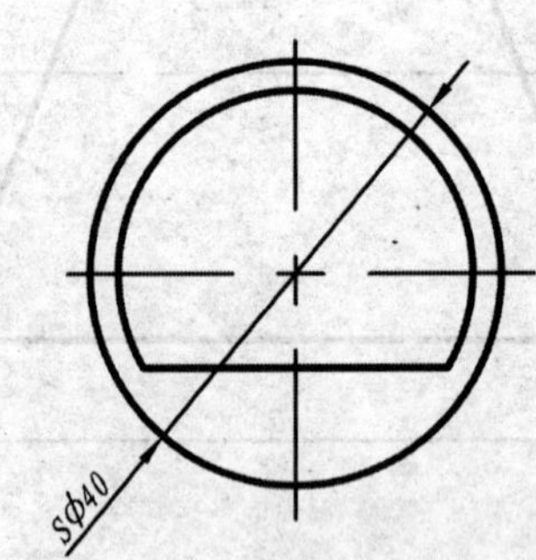

4. 按尺寸上机抄画图形并补画出第三投影图。

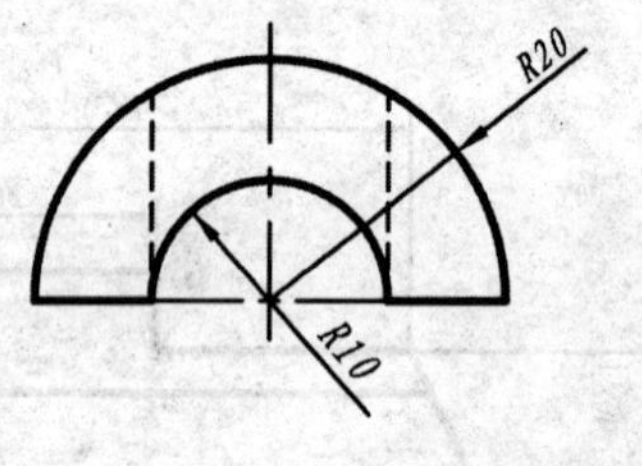

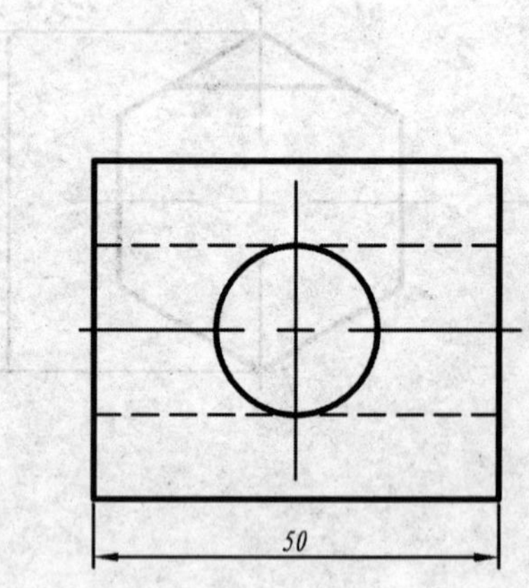

班级 学号 姓名

10-4 计算机绘图。

1. 按尺寸1: 1画出组合体的三视图并标注尺寸。

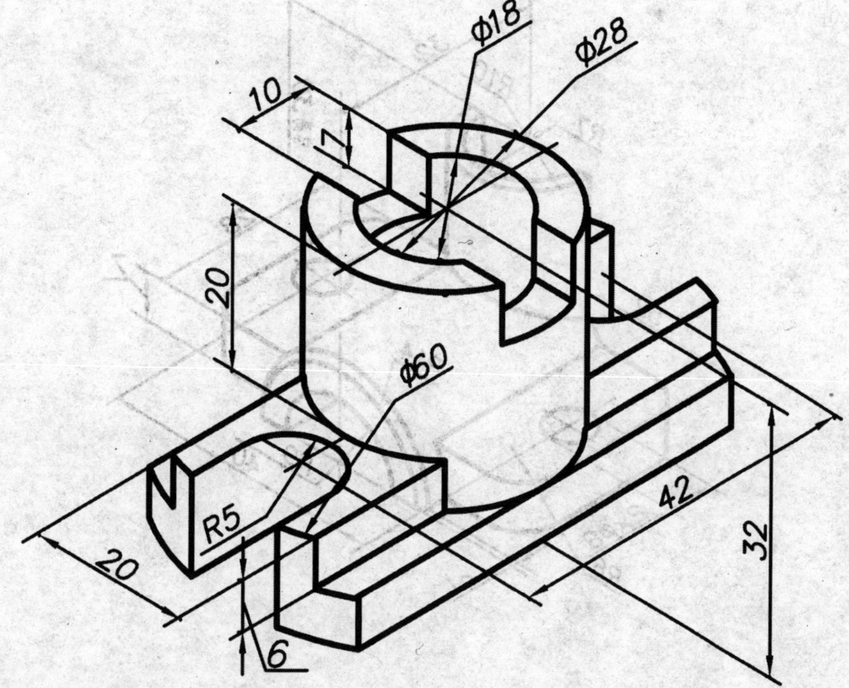

2. 按尺寸1:1画出组合体的三视图并标注尺寸。

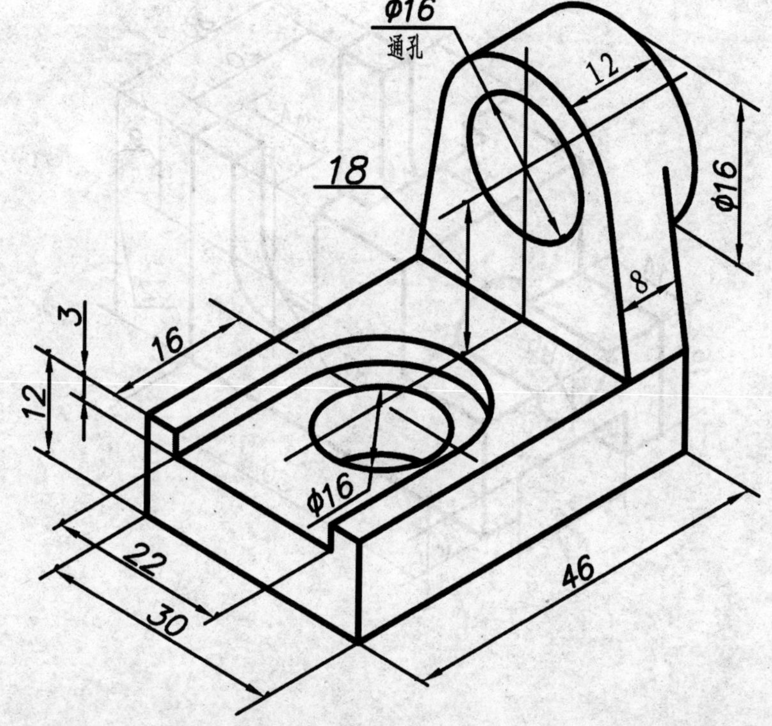

班级　　学号　　姓名

10-5 上机操作,画轴测图。

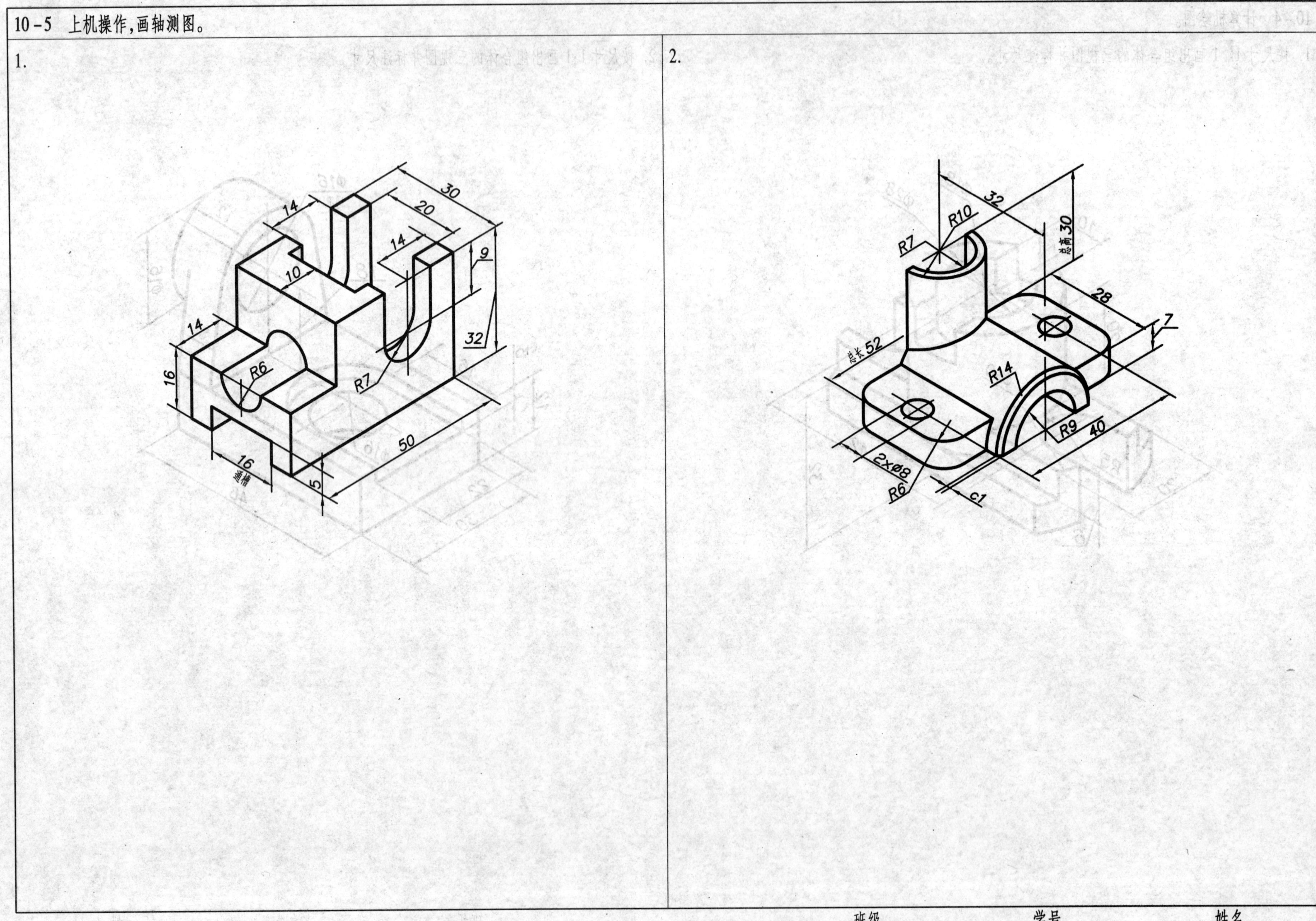

班级　　学号　　姓名

责任编辑：杜　钧
责任校对：钱辉玲
封面设计：王晓军

机械工程图学习题集

JIXIE GONGCHENG TUXUE XITIJI

▶ 上架建议：工程图学 ◀

定价：48.00 元（含习题集）